신경수와 함께하는

21세기 토목시공기술사

핵심문제 & 답안 Clinic

예문사

들 머 리

먼저, 기술사 시험을 준비하시는 선후배, 동료 기술자들께 머리 숙여 깊은 경의를 표합니다. 그동안 21세기 토목시공기술사라는 제목으로 기술사 관련 수험서를 여러 권 출간하고 많은 분들께 과분한 사랑을 받았습니다.

필자가 책을 저술하고 편집할 때 가장 먼저 고려하는 부분은 다음 두 가지입니다.
첫 번째는 기존에 발간된 책과 어떤 보완관계를 가질 수 있을 것인가?
두 번째는 수험생들에게 꼭 필요한 내용을 다루고 있는가?

이번에 서울기술사학원 토목시공기술사 전임교수인 김재권 교수님과 두 번째 기술사교재를 공동작업하여 「21세기 토목시공기술사 – 핵심문제와 답안 Clinic」을 발간하게 되었습니다.

항상 그러하듯 교재 발간 후 느끼는 아쉬움은 여전하지만, 그럼에도 그동안의 경험을 통해 보다 더 수험생의 입장에서 활용하기 편한 교재를 구성했다는 사실에 나름 위안이 됩니다.

이 책은 누구에게 필요한가?

1. 공부를 처음 시작하는 분들입니다.
   어떤 시험이든 처음 시작하면 무엇이 가장 중요한지, 무엇을 먼저 해야 할지 고민이 될 수밖에 없습니다. 이 책은 이런 어려움을 겪는 분들을 위해 기술사 공부에서 가장 중요한 부분만을 선별해서 정리했습니다.

2. 시험점수가 항상 50점대에서 머무는 분들입니다.
   점수가 50점대에서 더 나아가지 못하는 분들의 가장 큰 문제점은 공부의 양이 부족한 것이 아닙니다. 출제되는 문제들에 대해 분명한 차별화 없이 단순 암기에만 의존하여 답안을 작성하기 때문입니다. 이런 문제를 해결하기 위해 이 책은 이론, 경험, 도식화, 비교표 등으로 4대 차별화를 모두 포함하고 있습니다.

이 책을 어떻게 볼 것인가?

이 책은 크게 두 부분으로 나뉩니다. 핵심문제(빈도별, 계절별)와 답안 Clinic입니다.

1. 핵심문제는 빈도별 중요 25문제와 계절별 중요 7문제를 포함한 총 32문제에 대하여 문제 분석 및 고득점 답안 case 세 개(3)로 구성되어 있습니다.
   문제분석 후 case 1은 문제를 이해하는 데 초점을 맞추었고, case 2와 case 3은 각각의 동일 page를 좌우로 대비시켜 대제목을 어떻게 작성하고 어떤 내용의 답안이 더 경쟁력이 있는지 쉽게 비교해보고 생각할 수 있도록 하였습니다. 계절별 중요 7문제도 동일 형식으로 편집되었습니다.

2. 답안 Clinic은 채점자 입장에서 수험생들이 저지르기 쉬운 실수를 지적하고, 고득점 답안을 작성하기 위한 올바른 답안 작성 방향을 제시한 내용으로서, 총 20문제에 대하여 정리되어 있습니다. 아는 것보다 쓰는 것이 중요하고, 쓰더라도 제대로 써야 합격하는 시험임을 고려할 때 답안 Clinic의 중요성은 두말할 필요가 없습니다. 비록 20문제밖에 안 되지만 큰 틀에서 답안작성의 올바른 방향을 이해할 수 있을 것입니다. 혹시 내용적으로 부족하다고 생각되는 분들은 서울기술사학원 강좌 중 "답안 Clinic"을 활용하면 도움이 될 것입니다.

본 교재를 준비하면서 도움을 주신 분들이 많지만, 공동 집필자로 저와 함께 무거운 짐을 짊어지신 김재권 교수에게 가장 큰 감사를 드립니다. 아울러 동고동락하며 교재의 집필 방향과 공부 중인 학원 가족들의 생각을 정확하게 전달해준 부원장 조준호박사에게도 깊은 감사를 드립니다. 또한 본서의 출간을 흔쾌히 맡아주신 예문사에도 감사의 말씀을 전하고 싶습니다.

2025. 04
대표저자 신 경 수

PREFACE

목 차

[제1편] 빈도별 중요 25문제

[제2편] 계절별 중요 7문제

[제3편] 답안 Clinic

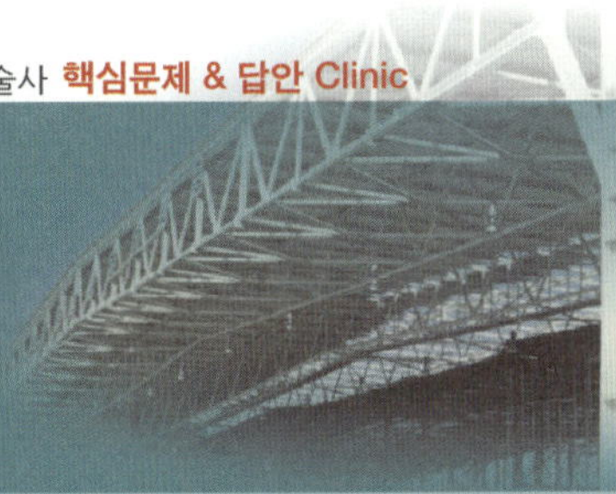

제1편 빈도별 핵심 25문제

Professional Engineer Civil Engineering Execution

문제1 콘크리트 구조물에 발생하는 균열의 원인 및 보수, 보강방법에 대하여 기술하시오.

[기본 Item = 유형]

문제점	공법	AB	콘크리트	제도 및 system	기타
★					

[관련 공종]

콘크리트	강재	건설기계	토공	연약지반	막이	기초
★						
도로포장	교량	터널	댐	하천	항만	공사시사
★	★	★	★	★	★	

[질문 요지]

1. 균열의 원인
2. 균열의 보수방법
3. 균열의 보강방법

[조건]

1. 콘크리트 구조물

[중요 Item]

1. 보수 재료
2. 보강 재료
3. 열화 (내구성 저하)

[차별화 Item]

1. 이　론 :
2. 경　험 : 보수, 보강 사례(단면도)
3. 도식화
   - 그래프 : 인장응력/인장강도,
   - 모식도 : MS+LCC, 복합열화
   - Flowchart : 보수/보강 방법 결정
   - 특성요인도 :
   - 기타 :
4. 비교표 :

Thinking Tip

1. 콘크리트 구조물이 시공중인지 공용중인지 파악할 것
2. 균열의 짝꿍인 열화를 생각할 것

번호 1. 콘크리트 구조물에 발생하는 균열의 원인(1) 및 보수(2), 보강방법(3)에 대하여 기술하시오.

답)

I. 개요

1. 콘크리트 구조물에 발생하는 균열의 원인으로는 결함, 하중에 의한 손상, 열화 등이 있으며,
2. 보수방법으로는 균열 폭에 따라 표면처리, 주입, 충전 등이 있고, 보강방법으로는 Passive와 Active Method로 구분된다.
3. 충남 공주 OO도로(2004) 수로BOX의 경우 균열에 대하여 Lining Concrete(총 45백만원)로 보강한 사례 있음.

II. 콘크리트 구조물에 균열 발생시 조사항목 [공주OO도로 O공구(2004)]

1. 발생위치 및 시기
2. 발생규모(폭, 길이, 갯수 등)
3. 진행성 여부 및 관통 여부

⇒ "균열 관리대장" 기록 유지

III. 콘크리트 구조물의 균열에 대한 제어관리 System [공주OO도로(2004)]

[Management System]

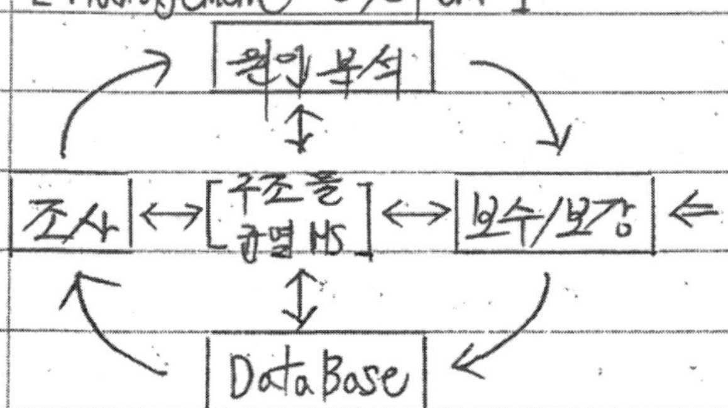

[Life Cycle Cost]

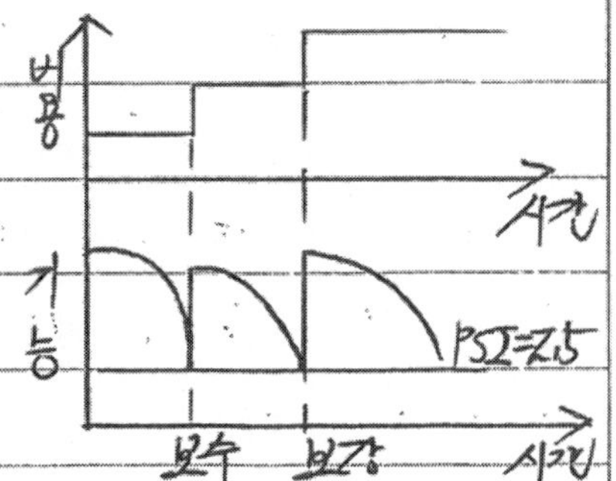

(※) 보수·보강시 LCC를 고려 要

IV. 콘크리트 구조물 균열 발생시 문제점

1. 구조적 : 유효단면적 감소 ⇒ 응력집중 ⇒ 작용력 > 강도
   ⇒ 균열 증가 ⇒ 열화 ⇒ 내구성 저하

2. 비구조적 : 내구성 저하 ⇒ 보수/보강 ⇒ LCC 증가

V. 콘크리트 구조물에 발생하는 균열의 원인

강조

1. 결함 (하자)
   - 1) 설계 : 외력계산 및 철근량 오류 등
   - 2) 재료 : 반응성골재, Cement 풍화 등
   - 3) 배합 : W/B, 단위수량 등 사용량 부적정
   - 4) 시공 : 다짐 / 양생 / 이음 등 불량

2. 손상 (하중)
   - 1) 이상 하중 : 지진, 충격, 화재 등
   - 2) 과재하중 : 과적 차량에 의한 피로 등

3. 열화
   - 1) 내적
     - AAR
     - 철근부식
   - 2) 외적
     - 물리적 : 동해, 충격 등
     - 화학적 : 염해, 중성화 등

   ⇒ [복합열화]

[중 45 바안원]

(※) 충남 공주 00도3 0공구(2004) 수로BOX(3.0×3.0m)
⇒ 균열 원인 : 손상/과재하중 (추가성토 4m)

VI. 콘크리트 구조물에 발생하는 균열의 저감 및 처리 대책

1. 저감대책	2. 처리 대책
- 재료 : 양질골재, 재료품질 시험 등	- 보수 방법
- 배합 : W/B 및 단위수량 최소화 등	- 보강 방법
- 시공 : 다짐/양생/이음 등 철저	- 교체

Ⅶ. 콘크리트 구조물 균열의 보수 방법.

1. 목적 : 구조물 기능 회복 (비구조적 균열부)

2. 보수방법

균열폭(mm) / 방법	~ 0.2	0.2 ~ 0.5	0.5 ~
	표면처리	주입	충전
	- Epoxy Mortar - Epoxy 수지	- 고압 - 저압	- Sealing - Epoxy 수지 Mortar

3. 보수재료 발전 Flow

전통적 무기계 → 합성 수지계 → 유무기 복합계 → 무기질 폴리머계

Ⅷ. 콘크리트 구조물 균열의 보강 공법

1. 목적 : 구조물 기능 증진 (구조적 균열부)

2. 보강 방법
   - 1) Passive Method [응력 개선 효과 無]
     : 강판 접착, 섬유 Sheet 보강
   - 2) Active Method [응력개선 효과 有]
     : PreStress, Anchor

Ⅸ. 충남 공주 OO도로 현장(2004) 수로 BOX 균열 보강 사례

[준 45번 관련]

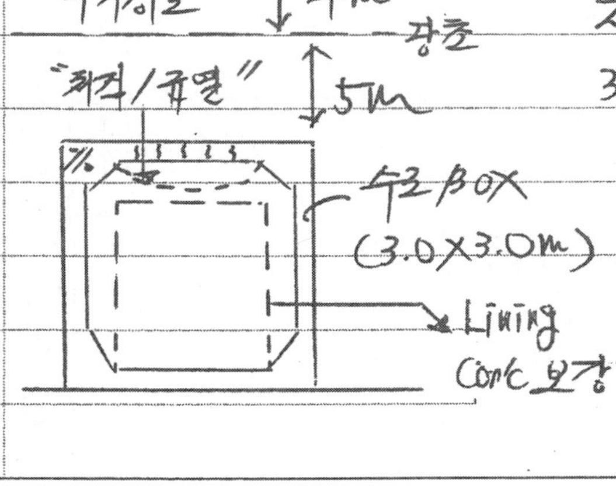

1. 문제점 : 상부 Slab 균열 (1~2mm)
2. 원인 : 추가 성토 (4m)
3. 보강
   - 1) 수리 영향 검토
   - 2) 보강 Lining
4. 재발 방지 대책
   - 기존 구조물 유용시 구조적 안정 필수 확인

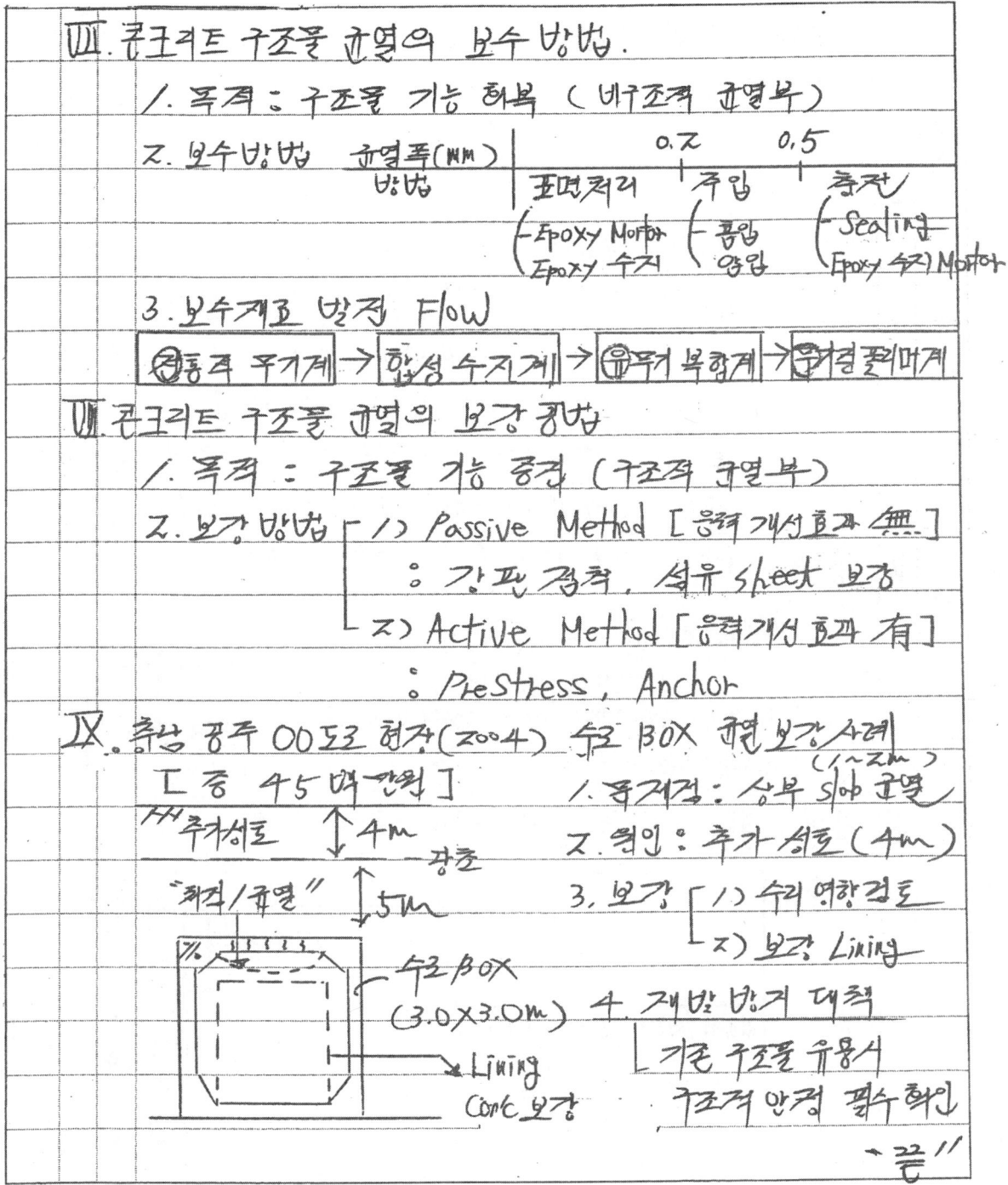

- 끝 //

문제 1) 콘크리트 구조물 균열의 원인 및 보수·보강방법에 대하여 기술하시오.

답)

I. 개 요

1. 콘크리트 구조물 균열의 원인에는 결함(설계, 시공), 손상(이상하중, 과대하중), 열화가 있다.
2. 콘크리트 구조물 균열(비구조적 균열) 발생시 보수방법에는 표면처리, 주입, 충전공법이 있다.
3. 콘크리트 구조물 균열(구조적 균열) 발생시 보강방법에는 passive method와 Active method가 있다.

II. 콘크리트 구조물 균열 발생시 조사항목(대구-포항 고속도로)

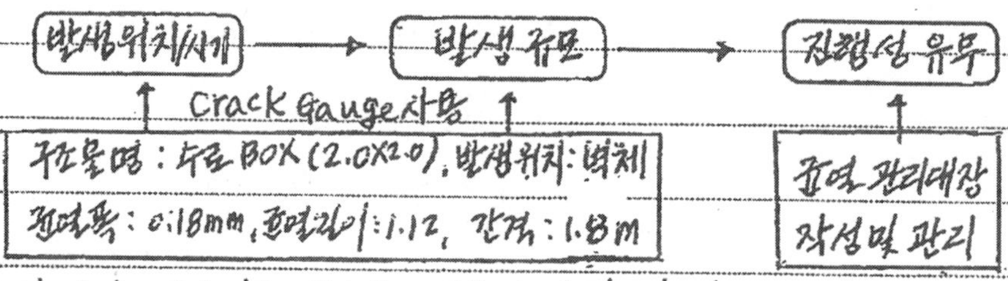

III. 균열에 의한 콘크리트 구조물 내구성저하 단계 Graph

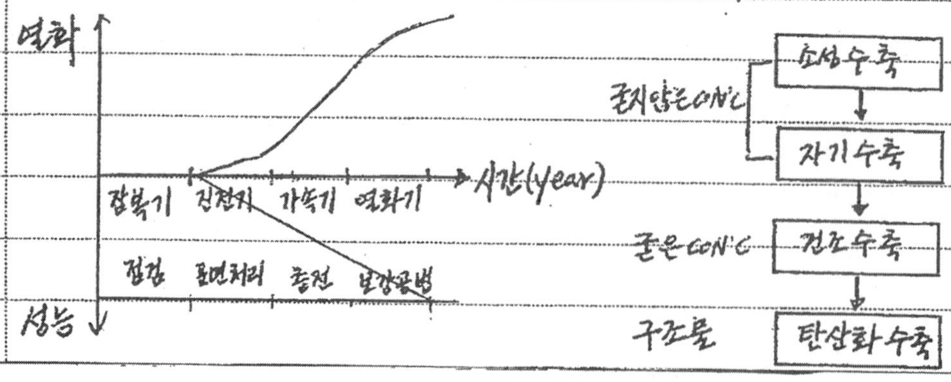

문제1) 콘크리트 구조물에 발생하는 균열의 원인 및 보수, 보강 방법에 대하여 기술하시오

답)

I. 개요

1. 콘크리트 구조물에 발생하는 균열의 원인으로는 자연적 원인(내적, 외적)과 인위적 원인(설계, 재료, 시공, 유지관리)가 있으며
2. 콘크리트 구조물에 발생하는 균열의 보수 방법으로는 균열폭에 따라 표면처리, 주입공법, 충전법이 있다.
3. 콘크리트 구조물에 발생하는 균열의 보강 방법으로는 응력을 유지하는 소극적 대책과 응력을 개선하는 적극적 대책이 있다.

II. 콘크리트 구조물의 복합열화에 의한 균열발생 Mechanism

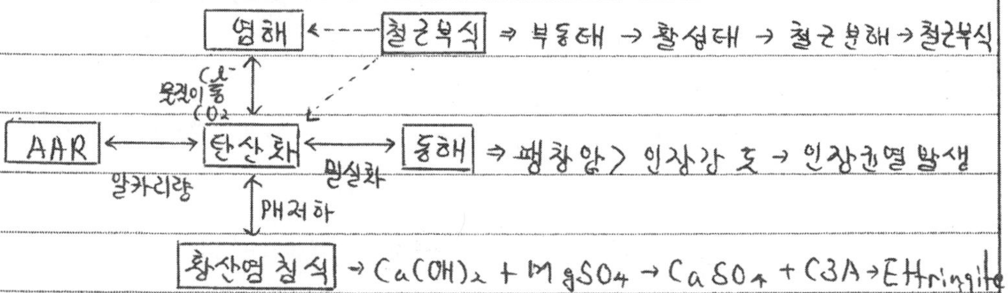

III. 콘크리트 구조물에 발생하는 균열의 문제점

1. 구조적 균열
   - 응력집중
   - 내하력, 내구성 부족
2. 비구조적 균열
   - 열화원인
   - 수밀성, 내구성저하
   - 미관불량

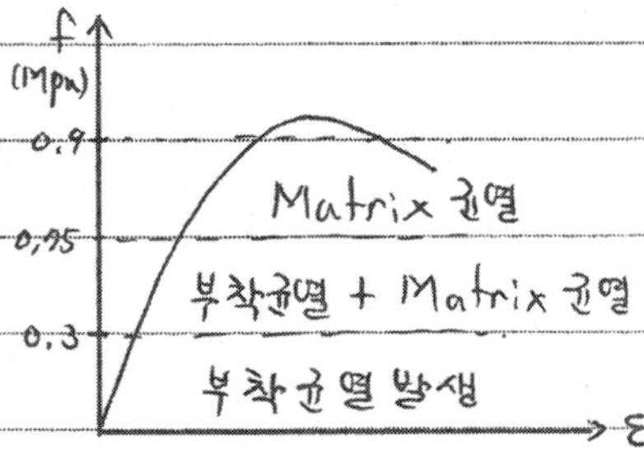

IV. 콘크리트 구조물 균열의 문제점 (구조적, 비구조적)

1. 구조적 문제 : 균열발생 → 유효단면적 감소($f = \frac{P}{A}$) → 작용력 증가 → 작용력 > 허용응력 → 균열증가 → 열화 → 팽창 → 내구성 저하
2. 비구조적 문제 : LCC 비용증가

V. 콘크리트 구조물 균열 발생원인 (대구-포항 고속도로 수로BOX 2.0×2.0)

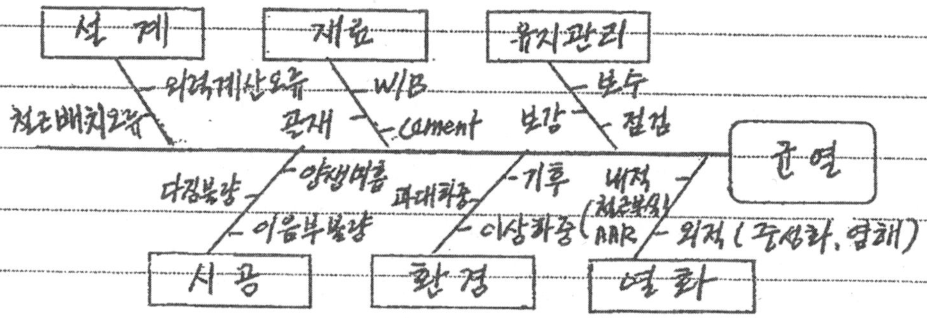

※ 대구-포항 간 고속도로 현장 수로BOX 2.0×2.0 균열 주요인 단면결손율부족

VI. 콘크리트 구조물 균열 발생 제어대책

1. 설계대책 : 외력계산, 철근 배치 철저
2. 재료대책 : 1) W/B = 48.6 %, S/a = 54.2 %
   2) Gmax = 25mm, Slump = 150mm
3. 시공대책 : 1) 다짐관리 철저 ┌ (1) 과다다짐 : 연행공기파괴
   └ (2) 과소다짐 : 표면결함.
   2) 양생관리 철저 - pipe cooling
   3) 이음관리 - PVC 지수판 (B = 200mm)
4. 유지관리대책 : 유지관리 (점검, 보수) 철저

IV. 콘크리트 구조물에 발생하는 균열의 원인

1. 자연적 ┌ 내적 - AAR, 철근부식
   └ 외적 ┌ 물리적 - 온도/습도, 진동/충격
   　　　└ 화학적 - CO_2/산성비, 해수/폐수

2. 인위적 -

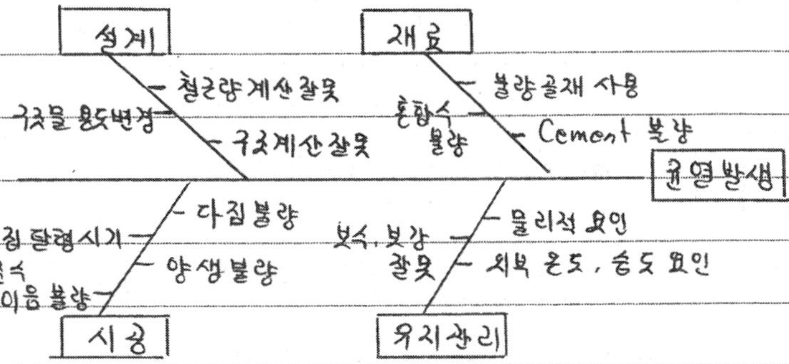

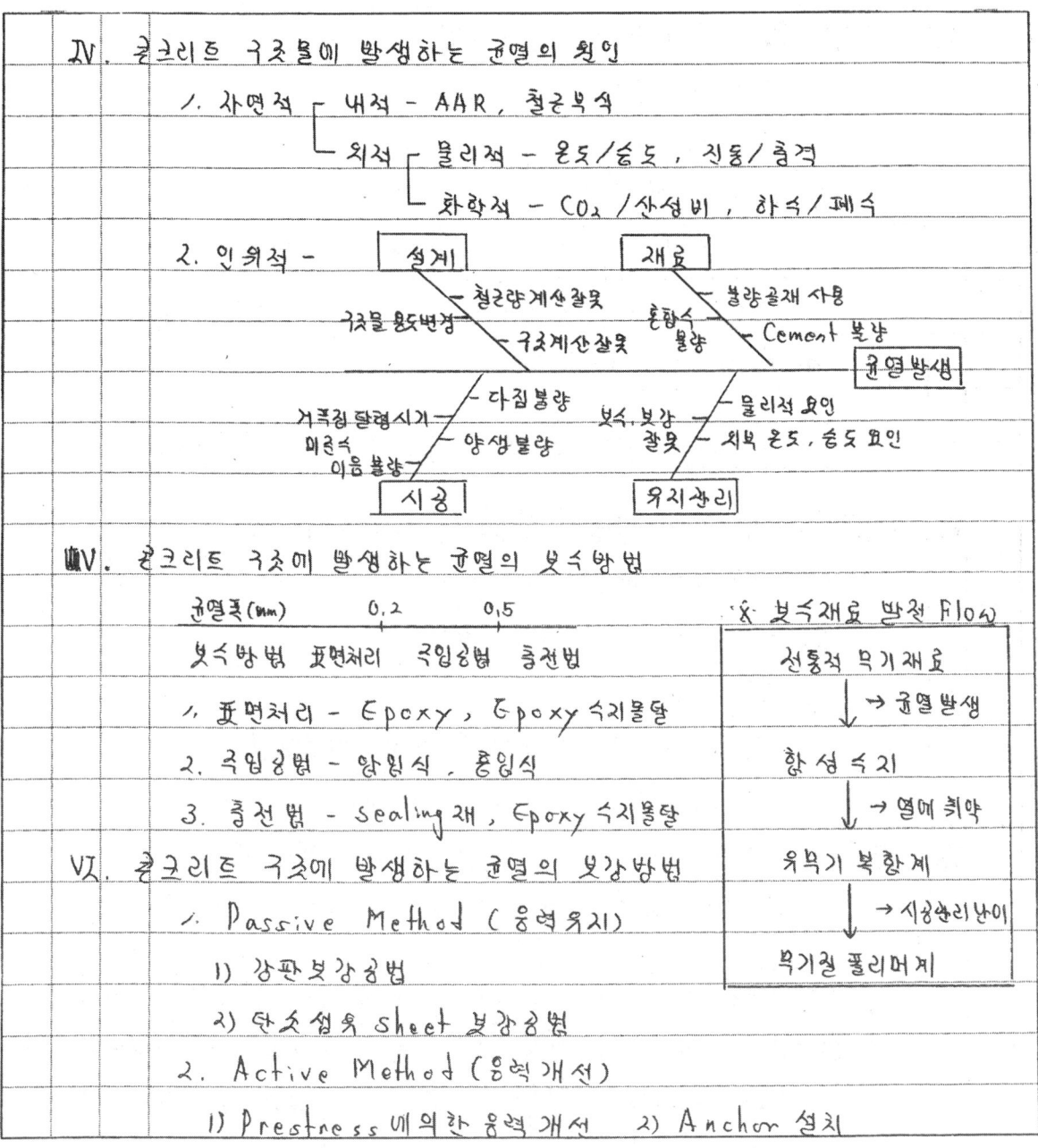

V. 콘크리트 구조에 발생하는 균열의 보수방법

균열폭(mm)	0.2	0.5	
보수방법	표면처리	주입공법	충전법

1. 표면처리 - Epoxy, Epoxy 수지몰탈
2. 주입공법 - 압입식, 흡입식
3. 충전법 - sealing재, Epoxy 수지몰탈

※ 보수재료 발전 Flow

선통적 무기재료
↓ → 균열발생
합성수지
↓ → 열에 취약
유무기 복합계
↓ → 시공관리 난이
무기질 폴리머계

VI. 콘크리트 구조에 발생하는 균열의 보강방법

1. Passive Method (응력유지)
   1) 강판보강공법
   2) 탄소섬유 sheet 보강공법
2. Active Method (응력개선)
   1) Prestress에 의한 응력개선　2) Anchor 설치

VII. 콘크리트 구조물 균열 발생시 보수방법(비구조적 균열부 적용)

1. 보수목적 : 구조물 기능개선
2. 보수대상 : 비구조적 균열 발생부.
3. 보수방법의 종류

균열폭	0.2mm	0.5mm	
보수방법	표면처리	주입	충전공법

4. 보수재료의 발전흐름.

전통적 무기계 → 합성수지계 → 유무기복합계 → 무기질폴리머계

VIII. 콘크리트 구조물 균열 발생시 보강방법(구조적 균열부 적용)

1. 보강목적 : 구조물 기능증진
2. 보강대상 : 구조적균열 발생부.
3. 보강방법의 종류.
   1) Passive Method : 강판, 섬유보강.
   2) Active Method : prestress

IX. 수로 BOX(2.0×2.0) 균열 발생에 따른 보수사례.

1. 현장명 : 대구-포항간 고속도로 2공구 2000년

문제점	원인	대책
균열유발 중분 기능상실 → Random Crack 발생	단면적도율부족 설계 : 21% 시공 : 14.5%	Epoxy 수지 Mortar 표면처리 및 우레탄주입

2. 교훈 : 원칙시공 미준수로 인한 투입비 증(9,200천원) -끝-

VII. 콘크리트 구조물에 발생하는 균열의 대책

1. 저감대책
   - 설계 – 구조계산 철저, 시방기준 준수
   - 재료 – 양질의 골재 사용, 분말도 높은 시멘트 사용
   - 배합 – W/B 적게, 단위수량 적게, Gmax 크게
   - 시공 – 다짐, 양생, 이음 시공 철저
2. 처리대책
   - 보수 – 표면복구, 단면복구
   - 보강 – 부재추가, 단면증대, PS 도입
   - 교체 – 재시공

VIII. 콘크리트 구조물에 발생하는 균열검사를 위한 비파괴시험

1. 강도변형측정
   - 준비파괴 – 타격법, 초음파
   - 부분파괴 – pull-out, pull-off, break-off
2. 내부탐사
   - 두께, 내부결함 – 방사선, 음파, 전자파
   - 철근위치 – 방사선, 자분, 전자파
3. 열화 – 중성화, 염해

※ Acoustic Emission법 : 구조물이 변형시 발생하는 음을 탄성파로 방출.

IX. 콘크리트 구조물 균열의 조사항목 및 관리 System.

1. 조사항목
   1) 균열의 발생위치 및 시기
   2) 균열의 발생규모
   3) 균열의 진행성 여부

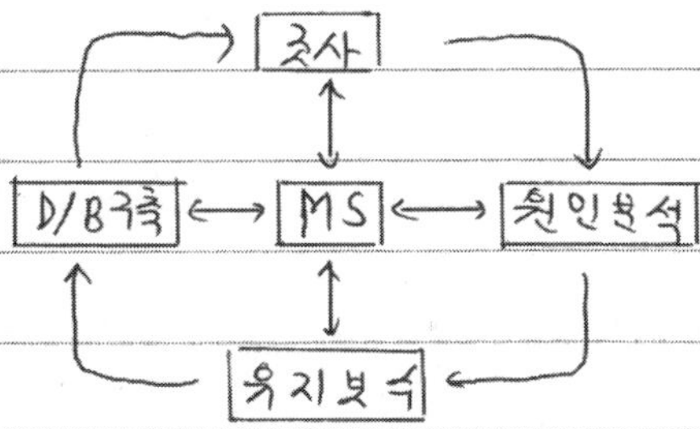

<끝>

▣ 공부를 처음(다시) 시작하는 분들께…

안녕하세요? 신경수입니다.

1. 개인의 성향에 따라 다르지만 시험을 너무 느긋하게 접근하는 분들이 있는 반면 의욕이 너무 앞서 오버페이스로 스스로 힘들어하는 분들도 있습니다.

2. 기술사 합격을 위한 노력곡선은 비례적으로 올라가지만, 학습결과곡선은 계단식으로 나타나게 됩니다.

3. 즉 Bench-cut 모양으로 실력이 쌓이게 되는데, 터널 Bench길이가 원지반 조건에 의존하는 것처럼 지식의 Bench 길이 (upgrade 시점)도 그 사람의 현 상태에 따라 많이 달라지게 됩니다.

4. 처음시작이 어려운 이유는 무엇이 중요하고 무엇을 먼저 해야 할지 모르기 때문입니다. 더불어 다시 시작하는 분들 역시 머릿속에 너무 많은 생각을 가지고 있기에 효율이 극히 낮은 학습을 하게 될 수밖에 없습니다.

5. 처음(다시) 공부하시는 분들이 마음속에 새겨야할 몇 가지를 말씀드립니다.

   • 시험은 항상 3개월 싸움입니다.
   → 처음 공부하는 분들은 욕심을 내고 다시 시작하는 분들은 초심을 가지세요.

   • 절대 암기에 의존하지 마시기 바랍니다.
   → 암기는 대상과 시기가 중요합니다. 분류는 가급적 빨리 암기하세요.

   • 모든 걸 이해하려고 하지 마시기 바랍니다.
   → 모든 공종이 연결되어 있기 때문에 시간이 지나면 이해가 갑니다.

   • 자신의 강점을 생각해 보시기 바랍니다.
   → 자신이 가장 잘할 수 있는 일(경험, 기획, 견적, 공사 등)이 바로 차별화입니다.

   • 현장경험이 있는 분들은 현장의 적용공법과 문제점을 정리해보시기 바랍니다.
   → 현장냄새는 최고의 차별화이자, 면접시험 합격의 기본입니다.

   • 하루 몇 시간 공부하겠다는 강박관념을 버리시기 바랍니다.
   → 주어진 상황을 인정하시기 바랍니다. 꾸준한 모습이 최고입니다.

문제2 콘크리트 구조물 내구성 저하원인 및 내구성 증진을 위한 설계 및 시공 시 방안에 대하여 기술하시오.

[기본 Item = 유형]

문제점	공법	AB	콘크리트	제도 및 system	기타
★					

[관련 공종]

콘크리트	강재	건설기계	토공	연약지반	막이	기초
★						
도로포장	교량	터널	댐	하천	항만	공사시사
★	★	★	★	★	★	

[질문 요지]

1. 내구성 저하원인
2. 내구성 증진위한 설계 시 방안
3. 내구성 증진위한 시공 시 방안

[조건]

1. 콘크리트 구조물

[중요 Item]

1. 내구 3총사 (내구 설계+수명+평가)
2. 복합 내구성 저하
3. 유지관리

[차별화 Item]

1. 이 론 :
2. 경 험 : 내구설계(실시설계보고서)
3. 도식화
   - 그래프 : 열화와 내구성 관계, 기간－지수(내구/환경) 관계 그래프
   - 모식도 : MS+LCC, 복합열화
   - Flowchart : 점검/진단(초－정－밀－진단)
   - 특성요인도 :
   - 기타 :
4. 비교표 :

Thinking Tip

1. 설계와 시공 방안을 구분하여 설명할 것
2. 설계와 시공 방안이외에 유지관리 방안도 서술할 것

번호 2. 콘크리트 구조물의 내구성 저하원인① 및 내구성 증진을 위한 설계② 및 시공시 방안③에 대하여 기술하시오.

답)

I. 개요

1. 콘크리트 구조물의 내구성 저하원인은 설계, 재료 및 시공에 의한 공용전 결함과 내적, 외적 인자에 의한 공용후 열화가 있으며,

2. 내구성 증진을 위한 설계 방안으로는 내구수명을 고려하여 내구지수(DT)가 환경지수(ET)보다 크도록 하여야 함.

3. 시공시 방안으로는 서해 OO교(2001)의 경우, 재료적 관리, 배합적 관리, 피복두께 증가(107~115mm) 등의 시공적 관리 방안이 있음.

II. 콘크리트 구조물의 내구성 저하원인인 복합열화 상관관계 [염해 중심]

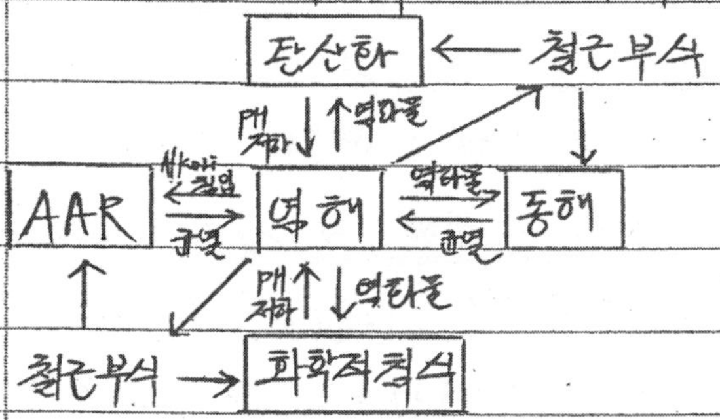

(※) 복합열화의 분류

- 독립적 : 단독적 요인
- 인과적 : 타요인 초래
- 상승적 : 타요인 촉진

III. 콘크리트 구조물의 균열과 염타로 의한 내구성 저하 Flow

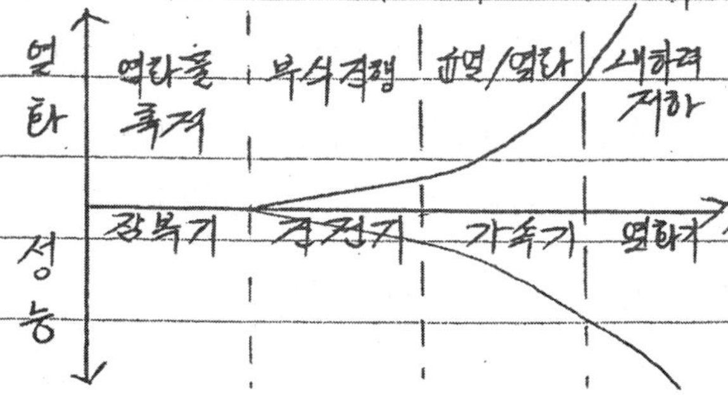

⊙ 가속기에 열화가 급증하므로 이 시기 이전에 예방적 유지보수 필요

IV. 콘크리트 구조물의 내구성 저하시 문제점

1. 구조적 문제
   : [균열 / 열화] ⇒ [내구성 저하] ⇒ [구조물 파괴]

2. 비구조적 문제
   : [내구성저하] ⇒ [보수-보강] ⇒ [LCC 증가]

V. 콘크리트 구조물의 내구성 저하 원인

1. 공통 원인
   - 설계 : 내구설계 미비
   - 재료 : 반응성 골재, 중타 시멘트 사용 등
   - 시공 : 다짐 / 양생 / 이음 등 불량

2. [illegible]
   - 내적
     - AAR (silica Gel 형성)
     - 철근 부식 (2.5배 팽창)
   - 외적
     - 물리적 : 지진, 진동, 동해 등
     - 화학적 : 염해, 중성화, 화학적 침식

[중/2역]

(※) 영동선 (2006) : 동해 + 염해 ⇒ 상승적 복합열화

VI. 콘크리트 구조물의 내구성 증진을 위한 설계 관리 방안

1. 내구설계 : [내구지수 (D_T)] > [환경지수 (E_T)]

"충남 서천 00도로 (2001)"

- 기본 내구지수
- 설계(10), 재료(9), 시공(9)

- 표준 환경지수
- 염해, 동해, 중성화 등

2. 내구설계 검증 (정량적 평가)

   ∘ D_T = 200 [123년]

   ∘ E_T = 188 [100년 (내구수명)]

   ⇒ $D_T > E_T$, O.K

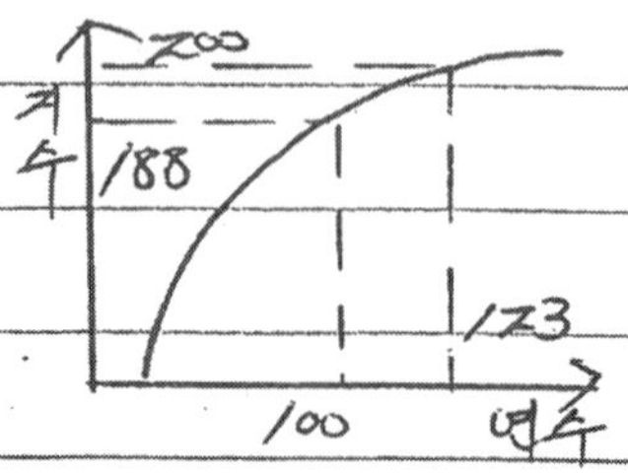

VII. 콘크리트 구조물의 내구성 증진을 위한 시공관리 방안

[※ 충남 서천 OO도로 O공구(2001) OO교 中心]

1. 재료
   - ◦ 골재의 품질향상 (반응성 골재 지양 등)
   - ◦ Cement 품질 check
2. 배합
   - ◦ W/B 40%, S/a 43%
   - ◦ 공기량 4~6%, Gmax ≤ 25mm
3. 시공 [대표적 사례위주]
   - ◦ 피복두께 ["Life-365" Model 사용]
     ⇒ 간만대 115mm, 해중 107mm
   - ◦ 시공이음부 설치 지양 (H.W.L+0.6m ~ L.W.L−0.6m)
   - ◦ 해안선 ~250m 이내 ⇒ 염해 피해 대책

VIII. 콘크리트 구조물의 내구성 증진을 위한 [illegible] 방안

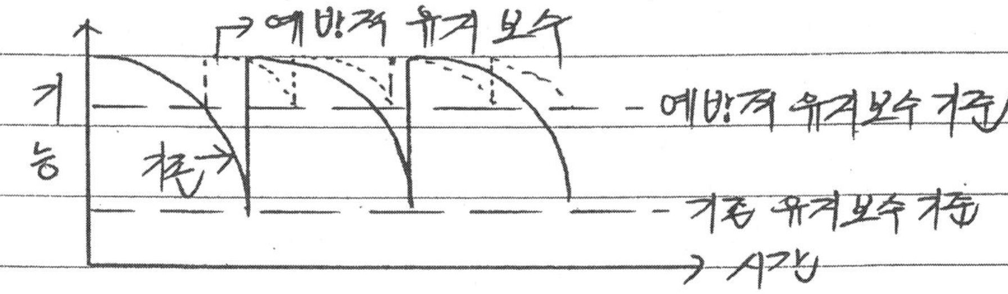

(※) 도입효과 (능동적 대처)
- 보수 규모/방법 최소화
- 내구수명 연장
- Life Cycle Cost 감소

"끝"

OR VIII. ~ 내구성 평가를 통한 유지관리 활용 방안

$\gamma_p A_p \leq \phi_k A_k$

문제2) 콘크리트 구조물 내구성 저하원인 및 내구성 증진을 위한 설계 및 시공 방안에 대하여 기술하시오

답)

I. 개 요

1. 콘크리트 구조물 내구성 저하원인은 인위적인 설계 및 시공 관리와 자연적 환경 요인에 의한, 열화현상에 의하며

2. 내구성 증진을 위한 설계방안은 내구지수(Dt) > 환경지수(Et) 와 확률론적인 설계 발전이 요구되며,

3. 내구성 증진을 위한 시공관리 방안은 재료, 배합관리와 타설전 시공계획, 타설중 다짐, 과이음, 타설후 양생관리가 중요함.

※ 평택00기지 접안시설(Caisson – 260함, 96'~98)

II. 콘크리트 구조물의 내구성능과 열화의 관계

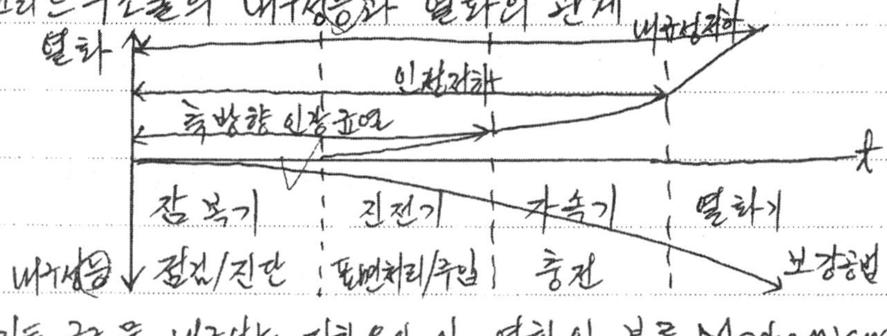

III 콘크리트 구조물 내구성능 저하요인 인 열화의 분류 Mechanism

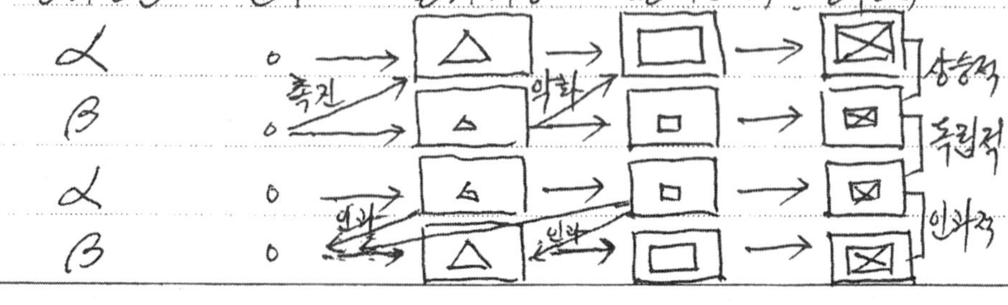

문제) 철근콘크리트 내구성 저하 원인 및 내구성 증진을 위한 설계 및 시공시 방안에 대하여 기술 하시오.

답)

I. 개요

1. 철근콘크리트 내구성 저하 원인은 내적인 AAR, 중성화, 외적인 물리적(진동, 충격, 마모), 화학적(염해, 동해)이 있다.

2. 내구성 증진을 위한 설계 방안은 내구지수 > 환경지수, 피복두께, 방식 처리 등이 있고,

3. 내구성 증진을 위한 시공시 방안은 설계, 재료, 배합, 시공적인 측면 관리가 필요하다.

4. OO해상 ...

II. 철근콘크리트 내구성 저하 현상 및 철근 부식 Mechanism

1. 중성화
2. 철근부식 ⇒
3. 균열

$$Fe^{2+} + H_2O + \frac{1}{2}O_2 \rightarrow Fe(OH)_2$$

$$Fe(OH)_2 + \frac{1}{2}H_2O + \frac{1}{4}O_2 \rightarrow Fe(OH)_3 \text{ (녹)}$$

부식생성 → 체적팽창 → 균열 → 부식

III. 철근콘크리트 내구성 저하 단계별 문제점 및 대책

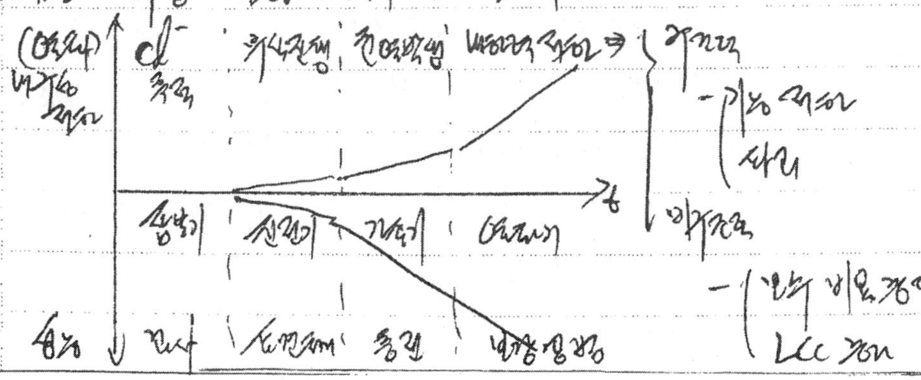

IV. 콘크리트 구조물 내구성 저하시 문제점.

1. 구조적 : 내구성저하 → 외부환경영향 · 열화 가속 → 유효단면결손 → → 응력집중 ($f = \frac{P}{A}$) → 구조물 파손

2. 비구조적 : 열화의 원인, 사용성 + 사용성 + 미관불량 → 보수보강 (LCC증加)

V. 콘크리트 구조물 내구성 저하 원인

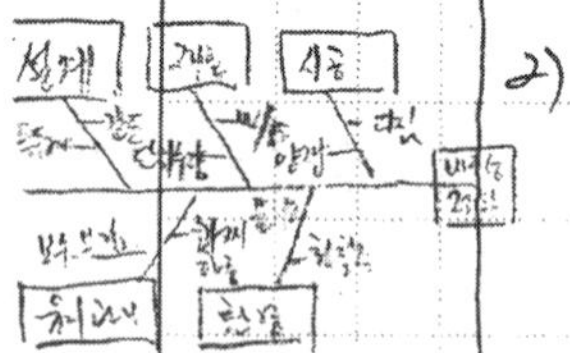

1. 자연적	2. 인위적
1) 내적 : AAR, 철근부식	1) 설계 : 내구설계 미흡, 피복두께
2) 외적 ┌ 물리적 : 하중, 동해, 열, 진동충격, 온도습도	2) 재료 : AAR 골재사용
└ 화학적 : 염해, 중성화, 화학적침식 (SO4)	3) 시공 : 다짐, 양생, 양생미흡
	4) 유지관리 : 보수 · 보강 부실
	5) 환경관리 : 배합 (W/B)

VI. 콘크리트 구조물 내구성 증진을 위한 설계관리 방안 (평택 00기지 정밀시설 기준)

1. 내구설계 = 내구지수 (D_t = 189) > 환경지수 (E_t = 175)

※ 내구년한 (110년) 조건 만족

1) 내구지수 (D_t) = $D_0 + \sum \Delta D_t$

(설계, 재료, 시공분야)

2) 환경지수 (E_t) = $E_s + \sum \Delta E_t$

(염해, 중성화, 동해, 화학적침식)

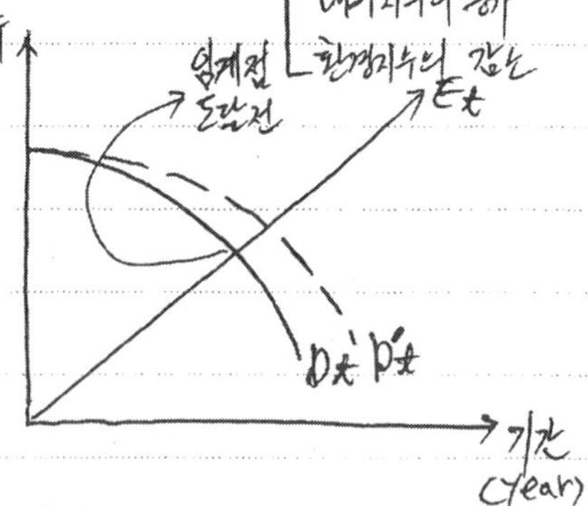

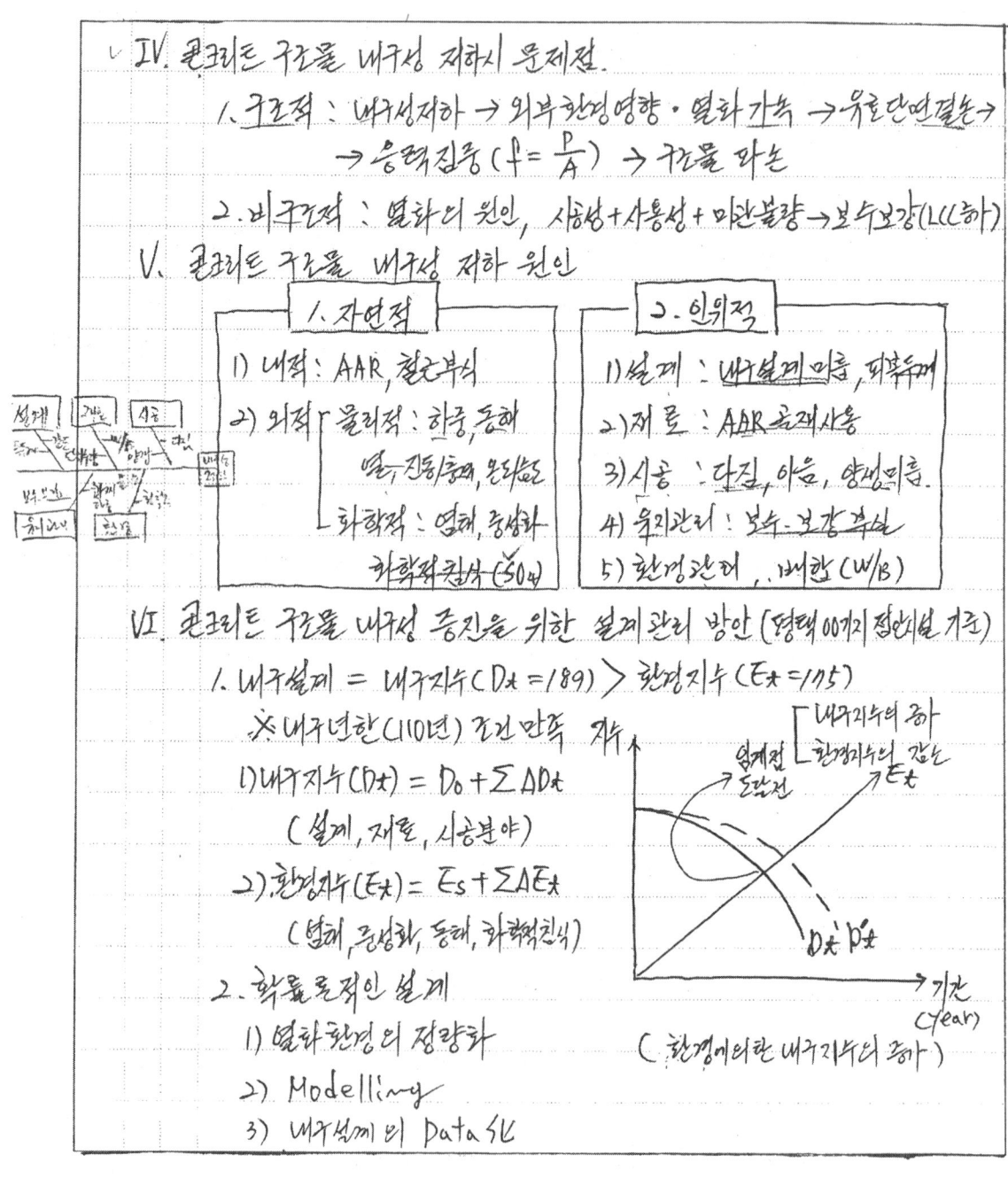

(환경에 의한 내구지수의 증가)

2. 확률론적인 설계

1) 열화환경의 정량화

2) Modelling

3) 내구설계의 Data화

VI. 콘크리트 내구성 저하 요인

1. 내적 ※ OO해상 교량 - 고내구성 요구됨

1) AAR 염화물 이온 침투

2) 중성화 해수 → 수계 영향

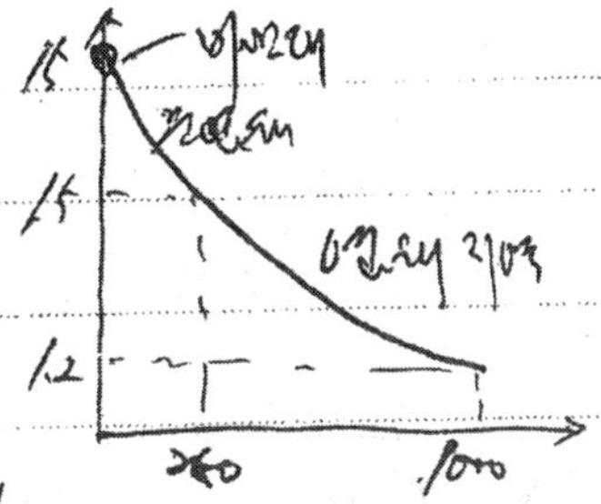

2. 외적

1) 물리적 : 동해, 지진, 충격.

2) 화학적 : 염해, 화학적 침식

VII. "OO 해상 교량" 내구성 저하 대책 (고내구성 확보 품질 관리)

1. 재료적 대책

- 내구성 설계 → 염해에
- 내구성 배합 세심
- 내구성 시공 안정관리

2. 공법 대책 (보수)

- 표면 도장 - epoxy mortar
- 방청 철근 - 시공. 방법
- 재시공.

VIII. "OO 해상 교량" 콘크리트 내구성 증진을 위한 설계시 방안

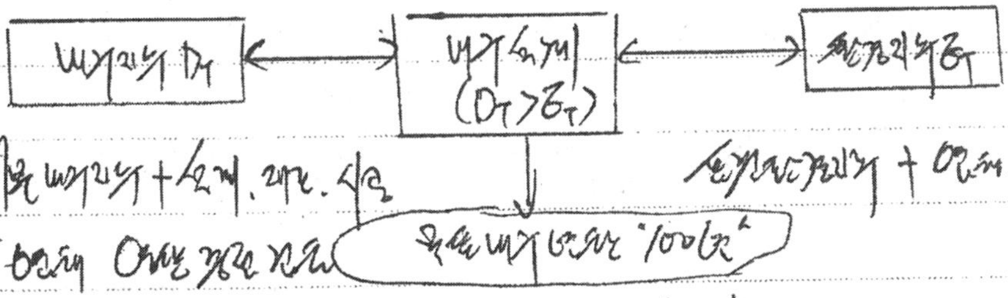

※ 염해 0.06 제한 검토

1. 1차 방식 방법

- 설계 : 피복두께 100mm.
- 재료 : 고로slag cement
- 배합 : W/B 38%, Gmax 20mm. S/a 46%.

2. 2차 방식 방법

- 표면 피복
  - 도장, 전기 방식
- 전기 방식 140,000원/m² 이상
  - 피아노선의 손실

Ⅶ. 콘크리트 구조물 내구성 증진을 위한 시공관리 방안 (평택00기지 접안시설 기준)

1. 재료	2. 배합	3. 시공
1). 고로 slag cement	1) W/B = 43%	1). 타설전 : Slid Form 시공계획
2) AAR에 무해한 골재	2) S/a = 42.7%	2) 타설중 : 다짐 (5~15초) 72HR 연속타설
3) 재료 선정 및 관리시험	3) Gmax = 25mm	3) 타설후 : 온도제어양생 (D+7일)
	4) 혼화제 : 0.85%	

Ⅷ. 평택00기지 접안시설 유지관리 중장기 계획

1. 시설물 유지 계획

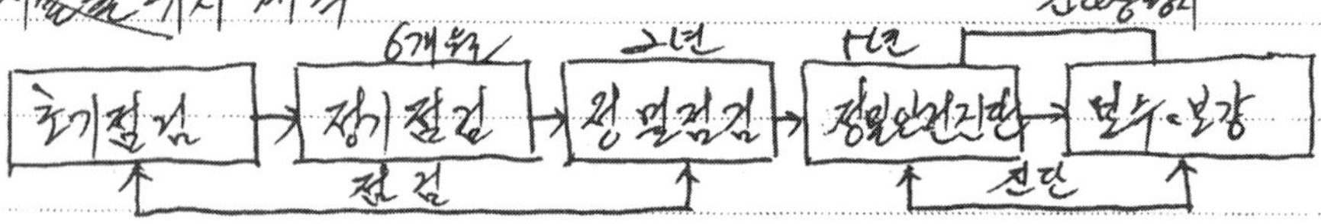

2. 구조물 관리 Management system + LCC 적용

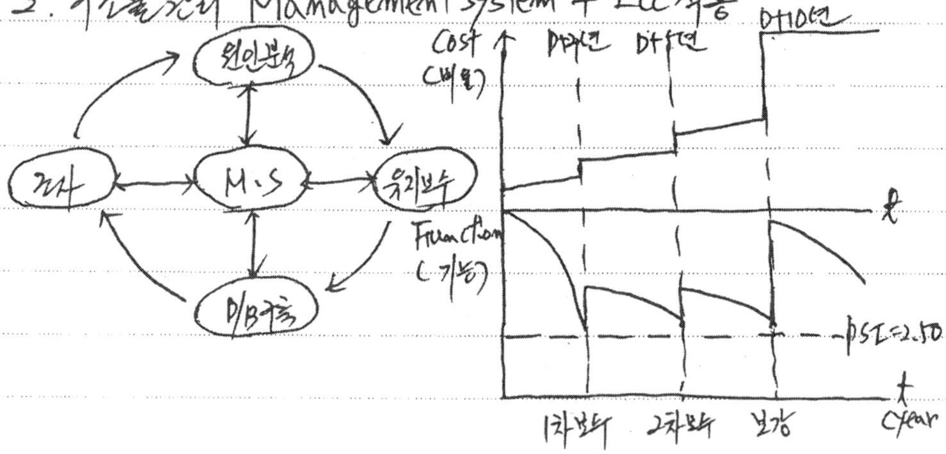

끝.

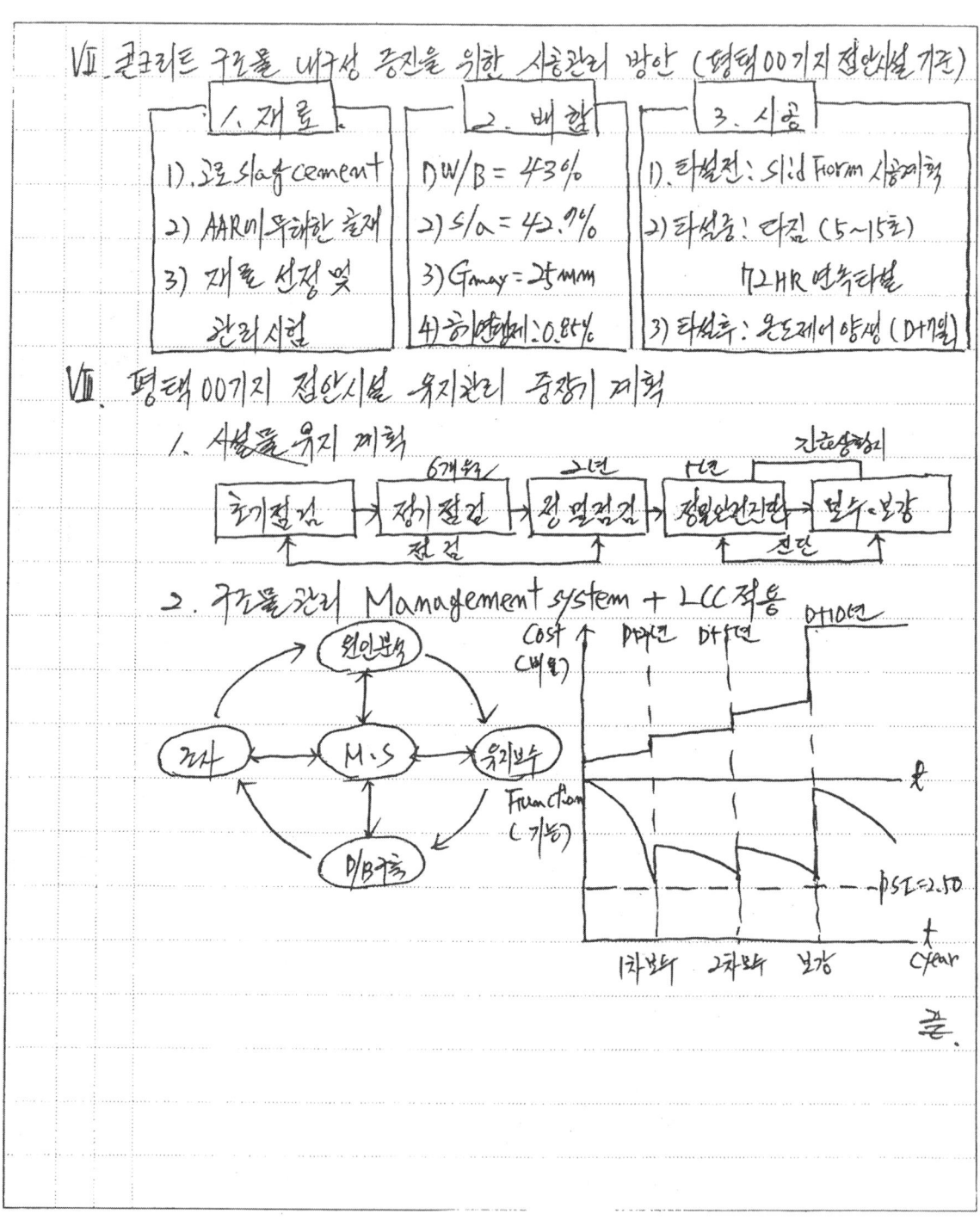

VII. "OO해상 교량" 교각기초 내구성 콘크리트 사용시 방안

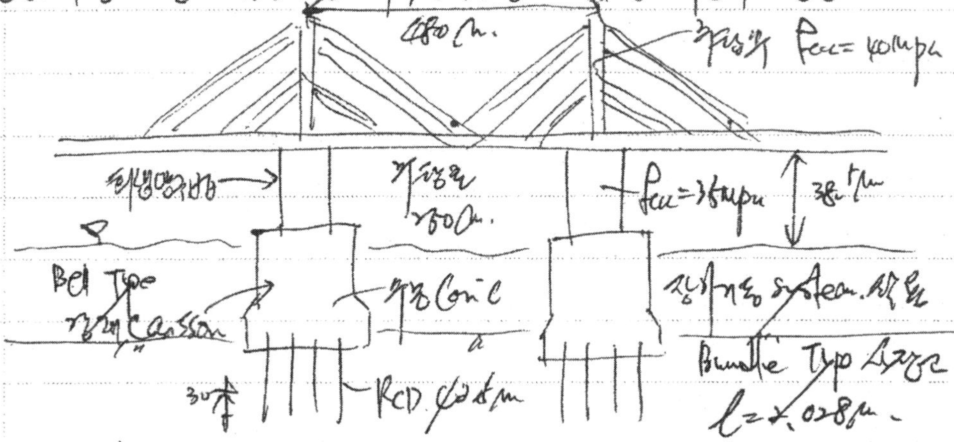

1. 소개 (피복두께: 100mm. 방식대책: 내부 전면 방식
2. 재료 (고로Slag Cement, AE제, 유동화제
3. 배합 (W/B: 38%. S/a 45%. Gmax 20mm
공기량: 4~6%
4. 시공
- 계량, 비비기, 운반 — 해상 Batch plant 사용, 품질관리(Slump, 공기량, 염화물)
- 타설 — Tremie(Φ250mm), 연속, 수중 ...
- 다짐 — 진동기 사용 금지 — 유동화제 사용
- 양생 — 습윤 양생, 바닷물 접촉 금지
- 이음 — 해양 간만대 이음 금지

※ 교대부 Mass concrete 균열 — 온도 제어, 온도균열지수 I = 1.2 확보

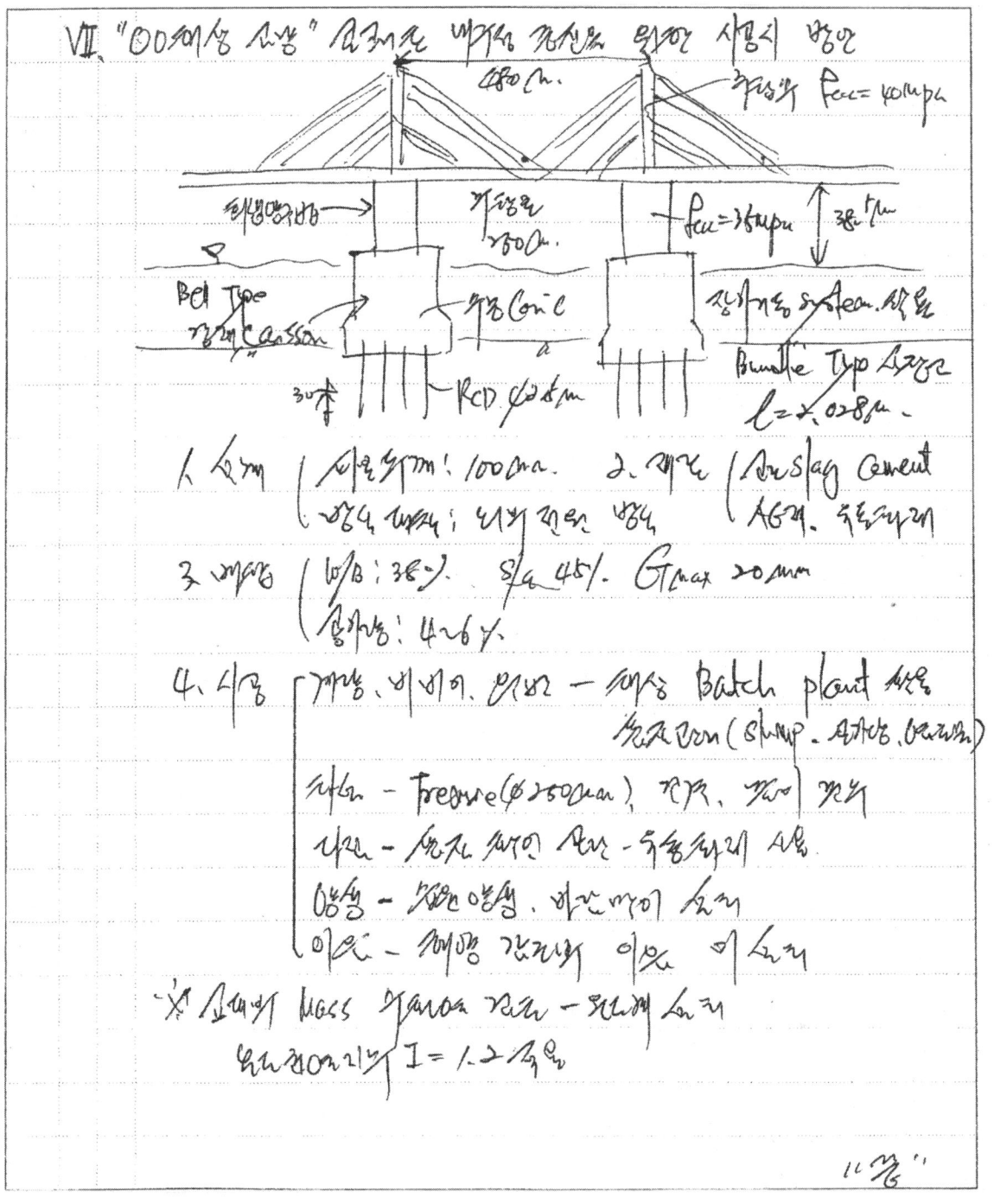

"끝"

▣ 현명한 공부는?

안녕하세요? 신경수입니다.

1. 시험일이 가까워지면 마음이 급해진 분들을 주위에서 쉽게 찾아볼 수 있습니다.

2. 더불어 시험이 가까워오니 그동안 안보이던 불량감자들과 장수풍뎅이들이 눈에 많이 보이는데 남은 기간 무엇을 해야 할지 모르고 막연하게 열심히해야지라는 생각으로 한주 한주를 죽이는 사람들이 있습니다.

3. 모두가 초심으로 돌아가서 시험의 본질을 생각해야 할 때입니다.

4. "출제되는 부분만을 하라"는 시험공부의 기본입니다.

5. 그러면 출제되는 부분에 대해서 문제가 요구하는 내용을 이해하는 것이 합격의 첫걸음이라 할 수 있습니다.

6. 더불어 이해한 부분에 대해서는 공부를 반복해서 할 필요가 없다는 말입니다.(이거 굉장히 중요합니다.)

7. 즉, 시험공부 시 자기가 부족한 부분만을 갖추기 위해서 노력해야하는데, 이미 알고 있는 내용을 무작정 반복하는 것은 아무 의미가 없고 실력향상에 전혀 도움이 되지 않습니다.

8. 시험공부란 "합격에 요구되는 공부"와 "자신이 이해 못한 부분의 학습" 이 두가지 조건을 충족시켜야만 원하는 결과를 얻을 수 있습니다.

9. 충분히 알고 있는 것을 반복하다보면 뿌듯한 마음이 들고 안도감을 느끼게 되지만 실력은 그 자리에서 맴돈다는 것을 항상 기억하시기 바랍니다.

10. 지금 당장 내가 지닌 문제점 혹은 자신 없는 부분을 포스트잇에 적어 수첩에 붙여 놓으시기 바랍니다.

11. 시험공부는 책을 1page부터 순차적으로 보는 게 아닙니다. 중요한 부분 먼저 그리고 자신 있는 공종부터 틈나는 대로 봐 주는 것이 현명한 공부입니다.

12. 우리 학원 가족분들 모두 현명한 수험생이 되기를 기대해봅니다.

문제3 강구조물 연결방법의 종류 및 특징을 설명하고, 강재 부식의 문제점 및 대책에 대하여 기술하시오.

[기본 Item = 유형]

문제점	공법	AB	콘크리트	제도 및 system	기타
★	★				

[관련 공종]

콘크리트	강재	건설기계	토공	연약지반	막이	기초
	★					
도로포장	교량	터널	댐	하천	항만	공사시사
	★					

[질문 요지]

1. 강구조물 연결방법의 종류
2. 강구조물 연결방법의 특징
3. 강재부식의 문제점
3. 강재부식의 대책

[조건]

1. 강구조물

[중요 Item]

1. 연결 – 용접결함
2. 부식 – Mechanism
3. 부식 – 공용 중 유지관리

[차별화 Item]

1. 이 론 :
2. 경 험 : 해상교량 강구조물 연결
3. 도식화
   - 그래프 : 연결(용꼬리, 고장력볼트 축력관리), 부식(부식속도)
   - 모식도 : 용접결함, 부식 Mechanism
   - Flowchart :
   - 특성요인도 :
   - 기타 : 강재 부식 화학식
4. 비교표 : 용접이음, 고장력볼트이음

Thinking Tip

1. 강교의 사례와 연계할 것
2. 해양환경하의 부식, 내구성, 유지관리 문제

문제3) 강구조물 연결방법의 종류 및 특징을 설명하고 강재부식의 문제점 및 대책에 대하여 기술하시오.

답)

I. 강구조물 연결방법의 개요

1. 강구조물 연결방법의 종류는 야금적 방법인 용접이음과 기계적 방법인 고장력 볼트와 리벳 이음이 있다.
2. 강구조물의 용접이음 특징은 미관이 좋으나 시공성이 좋지않고 고장력 볼트의 특징은 시공성은 좋으나 미관이 불량하다.
3. 강구조물의 강재부식의 문제점은 유효단면감소→부재파괴. 재료적(물리. 화학적) 구조적(응력부식. 피로부식) 등이 있다.
4. 강구조물의 강재부식의 대책은 부식을 허용하는대책과 부식을 허용 하지 않는대책으로 분류된다.

II. 강구조물 연결방법 선정시 고려사항 (충북 00교 가설공사)

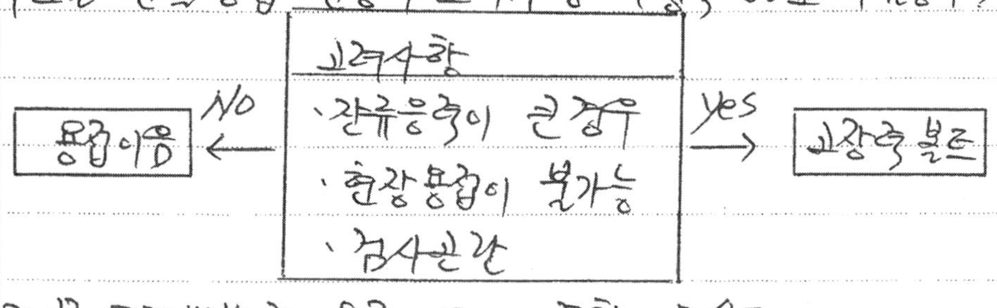

III. 강구조물 연결방법중 용접이음의 결함 모식도

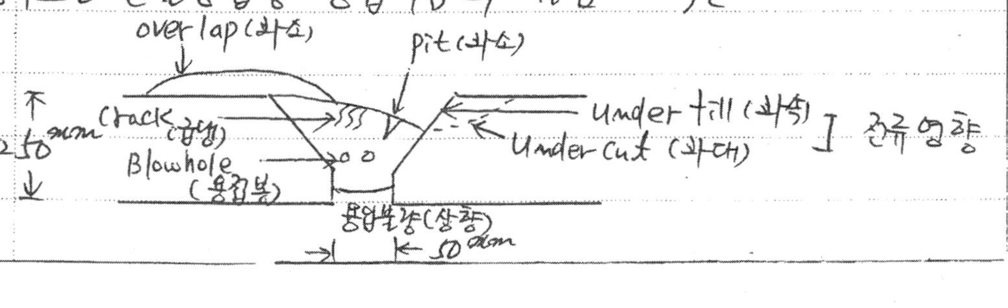

IV. 강구조물 연결 방법의 종류

1. 야금적 방법 : 용접이음 [용접결함, 국부손상 / 인장잔류응력

2. 기계적 방법 : [고장력 볼트 ← 마각, 접합 / 리벳이음 → 직접, 간접

V. 강구조물 연결 방법의 특징 및 차이점 (충북 00교 가설공사 현장)

구분	야금적 방법	기계적 방법	비고
개요	강성이음	연성이음	용접비파괴검사
시공성	불리함	유리함	육안검사
경제성	소규모 유리	대규모 유리	비파괴검사 ↓
장점	미관우수	Slip 효과	내적 : UT, RT
단점 (문제점)	용접결함	단면결손	외적 : MT, PT
	국부손상	축력관리	
	인장잔류응력	부재증가	

VI. 강구조물 강재 부식의 문제점

1. 기술적 : 부식 → 유효단면적 감소(A) → 작용응력 증가(f)

$f = \frac{P}{A}$ → 작용하중 > 유효응력 → 부재파괴

→ 내구수명 저하

2. 관리적 : [유지보수 비용증가 (LCC증가) / 내구성저하 → 경제적 손실

VII. 강구조물의 강재부식 대책

1. 부식을 허용 : 부식두께 반영 (부식속도 × 내구연수)
2. 부식을 불허용 :
   1) 내적 : 내후성강 사용 → 환경에 유리. 자재구입 난해
   2) 외적 : ┌ 표면피복 ┌ 유기 : Epoxy, Liming
                        └ 무기 : 아연도금, 몰탈
             └ 전기방식 ┌ 외부전원법 : 유지비 소요, 대규모
                        └ 희생양극법 : 시공비 고가, 소규모

VIII. 강구조물의 연결과 부식에 대한 현장 책임자로서의 제언

1. 강구조물의 연결는 작업전 작업자의 교육을 통하여 불안정요소를 최소화 하여야 함
2. 강재부식은 강재 연결의 결함과 같이 강구조물의 내구성에 영향을 미치므로 주기적인 관리가 필요
3. 강구조물의 결함은 처리대책 보다 방지대책을 강구 사전에 결함을 제거 하는것이 경제적임
4. 구조전적 경제성을 고려하지 말고 내구성과 친환경성을 고려 하여 공법 선정을 하여야 함

'끝'

문제 3. 강구조물 연결방법의 종류 및 특징을 설명하고 강재부식의 문제점 및 대책에 대하여 기술하시오

[답]

I. 개요

1. 강구조물 연결방법의 종류는 야금적, 기계적인 방법이 있고 특징은 힘전달 확실, 인장 잔류 응력 등이 있으며
2. 강재 부식의 문제점은 구조적(단면적 감소에 따른 응력집중), 비구조적(유지 보수 비용 발생)인 부분으로 구분 할수 있으며
3. 경북 포항 지역 OO 현장에서는 강재부식 대책으로 강재에 무기질코팅제 도료를 도장 하였음.

II. 경북 포항지역 OO현장 강구조물 시공 Flow

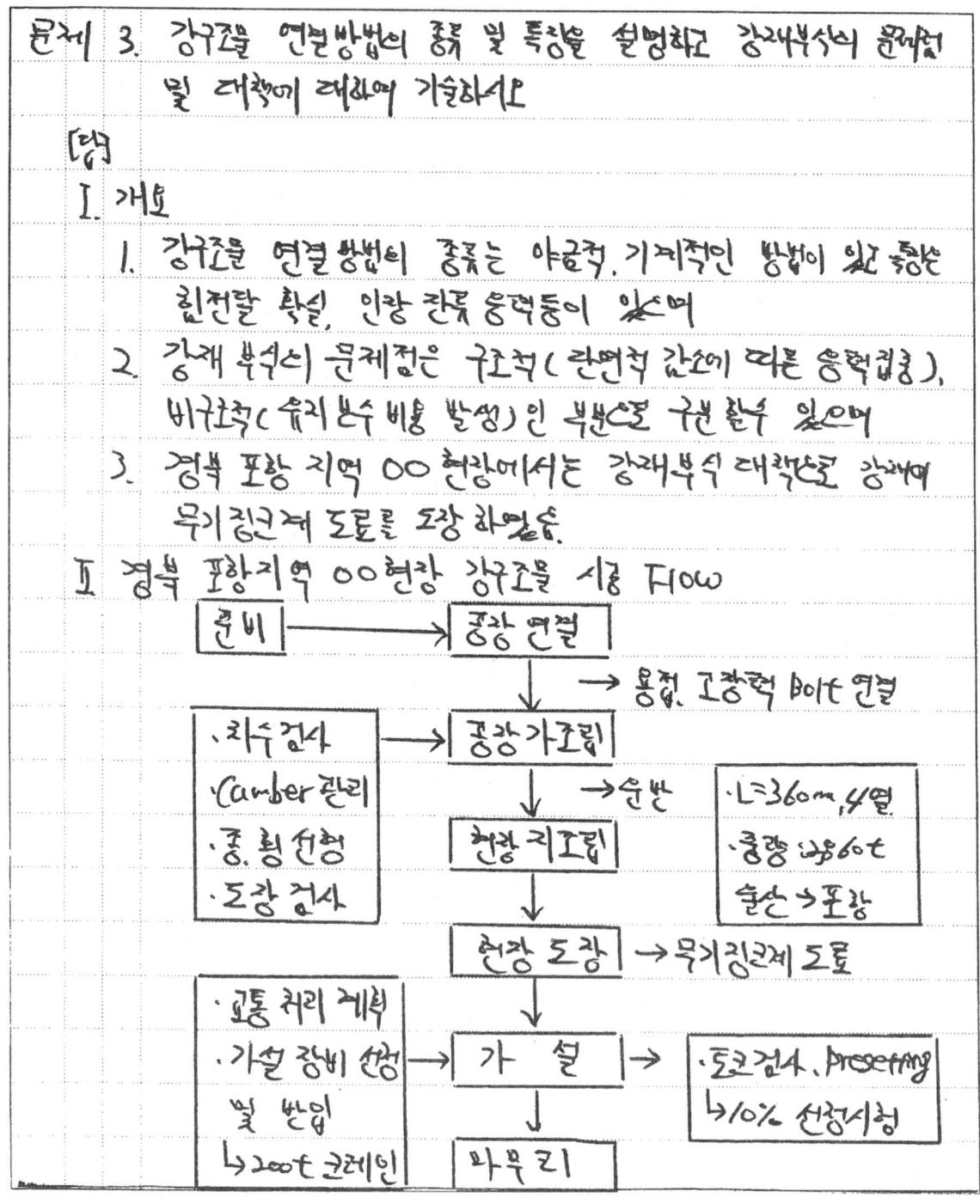

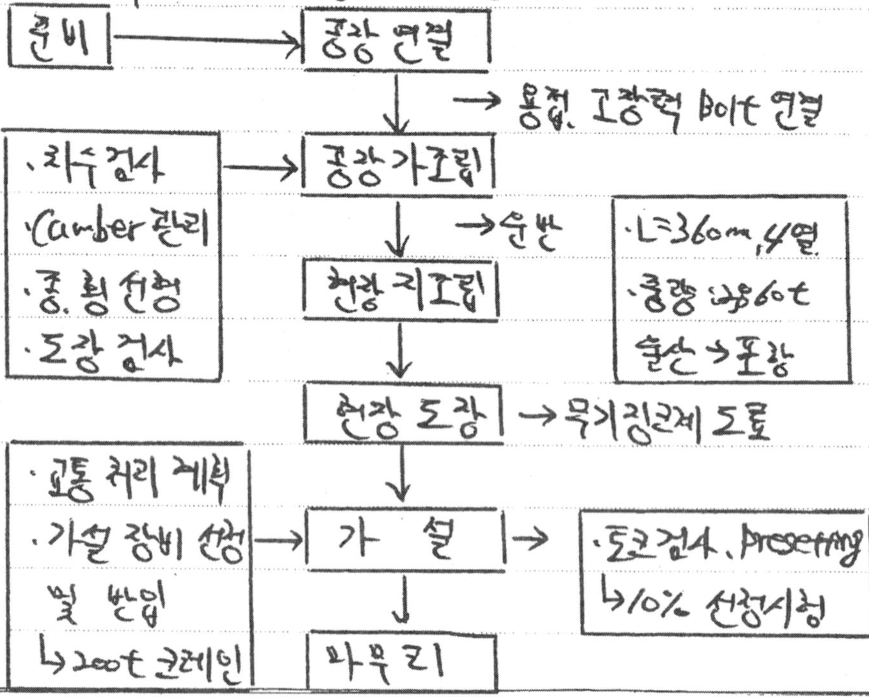

문제3) 강구조물 연결방법의 종류 및 특징을 설명하고, 강재부식의 문제점 및 대책에 대하여 기술하시오.

답.

I. 강구조물 연결과 부식의 개요.

1. 강구조물 연결방법의 종류는 기계적인 방법(고장력볼트, 리벳), 야금적방법(용접)이 있으며,
2. 기계식 연결방법의 특징은 단면결손, 축력관리곤란, 부재가 두꺼운경우 볼트강성저하, 야금적방법은, 결함, 국부손상, 인장잔류응력등.
3. 강재부식의 문제점은 구조적, 비구조적 문제점이 있고, 대책은 부식을 허용하는 대책과, 부식을 허용하지 않는방법이 있음.

II. 강구조물 연결시 요구조건.

1. 연결부가 단순하여 응력전달이 확실할 것
2. 편심이 일어나지 않을것.
3. 잔류응력이나 2차 응력이 생기지 않을것.
4. 응력 집중현상 방지.

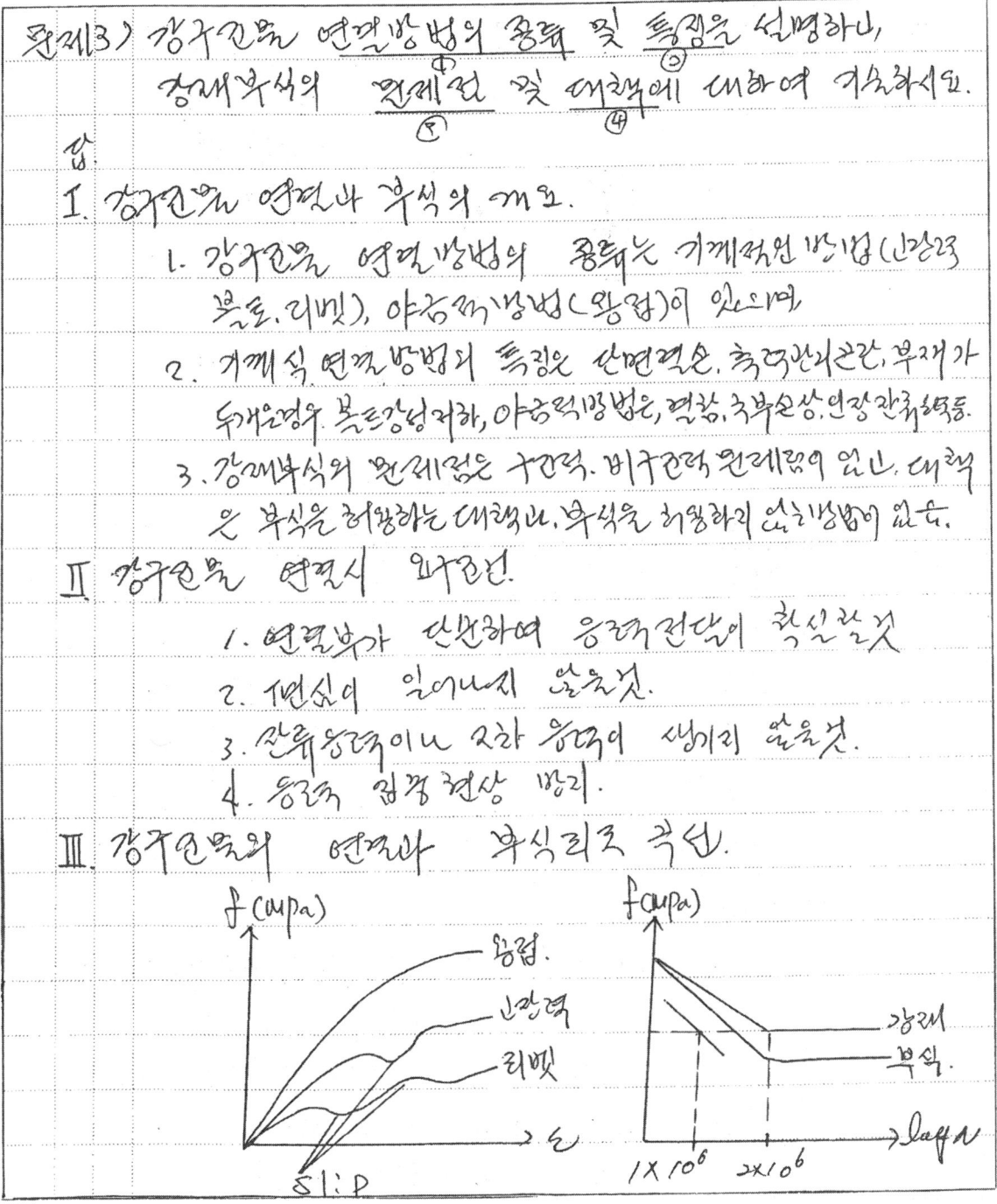

III. 강구조물의 연결과 부식피로 곡선.

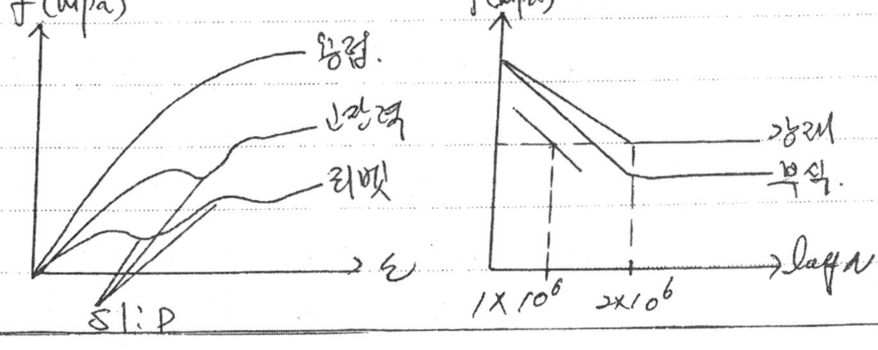

III. 강구조물 연결 방법의 종류 (경북 포항지역 00현장 중심)

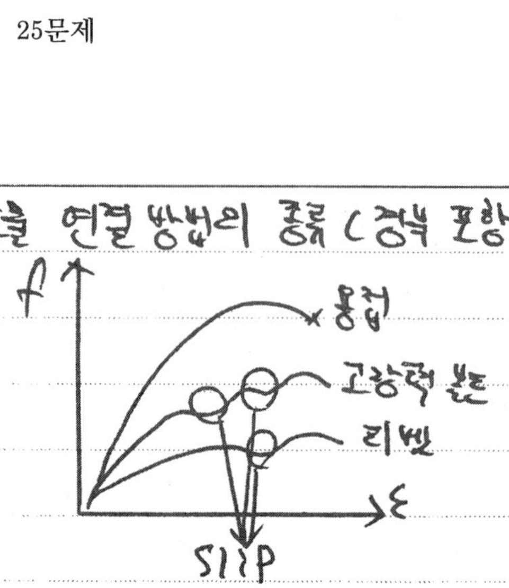

1. 야금적 방법
   - 용접이음
2. 기계적 방법
   ┌ 고장력 볼트
   └ 리벳

※ 경북 포항 지역 00현장 : 강교 가설 → L=360m
→ 용접이음, 고장력 볼트 이용 연결

IV. 강구조물 연결 방법의 특징 (및 적용 현장)

구분	용접이음	고장력 볼트	적용 현장
· 원리	· 야금적	· 기계적	※ 경북 포항
· 검사	· 육안, 비파괴 시험	· 토크법, 회전법	지역 00 현장
· 장점	· 힘전달 확실	· 인장접촉응력없음	L=360m
· 단점	· 결함(용접)	· 축력 관리	중량 : 약860t
· 시공성	· 보통	· 유리	┌ 용접이음
· 경제성	· 1.2	· 1.0	└ 고장력 볼트

V. 강재 부식의 문제점 및 원인

- 문제점 ┌ 구조적 → 강재부식 → 단면 감소 → 응력집중 → 파괴
  $Fe(OH)_3$ $f = \frac{P}{A}$
  └ 비구조적 → 추가비용 발생 → 유지보수 비용
- 원인 ┌ 내적 - 강재 자체의 품질 문제
  └ 외적 - 유해한 환경에 노출

IV. 강구조물 연결 방법의 종류

강구조물 연결방법 — 기계적 방법 [고장력 Bolt / Rivet 연결.
　　　　　　　　　— 야금적 방법 — 용접이음.

V. 강구조물 연결방법의 특징

구 분	기계적방법.	야금적방법	비 고
연결방법.	Bolt/Rivet	용 접	U-리형도로 (기계적방법 적용)
품질관리	용 이	숙련공필요	OO육교.
모재영향	Bolt공→단면축소.	모재손상.	L=63m
시 공성	단순용이	상대적복잡.	B=16.5m

VI. 강재 부식의 문제점.

1. 구조적 [유효단면적 감소 → $f=\frac{P}{A}$.
　　　　 A감소, f증가 → 좌굴 → 파손

2. 비 구조적
　[보수 보강 → 유지관리비필요 → 경제적손실
　 피해확산. 및. LCC 증가.

VII. 강재 부식 대책.

1. 부식을 허용 : 부식속도를 설계에 반영.
2. 부식을 불허용 표면피복 : epoxy. Taping.
　　　　　　　　자체 내식성강 사용
　　　　　　　　전기 방식 : 외부전원/희생양극법

※. 희생양극법 : Pocket式. Bend式. 용접式

VI. 강구조물 강재 부식 대책(경북 포항지역 OO현장 출신)

1. 부식을 허용하는 대책

[부식속도
  부식두께) 설계 반영

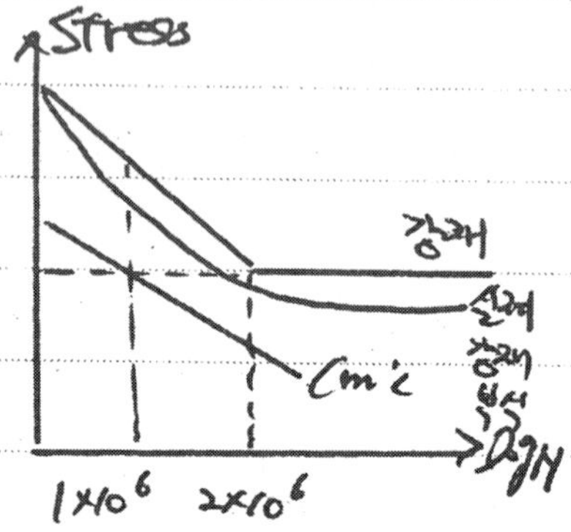

2. 부식을 불허용하는 대책

[EPOXY, 도장 → 표면처리
  전기방식 [희생 양극법
           외부 전원법

※. 경북 포항지역 OO현장 : 강교 시공 → 부식 불허용 → 도장 실시 → 무기질아연계 도료

VII. 현장 책임 기술자로서 강구조물 용접 작업시 중점 관리 사항

용접전	– [작업장 상태 점검 / 구조물 조건, 연결 방법 결정
용접중	– [응력 전달, 인장 잔류응력 방지 / 모재 전단강도의 75% 이상 유지
용접후	– [육안검사 → 이론, 경험이 풍부한자 / 비파괴 시험 및 보수 방법 결정

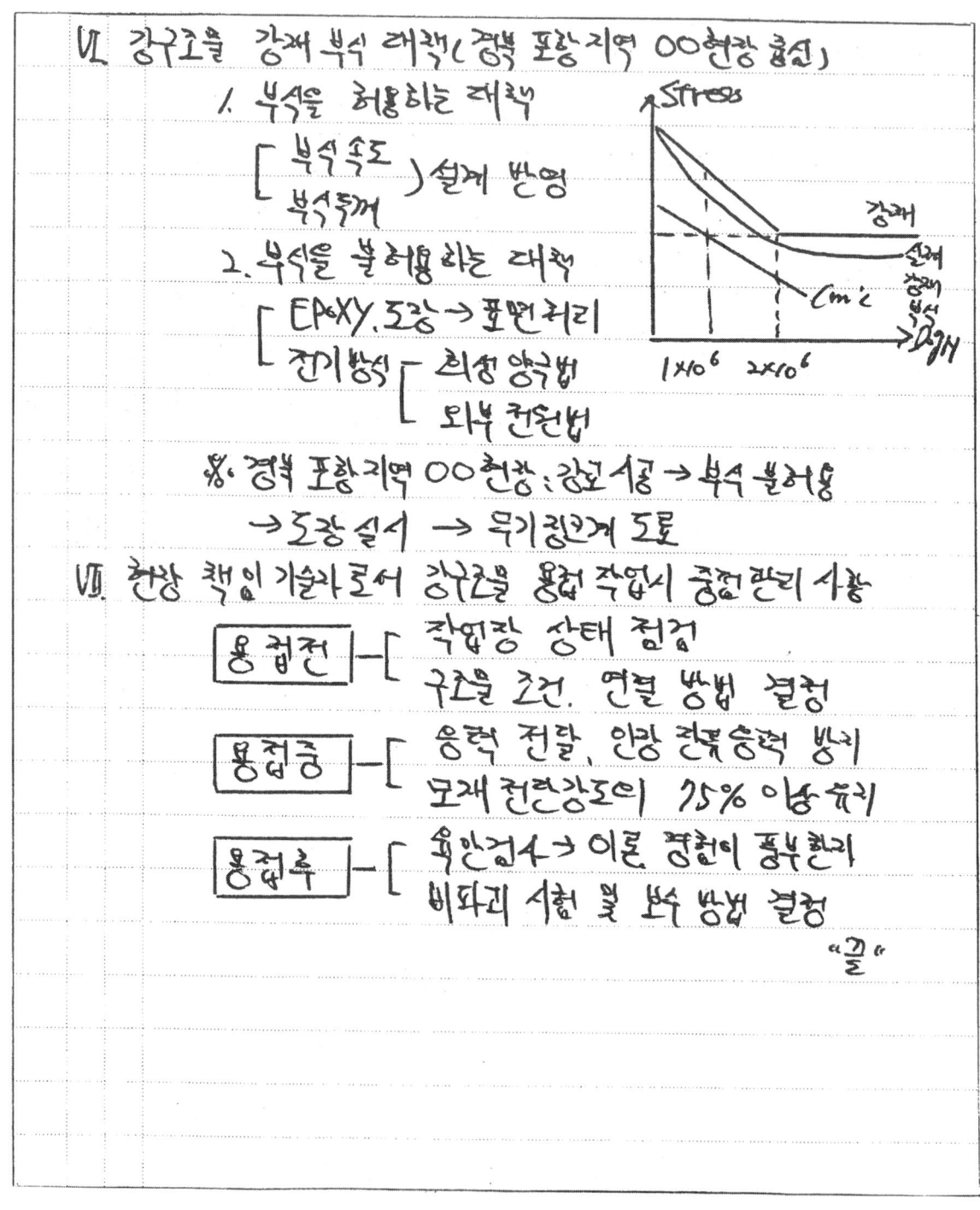

"끝"

Ⅷ. 강구조물 용접시 결함의 종류

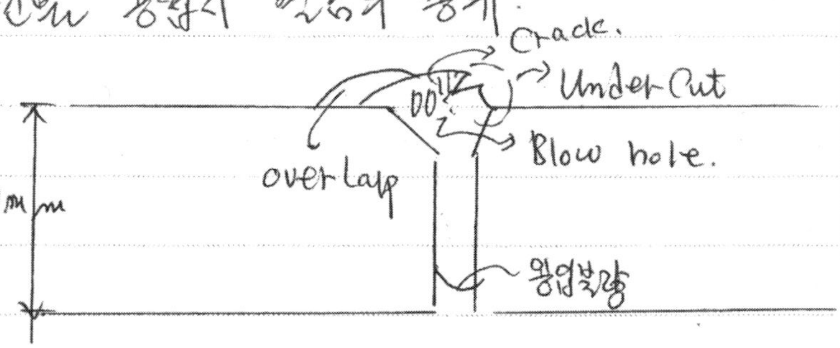

종류
1. 치수상.
2. 구조상.
3. 재료상.

Ⅸ. 강구조물 용접시 검사 방법

1. 육안검사.
2. 비파괴검사.
   - 강도변형측정
     - 순수비파괴 : 타격법, 초음파.
     - 부분파괴 : pull off, pull out
   - 내부탐사 : 두께, 내부결함.
     - 철근위치 : 자분탐상.
   - 열화 : 중성화, 염해.

Ⅹ. U-자형교 00육교. 부식방지 적용사례.

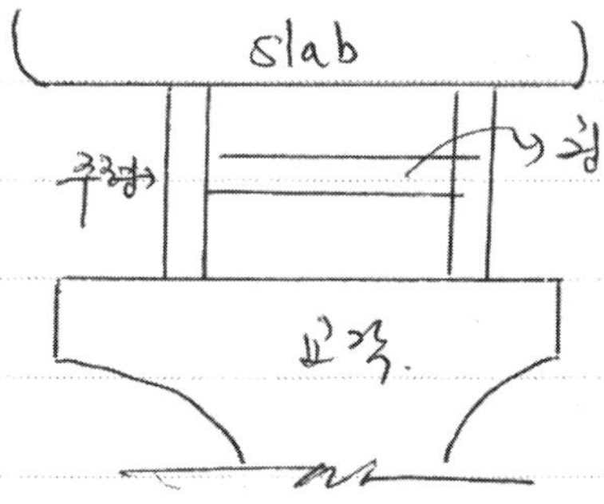

1. 원인 : 주형 및 횡프레임, Epoxy 수리
   - 문제점 : 온도변화 페인트 들뜸.
2. 대책 : 불소수지계 도료 채택. <끝>.

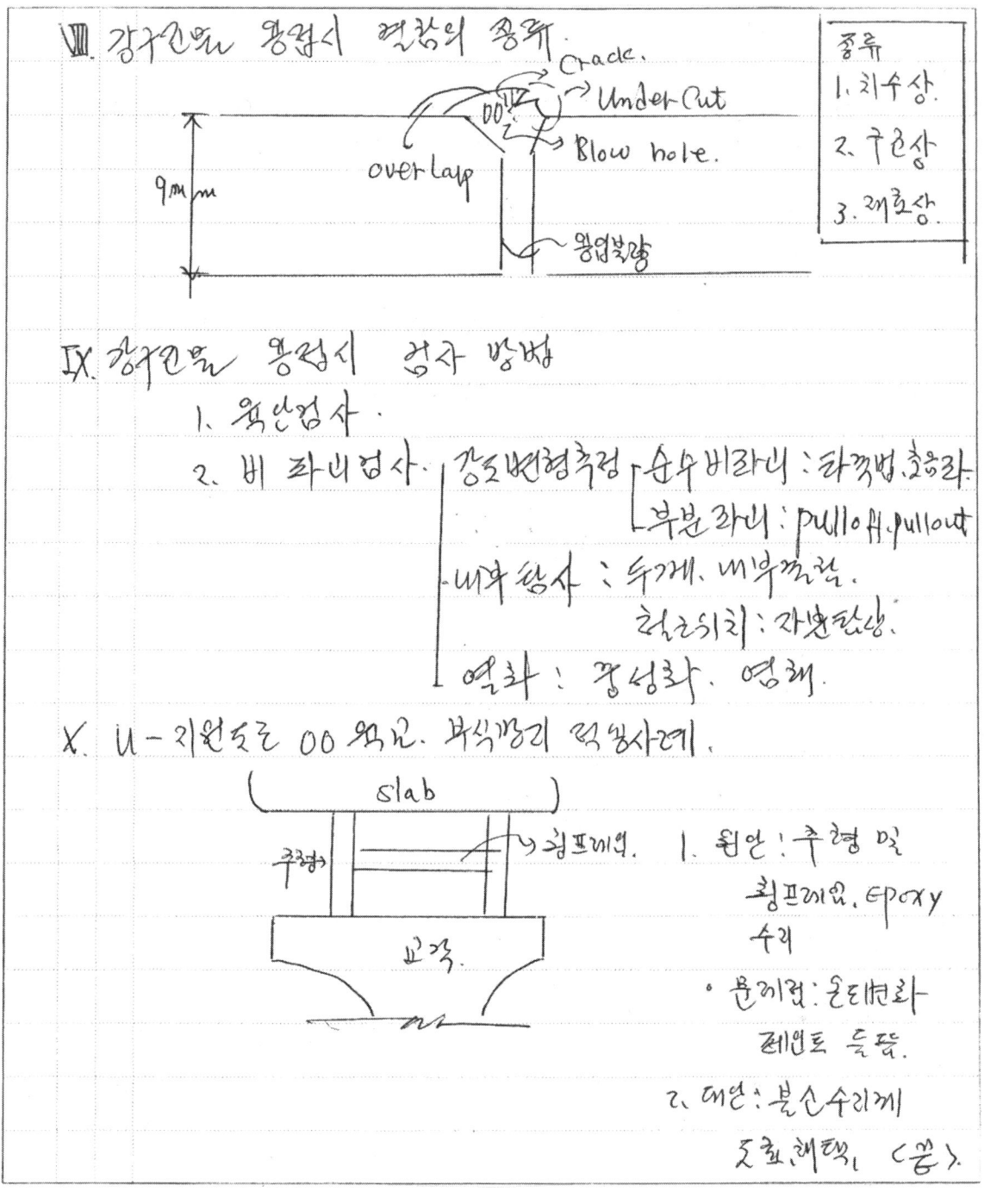

▣ 합격에 필요한 Keyword!!

안녕하세요? 신경수입니다.

1. 제목을 본 학원 가족분들(토목시공)은 공종별 Keyword를 생각하고 계실텐데 균열/열화, 연결/부식 같은 Keyword 도 중요하지만 그보다 더 중요한 게 있습니다.

2. 학원에 비싼 돈 내고 귀한 시간 할애해서 먼 길 오는 이유는 쉽게 그리고 단기간에 합격을 하고 싶기 때문입니다.

3. 그러기 위해서는 공부를 시작하기 전 합격에 필요한 몇 가지 Keyword를 체질화 시켜야 합니다.

4. 필요조건에 대한 key word 와 내용을 간단히 소개합니다.

   • 효율 : "1시간의 공부로 얼마나 얻었는가?"를 항상 의식한다.

   • 능률 : 쓸데없는 작업(내용 등)은 철저하게 배제한다.

   • 목표 : 무엇을 위해 공부하는지 항상 의식한다.

   • 집중 : 집중력 있게 공부하고 철저하게 쉰다.

   • 지속 : 하루 1분이라도 꾸준히 하는 것이 가장 중요하다.

   • 흥미 : 공부도 아는 만큼 즐거워지므로 항상 즐겁게 공부한다.

5. 합격은 좋은 습관이 주는 선물입니다.

6. 항상 "왜 공부하는지", "어떻게 공부하는지", "무엇을 해야할 지", "누구와 해야할 지"에 대해 생각하며 전진하시기 바랍니다.

7. 공부할 때는 옆자리의 수험생과 경쟁하지 말고 신경수나 김재권과 경쟁하시기 바랍니다.

문제4 사면을 인공사면과 자연사면으로 구분하고, 자연사면의 붕괴원인 및 대책에 대하여 서술하시오.

[기본 Item = 유형]

문제점	공법	AB	콘크리트	제도 및 system	기타
★		★			

[관련 공종]

콘크리트	강재	건설기계	토공	연약지반	막이	기초
			★			
도로포장	교량	터널	댐	하천	항만	공사시사

[질문 요지]

1. 인공사면과 자연사면의 구분
2. 자연사면 붕괴원인
3. 자연사면 붕괴대책

[조건]

1. 사면

[중요 Item]

1. 산사태(여름철 – 집중호우, 겨울철 – 해빙기)
2. 사면붕괴 재난관리 시스템(USN기반 실시간 재난계측)
3. 조사

[차별화 Item]

1. 이 론 : Fellenius, Bishop, Janbu법
2. 경 험 :
3. 도식화
   - 그래프 : 인공사면(시간 – 응력/간극수압/전단강도/안전율)
   - 모식도 : 산사태 Mechanism
   - Flowchart :
   - 특성요인도 :
   - 기타 : 안전율 공식, 우리나라 강우특성
4. 비교표 : 자연사면/인공사면, Land Slide/ Land Creep

Thinking Tip

1. 자연사면 붕괴원인(내/외적), 인공사면 붕괴원인(설/재/시/유)
2. 물이 사면(비탈)에 미치는 영향

문제 4) 사면을 인공사면과 자연사면으로 구분하고 자연사면 붕괴원인 및 대책에 대하여 기술하시오.

답)

I. 개 요

1. 사면은 성인에 따라 인공사면(절토, 성토사면)과 자연사면(토사면, 암사면)으로 구분되고
2. 자연사면의 붕괴원인은 내적원인(전단강도 저하)과 외적원인(전단응력증가)이 있음.
3. 자연사면 붕괴시 대책은 자연조건을 개선하는 응급대책과 저항력을 키우는 항구대책이 있다.

II. 자연사면 붕괴원인 파악을 위한 조사.(대구~포항간 고속도로 2공구)

발생위치 및 시기 — 발생규모 — 진행성여부 — 계측실시

- 발생위치 및 시기
  - 6+700
  - 태풍 "매미"
- 발생규모
  - 500 m^3
  - 토사붕괴
- 진행성여부
  - Land creep
  - 진행
- 계측실시
  - Land creep
  - 진행조사

III. 자연사면 안정성 검토를 위한 계측관리.

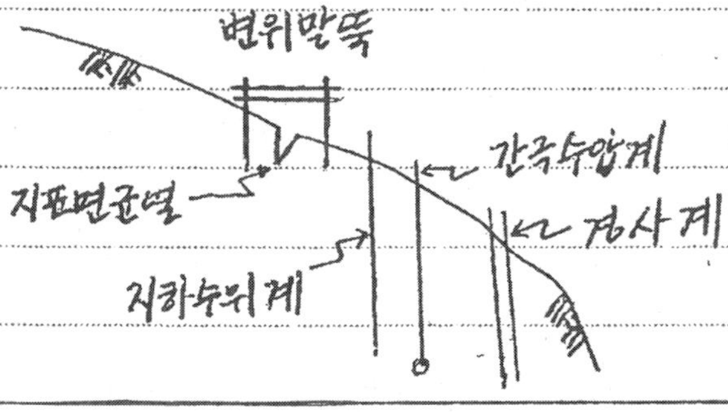

1) 원래의 현장조건
→ 기울기, 지하수위
2) 굴착중 사면안정
→ 지반변위
간극수압.

Ⅲ. 인공사면과 자연사면의 구분 및 특징

구 분	인공사면	자연사면	비고
형 상	절토사면, 성토사면	토사면, 암사면	
붕괴원인	설계, 재료	내적 (τ 저하)	$\tau = c + \sigma' \tan\phi$
	시공, 유지관리	외적 (전단응력증가)	$SF = \frac{\Sigma c l + \Sigma W_i \cos\theta \cdot \tan\phi}{\Sigma W_i \sin\theta}$
붕괴방지	안전율증가	응급대책	
대 책	안전율유지	항구대책	

Ⅳ. 자연사면 붕괴시 문제점.

1차적
1) 인적, 물적피해
2) 교통두절
→ 물류 수송지연

< 문제점 >

2차적
1) 수목유실
하천유입 → 구조물
파손 → LCC증가

Ⅴ 자연사면 붕괴의 원인 (대구 - 포항간 고속도로 2공구)

1. 내적

지하수위 상승 →

간극수압(U)증가 →

전단강도(τ) 감소 →

사면붕괴 (Land creep)

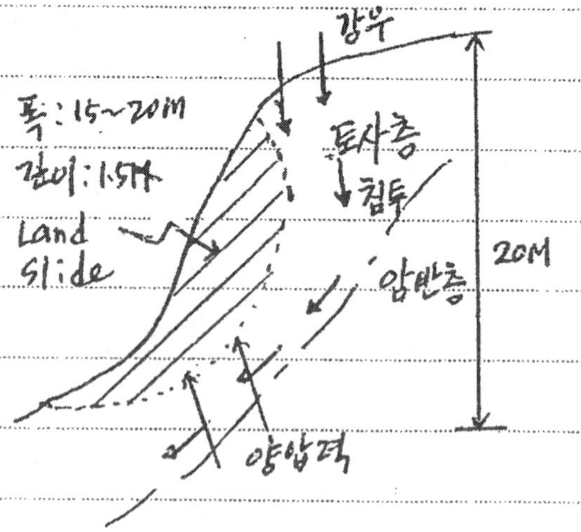

2. 외적

집중호우 → 지반침투

→ 간극수압(U)증가 →

전단강도(τ) 감소 → 사면붕괴 (Land sliding)

VI. 자연사면 붕괴 방지대책 (대구-포항간 고속도로 2공구)

1. 응급대책(억제) : 배수공, 피복공, 압성토공, 배토공

2. 항구대책(억지) : ancher공, shotcrete

soilnailing공

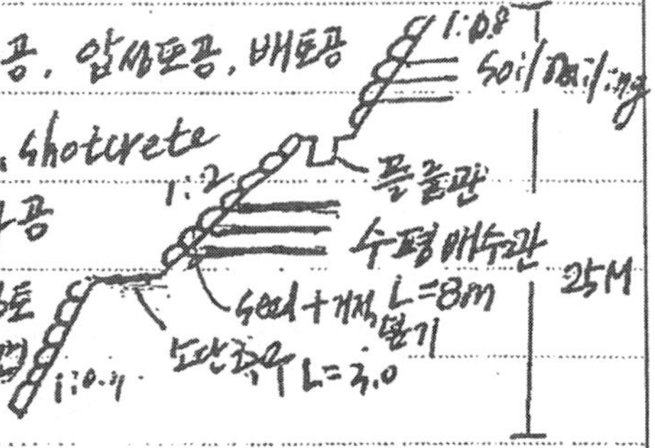

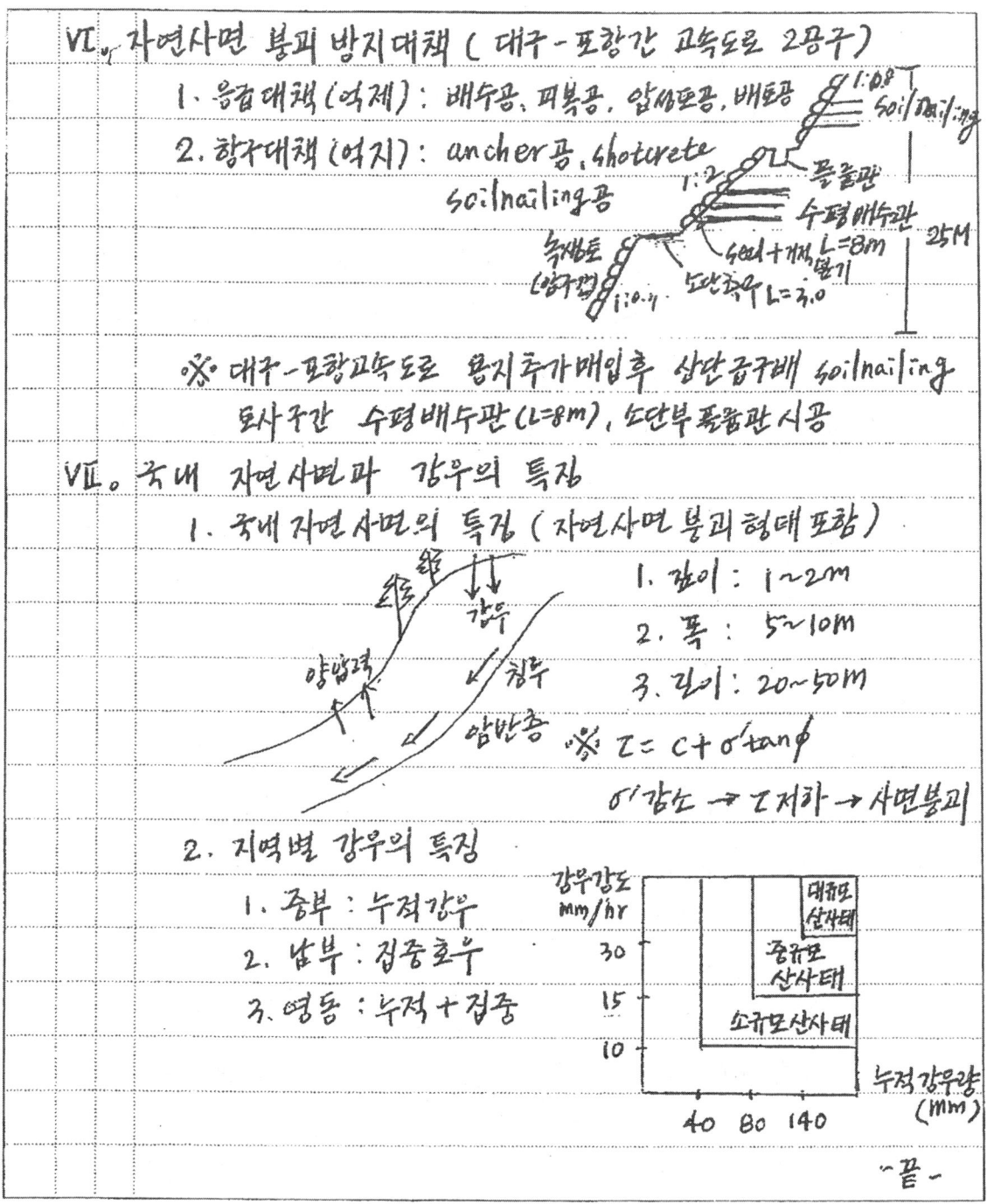

※ 대구-포항고속도로 용지추가매입후 상단급구배 soilnailing

토사구간 수평배수관(L=8m), 소단부 풍출관 시공

VII. 국내 자연사면과 강우의 특징

1. 국내 자연사면의 특징 (자연사면 붕괴 형태 포함)

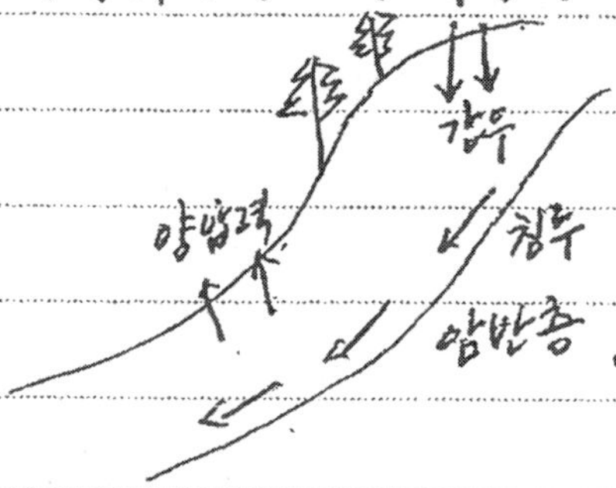

1. 깊이 : 1~2m

2. 폭 : 5~10m

3. 길이 : 20~50m

※ $\tau = c + \sigma' \tan\phi$

σ' 감소 → τ 저하 → 사면붕괴

2. 지역별 강우의 특징

1. 중부 : 누적강우

2. 남부 : 집중호우

3. 영동 : 누적 + 집중

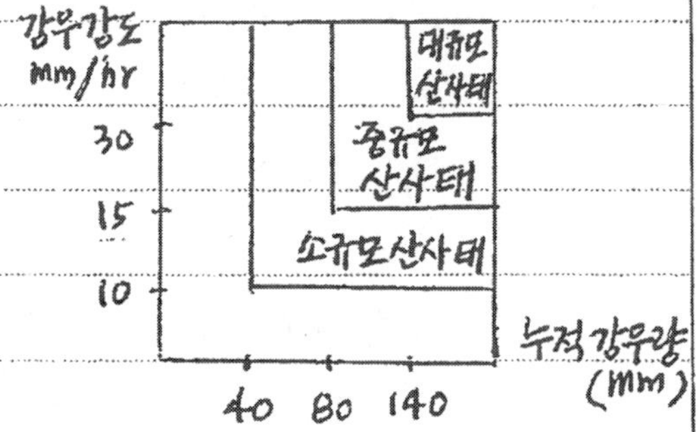

-끝-

문제) 사면을 인공사면과 자연사면으로 구분하고, 자연사면 붕괴 원인 및 대책에 대하여 기술하시오.

답)

I. 개요

1. 사면은 성인에 따라 인공사면과 자연사면으로 구분하고
2. 자연 사면 붕괴 원인은 내적인 전단강도 감소와 외적인 전단응력 증가가 있다.
3. 자연 사면 붕괴 대책은 억제대책(지하수, 지표수 배제)과 억지대책(거치공, Anchor공, 기타)이 있다.
4. 경남 OO지역 자연 사면 붕괴재해는 전단강도 감소가 원인이며, 옹벽 및 Soil nailing공으로 보강하였음.

II. 자연 사면 붕괴시 조사 및 확인 사항

1. 발생시기 및 지질
2. 발생 원인
3. 진행성 유무

⇒ 응력 해소 → (사면 감소) ⇒ 대책 마련

거동 사항

지역 특성 및 안정 대책

III. 국내 자연 사면 붕괴의 특징 및 Mechanism.

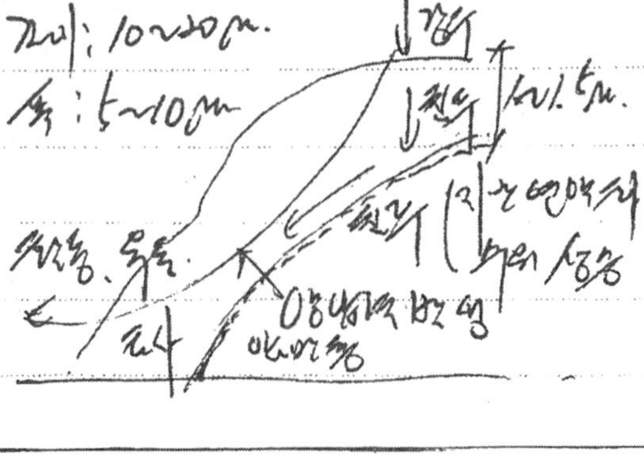

강우 발생
⇓
지표면 침투
⇓
사면 연약화
⇓
sliding 발생(붕괴)

4. 사면을 인공사면과 자연사면으로 구분하고 자연사면 붕괴원인 및 대책에 대하여 기술하시오.

<답>

I. 개요

1. 자연사면과 인공사면의 가장 큰 차이점은 성인이 무엇인가에 달려있고 자연사면은 붕괴예측이 난해하지만 인공사면은 어느정도 예측가능하다

2. 자연사면 붕괴원인은 전단강도 저하시 Land Creep이 발생하고 전단응력 증가시 Land slide가 발생한다.

3. 자연사면 붕괴 방지대책으로는 보호공법과 안정공법 및 자립공법이 있고 USN기반 실시간 모니터링에 의한 계측이 특히 중요하다

II. 국내 자연사면의 특징

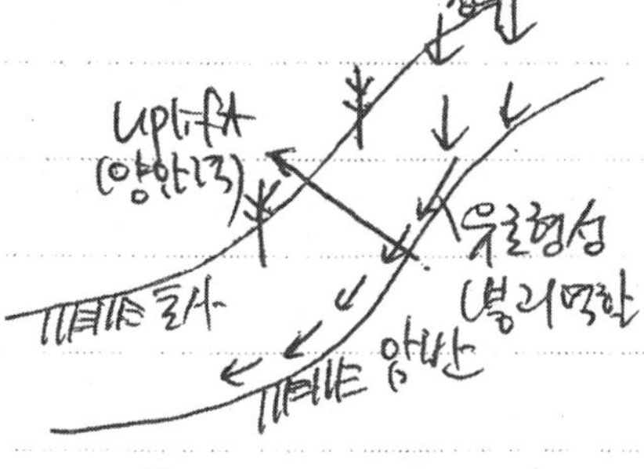

<붕괴형태>

깊이 : 1~2m

폭 : 5~10m

길이 : 20~50m

$u\uparrow \rightarrow \sigma'\downarrow \rightarrow \tau\downarrow$

$\tau = c + \sigma \tan\phi$

u : 간극수압 σ' : 유효응력 τ : 전단강도

III. 사면 붕괴시 처리대책

$$\text{사면안정}(SF) = \frac{\Sigma W_i \cdot \cos\theta \cdot \tan\phi + \Sigma cl}{\Sigma W_i \cdot \sin\theta}$$

사면활동 대책
- 안전율(SF)유지 : 비탈면 보호공법
- 안전율(SF)증가 : 구조물, 옹벽, Anchor

IV. 사면의 인공사면과 자연사면의 차이점

구분	인공사면	자연사면	비고
형상	땅깎기, 흙쌓기	토사사면, 암사면	$\tau = c + \sigma' \tan\phi$
경사	급경사	완경사	
붕괴 원인	설계, 재료 시공 유지관리 미흡	내적(전단강도저하) 외적(전단응력증가	$SF = \frac{\Sigma cl + \Sigma W_i \cos\theta \cdot \tan\phi}{\Sigma W_i \sin\theta}$
불안정시 대책 (~~붕괴 방지대책~~)	안전율 증가 안전율 유지	응급 대책 항구 대책	

V. 자연사면 붕괴시 문제점 (국도 79호선 진동 ~ 마산)

1. 1차적 (직접적) ~~직접~~ : 인적, 물적피해 → 피해 보상 (27억원)

2. 2차적 (간접적) : 수목유실 → 하천유입 → 하천구조물피해 (→ 교량하천구조물충돌)
   복구비증가 → 사회 간접 비용 증가, 미관, 자연훼손 원상복구불가

불안정시 대책

VI. 자연사면 붕괴원인 및 ~~Mech~~ Mechanism (국도79호선, 진동~마산)

1. 내적 : 전단강도감소 [지하수 : 수위상승, 지질 : 단층대, 전단 파쇄대]

2. 외적 : 전단응력 증가 [강우 : 폭우지속, 하중 : 지진, 진동, 벌목]

3. 강우에 의한 자연사면붕괴 Mechanism

$\tau = c + \sigma' \tan\phi$

강우 → 침투 → 침누 → 암반 / 토사 경계면 배수 → 양압력 → 간극수압(u)증가 → 전단강도(τ)감소 → 붕괴

IV. 인공사면과 자연사면의 차이점

구분	인공사면	자연사면	비고
성인	인공적	자연적	자연사면:
구성	점토, 성토	토사, 암	평형활동, 절편법
붕괴원인	절취(성토고, 경사) 재료(지반)	내적: 전단강도저하	인공사면:
	시공(다짐) 유지관리(배수)	외적: 전단응력증가	한계평형법, 절편법 (Janbu)
붕괴형태	저부, 선단, 사면내부파괴	Land slide Land creep	
붕괴예측	가능	난해	
붕괴규모	상대적 작음	상대적 큼	

V 자연사면 붕괴시 문제점

1차적
1) 인적, 물적 피해
2) 교통두절
→ 물류 수송 지연

← 문제점 →

2차적
1) 수목유실 → 하천유입 → 하천오염
2) 토사유실 → 배수구 퇴적
→ 통수단면감소 → 피해가중

VI. 자연사면 붕괴원인

$\tau = c + \sigma \tan\phi$

· 전단강도 저하 : 내적원인 L/C 발생
· 전단응력 증가 : 외적원인 L/S 발생

1. 내적원인

지하수위상승 → 간극수압 증가 → 유효응력감소 → 전단강도 감소

2. 외적원인

강우폭우 → 지반내 침투 → 양압력 발생 → 전단강도 감소

VII. Land slide와 Land creep의 검토방법

1. 경험적 방법 2. 기하학적 방법 3. 한계평형법 4. 수치해석법

VII. 자연 사면 붕괴 대책 (경남 OO 지역 사례 中心으로)

사면 안정 안전율

$$SF = \frac{\Sigma W_i \cdot \cos\theta \cdot \tan\phi + \Sigma C l}{\Sigma W_i \cdot \sin\theta}$$

안전율 (건기시 : 1.7
우기시 : 1.3

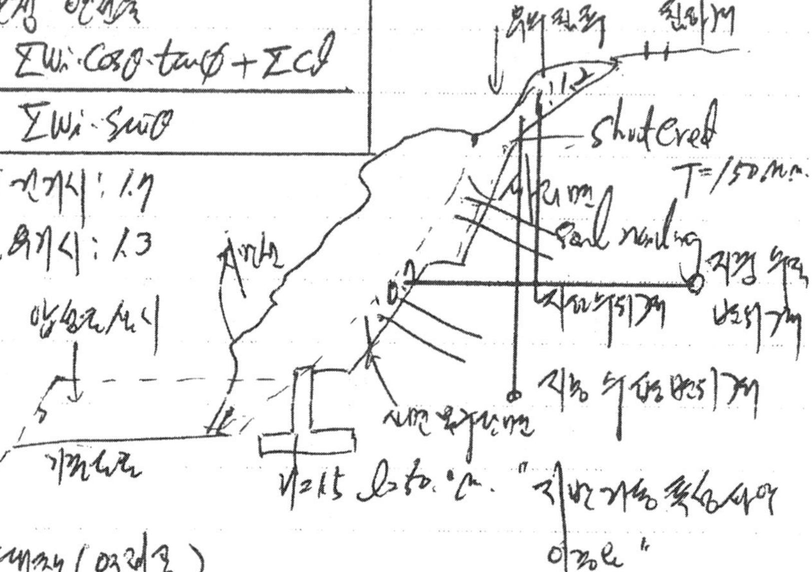

1. 응급대책 (여러 종)

차량 통제 → 복구계획 연구 → 암석 표시 (통제 방안 부리)
→ 사면 안정 검토 → 대책 마련

(암절토 시시
지하수 배제. 지표수 배제 시시

2. 항구대책 (여러 종)

1) 비탈면 구배 (안정 검토)   3) Soil nailing 시시
2) 옹벽 설치 (H=15m L=60m)   4) Shotcrete 시공

※ 최근 사면 붕괴는 사고에 예측 하는 모든 System 여기 통합

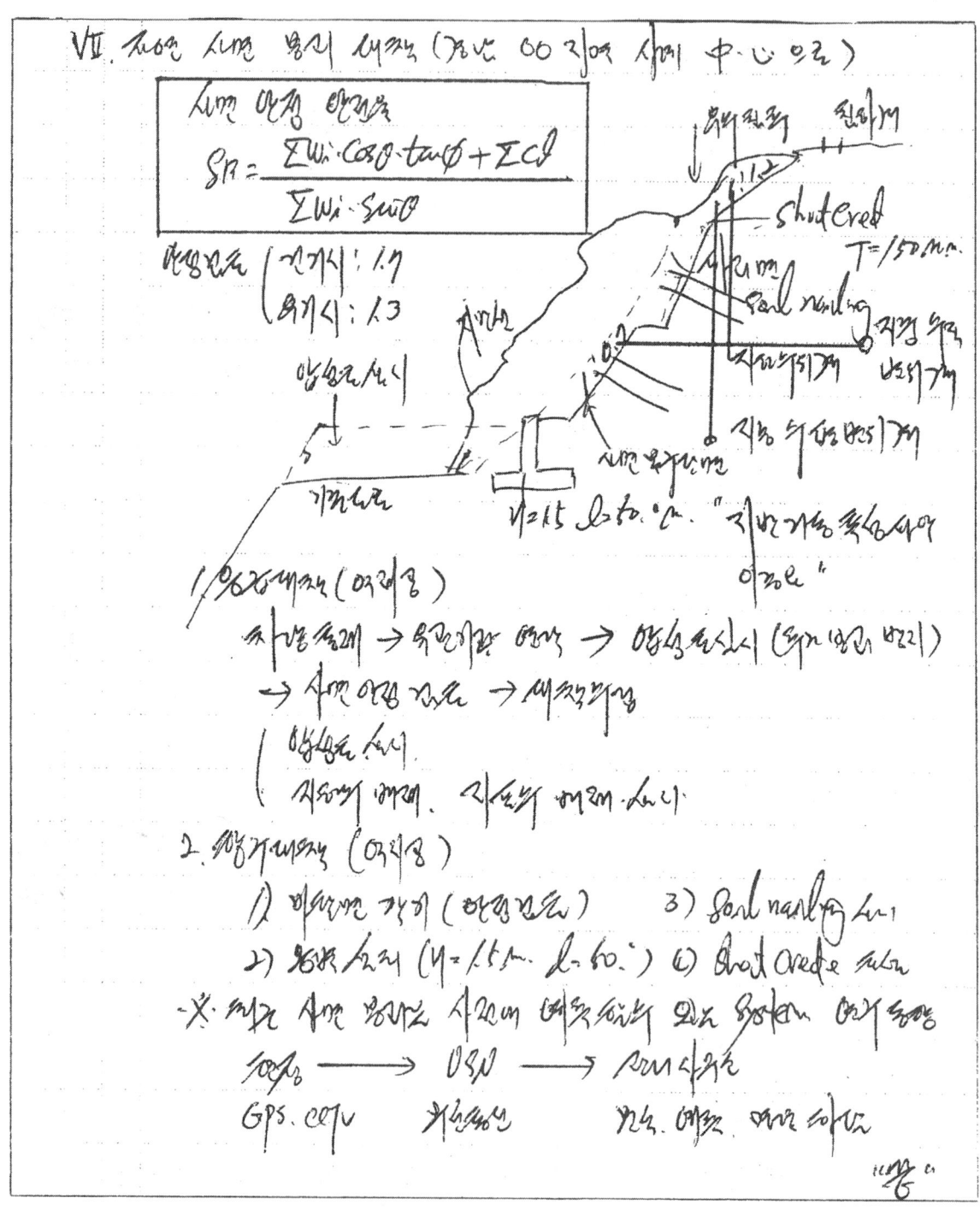

현장 ——→ USN ——→ 관리 사무소
GPS. CCTV   무선통신   경고. 예측. 대피 시시

VIII. 자연사면 붕괴 방지대책

보호공법 — 도로 [식생공 – 전면식생, 부분식생, 부분객토식생
(Fs유지) [구조물공

안정공법 $\tau_f\uparrow$ [τ_f 증가 – 영구 – 억지공 – E/A, S/N
(Fs 증가) $\tau\downarrow$ [τ 감소 – 임시 – 억제공 – 절토, 배토

다짐공법 [피복토 존재 – 사질토, 침식성흙, 비점착성흙
[피복토 미존재 – 기계다짐, 더돋기후 절취

IX. 자연사면 안정성 검토 방법

1. 경험적 방법: $SMR = RMR + (f_1 \times f_2 \times f_3) + f_4$
   여기서 f_1, f_2, f_3 방향성계수
   f_4: 굴착방법
2. 기하학적 방법: 평사투영법
3. 한계평형법: Fellenius, Bishop
4. 수치해석법: FEM, FDM, DEM, DDM

X. USN기반 실시간 모니터링에 의한 자연사면 계측사례

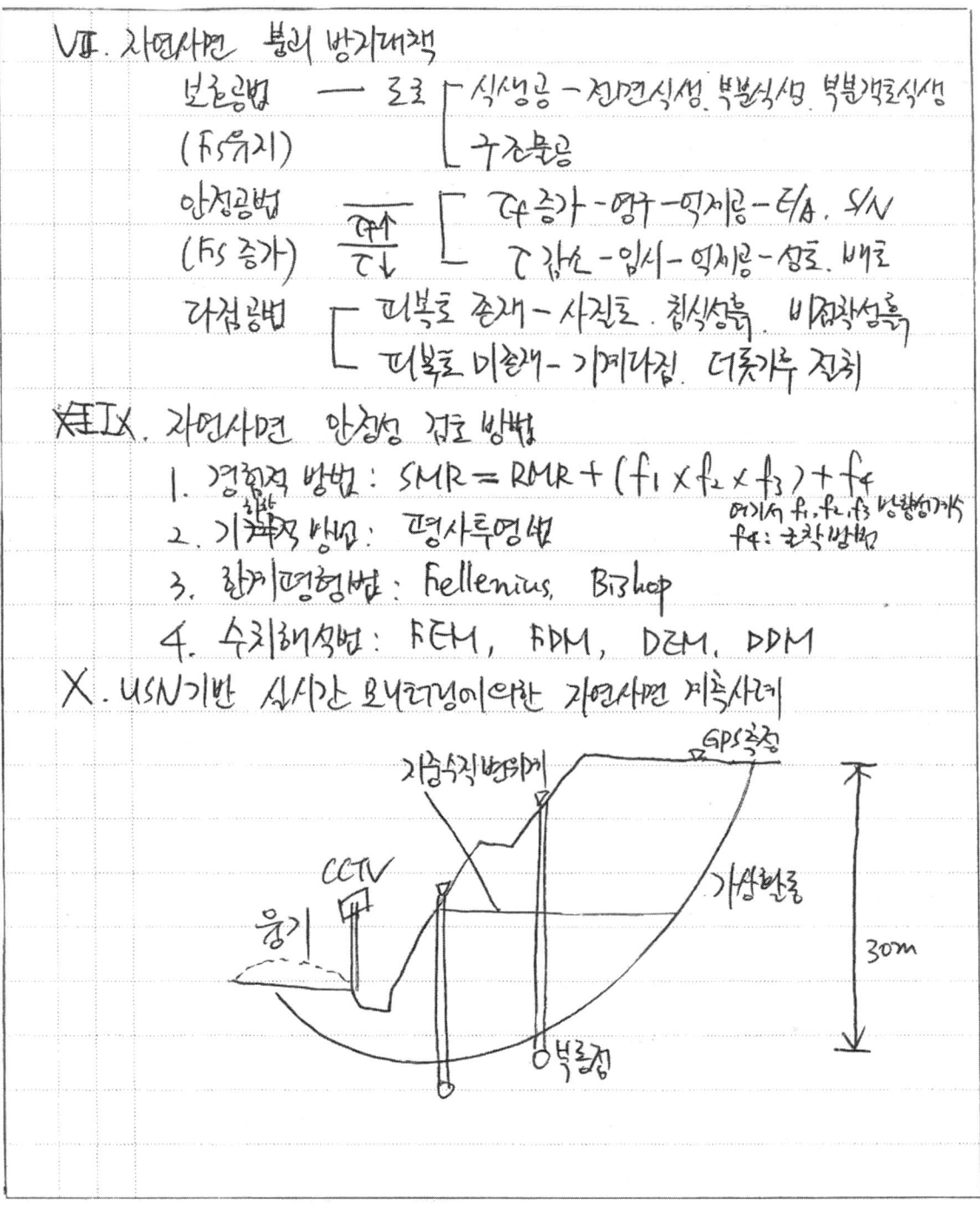

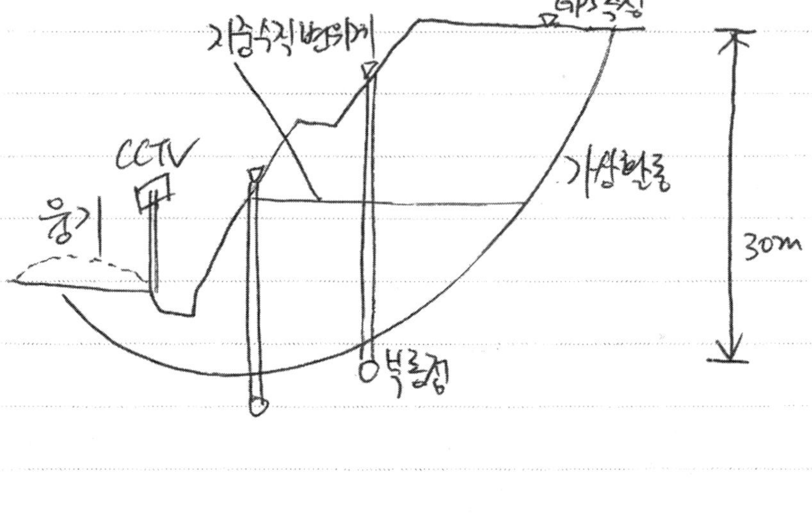

▣ 주관식 시험은 답이 없다??

안녕하세요? 신경수입니다.

1. 모든 시험은 객관식 또는 주관식으로 출제가 되는데 객관식 시험의 특징은 답이 하나든 두개든 확실하게 정해져 있다는 것입니다.

2. 그런데 기술사시험은 1교시 용어정의같은 짧은 주관식과 2,3,4교시 서술형같은 긴 주관식으로 구분이 되는데 공통된 특징은 바로 "정답이 없다"는 것입니다.

3. "정답이 없다"는 말은 다른 말로 "정답이 많다"란 말과 일맥상통합니다.

4. 즉, "주관식 시험은 답이 없다"란 말의 의미를 정확히 깨닫고 학습을 해야 하는데 별 생각없이 어설픈 모범답안만 열심히 외우는 사람들이 우리 학원 가족분들 중에서도 생각보다 많아 안타까운 마음입니다.

5. 주관식 시험의 합격답안은 100명의 합격자가 있으면 100개의 답안이 있습니다.

6. 주위에 합격한 사람들이 주장하는 답안의 형식과 내용이 절대적이라고 착각하는 분들은, 시험합격점이 100점, 90점이 아닌 60점이라는 사실을 직시해야 합니다.

7. 예를 들어 10문제가 출제되었는데 합격점이 90점이라면 1번부터 10번까지 하나씩 틀린 10개의 합격답안이 존재하는 것처럼 합격점이 60점이라면 얼마나 다양한 답안이 나올 수 있는지 예상할 수 있을 것입니다.

8. 공부를 하면서 가끔 저에게 "동일문제를 답안 기술하는데 쓸 때마다 내용이 달라진다"라고 걱정하면서 하소연하는 분들이 있는데 이것은 쓸데없는 걱정입니다.

9. 지난주 써본 답안과 이번 주 답안이 똑같다는 것은 같은 내용을 무조건 암기했고 앞으로 답안내용이 발전할 가능성이 하나도 없다는 것과 같은 의미입니다.

10. 답안은 무조건 달라져야 합니다. 물론 좋은 방향으로 달라져야하고 이를 위해서는 주관식 시험의 특징(답이 없다/많다)을 항상 생각하면서 볼펜을 과감하게 굴려야 합니다.

11. 인생에 정답이 없는 것처럼 기술사 시험에도 정답은 없으니 올바른 방향속에 꾸공하시기 바랍니다.

문제5 다짐원리 및 다짐제한 이유를 설명하고, 다짐효과 증대방안 및 다짐관리방법에 대하여 기술하시오.

[기본 Item = 유형]

문제점	공법	AB	콘크리트	제도 및 system	기타
					★

[관련 공종]

콘크리트	강재	건설기계	토공	연약지반	말뚝	기초
			★			
도로포장	교량	터널	댐	하천	항만	공사시사
★			★	★	★	

[질문 요지]

1. 다짐원리
2. 다짐제한 이유
3. 다짐효과 증대방안
4. 다짐 관리방법

[조건]

[중요 Item]

1. 다짐 원리곡선($\gamma t - w$)
2. 다짐효과 영향요인 – 함토에유

[차별화 Item]

1. 이 론 :
2. 경 험 :
3. 도식화
   - 그래프 : 다짐원리, 과다짐(전단강도 – 다짐에너지)
   - 모식도 : Scale Effect, Kneading Effect
   - Flowchart :
   - 특성요인도 : 다짐효과에 영향주는 요인
   - 기타 : 시험다짐
4. 비교표 :

Thinking Tip

1. 옹벽 뒷채움, 도로, 댐, 제방 다짐 연계
2. 기/판/관(다짐기준/판정/관리)

문제15). 다짐의 원리 및 다짐 제한 사유를 설명하고, 다짐 효과 증대 및 다짐관리 방법에 대하여 기술하시오.

答

I. 槪要

1. 다짐의 흐름 : 재료, 다짐기준, 기초처리, 부설, 다짐.
2. 다짐의 제한 사유 : 다짐두께 (Scale Effect 고려). 다짐횟수. 다짐 속도를 고려
3. 다짐 효과의 증대 방안 : 재료관리, 함수비 관리 (최적 함수비 : 16.4%). 다짐 Energy 관리
4. 다짐 관리 방법 : 다짐기준, 다짐 판정, 다짐 관리
5. 평택항 자동차부두, 남해고속도로의 시공 사례 기술

II. 다짐의 흐름 (남해고속도로 2-1공구. 1998년)

다짐관리 Flow

1. 고려 — 재료 : 공학적 특성 고려

다짐 기준 마련 : 확인규정

기초면 처리 : 노체 정리.

2. 중 — 부설 : grader.

다짐

3. 고려사항 — 다짐 판정 : 품질 규정 / 공법 규정

다짐 관리 : 다짐두께. 횟수. 다짐 속도 관리.

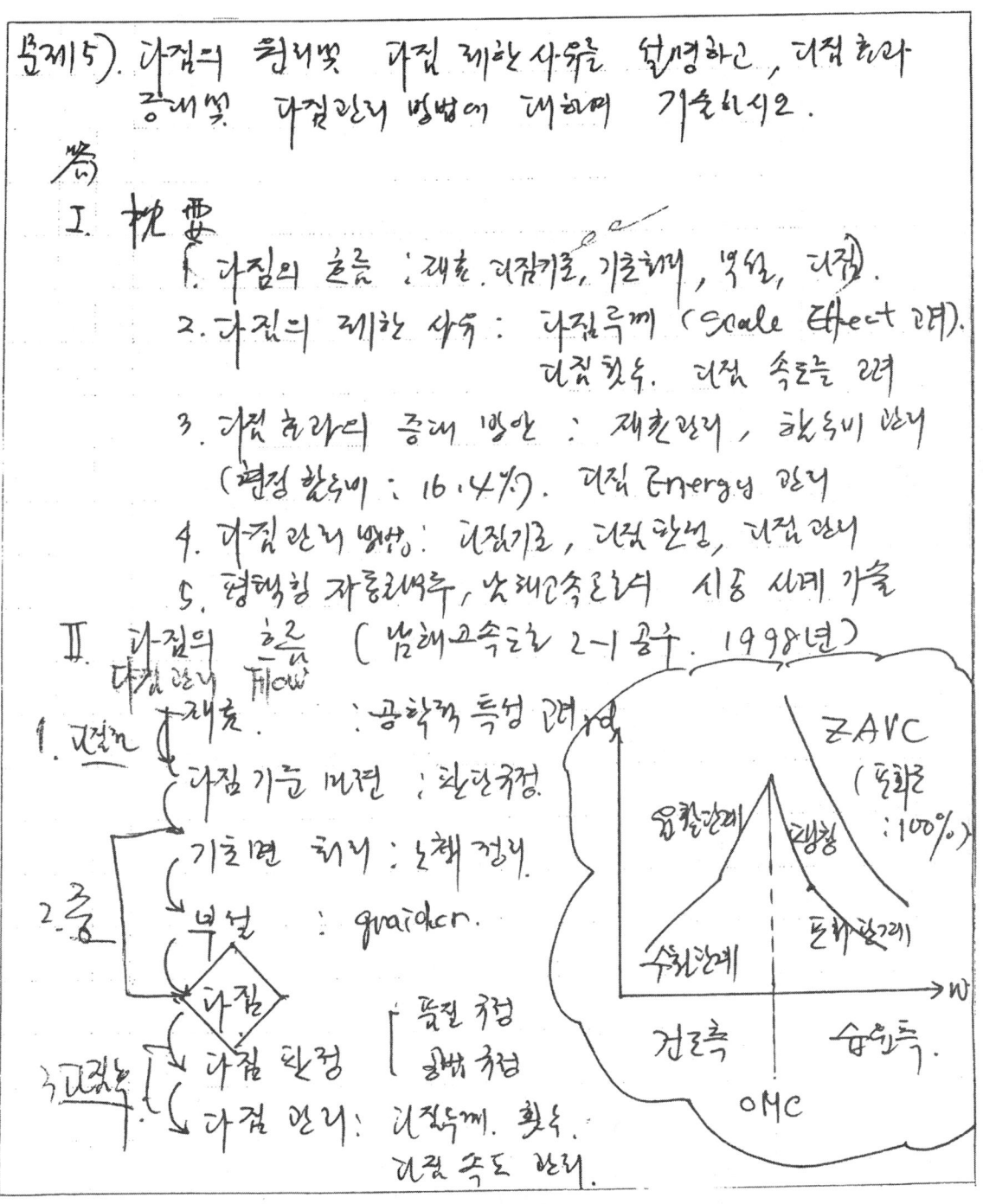

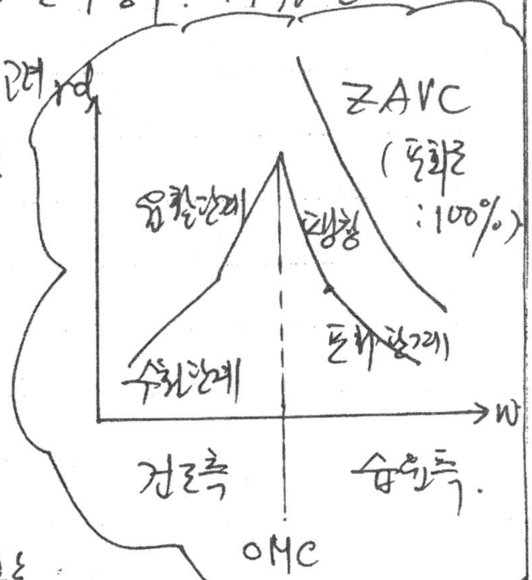

III. 다짐의 原理와 최적함수비

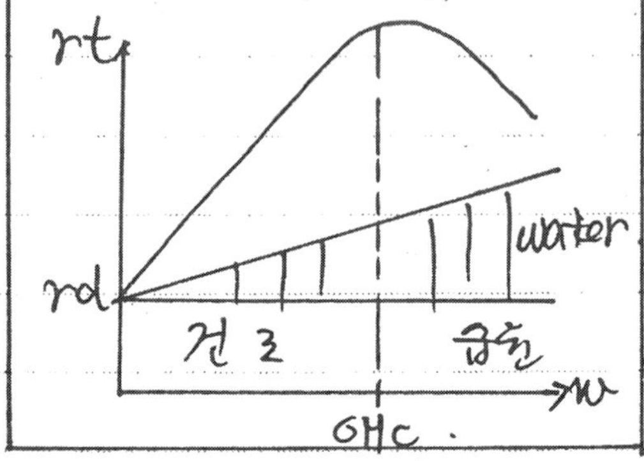

(다짐 원리 曲線) 삼성고속도로 2-1공구. OMC 기준: 13%

$$rd = \frac{rt}{1+w}$$

1. 원리 : 흙 + 함수 → 공극감소
2. OMC : 흙이 가장 잘 다져질 때의 함수비.

IV. 다짐에 제한을 두는 사유와 ~~Scale Effect~~

(평택항 자동차 부두 조성공사. 2001년).

1. 다짐 두께 제한 → Scale Effect 고려.
   1) 두꺼울 경우 : 다짐 효과 저하 (T = 200mm).
   2) 얇을 경우 : 과다짐 (200mm 불합).
2. 다짐 횟수 : 1) Tire Roller : 1회 무진동
   2) 진동 Roller : 3회
3. 다짐 속도 : 시속 2km 제한.

V. 다짐 효과의 증대를 위한 방안 (평택항 자동차부두. 2001년)

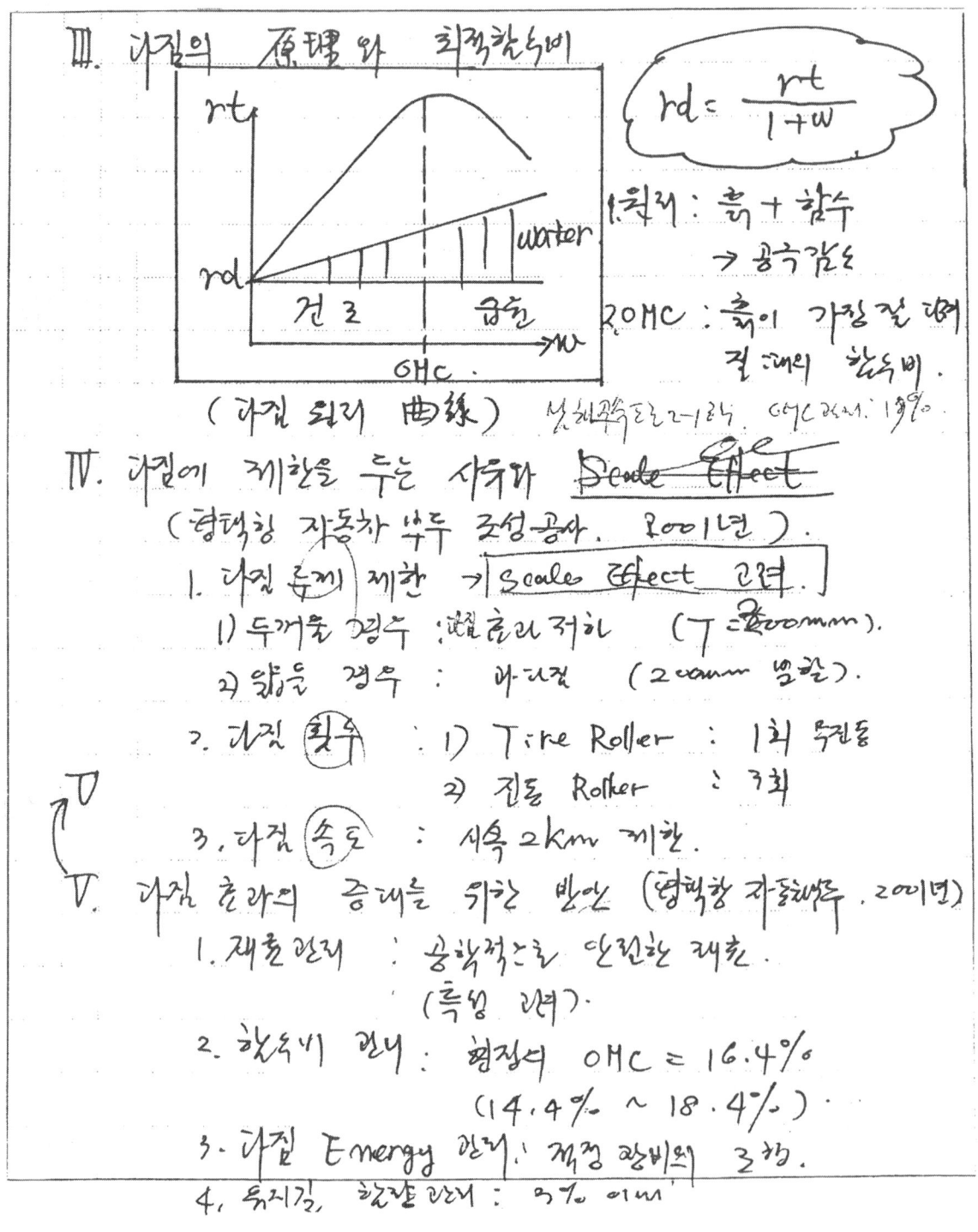

1. 재료관리 : 공학적으로 안전한 재료. (특성 고려).
2. 함수비 관리 : 현장의 OMC = 16.4% (14.4% ~ 18.4%).
3. 다짐 Energy 관리 : 적정 장비의 조합.
4. 유기질, 함량관리 : 3% 이내

Ⅱ. 다짐 관리 방법 (남해고속도로 2-1공구. 1996년)

1. 다짐 기준.

포장층 10T

노상 60T → rdmax : 96.01%

노체 80T → rdmax : 90.15%

2. 다짐 방법.

1) 品質規定 : rd, 포화도, ㄷ. 상대밀도.

2) 工法規定 : 변형률. 다짐횟수, 두께, 속도.

3. 다짐 관리 方法.

현상황 파악 → 원인분석 → 품질향상.

Ⅲ. 다짐 효과 증대를 위한 현장 VECP 사례

<평택항 자동차부두 조성 공사. 2002년>

1. 근거리 양질의 토취장 선정.

: Sample 확인 후 현장 답사

거리 : 5.6Km. 흙은 붉은 사질토

2. 다짐 시공시 기상조건 확인.

: 장기 일기 예보 Check. → 강우일 회피.

3. 다짐 장비의 효과적 운용.

→ 함수율 : 15.2%

다짐도 : 96.01%

※ 건설기술관리법 제243조에 의거 적정 시험 시행

"끝"

문제 5. 다짐원리 및 다짐제한 이유를 설명하고 다짐효과 증대 방안 및 다짐 관리 방법에 대하여 기술하시오

[답]

I. 개요

1. 다짐원리는 흙속의 공기를 배출시켜 강도를 증가시키는 것이며, 다짐 제한이유는 과다짐, Scale effect 방지 등이 있고

2. 다짐 효과 증대 방안은 함수비 관리, 토질 관리, 에너지 관리, 유기질토의 함량 관리 등을 통한 방안이 있고

3. 충북 청원 지역 OO 현장에서는 다짐 관리 방법으로 시험 시공을 실시한 후 본 다짐을 실시하였음.

II. 충북 청원지역 OO현장 토공 다짐 작업 시공 Flow.

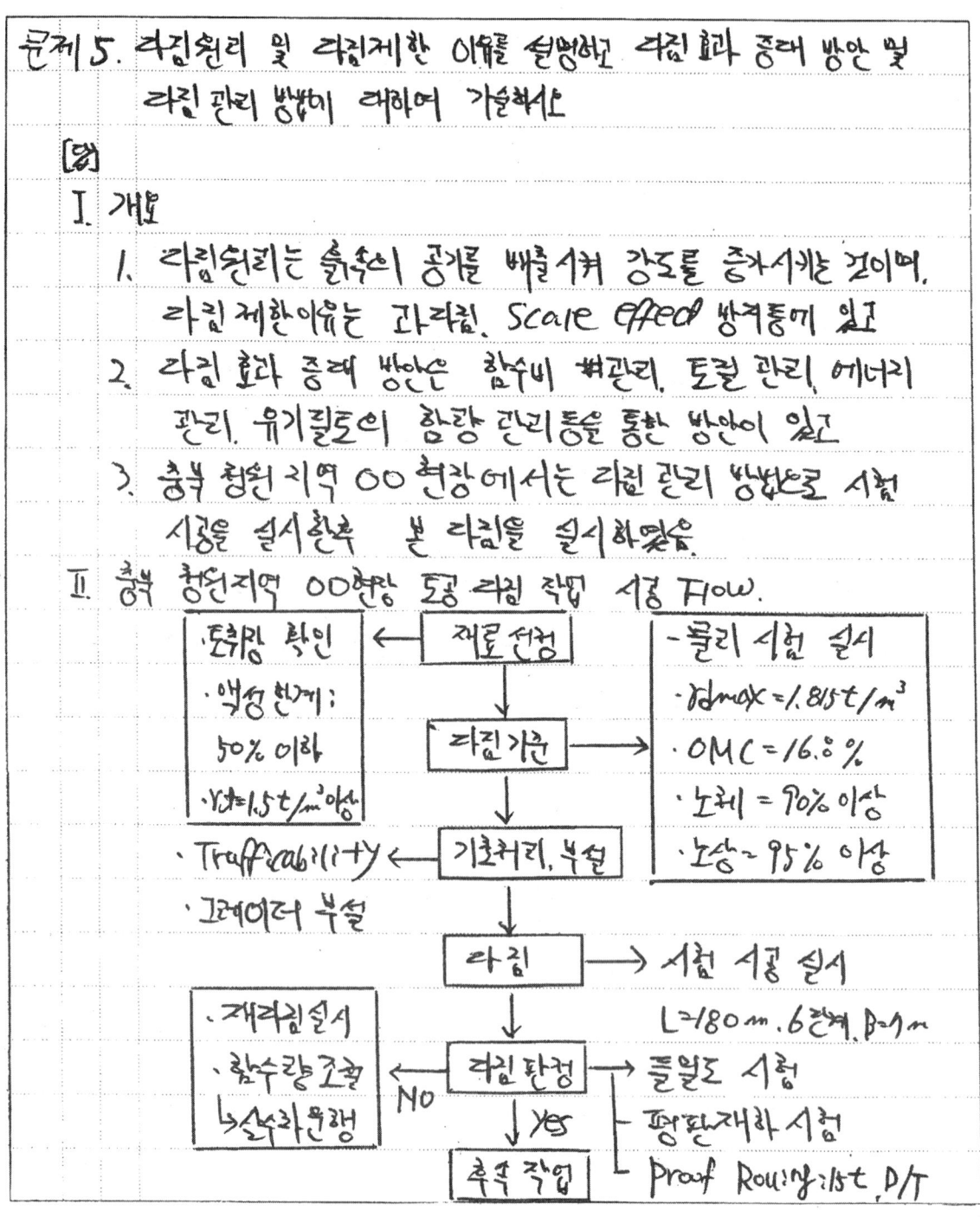

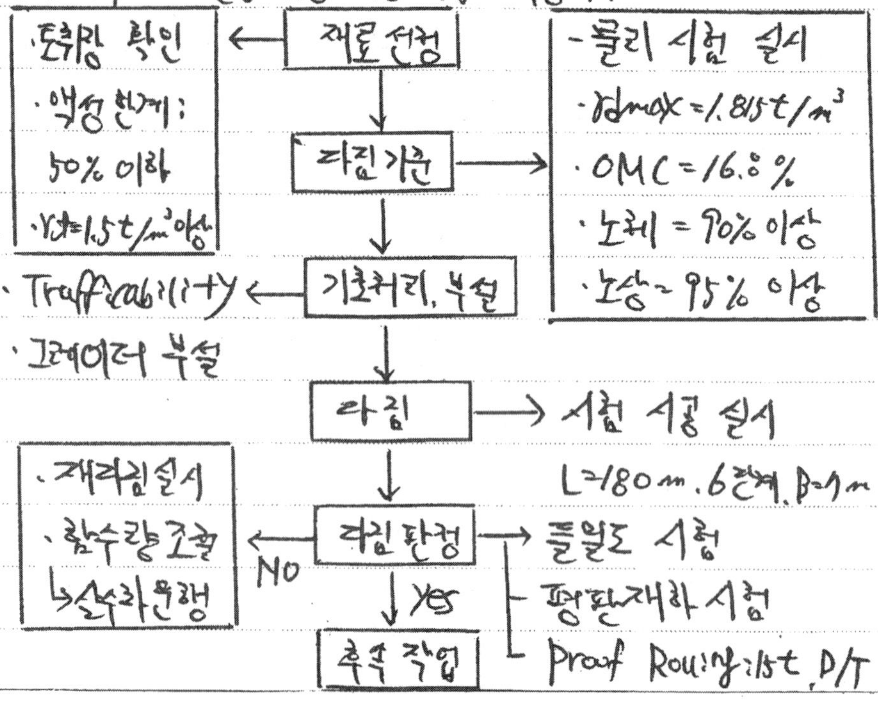

문제5) 다짐원리 ① 및 다짐제한 이유 ② 를 설명하고, 다짐효과 증대방안 ③ 및 다짐관리 방법 ④ 에 대하여 기술하시오.

답

I. 다짐의 개요.

1. 다짐 원리는 흙속의 공기를 순간적으로 배출하여 전단저항증가로 인한 전단강도 증가에 있으며
2. 다짐제한 이유는 두께(Scale effect), 속도, 횟수에 의한 침하방지, 과다짐 방지 등에 있으며,
3. 다짐효과 증대방안은, 함수비, 토질, 에너지 관리 등이있으며, 다짐관리 방법은 품질관리와 공법관리가 있음.

II. 성토시 다짐의 원리

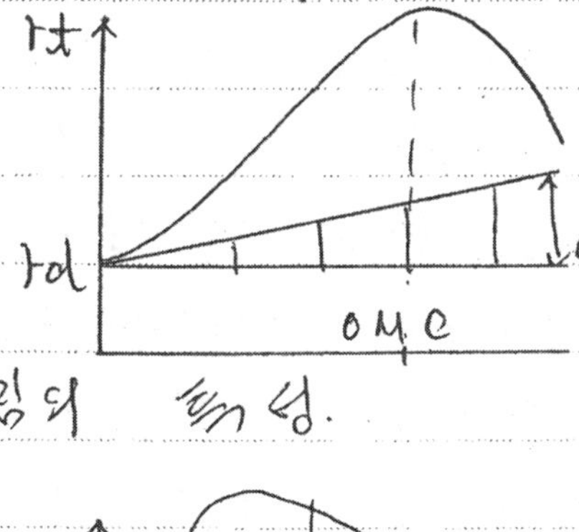

$\gamma_d = \frac{\gamma_t}{1+w}$

$\gamma_t = \frac{W}{V}$

$\tau = C + \sigma' \tan\phi$

III. 다짐의 특성.

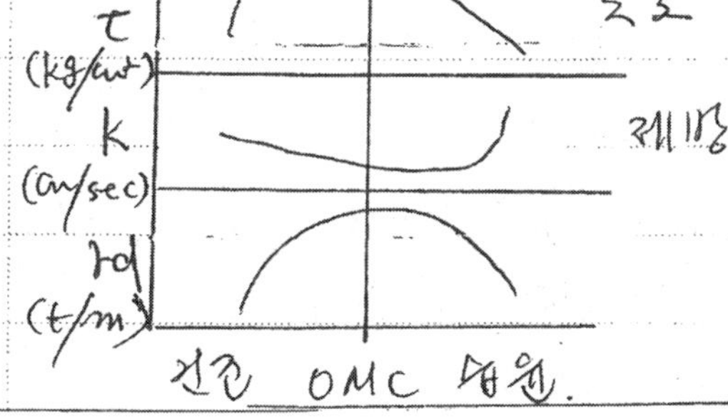

1. 함수비 : 전단강도에 영향
2. 투수계수 : 습윤측 최소
3. 전단강도 : 건조측 최대.

III. 다짐 원리

- 하중재하 ┬ 진동식
  - └ 전압식
- ↓ 공기 배출
- ↓ 결합력 증대 → Interlocking
- ↓ 강도 증가 → $\tau = c + \sigma' \tan\phi$

※ $\gamma_d = \dfrac{\gamma_t}{1+w}$

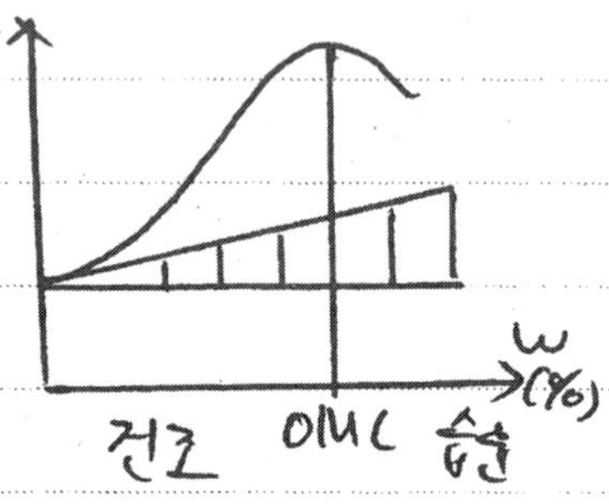

IV. 다짐 제한 이유 (충북 청원 지역 OO 현장 중심) : 시험시공 근거

- 다짐 횟수 ┬ 진동 Roller → 5회 (왕복)
  - └ Tire Roller → 4회 (왕복)
- 다짐 두께 ┬ Scale effect, 다짐 효과 저하
  - └ 노체 → 30cm, 노상 → 20cm
- 다짐 속도 – 1km/hr

※ 충북 청원 지역 OO도로 현장 : 시험시공 실시
L=180m (30m×6구간), B=1m → 다짐횟수, 다짐두께 결정

V. 다짐 효과 증대 방안 (충북 청원 지역 OO현장 중심)

1. 함수비 관리 → 현장 13.7% → 살수차 운행 → 16.8%
2. 토질 관리 ┬ 조립토
   - └ 양질의 재료
3. 에너지 관리 ┬ 과소 다짐 방지
   - └ 과대 다짐 방지
4. 유기질토 → 함량 관리

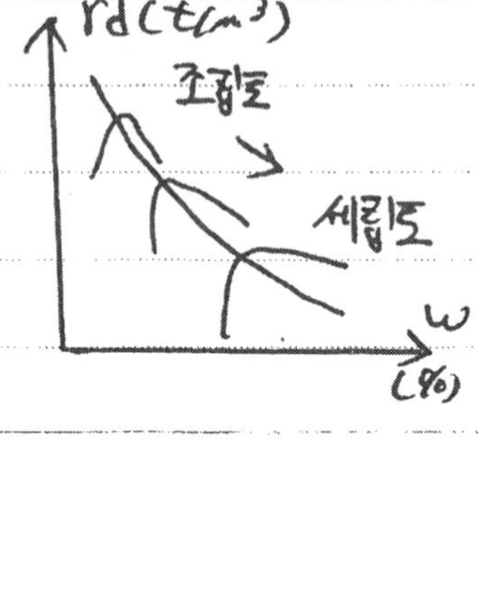

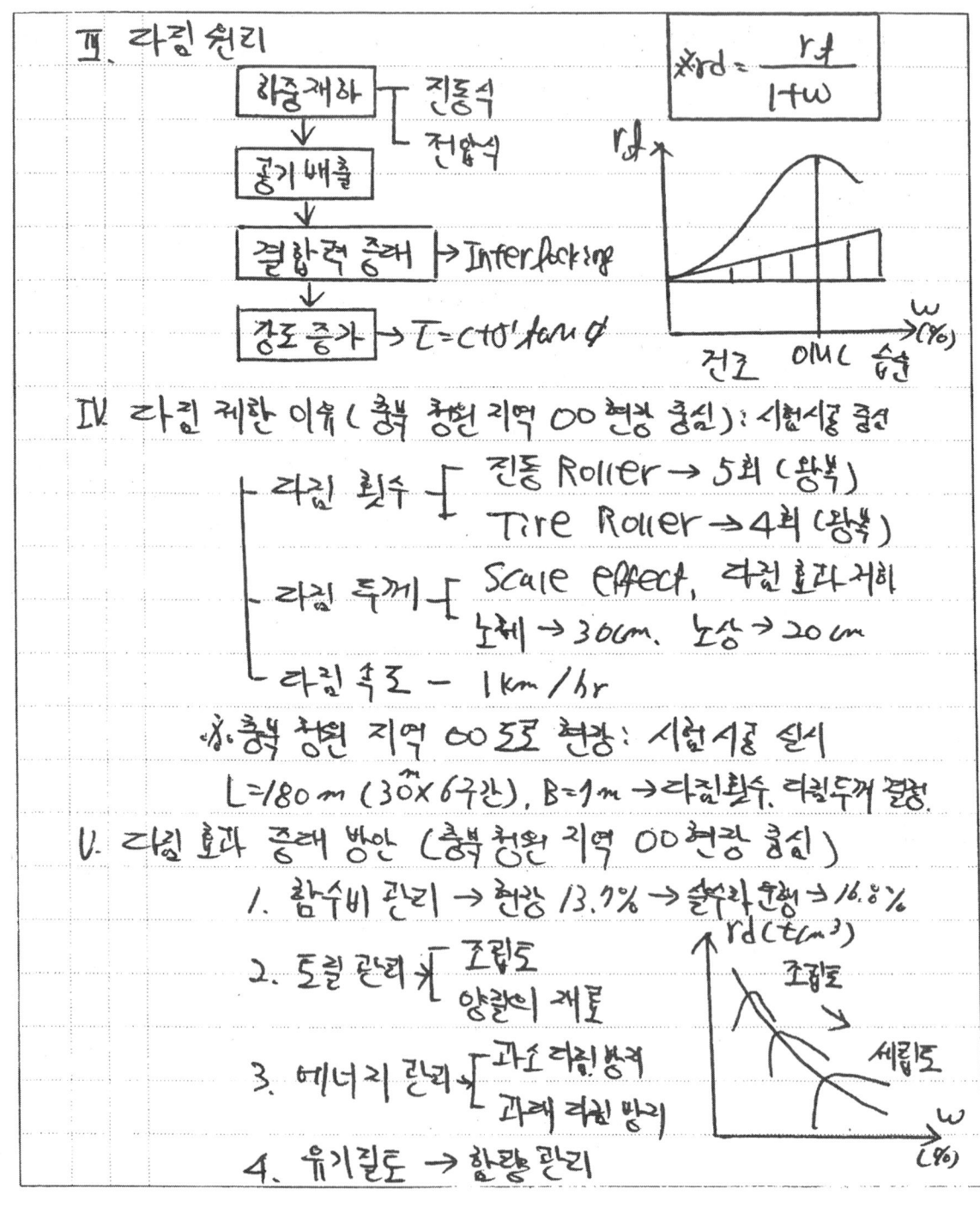

IV. 다짐에 제한을 두는 이유.

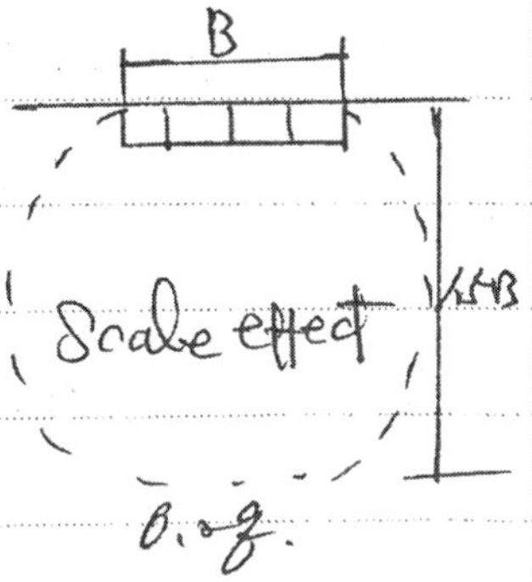

1. 다짐두께: Scale effect 고려.
2. 다짐속도
   - 빠름: Cf 저하
   - 느림: 시공성저하
3. 다짐횟수
   - 과다: 과잉밀 → Cf저하.
   - 고소: 압축발생.

※ Scale effect 고려 다짐 두께를 최우선으로

V. 다짐효과 증대 방안.

1. 함수비 : OMC ± 2% (rdmax:1.84, OMC 14.4%)
2. 토 질
   - 사질토: 단립, 봉소구조 → 진동식 다짐.
   - 점성토: 이산, 면모구조 → 전압식 다짐.
3. 에너지:
   - 다짐두께: Scale effect 고려, T=30cm 이하
   - 다짐속도: 시공성 고려 → 1.5km/hr 이하
   - 다짐횟수: 시험시공결과 → 3~4회 왕복

VI. 다짐 관리 방법. (H-기준5200-007호 91년).

구분	품질관리	공법관리	비고
개념.	정량적 관리	정성적관리	품질관리.
관리항목	건조밀도, 포화도 상대밀도, 변형률	다짐두께 속도, 횟수	다짐도: 노상 95% 이상
관리시기	다짐후	다짐전, 중	노체: 90% 이상. <공법관리>
신뢰성	높다.	낮다	두께: 30cm 이하
관계성	토질에따른변동	주관적판단.	횟수3~4, 속도1.5km/h

VI. 다짐 관리 방법

- 다짐 기준 ┬ 노체 90%
  - └ 노상 95%
- 다짐 판정 ┬ 품질 규정
  - └ 공법 규정
- 다짐 관리 ┬ Histogram
  - └ 특성요인도

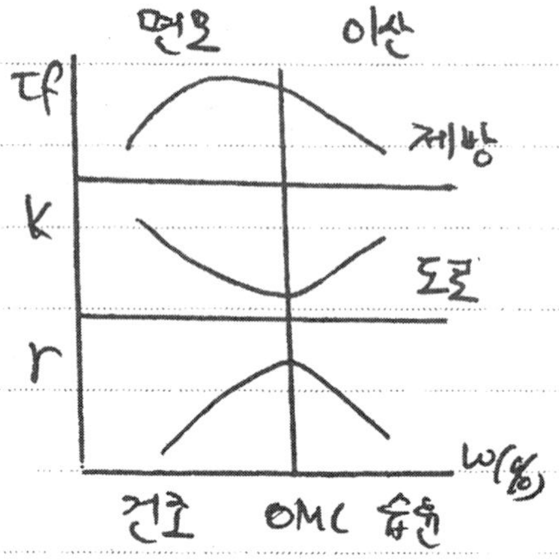

VII. 토공 다짐 작업 시공을 위한 시험 시공 사례

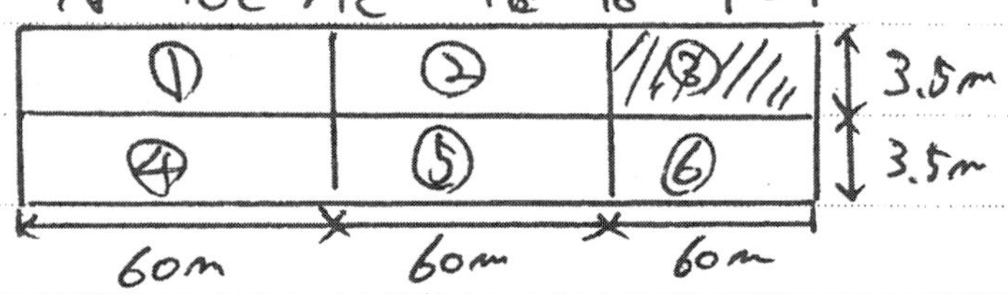

1. 현장명 - 충북 청원지역 ○○도로 현장
2. 토취장 - STA 2+05 ~ 4+15 : 대절토구간
3. 시험 시공 실시 → L=180m, 6개구간, B=7m
   - 다짐장비 - ┬ 진동 Roller → 10ton
     - └ Tire Roller → 12.5ton
   - 포설두께 → 25cm ~ 30cm
   - 다짐결과 → 3구간 적용 ┬ 다짐후 두께 → 20cm
     - ├ 다짐도 K=22.6kg/cm³
     - └ 진동로울러 → 5회, Tire Roller → 4회
4. 시험 시공 결과 활용 → 다짐 두께, 횟수, 속도 결정

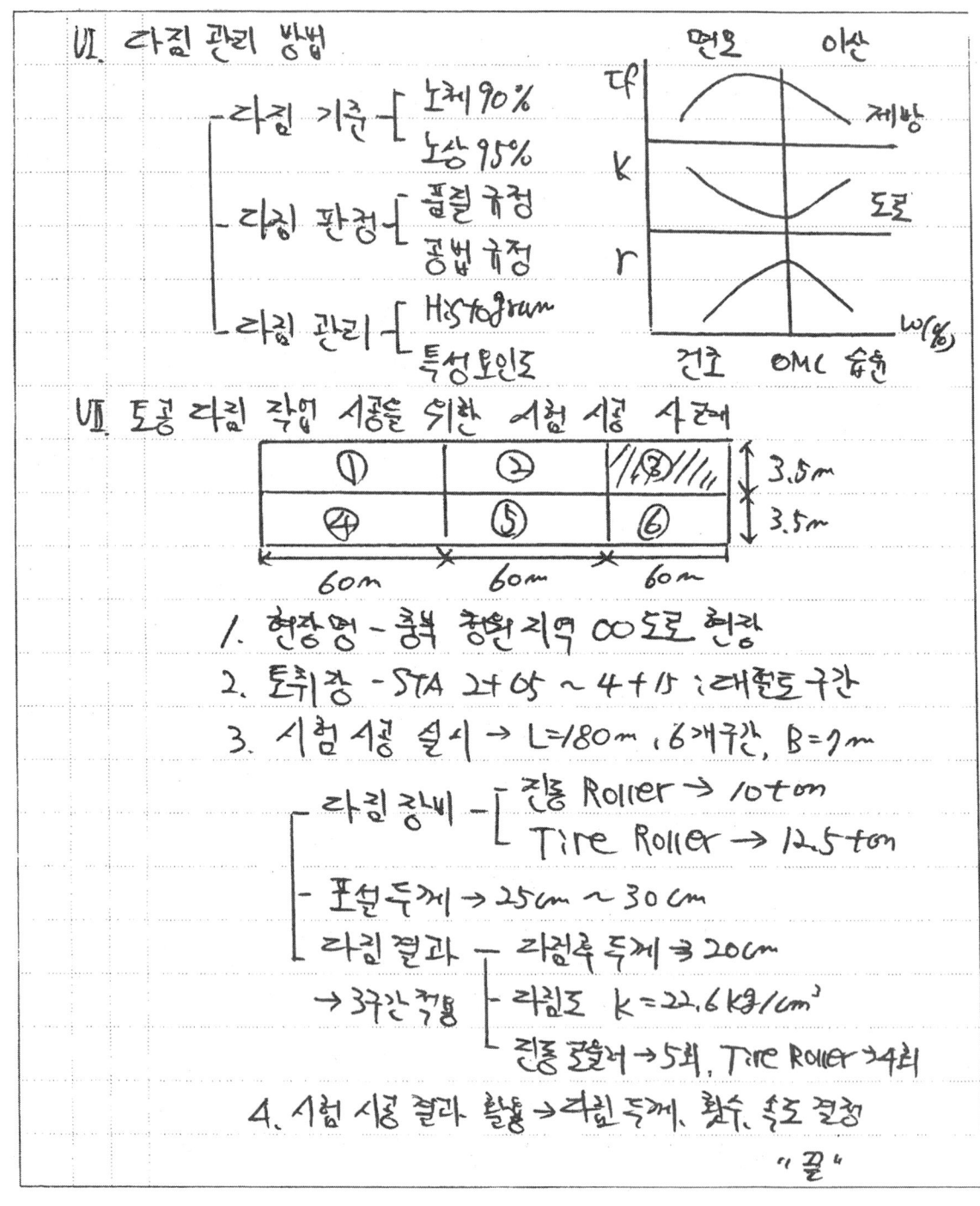

"끝"

VII 성토 다짐 효과에 영향을 주는 요인.

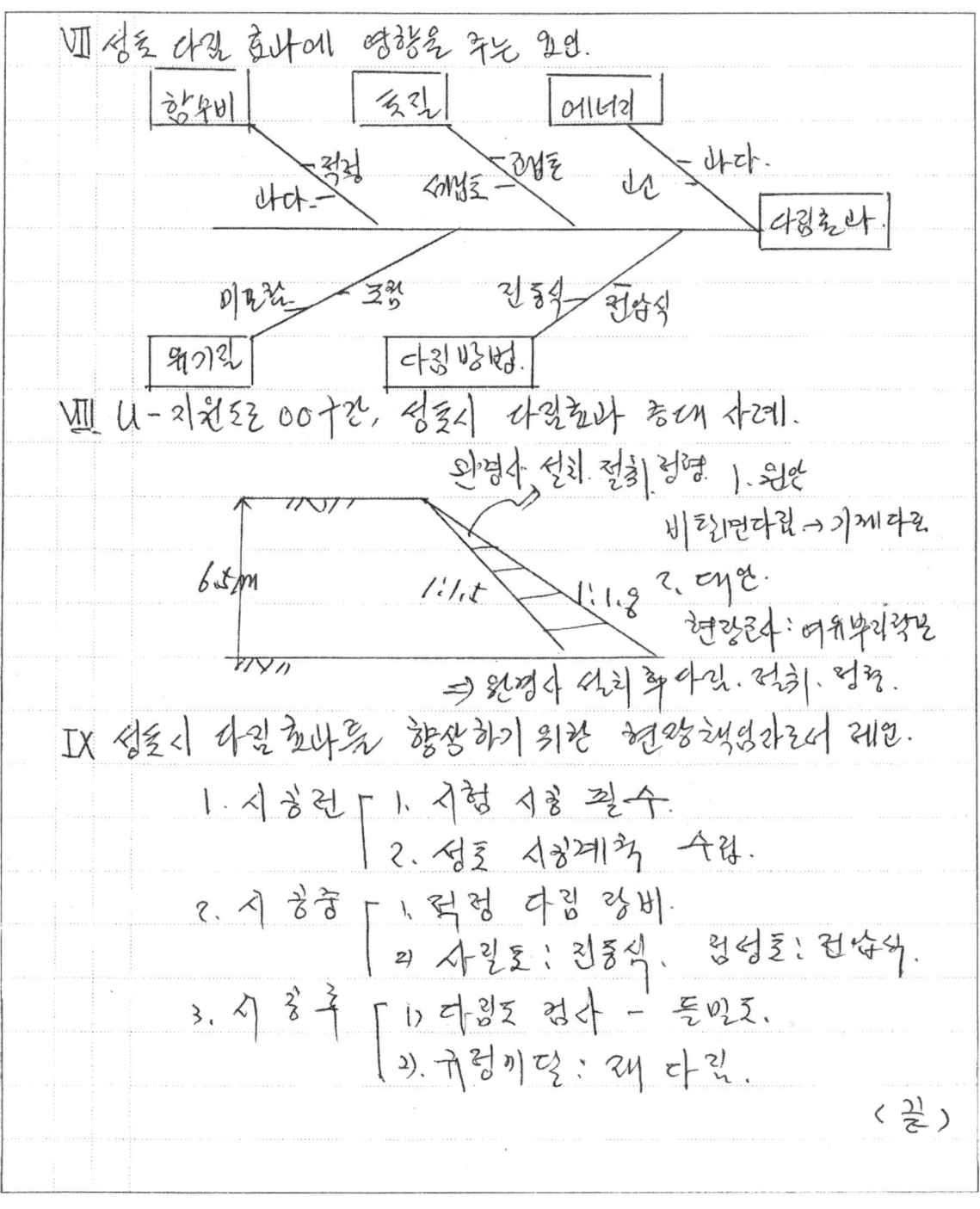

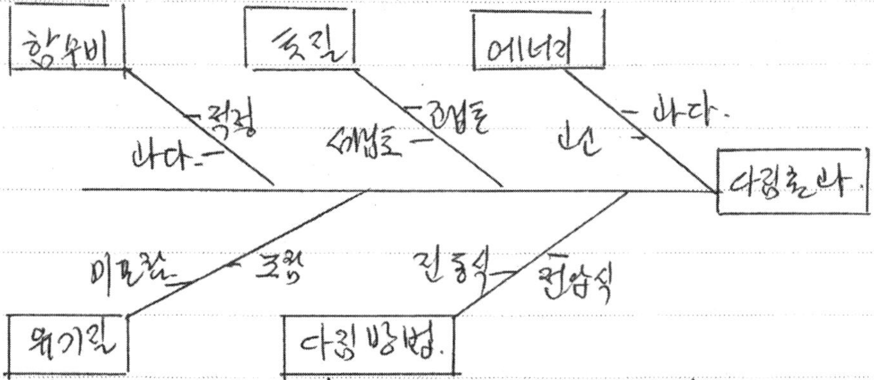

VIII U-지원도로 00구간, 성토시 다짐효과 증대 사례.

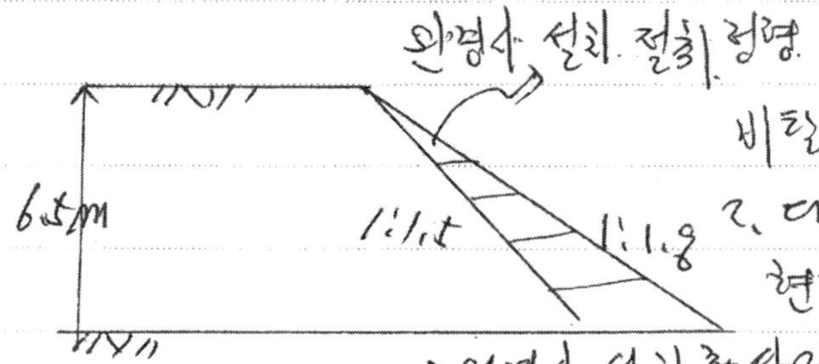

1. 원인
비탈면다짐 → 기계다짐
2. 대안.
현장조사: 여유부지확보
⇒ 완경사 설치 후 다짐. 절취. 성형.

IX 성토시 다짐효과를 향상하기 위한 현장책임자로서 제언.

1. 시공전
   1. 시험 시공 필수.
   2. 성토 시공계획 수립.
2. 시공중
   1) 적정 다짐 장비.
   2) 사질토: 진동식, 점성토: 전압식.
3. 시공후
   1) 다짐도 검사 - 들밀도.
   2) 규정미달: 재다짐.

(끝)

▣ 시험합격의 법칙!

안녕하세요? 신경수입니다.

1. 시험에는 무수한 원칙과 법칙이 존재합니다.

2. 무슨 일을 하든지 정해진 원칙을 생각하고 결정된 법칙을 따르는 것이 시험합격의 기본인데 많은 분들이 무작정 혹은 무조건적인 일방학습을 하다가 쓴 맛을 보는 경우를 자주 보게 됩니다.

3. 1년에 세번 시험 결과가 발표되는데 굉장히 짧은 기간에 합격을 하거나 혹은 엄청나게 긴 기간동안 불합격을 하는 분들을 보면 그 집단의 공통점을 발견할 수 있습니다.

4. 여기서 얻은 결과가 바로 "시험 합격의 법칙" 입니다.

5. 원칙과 법칙이 뭐가 다르냐고 생각할 수도 있겠지만 원칙은 이론적으로 잘 지키는 것이고 법칙은 지켜야만 하는 것입니다.

6. 생각나는 시험 합격의 법칙을 올립니다. 환절기에 감기 조심하세요.

■ 시험 합격의 법칙

- 원인과 결과의 법칙 – 모든 것에는 이유가 있다.
- 방향의 법칙 – 분명한 목표와 올바른 방향 감각이 합격의 시작이다.
- 보상의 법칙 – 어떤 일을 하든지 뿌린 만큼 거둔다.
- 강요된 효율성의 법칙 – 제한된 시간은 더 많은 효율성을 준다.
- 융통성의 법칙 – 학습 과정에서는 융통(유연)성을 발휘하라.
- 끈기의 법칙 – 합격하기 위해서는 굳은 의지가 필요하다.
- 퇴화의 법칙 – 기존 차별화는 이미 퇴화하고 있다.
- 차별화의 법칙 – 경쟁자들보다 우수한 대제목을 가져야 한다.
- 재도약의 법칙 – 일시적인 실패를 딛고 다시 튀어 오른다.
- 우정의 법칙 – 주위 사람들이 동지라는 확신이 들면 길이 보인다.
- 역지사지의 법칙 – 출제자와 채점자의 입장이 되어 준비하라.
- 버림의 법칙 – 새로운 것을 시작하려면 낡은 것을 버려라.

문제6 건설기계 선정 및 조합 원칙을 기술하고, 선정 시 고려사항에 대하여 기술하시오.

[기본 Item = 유형]

문제점	공법	AB	콘크리트	제도 및 system	기타
					★

[관련 공종]

콘크리트	강재	건설기계	토공	연약지반	막이	기초
		★				
도로포장	교량	터널	댐	하천	항만	공사시사
★	★	★	★	★	★	

[질문 요지]

1. 건설기계 선정원칙
2. 건설기계 조합원칙
3. 선정 시 고려사항

[조건]

[중요 Item]

1. 조합 시 고려사항
2. 작업능력(Q=C · E · N)
3. 경제성(경제수명/손료/경제거리)

[차별화 Item]

1. 이　론 : 몬테카를로 시뮬레이션
2. 경　험 : 장비조합 사례
3. 도식화
   - 그래프 : 경제수명, 경제거리
   - 모식도 : 장비선정 원칙(안전-공기/공비/품질)
   - Flowchart :
   - 특성요인도 :
   - 기타 : 시험시공
4. 비교표 :

Thinking Tip

1. 건설 자동화(Automation)
2. 친환경성

문제6) 건설기계 선정 및 조합원칙을 기술하고, 선정시 고려사항에 대하여 기술하시오.

답)

I. 개요

1. 건설기계 선정의 원칙으로는 장비비용, 새장비, 특수장비, 수리비용 대형화, 표준화가 있다.

2. 건설기계 조합의 원칙으로는 병렬조합작업, 주작업+보조작업, 시공속도 균등화, 예비대수 확보가 있다.

3. 건설기계 선정시 고려사항으로는 토질(Trafficability, Ripperability, 암지상태), 작업종류, 작업물량, 소음·진동이 있다.

II. 건설기계 선정시 요구조건

1. 내구성　　2. 안전성

3. 정비용이성　　4. 범용성

III. 건설기계 최적조합을 위한 Simulation 원리

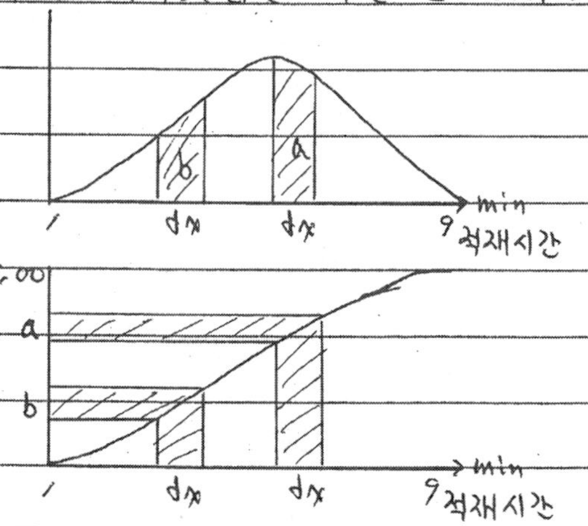

※ Monte Carlo Simulation

: 건설장비의 작업시간의 통계적 분포는 정규분포함수로 나타낼 수 있고, 이것은 확률누적함수로 변환될 수 있음.

IV. 건설기계 선정의 원칙

1. 경제적인 장비 비용
2. 새장비
3. 특수작업의 특수장비
4. 장비의 수리비용
5. 장비의 대형화
6. 장비의 표준화

※ 경제적 운반거리

1. 시공단가에 의한 운반거리

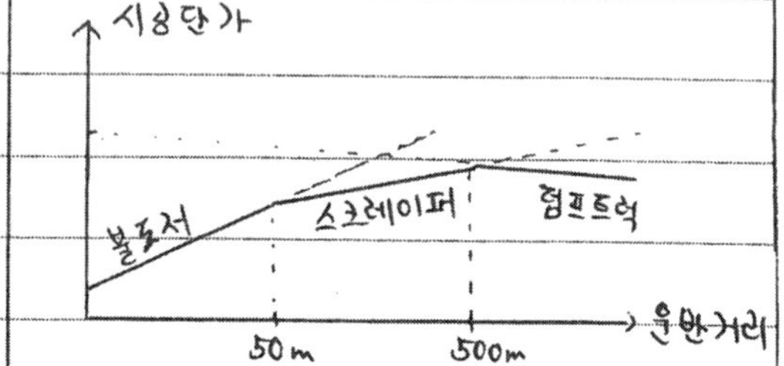

V. 건설기계 조합의 원칙

1. 병렬조합 작업 가능
2. 주작업 + 보조작업 가능
3. 시공속도 균등화
4. 예비대수 확보

2. 유토곡선에 의한 운반거리

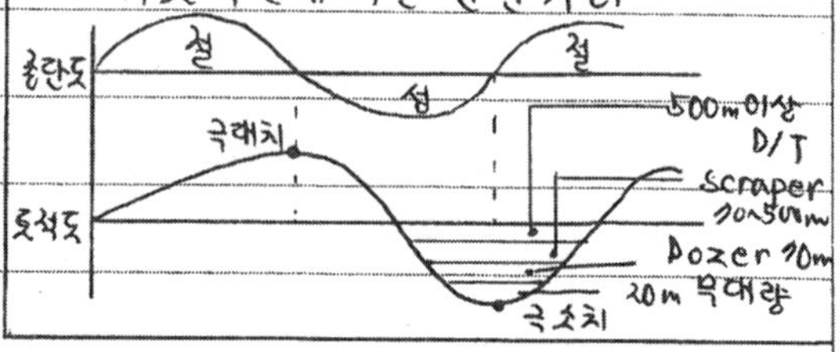

VI. 건설기계 선정시 고려사항

1. 토질
   - Trafficability

콘지수 q_c	2	3	5	7	12
	초습지	습지	보통	대형	D/T

   - Rippability

탄성파속도	1.5	2.0	2.5	(km/sec)
Ripper	21	32	43	(ton)

   - 암의 상태

2. 작업종류
   - 굴착, 적재, 운반, 부설, 다짐등
3. 작업물량
   - 100,000m³ 이상 D/T 15ton
4. 소음, 진동
   - 저소음, 저진동공법 및 장비선정

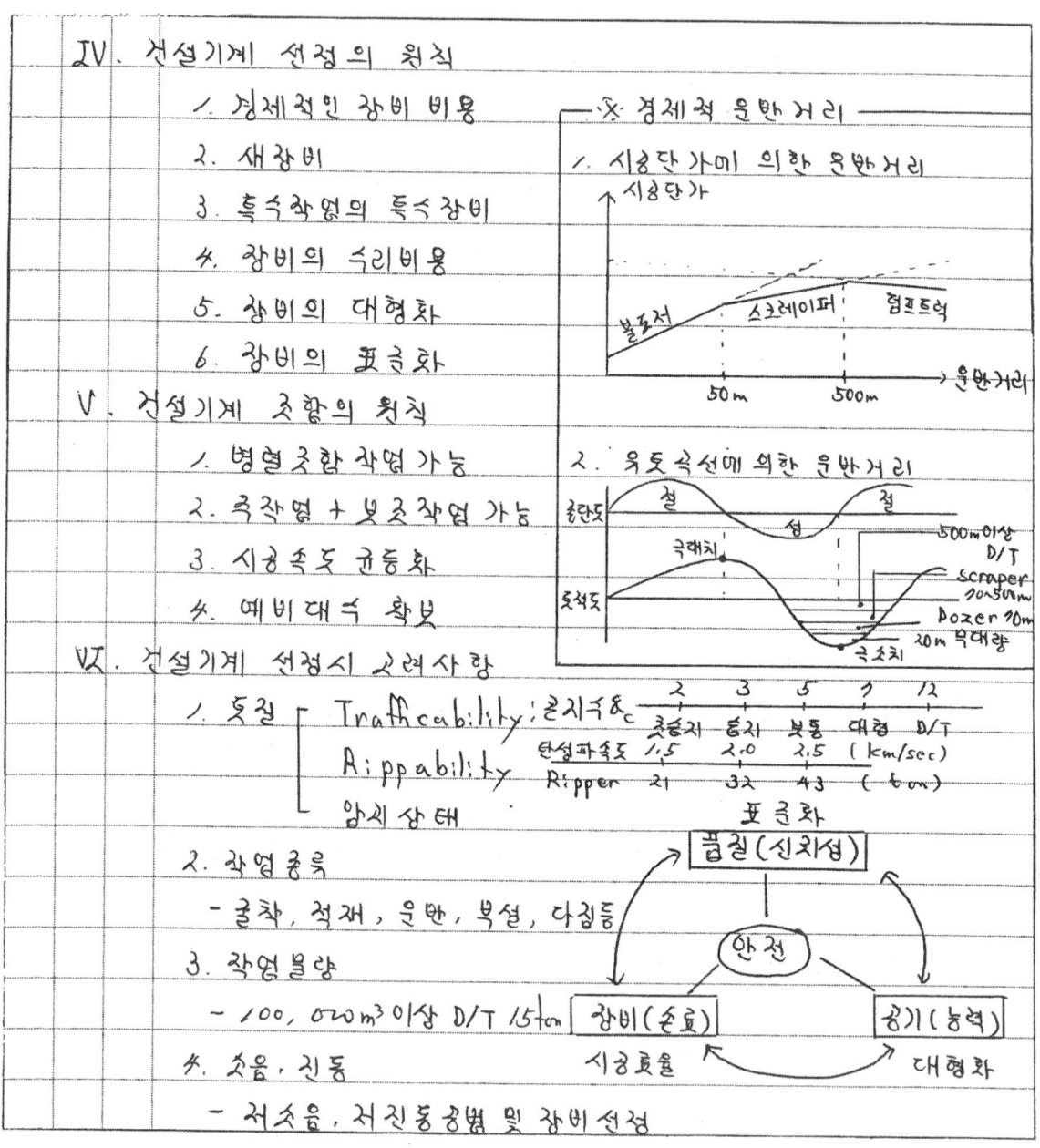

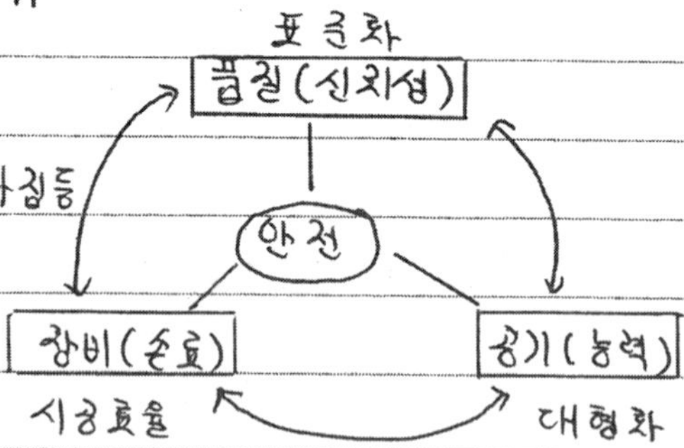

VI. 건설기계의 경제적 수명

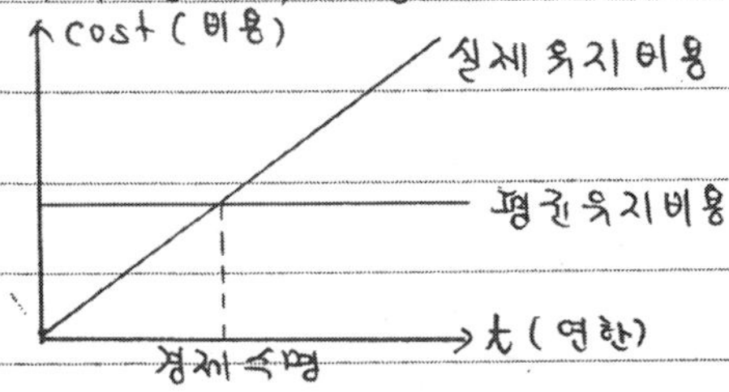

※ 연한 = $\dfrac{\text{총 가동시간}}{\text{년간 표준 가동시간}}$

VII. 토공계획시 건설기계 조합 현장적용사례

1. 공사명 : OO 산업단지 단지조성공사 (2007~2009)
2. 공사규모 : 성토 240만 m^3, 절토 280만 m^3
   → 외부 40만 m^3 사토 발생
3. 공사특징 : OO 산업단지 인근 OO 택지개발 현장 부족토
   40만 m^3 tocycle을 통한 토량 배분.
4. 유의사항 : 운반거리 최소, 임시 사토적치장 결정
5. 장비선정 : 상차장비 로우더 이용
   D/T 조합대수 : 일 5대 × 10 m^3 × 6회

(끝)

문제6) 건설기계 선정및 조합의 원칙을 기술하고 선정시 고려사항을 기술하시오

답)

I. 건설기계 선정의 개요

1. 건설기계 선정의 원칙은 안전과 환경을 바탕으로 신뢰성, 경제성, 시공성 을 확보 하는것
2. 건설기계 조합의 원칙은 병렬작업, 주작업과 보조작업, 시공속도를 고려 하고 예비대수 확보가 있다
3. 건설기계 선정시 고려사항은 우선적으로 안전과 환경을 고려 부가적으로 토질, 작업의 종류, 공사량, 경제성을 고려

II. 건설기계 선정및 조합에 영향을 주는 요인

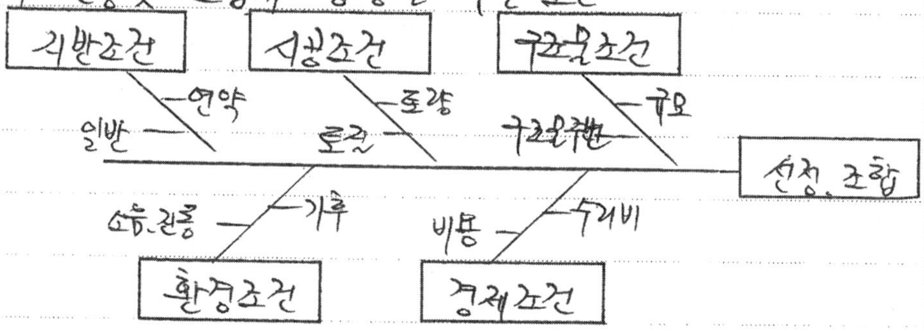

III. 건설기계의 구비조건

- 내구성 : 악조건 속에서의 작업
- 안정성 : 작업중 전도 및 기타 안정이 유리
- 정비성 : 정비 시간, 부속 조달
- 범용성 : 쉽게 구할수 있는기종
- 환경성 : 연료절감 및 배기가스 감소

문제 6) 건설기계 선정 및 조합원칙을 기술하고 선정시 고려 사항에 대하여 기술 하시오

답

I. 개요

1. 경기지역 OO지구 택지 현장의 건설기계 선정원칙은 신뢰성, 경제성, 시공성을 원칙으로
2. 건설기계 조합원칙은 작업능력의 균형 조합작업의 감소, 조합작업의 중복화 임.
3. 선정시 고려사항은 토질조건, 작업종류, 작업물량, 소음.진동을 고려하여 선정하였음.

II. 건설기계의 구비 조건

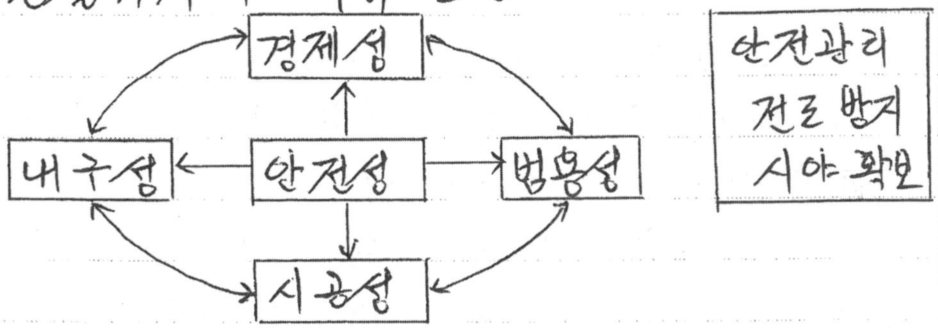

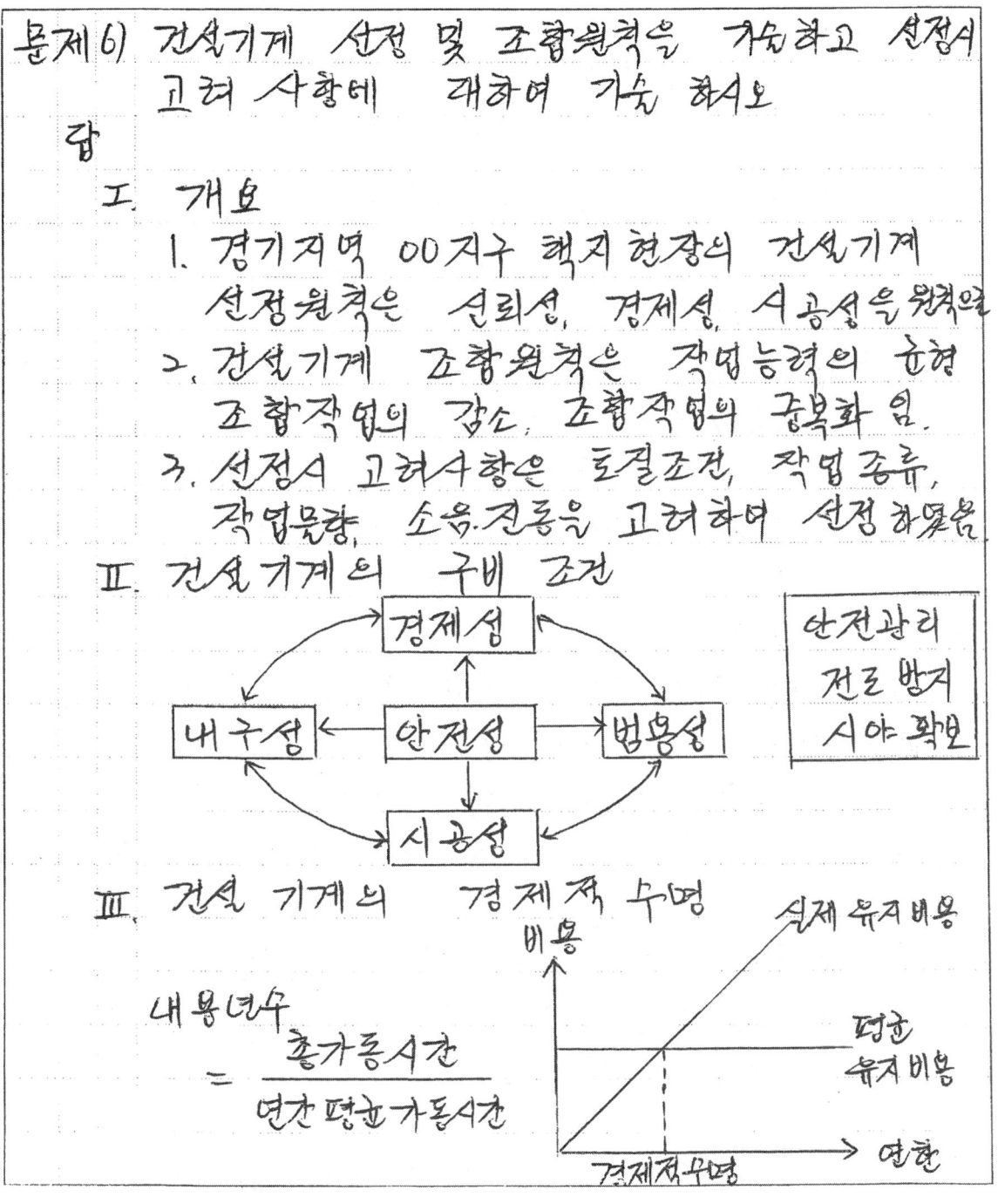

III. 건설 기계의 경제적 수명

내용년수 $= \dfrac{\text{총가동시간}}{\text{연간 평균 가동시간}}$

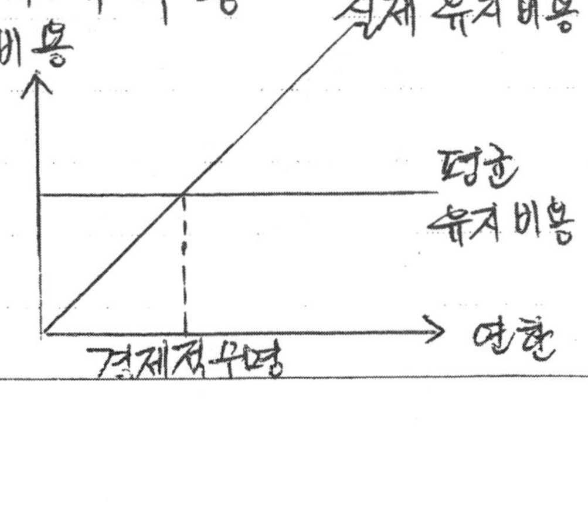

IV. 건설기계의 선정원칙

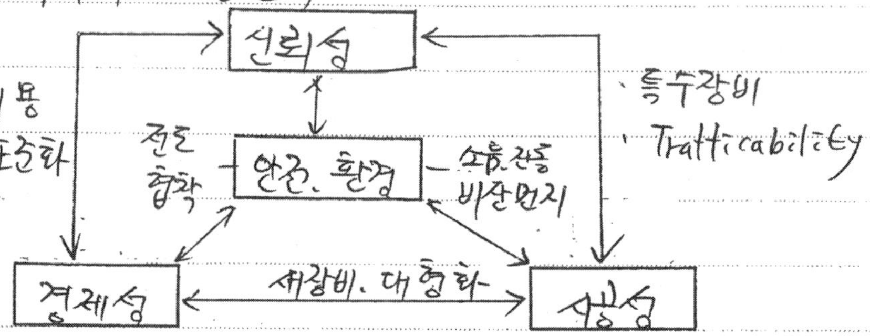

V. 건설기계의 조합 원칙

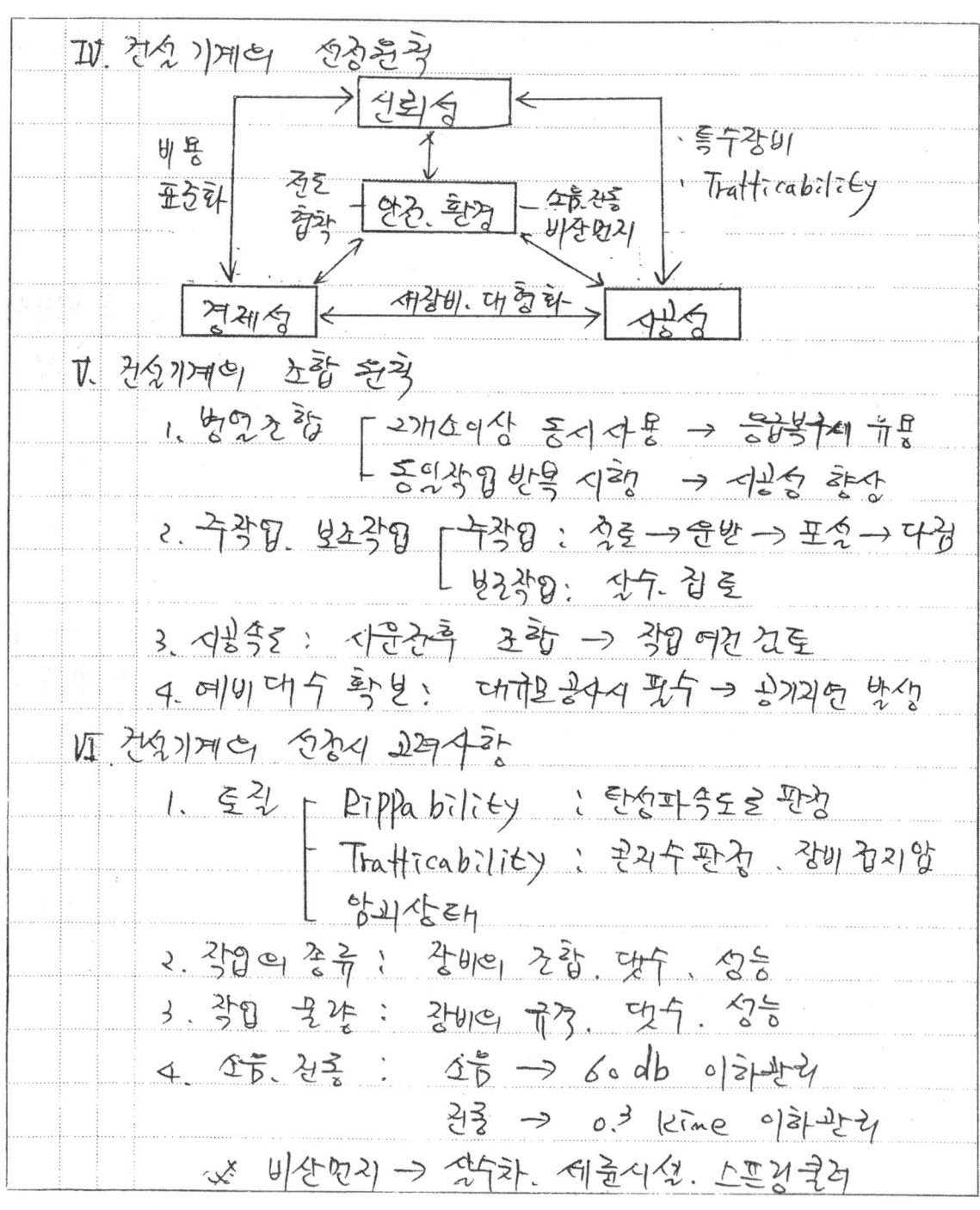

1. 병렬조합 ┌ 2개소 이상 동시 사용 → 응급복구시 유용
   └ 동일작업 반복 시행 → 시공성 향상
2. 주작업, 보조작업 ┌ 주작업 : 절토 → 운반 → 포설 → 다짐
   └ 보조작업 : 살수, 집토
3. 시공속도 : 사운전측 조합 → 작업여건 검토
4. 예비대수 확보 : 대규모공사시 필수 → 공기지연 발생

VI. 건설기계의 선정시 고려사항

1. 토질 ┌ Rippability : 탄성파속도로 판정
   ├ Trafficability : 콘지수 판정, 장비접지압
   └ 암괴상태
2. 작업의 종류 : 장비의 조합, 대수, 성능
3. 작업 물량 : 장비의 규격, 대수, 성능
4. 소음, 진동 : 소음 → 60 db 이하관리
   진동 → 0.3 kine 이하관리

※ 비산먼지 → 살수차, 세륜시설, 스프링클러

IV. 건설기계의 선정원칙

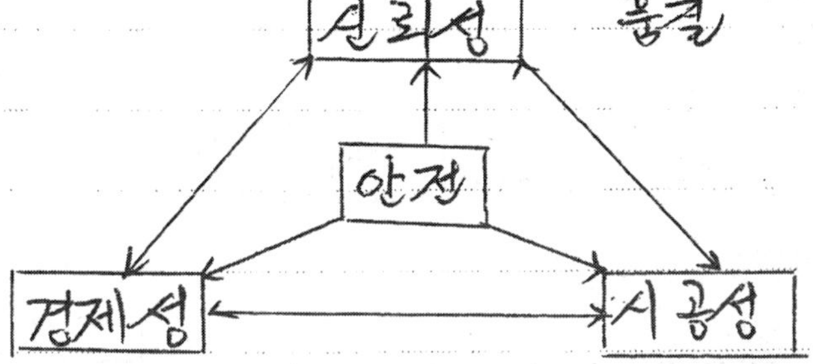

품질

Q = C·E·N

새장비, 특수장비 대형화

비용, 새장비, 표준화, 수리비용

V. 건설기계의 조합 원칙

조합원칙

1. 병렬조합
   작업을 병렬로 분할
2. 주작업 + 종작업 + 보조작업
3. 시공속도 균등화
   주작업의 작업능력과 균형
4. 예비 댓수 결정
   주작업의 작업능력과 균형을 이루는 후속 작업의 기종, 댓수 선정

VI. 건설기계 선정시 고려 사항 (경기지역 00 택지 현장)

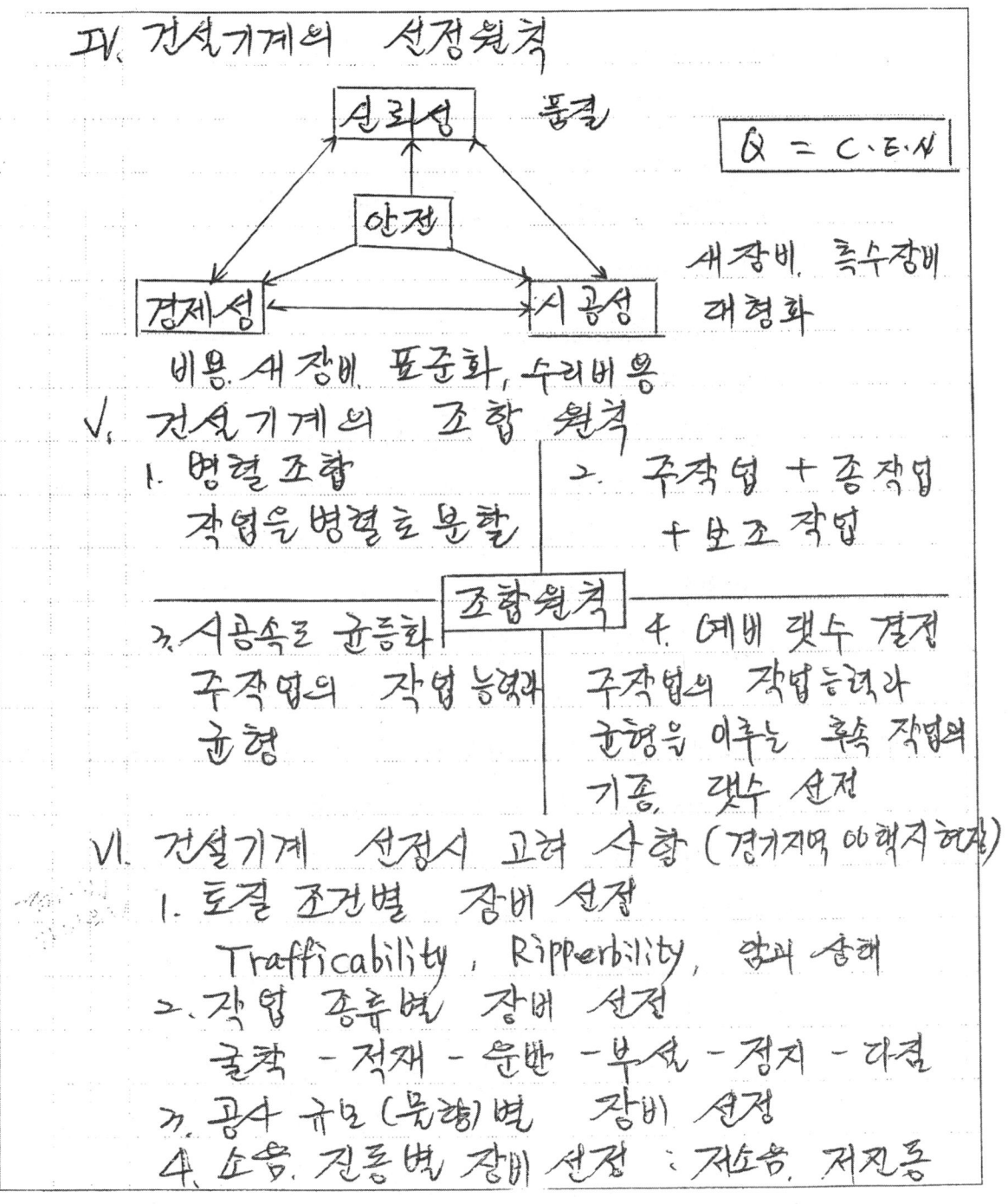

1. 토질 조건별 장비 선정
   Trafficability, Ripperbility, 암괴 출현
2. 작업 종류별 장비 선정
   굴착 - 적재 - 운반 - 부설 - 정지 - 다짐
3. 공사 규모(물량)별 장비 선정
4. 소음, 진동별 장비 선정 : 저소음, 저진동

Ⅶ. 건설기계 운용시 안전성확보와 환경관리 방안

1. 안전성 확보 방안

불안전한 요소
- 작업자: 행동
- 건설기계: 상태
- 작업환경: 상태

→ 사고 → 안전 ← 예방 ←

불안전한 요소제거
- 안전한 상태유지
- 안전한 행동
- 수시교육실시

2. 환경관리 방안

1) 소음:

구분	가축	문화재	조적	RC	
기준	0.1	0.2~0.3	0.3	0.4	(Kine)

가축 자연폐사로 0.1 Kine.

2) 진동: 65db 이하 관리

3) 비산먼지:
- 작업장 구내 20Km 이하 운나
- 세륜기, 살수차 운행

Ⅷ. 파일항타시 소음·진동 예상으로 인한 공법 변경 사례

1. 개요: 충남 00지역 하천개수공사 현장
   PHC pile ϕ450 L=7~10m 120본
2. 문제점: 당초설계 → 직접 타격공법
   현장인근 약 120m 축사 젖소약 50마리 사육
3. 원인: 설계시 현장여건 미고려
4. 대책: 직접 타격 공법 → Cassing 공법으로 변경
5. 효과: 인근축사 민원 발생 방지 → 약 3억의 피해 예방
   주민과의 유대관계 유지 "끝"

VII. 경제적 운반거리 고려한 장비 선정

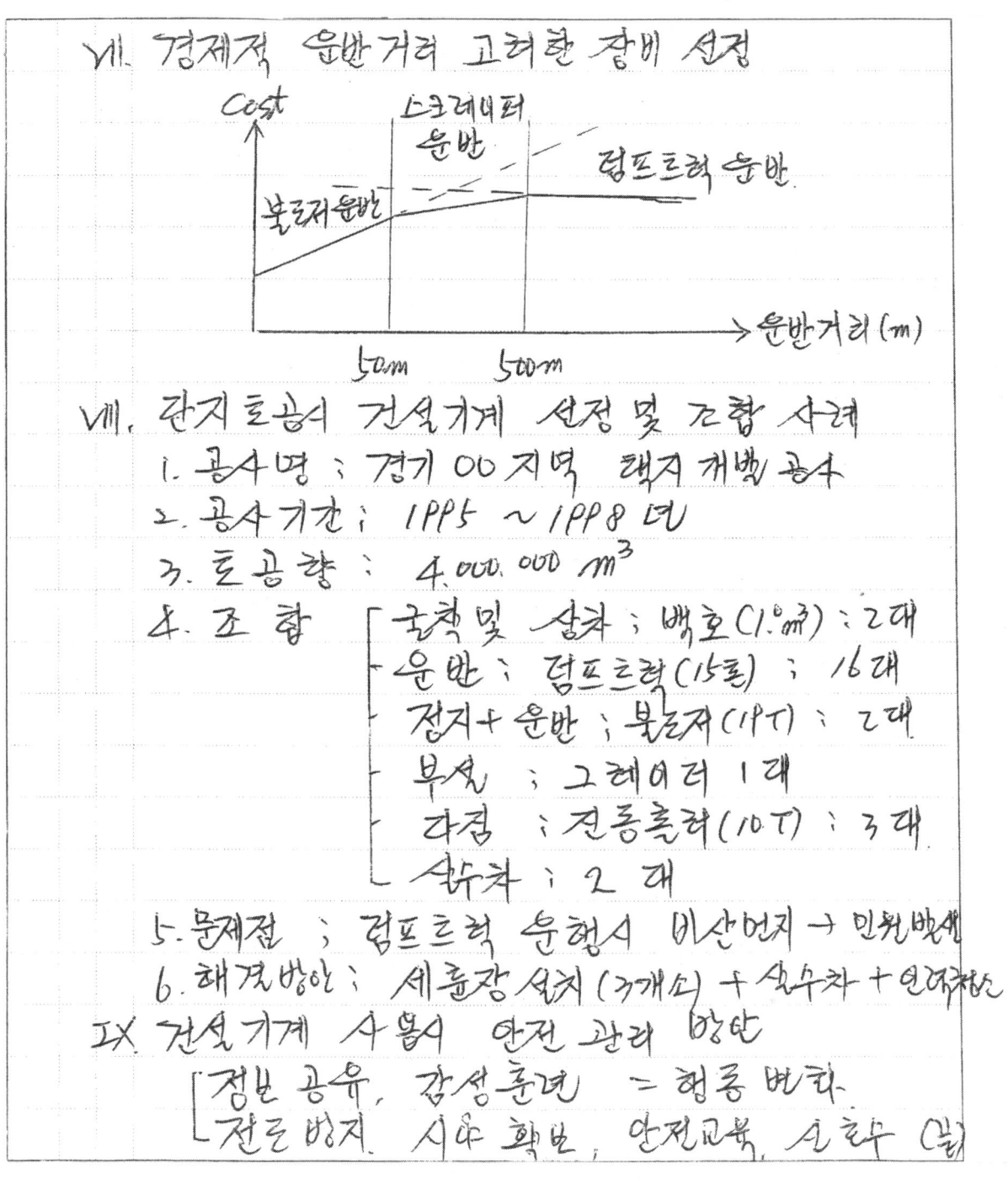

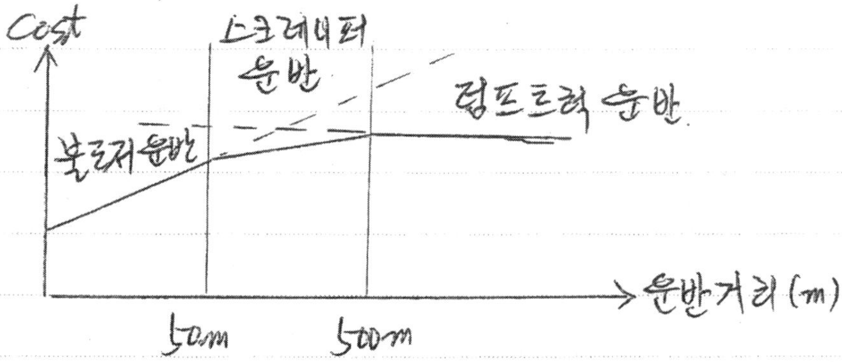

VIII. 단지토공시 건설기계 선정 및 조합 사례

1. 공사명 ; 경기 OO지역 택지 개발 공사
2. 공사기간 ; 1995 ~ 1998 년
3. 토공량 ; 4,000,000 m³
4. 조합
   - 굴착 및 상차 ; 백호(1.0m³) ; 2대
   - 운반 ; 덤프트럭(15톤) ; 16대
   - 정지+운반 ; 불도저(19T) ; 2대
   - 부설 ; 그레이더 1대
   - 다짐 ; 진동롤러(10T) ; 3대
   - 살수차 ; 2 대
5. 문제점 ; 덤프트럭 운행시 비산먼지 → 민원발생
6. 해결방안 ; 세륜장 설치(3개소) + 살수차 + 인력청소

IX. 건설기계 사용시 안전관리 방안

- 정보 공유, 감성훈련 = 행동 변화
- 전도 방지, 시야 확보, 안전교육, 신호수 (끝)

▣ 도대체 제대로 아는 게 뭐야?

안녕하세요? 신경수입니다.

1. 제목이 맘에 안드십니까?

2. 빈수레가 요란하다고 공부 짬밥이 좀 되면 모든 걸 다 아는 것처럼 떠들고 다니는 분들이 있습니다.

3. 그런데 그 사람에게 "도대체 뭘 아는데?"라고 물으면 갑자기 주저주저하며 난감한 표정을 짓곤 합니다. 참 얄궂죠.

4. 기술사 시험은 깊게 파는 시험이 아니라 두루두루 적당히(?) 아는 게 중요한데 적당히의 의미를 대충으로 착각하는 분들이 많다는 생각입니다.

5. 1차 필기시험 합격후 2차 면접합격의 기술은 "아는 것을 물어보면 끝까지 길게 물고 늘어져서 딴 질문을 못하게 해라"는 것인데 이것은 정치학적으로 상대의 발언 기회를 사전에 봉쇄해버리는 Filibustering 전략입니다.

6. 우리가 필기시험을 보든, 면접시험을 보든 이 필리버스터링은 아주 효과적이고 효율적인 전략입니다.

7. 한 가지에 정통해야 다른 것에도 자신감을 가질 수 있습니다.

8. 영국 소설가의 입을 빌려 "한두 가지에 대해서는 모든 것을 알아야 한다. 그리고 모든 것에서도 약간은 알아둘 필요가 있다" 는 말이야 말로 시험 준비를 하는 우리에게 필요한 원칙입니다.

9. 기술사 준비를 하는 내가 정말 정통한 것은 무엇인지 생각해보는 하루가 되었으면 합니다.

10. "멀리 보려면 높은 곳으로 올라가라"는 말과 비슷한 의미가 바로 "깊게 파려면 넓게 파라"입니다. 넓게 파면서 깊이 들어가는 학원가족이 되었으면 합니다.

문제7 연약지반의 대책을 토질별로 구분하여 설명하고, 시공 관리 방안에 대하여 기술하시오.

[기본 Item = 유형]

문제점	공법	AB	콘크리트	제도 및 system	기타
★	★	★			

[관련 공종]

콘크리트	강재	건설기계	토공	연약지반	막이	기초
				★		
도로포장	교량	터널	댐	하천	항만	공사시사
★	★	★	★	★	★	

[질문 요지]

1. 토질별(사질토/점성토) 연약지반 대책
2. 시공관리 방안

[조건]

1. 연약지반

[중요 Item]

1. 토질별 특성 – 점성토와 사질토의 차이점
2. 연약지반 대책공 선정 Flow

[차별화 Item]

1. 이 론 : Terzaghi 압밀이론
2. 경 험 :
3. 도식화
   - 그래프 : 변위 – 시간, 하중/침하 – 시간
   - 모식도 : 연약지반 계측관리 모식도 – 안정/침하
   - Flowchart : 공법선정
   - 특성요인도 :
   - 기타 :
4. 비교표 : 점성토와 사질토

Thinking Tip

1. 계측관리 안정(시공관리)과 침하(측방유동) 구분하여 기술
2. 환경관리 강조(대/소/폐/수)

문제 17) 연약지반의 대책을 토질별로 구별하여 설명하고, 시공관리 방안에 대하여 기술하시오.

答

I. 槪要

1. 연약지반의 대책을 토질별로 구별한 차이점 :
   사질토 – 다짐, 기간이 짧다. 시공성이 유리.
   점성토 – 압밀, 재하기간이 길다. 경제성 불리
2. 연약지반의 시공관리 방안 : 계측관리를 중심으로
   안정관리 – 정성적 기준에 의한 방법, 정량적 기준
   침하관리 – 쌍곡선법, Hosino法, Asaoka法
3. 경기 OO현장 평택항 자동차부두 공사 시공 사례 기술
   (2001년, 공정율 28.5%)
   : preloading 성토 → 재하 18개월.

II. 연약지반의 안정을 위한 계측관리

<평택항 OO지구 매립공사. 2001년 공정율 28.5%>

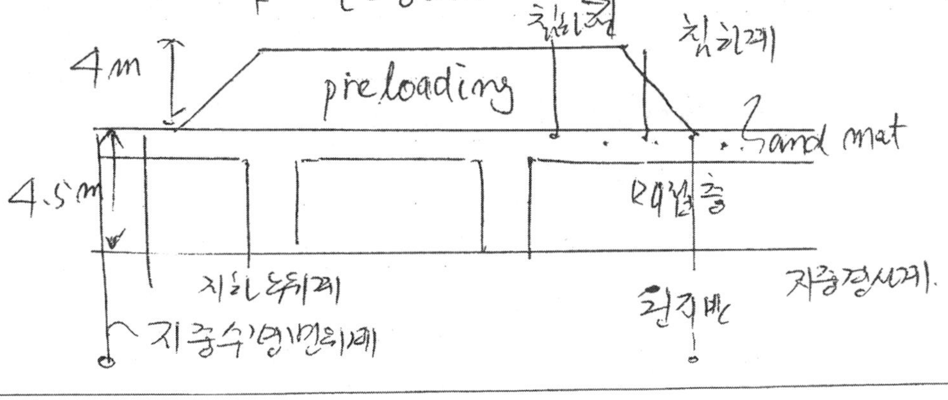

Ⅲ 연약지반의 대책 공법의 분류.

1. 하중조절 공법 : EPS 공법
(경량화, 균등, 하중분산).
2. 지반개량 공법 : 지수, 치환, 고결, 탈수, 다짐.
3. 지중구조물 형성 공법 : Box, pile, 기초

Ⅳ 토질별로 구분한 연약지반 대책공법의 차이점 및 현장사례

구분	사질토	점성토	현장사례
원리	다짐	압밀	경북포항 OO현장
기간	짧다	길다	: preloading
시공성	유리	불리	압밀
경제성	양호	불리	18개월 방치
관련식	$\tau = c + \sigma \tan\phi$	$t_v = \frac{T_V}{C_V} H^2$	

Ⅴ 연약지반의 시공관리 방안 (안정과 침하관리 中心)

1. 안정관리
   1) 계측관리
   2) 정성적 지표
   3) 정량적 지표

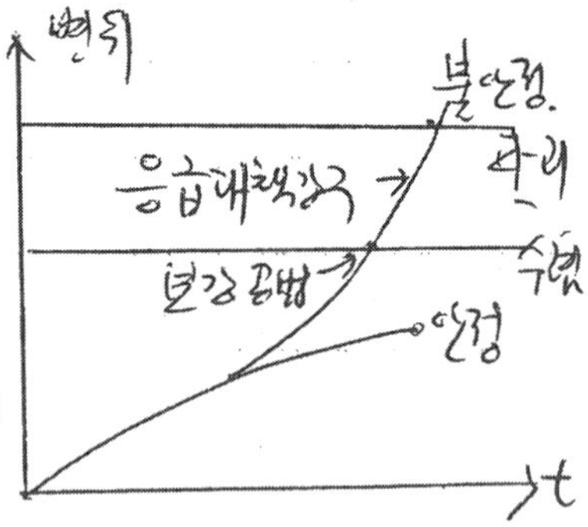

2. 침하관리 (계측관리를 중심으로)
   1) 쌍곡선법
   2) Hosino 法
   3) Asaoka 法

$$t_v = \frac{T_V}{C_V} H^2$$

※ 경북포항 OO현장 쌍곡선법 적용 (침하관리)

Ⅵ 연약지반의 表面처리를 위한 新工法 적용 사례

<부산 신항만 ○○현장, 1999년. 공정율 21.5%>

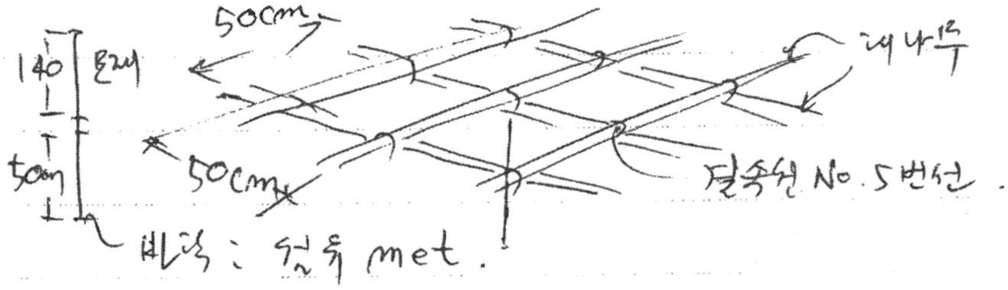

시공법. . 바닥 : 섬유 met → 모래포설(150)

→ 대나무 met → 모래포설(50)

Ⅶ 연약지반 처리시 책임감리 重点管理事項

1. 안정 관리

1) 표면처리 통한 Trafficability 확보

2) 장비의 안정적 이동 확보.

2. 계측으로 침하관리

1) 응력관리 – 침하판, 경사계.

2) 토압관리 – 토압계. 수압계.

끝.

문제7) 연약지반 대책을 토질별로 구분하여 설명하고, 시공관리 방안에 대하여 기술하시오.

답)

I. 개 요.

1. 연약지반 처리대책은 지반의 하중조절과 개량 및 구조물 설치 방법이 있으며
2. 연약지반 대책중 토질별로 점성토는 치환과 Vertical Drain을 사질토는 고결 및 동다짐 공법이 효과적이고,
3. 연약지반 시공관리는 계측관리를 바탕으로 안정과 침하의 시공관리이므로 안정의 수렴과 발산, 침하의 량과 시간을 중점 관리하여야 함.

※ 평택00기지 SCP(96'~98), 진해00기지 V/D+pre-loading(00'~02) (PBD)

II. 우리나라 연약지반의 특성

토 질	두 께	함 수 비	OCR
내륙: 충적점토 해상: 해성점토	8~70m (매립층 관계)	30~80%	OCR<2

※ 평택00기지 (두께 18m, 함수비55%), 진해00기지 (두께23m)

III. 연약지반 대책 공법 선정 Flow chart

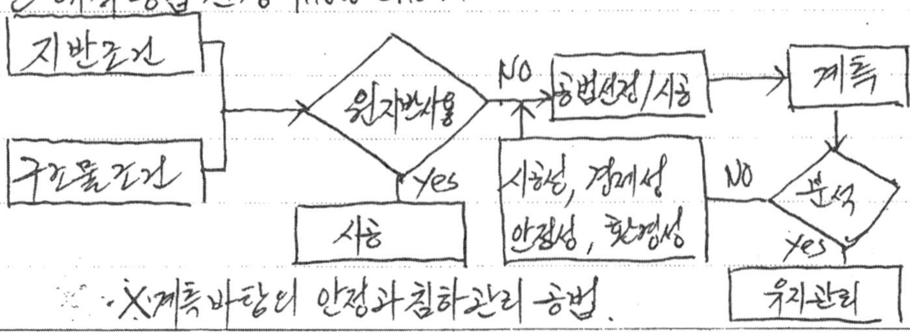

※ 계측바탕의 안정과 침하관리 공법.

문제) 연약 지반의 대책을 조사하고 계측관리, 성토관리, 시공관리 방안에 대하여 기술하시오.

답)

I. 개 요

1. 연약 지반 대책은 하중조절, 지반개량(치환, 재하, 고결, 탈수, 다짐) 지중개량재가 있고, 사재료(치환, 개량), 진공압(재하, 탈수)가 있다.

2. 시공관리 방안은 계측을 바탕으로 한 안정관리 및 침하관리가 있으며

3. OO 고속도로 현장에서는 Sand mat, 재하공법을 병행 침하 촉진으로 공기를 단축한 사례가 있음.

II. OO 고속도로 현장의 연약지반 조사 및 측정 결과

지반조사 ⟶ 측정결과

지층	심도	지반조사		측정결과
Silty 점토	15~30m	현장시험	시추조사 5공	함수비 : 60~80%
Silty 모래			SPT 45공	소성지수 : 10~15
풍화암		실내시험 : 물리, 역학		N치 : 1~4

※ 연약지반 정의 : 상부 구조물 하중을 지지하지 못하는 지반

III. 연약 지반의 대책 공법 선정 Flow 및 현장 적용 공법

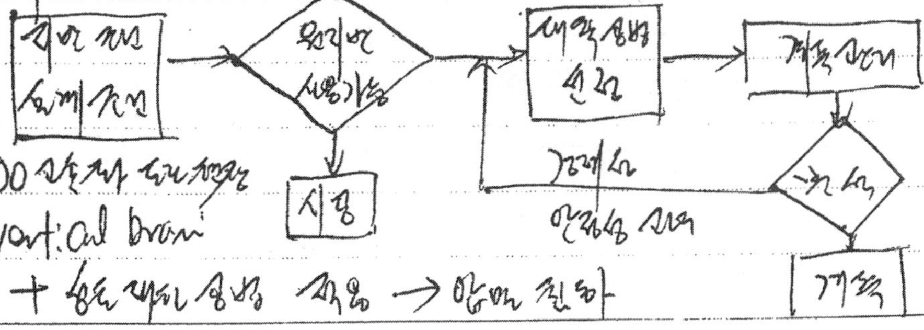

※ OO 고속도로 현장 Vertical Drain + 압밀재하 공법 적용 → 압밀 침하

IV. 연약지반의 문제점 및 원인

1. 문제점

1) 안정 : 사면활동, 측방유동
2) 침하 ┌ 부등침하
　　　　└ 압밀침하

2. 원인

1) 내적 : 시간의존적 변화 (미립, 유기질토)
2) 외적 ┌ 상대적 : 상부구조물 지지 불가
　　　　└ 절대적 : 사질토 (N<10), 점성토 (N<4)

V. 연약지반의 토질별 대책

구분	원인	점성토	사질토
1. 하중조절	경감, 균등, 분산	EPS, 압성토, Sand Mat	—
2. 지반개량	지수	분사주입	약액주입
	치환	굴착, 강제	—
	고결	심층혼합처리	동결
	탈수	Vertical Drain ([illegible])	지하수위 저하
	다짐	SCP ([illegible])	동다짐
3. 지중구조물	골격형성	pile slab, CAP	체절 성토

VI. 연약지반 시공관리 방안

시간 : $t_v = \frac{T_v}{C_v} H^2$

량 : $S_c = \frac{C_c}{1+e} H \cdot \log \frac{P_0 + \Delta P}{P_0}$

1. 안정 ($\tau_f = c + \sigma \tan\phi$)

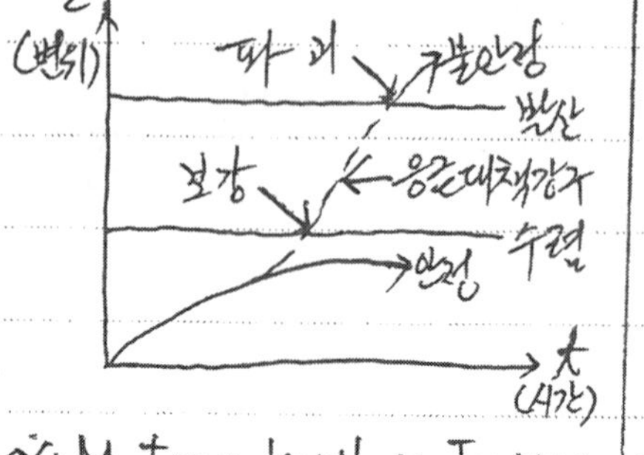

※ Matsuo, kurihara, Tominaga

2. 침하

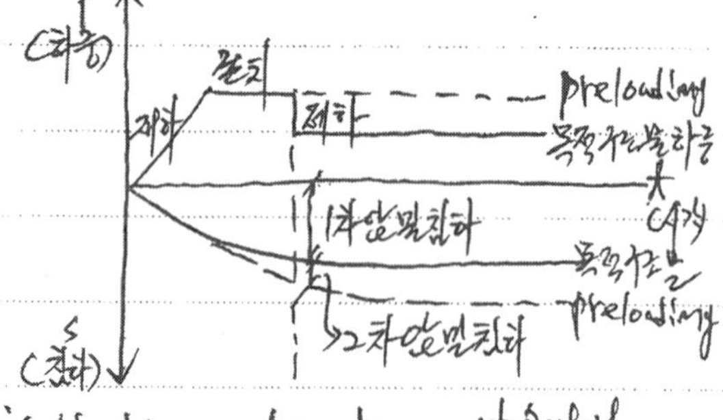

※ Hoshino, Asaoka, 쌍곡선법.

IV. 연약지반의 문제점 및 문제점에 대한 요인

1. 문제점 (안정 / 침하 / 측방유동 - (성토체 / 교대측방유동)

2. 요인 (내적 (지반 연약화 / 지하수위) ; 외적 : 하중 재하, 지진)

V. 연약지반의 조치방법 대책

대책	원리	기준 공법	적용 조건
하중조절	경량화, 균일화	EPS	전단강도, 유기질토
	치환	약액 주입	사질토
	치수	굴착, 강제 치환	전단강도
지반개량	고결	DCM	전단강도, 사질토
※ 압밀촉진 →	탈수	VD, 재하공법	전단강도
	다짐	SCP, GCP	전단강도, 사질토
지중구조	구조물	Pile CAP	유기질, 전단강도

VI. 연약지반의 시공 관리 방안 (계측관리를 중심으로)

1. 안정관리 ($\tau = c + \sigma' \tan\phi$)
   1) 정성적 : 수평, 변위 ⟹
   2) 정량적 : Matsuo, Kurihara

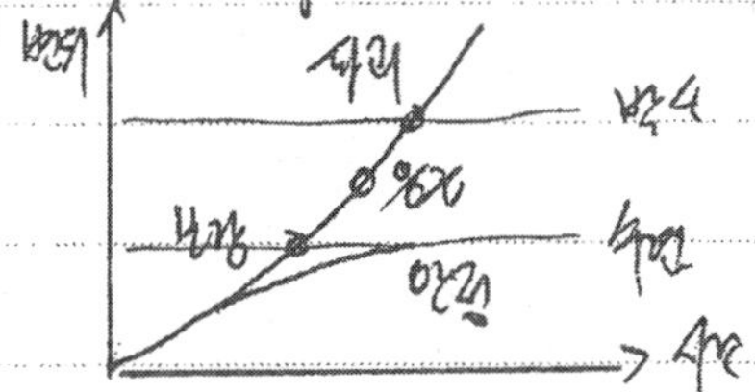

2. 침하관리 (압밀촉진 ; VD + PLM)
   1) Hoshino 법 : √t 법
   2) Asaoka 법
   3) 쌍곡선 법 (순사전 계측 유무 / Creep성 거동 사례 보이)

※ 침하 원리 : Terzaghi 압밀이론

$$S_c = \frac{C_c}{1+e} \cdot H \cdot \log\frac{P+\Delta P}{P}$$

Ⅶ. 연약지반 시공시 단계별 주의사항 (Vertical Drain 기준)

작업준비 → 천공 → 배수재주입 → preloading → 계측

- 작업준비
  - Sand Mat
  - Traficability
- 천공
  - 수직도관리
  - Smear zone effect
- 배수재주입
  - Mat Resistance
  - Wall Resistance
- preloading
  - 성토속도
  - 성토고
- 계측
  - D/B화
  - 안정·침하계측

Ⅷ. 계측관리를 바탕으로 한 V/D + preloading 시공과 VECP사례

(진해00지구 연약지반처리, 00'.02~02'.04. 35만m², PBD+preloading)

1. 계측관리를 통한 Vertical Drain + preloading공법 시공

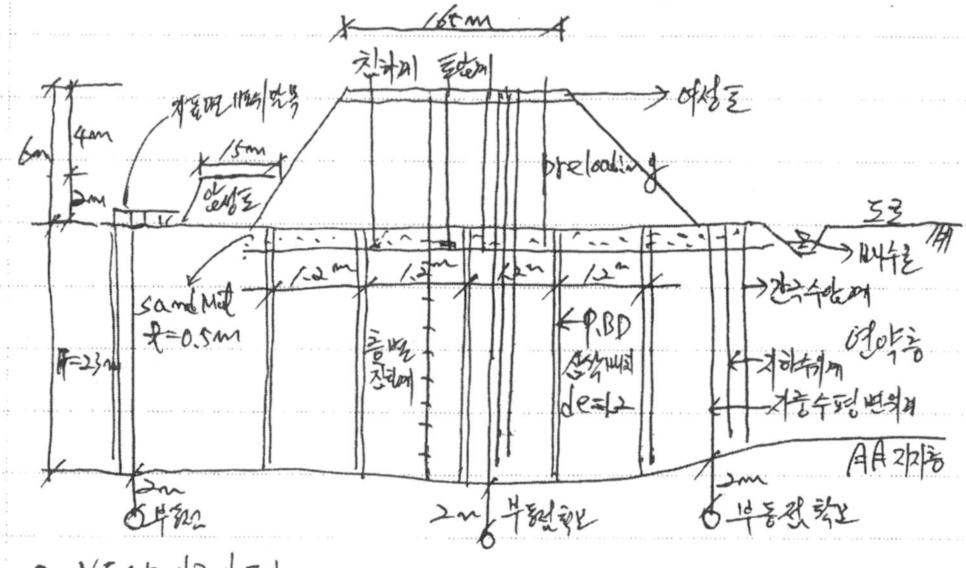

2. VECP 시공사례

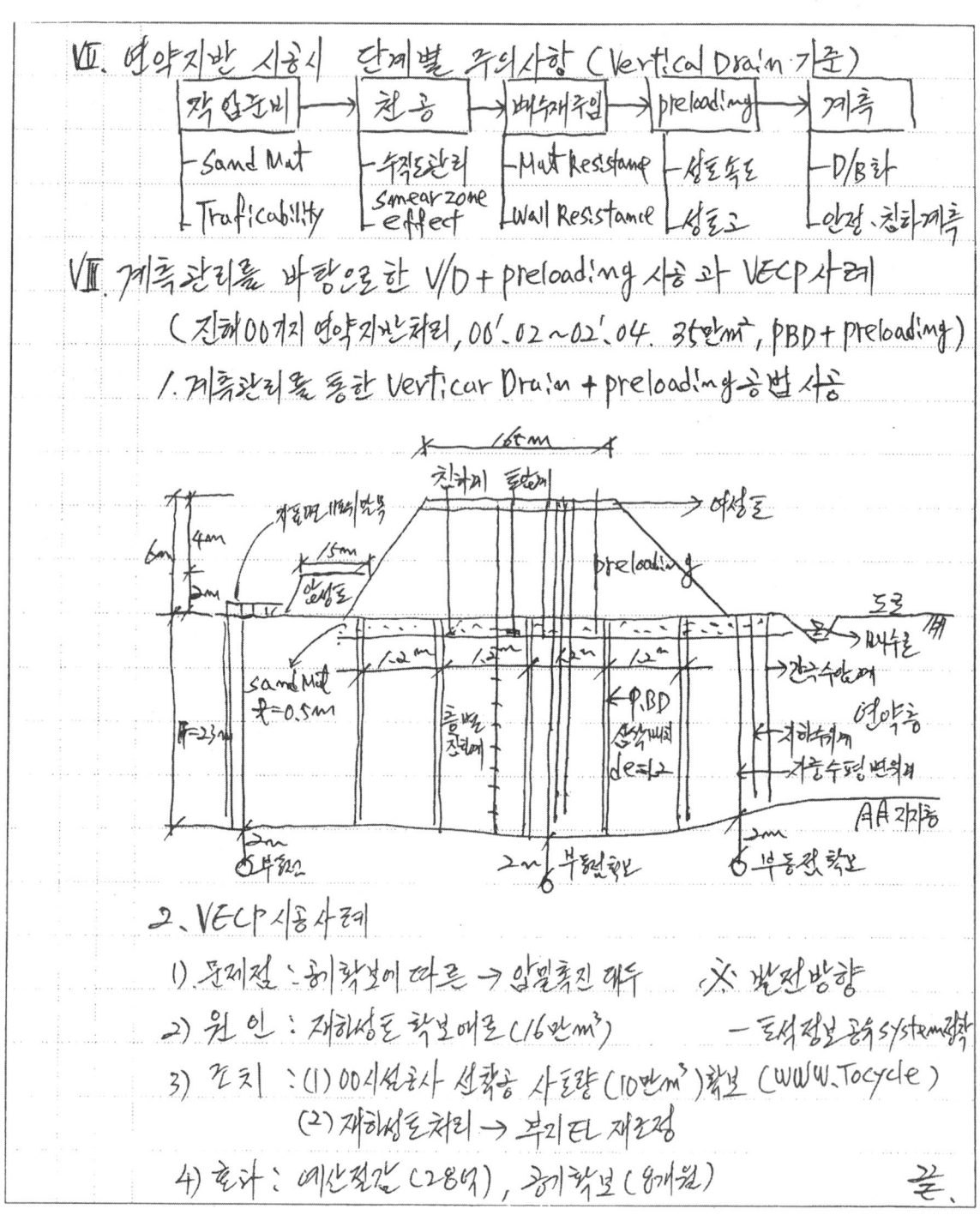

1) 문제점 : 공기확보에 따른 → 압밀촉진 대두 ※ 발전방향

2) 원 인 : 재하성토 확보어려움(16만m³) – 토석정보 공유 system 정착

3) 조치 : (1) 00시설공사 선착공 사토량(10만m³)확보 (WWW.Tocycle)

(2) 재하성토처리 → 부지EL 재조정

4) 효과 : 예산절감(28억), 공기확보(8개월)

끝.

VII. 연약지반 시공관리 방안과 침하관리 중점 및 적기 시공 검토

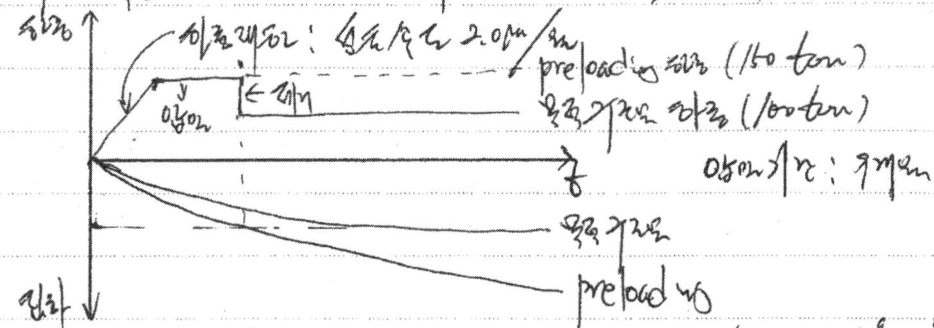

∴ 허용 잔류 침하량 (10cm) > 상부공 잔류 침하량 (6.1cm) ∴ "OK"

VIII. 계측관리를 통한 연약지반 개량 및 시공 VECP 사례

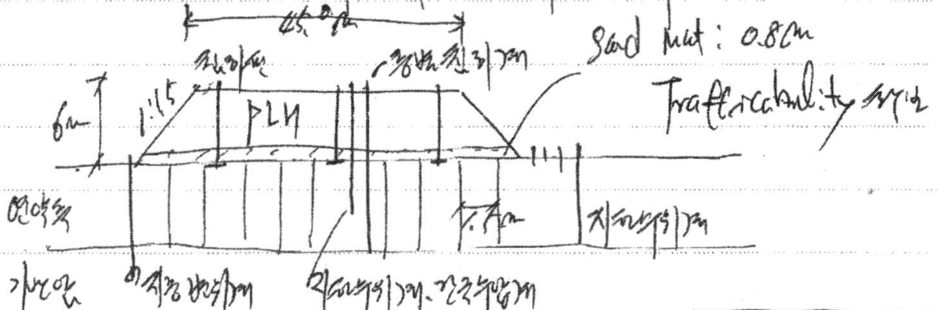

1. 현장 문제점 | Sand Drain 시 자재 수급 난이 / 기계 조기 작업 지연

2. 공법 변경 | 당초: Sand Drain + PLM / 변경: Pack Drain + P.L.M

한계 성토고

$$h_c = \frac{5.7c}{\gamma} = 6.0m$$

3. 효과 | 공기 단축: 3개월 / 공비 절감: 1.5억원 ⇒ 변경 승인 후 시공 완료

4. 소견 | 공사 착수 전 공법의 적정성 및 시공성 검토 / 재료의 조사가 중요함.

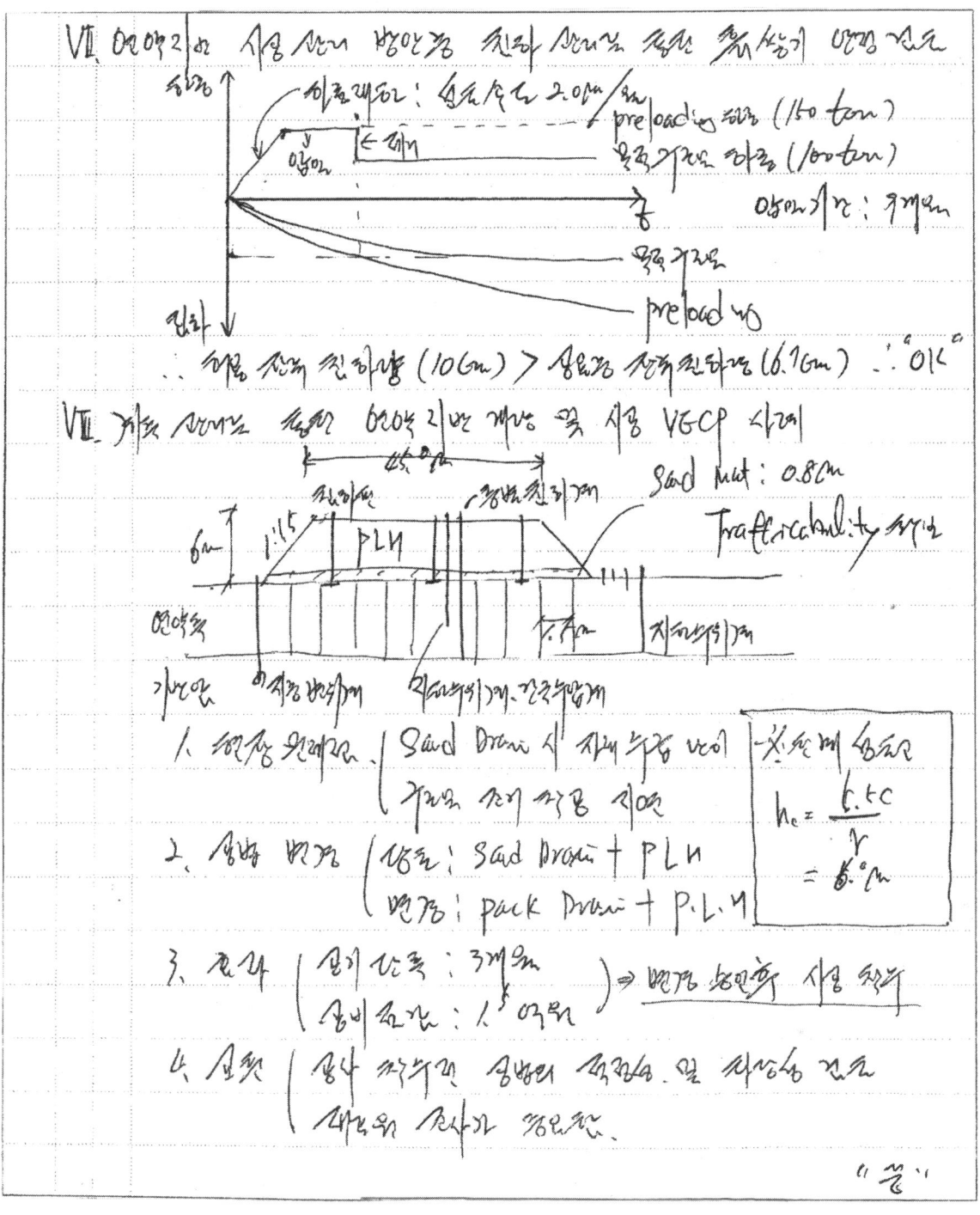

"끝"

▣ 불편한 진실???

안녕하세요? 신경수입니다.

1. 타 코미디프로의 추종을 불허하는 개그콘서트 코너 중 "불편한 진실"이 있습니다.

2. 개그맨 황현희씨가 특유의 무표정으로 나와 우리네 생활 중 모순이 있는 것들을 골라 은근슬쩍 꼬집는 코너인데 나름 재미있게 보고 있습니다.

3. 그런데 학원에서도 "불편한 진실"이 존재합니다.

4. 당연하다 생각되는 진실이 현실(시험)속에서 그렇지 않은 경우가 너무나도 많은 데 공부하면서 곰곰이 생각해봐야 하는 말들입니다.

5. 학원에서 발견되는 "불편한 진실"을 알려드립니다.

■ 불편한 진실
- 공부한 양이 훨씬 많은데 적게 공부한 사람이 먼저 합격한다.
- 학원등록을 먼저 했는데 나중에 한 사람이 먼저 하산한다.
- 자신있게 쓴 교시보다 자신없이 쓴 교시의 점수가 더 잘나온다.
- 엄청나게 차별화를 기술한 사람보다 기본만 쓴 사람이 결과가 좋다.
- 답안지를 14page 다 썼는데 10page 쓴 사람이 점수가 더 나온다.
- 자료가 많은 사람보다 짭짤한 자료 조금 가진 사람이 먼저 떠난다.
- 열심히 정리한 사람보다 문제풀이에 살짝 집중한 사람이 빨리 간다.
- 술 많이 마시고 떠든 사람이 조용히 책만 본 사람보다 먼저 합격한다.

6. 이외에도 부지기수로 많지만, 상기의 "불편한 진실"을 다시 한번 생각해보시고 접근한다면 불편한 불합격을 그만큼 피할 수 있다는 생각입니다.

7. 항상 생각하는 공부 부탁드립니다.

문제8 옹벽의 안정조건 및 Shear key 설치이유를 설명하고 시공 시 간과하기 쉬운 사항에 대하여 설명하시오.

[기본 Item = 유형]

문제점	공법	AB	콘크리트	제도 및 system	기타
★	★				

[관련 공종]

콘크리트	강재	건설기계	토공	연약지반	막이	기초
★					★	
도로포장	교량	터널	댐	하천	항만	공사시사
	★				★	

[질문 요지]

1. 옹벽의 안정조건
2. Shear key 설치이유
3. 시공 시 간과하기 쉬운사항

[조건]

1. 옹벽 (콘크리트 / 보강토)

[중요 Item]

1. 옹벽구조물 설계 Flow
2. 불안정시 대책 – 내적/외적
3. 옹벽배면 배수재 설치에 따른 유선망과 수압 분포도

[차별화 Item]

1. 이 론 : 수동토압론, 전단파괴론
2. 경 험 :
3. 도식화
   - 그래프 : 토압–변위 관계
   - 모식도 : 옹벽안정(전/지/활), 배수공, 유선망 모식도
   - Flowchart : 설계 Flow
   - 특성요인도 :
   - 기타 :
4. 비교표 :

Thinking Tip

1. 막이 유형으로 접근
2. 옹벽 시공관리–배/뒷/줄/기

문제) 옹벽의 안정 조건 및 Shear key 설치 이유를 설명하고, 시공 관리 방안에 대하여 기술하시오.

답)

I. 개 요

1. 옹벽의 안정 조건은 내적인 균열, 철근 파단, 외적인 전도, 활동, 지지력, 침하 등이 있다.
2. Shear key 설치 이유는 활동 저항력 증대와 수동 저항력을 증대, 옹벽을 안정화 하는 방법이다.
3. 시공관리 방안은, 배수처리, 뒷채움, 줄눈 시공, 기초처리 등이 있고, 도심지역 옹벽 현장에서는 계측 관리를 통한 유지관리의 안정성을 도모함.

II. 옹벽 설계시 검토해야할 토압의 종류 및 산정식

1. 변위 허용 [주동 토압 $(P_a) = \frac{1}{2}\gamma H^2 K_a$
   수동 토압 $(P_p) = \frac{1}{2}\gamma H^2 K_p$
2. 변위 불허용 : 정지 토압(P_o)

※ Arching Effect : 토압 재분배

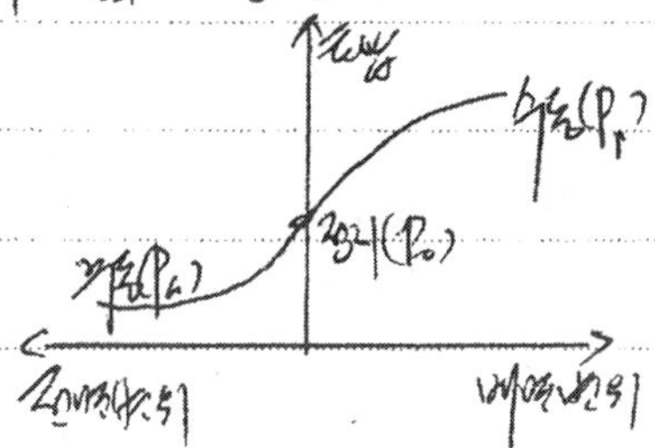

III. 옹벽 기초 설계 Flow 및 고려사항

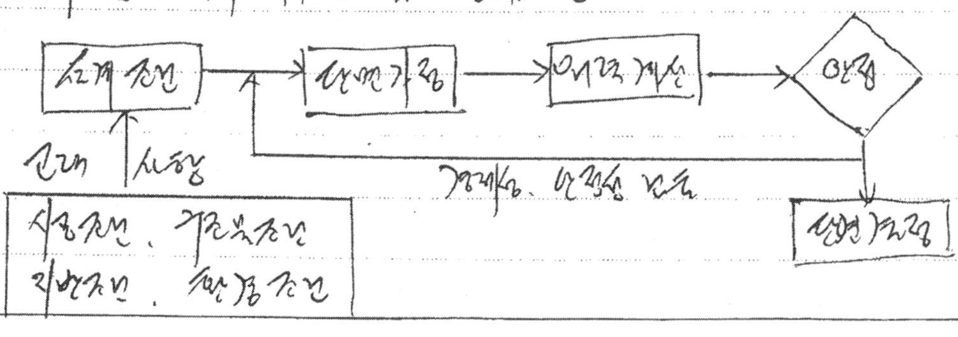

IV. 옹벽의 안정조건 (및 불안정시 대책)

안정 조건		불안정시 대책
1. 내적 - 균열, 침하, piping	⇒	1. 내적 - 배수공 설치 (Dr > Df)
2. 외적 - 전도 $F_s > 2.0$ / 활동 $F_s > 1.5$ / 지지력 $F_s > 3.0$ / 원호활동 $F_s > 1.5$		2. 외적 - Shear key 설치 / 저판폭 증대 / 기초 지반 처리 / 말뚝 기초

V. 옹벽의 Shear key 설치 이유 (설치 시 소요 깊이 산정)

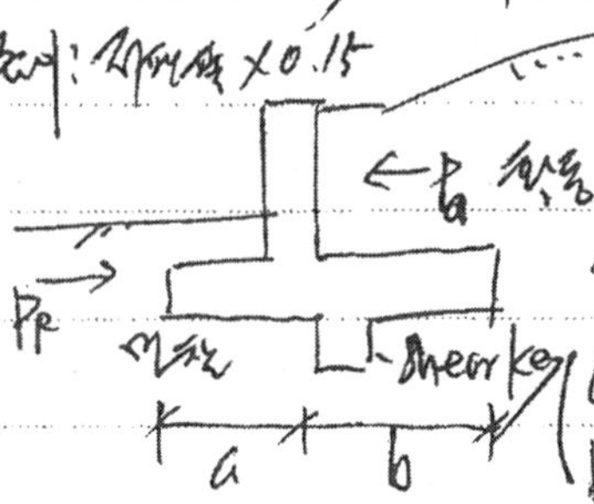

1. 활동 저항력 증대
2. 마찰 저항력 증대

※ 활동 안전율 소요 → 마찰저항 계산

a구간: 흙 + 흙 - 전단저항 - φ, C 계산

b구간: 콘크리트 + 흙 - C 계산

VI. 옹벽의 시공 관리 방안

1. 배수 개선

· 소단면 배수 개선 및 [illegible]

※ 기타 소단면 옹벽 기준: 소형 (H = 2.5m, L = 18m 이내)

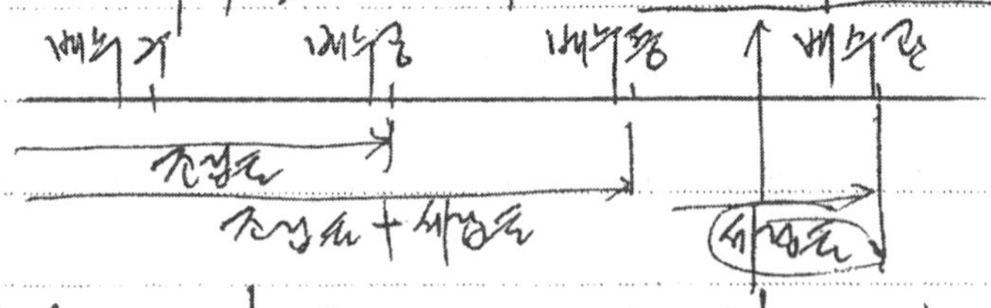

2. 뒤채움	3. 줄눈	4. 기초 처리
가교재 강도 → 안전관리 / 토공 투수	신축 줄눈 - 누수 대책 / Waterstop (5mm×200mm) - 이동 침하 방지	지반 개량

VI. 옹벽의 시공관리 방안과 배수 구조물 시공 및 유지관리 계획

· 시공 전, 중, 후 ⇒ 안정 검토

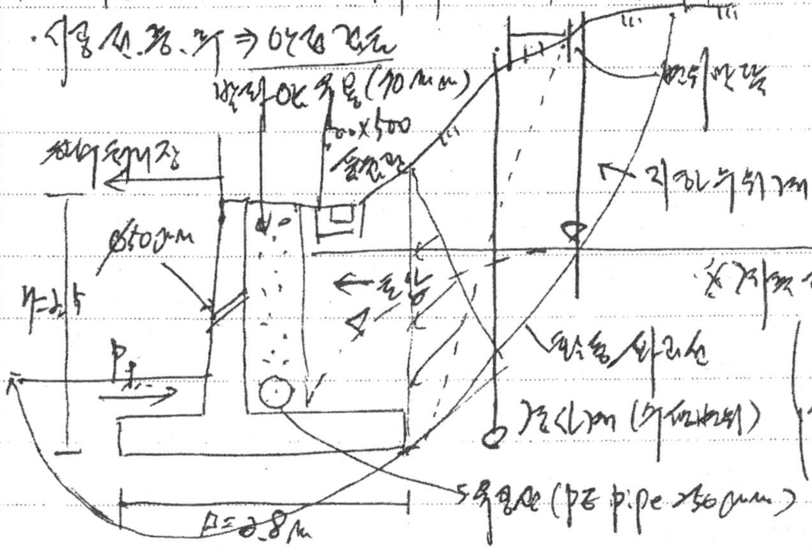

(이상계측
점검계획
유지관리

VII. 경기 산간 지역 OO현장 옹벽 시공 단계별 중점 Check 사항

기초 → Con'c → 뒤채움 → 배수 → 유지관리

철근(부식) | 타설 / 양생) 관리 | (뒤채움 재료 / 재료 (t=mm×2000mm) | (단계별 구조물 시공 / 단차 방지

※ 옹벽과 옹벽 시공 관리

(옹벽 : 외압 ← 배수 구조물
(옹벽 : 수압 ← 기초, 배수, 결속) ← 안정 검토

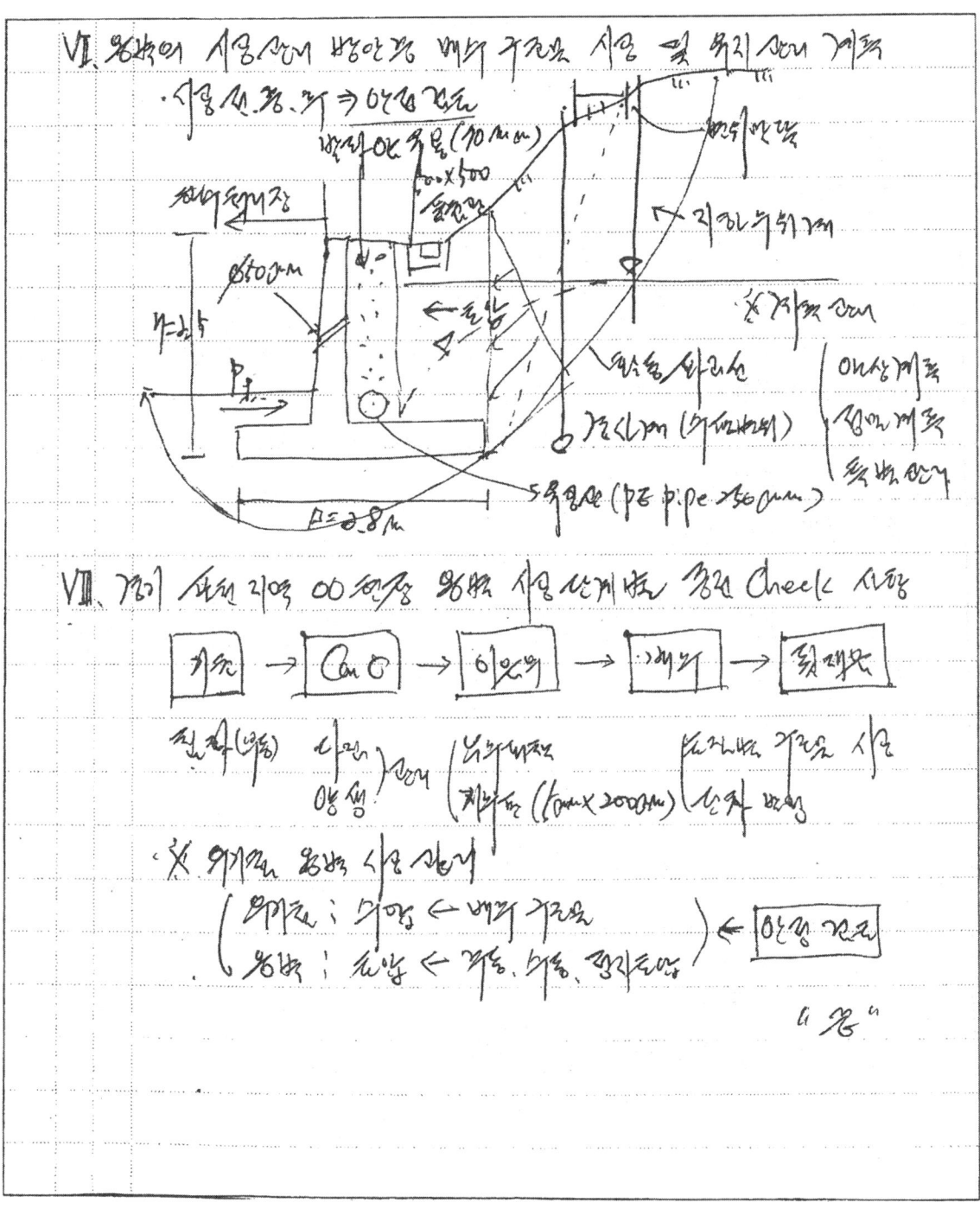

"끝"

문제 8) 옹벽의 안정조건 및 Shear key 설치이유를 설명하고, 시공시 간과하기 쉬운 사항에 대하여 기술하시오.

답)

I. 개요

1. 옹벽의 안정조건으로는 내적(Con'c, 지반)이 있으며 외적(전도, 활동, 지지력, 원호)조건이 있다.
2. 옹벽의 Shear key 설치이유로는 ~~내적(내구성제 조업)과 외적(전도)~~ 활동저항력 증대와 마찰 저항력 증대로 활동에 저항하기 위함에 있다.
3. 옹벽 시공시 간과하기 쉬운사항으로는 필수 관리사항인 배수, 뒷채움관리, 줄눈시공, 기초처리가 있다.

II. 옹벽설계 Flow

설계조건 → 단면가정 → 외력계산 → 안정검토 → (Yes) 단면결정

(안정검토 NO → 단면가정)

III. 옹벽 구조물의 단면도 및 토압분포도.

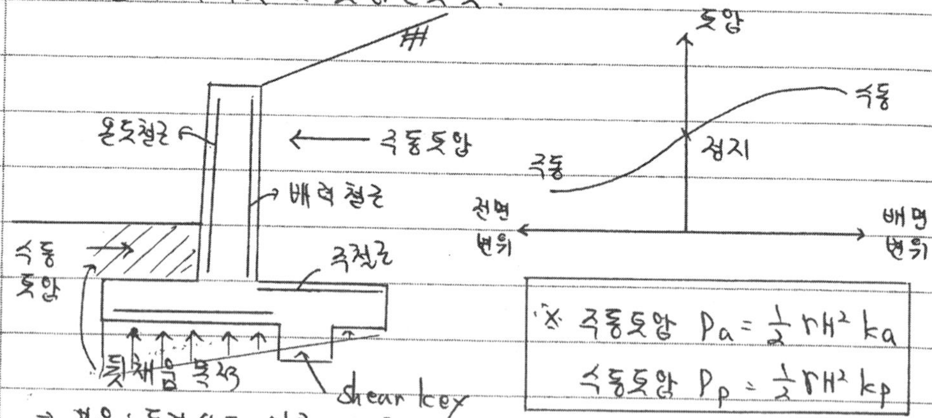

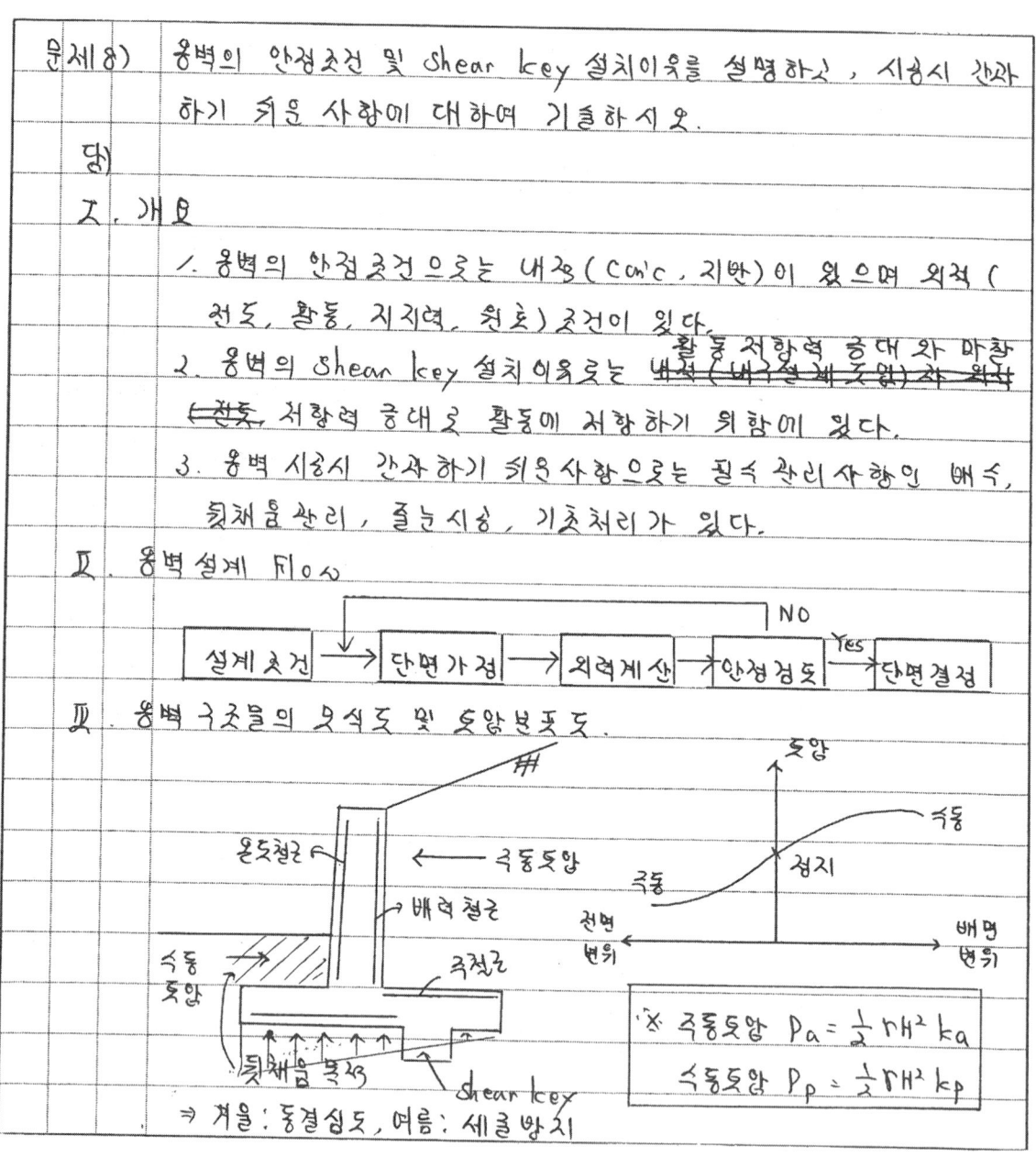

※ 주동토압 $P_a = \frac{1}{2}\gamma H^2 k_a$

수동토압 $P_p = \frac{1}{2}\gamma H^2 k_p$

⇒ 겨울: 동결심도, 여름: 세굴방지

문제8) 옹벽의 안정조건과 shear key 설치이유를 설명하고 시공시 간과하기 쉬운 사항에 대하여 기술하시오.

답)

I. 개 요

1. 옹벽의 안정조건은 구조물 내적 내구성과 외적의 전도, 지지력, 활동에 대하여 안정하여야 하며, 불안정시 대책은 구조물 내적 보수-보강과 외적 저판확대 및 shear key 설치 방법이 있음.

2. 옹벽의 shear key 설치 이유는 활동과 마찰 저항력 증대를 위하여 설치하며,

3. 옹벽 시공시 간과하기 쉬운사항은 배수, 뒷채움, 줄눈간격, 기초지반 처리 등을 중점 관리 하여야 함 (계룡대 00부지 조성공사 중 Cantilever형 옹벽설치 H=4m L=715m 90~94)

II. 옹벽 구조물의 설계 Flow Chart

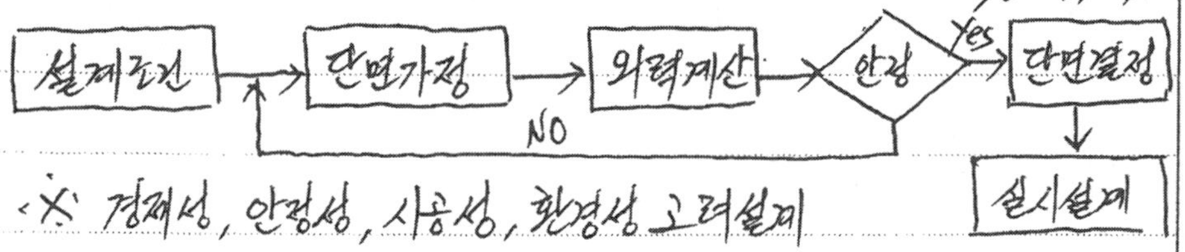

※ 경제성, 안정성, 사용성, 환경성 고려설계

III. 옹벽 배면 배수재 설치에 따른 유선망과 수압분포도.

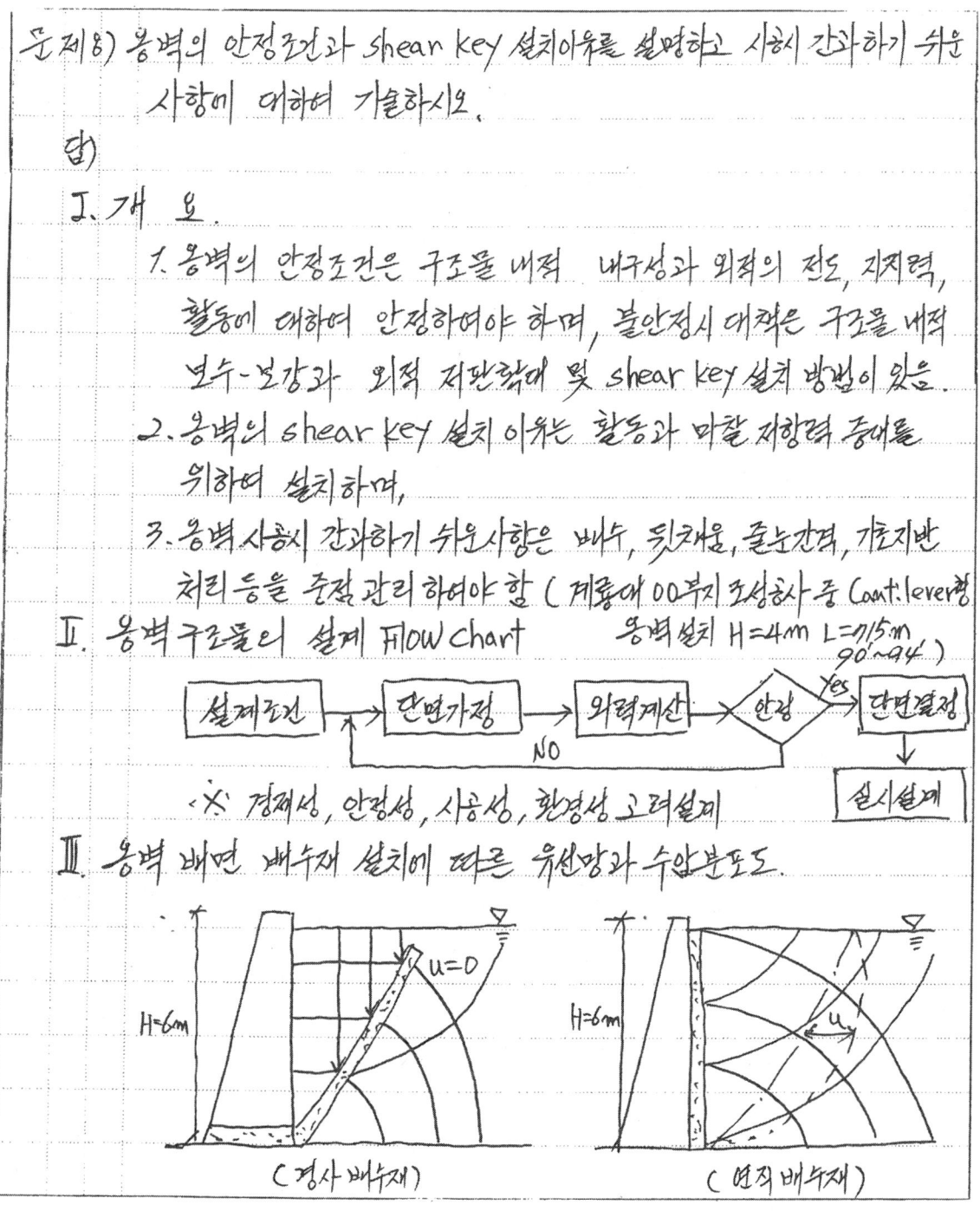

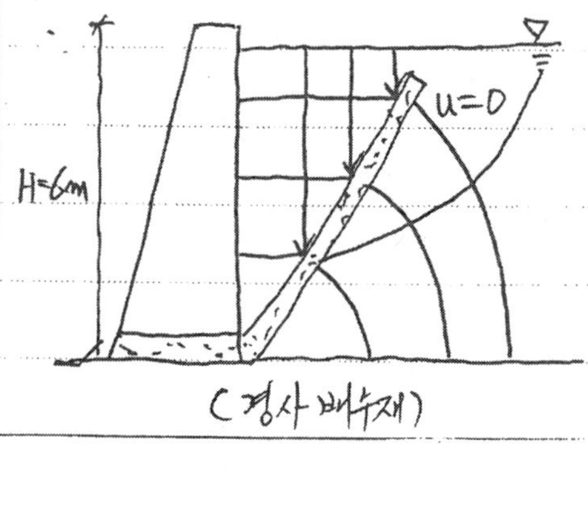

(경사 배수재)

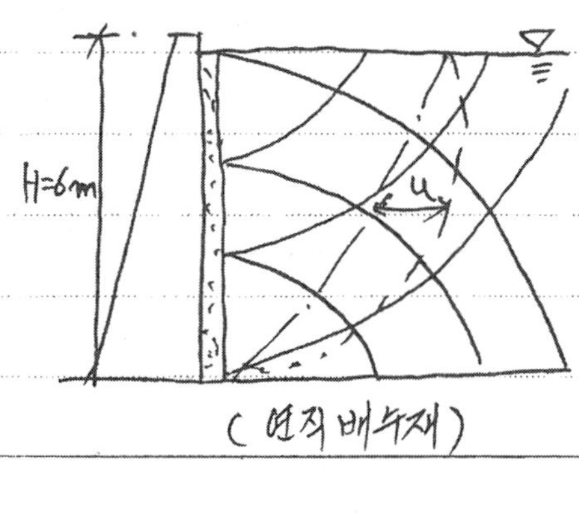

(연직 배수재)

IV. 옹벽 구조물의 안정조건

1. 내적 ┌ Con'c - 균열, 열화, 배근
　　　　└ 지반 - 누수, 세굴, piping

2. 외적 ┌ 전도에 대한 안정 : Fs ≥ 2.0
　　　　│ 활동에 대한 안정 : Fs ≥ 1.5
　　　　│ 지지력에 대한 안정 : $\sigma_a > \sigma$
　　　　└ 원호활동에 대한 안정

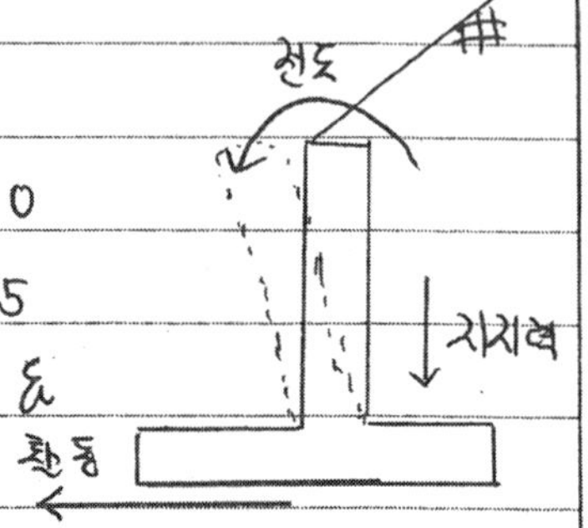

V. 옹벽 구조물의 불안정시 대책

1. 내적 - 내구설계 도입, 배수철저

2. 외적 ┌ 전도 불안정 ┌ 저항 Moment 증가 : 저판면적 증대
　　　　│　　　　　　└ 활동 Moment 감소 : 경량성토
　　　　│ 활동 불안정 ┌ 마찰저항력 증대 : 저판면적 증대
　　　　│　　　　　　└ 저항 Moment 증대 : Shear key 설치
　　　　│ 지지력 불안정 - 연약지반 대책공법 적용
　　　　└ 원호활동 불안정 - 저판면적 증대, Shear key 설치

VI. 옹벽 구조물에 Shear key 설치이유

1. ┌ 수동토압론 - $k_p > k_a$
　　└ 전단파괴론 - $\mu_1 > \mu_2$

2. 설치이유 ┌ 활동저항력 증대
　　　　　　└ 마찰저항력 증대

3. 설치배경 ┌ 저판폭 증대 불가시
　　　　　　└ 사항설치 곤란시

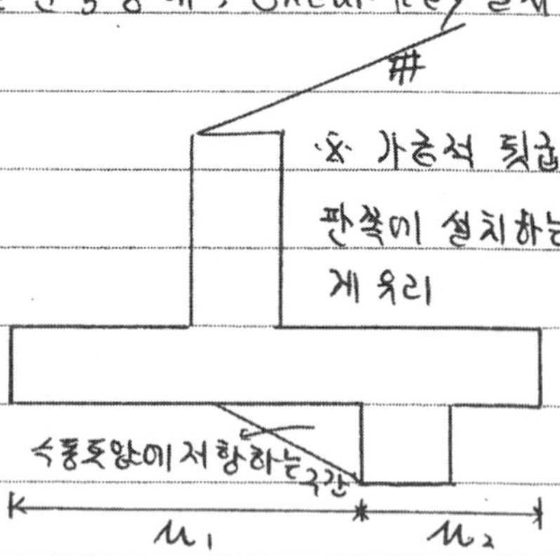

IV. 옹벽의 안정조건과 불안정시 대책

1. 안정조건

1) 내적
- 콘크리트: 균열, 열화, 철근배근
- 지반: 세굴 piping

2) 외적
- 전도: F.S ≥ 2.0
- 지지력: $q_{max} > q_a$
- 활동: F.S ≥ 1.5

2. 불안정시 대책

1) 내적: 보수, 보강

2) 외적
- 전도: 저판확대
- 지지력: 지반개량
- 활동: 마찰, 저항(shear key)

V. 옹벽의 shear key 설치 이유 (계룡대 OO부지조성공사)

1. 활동 저항력 증대
2. 마찰 저항력 증대
3. 설치이론
   - 수동 토압론
   - 전단 파괴론

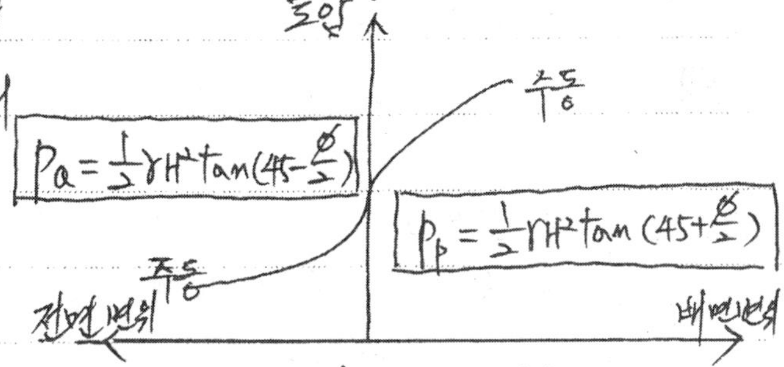

(옹벽에 작용하는 토압)

4. 설치 배경
   - 저판확대 불가시
   - 사항설치 불가시

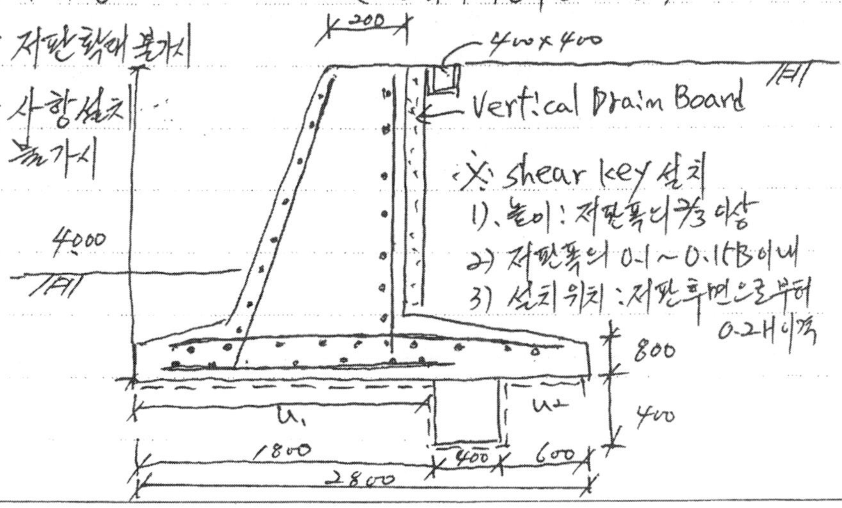

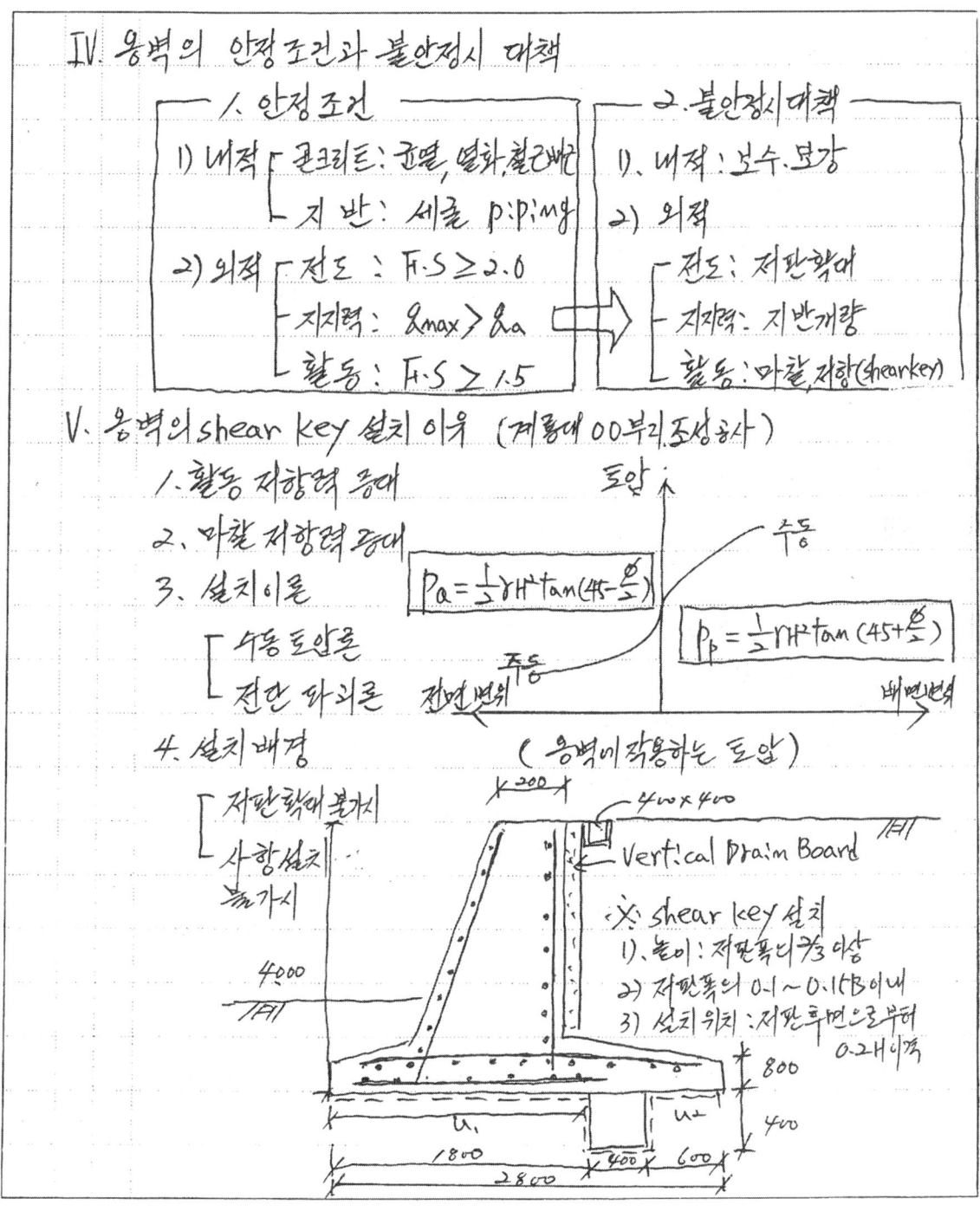

VII. 옹벽구조물 시공시 간과하기 쉬운 사항

1. 배수 - 배수구 배수공 배수층 배수관

 → 조립토

 → 조립토 + 세립토

 → 세립토

2. 뒷채움 ┌ 토압 : Pa 감소 → ∅증대 → 조립토
 └ 수압 : 배수성 증대 → 투수성 증대

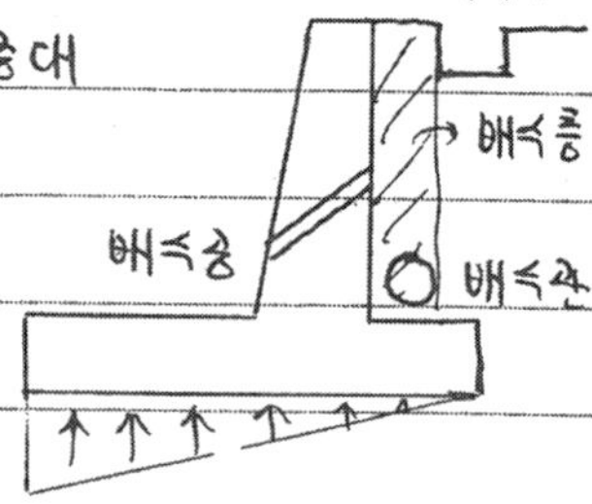

3. 줄눈 ┌ 분류 : 기능성 (신축, 수축이음)
 비기능성 (시공이음)
 └ 지수판 : 수밀성 확보

4. 기초 - 연약지반 대책공법 적용

VIII. 옹벽 구조물 시공관리 사례

1. 개요 : 중앙고속도로 10공구 (2000년)

2. 문제점 : 역T형 옹벽 (H=8.0m) 허용치 이상 균열 다수발생

3. 원인 1) 뒷채움재 입도불량 - 부등침하 발생
 2) 수축이음 미시공

4. 대책 및 교훈
 1) 대책 - 균열부 표면처리 및 충전공법 시행
 2) 교훈 ┌ 옹벽 뒷채움부 재료선정 철저
 └ 수축이음 (L=5.0m 간격) 시공 철저

(끝)

Ⅵ. 옹벽 시공시 간과하기 쉬운사항 (계룡대 OO부지조성공사)

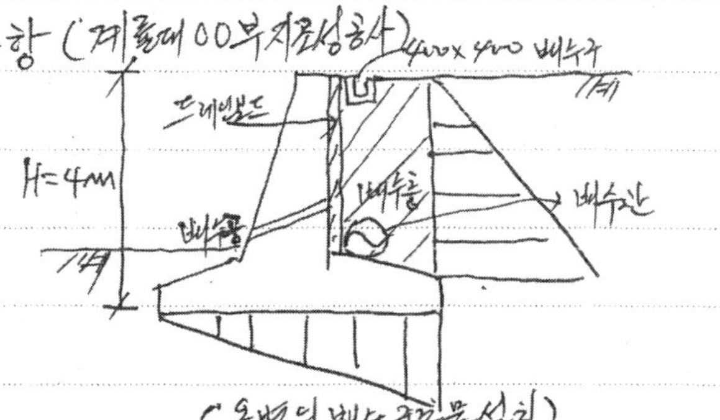

1. 시공전

1) 구조물 안정성 검토

2) 지반 및 지하수위 검토

2. 시공중

(옹벽의 배수구조물 설치)

1) 배수구조물 설치

2) 뒷채움 ┌ 압축성 단차 (토공+구조물)
　　　　 └ Scale Effect 고려 (t=300mm)

3) 줄눈설치 간격 : 신축-20m, 수축-5m

4) 기초 지반처리 : 연약지반 215m 치환

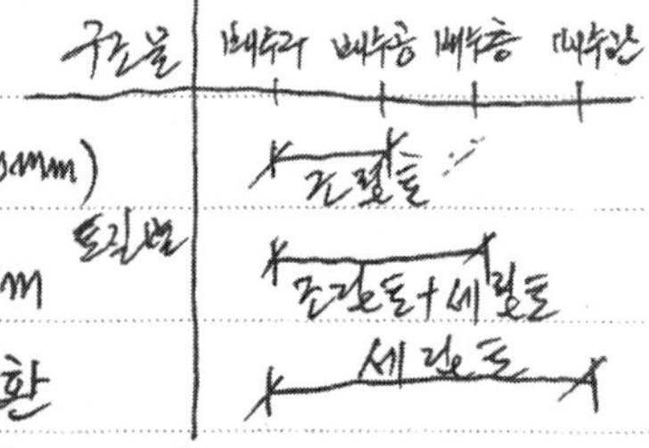

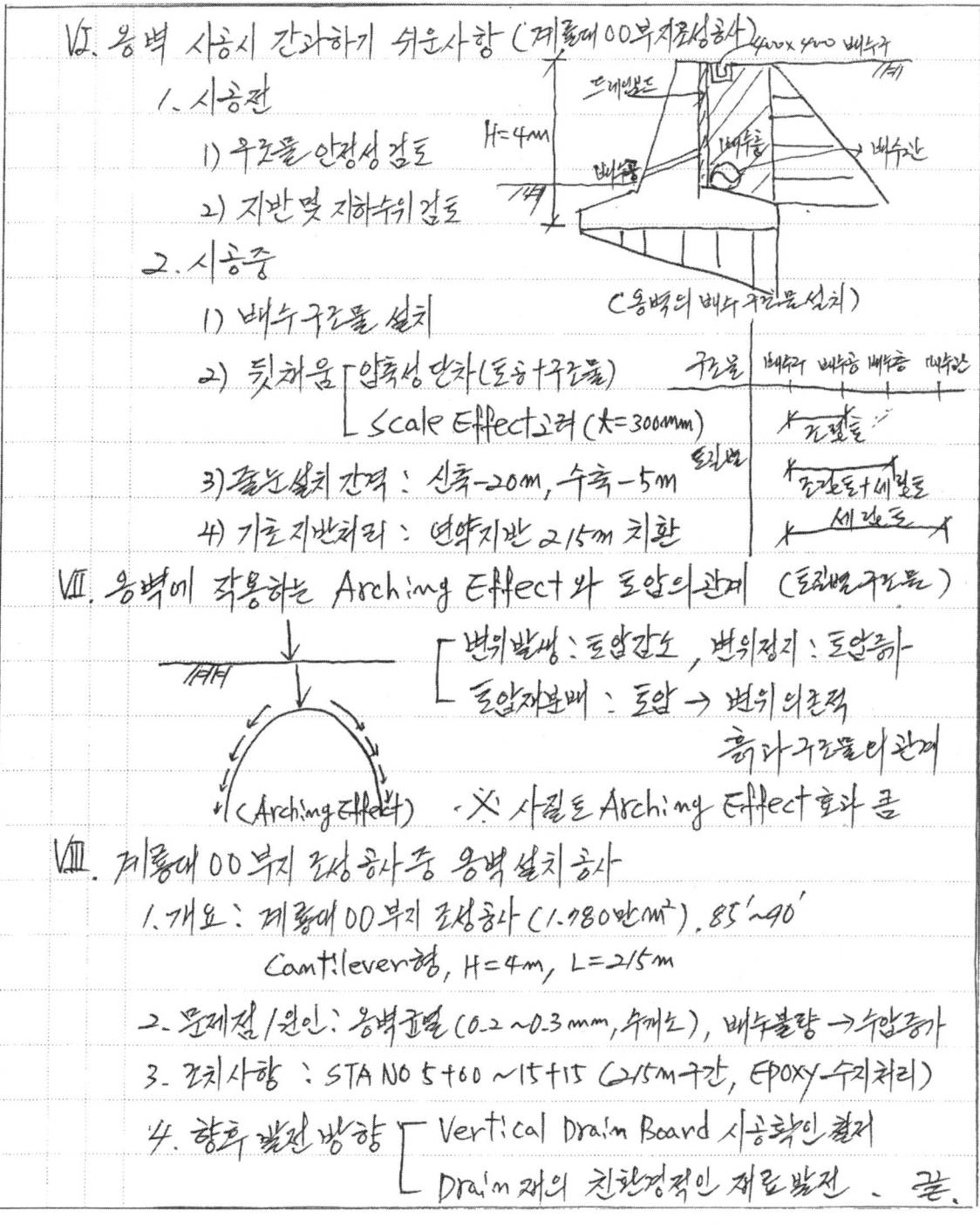

Ⅶ. 옹벽에 작용하는 Arching Effect와 토압의 관계 (토질별 구조물)

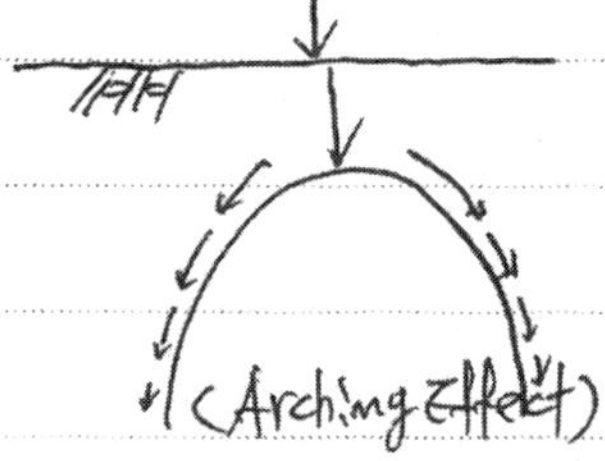

┌ 변위발생 : 토압감소, 변위정지 : 토압증가
└ 토압재분배 : 토압 → 변위의존적
　　　 흙과 구조물의 관계

※ 사질토 Arching Effect 효과 큼

Ⅷ. 계룡대 OO부지 조성공사 중 옹벽 설치 공사

1. 개요 : 계룡대 OO부지 조성공사 (1,780만m²), 85'~90'
　 Cantilever형, H=4m, L=215m

2. 문제점/원인 : 옹벽균열 (0.2~0.3mm, 수개소), 배수불량 → 수압증가

3. 조치사항 : STA NO 5+60 ~15+15 (215m 구간, EPOXY-수지처리)

4. 향후 발전 방향 ┌ Vertical Drain Board 시공확인 철저
　　　　　　　　 └ Drain재의 친환경적인 재료 발전. 끝.

▣ 예습과 복습의 중요성 !

안녕하세요? 신경수입니다.

1. "예습과 복습"은 어떤 공부를 하든 학습의 기본이고, 학원의 토요일 정규강의를 위해선 "예습"이 필수이고, 일요일 실전강의 후 문제풀이력의 향상을 위해서는 "복습"이 필수입니다.

2. 그런데 많은 분들이 워밍업단계인 "예습"을 잘못 이해하여 예습에 대해 어려움을 느끼거나, 어차피 강의들을 텐데 예습이 왜 필요있냐는 식으로 불필요성을 생각하고 있습니다.

3. 예습은 선행학습처럼 내용을 완벽하게 이해하고 암기하는 작업이 아닙니다.

4. 주말에 배울 내용이 어떤 것이 있는지 간을 본다는 생각으로 가볍게 생각하고 예습을 즐겨야 합니다. 간을 보고 확인을 하다가 답답한 부분이 나오면 check만 해두면 됩니다.

5. "예습"에 투자하는 시간이 너무 길어져도 안됩니다. 예습을 너무 오래 완벽하게 하면 수강시간이 지루하고 집중력이 떨어지게 됩니다.

6. 내용을 좀 알고 있다고 생각하는 장수만세들이 강의시간에 딴생각하는 것을 종종 보게 되는데 집중력이 저하된 경우 다음 시험을 위해 정말 중요한 부분을 강사가 이야기해도 그저그런 내용으로 받아들여 다음시험에서도 별 볼일 없는 답안을 작성하게 됩니다.

7. "예습"에 대한 자세를 정리하면 아래와 같습니다.

   - 주말에 수강할 내용이 무엇인지 확인(만)할 것 → 암기가 아닙니다.
   - 궁금한 부분은 반드시 check 해둘 것 → 궁금한 부분을 깊이 파고 들어가는 게 아니라 시험에서 정말 중요한지 확인만 하면 됩니다.
   - 기출문제를 보며 어떤 문제가 나왔는지 확인할 것 → 장수만세분들이 더욱 해야 할일이 바로 이것이고 문제에 대한 대제목을 잡아보는 것도 하나의 방법입니다.

8. 올바른 "예습"이 학습효율을 두배 이상 끌어올리고 향후 복습시간을 절반이상 단축시켜줄 것입니다.

문제9 지하수위가 높은 지반에서 굴착공사시 문제점 및 적합한 흙막이 공법에 대하여 기술하시오.

[기본 Item = 유형]

문제점	공법	AB	콘크리트	제도 및 system	기타
★	★				

[관련 공종]

콘크리트	강재	건설기계	토공	연약지반	막이	기초
					★	
도로포장	교량	터널	댐	하천	항만	공사시사
	★	★				★

[질문 요지]

1. 굴착공사 시 문제점(원인 및 대책)
2. 적합한 흙막이 공법(종류 및 특징)

[조건]

1. 지하수위 높은 지반

[중요 Item]

1. 흙막이 굴착 시 문제점 – 벽/지/바/주/지
2. 필수대제목(계/공/지)+발생문제점(응/풍/지+토/진/배)
3. 계측관리(내적/외적)

[차별화 Item]

1. 이 론 :
2. 경 험 :
3. 도식화
   - 그래프 : 주변영향(Peck, Caspe, Cording)
   - 모식도 : 흙막이 문제점 모식도
   - Flowchart : 흙막이공법 선정 Flow
   - 특성요인도 :
   - 기타 :
4. 비교표 : 개수식과 차수식 흙막이

Thinking Tip

1. 인접구조물 영향(상부구조물, 하부구조물)
2. 지하수위 문제점(유지–수압, 저하–침하)

문제9) 지하수위가 높은 지반에서 굴착공사시 문제점과 적합한 흙막이 공법에 대하여 기술하시오

답)

I. 지하수위가 높은지반에서의 굴착공사 개요.

1. 굴착공사시 문제점은 내적으로는 Heaving, Boiling 과 흙막이 벽체 변형과 외적으로는 주변침하, 우물고갈문제가 있다
2. 지하수위가 높은지반에서 흙막이공사는 차수성을 우선적으로 고려하여야 하므로 도심지공사에 적합한 Slurry wall과 주변지역에 적합한 주열식 구조인 Sheet-pile을 고려함
3. 시공중 안정성 확보를 위해 계측을 바탕으로 한 안정과 침하관리를 하여 성공적 공사수행을 한다.

II. 지하수위가 높은 지반에서 굴착공사시 문제점 모식도

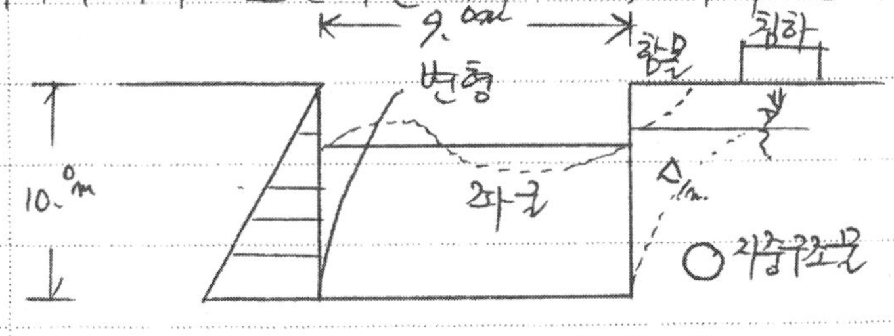

1. 벽체변형
2. strut 파괴
3. 주변침하
4. 지하수위저하
5. 지중구조물 파손

(전남 OO지역 수해복구공사현장)

III. 지하수위가 높은지반에서 굴착공사시 검토사항

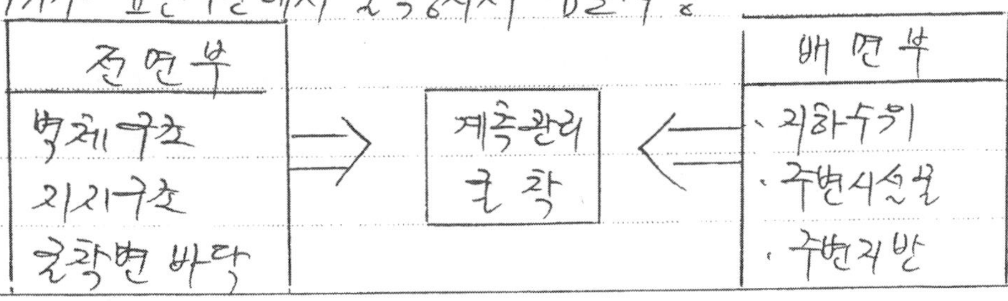

IV. 지하수위가 높은지반에서 굴착공사시 문제점

- 벽체구조 : 벽체의 변형 → 함몰 발생
- 지반구조 : 지반의 침하. 함몰 → 주변 영향
- 지지구조 : strut의 좌굴 → 벽체변형. 함몰
- 주변 구조물 : 균열. 침하. 기울기 → 구조물 파손
- 지하매설물 : 파손. 탈락 → 단수. 통신두절. 가스사고
- 지하수 : 지하수위 저하 → 우물고갈

V. 지하수위 저하 방지를 위한 흙막이공법 분류

벽식구조
- 차수
  - 대심도 (slurry wall)
    - ↳ 벽식 – 현장타설. 기성
    - 주열식 – SCW. Con'c steel
  - sheet pile
- 개수 : H-pile. 토류벽

VI. 지하수위가 높은지반에서 굴착공사시 Slurry wall과 sheet pile 비교

구분	Slurry wall	Sheet-pile	비 고
구성요소	철근 + 콘크리트	강재	·전남 00현장
시공성	상대적 불리	양호	PC 앙카 터파기
장점	차수성	강재 반복사용	시 sheet pile
단점	시공성불량. 공사비大	인발시 배면 침하.	시공
적용성	차수성 우수	시공속도 양호	– 시공속도양호
용도	대심도 시공	얕은심도시공	– 배면침하문제
경제성	불 리	양 호	

VII. 지하수위가 높은 지반 굴착공사시 계측관리 모식도 (건설00 수해복구)

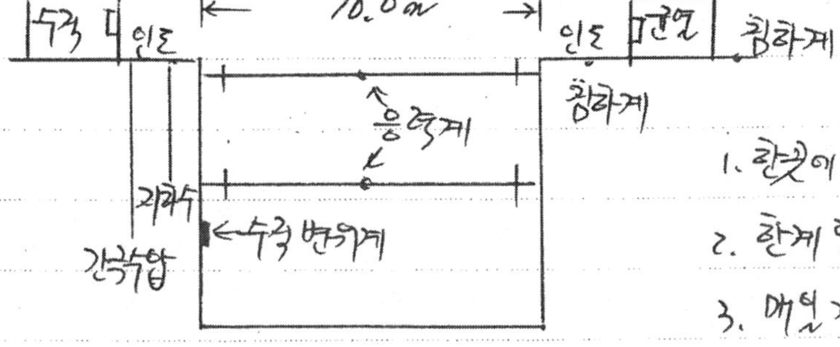

1. 한곳에 집중관리
2. 한계 단면에 설치
3. 매일 계측 확인 실시

응력계 40개소. 균열측정계 약 300개소.
침하계 50개소 지하수위 약 20개소
간극수압 약 20개소

VIII. Peck Method에 의한 굴착공사시 주변영향의 범위관리

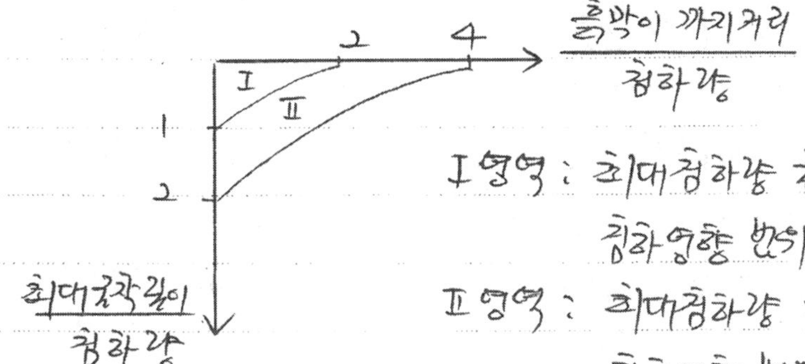

I 영역 : 최대침하량 굴착깊이의 1%
침하영향 범위 : 2H

II 영역 : 최대침하량 굴착깊이의 2%
침하영향 범위 : 4H

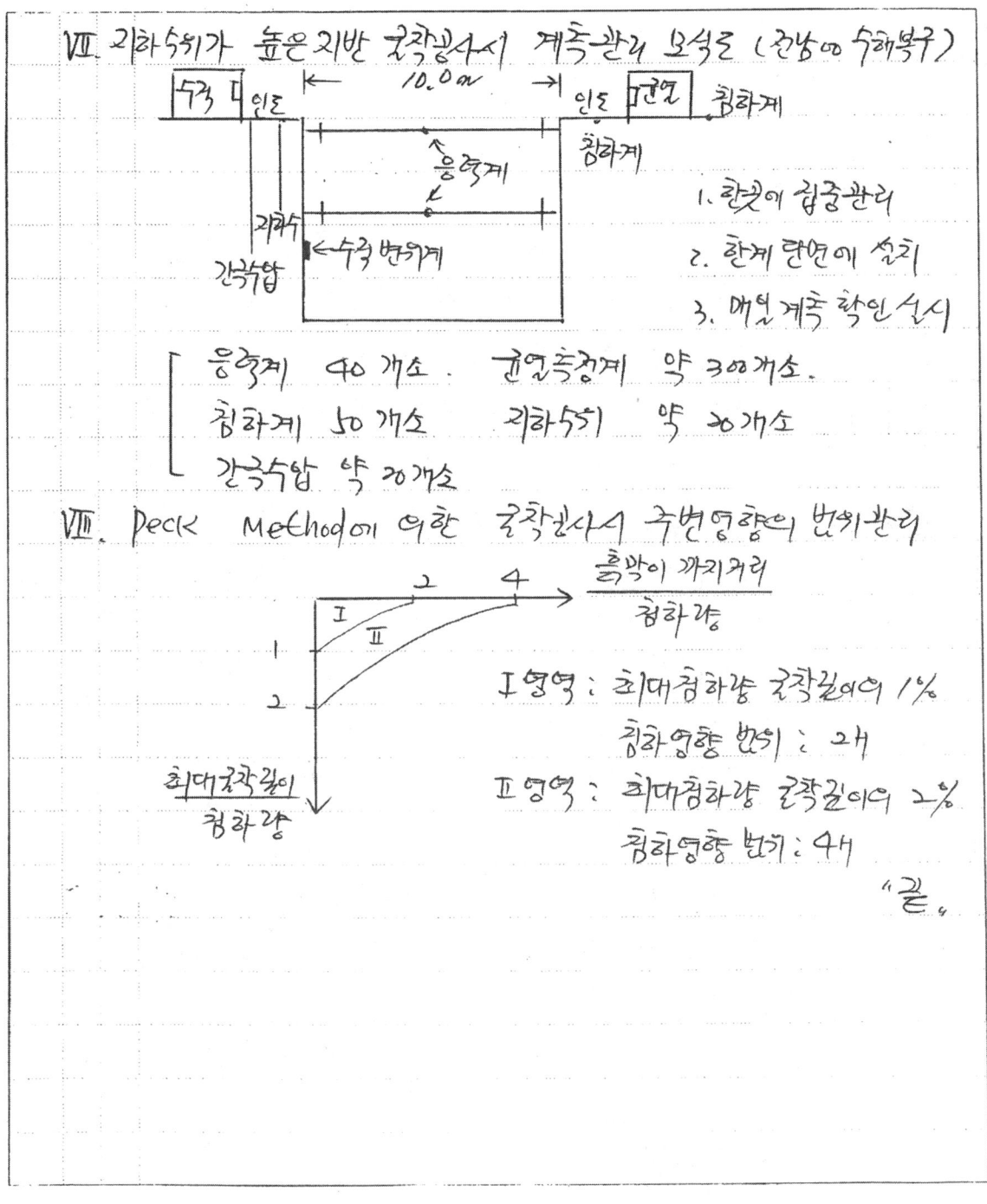

"끝"

문제19) 지하수위가 높은 지반에서 굴착공사시 문제점 및 적합한 흙막이 공법에 대하여 기술하시오

답)

I. 개 요

1. 지하수위가 높은 지반에서 굴착시 문제점은 지하수위 저하에 따른 구조적 문제와 비구조적 문제가 있다.

2. 적합한 흙막이 공법 선정시 경제성, 시공성을 바탕으로 차수성이 좋고 벽체 강성이 뛰어난 지하연속벽 공법을 적용한 지하철 902 현장 사례를 기술하고자 한다.

II. 지하수위가 높은 지반에서 굴착공사시 ~~조사항목 및 고려사항~~.

투수성, 특징, 양면성,

(조사 항목)

1. 예비조사 : 지형/지질도
2. 현장조사 : 토질/지하수
3. 본조사 : 원위치시험, 실내시험.

(고려 사항)

1. 구조적 : 계측관리, 공해, 지하수위
2. 부가적 : 굴착토처리, 장비진입

III. 지하수위 높은 지반굴착시 peck Method에 의한 인접영향 검토

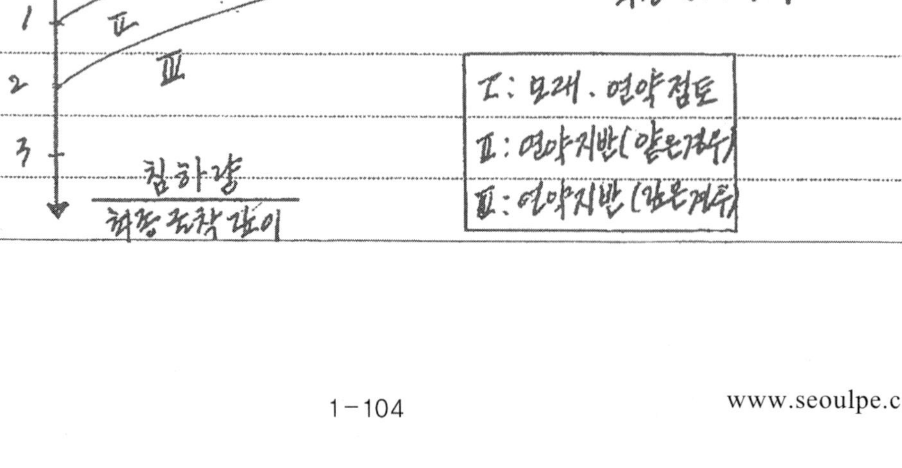

번호 9. 지하수위가 높은 지반에서 굴착공사시 문제점 및 적합한 흙막이 공법에 대하여 기술하시오.

선정배치 안정조건

답)

I. 개요

1. 지하수위 높은 지반에서 굴착공사시 문제점은

2. 적합한 흙막이 공법

3. 특히. 시공시 계측

II. 지하수위 높은지반 굴착공사시 흙막이의 [illegible]

1. 내적 : RC구조물 (철근 배근 등), 무근 구조물 (균열, 열화 등)

2. 외적 [1) 전도 ($F_s \geq 2.0$) 2) 활동/외호활동 ($F_s \geq 1.5$)
3) 침하에 대한 안정 4) 지지력

III. 흙막이 공법의 굴착공사시 Peck Method에 의한 [illegible]

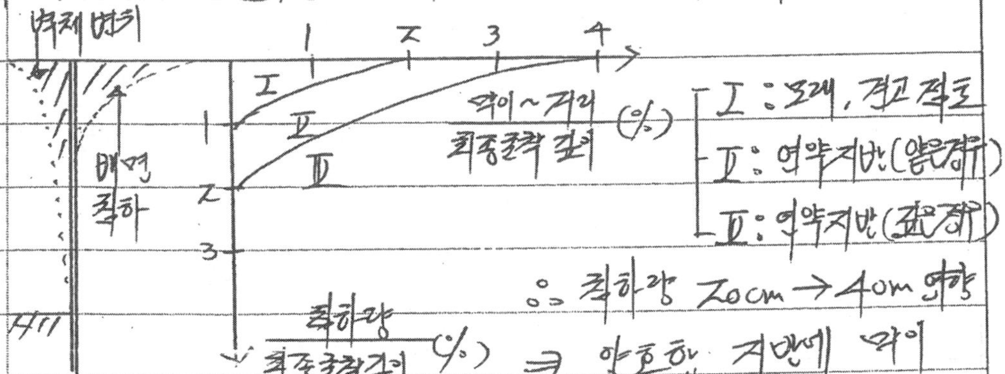

∴ 침하량 20cm → 40m 영향

⇒ 양호한 지반에 막이 설치 필요

Ⅳ. 지하수위 높은 지반에서 굴착공사시 문제점 (지하철 902현장)

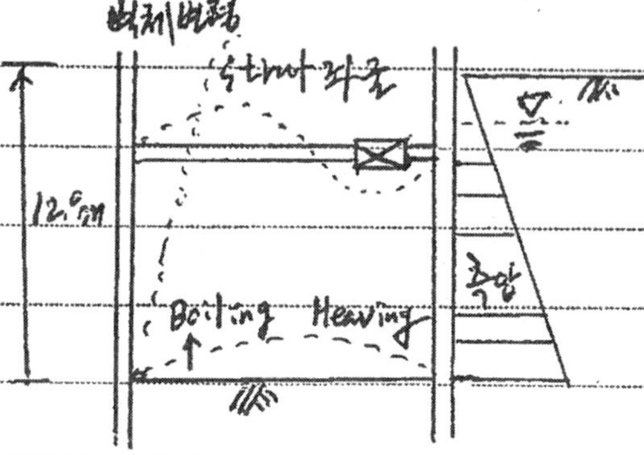

1. 구조적 문제
   1) 벽체변형, 지지구조 파괴
   2) 바닥 Boiling, Heaving
   3) 주변구조물 침하
2. 비구조적 문제
   지하수위저하로 우물고갈

※ 주 문제점으로 지하수위저하 → 주변상가 침하 발생.

Ⅴ. 지하수위가 높은 지반에서 굴착공사시 지반침하원인 (지하철 902)

1. 내적 : 지반굴착에 따른 간극수압의 소산
2. 외적 : Deep Well 및 Well point로 지하수처리.

$\tau = C + \sigma' \tan\phi \quad \sigma' = \sigma - u$

Ⅵ. 지하수위 높은지반에서 적합한 흙막이 공법선정사례 (지하철 902현장)

구 분	지하 연속벽	SCW	비 고
원 리	굴착후 con'c타설	토사와 Cement 혼합	지하 연속벽
장 점	벽체강성큼	차수성	벽식 : 현타
단 점	일수현상, slime처리	흙모멘트 취약	주열식 : SCW, CW, SPW
VE 평가	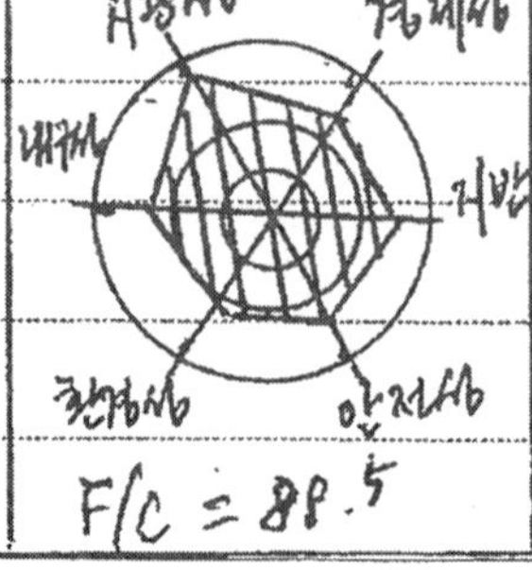 F/C = 88.5	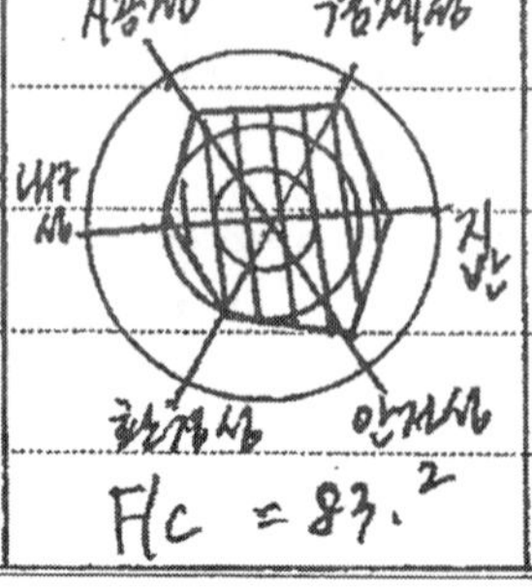 F/C = 83.2	

IV. 지하수위가 높은 지반에서 굴착공사시 문제점 및 원인

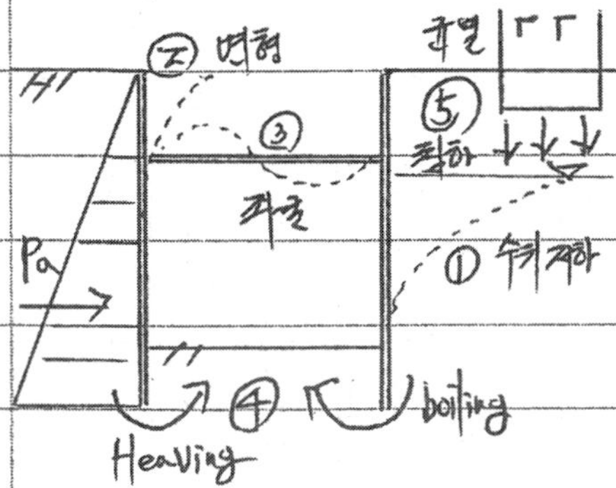

① 지하수위 저하 : 침하, 우물고갈

② 벽체 변형 : 측압, 재료 불량

③ 지지구조 파괴 : 측압, 재료불량

④ 바닥(굴착면) : Heaving, Boiling

⑤ 주변구조물 : 균열, 침하

V. 지하수위가 높은 지반 굴착공사시 흙막이 공법의 선정 배경

OR → 선정시 고려사항

시공조건	검토공법	선정결과
1. 지하수위 높음 (벽체구조)	[배수식 : H-pile + 토류벽 차수식 : sheet pile, 지하연속벽	◦ 3-step 검토 결과
		"지하연속벽"
2. 주변영향 최소화	◦ open cut 불가	
3. 영구 벽체사용	◦ 차수성 + 강성	[대전 00지구(2004)]

VI. 지하수위가 높은 지반 굴착공사시 흙막이 공법의 분류 및 특징

"차별"에 강조! →

구분	벽식 공법	주열식 공법	현장 적용
개념	벽체 구조	기둥 구조(연속식)	대전 00지구
종류	현타식 / 기성식	SCW, C.W 등	(2004)
시공순서	◦ Guide wall → 굴착 →	◦ 천공 → Mortar 주입	택지 조성공사
	철근망 → 콘크리트 타설	→ 인발 → 철골 삽입 (흙막이 용도~)	: "주열식" ↓ SCW 적용
단점	◦ 공벽 붕괴 우려 (안정액 관리)	◦ 공기 길다.	
	◦ 공사비 고가	◦ 상대적 강성 저하	
장점	강성, 차수성 우수	시공성 양호	

Ⅶ. 지하수위가 높은 지반에서 굴착공사시 계측관리사례(지하철 902현장)

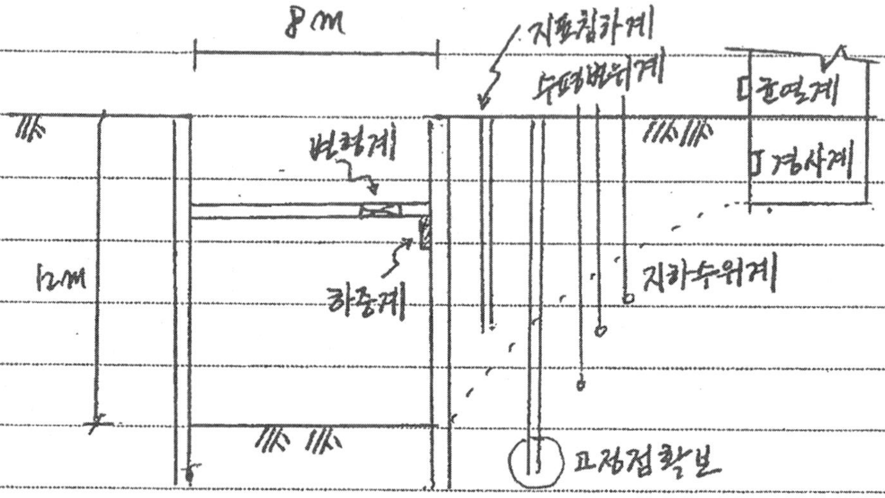

※ 계측관리시 white noise 발생으로 Trend 관리함.

Ⅷ. 지하수위 높은 지반에서 굴착공사시 안정액 농도조절 개선사례.

1. 현장명: 지하철 902 현장.

2. 공사단계별 안정액 비중관리.

굴착전	굴착중	콘크리트 타설전
1.02~1.05	1.05~1.25	1.02~1.10
원가절감	공벽붕괴 방지	철근공상 방지.

3. 개선효과:

공벽붕괴와 철근공상방지로 소요의 품질확보 가능 하였음

-끝-

VII. 지하수위 높은 지반의 흙막이 공법 시공시 주의사항 [대전 00지구 (2004)]

1. 시공전 : 지하수위 및 지질 조사

2. 시공중
   - 1) Guide Wall : 변형 방지 (버팀대 설치 등)
   - 2) 안정액
     - 일수현상 : 방지위해 증발 첨가
     - 품질관리 : 점성도, 여과성, 비중 등
   - 3) 수중 Concrete 타설
     : 재료분리, 각종 시공 등에 주의

3. 시공후 (시공중 포함)
   - 계측관리 (내적, 외적)
   - 환경관리 (토양, 물 처리, 소음, 진동)

VIII. 대전 00지구 (2004) 흙막이 공사시 계측관리 사례

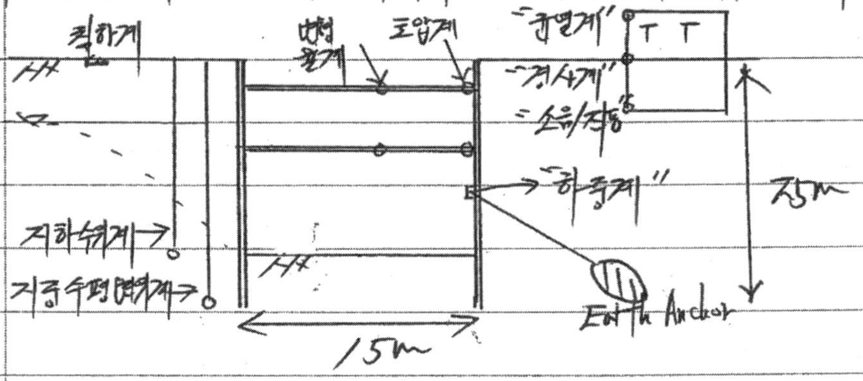

- 내적 계측 : 토압계, 변형율계, 하중계 등
- 외적 계측 : 침하계, 지중수평변위계, 지하수위계, 균열계 등

(※) 특히, (도심지인 경우 / 지하수위 높은 경우) ⇒ 외적 계측이 더 중요

"끝"

▣ 관성의 법칙과 기술사시험.

안녕하세요? 신경수입니다.

1. 학생 때 배웠던 뉴턴의 3법칙이 있습니다.

2. 제 1법칙은 "관성의 법칙"이고, 제 2법칙은 "가속도의 법칙", 그리고 제 3법칙은 "작용 반작용의 법칙"입니다.

3. 이중 제 1법칙인 "관성의 법칙(law of inertia)"은 "외부영향이 없는 한 까부는 놈은 계속 까불고, 자는 놈은 계속 잔다"는 의미로 해석할 수 가 있습니다. 즉, 담배피는 사람은 계속 담배피려하고, 술마시는 사람은 계속 술마시려 한다라는 뜻이지요.

4. 이 관성의 법칙은 시험을 준비하는 우리 학원 가족분들에게서도 쉽게 찾아볼 수 있습니다.

5. 학원가족분들에게서 볼 수 있는 관성의 법칙은 아래와 같습니다.

   - 예 · 복습하는 사람은 계속 예 · 복습을 하려한다.
   - 반대로 하지 않는 사람은 계속 하지 않으려 한다.
   - 주말에만 열심히 하는 사람은 평일은 놀면서 주말만 열심히 한다.
   - 숙제하는 사람은 계속하려하지만, 않하는 놈은 1cycle 끝날 때까지 하지 않는다.
   - 출 · 퇴근시 MP3 듣는 사람은 계속 들으려고 한다.
   - 일요일에 오는 사람은 계속 일요일에 와서 시험을 보려한다.
   - 학원에 와서 술마시는 놈은 계속 술마시려 한다.
   - 댓글다는 사람은 계속 달으려하지만, 눈팅하는 사람은 눈팅만 한다.
   - 일찍 오는 사람은 계속 일찍 오고 앞에 앉는 사람은 항상 앞쪽에 앉는다.
   - 책상에 앉아 쓰는 사람은 계속 쓸려고 하고, 보는 사람은 계속 보기만 한다.

6. 이외에도 수백, 수천가지의 관성의 법칙이 존재하는데 제가 이야기하고 싶은 것은 "합격은 좋은 습관의 산물"이라는 것입니다.

7. 관성의 법칙을 다른 말로 하면 습관의 법칙입니다.

문제10 말뚝기초의 지지력에 영향을 주는 요인 및 지지력 산정방법의 종류 및 특징에 대하여 기술하시오.

[기본 Item = 유형]

문제점	공법	AB	콘크리트	제도 및 system	기타
★	★				

[관련 공종]

콘크리트	강재	건설기계	토공	연약지반	막이	기초
						★
도로포장	교량	터널	댐	하천	항만	공사시사
	★					

[질문 요지]

1. 지지력 영향요인(+미치는 영향)
2. 지지력 산정방법의 종류
3. 지지력 산정방법의 특징

[조건]

1. 말뚝기초

[중요 Item]

1. 지지력 산정흐름(조－계－시－결－실)
2. 지지력 산정방법(기존, 최근)
3. 지지력 변화(Time Effect, Load Transfer)

[차별화 Item]

1. 이 론 : CAPWAP
2. 경 험 :
3. 도식화
   - 그래프 : 하중－침하그래프, Time Effect
   - 모식도 : O－cell, PDA, Load Transfer
   - Flowchart : 지지력 산정
   - 특성요인도 : 지지력에 영향주는 요인(내적/외적)
   - 기타 : 부주면마찰력, 주면마찰(군효과), 선단지지(폐색효과)
4. 비교표 : 정재하/동재하

Thinking Tip

1. 기초의 Key－word 숙지(지지력＋현타)
2. 말뚝지지력＝선단지지력＋주면마찰력

문제 10) 말뚝기초의 지지력 산정방법의 종류 및 특징에 대하여 기술하시오.

답)

I. 개 요

1. 말뚝기초의 지지력 산정방법의 종류는 정적(Static Approach), 동적(Dynamic Approach), 정동적(Statnamic Approch)가 있고
2. Static Approach의 특징은 신뢰성은 우수하나, 시험기간이 길고, 시험비용이 고가이며
3. Dynamic Approach의 특징은 시험기간이 짧고, 시험비용이 저렴하나 신뢰성이 떨어진다.
4. 말뚝기초의 지지력 산정시에는 Time Effect와 Load Transfer등을 고려해야 한다.

II. 평택-시흥 고속도로 (시화대교, L=3.2km) 현장 O-Cell 경험사례

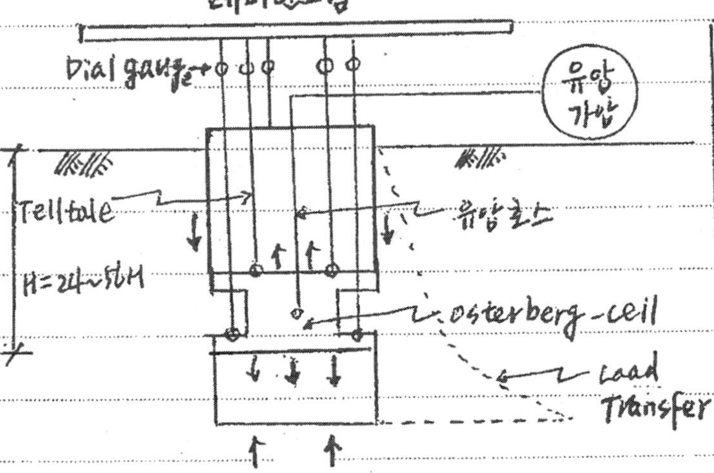

※ 시화대교 O-cell 시험
1. RCD NO.60
2. D=2700mm
3. 4천만원/본

Ⅲ. 말뚝기초의 지지력 산정방법의 종류(분류)

1. Static Approach(정적)
   - 정역학적
   - 정재하시험
   - Osterberg cell 시험.
2. Dynamic Approach(동적)
   - 동역학적
   - 동재하시험.
3. Statnamic Approach(정동적) - 정.동재하 시험.

Ⅳ. 말뚝기초의 지지력 산정방법중 정재하시험과 동재하시험의 차이점

구 분	정재하시험	동재하시험	비고
시험원리	실재하중재하	말뚝응력변형분석	정동재하시험
시험방법	복 잡	간 단	1. 정적하중 $\frac{1}{20}$
시험기간	장 기	단 기	2. 시험복잡
시험비용	2.500.000원/회	1.000.000원/회	3. 시험비고가
장 점	신뢰성우수	비용저렴	
단 점	시험비의고가	신뢰성이 떨어짐	
	시험의 복잡		
시공성	시공성 저하	시공성 우수	

Ⅴ. 말뚝기초의 지지력 산정방법중 정재하 시험의 시험순서

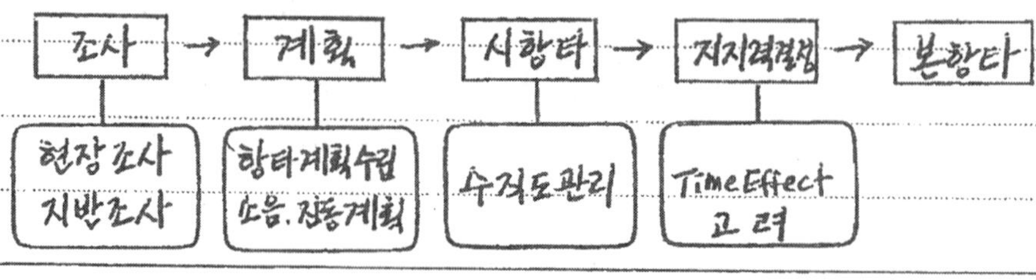

VI 말뚝기초 지지력 산정시 주의사항.

1. 산정전 : 1) 말뚝 기초 수직도 관리.
2) 말뚝 기초 지지력 산정계획수립

2. 산정중 : 1) 계측기기의 검교정 및 파손확인
2) 경험이 풍부한 기술자에 의한 시험
3) 시험 Data의 신뢰성 검토

3. 산정후 : 1) Time Effect 영향고려

VII. 말뚝기초 지지력 산정시 고려해야 할 Time Effect와 Load Trasfer

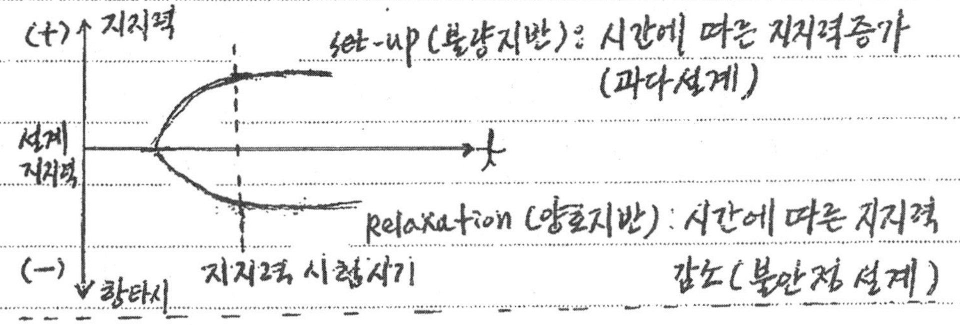

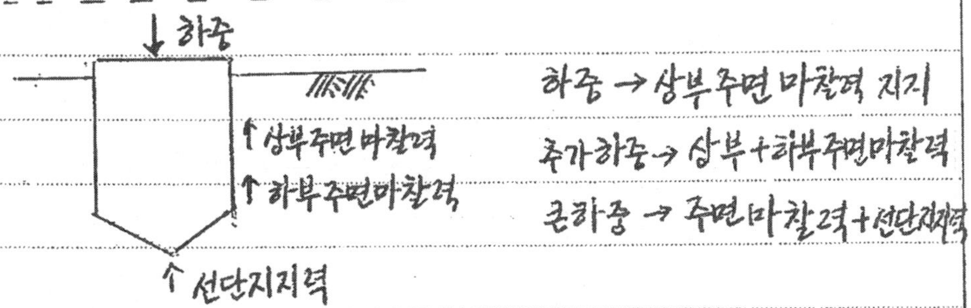

VIII. 최근 대구경 현타말뚝 지지력 산정에 사용되는 Osterberg Cell의 특징

1. 장점 : 1) 재하장치가 불필요 2) 주면마찰, 선단지지력 분리측정

2. 단점 : 1) Cell 재사용 불가 2) 시험비고가
3) 말뚝 시공전 미리 Cell 설치.

-끝-

문제10) 말뚝기초의 지지력에 영향을 주는 요인 및 지지력 산정 방법의 종류 및 특징에 대하여 기술하시오.

답.

I. 말뚝기초 지지력의 개요.

1. 말뚝기초 지지력에 영향을 주는 요인은 말뚝, 이음, 세장비, 부마찰력, 무리말뚝, 침하량등이 있으며,
2. 지지력 산정방법은 Static Approch 와 Dynamic Apprach, Statnamic Approch 등이 있음.
3. 말뚝기초 지지력 산정방의 특징은 정재하: 신뢰성 높으나 비용, 하중대. 동재하. 시험기간 짧으나. 신뢰성 커라 문제.

II. 말뚝기초 지지력 산정시 고려할 Time effect와 Load Transfer.

1. Time effect

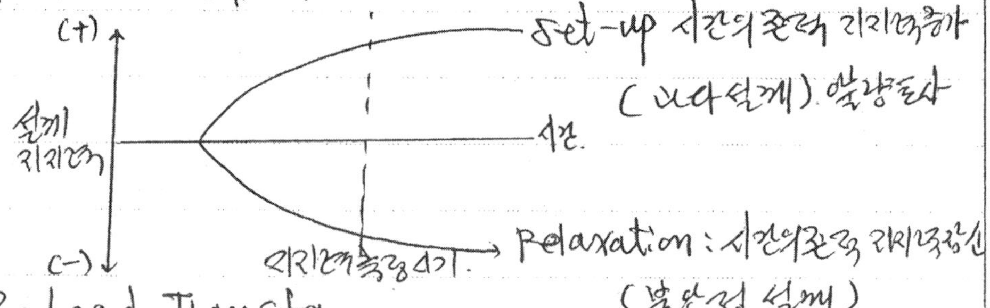

2. Load Transfer.

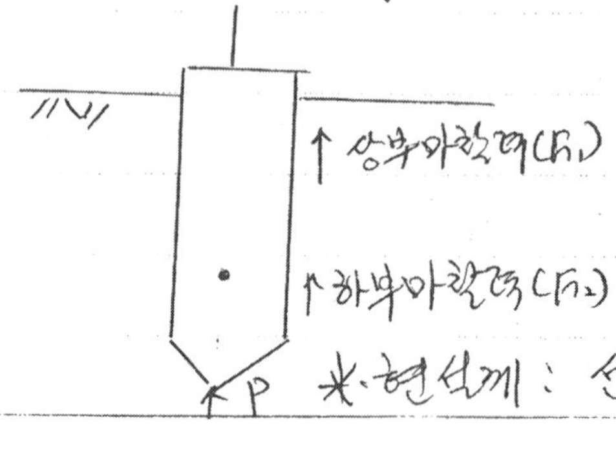

<하중 대응>

1차하중 : 상부마찰력

2차하중 : 하부마찰력

3. 3차하중 : 선단지지력.

※ 현설계 : 선단지지력만 고려 → 과다설계.

문제10) 말뚝 기초의 지지력에 영향을 주는 요인 및 지지력 산정방법의 종류 및 특징에 대하여 기술하시오.

답)

I. 개요

1. 말뚝 기초의 영향을 주는 요인으로는 외적(부마찰력)과 내적(상경비, 말뚝재료, 침하, 이음개소 및 방법, 무리말뚝 군효과)이 있다.
2. 말뚝 기초의 지지력 산정방법에는 기존(Static / Dynamic Approach)과 최근(O-cell, SPLT)가 있다.
3. 말뚝 기초의 지지력 산정방법의 특징으로는 재하하중으로 시험하여 신뢰성이 좋은 정재하와 타격에 의한 공비가 저렴한 동적재하가 있다.

II. 말뚝기초의 요구조건

1. 지내력(지지력 + 침하량)
2. 경제성(공비 + 공기)
3. 근입심도(동상 + 세굴)
4. 시공성

III. 말뚝 기초가 지반에 미치는 영향

1. 긍정적 - 사질토 - 다짐효과, Dr 증가
2. 부정적
   - 점성토
     - 교란 - 예민성
     - Thixotropy
     - Heaving
   - 연약지반
     - 침하우려
     - 부마찰력

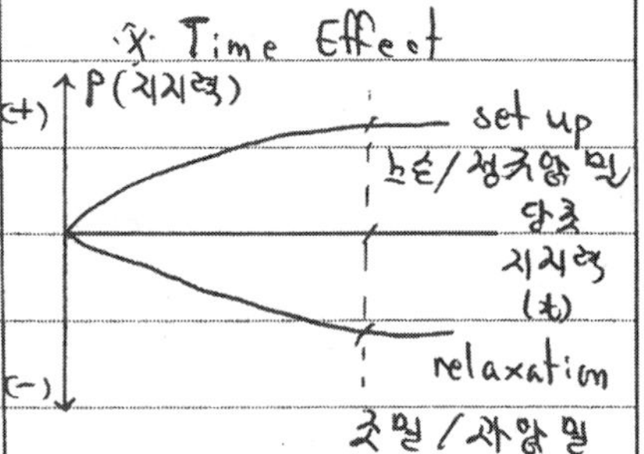

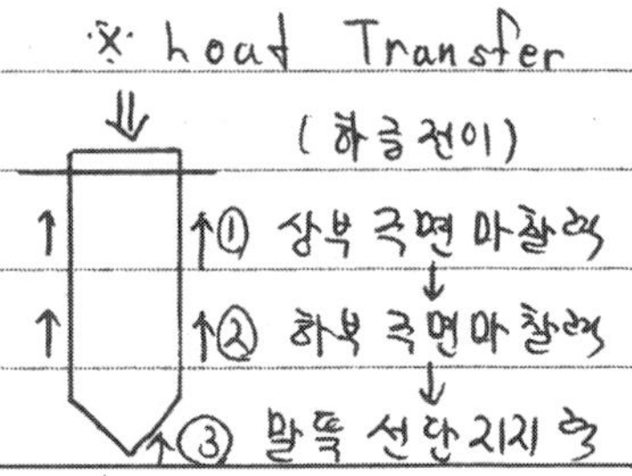

Ⅲ. 말뚝기초 지지력에 영향을 주는 요인.

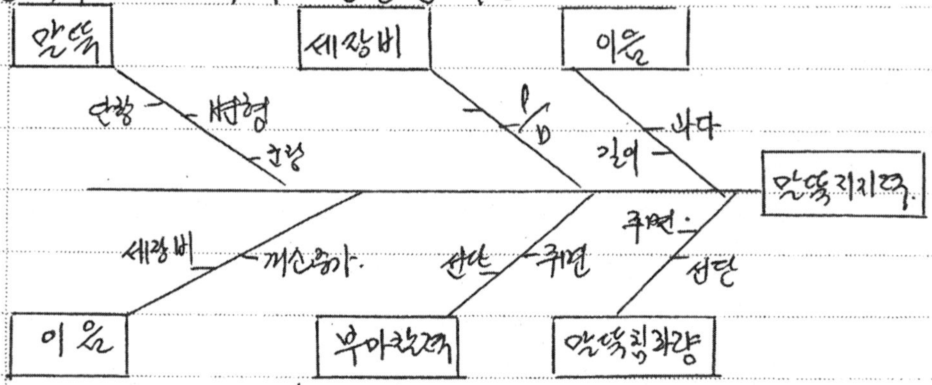

Ⅳ. 말뚝기초 지지력 산정 방법의 종류.

1. static Approch 정역학 : Terzaghi. Meyerhof
   정재하 : 일방향, 양방향(O-Cell)
2. Dynamic Approch 동역학 : Sander. Hilley-Rebound량
   동재하 : 타격에너지. PDA-파동방정식
3. Statnamic Approch : 정.동력. 정.동재하 시험.

※. 실제하중은 정적이므로 정적 평가방법이 신뢰도 높음.

Ⅴ. 말뚝기초 지지력 산정방법의 특징.

구분	정재하	동재하	비고
원리	실재하중	타격에너지	※ 익산-장수
시험방법	복잡	간단	0공구.
기간	장기	단기	정재하시험.
비용	21,000,000원/회	1,000,000원/회	비용 21,000,000원
단점	시험비고가. 복잡.	신뢰성저하.	기간 7일.
장점.	신뢰성 우수.	시공성우수.	

IV. 말뚝기초의 지지력에 영향을 주는 요인

1. 내적
   - 장경비 (세장비)
   - 말뚝재료 (변형)
   - 침하 (말뚝/지반)
   - 이음개소 및 방법
   - 무리말뚝의 군효과

2. 외적 - 부마찰력

※ 부마찰력

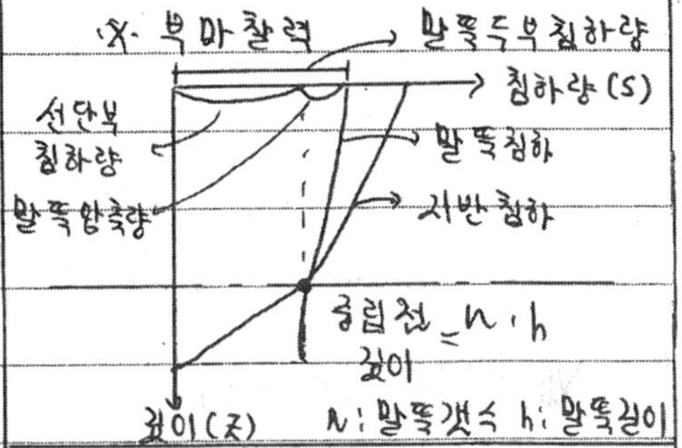

V. 말뚝기초의 지지력 저하시 대책

1. 지반변형 최소화
2. 말뚝재료의 밀실화
3. Slime 처리 철저

VI. 말뚝기초의 지지력 산정 Flow

[조사] → [계획] → [시항타] → [결정] → [실항타]

- 계획: 정역학적, GRLWEAP
- 시항타: 동역학적, CAPWAP
- 결정: 재하시험, 정.동, 정.동재하

VII. 말뚝기초의 지지력 산정방법

1. 기존
   - Static Approach
     - 정역학 - Mayerhof, Terzaghi
     - 정재하 - 사하중, 반력하중
   - Dynamic Approach
     - 동역학 - Sander, Hiley, E/N
     - 동재하 - PDA

2. 최근 - O-Cell (현타), SPLT (기성)

※ O-cell - 재하장치 불필요, 선단 + 주면마찰력 분리측정 가능
경사말뚝 적용가능

VI. 말뚝기초 지지력 산정방법중 정재하 시험 시공순서.

[조사] → [계획] → [시항타] → [지지력결정] → [본항타]

- 조사
  - 현장조사
  - 본조사
- 계획
  - 항타
  - 시험말뚝계획
- 시항타
  - Ø300mm
  - L=17.5m.
- 지지력결정
  - 정재하
  - 일반항타

VII. 말뚝 기초 지지력 산정시 주의 사항

1. 산정전 [개단말뚝 폐색효과 고려
   관말뚝 효율고려 : Scale effect.
2. 산정중 [육상공사 : 중심부에서 주변부 시공 → 압밀
   해상공사 : 해상부에서 육상부로 시공.
3. 산정후 : Time effect 영향고려 → 측정시기 결정.

VIII. 최근 대형 현장타설 말뚝 지지력 산정에 사용되는 Osterberg cell

1. 장점. 1) 재하장치 불필요.
   2) 선단지지력과 주면마찰력 분리측정 가능.
2. 단점. 1) Cell의 재사용 불가.
   2) 시험비 고가.
   3) 말뚝 시공전 미리 Cell 설치.

IX. 현업 기술자로서 말뚝 지지력 산정을 위한 제언.

1. 기술적 : Time effect에 의한 지지력 하이 발생.
   이에 대한 고려, 관련기준 필요
2. 관리적 : 말뚝 지지력에 영향을 주는 요인
   설계반영.

— 끝 —

VIII. 말뚝기초의 지지력 산정방법의 특징.

구분	정적재하시험	동적재하시험	비고
원리	정적하중(재하중)	동적(타격)하중	Ex. 정·동재하
시험시기	말뚝시공 후	말뚝항타 시	서해대교
적용성	기성/현타 말뚝	기성말뚝	3,400 ton
신뢰성	정확	보통	⇒정재하시 하중
한계성	재하하중, 공사비 고가	기술자의 능력에 좌우	$\frac{1}{20}$ 필요

IX. 말뚝기초의 지지력 산정 현장사례

1. 공사개요

1) 공사명 : 경남 OO 산단 교량기초 공사 (SIP 말뚝기초)

2) 공사기간 : 2007. 8 ~ 2007. 12

2. 원인 및 문제점

1) 원인 : 비전문가에 의한 PDA 입력으로 측정오류

2) 문제점 : PDA 분석오류로 인한 기초 침하

3. 대책 및 교훈

1) 대책 : 기초보강 unter pinning 공사시행

2) 교훈 : PDA 시험시 전문가에 의한 시험관리 필요

(끝)

▣ 불합격을 하고 싶다면…

안녕하세요? 신경수입니다.

1. 수험생중에는 무조건적으로 자기 스타일(?)을 고집하며 우직하게 공부하는 사람들이 상당수 있습니다.

2. "안정"의 짝꿍이 "불안정"인 것처럼 "합격"의 짝궁이 "불합격"인데, 불합격 case를 생각해보면 합격의 지름길을 발견할 수가 있습니다.

3. 먼저, 시험에 불합격하는 사람들의 수험자세는 아래와 같습니다.

   • 학원과 교재를 너무 맹신한다.
   • 대충 알면서 잘 안다고 착각한다.
   • 공부를 하루에 조금씩이 아니라 주말에만 몰아서 한다.
   • 학회지는 절대 읽지 않는다.

4. 더불어 시험볼 때 불합격할 수 있는 지름길을 알려드리면 아래와 같습니다.

   ■ 불합격 지름길
   • 문제존중을 하지 않고 기존 모범답안을 맹신한다.
   • 출제자와 채점자의 입장을 전혀 생각하지 않는다.
   • 적정 page 와 시간관리를 하지 않는다.
   • 답안에 냄새를 전혀 풍기지 않는다.
   • 차별화를 생각하지 않는다.
   • 기본유형을 무시한다.
   • 아는 문제가 나오면 환장(?)한다.

5. 골프에서 버디 친구는 보기인 것처럼, 시험에서도 합격의 친구는 불합격입니다.

6. 잠깐의 실수 또는 잘못된 자세가 개인을 합격이 아닌 불합격의 길로 안내한다는 사실을 기억해주시기 바랍니다.

문제11 대구경 현타말뚝의 종류를 열거하고 장단점 및 주의 사항에 대하여 기술하시오.

[기본 Item = 유형]

문제점	공법	AB	콘크리트	제도 및 system	기타
	★				

[관련 공종]

콘크리트	강재	건설기계	토공	연약지반	막이	기초
★						★
도로포장	교량	터널	댐	하천	항만	공사시사
	★					★

[질문 요지]

1. 현타말뚝 종류
2. 현타말뚝 장단점
3. 현타말뚝 시공 시 주의사항

[조건]

1. 대구경 현타

[중요 Item]

1. 대구경=대형장비
2. 현타=콘크리트 품질(수중 콘크리트)
3. 말뚝=지지력

[차별화 Item]

1. 이 론 :
2. 경 험 : 장대교량 기초
3. 도식화
   - 그래프 : 축하중하 설계개념, 현타말뚝 문제점 모식도(내/외적)
   - 모식도 : 군항 Scale Effect, O-cell
   - Flowchart : 공법선정 Flow
   - 특성요인도 :
   - 기타 : 희생강관
4. 비교표 : All casing / Earth drill / RCD

Thinking Tip

1. 수중 콘크리트 문제점(품/재/다)+관리
2. 말뚝 지지력 측정(기존+최근)

문제11> 대구경 현장타설 말뚝의 종류를 열거하고 시공시 주의사항에 대하여 기술하시오.

답.

I. 대구경 현장타설 말뚝의 개요.

1. 대구경 현장타설 말뚝의 종류는 굴착방법에 따라 All Casing, Earth Drill, RCD공법으로 구분되며,
2. 시공시 주의 사항은 수직도 관리와 공벽유지를 우선시하고 콘크리트 타설시 slime제거, 공벽붕괴 방지를 위해 지지층
3. 확인가 중요하며,

※ 여주~양평 고속도로현장에서는 RCD공법을 채택함.

II. 대구경 현장 타설 말뚝 시공시 고려할 사항.

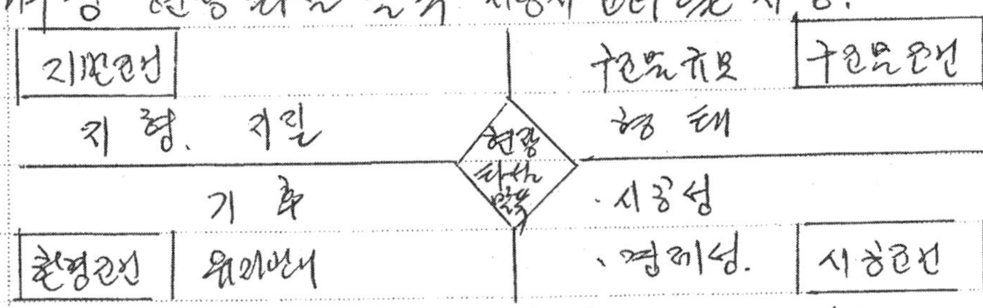

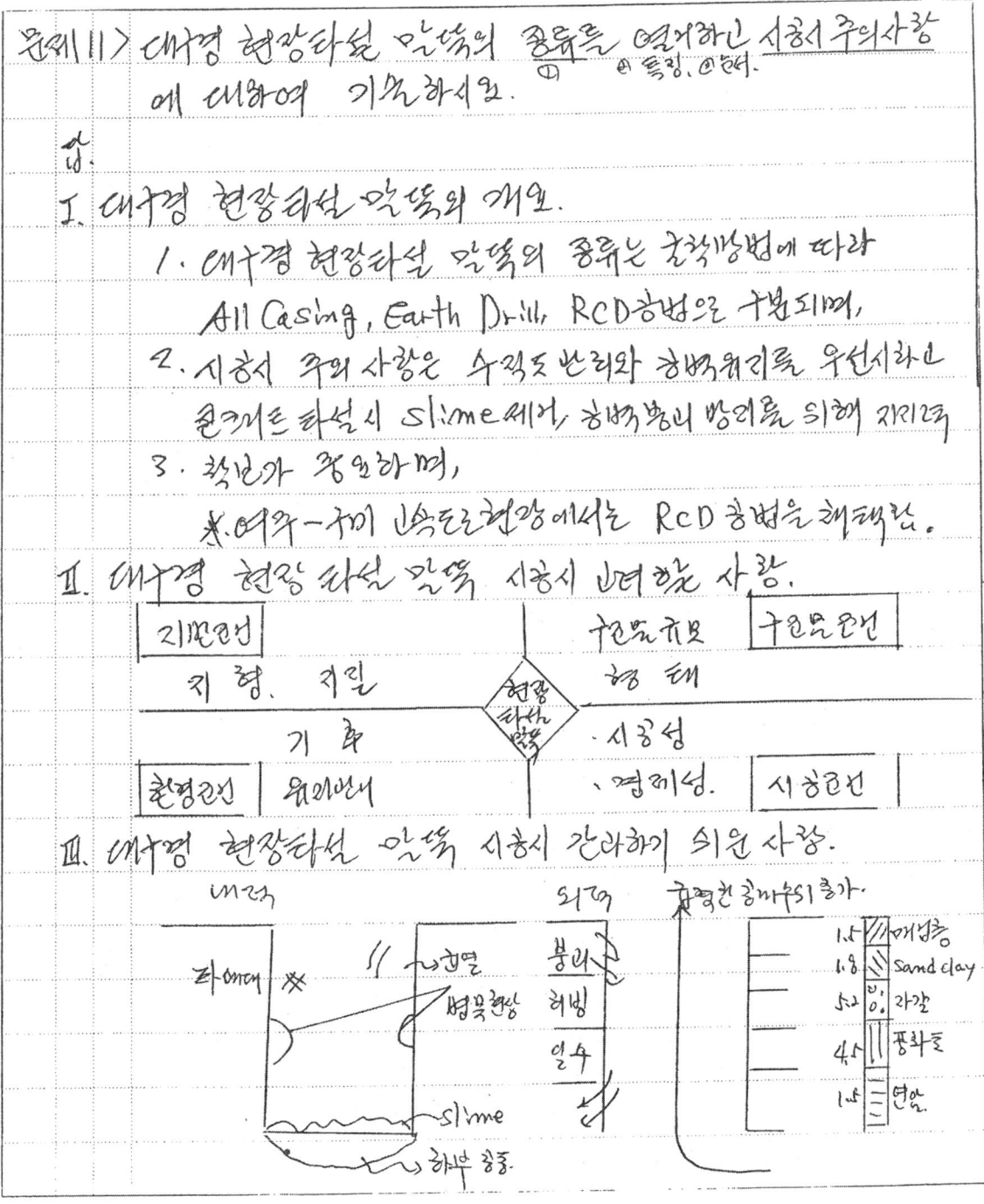

III. 대구경 현장타설 말뚝 시공시 간과하기 쉬운 사항.

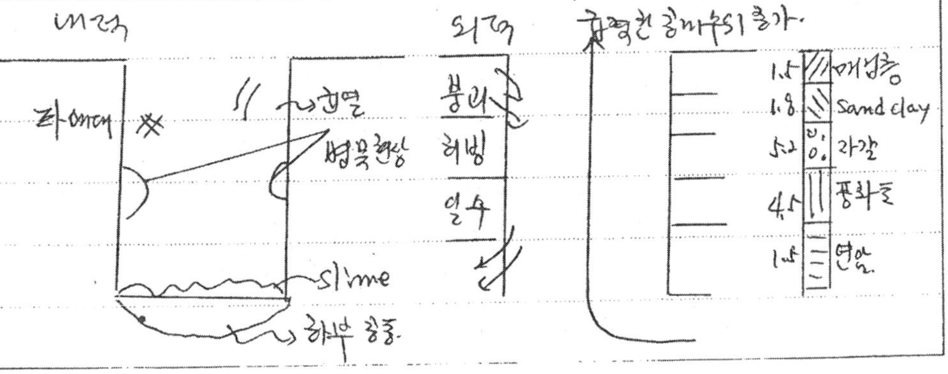

IV 대구경 현장타설 말뚝의 종류.

기계굴착

1. All Casing
   공벽: Casing
2. Earth Drill
   공벽: 안정액
3. RCD: 정수압.

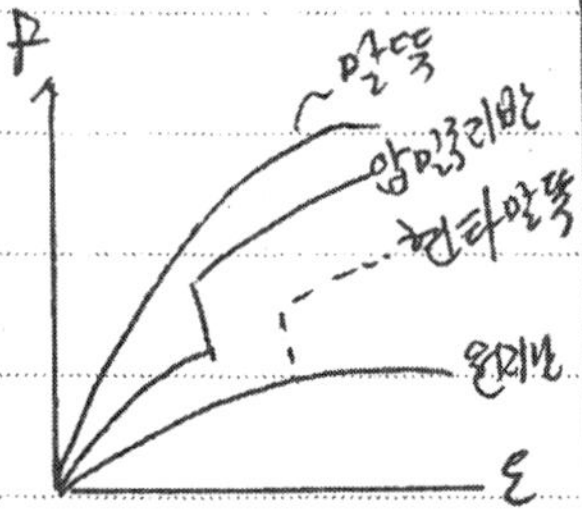

인력굴착

1. 심초공법.
   용수. 산소.
2. Caw공법.

V. 대구경 현장타설 말뚝의 종류별 특징(구미-여주간 고속도로)

구분	All Casing	RCD	비고
굴착방법	hammer Grab	특수Bit	구미-여주간
공벽유지	Casing	2t/m² 정수압	고속도로00공구
적용지반	보통지반	토사. 연암.	기존암반 노출10m
시공성	양호	보통	RCD선택
경제성	50억원	30억원	Con'c fck.24
단점	수중시공불가	장비대형	140m³
장점	공벽유지확실	수상시공가능	Tremie pipe.

VI 대구경 현장 타설말뚝의 시공순서(구미-여주간 고속도로).

장비Setting → 굴착 → 철근망건입 → Con'c타설 → 마무리.

- 장비Setting
  - 장비레일점검
  - Trafficability
- 굴착
  - 수직도유지
  - ø: 1200mm
  - L: 17.5m
- 철근망건입
  - 부상방지망
  - 인발력: 41Ton.
- Con'c타설
  - fck 24
  - 1개공.
  - 140m³.

Ⅶ. 대구경 현장타설말뚝 공법선정 사례.

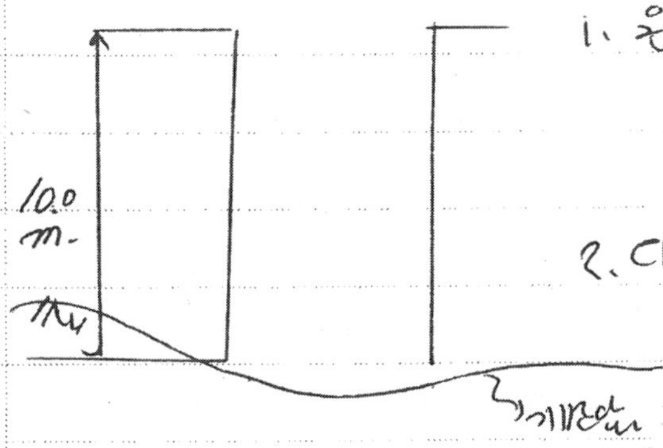

1. 원안 : All Casing.
   、문제점 : 10m 부근 기반암 존재.
2. 대안 : 연암 굴착가능한 RCD로 변경.

Ⅷ. 말뚝 타설 후 여주-구미 현장에서 실시한 Oster berg 시험.

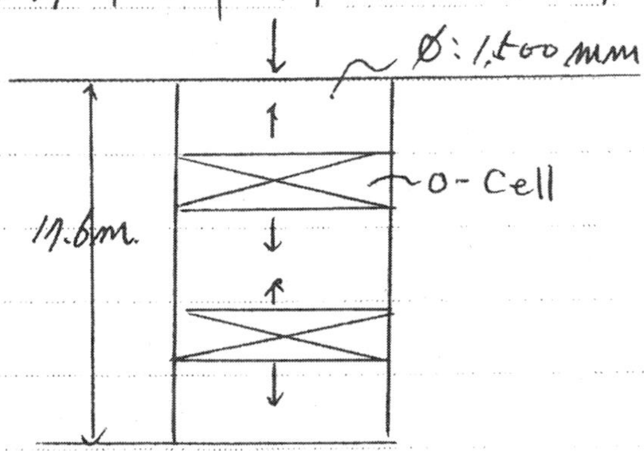

1. 원안 - 정재하 시험(일방향)
   、문제점
   - 시험장비 대형 - 부지협소
   - 시험기간 장기.

2. 대안 : Oster berg - Cell (양방향).
   、특징 장점
   - 선단지지력 + 주면마찰력 분리측정가능.
   - 시험시간 단축.

   단점
   - O-Cell 재사용 불가 : 시험비 약 3,000만원
   - 시험측정 상태 육안 확인 곤란.

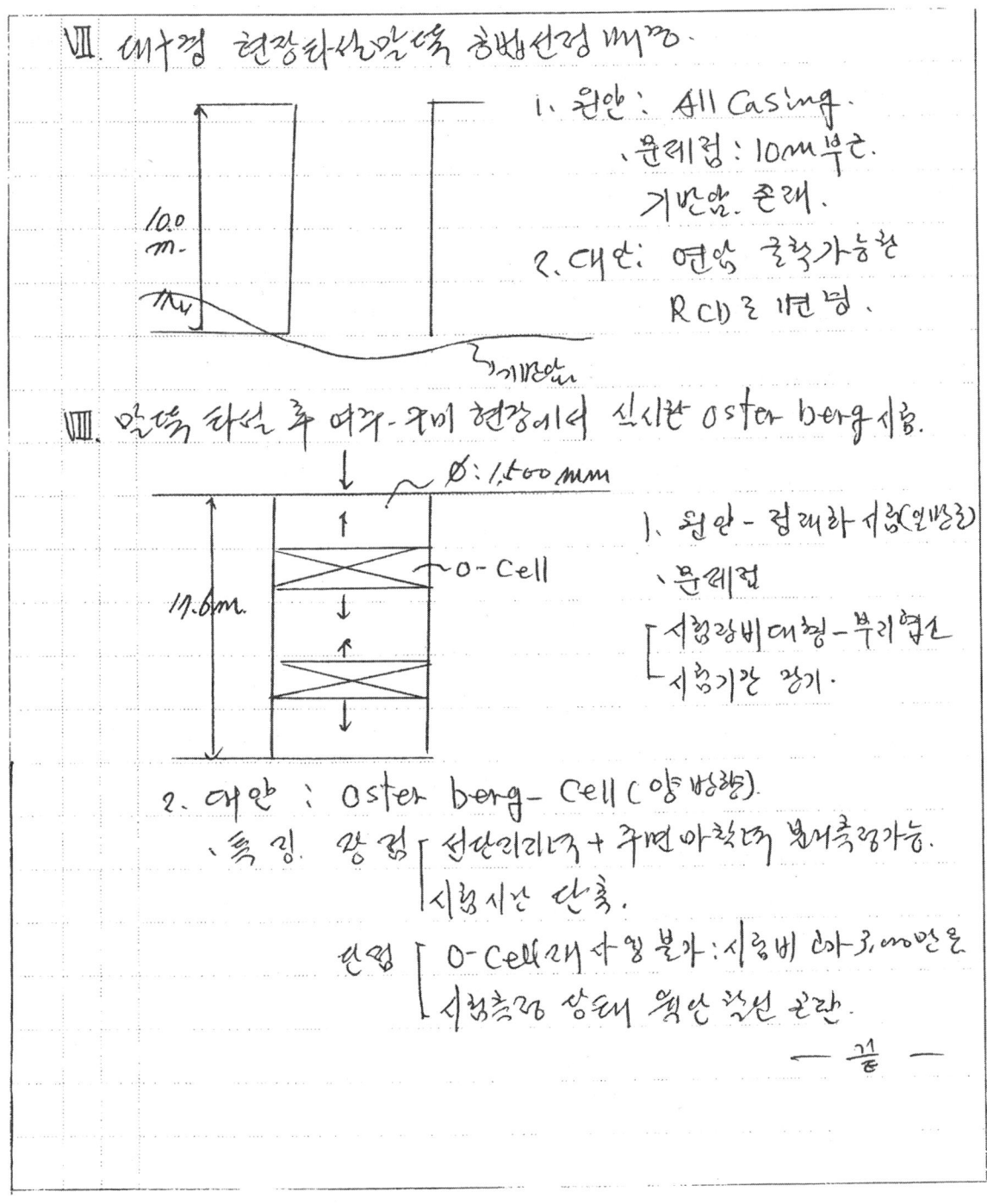

— 끝 —

문제) 대구경 현장 타설 말뚝의 종류를 열거하고, 시공시 주의사항에 대하여 기술하시오.

답)

I. 개 요

1. 대구경 현장 타설 말뚝의 종류는 인력인 심초공법과, 기계인 All Casing, Earth Drill, RCD가 있다.
2. 시공시 주의사항은 공벽의 붕괴, 공저부 슬라임 처리, 공벽과 수중 Concrete 타설이 중요하다.
3. OO해상 교량 가설 공사에는 RCD 공법(Ø2.5m)을 적용 확경 오거를 시공사 하였음.

II. 대구경 현장 타설 말뚝 공법 선정시 주요 검토 항목

지반조건
시공조건
구조물 조건
환경조건

+ 가설현장 / 경제성 / 환경영향 ⇒ VE, LCC 검토, 최적안 선정

LCC = I(초기 비용) + M(유지 비용) + R(교체 비용)

III. 대구경 현장 타설 말뚝의 확공지반 효과.

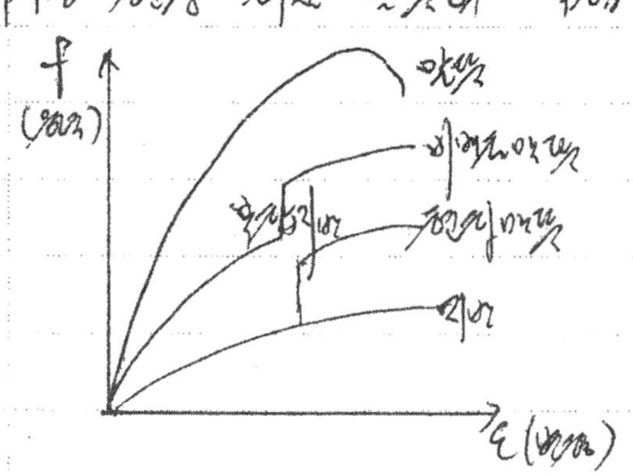

현장 타설 말뚝 조성
↓
지반 압축성 증대
↓
지반강도 증진 (개량 효과)
$\tau = C + \sigma' \tan\phi$
↓
지반 지지력 증대

번호 11. 대구경 현장타설 말뚝의 종류를 열거하고, 시공시 주의사항에 대하여 기술하시오.

답)

I. 개요

1. 대구경 현장타설 말뚝의 종류는

2. 시공시 주의사항으로는

3. 경남 남해 OO대교(2009)의 경우

II. 대구경 현장타설말뚝 공법 선정 Flow

얕은 기초 —Yes→ Open cut —No→ 흙막이 —No→ 흙막이 + 지반개량

No ↓

탄성 기초 —Yes→ 기성말뚝 —No→ "현장타설 말뚝"

No ↓

강성 기초 —Yes→ open caisson —No→ Pneumatic Caisson

└—No→ 특수기초

III. 대구경 현장타설말뚝 공법 선정시 고려사항

1. (지)반조건 : 연약층 OR 기반암층 상태
2. (시)공조건 : 공비, 공기, 기계화 시공 가능 등
3. (구)조물 조건 : 상부 구조물의 형식, 하중 등
4. (환)경 조건 : 해상공사 OR 육상공사 여부

IV. 대구경 현장 타설 말뚝의 종류 (및 현장 적용 말뚝)

- 현장 타설 말뚝
  - 굴착식
    - 인력 : 심초 공법
    - 기계
      - All Casing
      - Earth Drill
      - RCD
  - 치환식 : CIP. PIP. MIP

※ 신규 교량기초
06 해상 교량
가능

→ RCD 공법 적용 : ∅2.1m, 극심 이론 30本/개소 공기: 5개월/개소

V. 대구경 현장 타설 말뚝의 특징 비교 (현장 적용 배경)

구분	RCD	All Casing	현장 적용 배경
굴착 장비	회전 bit	회전 bucket	해상 : 34.?m
공벽 유지	정수압	Casing	지반조건 신규
소음	공벽 붕괴	소음 진동	⇓ 대심도 굴착
	[illegible]	[illegible]	요구, [illegible]
장점	대구경, 대심도 유리	공벽 붕괴가 없다.	⇓
시공성	공기 단축	전석층 불리	RCD pile + Bell
경제성	양호	상대적 불리	Type 강관 Caisson
적용성	해양 공사에 유리	모든 지반 가능	선정

VI. 대구경 현장 타설 말뚝의 시공 순서 (RCD 공법 中心으로)

가설 준비 → 굴착 → 철근망 시공 → 수중 Con'c → 두부정리

- Sea Barge Setting
- 회전 비트 굴착, 2m 이상 유지
- 철근망 조립, [illegible]
- Tremie관 이용, Con'c 2m 이상 유지

IV. 대구경 현장타설 말뚝의 종류

(※)
현장타설 말뚝
- 대구경 (굴착)
  - 인력 : 심초 공법
  - 기계
    - All casing : Benoto, 전선회식 (oscillator) (Rotator)
    - Earth Drill
    - RCD
- 소구경(저항) : CIP, MIP, PIP

V. 대구경 현장타설 말뚝의 특징 및 현장적용 사례

"표형" ⇒ (결론 1의 사용)

구분	RCD (채택안)	All Casing (비교안)	현장 적용
원리	정수압 공벽유지	Casing 공벽유지	(※) 인천 지역,
굴착장비	회전 Bit	Hammer Grab	OO대교(2009)
경제성	1.0	1.3	"RCD" 적용
단점	지하수위 급강하		(Ø 2400)
장점	암반 적용 가능	공벽 유지 확실	L= 45m

⇒ VI. 대구경 현장타설 말뚝 시공시 주의사항 [인천 OO대교(2009)]

(시공 순서)

1. 시공전
   - 토질조사 및 근입심도 check
   - 기상 및 해상조건을 고려한 시공계획
2. 시공중
   - ㉠ 단지지 연약 : 굴착속도 유지 (회전 Bit)
   - ㉡ 지력 저하 : Slime 처리 (Air-Lifting)
   - ㉢ 공벽 붕괴 : 안정수두, 연직도(0.1%) 관리
   - ㉣ 주 Concrete : 재료분리, 파손 주의
   - ㉤ 주변지반 연약 : 진동·충격 최소화
3. 시공후 : 지지력 및 건전도 확인 (O-cell Test)

VII. 내가 한 현장 자재 양질의 수중 콘크리트 자재 선정

1. 수중 자재 (원리 : Tremie. pump → 현장 적용 (Batch plant 설치)
   이유 : 물에 접한 상태.)
2. preplaced Aggregated Concrete - 조골재 투입 - Morta 주입

※ 현장 적용 배합 (W/B 45%. S/a 46%. Gmax 20mm
공기량 : 4~6%)

VIII. 내가 한 현장 자재 양질의 시공시 주의사항 (및 건전도 Test)

※ 전남 고흥지역 OO 해상 교량 기초 적용 中心으로

RCD pile + Bell Type 강재 Caisson

공기 (케이슨 제작 : 5개월 / 기초 : 5개월) 동시 작업
Concrete : 6개월

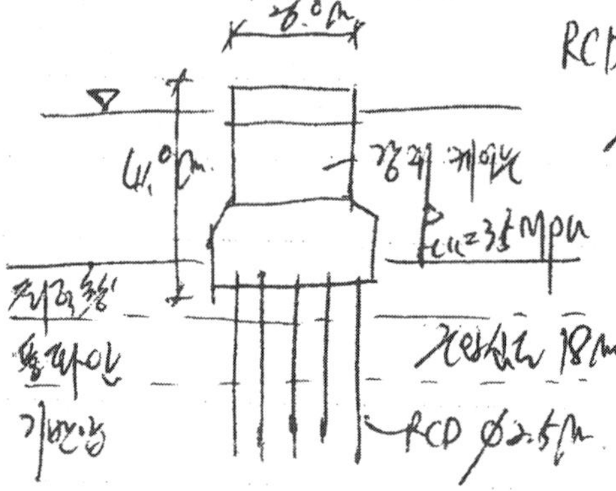

※ RCD 기초 건전도 Test
(심재 확인 Boring 1개/개소당
Sonic test
pile 인발 시험)

1. 굴착 전 : Sep Barge Setting
   - GPS. 정위치 측량 방법
2. 굴착 중 (공벽 안정 유지 (수위 +2.0m 이상 유지)
   수직도 측 관리.)
3. 굴착 후 : Slime 처리. 수중 Concrete 처리
4. 기타 (All Casing : 소음 진동 주의
   Earth Drill : 안정액 처리 - Leaching 현상)

"끝"

VII. 인천 OO대교(2006) 대구경 현장타설 말뚝 시공단계 Flow

장비 setting → 강관 삽입 → 지반 굴착 → 철근 삽입 → Conc 타설 → 마무리

- ◦작업대 (Jig-Jacket)
- ◦연직도 (0.1%)
- ◦회전Bit (Ø2250)
- ◦공벽유지(정수압)
- ◦수중Conc → Slime 제거

VIII. 경남 거제 OO교(2009) 대구경 현장타설 말뚝 시공VE사례

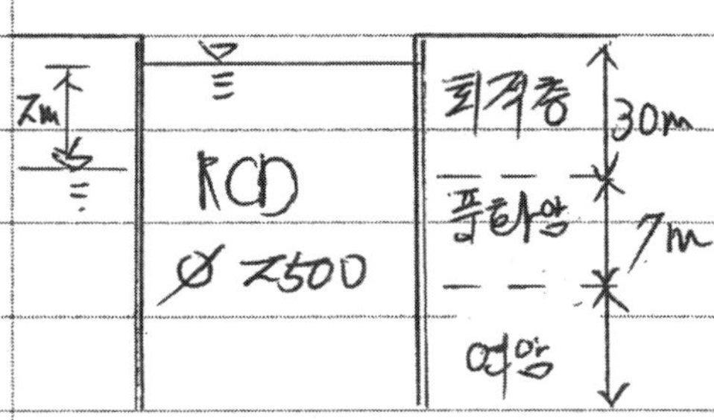

1. 설계(안)
   : RCD (Ø2500)
2. 착안 사항
   : 수중 공벽 붕괴 우려 [해상부]
3. VE 제안
   : RCD + 희생강관 (T=22mm)

[Idea 평가]

- Function : 안정성, 시공성 향상
- Cost : 1.4 증(본당)

∴ $V = \frac{F\uparrow}{C\uparrow}$ [기능강조형] 가치향상도 14%

"끝"

Extra) VII. ~ 말뚝의 기초지지력 산정 사례

VIII. ~ 시공시 환경영향 저감을 위한 환경경영관리 System

▣ 책과 답안은 거칠게 다뤄라 !!!

안녕하세요? 신경수입니다.

1. 공부하는 분들 중 책이 보물단지나 되는 것처럼 아끼며 사랑하는 사람들이 있는 데, 이것은 바람직스럽지 못합니다.

2. 책을 보는 시간이 투자시간이 되어야지 소비시간이 되면 오히려 역효과를 내게 됩니다.

3. 빠른 시간 내에 합격한 학원 가족분들을 보면 대부분 21세기 교재에 강의 내용 중 주요내용을 메모하고, 다음 시험대비 중요한 부분은 dog-ear를 만들어놓거나 post-it을 붙여놓습니다.

4. 왜 그럴까요?

5. 책을 읽는다는 것은 저자와의 대화인데, 읽은 책에 아무것도 표시되어 있지 않으면 그냥 본 것이지 저자의 생각을 느끼거나 받아들인 것은 아닙니다.

6. 자신이 지닌 책이 지금 어떤 상태인지 (깨끗한 상태인지 좀 지저분한 상태인지) 살펴보시고 중요부분에 post-it이 없으면 오늘 당장 붙여주시기 바랍니다.

7. 더불어 답안도 마찬가지 입니다.

8. 깨끗하게 정리된 답안을 암기하면 합격할 수 있을 거라 착각하는데 절대 그렇지 않습니다.

9. 시험장에 가면 내가 정리한 모든 것을 다 쓰고 나올 수는 없고 문제풀이 시 내가 과거 무슨 실수를 했고 어떤 부분을 강조해야 하는지 기억이 나지 않아 결국 경쟁력 없는 답안작성만 하고 시험을 마치는 경우가 대부분입니다.

10. 따라서 평소에 틀린 답안(물론 어디가 틀렸는지 check된 답안)을 많이 가지고 있는 사람들이 실수관리를 잘해 원하는 결과를 얻을 수 있습니다.

11. 합격을 향한 하나의 수단으로 책과 답안을 어떻게 활용할 것인지 생각해 보시기 바랍니다.

문제12 ACP와 CCP의 차이점 및 각 포장의 파손원인 및 대책에 대하여 기술하시오.

[기본 Item = 유형]

문제점	공법	AB	콘크리트	제도 및 system	기타
★		★			

[관련 공종]

콘크리트	강재	건설기계	토공	연약지반	막이	기초
★						
도로포장	교량	터널	댐	하천	항만	공사시사
★						★

[질문 요지]

1. ACP와 CCP의 차이점
2. 각 포장의 파손원인
3. 각 포장의 파손대책

[조건]

[중요 Item]

1. 조사
2. MS +LCC
3. 파손 유형(분류)

[차별화 Item]

1. 이 론 : ACP 소성변형이론(체적유지론, 체적감소론)
2. 경 험 :
3. 도식화
   • 그래프 : Cost/Function－시간 관계 그래프
   • 모식도 : 조/원/수/DB져 모식도
   • Flowchart :
   • 특성요인도 :
   • 기타 : 포장 전단강도 식
4. 비교표 : ACP와 CCP

Thinking Tip

1. 공통－상부(이용자 사용성), 하부(지반, 지하수 문제)
2. MS＋LCC＝포장, 교량, 콘크리트 구조물

문제12) ACP와 CCP의 차이점 및 각 포장 파손원인 및 대책에 대하여 기술하시오.

답)

I. 개요

1. ACP와 CCP의 차이점에는 구조적(교통하중지지방식, 내구성, 지반 적용성, 역학적)과 일반적(시공성, 장비/자재, 소음/진동, 유지관리)이 있다

2. ACP와 CCP의 포장 파손원인으로는 자연적(내적, 외적) 원인과 인위적(설계, 재료, 시공, 유지관리) 원인이 있다.

3. ACP와 CCP의 포장 파손에 대한 대책으로는 방지대책(설계, 재료 시공, 유지관리)과 처리대책(유지보수, 보강)이 있다.

II. 포장형식 선정시 고려사항

1. 우선적 고려사항 - 교통량, 토질, 기후, 생애주기(LCC)

2. 부가적 고려사항 - 동일지역 포장형식, 재료이용도
   - 교통안전, 시공사 경험, 시공사 능력

III. ACP와 CCP 포장 파손에 따른 조사항목 및 포장관리 management S.

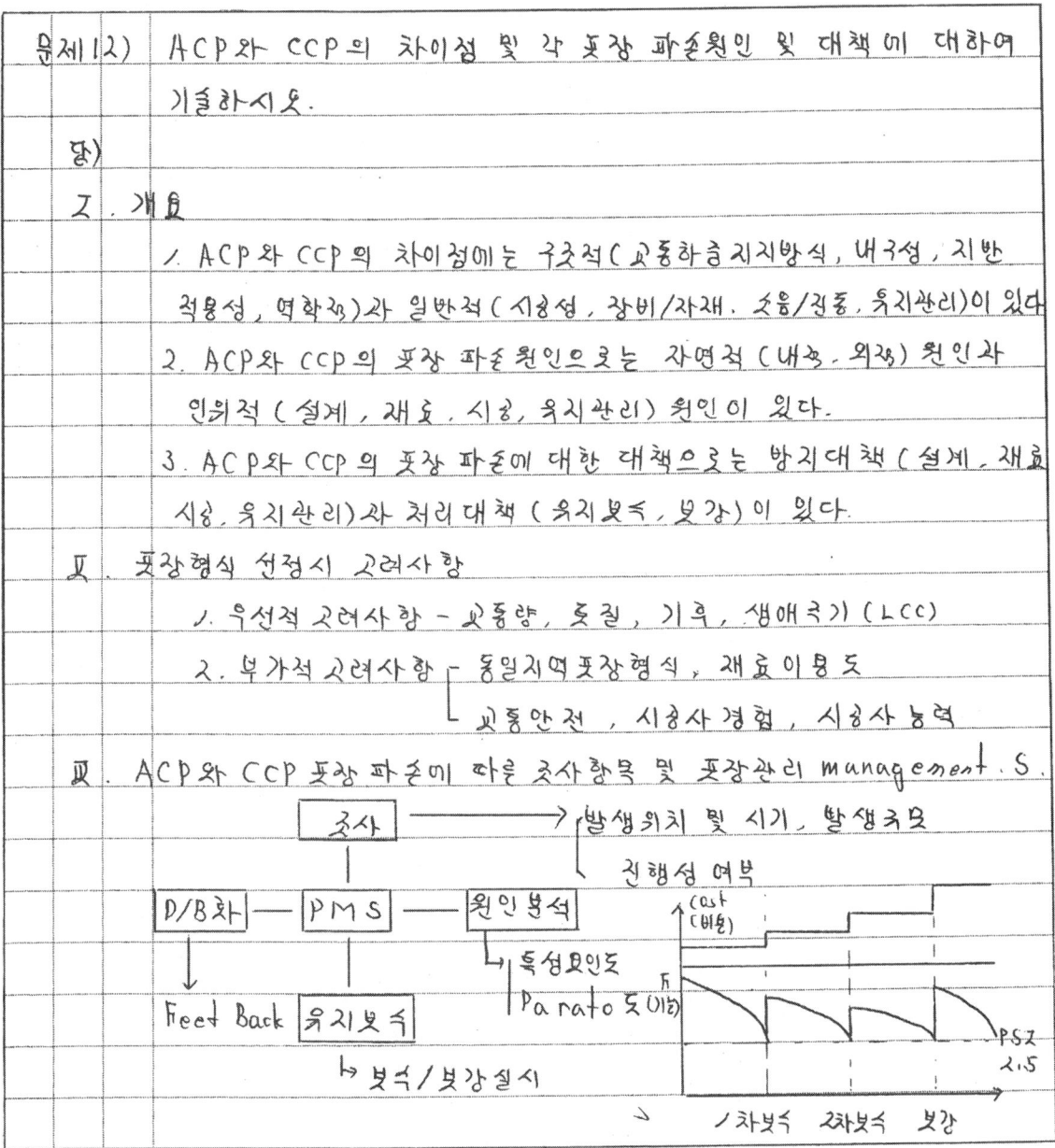

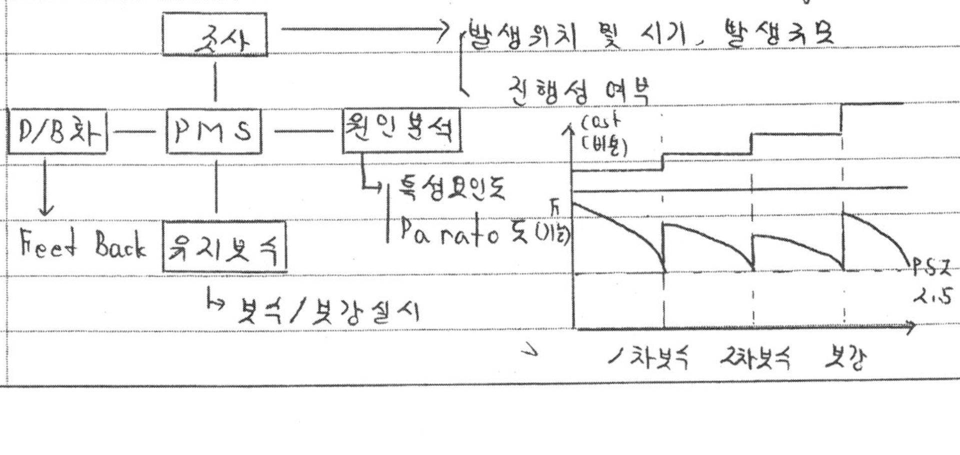

Ⅳ. ACP와 CCP의 구조적 차이점

구분	ACP	CCP
교통하중 지지방식	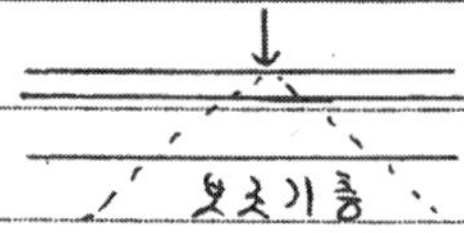	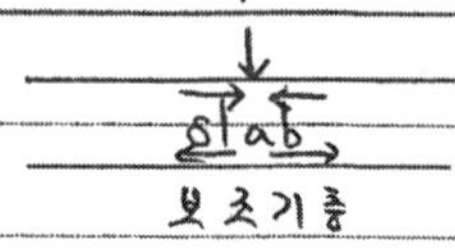
내구성	5~10년, 짧다	20~40년, 길다
지반 적응성	양호, 연약지반 유리	불량, 부등침하시 파손
역학적 특성	가요성	강성

Ⅴ. ACP와 CCP의 일반적 차이점

구분	ACP	CCP
시공성	단순, 품질관리 용이	복잡, 양생이 장기간
장비/자재	안정적 공급 문제	안정적 공급 용이
소음/진동	양호(적다)	Grooving으로 불량
유지관리	국부적 보수용이	국부적 보수난이

Ⅵ. ACP와 CCP의 파손시 문제점

1. 평탄성 저하로 인한 교통사고 유발 → 1차(직접)
2. 유지관리비용 증가로 인한 LCC 증가 → 2차(간접)

Ⅶ. ACP 포장 파손의 원인

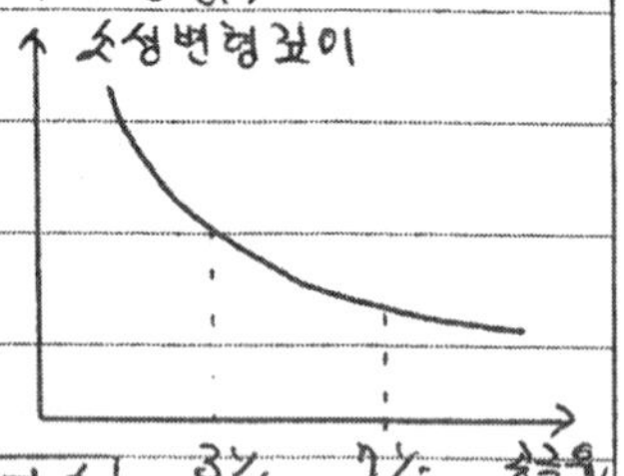

1. 자연적
   - 내적 - 균열, 단차, 변형
   - 외적 - 배수불량, 흙의 동상
2. 인위적

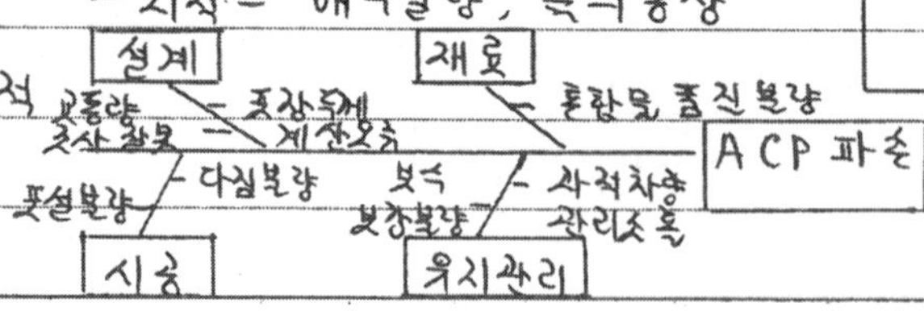

VIII. CCP 포장 파손의 원인

1. 자연적
   - 내적 - 균열, 단차, 변형
   - 외적 - 배수불량, 흙의 동상

2. 인위적

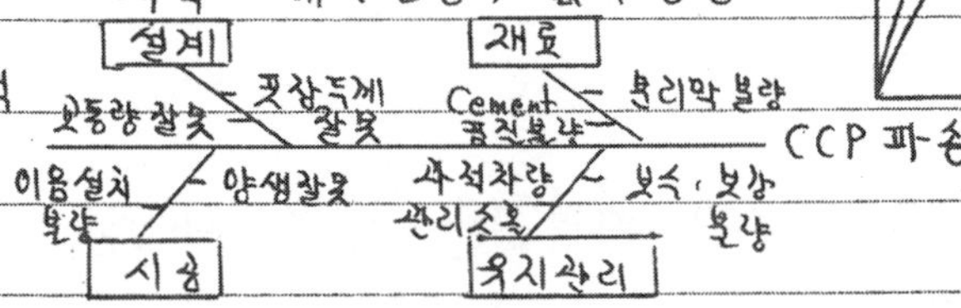

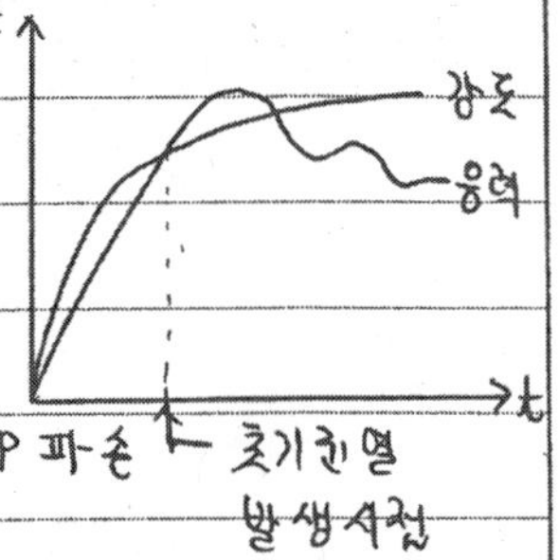

IX. ACP와 CCP 포장 파손의 대책

구분	방지대책	처리대책
ACP 포장	재료: 양질의 혼합물 사용	부분재포장, Patching
	설계: 포장구조계산 철저	표면처리, 절삭
	시공: 다짐 및 포설 철저	Overlay, 절삭 Overlay
	유지관리: 과적차량 단속 철저	전면 재포장
CCP 포장	재료: Cement 품질관리 철저	Sealing ┌ Re sealing
	설계: 포장구조계산 철저	└ Unter Sealing
	시공: 이음부 설치 철저	단면보수 ┌ 전단면
	유지관리: 과적차량 단속 철저	└ 부분단면

(끝)

문제. 11. ACP와 CCP의 차이점 및 각 포장 파손 원인 및 대책에 대하여 기술하시오.

답

I. 개요

1. ACP와 CCP의 차이점은 구조적(내구성, 기반 적응성등), 일반적(시공성, 장비, 재료, 소음, 진동등)으로 구분할수 있으며
2. ACP와 CCP의 파손 원인은 설계(포장두께 부족, 교통량 산정 미흡등), 재료, 시공, 유지관리 불량등에 있으며
3. 제주도 제주시 지역 OO 현장에서는 관광차량 급증에 의한 ACP 포장 파손시 처리 대책으로 표면처리 한바 있음.

II. 제주도 지역의 ACP 포장 시공의 특수성

- 지리적 특성
  - 육지부와의 기온차 → 4~8°C 높음
  - 바람의 영향 → 해풍, 태풍의 영향
- 관광 특수 지역
  - 관광특수 → 사계절 관광객 방문
  - 관광 대형 차량 → 교통량 급증

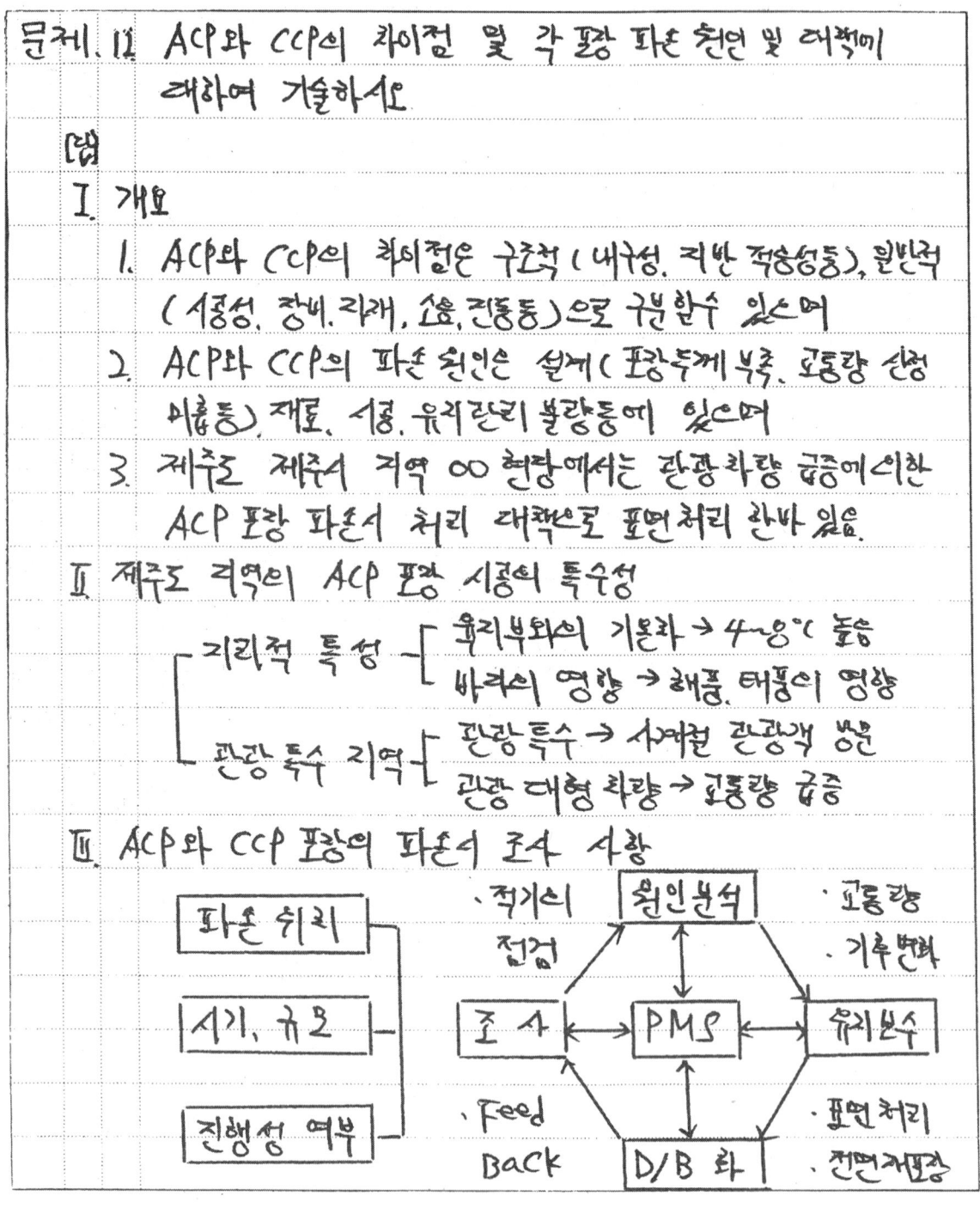

III. ACP와 CCP 포장의 파손시 조사 사항

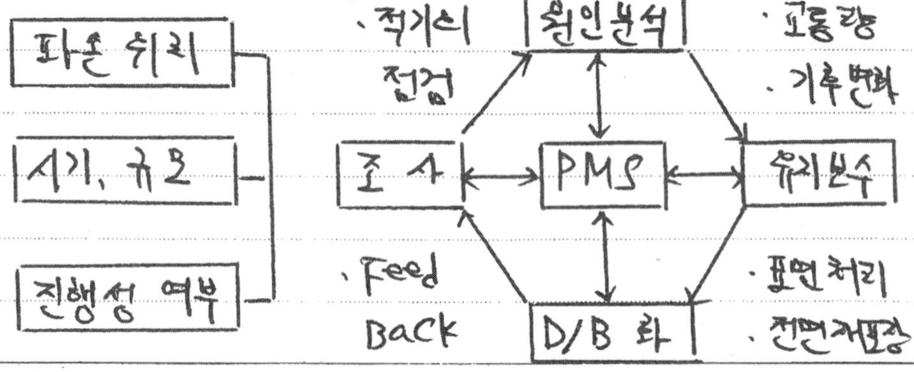

〈문제12〉 ACP와 CCP의 차이점 및 각 포장 파손원인 및 대책에 대하여 기술하시오.

〈答〉

I. 概要

1. ACP와 CCP의 차이에는 구조적인 측면에서 역학적 특성, 하중부담등이 있고 비구조적 측면에서 시공성, 경제성, 소음/진동 및 유지관리등으로 나누어 짐.

2. ACP 포장의 파손원인 및 대책에는 초기의 소성변형, 후기의 피로균열에 대해 설계, 재료, 시공 및 유지관리 대책 필요함.

3. CCP 포장의 파손원인 및 대책에는 설계, 재료 및 시공에 원인/대책 있음.

II. ACP와 CCP 포장 파손時 조사항목 및 Management System

1. 조사항목. 2. 유지관리방안.

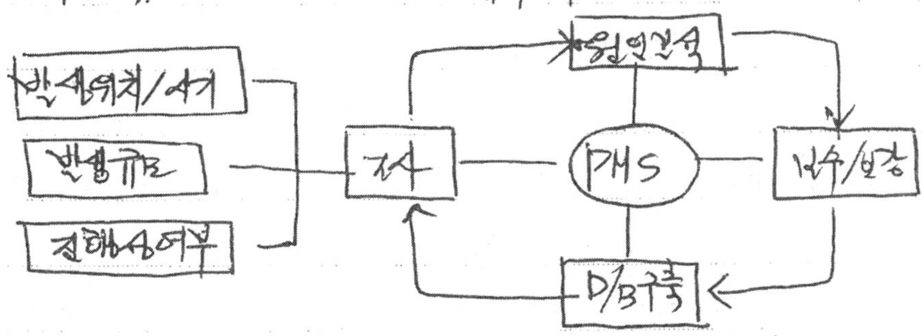

III. ACP 포장의 소성변형 압축이론에 의한 파손 Mechanism

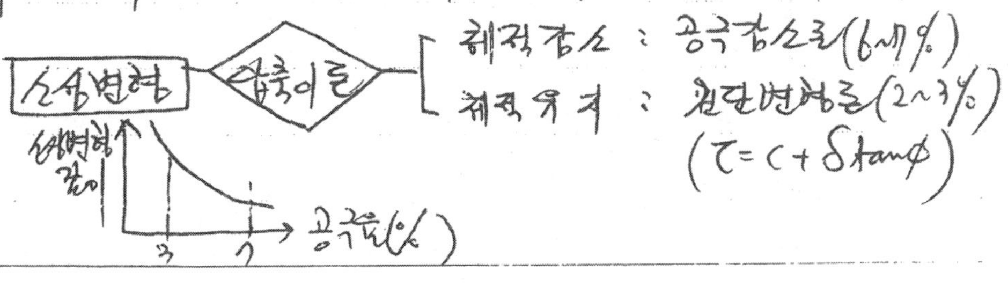

IV. ACP와 CCP의 차이점 (구조적, 일반적)

구분		ACP	CCP	비고
구조적	· 내구성	· 보통	· 양호	
	· 지반적응성	· 양호	· 보통	
	· 교통하중	· 지반	· Slab	
	· 역학적	· 가요성	· 강성	
일반적	· 시공성	· 양호	· 보통	
	· 장비, 자재	· 전압식	· 타설식	
	· 소음, 진동	· 적음	· 큼	
	· 유지관리	· 보통	· 양호	

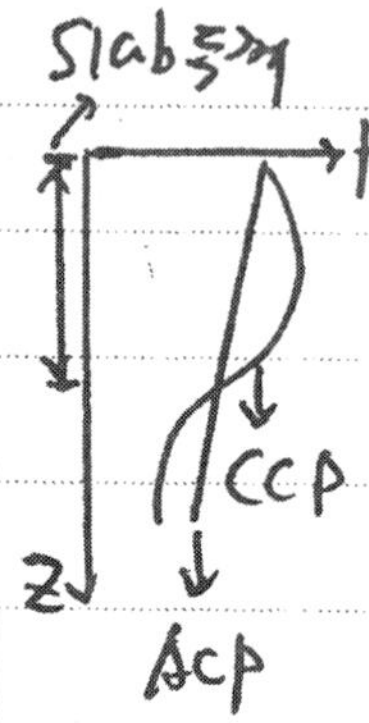

V. ACP와 CCP 포장의 파손에 의한 평탄성 저하시 문제점

문제점 →
- 1차 (직접) – 주행성, 내구성 저하 / 교통 사고 유발
- 2차 (간접) – 유지 보수 비용 추가 발생

VI. ACP와 CCP 포장의 파손원인 (제주도 제주시 지역 OO현장)

<ACP>
- 설계 : 포장두께 부족
- 재료 : 입도 불량
- 시공 : 다짐 불량
- 유지관리 : 보수, 보강 불량

<CCP>
- 설계 : 교통량 산정 불량
- 재료 : Bar기능 불량
- 시공 : 줄눈 시공불량
- 유지관리 : 보수, 보강불량

※ 제주도 제주시 지역 OO현장 : 부분 개통 구간 파손 (ACP)
→ 관광 차량 급증 → 소성 변형 → 표면처리 → 2,800만원 소요

IV. ACP와 CCP의 차이.

구분		ACP 포장	CCP 포장	비고
구조적	역학적특성	가요성	강성	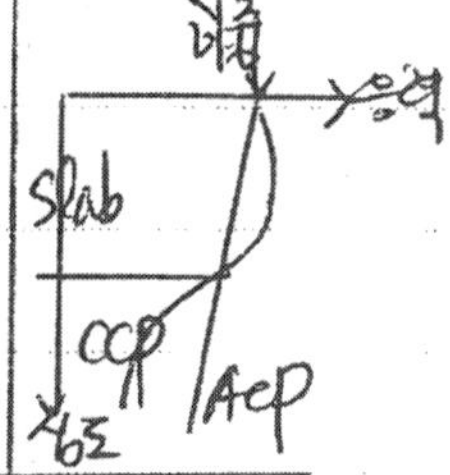
	하중전달	분산	지지	
	내구성	보통	우수	
	재반작용	우수	불리	
비구조적	승차성	우수	보통	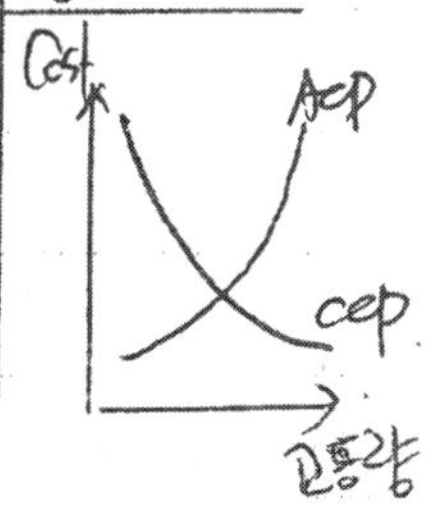
	유지관리	비용발생 큼	상대적 저렴	
	소음/진동	양호	큼	
	충격	다양	양호	

V. ACP와 CCP의 파손時 問題點.

1. 직접 1) 교통흐름 저하 2) 교통사고 발생
2. 간접
   1) LCC증가 2) 민원발생

VI. ACP와 CCP포장 파손의 原因

구분	ACP	CCP	비고
초기	소성변형 지반침하	건조수축 온도균열	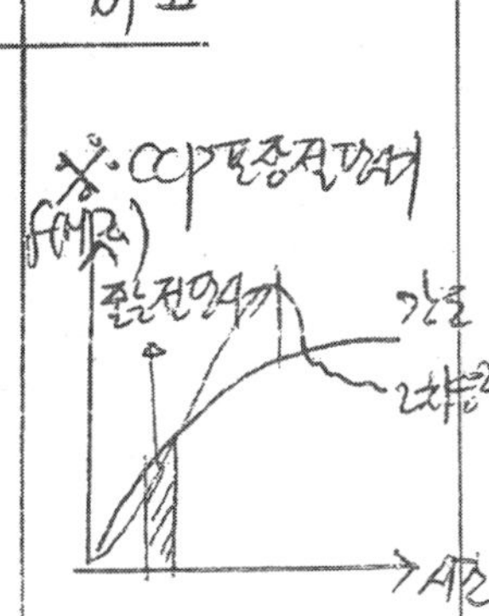
후기	균열	균열	
동절기	ravelling	ravelling	
하절기	rutting		

VII. ACP와 CCP 포장의 파손 방지 대책

- **설계** ─ [내구 설계 (내구지수 > 환경지수)
  - 포장 두께 증가 → 현장 여건 반영
- **재료** ─ [골재의 선정 및 관리 철저
  - 최적의 배합 → 시험 배합 실시
- **시공** ─ [다짐 관리 철저 → 시험 포장 실시
  - 온도 관리, 노상 지지력 확보
- **유지관리** ─ [과적 차량 단속
  - 정기의 점검 → 보수, 보강 실시

VIII. ACP와 CCP 포장의 파손시 처리 대책

구분	ACP	CCP	비고
· 보수	· 표면 처리 · 부분 재포장	· Sealing · Resealing	※. ACP 소성변형 · 공극감소 (6~9%) · 전단변형 (2~3%)
· 보강	· overlay · 전면 재포장	· 전단면 보강 · 부분 단면 보강	

IX. 제주도 지역의 특수성에 의한 ACP 포장 시공에 대한 제언

- **기술적** ─ [개질재 사용 → SMA, 캡콘리트 등
  - 기초 지반 개량 → 보조기층 두께 조정
- **관리적** ─ [포장 유지 보수 지원팀 추가 신설
  - 유관기관 과의 연계 → 응급 조치후 연락

"끝"

VII. ACP와 CCP 포장 파손에 대한 對策

구분	ACP 포장	CCP 포장	비고
저감대책	소성변형 ⇒ 개질재 지반침하 ⇒ 다짐관리	2차응력 ⇒ 줄눈제어 초기균열 ⇒ 마무리	※ ACP보수사례 (올림픽대로) (L=10.5km) ⇒ Overlay공법 적용.
처리대책	경미 ⇒ 보수 극심 ⇒ 재포장	경미 ⇒ 보수/보강 극심 ⇒ 재포장	

VIII. "광양항 배후도로(1997年)" ACP 포장 파손 처리 事例

1. 공사개요 : L=13.8km (6차선 도로)
2. 공사기간 : 1992.1 ~ 1994.5
3. 파손의 문제
   1) 1차적 : 노상 final구간 불규칙 pop-hole 발생
   2) 2차적 : Check 부족
4. 파손의 원인
   1) 내적 : 화반응 물질에 대한 재료분리
   2) 외적 : 다짐도 온도관리 부족
5. 파손처리 대책
   1) 발주처 통보
   2) 차량안내간판 설치
   3) pop-hole부 Patching後 재시공.
6. 교훈 : 유지관리 System 도입

<끝>

▣ 암기의 양(量)? 암기의 질(質)?

안녕하세요? 신경수입니다.

1. 제가 강의 중 항상 이야기 하는 말 중 하나가 합격을 위해서 필요한 힘이 여러 가지 있지만 그 중요도는 "암기력<이해력<문제풀이력" 순이라는 것입니다.

2. 많은 분들이 학원 등록 후 공부를 시작하면서 제일 먼저 하는 일중 하나가 암기할 대상을 찾는 것입니다.

3. 그런데 공부를 하면서 암기 대상을 찾다보면 시간 의존적으로 암기양이 엄청나게 늘어나는 사실에 고민을 하기 시작하고, 더욱 더 힘든 것은 암기를 해도 암기한 내용이 머릿속에서 오래가지 못한다는 것입니다.

4. 수험생중 많은 분들이 합격을 위해 필요한 힘중 제일 낮은 수준의 암기력 때문에 고민을 하는 경우가 상당히 많은데, 이것은 시험을 시험으로 접근하지 않는 전략적 사고없이 막연한 공부를 하고 있기 때문입니다.

5. 대부분의 수험생들은 학원이나 강사가 시험에 대한 모든 것을 가르쳐 주길 원합니다. 아니 모든 걸 가르쳐준다고 착각하고 있고 이것만 외우면 합격한다고 믿고 있는데 이런 생각이야말로 조건화, 복합화, 현장화 되어가는 기술사 시험합격의 가장 큰 걸림돌입니다.

6. 제가 강의 중 자주 이야기하는 "암기는 대상과 시기가 있다"는 말에 대해 곰곰이 생각해 보고 실천을 해야 할 때입니다.

7. 뽀족한 암기방법을 생각하기 보다는 암기의 양과 질을 생각해야 하고, 암기가 힘들면 암기의 양을 줄이면 됩니다.

8. 실제 시험합격에 필요한 암기대상은 그리 많지 않습니다.

9. 지금 내가 외우고 있는 것들이 정말 시험장에서 쓸모가 있는지 고민을 해보고, 과감히 가지치기를 해주는 것이 시험합격의 첩경임을 인식하시기 바랍니다.

10. 사다리를 올라가려면 한손을 놓아야 올라갈 수 있습니다. 시간이 상당히 지난 사람들일수록 버릴 건 버리면서 가는 지혜가 필요합니다.

문제13 ⇢ PSC교량 가설공법의 종류 및 특징에 대하여 기술하고 각 공법의 문제점을 기술하시오.

[기본 Item = 유형]

문제점	공법	AB	콘크리트	제도 및 system	기타
★	★				

[관련 공종]

콘크리트	강재	건설기계	토공	연약지반	막이	기초
★	★	★				
도로포장	교량	터널	댐	하천	항만	공사시사
	★					★

[질문 요지]

1. PSC 교량 가설공법 종류
2. PSC 교량 가설공법 특징
3. 각 공법의 문제점

[조건]

1. PSC(Prestressed Concrete)

[중요 Item]

1. 공법 선정 시 고려사항(지/시/구/환)
2. 시공관리(계/품/안/환)
3. PS강재＝원리＋관리＋강재＋방법＋방식＋손실

[차별화 Item]

1. 이　론 :
2. 경　험 :
3. 도식화
   - 그래프 :
   - 모식도 : 시공 중/공용 중 모멘트와 처짐＋계측관리
   - Flowchart : 공법선정 Flow
   - 특성요인도 :
   - 기타 :
4. 비교표 : 켄틸레버/경간진행/분절진행

Thinking Tip

1. FCM 문제점/대책－캠버관리＋평탄성＋Key Seg. 연결
2. 제작(작업장)－운반(진입로)－가설(안전)문제

문제13) PSC 교량 가설공법의 종류별 특징에 대하여 기술하고, 각 공법의 문제점을 기술하시오.

答

I 概要

1. PSC 교량 가설공법의 종류 : 분절진행형 ILM, 경간진행형 MSS, cantilever형 FCM 공법.

2. PSC 교량 가설공법의 특징 : ILM (2중곡선 불가. 대규모 작업장) MSS(장비 대형, 횡방향 변화 곤란, FCM(camber관리).

3. 각 공법의 문제점별 대책 : ILM (pulling Beam 보강 MSS (거푸집 조정). FCM(변위 check).

4. 홍진교(1998년, L=300, B=20) 가설 공사 시공사례.
 : 경제성, 시공성 고려 ILM 공법 선정

II. PSC 교량 중 ILM 공법의 시공 순서 (금강교 가설공사 1998년)

1. 순서

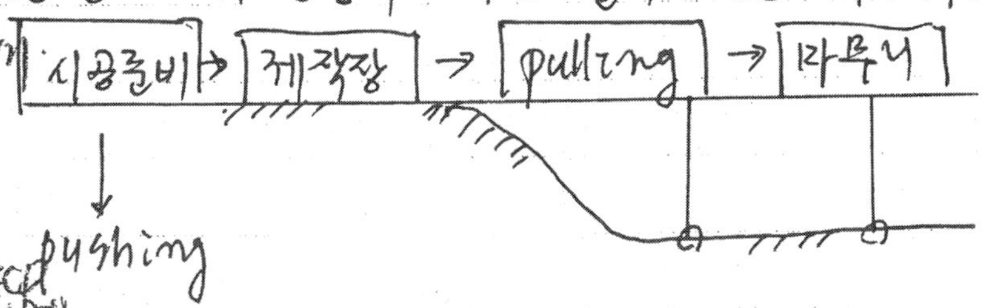

2. 사례

1. 압출장치 : Lift up과 pulling Method 중 pulling Method 선택

2. Break saddle 보강
 : 최초 T=30cm에서 T=35cm 보강
 ※ 수평하중 대비.

III. PSC 교량 가설공법의 종류.

1. 동바리 설치 : FSM　　동바리 미설치 : 현타. precast.
2. 현장타설 공법 : ILM, MSS, FCM
3. precast 공법 : PPM, SSM, PFCM.

IV. PSC 교량가설공법의 특징 (장단점 포함).

구 분	ILM	FCM	현장사례
형 식	분절 전행	cantilever	금강교가설
장 비	Jack	이동식 작업차.	공사
경제성.	다경간	양호	(1998년
시공성	우 수	보통.	L=300
기 간	80M→15일	80M→110일	n=20)
단 점	2중곡선 불가 대규모 작업장.	camber 관리 불균형 moment	ILM 공법 적용
장 점	하부조건 자유롭	높은데 적합	

V. PSC 교량 가설 공법별 문제점 및 대책 (금강교 가설공사).

~~구분~~	문 제 점	대 책
ILM	2중곡선 불가능 (금강교 가설 ILM) 대규모 작업장.	pulling Beam 보강 Break saddle 보강.
MSS	장비 대형. 횡방향 단면 변화 곤란.	거푸집 고정. 비계이동 관리
FCM	camber 관리 불균형 Moment	변위 check X형 철근 고정.

V. PSC 교량의 시공중, 공용중 moment 변화

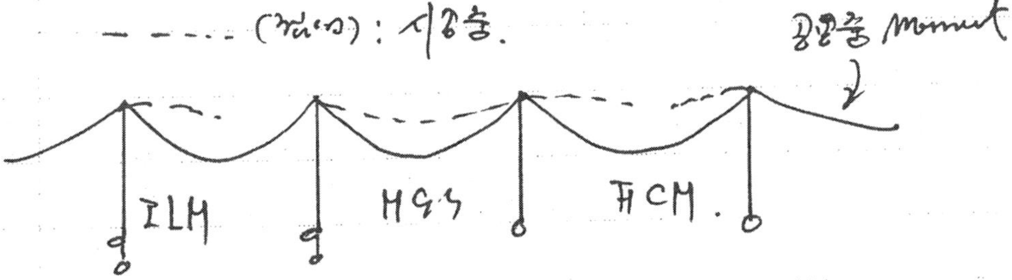

VI. PSC 교량의 시공시 注意事項 (진주-통영간 고속도로. 2006년)

1. 시공전 : 1) 현장조사 (지형. 지질. 조건.)
   2) 계약조건 검토. (경제성, 시공성).

2. 시공中
   1) 계측관리 : 불균형 moment, camber 관리
   2) 공정관리 : 공비, 공기관리 → 경제성.
   3) 안전관리 : 인원, 장비

3. 시공後
   : 계측관리 → 건전도, 안정 확인

"끝"

문제13) PSC교량 가설공법의 종류 및 특징에 대하여 기술하고 각 공법의 문제점을 기술하시오.

답)

I. PSC교량의 개요.

1. PSC교량의 가설공법의 종류는 분절건항(ILM), 경간건항(MSS) 캔티레버(FCM) 공법으로 나누어지며
2. PSC교량의 공법의 특징은 ILM은 대규모작업장이 필요하고 MSS 공법의 특징은 이동식 동바리사용으로 장비가 대형, FCM 공법의 특징은 Key Segment 관리 이다
3. PSC교량의 가설공법의 각각 문제점은 ILM은 이중곡선이 불가능 MSS는 단면변화 어려움. FCM은 불균형 모멘트가 문제이다.

II. PSC교량 가설공법 선정시 고려사항

1. 지반조건 : 가설 지점의 지형. 지질 조건
2. 시공조건 : 운반로 및 경제성, 안전성, 공기
3. 구조물조건 : 구조물 형식, 가시설, 설계조건
4. 환경조건 : 주변환경영향, 민원문제

III. PSC교량 가설시 고려해야할 Moment 변화

------ : 시공중　　　　—— : 공용중

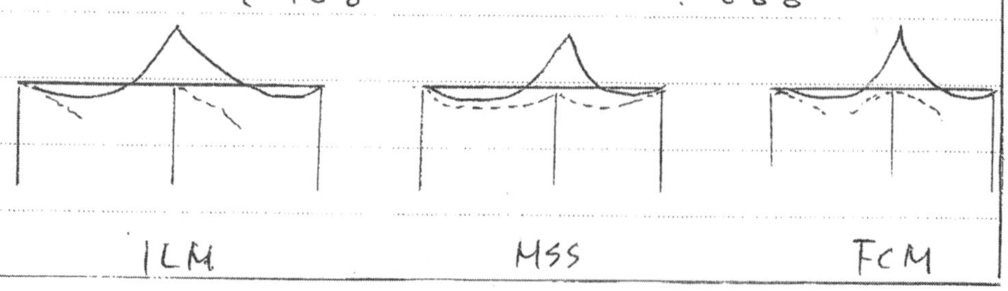

〈문제 13〉 PSC교량 가설공법의 종류 및 특징에 대하여 기술하고
각 공법의 문제점을 기술하시오.

〈答〉

I. 概要.

1. PSC교량의 가설공법에는 현장타설/Precast에 의한
켄틸레버인 FCM/PFCM, 경간전체식인 MSS/SSM,
분할전체인 ILM/PPM으로 구분됨.

2. 각 분류별 특징은 시공, 하부조건, 시공성, 경제성, 안전성 및
유지관리측면에서 큰 차이가 있음.

3. PSC가설공법의 문제점은 분할전체은 이중곡선 불가,
경간전체은 횡방향 변화곤란 및 켄틸레버에는 불균형모멘트가 있음

II. PSC교량의 시공중/공용중 Moment 변화 (부산신항 연결교 현장 사례)

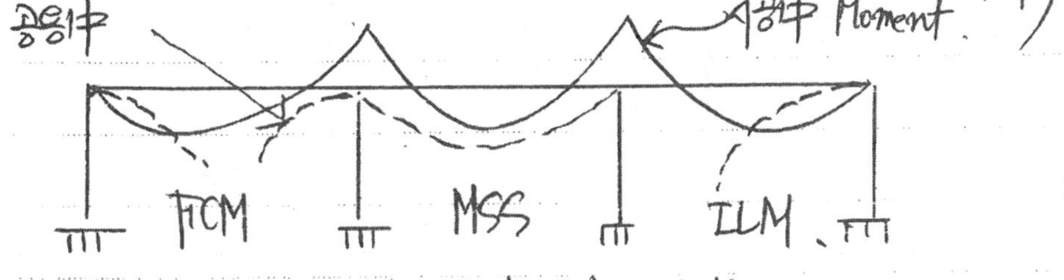

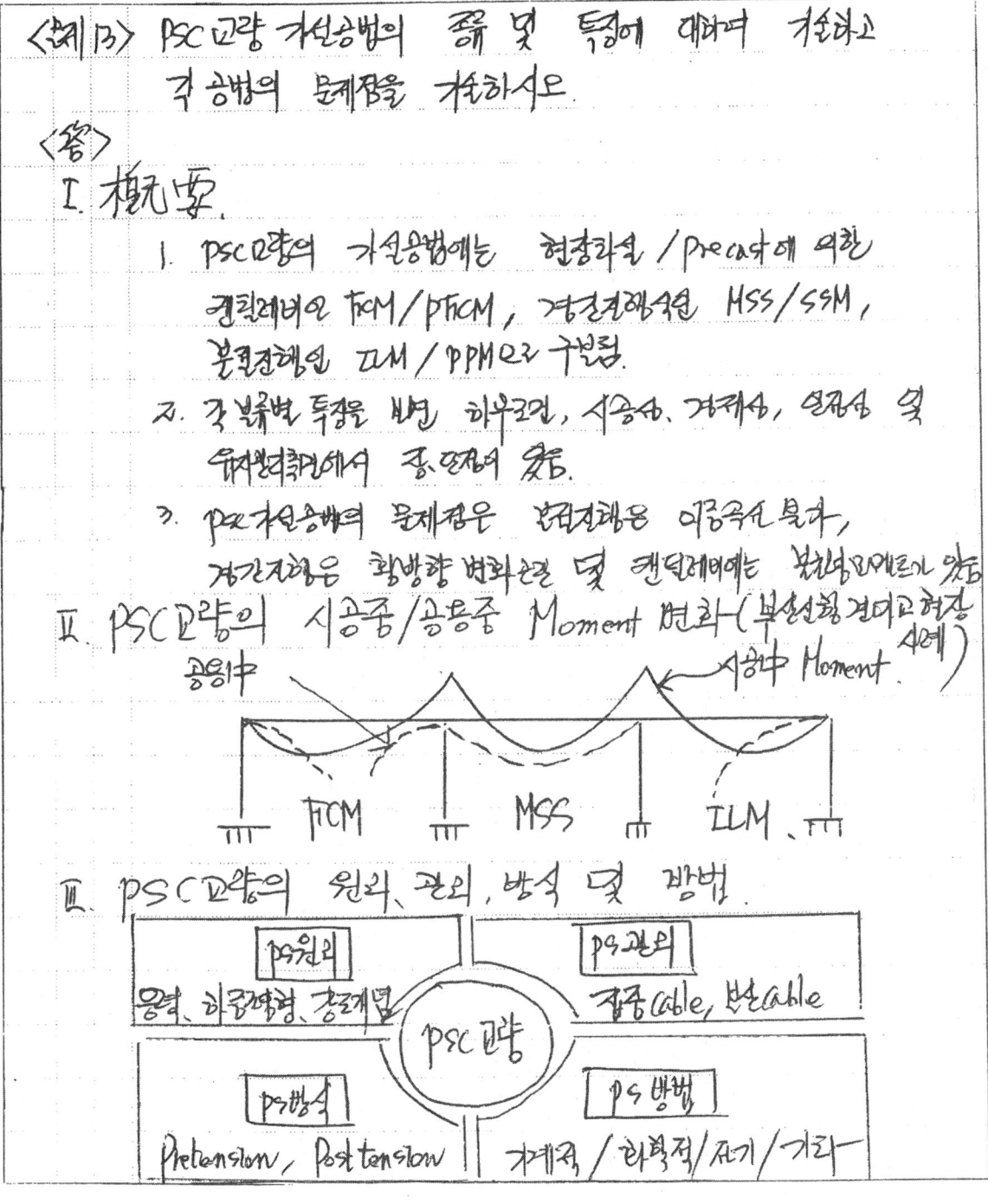

III. PSC교량의 원리, 관리, 방식 및 방법

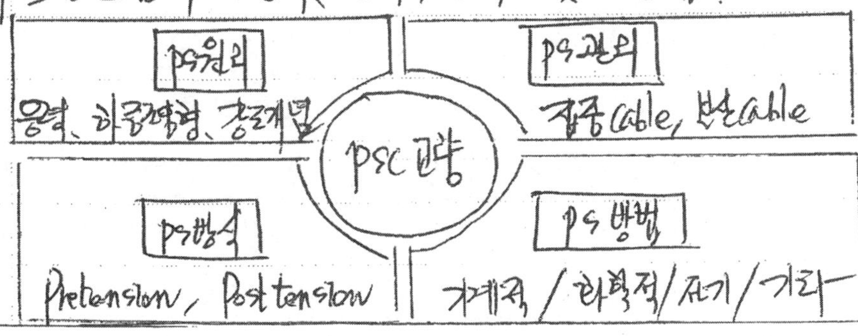

IV. PSC 교량 가설공법의 종류

1. 동바리 설치 : FSM – 전체지지. 거더지지. 지주지지

2. 동바리 미설치

공법	현장타설	Pre-cast	비고
분절진행	ILM	PPM	경간장
경간진행	MSS	SSM	100m 이상
캔틸레버	FCM	PFCM. BCM	이동식동바리

V. PSC 교량 가설공법의 특징 (FCM 과 MSS)

구분	FCM	MSS	비고
원리	캔티레버공법	경간진행공법	.PS원리
구성요소	·Form Traveller. Truss	·추진보, 비계보. 브라켓	응력개념
시공성	난대책 불리	양호	하중평형개념
장점	지형영향 적음	평탄성 양호	강도개념
단점	평탄성 (Key seg)	단면변화 불가	
	불균형 모멘트관리	장비대형	

VI. PSC 교량의 가설시 공법별 문제점 및 대책 (FCM 과 MSS)

구분	FCM	MSS	비고
문제점	·불균형 moment	·작업장 확보	문제점 조치 Flow
	·Key segment	·장비대형	시공사보고 ↓ 위치시계
	·평탄성 불량	·횡방향 변화불능	감리단
대책	·수직. 수평 변위관리	·거푸집 조정. 제거관리	↓ 전문기술자
	·Jack. x bar 이용	·비계이동관리	비상주(검토)

IV. PSC교량 가설공법의 종류(分類)

구분	현장타설	Pre-cast	비고
캔틸레버	FCM	PFCM	※ [illegible]
경간단위	MSS	SSM	현장 : FCM공법 적용
분절단위	ILM	PPM.	(1994年)

※ 유지보수공법 : FCM 공법.

⇒ PS의 손실에 주의 : 즉시손실, 장기손실등.

V. PSC교량 가설공법의 特徵

구분	FCM	ILM	비고
원리	응력/하중전달/강도	응력/강도	
시공성	상대적 불리	양호	※ 전주-광양간
경제성	상대적 고가	경제성 있음	(9공구)
단점	불균형 Moment	변단면 시공不可	ILM 공법 적용.
	Key-segment처리	제작장 확보문제	
장점	반복시공	급속 시공	

VI. PSC교량 가설공법의 問題點 및 對策

구분	문제점	대책
FCM	불균형 모멘트	강봉, X형 철근 고정
MSS	대형거푸집사용	최적 설계 시
ILM	변단면 시공 곤란	설계시 반영.

VII. PSC 교량의 콘크리트 타설순서

1. 방향 [종 → + 모멘트 부터 → 인장균열 방지
   횡 → 좌우대칭 → 비틀림 유해응력 방지
2. 경사 : 낮은곳 → 높은곳
3. 형식 [단순교 → 중앙부터
   트러스교 → Slab 인장응력 발생 안되게

VIII. ... 교량 가설중 안전시공을 위한 계측관리 모식도(시공중)

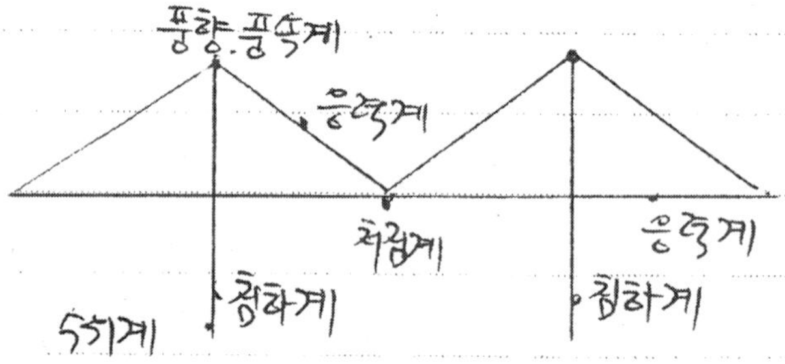

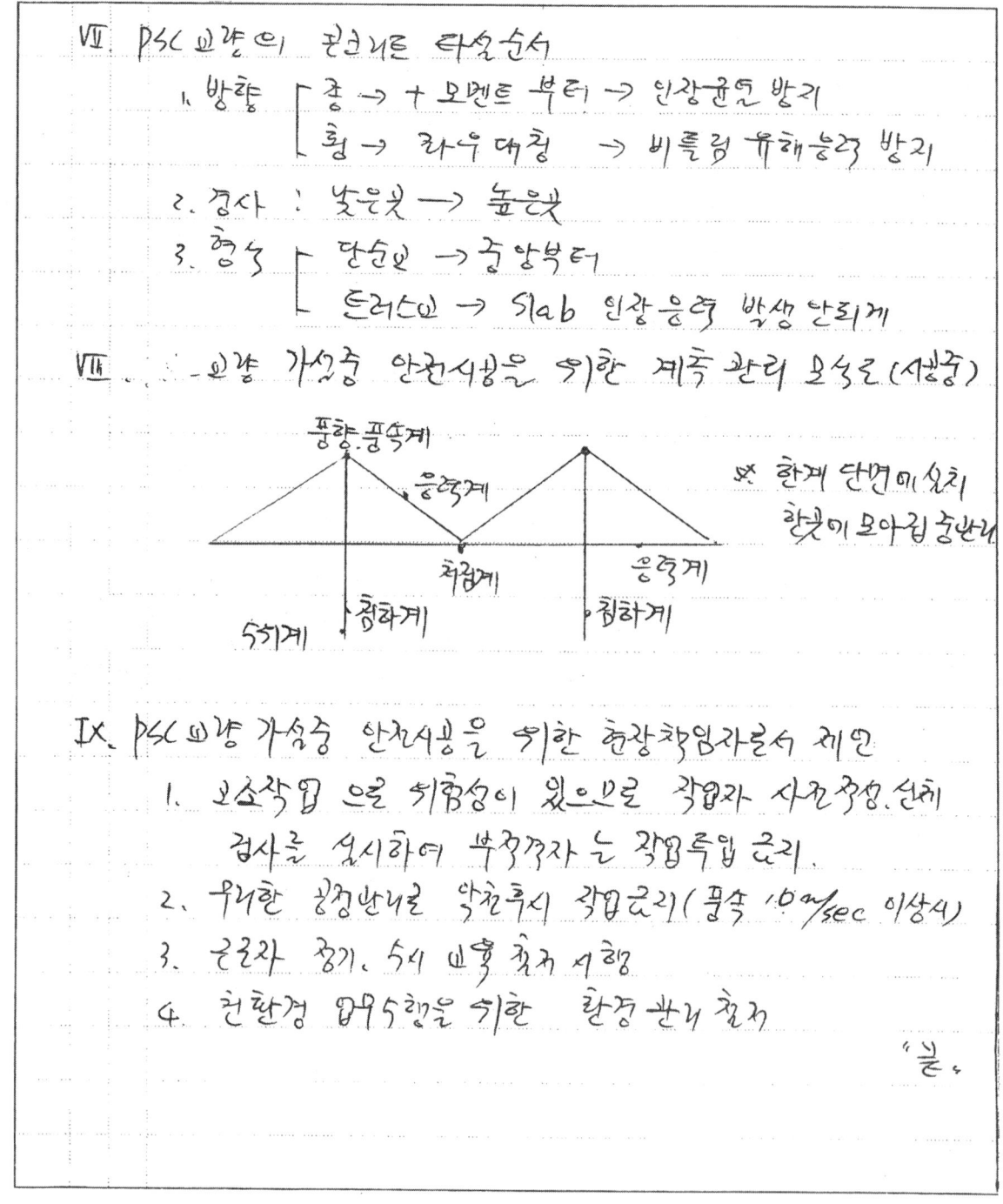

※ 한계 단면에 설치
한곳에 모아서 중앙관리

IX. PSC 교량 가설중 안전시공을 위한 현장책임자로서 제언

1. 고소작업으로 위험성이 있으므로 작업자 사전건강 신체검사를 실시하여 부적격자는 작업투입 금지.
2. 우려한 공정관리로 악천후시 작업금지(풍속 10m/sec 이상시)
3. 근로자 정기, 수시 교육 철저 시행
4. 친환경 업무수행을 위한 환경관리 철저

"끝"

VII. PSC교량 가설공사시 안전관리 Kosha 18001 System
(부산신항 경마교공사 事例中心, 1995年)

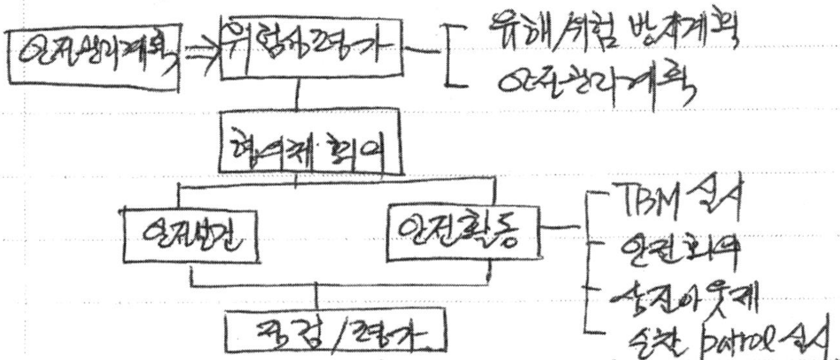

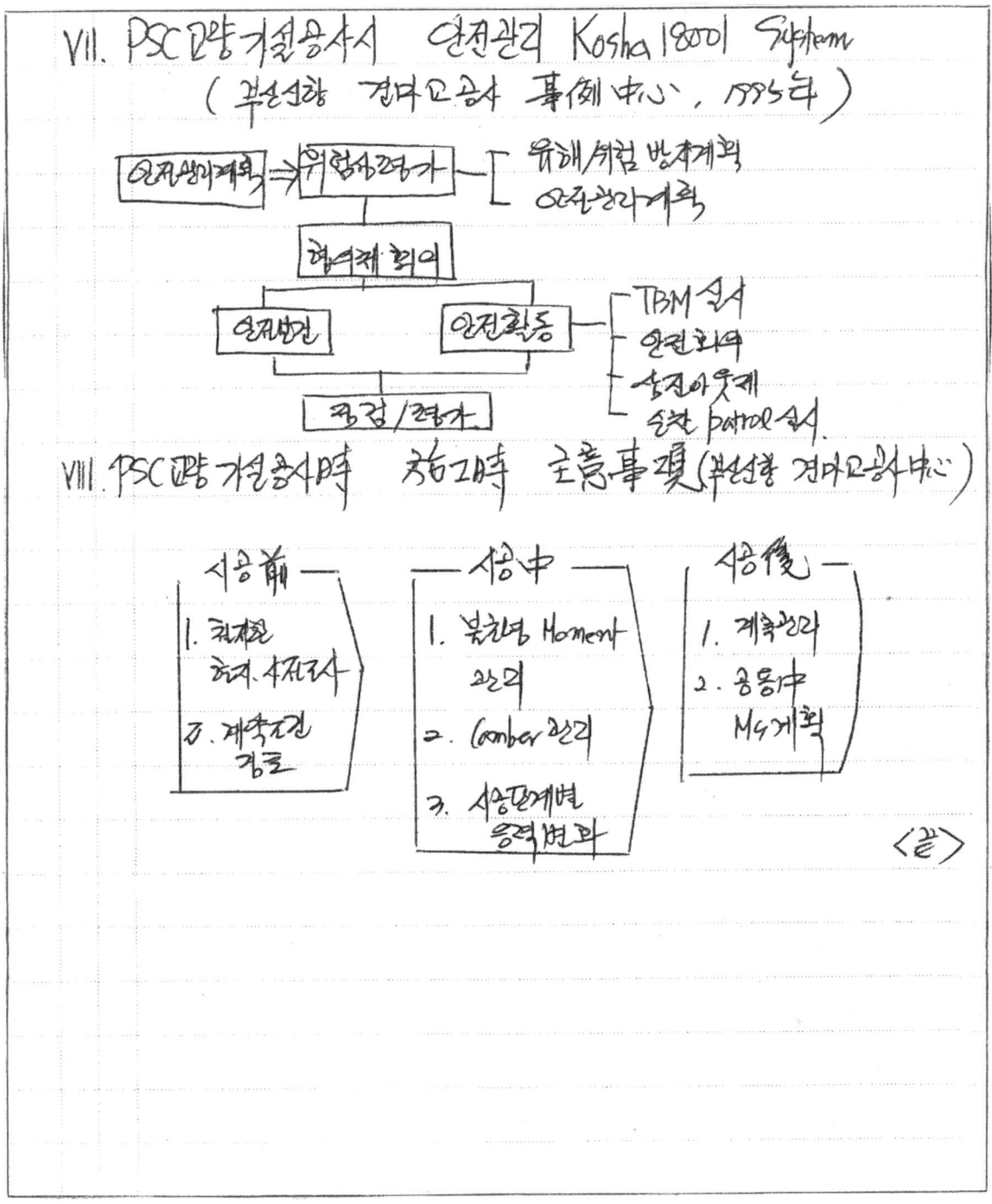

VIII. PSC교량 가설공사時 施工時 主意事項 (부산신항 경마교공사中心)

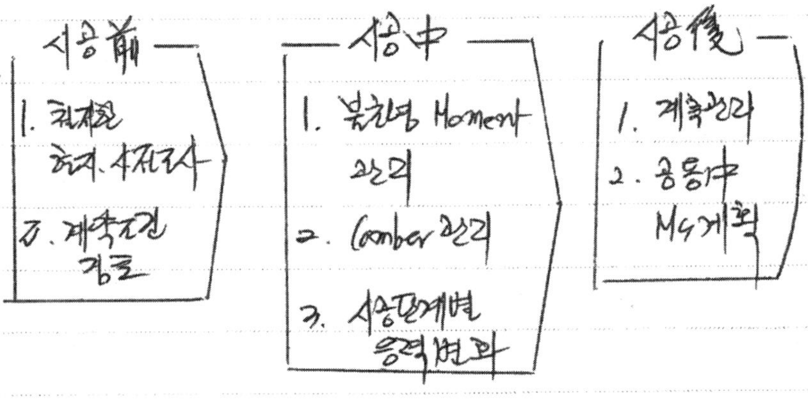

〈끝〉

▣ 합격을 위한 공부 이데올로기(ideology)

안녕하세요? 신경수입니다.

1. 기술사 시험을 포함하여 모든시험 합격에서 가장 중요한 것은 바로 방향성과 방법론입니다.

2. 제가 기술사 강의를 하고 관리를 하면서 가장 역점에 두고 있는 것 중 하나는 우리 학원 가족분들이 올바른 방향을 견지하면서 공부하는 것입니다.

3. 이런 맥락에서 합격을 위해 필요한 공부 이데올로기(ideology)가 있습니다.

   - 量보다 質이 앞서는 "質 이데올로기"
   - 활자로된 資料보다는 자신의 經驗을 우선시하는 "經驗 이데올로기"

4. 공부의 "완성도"는 "양"과 절대로 비례하지 않습니다.

5. 기술사 관련 책을 5~10권정도 대충 본 사람보다는 한두권을 완벽하게 소화한 사람의 완성도가 높으리라는 것은 당연한 사실입니다.

6. 그런데도 올바른 공부 이데올로기를 따라가지 못하는 이유는 왜일까요?

7. 수험생들은 누구나 외형적, 객관적인 성과를 통해 학습 분량을 확인하려고 하는 심리를 갖고 있기 때문입니다.

8. 1권 보다는 2권, 2권보다는 3권을 본 사람이 빨리 합격할거라는 착각을 하는 것이 일반적이지만 이 시험은 열심히 하는 것보다는 제대로 잘 하는 것이 더 중요한 시험입니다.

9. 또한, 제가 강의중에 자주하는 이야기중 하나가 바로 "냄새"입니다.

10. 무슨 "냄새"인지는 잘아시리라 생각됩니다. (바로 현장냄새, 돈냄새입니다.)

11. 열심히 가는 길보다는 제대로 가는 길이 더욱 중요하다는 사실을 다시 한번 강조하고 싶습니다.

문제14 ⇢ 강교 가조립의 목적 및 순서를 기술하고, 가설공법의 종류 및 특징에 대하여 기술하시오.

[기본 Item = 유형]

문제점	공법	AB	콘크리트	제도 및 system	기타
	★				

[관련 공종]

콘크리트	강재	건설기계	토공	연약지반	막이	기초
	★	★				
도로포장	교량	터널	댐	하천	항만	공사시사
	★					★

[질문 요지]

1. 강교 가조립의 목적
2. 강교 가조립의 순서
3. 가설공법의 종류
4. 가설공법의 특징

[조건]

1. 강교

[중요 Item]

1. 강교 시공순서
2. 강교연결(야금적/기계적)
3. Crane 가설 주의사항

[차별화 Item]

1. 이 론 :
2. 경 험 :
3. 도식화
   - 그래프 : 용꼬리 그래프, 고장력볼트 축력관리 그래프
   - 모식도 : 시공 중/공용 중 모멘트와 처짐+계측관리
   - Flowchart : 가설전 사전검토 Flow
   - 특성요인도 :
   - 기타 : BIM(3D Simulation)
4. 비교표 : Crane(Derrick, Floating)

Thinking Tip

1. 가설 안전문제(장비전도, 충돌)
2. 강재 연결문제(품질, 정확도)

문제14) 강교 가조립의 목적 및 순서를 기술하고 가설공법의 종류 및 특징에 대하여 기술하시오.

답)

I. 개 요

1. 강교 가조립의 목적은 치수오차를 사전제거하고, Camber 조정 및 가치시 문제점 파악에 있으며, 가조립 순서는 support setting → Box Girder → Cross Beam → 볼트체결 → sole plate 검사 순이고,

2. 가설공법의 종류는 지지형식(상.하부, 자체)과 운반방법(Cable, 지주 및 Floating crane) 등으로 구분되며,

3. 가설공법의 특징은 지주식 Crane은 내륙 소규모 공사에 활용되고, Floating crane는 해상 연육교에 많이 사용됨 (완도 연육교(강교) 공사(96~98)) L=210m

II. 강교 연결의 방법과 연결시 응력과 변형의 관계

1. 강교 연결 방법

1) 야금적 : 용접이음

2) 기계적

[고장력볼트
  리벳이음

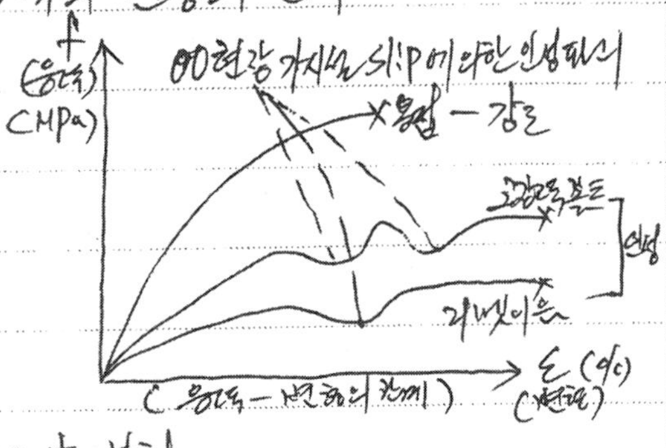

III. 강교 가설중과 공용중의 Moment 변화

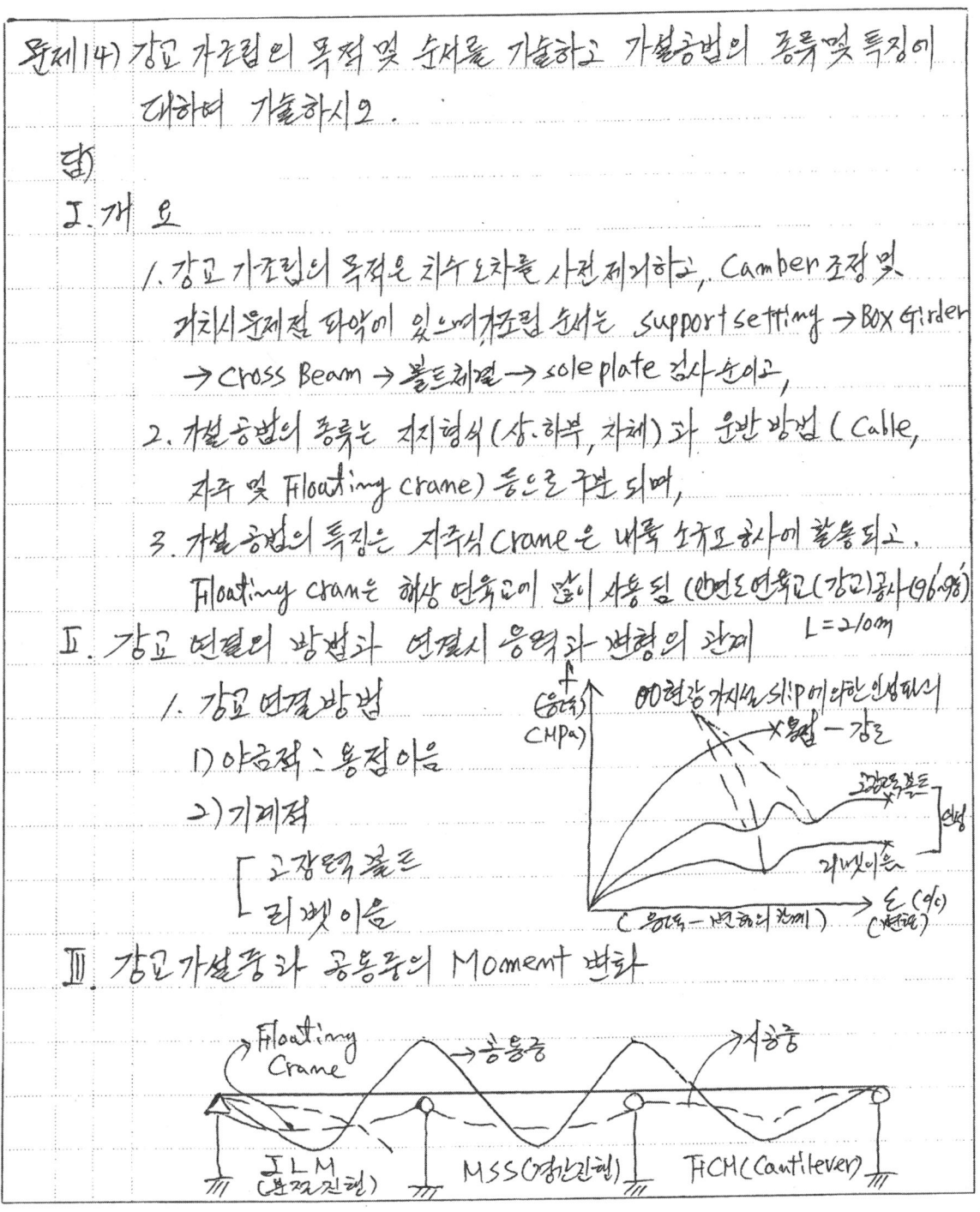

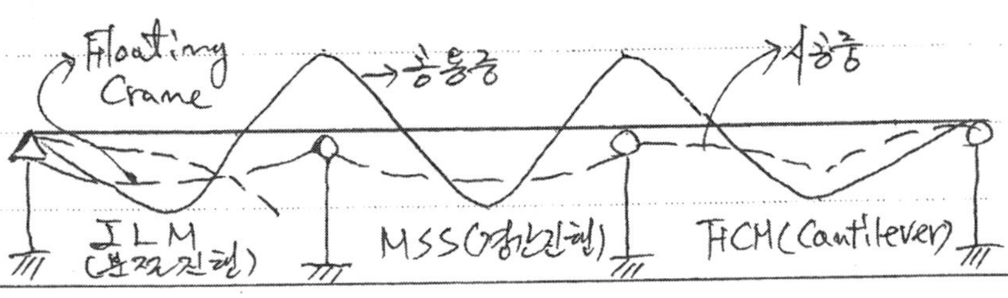

IV 강교 가조립의 목적

※ Camber관리
1차 : Girder자중고려
2차 : slab자중고려

1. 치수검사 : 치수오차 제거
2. Camber 조정 : 불균형 모멘트 (20mm이내관리)
3. 거치시 문제점 파악 : 부재간의 접합

※ 발주처 요구추세 → MOCK UP Test → 문제점 : 비용, 공기, 장소

최근대책 → BIM을 이용한(3D) → 강교 가조립 simulation system

V. 강교 가조립 시공 Flow chart

Ground Marking → 가조립 Support setting → BOX Girder 배열/setting (충돌주의) → Cross Beam stringer조립 → splice Slu Bolt → sole plate → 검사

VI. 강교가설공법의 종류 (분류)

1. 지지형식
   1) 상부지지 2) 하부지지
   3) 자체지지 4) 지지하지 않음
2. 운반방법
   1) Cable crane 2) 자주식 Crane
   3) Floating crane 4) 문형
   (삼성호 3000ton, 설악호 2000ton, 부산호 1300ton)

VII 강교 가설공법의 특징

구분	자주식 Crane	Floating crane	비고
원리	자주식 Crane, 벤드	Barge + Floating C/R	※ Floating crane 적용사례
시공성	소규모	대규모	진도대교
경제성	저가 (1.0)	고가 (1.6)	광안대교
장점	공기 짧다	해상 고소	압면 연육교.
단점	수면 에로	기상영향	
적용성	내륙 교량	해상 연육교	

VIII. 강교 가설공법 시공 단계별 주의사항 (안면도제2연육교)

- 작업준비 → 제작장, 측량기준점 확보
  - Floating crane Anchor system 확보
  - (파지력 확보 → 타라는 Anchor system)
- ↓
- 거더제작 └ 치수확인
- ↓
- 운반 — 정온도, 기상
- ↓
- 가설 → 볼트의 축력 관리, 이음부 비파괴(UT, RT 시험)
- ↓
- 마무리 — 안정도 check, 계측 확인

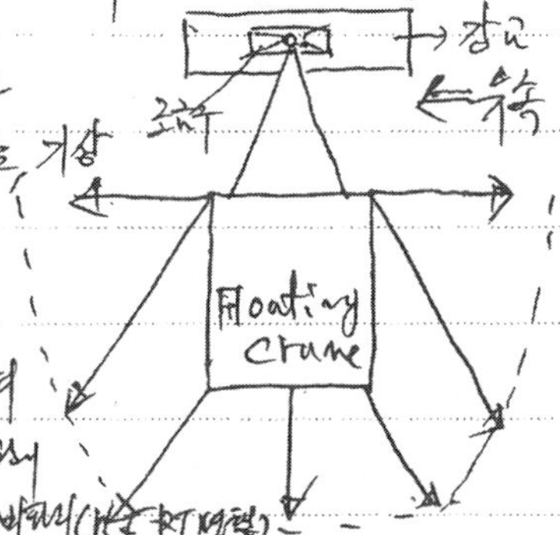

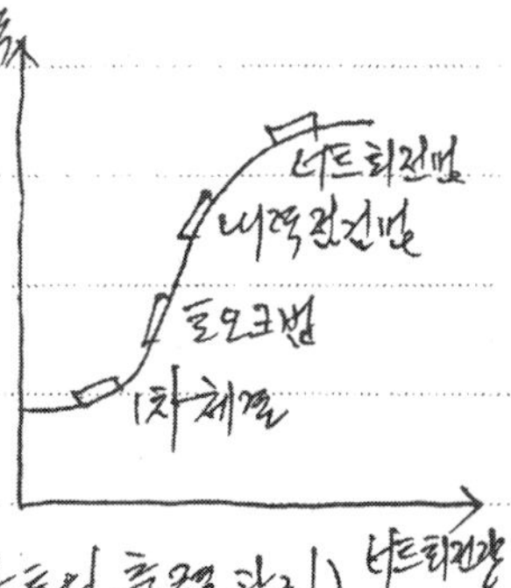

(볼트의 축력 관리)

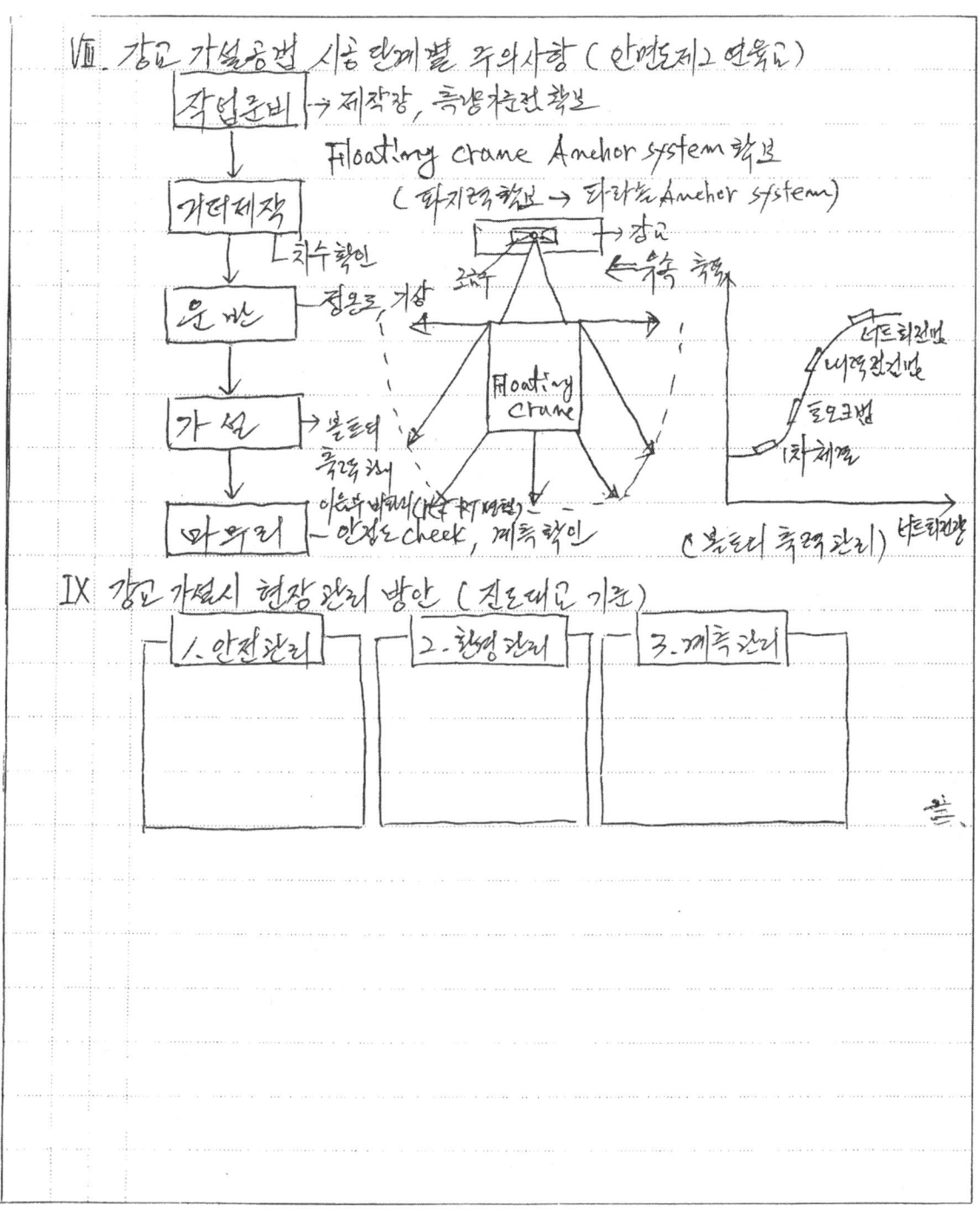

IX 강교 가설시 현장 관리 방안 (진도대교 기준)

1. 안전관리
2. 환경관리
3. 계측관리

끝.

문제 14) 강교 가조립의 목적 및 순서를 기술하고, 가설공법의 종류 및 특징에 대하여 기술하시오.

答)

I 槪要

1. 강교 가조립의 목적 : camb 조정, 거치시 문제점 사전 파악. 치수검사.
2. 강교 가조립의 시공 순서 : Ground Marking → support setting → Box guird setting → 조립 → 시공.
3. 강교 가설공법의 종류 : 벤트식. Floating Crane식 밀어내기식 (압출공법) 특징 (고공작, 공기단축)
4. 강교 가설 공법의 특징 : 공기단축. 고공작 절감
5. 돌산교 가설공사 (2001년) 시공사례 기술.

II. Floating Crane ~~공법을 적용한~~ 이동 강교 가설 사례

< 돌산교 가설 공사. 2001년 >

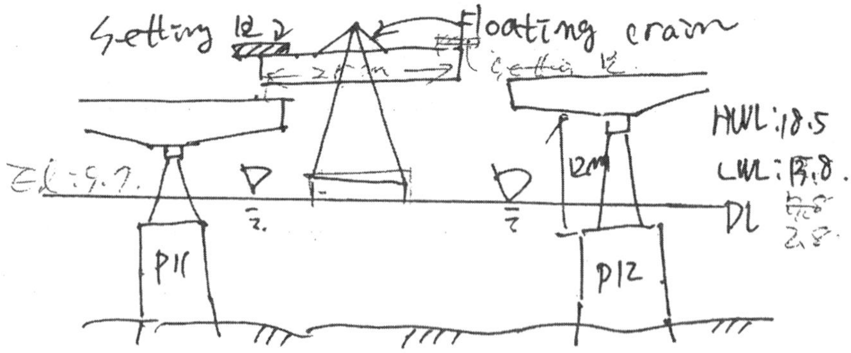

L = 800 m. B = 21 m.

※ Floating crane 2,000 TON

문제14) 강교 가조립의 목적 및 순서를 기술하고, 가설공법의 종류 및 특징에 대하여 기술하시오

답)

I. 개요

1. 강교 가조립의 목적은 현장제원 만족여부를 파악하기 위함이며 강교 가조립의 순서는 Ground Marking → 가조립 Support setting → Box 거더 및 기타 장치조립으로 이루어 진다.

2. 강교 가설공법의 종류에는 크게 지지방법(상부, 하부, 자체)과 운반방법(Crane, Winch, 압출장비)으로 나뉘며 특징으로는 Crane으로 끌어올리는 방법과 밀어내는 방법등이 있다.

II. 강교 가조립을 위한 강재의 연결방법

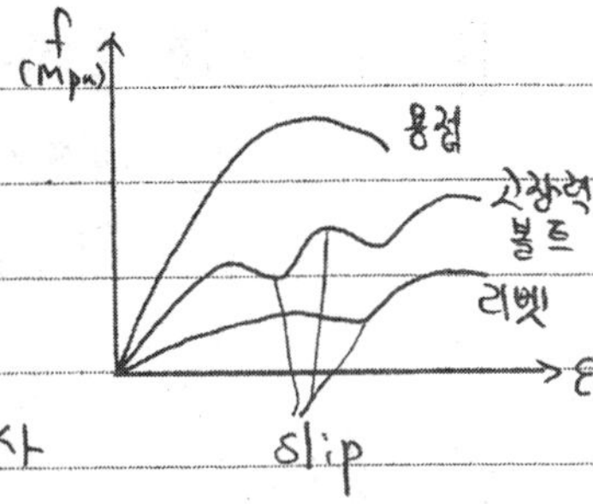

1. 야금적 - 용접이음
2. 기계적 ┌ 고장력볼트이음
└ 리벳이음

III. 강교 가조립을 위한 강재의 용접 비파괴 검사

1. 육안검사
2. 비파괴 시험 ┌ 내부 - UT(초음파탐상), RT(방사선투과)
└ 외부 - MT(자분탐상), PT(침투탐상)

IV. 강교 가조립의 목적

1. 제작제품의 치수검사
2. Camber 조정
3. 거치시 문제점 사전파악

Ⅳ 강교 가조립의 목적 (동진교 가설공사)

1. Camber 조정
2. 거치시 문제점 사전 파악
3. 계측 및 치수 검사 (시공자, 감리원 확인)

Ⅴ 강교 가조립의 施工順序 (동진교 가설공사)

ground marking – support setting – Box gird 설치

Beam 조립 – Bolt 체결 (전체 bolt 체결) – 검사 – 마무리

Ⅵ 강교가설 공법의 종류

1. 지지방식
 1) 신축 및 해체시
 2) 지해지지
 3) 지지체 되는 방식

1. 벤트식 공법 : 자주식 크레인 이용
2. Floating crain 공법
3. 압출 공법 : 밀어내기식.

2. 운반방식
 1) 자주식 crain
 2) Cable crain
 3) Floating crain
 4) 압출공법

Ⅶ 강교가설 공법의 특징 (장단점 포함).

구분	가벤트식	Floating crain	비고
원리	크레인으로 인양	부선 운반	동진교 가설
조건	벤트 이용.	크레인으로 장착.	공사시
	고교각	수심 확보.	가벤트
	장비진입 가능지역	유속 저하.	(H = 30m)
장점	공기 단축.	고교각 설치	설치.
단점.	진입로 제약, 작업대 설치	유속 저하	

V. 강교 가조립의 순서

Ground Marking → 가조립 support setting → Box girder 배열 및 setting → Cross beam과 stringer조립 → Splice bolt체결 및 stud bolt시공 → Sole plate시공 및 검사

※ 최근경향 ⇒ 강교 가조립 simulation system 적용.

VI. 강교 가설공법의 종류

1. 지지방법 - 상부지지, 하부지지, 자체지지, 미지지
2. 운반방법
   - Crane
     - 육상
       - 산악 - Cable Crane
       - 평지 - 자주식 Crane
     - 해상
       - 해상 - Floating Crane
       - Dock - Deric Crane
   - Winch
   - 압출장비

VII. 강교 가설공법의 특징

구분	벤트식 공법	압출공법	비고
원리	교각사이에 bent설치 후 교체를 지지	Winch와 유압을 이용하여 밀어냄	
조건	거더 아래에 bent 설치가 가능한 경우	인접장소에 지상조립이 가능한 부지가 필요	
단점	bent 지지기초 필요 하부공간 제약	제작장 필요 압출시 강재좌굴우려	
장점	Camber 관리 용이	공기가 짧다.	

VII. 강교가설시 설계및 시공시 주의사항

1. 설계 - 1) 응력 관리

   2) 하중의 균등화

   3) 강도 증진 설계

2. 시공 - 1) ~~시공전~~ 가설전 : 각부재 무응력 상태 유지

   Block 고정

   2) 시공중 (가설) : camber 관리

   Moment 관리

   환경및 안전 관리

   3) ~~시공후~~ 가설후 : 계측관리

VIII. 환경 보존을 위한 강교 가설시 책임자로서 제언

1. 시공중 부재의 관리 - 유실, 매몰 주의
2. 페인트 비산, 녹 잔재 비산 방지 대책 강구
3. 잔재의 신속 처리

"끝"

VIII. 강교 가설공법 시공시 주의사항

가설전	가설중	가설후
1. 수송시간 및 거리확인 2. 추락, 낙하등 재해 발생예방 철저	1. 현장조립시 접합부 강도 확보 2. 강재의 level 확인 3. 부재의 변형 방지	1. Camber 관리 2. 계측기 설치를 통한 강재변형 확인

IX. 강교 가설공법 시공시 기술자로서의 제언

1. 강교 가설공사의 시공은 사전에 시공계획을 수립하여 제작공장과의 긴밀한 협의하에 균일한 품질의 제품시공
2. 현장 작업시 고소 작업으로 인한 재해예방대책을 수립하여 안전관리에 만전을 기한다
3. 또한 건설공해에 대한 공해방지대책을 세워야 한다.

〈끝〉

▣ 어디서 공부할까? [침상(枕上),측상(厠上),마상(馬上)]

안녕하세요? 신경수입니다.

1. 기술사 시험합격을 위해 가장 필요한 것이 바로 "시간관리"입니다.

2. 시험장에서의 시간관리는 말할 것도 없지만 평소 생활 속에서 시간관리 역시 너무도 중요합니다. 쉽게 말해 바쁜 생활 중에 짬을 내어 공부한다는 것은 그리 쉬운 일은 아닙니다.

3. 그렇지만 공부하는 분들 중 "공부는 책상머리에 앉아서 해야만 제대로 된 공부"라고 착각하는 사람들이 의외로 많습니다.

4. 책상 앞에 앉는 것은 습관이라고 하지만 불규칙한 회사(현장)생활 속에 제대로 책상 앞에 앉아 폼 잡는 것은 생각보단 어려운 일입니다.

5. 공부는 때와 장소를 가려서는 절대 안됩니다.

6. 합격을 위해서는 동일한 주제(문제)에 대해서도 다양한 생각을 많이 해야 합니다.

7. 즉, 생각하는 공부가 합격의 지름길이자 원동력입니다.

8. 옛날 성인들이 생각(공부)하는 장소중 최고로 꼽는 것은 삼사상(三思上)이라는 "침상(枕上), 측상(厠上), 마상(馬上)"이었습니다.

9. 베겟머리위(枕上)와 화장실(厠上)과 말위(馬上)에서의 생각은 개인이 할 수 있는 최고의 생각을 끌어내는 장소입니다.

10. 즉, 책상에 앉는 것과 상관없이 잠자기 전에 MP3 를 듣건, 생리적 현상이 느껴지는 곳(화장실)에서 분류집을 보건, 말위가 아닌 전철 속 출퇴근시간에 요약집을 보건, 언제 어느 곳에서든 학습할 자세가 되어있는 사람들이 합격의 기쁨을 빨리 얻게 됩니다.

11. 최고의 집중력과 하루 1번은 겪게 되는 침상(枕上), 측상(厠上), 마상(馬上)의 활용이 바로 합격의 지름길이라는 점을 기억하시기 바랍니다.

12. 항상 강조하지만 좋은 습관과 실천이 중요합니다.

문제15 암반 분류방법의 종류 및 특징에 대하여 기술하고, 각 분류방법이 지닌 문제점에 대하여 기술하시오.

[기본 Item = 유형]

문제점	공법	AB	콘크리트	제도 및 system	기타
★	★				

[관련 공종]

콘크리트	강재	건설기계	토공	연약지반	막이	기초
			★			
도로포장	교량	터널	댐	하천	항만	공사시사
		★				

[질문 요지]

1. 암반 분류방법의 종류
2. 암반 분류방법의 특징
3. 각 분류방법이 지닌 문제점

[조건]

1. 암반

[중요 Item]

1. 암반결함(내적/외적)
2. 평가항목
3. 활/적/신/한

[차별화 Item]

1. 이 론 :
2. 경 험 : 터널, 사면
3. 도식화
   - 그래프 : 전단응력－변형율/연직응력, RMR－Q값 관계
   - 모식도 : TSP(진동원/수진자)
   - Flowchart :
   - 특성요인도 :
   - 기타 : Face－mapping, 선진수평보링
4. 비교표 : RMR/Q－System

Thinking Tip

1. 분류 목적－공법/방법 선정＋장비/재료 적용
2. 분류 한계성－측정지점 한정, 경/기/장 문제

문제) 암반 분류 방법의 종류 및 특징에 대하여 기술하고, 각 분류 방법이 지닌 문제점에 대하여 기술하시오.

답)

I. 개요

1. 암반 분류 방법의 종류 및 특징은 정성적인 Terzaghi, Mazerhof 정량적인 RMR (지반 공사 시 적용), Q-system (터널 굴착) 이 있음.

2. 각 분류 방법이 지닌 문제점은 RMR의 가중치 요소, Q-system의 경계 모호성, 국지적 특성을 미반영하는 문제가 있다.

3. 본인이 OO 지역 현장에서는 분류 방법의 상관관계를 적용 지반조사 선정 및 방법의 개선 이론에 적용함.

II. 암반 분류 방법의 기초이 되는 암반 조사

1. 시추 : 코어/풍화 (시추, 수압시험 / 공내, 시험)

$$RQD = \frac{\Sigma 10cm \text{ 이상 코어길이}}{\text{전체 시추 길이}} \times 100\%$$

2. 육안 : 절리 측정 - Slaking Test

※ 암반 조사 : 현장 시험, 실내 시험

III. 암반 분류의 상관 관계를 적용한 심도별 암반 평가 항목

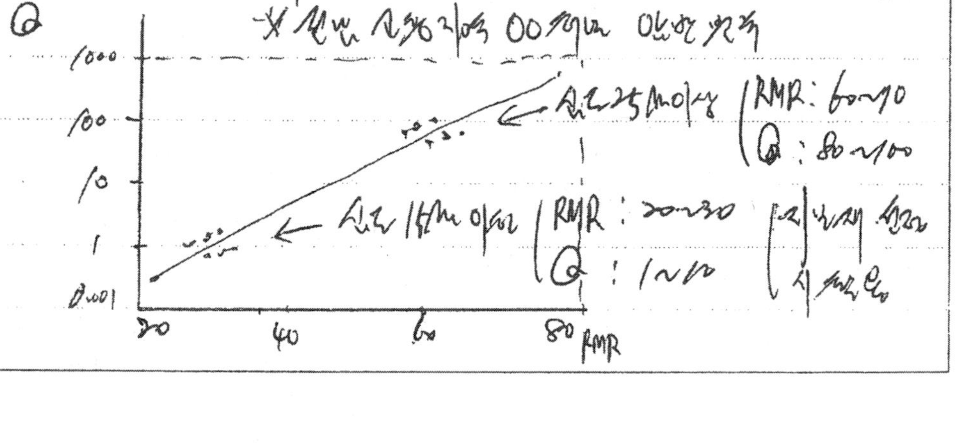

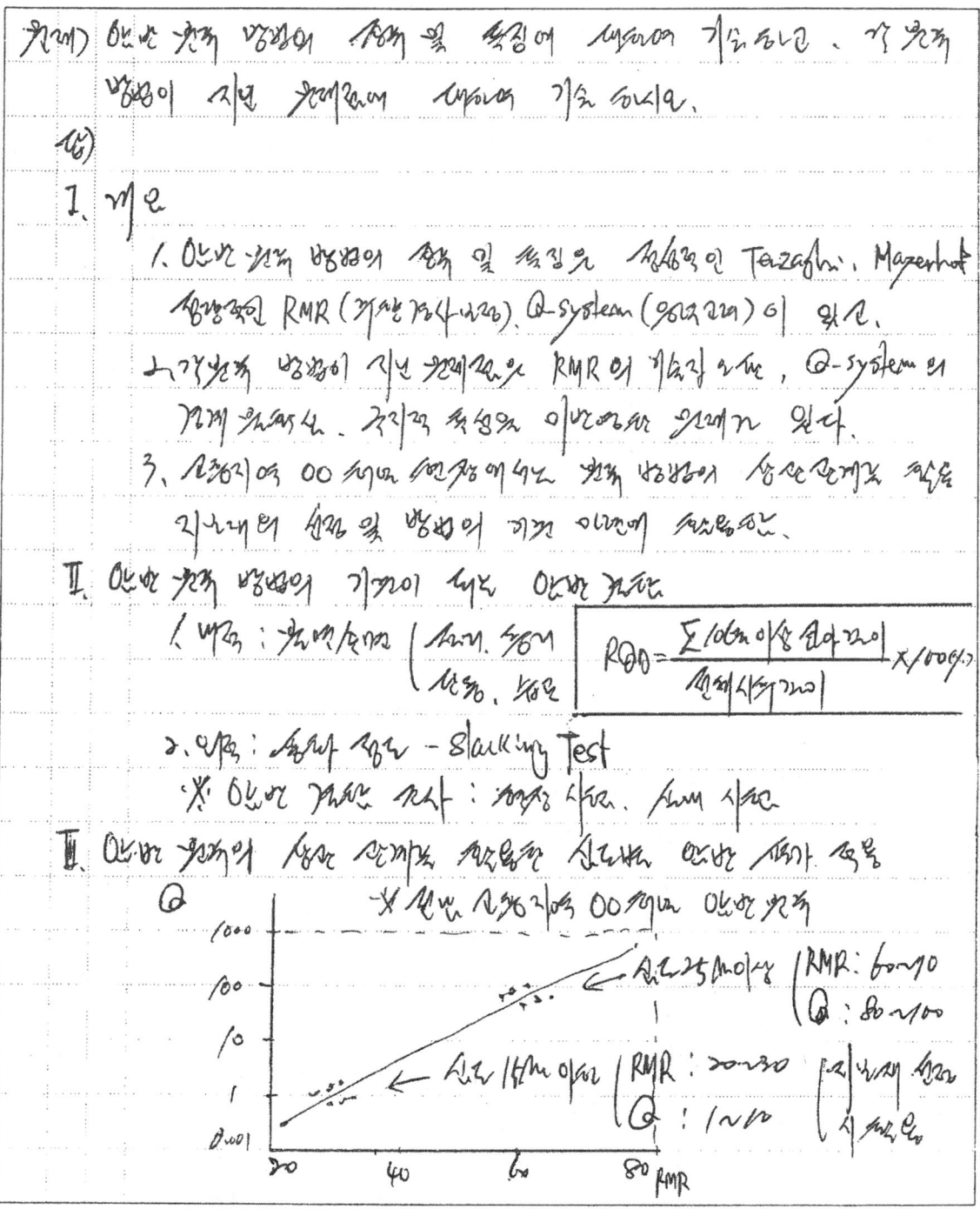

IV. 암반 분류 방법의 종류 (및 현장 적용)

[암반 분류] →
- 조사
  - 물리탐사 — ※ 전반 시추위치 00 터널 (L=3.5km)
  - 시추 코어 - RQD — 각종 시험조사를 통한 RMR, Q-system 산정
  - 물리탐사 + 시추코어
- 해석
  - 정성적 : Terzaghi, ...
  - 정량적 : RMR, Q-system — 지보재 산정 시 적용

V. 암반 분류 방법의 특징 (및 시험조사, 해석 中 으로)

구분	RMR	Q-system	시추조사(현장적용)
분류항목	강도, RQD, 절리상태/간격, 상태, 간격, 지하수	RQD, 절리군수, 지하수, 변질정도, 응력저감계수	※ 00 터널 시추조사 - 1공
산정방식	가중치의 가산	응력 곱	시추 조사 - 0.7km
산정식	RMR=9lnQ+44	$\frac{RQD}{Jn} \times \frac{Jr}{Ja} \times \frac{Jw}{SRF}$	탄성파 - 0.5km 공내재하 - 4회 공내시험 - 4회
활용성	지보 방법, 안정성	지보 패턴, 굴착계획	
적용성	안정성 산정	시공단계, 취약지반	

VI. 암반의 각 분류 방법의 문제점 (및 개선 방안)

1. 조사
   RQD - 시추 방향
2. 해석
   RMR - 취약지반 곤란
   Q-system - 분류 복잡

⇒ 국내 적용성 미흡 / 가중치 산정 문제 / 불확실 범위 大 / 조사기술자 판단 - 오차

3. 개선 방안 : 국내 현실에 맞는 분류 방법 및 기준 재정립

VII. 암반 분류 및 지반 지보 패턴 설계시 단계별 주의 사항

[지반조사] —현장시험 / 실내시험→ [암반분류] —시공중 / 설계중→ [지보패턴설계]

(Boring 조사
(Core 시료 채취

(기존 경험 반영
(시공중 확인 → 피드백

(암반 등급별
(지보재 안정 검토

※ 지반 거동 상호 작용 고려 — 기술 축적 필요

VIII. 최근 OO 지반 암반 등급별 지보 패턴 적용 사례

암반등급	I		II		III		IV		V	
RMR	100	80		60		40		20		0
Q-System	1000	40		10		4		1		0.001

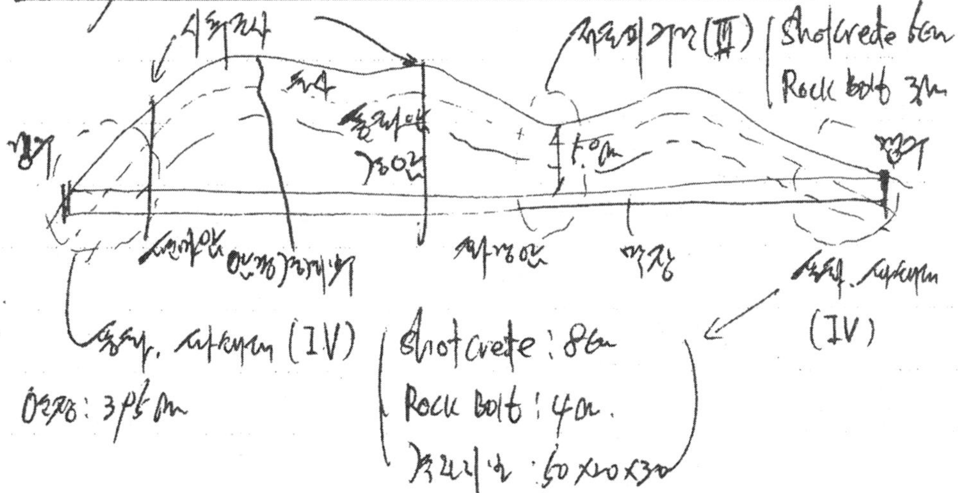

연장 : 3.5km

※ 파쇄대 외 : 강관 보강 Grouting l=12.0m, 간격 1.0m

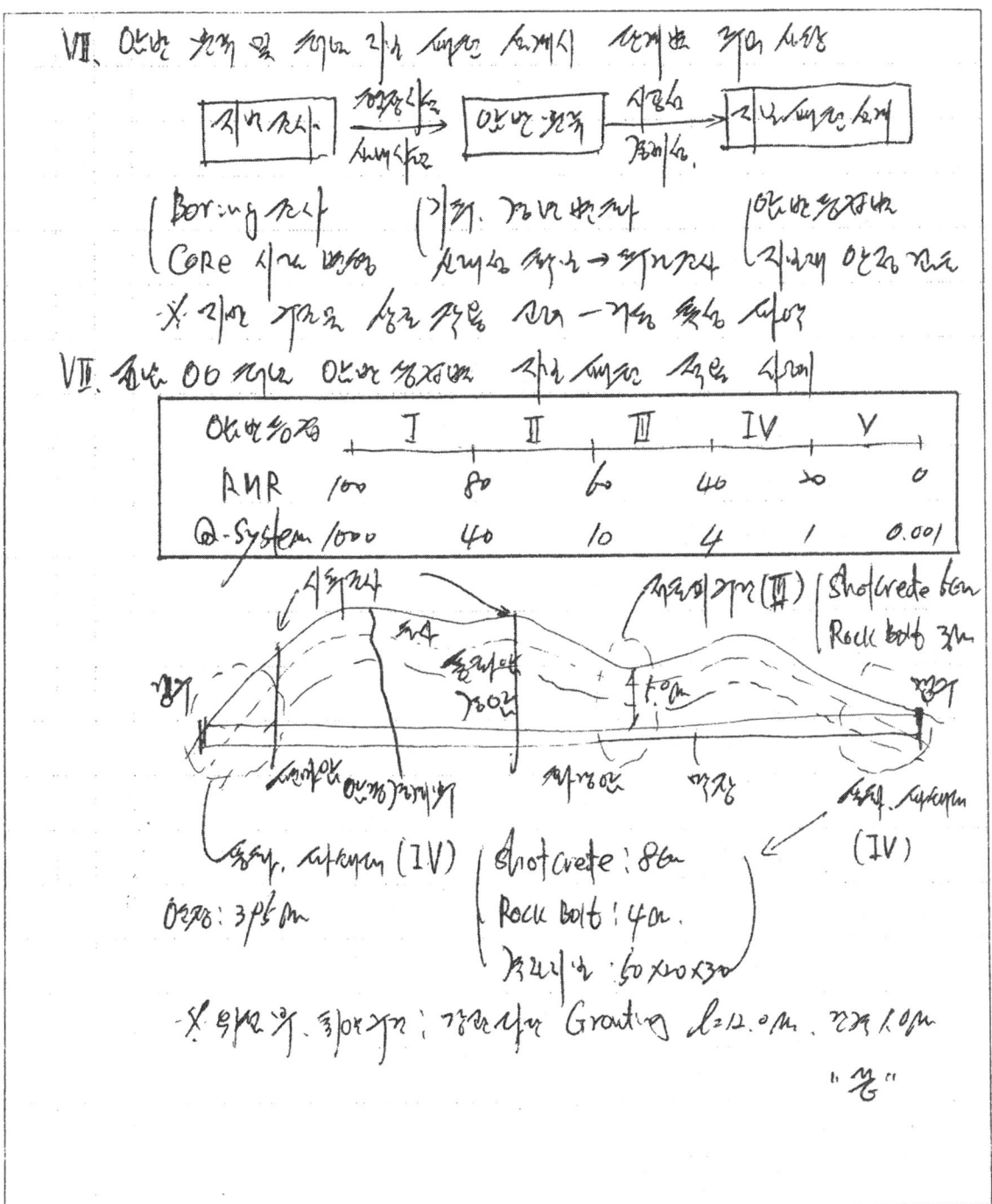

"끝"

문제(15) 암반분류 방법의 종류 및 특징에 대하여 기술하고 각 분류방법의 지닌 문제점에 대하여 기술하시오.

답)

I. 암반분류 방법의 개요.

1. 암반 분류 방법의 종류는 기존 토공과 터널로 토공에는 풍화정도. 절리갯수. 빈도의 RQD 터널에는 정성적, 정량적 으로 정성적 Terzaghi 정량적에 RMR, Q-system이 있다
2. 암반 분류방법의 특징에는 RMR과 Q-system은 절리빈도 (RQD)를 바탕으로 주향과 경사고려 응력조건 반영의 특징
3. 각분류 방법이 지닌 문제점중 RMR 방법은 응력조건을 반영하지 못하고 Q-system은 주향과 경사를 고려못함

II 암반분류의 기준

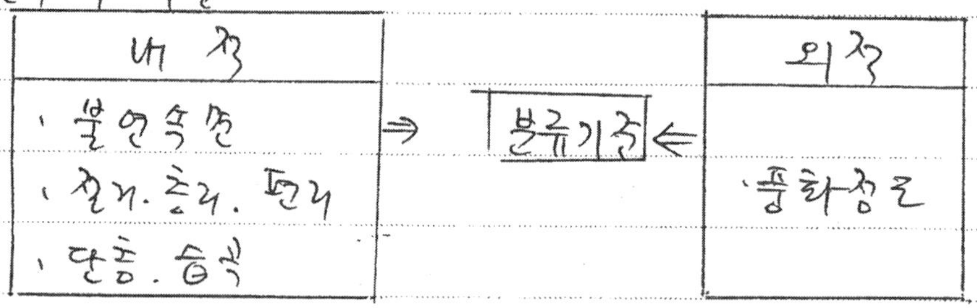

III. 암반분류의 주요 인 불연속면의 생성 Flow 및 공학적 특성

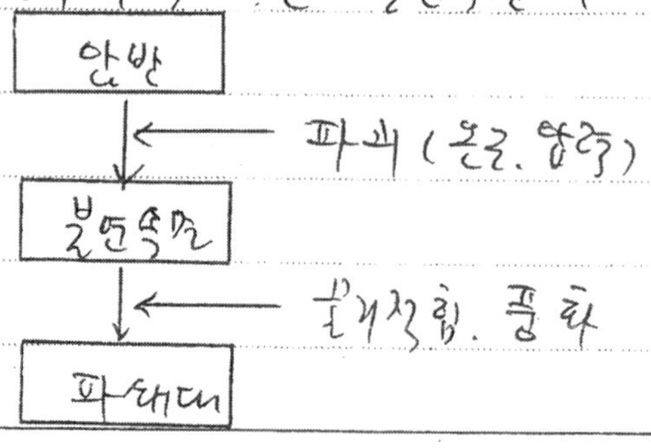

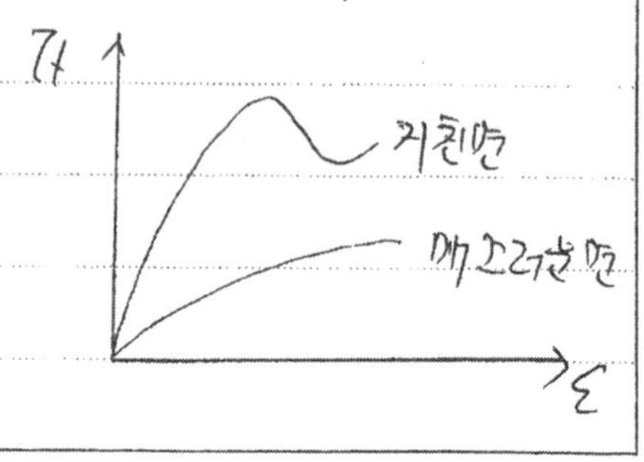

<문제15> 암반 분류 방법의 종류 및 특징에 대하여 기술하고, ~~현장관리자 특히 주의해야할 사항을 기술하시오~~. 각 분류방법이 지닌 문제점에 대하여 기술하시오

<答>

I. 概要

1. 암반분류의 방법의 종류에는 토공에서의 분류방법과 터널에서의 분류방법으로 나눌수 있음
2. 토공에서의 분류방법의 특징은 절리간격와 풍화정도에 따라 RQD와 조합하여 암반분류를 하고,
3. 터널에서의 분류방법 특징은 정성적 방법과 정량적 방법(RMR, Q-system)으로 국지적 특성 미반영의 단점이 있음.

II. 암반결함의 分類 및 Mechanism

1. 암반결함의 분류
   1) 내적 : 불연속면 [절리, 층리, 편리 / 단층, 습곡
   2) 외적 : 풍화정도
2. Mechanism

암반 → (화성작용) → 단층 → (물리적 힘) → 파쇄대

III. 암반의 불연속면에 따른 암사면의 파괴형태

파괴형태
- 원형 파괴 ⇒ 불규칙
- 평면파괴 ⇒ 1방향
- 쐐기파괴 ⇒ 2방향

(불연속면 분포)

IV. 암반분류 방법의 종류

1. 기존방법
   - 토공 (사면)
     - 풍화정도
     - 절리갯수 – RQD
       - Core 채취가능
       - Core 채취불가능
     - 풍화정도 + 절리갯수
   - 터널
     - 정성적: Terzaghi, Meyerhof
     - 정량적: RMR, Q-system
2. 최근방법: TSP

V. 암반분류 방법의 특징 중 RMR과 Q-system의 특징

구분	RMR	Q-system	비고
응력	고려안함	고려함	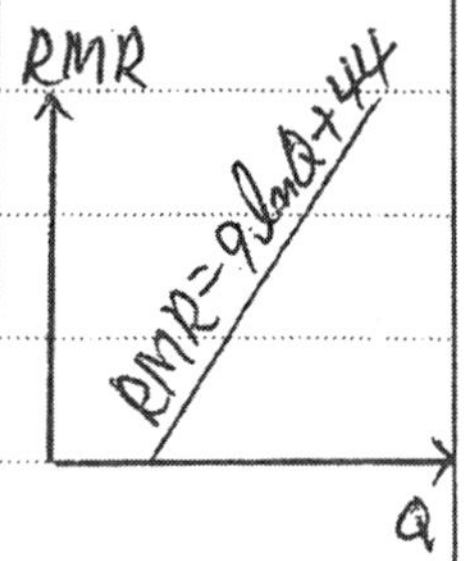
주향.경사	보정함	보정안함	
분류항목	강도. RQD 불연속면 상태 간격, 지하수 상태	RQD. SRF 불연속면수, 거칠기 변질정도. 지하수	
산정식	RMR= 각항목 평점의 합	$Q=\frac{RQD}{Jn}\times\frac{Jr}{Ja}\times\frac{Jw}{SRF}$	
단점	항목간 한계불확실	평가복잡	
장점	주향과 경사보정	응력고려	

판정

구분	I	II	III	IV	V
RMR	100 – 80	80 – 60	60 – 40	40 – 20	20 – 0
Q-system	1000 – 40	40 – 10	10 – 4	4 – 1	1 – 0.001

IV. 암반분류방법의 分類

1. 도용에 의한 분류
   1) 풍화정도
   2) 절리갯수 + RQD — Core 채취가능
   3) 풍화정도 + 절리갯수 — Core 채취 불가능 (115-3.3Jv)
2. 평가
   - 정성적 = Terzaghi, Meyhof
   - 정량적 = RMR ; Q-system

V. 암반분류방법中 RMR과 Q-system의 差異 (特徵 포함)

구분	RMR	Q-system	비고
응력	고려안함	고려	
주향과 경사	보정	고려안함	
항목	RQD, SRF, 간격, 지하수상태	일축강도, RQD, 불연속면 상태	
산정식	$Q=\frac{RQD}{J_n}\times\frac{J_r}{J_a}\times\frac{J_w}{SRF}$	RMR=각항목 점수의 합	
등급	I II III IV V (100 80 60 40 20 0)	I II III IV V (1000 40 10 4 1 0.01)	
단점	항목간 상관계 불확실	평가복잡	

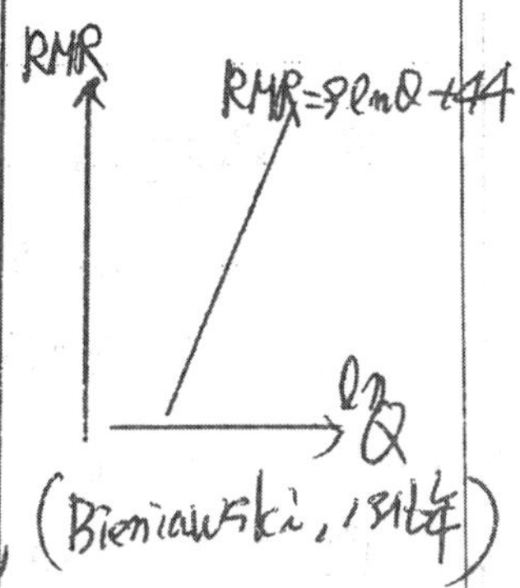

VI. 암반분류방법별 문제점 및 대책方案

구분	RMR	Q-system	비고
문제점	응력미고려 항목간 상관성	계산복잡 주향경사 특성미고려	※ 발생시 터널공사 시
⇩ 대책	Histogram 방식 적용	평가복잡 해결 위한 RMR	Histogram 방식 적용

VI. 암반분류 방법이 지닌 문제점

1. 각 방법의 문제점

RQD	RMR	Q-system
산업체손	응력조건 미고려	불연속면 방향 미고려
지하수 오염	RQD 선행조사	분석복잡
※ 폐공처리 필수		등급별 차이가 큼
(오염 방지)		RQD 선행조사

2. 공통적인 문제점 및 대책

국지적 특성 미반영 ⇒ 굴착면사 및 시추공 영상촬영
등급별 경계값 적용난해 병행

VII. RMR 과 Q-system에 의한 암반분류시 주의사항

1. RMR 과 Q-system의 병행사용

2. RMR은 대표값에 의한 관리

3. Q-system: 지하저장시설(해저터널) 단독사용

VIII. 암반분류의 현장관리책임자로서의 제언

1. 신뢰성 확보를 위한 암반분류 방법의 개발 및 측정기기 개발에 노력해야 할것이다.

2. 암반분류 방법의 복잡성은 단순화 하여 현장에서 언제든 사용할수 있는방법 연구개발

3. 암반분류를 위한 기술인력 개발에 투자

"끝"

VII. 암반분류방법에 의한 터널공법 선정 事例 (백양산터널공사, 1994年)

1. 공사명 및 개요 : 백양산터널공사(1996年)

2. 암반분류 : Q = 4.2 산정.

3. 공법선정事項

1) 터널굴착 : TBM 공법 적용

2) 보강공법 : FRP 다단 Grouting

4. 문제점 및 대책

문제점	대책
국지적 특성을 미반영	실제 현장여건 감안한 보강재 적용.

VIII. 향후, 암반분류를 위한 책임기술자의 제언

1. 기술적 제언

1) 국지적 특성 고려

2) 숙련된 기술자의 판단

3) P/B 자료 활용.

2. 관리적 제언

1) 민원해결

2) 환경관리

3) 안전관리

〈끝〉

▣ 공부를 했으면 성과를 내라 !!!

안녕하세요? 신경수입니다.

1. 많은 분들이 막연한 공부를 통해 시간을 좀 먹고 있는 것이 눈에 선합니다.

2. 베스트셀러 중 "일을 했으면 성과를 내라" 가 있습니다.

3. 맞는 말입니다. 성과를 내지 못한다면 일을 하지 않은 것이고, 공부를 하지 않은 것입니다.

4. 제가 잔소리처럼 이야기했던 "이 시험은 아는 것이 아닌 쓰는 걸로 합격하는 시험"이란 소리를 실감해야만 합니다.

5. 공부를 했으면 변하는 것이 있어야 합니다. 그것도 답안의 질에서 변화를 느낄 수 있어야 제대로 된 공부를 해온 것입니다.

6. 더불어 제가 강의시간에 말했던 "당신의 경쟁자"는 당신 주위 사람들이 아니고 바로 "하루 전 당신 혹은 일주일전 당신"임을 기억하시고, 지난주 내 답안과 경쟁하는 자신이 되어 주시길 부탁드립니다.

7. 또한 공부 되었다고 어영부영하는 인간들에게 告합니다.

8. 실력에도 "감가상각"이 있고, 물리학에서 배웠던 "반감기(半減期)"가 있습니다.

9. 불행히도 기술사시험 수준(실력)에 대한 반감기는 한달 정도로 무척이나 짧습니다.

10. 막연하게 공부하거나 생각없이 암기만하지 마시고 성과를 내는(답안이 좋아지는) 하루하루 되시기 바랍니다.

문제16 터널 굴착방법의 종류별 특징에 대하여 기술하고, 현장관리 시 특히 주의해야할 사항을 기술하시오.

[기본 Item = 유형]

문제점	공법	AB	콘크리트	제도 및 system	기타
	★				

[관련 공종]

콘크리트	강재	건설기계	토공	연약지반	막이	기초
		★				
도로포장	교량	터널	댐	하천	항만	공사시사
		★				★

[질문 요지]

1. 터널굴착방법의 종류별 특징
2. 현장관리시 주의사항

[조건]

1. 터널

[중요 Item]

1. NATM(Arching Effect, 암반반응곡선)
2. 계측관리(A/B/특별관리)
3. 환경관리(대/소/폐/수)

[차별화 Item]

1. 이 론 : 지반-구조물 상호작용 개념
2. 경 험 :
3. 도식화
   - 그래프 : 암반반응곡선, 계측기간, 붕괴 포텐셜
   - 모식도 : 터널계측, 계측구간, 종/횡방향 Arching, Shield TBM
   - Flowchart : 공법선정 Flow
   - 특성요인도 :
   - 기타 : 시험발파, 소음/진동 제어/기준
4. 비교표 : NATM/Shield TBM

Thinking Tip

1. 대심도 터널(GTX, U-Smart way), 해저터널
2. 현장관리(계/품/안/환)

문제 16. 터널 굴착 방법의 종류별 특징에 대해 기술하고 현장 관리시 특히 주의해야할 사항을 기술하시오

답

I. 개요

1. 터널 굴착 방법의 종류는 발파를 하는 방법(NMT, NATM)과 미발파 방법(기계, 진동)으로 구분 할수 있으며
2. 터널 굴착 방법의 특징은 발파를 하는 방법(모든 지반 적용가능), 미발파 방법(시공속도 빠름, 양호 지반 적용) 등이 있으며
3. 경북 포항지역 OO현장에서는 현장 관리시 특히 주의 해야할 사항으로 계측 관리와 환경관리에 중점을 두어 시공하였음.

II. 터널 굴착 방법 선정시 고려 사항

고려 사항

- 지반조건: 불연속면 · 지질, 주향, 경사 등
- 경제성 · 진입로
- 시공조건: 작업장 등
- 환경조건: 민원 발생 가능 여부 · 소음/진동 등
- 터널조건: 터널의 제원, 형식 · 형태 등

III. 터널 굴착 공사시 계측관리 Flow 및 최근 계측 추세

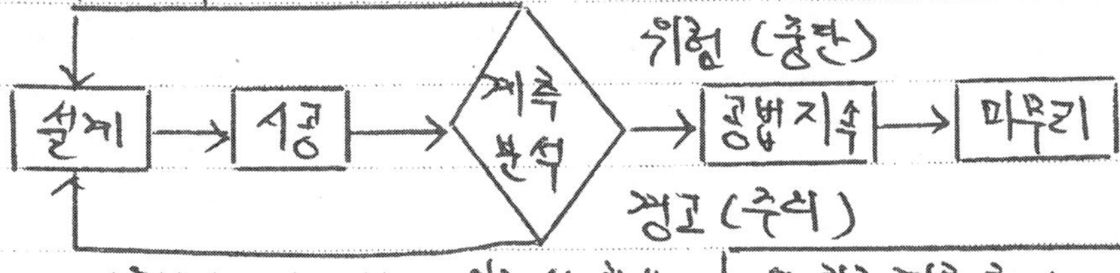

- 계측치 > 관리치 → 안전성 확보
- 계측치 < 관리치 → 경제성 확보

※ 최근 계측 추세
· USN → 3차원 계측

IV. 터널 굴착 방법의 종류(경북 포항지역 OO현장 중심)

- 발파를 하는 방법
  - 싱글쉘(NMT) - Shotcrete
  - 더블쉘(NATM) - S/C(+)Lining
- 미발파 방법
  - 기계 - TBM, Shield
  - 진동
    - 미진동 - 플라즈마, CCR
    - 무진동 - 팽창제, 유압 Jack

※ 경북 포항 지역 OO 현장 : NATM터널 → 발파 실시 → Double Shell → S/C : T=15cm, Lining : T=30cm

V. 터널 굴착 방법의 특징(NATM, TBM 중심)

구분	NATM	TBM	비고
·원리	·발파 + 지보	·기계화	※NATM터널
·장점	·모든 지반 가능	·시공속도 빠름	시공중 환기시설
·단점	·시공속도 느림	·양호지반 가능	분류
	·소음/진동	·공사비 고가	- 송기식
·시공성	·1.5~3m/day	·5~10m/day	- 배기식
·경제성	·대단면 유리	·소단면 유리	- 흡인식

VI. 터널 굴착 방법중 발파를 하는 방법의 시공순서

천공 → 장약 → 발파/환기 → 버력처리

- 천공
  - 자유면 확보
    - 심빼기
    - Bench cut
  - 천공각도 조절
- 장약
  - 제어발파
  - 장약량 조절
  - Tamping
  - Decoupling
- 발파/환기
  - 발파효율증대
  - 송기식
  - 배기식
  - 흡인식
- 버력처리
  - 암버력
  - 활용성 강구
  - 현장 유용
  - 방안 강구

Ⅶ. 터널 굴착 방법의 현장 관리시 특히 주의해야 할 사항

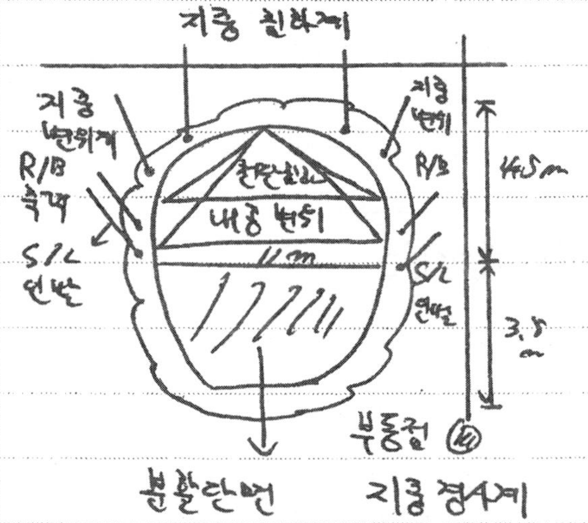

1. 계측관리
   - 내적 ─ 지중침하
     - 지중 변위
     - R/B 축력
     - S/L 인발
     - 지중 경사
2. 환경 관리 → Cr^{6+}
   - 소음/진동/분진

Ⅷ. 터널 굴착 방법중 발파 방법 실시에 따른 민원 발생 사례

[발파 실시] → [소음/진동] ─ 소음 : 82~88 dB
　　　　　　　　　　　　　└ 진동 : 3.8~4.6cm/sec

↓

민원인 면담 ← [민원 발생] → 26가구 집단 민원
↳ 의견수렴 결정

↓

· 감리단에 보고 ← [보고 체계]

↓

[민원 해결] → · 제어 발파 / · 방음벽 설치 / · 저녁 시간대 발파 금지

- 결언 ─ 시공전 민원 발생 방지 대책 수립 철저
  - 지역주민들과의 유대 관계 형성
  - 현장설명회 개최 → 협조 요청 실시

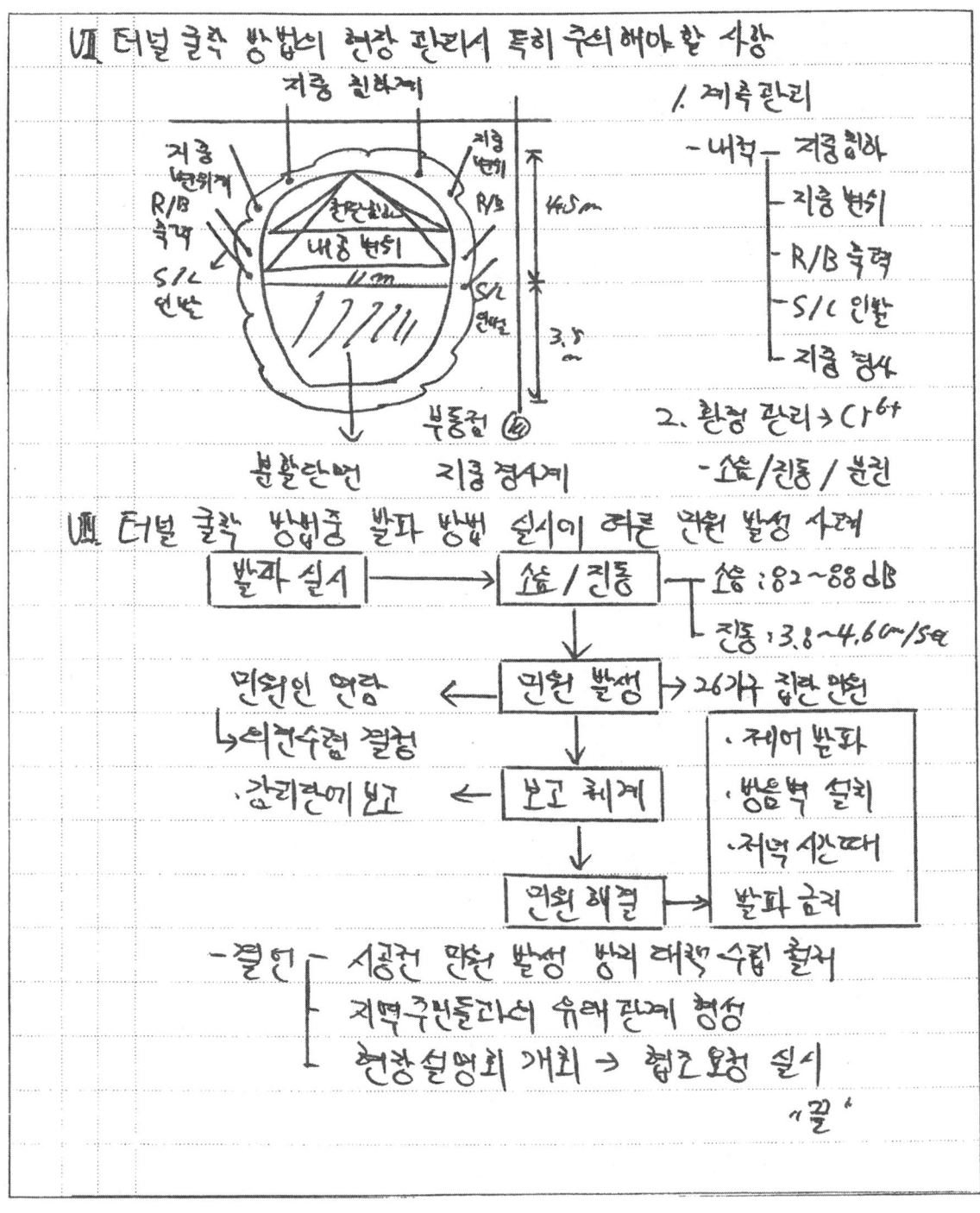

"끝"

번호 16. 터널 굴착 방법의 종류별 특징에 대하여 기술하고, 현장관리시 특히 주의하여야 할 사항을 기술하시오.

답)

I. 개요

1. 터널 굴착 방법의 종류에는

2. 특징으로는

3. 현장관리시 특히 주의하여야 할 사항은

II. 터널굴착 방법 선정시 고려사항

[지반 조건]	[시공 조건]
◦ 지결상태, 지하수위 등	◦ 공기, 공비, 기계화 시공 등
◦ 단면 형태, 하중조건 등	◦ 공해 (소음/진동) 등
[구조물 조건]	[환경조건]

III. 터널굴착시 암반 반응 곡선을 이용한 터널의 안정화 방안

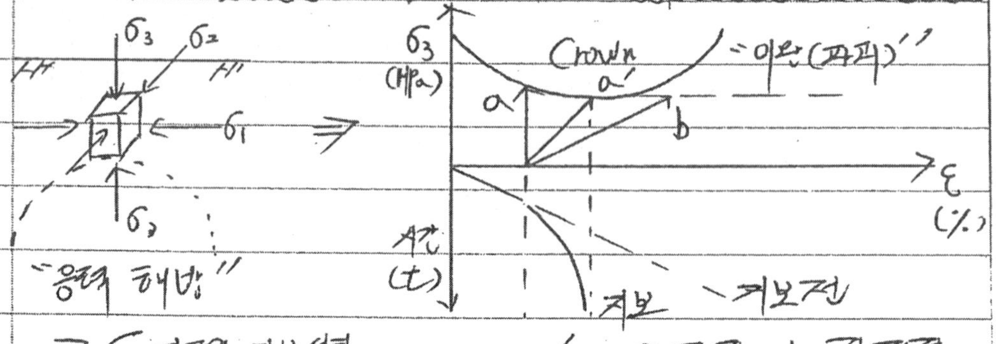

⇒ σ_3 만큼의 지보설치 ∴ a' : 안정적 + 경제적

문제16) 터널굴착 방법의 종류별 특징에 대하여 기술하고 현장관리시 특히 주의해야할 사항을 기술하시오.

답)

I. 개 요

1. 터널굴착 방법의 종류에는 발파에 의한 NATM공법과 발파에 의하지 않는 기계식의 TBM, shield 및 미진동/무진동 굴착 방법이 있음.
2. 굴착 방법의 특징은 NATM은 발파 작업에 의해 작업이 지연되나, 연약지반의 적응성이 좋고, TBM은 시공속도가 빠르나 지반적응성은 불리함.
3. 터널굴착 현장관리시 특히 주의해야 할사항은 계측관리를 바탕으로 안정성을 확보하는것이 우선적이며 환경관리에 주의 하여야 함.

※ 지하철 0호선 연장공사 0공구 (L=2.54km, D+76개월)

II. 터널굴착 방법 선정시 고려사항 (지하철 0호선 연장구간 0공구)

1. 지반조건 지형, 지질 (연약, 암반)	2. 시공 조건 경제성, 공비, 공기
3. 터널조건 연장, 폭,	4. 환경조건 공해, 오염, 배수, 민원

III. 변형성 지보에 대한 거동곡선 (NATM의 원리곡선)

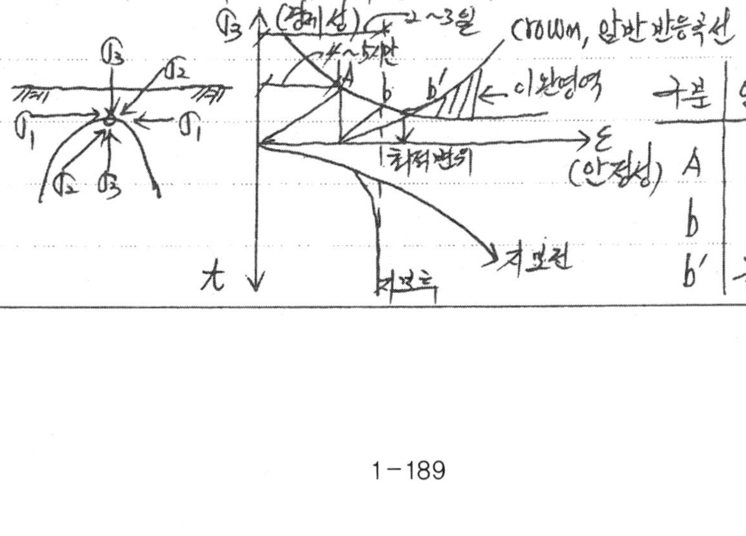

구분	안정성	경제성
A	안정	비경제적
b	안정	경제적
b'	불안정	경제적

IV. 터널굴착 방법의 종류

- 굴착방법
  - 발파에 의한
    - NATM (Double shell)
    - NMT (Single shell)
  - 발파에 의하지 않은
    - 기계식 : TBM, shield
    - 무진동 파쇄
    - 인력

V. 터널굴착방법의 특징 및 현장 적용 사례

구분	NATM	TBM	현장 적용
원리	발파	절삭	(※) 춘천 청양
구성요소	천공 + 폭약	Machine (Head + Body + Tail)	OO터널 (2003)
시공성	상대적 불리	양호	· L = 480m
경제성	1.0 (대단면 유리)	1.5 (소단면 유리)	· NATM
적용성	모든 지반	암 지반	· 근접터널구간
단점	· 여굴 발생	· 단면-경사 제약	[Tie-bar
	· 소음/진동	· 고가	- 제어 발파
장점	· 경제성 유리	· 속도 빠름	- 상대구조 수평보강

+ⓒ 여굴

VI. 춘천 청양 OO터널 (NATM) 굴착 방법의 시공절차 Flow

준비 → 발파작업 → 굴착면 지보 → 방배수 → Lining

- 굴착면 지보: · Shotcrete (120) · Rock bolt
- 방배수: · 부직포
- Lining: · 300cm

→ [천공] → [장약] → [발파] → [환기] → [버럭처리]

(3h) (1h) (5h)

IV. 터널굴착 방법의 종류(분류)

1. 발파에 의한 방법	2. 발파에 의하지 않은 방법
1). 싱글쉘 NATM	1) 기계 : TBM, Shild
2) 더블쉘 NATM	2) 진동 ┌ 미진동 : 플라즈마, CCR
	└ 무진동 : 팽창제, 유압잭

V. 터널굴착방법중 NATM과 TBM의 특징

구 분	NATM	TBM	비 고
원 리	발파+지보	기계식	※ 지하철 0호선 연장공사 (0공구)
시공성	1.5~3.0m/day	5~10m/day	
경제성	대단면 유리	소단면유리	시공성, 경제성
환경성	발파시 주변영향	영향무	공기 단축을 고려
지반적응성	양 호	불 리	↓
장 점	지반적응성우수	시공속도 빠름	┌ 선진도갱 TBM + NATM (자유면 확보)
단 점	여굴과다	단면형상규제	├ 진동감소, 굴착효과증대
	시공속도지연	지반적응성불리	└ 공기단축, 비용증가
적용성	연약지반	양호한 지반	

VI. 발파에 의한 터널굴착 방법 시공단계별 주의사항

천공 → 장약 → 발파 → 버력처리 → 지보

- 천공
  - 천공깊이
  - 측량
- 장약
  - 여굴최소화
  - 천공시 : Lock out (숙련공확보/교육)
- 발파
  - Over Break (제어발파)
  - 발파시기 (Timing conc 양생고려)
- 버력처리
  - 환기, 오염

시험발파 $V = f(W \cdot D)$, 조사 → 계획 → 시험발파 → 결정 → 본발파

VII. 터널 굴착 방법의 현장관리시 특히 주의하여야 할 사항 [춘천 ○○터널(2003)]

1. 굴착전
   - 주변 환경조사 (가옥, 축사 등)
   - 발파처리 유반 최소화 (경제성)

2. 굴착중
   - ㉮계측 관리 : 일상, 정밀, 특별관리 계측
   - ㉯공해 : 소음(방음문), 진동(제어발파), 물처리 등
   - ㉰지하수위 저하여부 check : 우물고갈, 붕괴 우려
   - 안전관리 : 단계별 붕괴 형태 검토

3. 굴착후
   - 계측관리 : 간극수압, Lining 축압 등
   - 공해(악취 포함) : 오염 물질 check

특히, { (※) 계측관리 / (※) 환경관리 } 는 전 시공단계별로 주의하여야 함

VIII. 춘천 ○○터널(NATM, 2003) 굴착시 안전적 시공을 위한

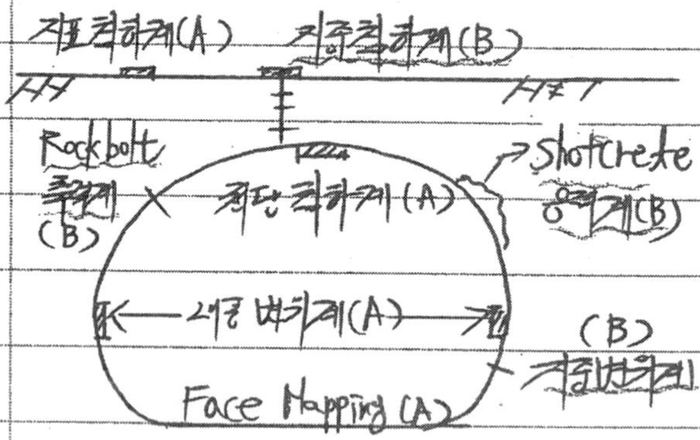

- 일상계측 (A)
  : 1회/일 (약 20~40m마다)
- 정밀계측 (B)
  : 2회/주 (200~300m)
- 특별관리 계측
  : 소음/진동 (민가측)

D=11m L=480m

"끝"

VII. 터널 굴착 현장 관리시 특히 주의해야 할 사항 (지하철 O호선 연장공사 O공구)

1. 계측관리 L=2.65km

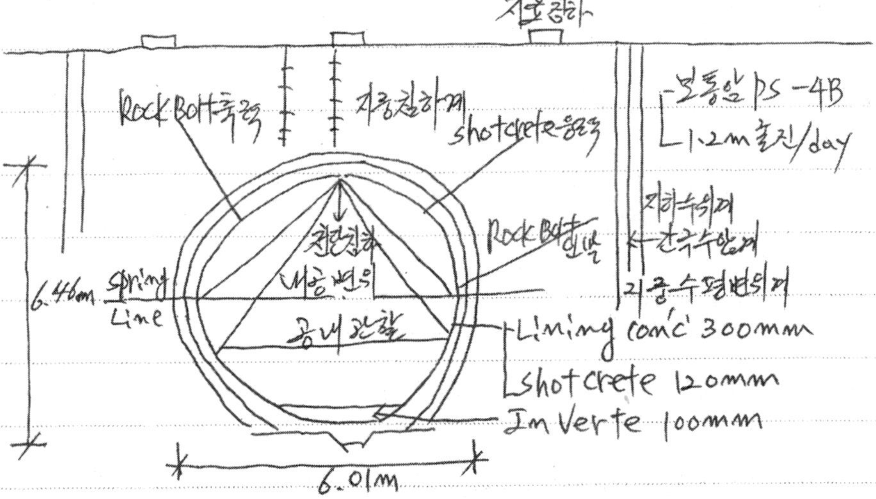

1) 방법

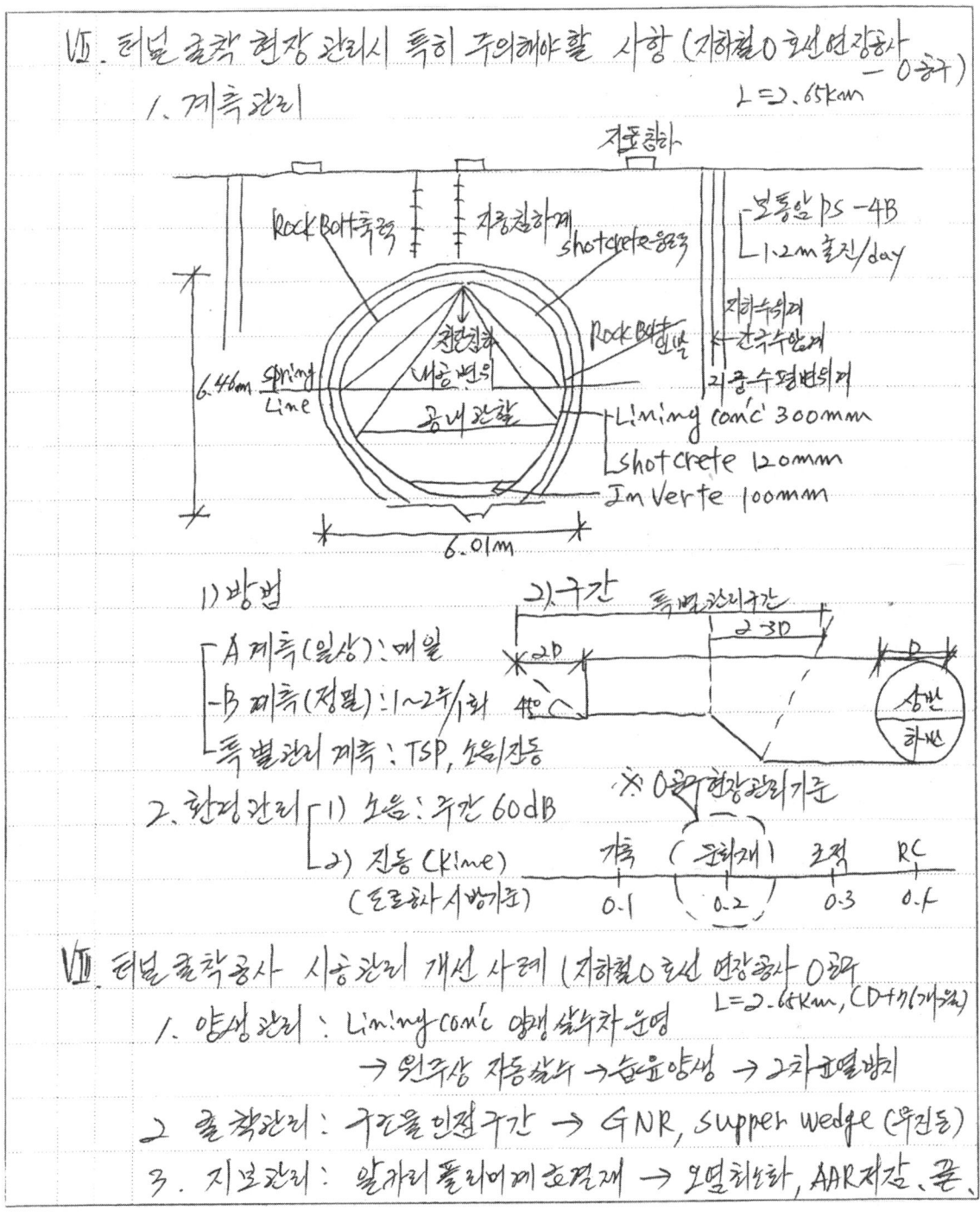

- A 계측(일상): 매일
- B 계측(정밀): 1~2주/1회
- 특별관리 계측: TSP, 소음진동

2) 구간

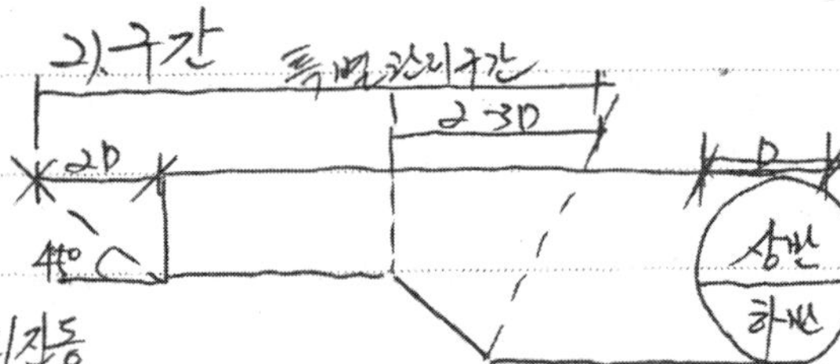

2. 환경관리
- 1) 소음: 주간 60dB
- 2) 진동 (Kine) (도로공사 시방기준)

※ O공구 현장관리기준

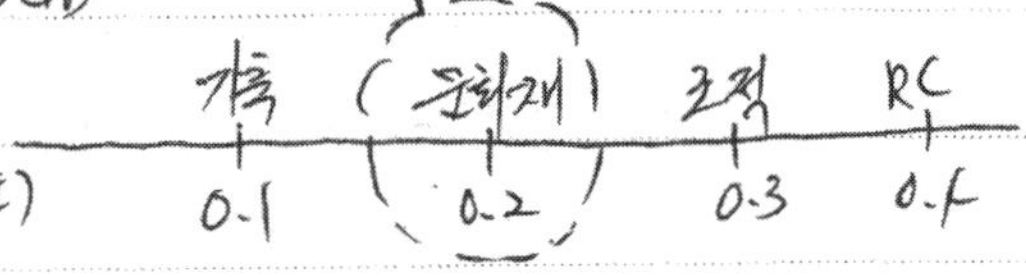

VIII. 터널 굴착공사 시공관리 개선 사례 (지하철 O호선 연장공사 O공구) L=2.65km, CD+7(개월)

1. 양생관리: Lining con'c 양생 살수차 운영
→ 원주상 자동살수 → 습윤양생 → 2차 균열방지
2. 굴착관리: 구조물 인접구간 → GNR, supper wedge (무진동)
3. 지보관리: 알카리 폴리머계 혼결재 → 오염최소화, AAR저감, 공

▣ 모두가 어려워하는 문제들…

안녕하세요? 신경수입니다.

1. 3개월 공부하고 시험보든, 3년 공부하고 시험보든 모두가 풀기 힘든 문제는 항상 출제가 됩니다. (처음 나오는 문제와 어려운 문제를 혼동하는 분들이 계신데 분명히 다릅니다.)

2. 모두들 풀 수 없는 이유는 잘 알고 있는데, 풀 수 있는 이유는 알려고 하지 않습니다.

3. 나의 앞에 어려운 문제가 주어지면, 나에게 어려운 문제를 던져준 출제자에게 감사하는 마음을 가져야 합니다. 나의 역량을 늘릴 수 있는 기회를 준 것에 대해서 고마워해야 한다는 말이지요.

4. 어느 문제나 문제 속에 해결방안이 함께 내재해 있습니다.

5. 문제를 받았을 때 문제만 보지 말고 그 속에 내재한 해결방안도 함께 본다면 이미 문제는 반 이상이나 풀린 것이나 다를 바 없습니다.(학생 때 수학시험 문제에 붙어있는 단위만 봐도 풀 수있는 문제가 있었던 것처럼 말입니다. - 기술사에서는 짝꿍대제목으로 풀어갈 수가 있습니다.)

6. 또 문제를 쪼개서 하나하나씩 본다면 더욱 해결안이 잘 보입니다. 문제를 분해하면 문제는 의미있는 원래의 높은 수준을 낮춘 결과가 되어 쉬운 느낌이 들게 되어 있습니다.

7. 제가 가끔 이야기 하는 "문제존중 → 문제분석 → 문제해체"의 3단 풀이가 적용됩니다.

8. 문제 자체로 해결이 안 될 경우는 관련 문제에서 답안을 끌어오는 유연성을 발휘해야 합니다.

9. 아직도 답안을 짜깁기로 정리한 후 암기하고 실전 Test를 하려고 하는 사람은 장수의 길이 훤히 보이는 사람입니다.

10. 어떻게 하면 어려운 문제를 풀 수 있는지 곰곰이 생각해 보시기 바랍니다. [?]에서 시작해서 [!]로 끝나야 제대로 문제접근을 한 것입니다.

문제17 용수가 많고 지반이 불량한 지형에 터널 시공 시 보조공법에 대하여 기술하시오.

[기본 Item = 유형]

문제점	공법	AB	콘크리트	제도 및 system	기타
	★				

[관련 공종]

콘크리트	강재	건설기계	토공	연약지반	막이	기초
				★		
도로포장	교량	터널	댐	하천	항만	공사시사
		★				★

[질문 요지]

1. 터널 시공시 보조공법(종류 및 특징)

[조건]

1. 용수가 많고 지반이 불량한 지형

[중요 Item]

1. 공법선정 고려사항(지/시/구/환)
2. 용수 많고=물처리=용수처리=배수/지수
3. 지반 불량=토처리=지반처리=막장/천단

[차별화 Item]

1. 이 론 :
2. 경 험 :
3. 도식화
   - 그래프 : 암반반응곡선, 붕괴 포텐셜, 지보재 지보압력
   - 모식도 : 터널계측, 수압분포도
   - Flowchart : 공법선정 Flow
   - 특성요인도 :
   - 기타 :
4. 비교표 : 강관다단/FRP 다단 그라우팅

Thinking Tip

1. 주변영향 검토-Cording등
2. 계측관리-외적/내적

번호 17. 용수가 많고, 지반이 불량한 ①지형에 터널 시공시 보조공법②③에 대하여 기술하시오.

답) $\tau = C + \sigma \tan\phi$

I. 개요

1. 용수가 많고 지반이 불량한 지형에는

2. 이런 불리한 조건에서의 보조공법으로는

3. 그 특징으로는

II. 용수가 많고, 지반이 불량한 지형의 터널시공시 특징

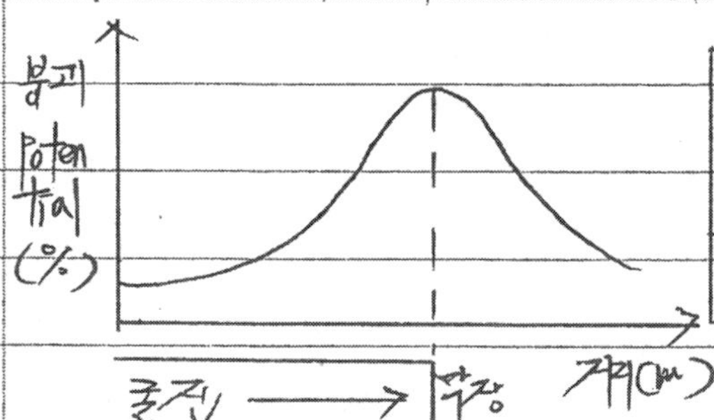

1. 막장면
   : 붕괴 Potential 최대
2. 적정 보조공법이 필요
3. 계측관리 병행
   : 지반의 안정성 check

III. 현장여건(용수, 지반 불량) 불리시 터널의 보조공법 선정시 고려사항

1. 지반조건 ┌ 지질 상태 (타입별 분류)
   └ 지하수위의 상태
2. 시공조건 : 공기, 공비, 기계화시공 가능 등
3. 구조물조건 : 단면크기, 하중조건 등
4. 환경조건 : 소음, 진동 등 공해 발생 등

IV. 터널시공시 용수처리 및 지반 안정을 위한 보조공법의 [illegible]

$$\tau = c + \sigma' \tan\phi$$

- · C 증가 : 주입 공법
- · U 감소 : 용수 처리
- · φ 증가 : 보강재 삽입

단, C=점착력, σ'=σ−U, φ=내부마찰각

V. 터널시공시 용수처리 및 지반 안정을 위한 보조공법의 분류

1. 용수처리
   - 배수(多) : 수발공, 수발갱, Deep well
   - 지수(少) : 약액공, 지반그라우팅

2. 막장안정
   - 1) 천단부
     - Fore polling, Pipe-roof
     - 강관 주입공
     - 지반 Grouting공
   - 2) 막장면 : Shotcrete, R/B, 지반 Grouting

흐름 : Fore polling → pipe-roof → 강관다단 G → FRP G

3. 기초지반(침하) : 연약지반처리 (약액 주입 등)

VI. 터널시공시 보조공법의 특징 및 현장적용사례

구분	강관다단 Grouting	FRP Grouting	현장 적용
원리	C 증가	C 증가	※ 충남 청양
시공성	3.5 hr	3.0 hr	OO터널(2003)
경제성	4만원/m	6만원/m	·굴착 : NATM
적용성	풍화대, 파쇄대	상재하중 大	·막장 보조공법
단점	·부식 우려	·환경 오염	⇒ 강관다단 Grouting
	·상부만 주입 가능	·경제성 저하	{ φ 5/mm
장점	·차수우수	·방사형 주입	36本

Ⅶ. 충남 청양 OO터널(2003) 보조공법 시공시 주의사항

1. 시공전
   - TSP를 통한 지반 사전 조사
   - Grouting 품질 Test

2. 시공중
   - 계측관리 : 일상 계측, 정밀 계측, 막장관리 계측
   - 공해 : 소음, 진동 발생 최소화 등
   - 지하수위 저하 check : 우물고갈, 붕괴 관련
   - Grouting (주입압, 속도 등), Rebound 등 주의

3. 시공후
   - 환경 Monitoring 등
   - 효과 검증(안정성 확보) 확인

Ⅶ. 충남 OO터널(2003) 보조공법 등의 안정성 확인을 위한 계측관리

OR

Ⅶ. OO~OO간 고속국도 강경터널(2010) 파괴에 대한 보조공법 적용 사례

[지상 보강]

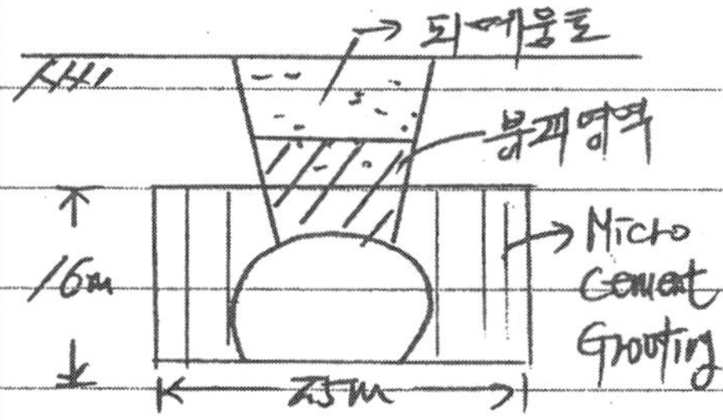

[갱내 보강]

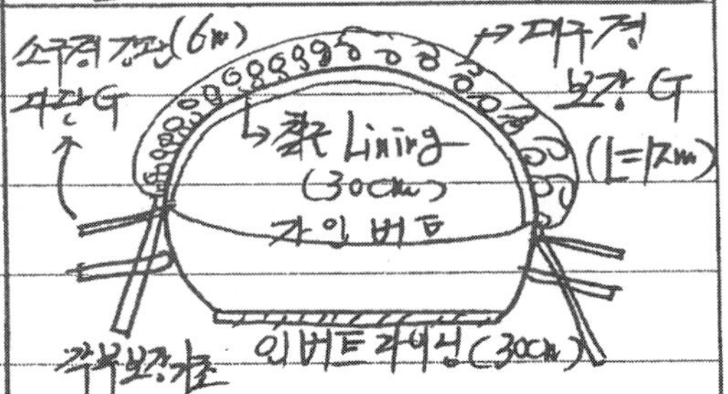

○ 계측관리 및 환경관리 등을 전 시공단계별 병행처리

"끝"

문제 17) 용수가 많고 지반이 불량한 지형에 터널 시공시 보조공법에 대하여 기술하시오

답)

I. 개 요

1. 용수가 많고 지반이 불량한 지형에 터널 시공시는 용수의 배수 및 지수 처리와 불량지형에 대한 막장면과 천단부의 보조공법 선정이 중요함.

2. 용수처리시 배수공법은 수발공과 Deep well이 있고, 지반 Grouting으로 지수처리하는 보조공법도 있음

3. 지반 불량한 지형에 터널 시공시 막장면 안정은 shotcrete 공법은 시공이 단순하나 리바운드에 문제가 있고, 강관다단 Grouting은 효과가 확실하나 부식의 문제가 있음. (서울 지하철 0호선 연장공사 0공구 L=2.65km D-776개소)

II. 용수가 많고 지반이 불량한 지형에 터널 시공시 보조공법 선정 고려사항

1. 조 사	2. 보조공법 선정시 고려사항
1) 예비조사	1) 지반조건 → 용수, 지질
2) 현지답사	2) 시공조건 → 공기, 공비
3) 본조사 (TSP시험) [원위치 시험	3) 터널조건 → 연장, 폭
[실내 시험	4) 환경조건 → 공해, 오염, 민원

III. 용수가 많고 지반이 불량한 지형의 안정시공을 위한 계측관리

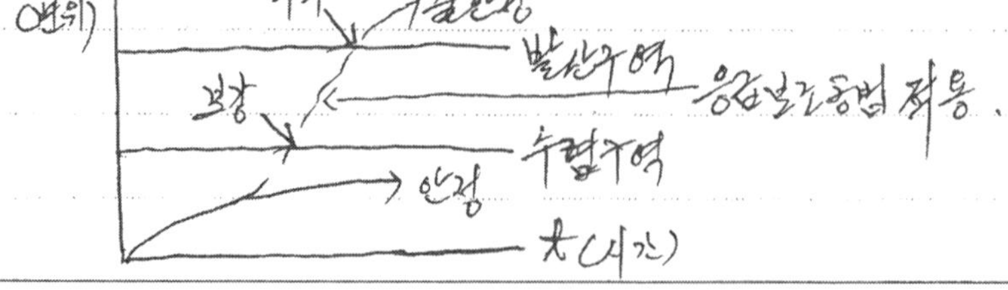

〈문제 17〉 용수가 많고 지반이 불량한 지역에 터널 시공시 보조공법에 대하여 기술하시오

〈答〉

I. 概要

1. 용수가 많고 지반이 불량한 지역은 터널공사時 지보재 및 지반의 불안정을 야기함.
2. 터널시공시 보조공법은 정확한 계측관리를 바탕으로 한 막장안정을 위한 천단부, 막장면과 용수처리를 위한 배수, 지수공법이 있음.
3. 백양산 터널공사의 계측관리 System 事例 게시함. (※ 착공前 조사서류)

II. 용수가 많고 지반이 불량한 지반의 보조공법의 분류 flow.

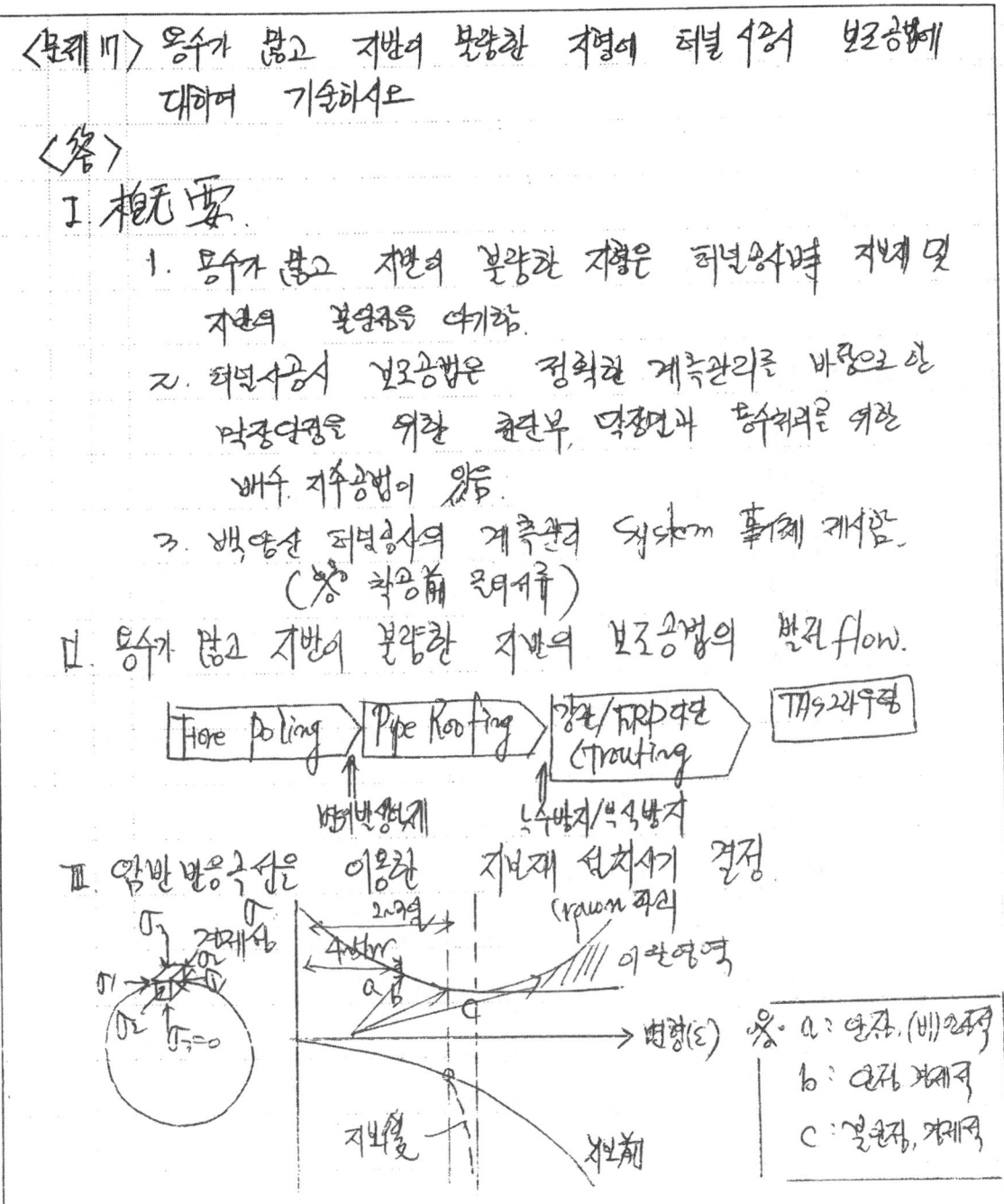

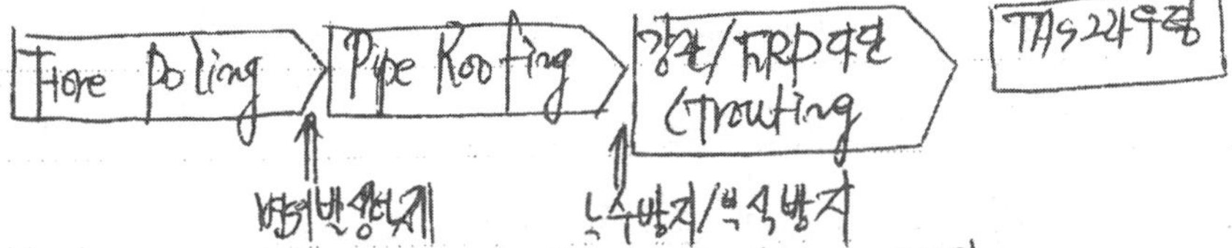

III. 암반 변형곡선을 이용한 지보재 설치시기 결정

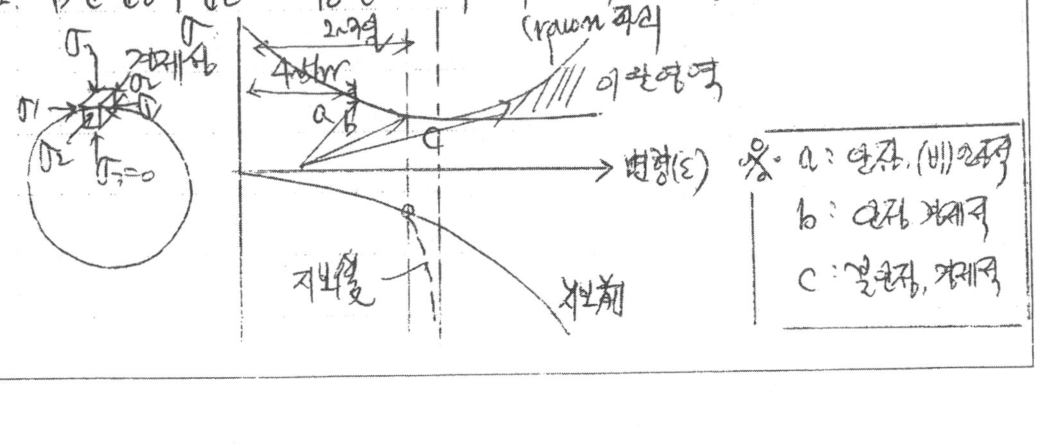

IV 용수가 많고 지반이 불량한 지형에 터널 시공시 보조공법의 분류

1. 용수처리 ┌ 1) 배수 : 수발공, 수발갱
└ 2) 지수 : 지반 Grouting

2. 지반처리 1) 막장 : shotcrete, Rock Bolt
2) 천단 ┌ Fore-poling
└ F P-Grouting

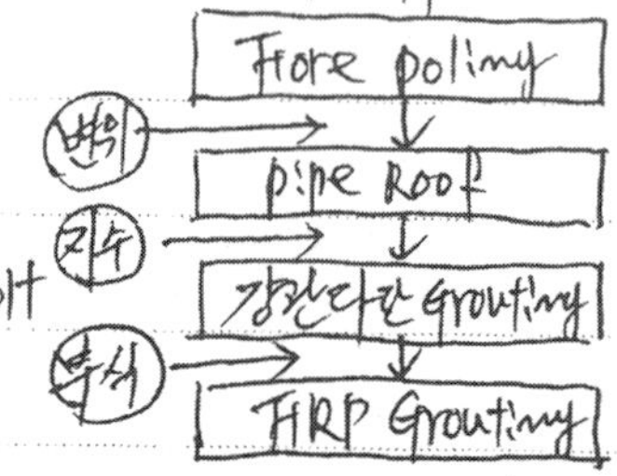

(보조공법의 발전 Flow)

V 용수가 많은 지형에 적합한 보조공법의 특징

구분	수발갱	Deep Well	비고
원리	배수	굴착전 배수	※ 수압분포도
구성요소	pipe Ø100mm	pipe Ø300mm	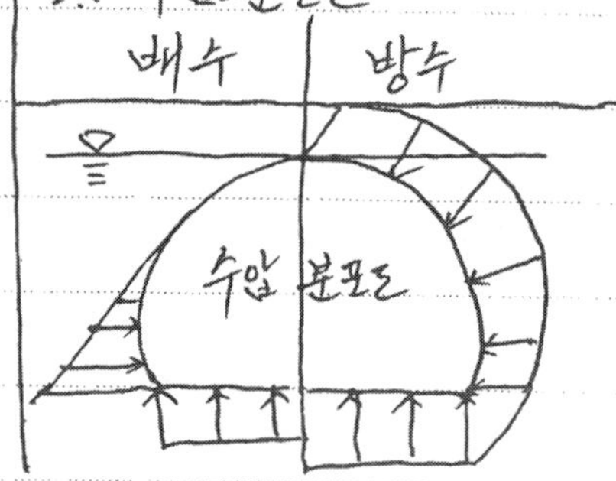
시공성	단순	상대적 복잡	
경제성	보통(1.0)	고가(1.3)	
장점	간극수압감소	사전배수	
단점	세립토유출	우수유도곤란	

VI. 지반이 불량한 지형에 적합한 보조공법의 특징

구분	shotcrete	강관다단Grouting	비고
원리	막장면 안정	천단부 안정	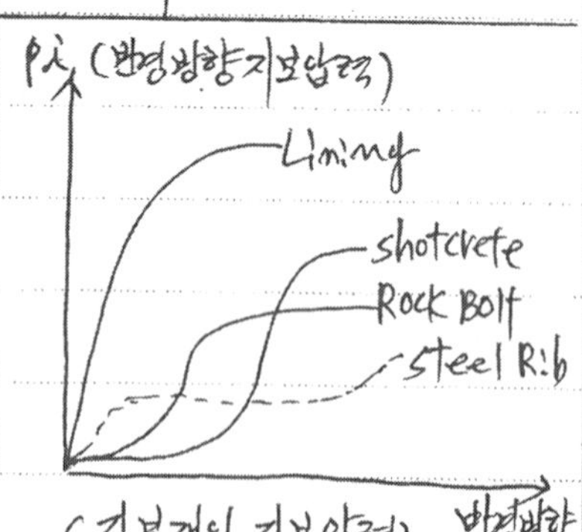
구성요소	시멘트+물	강관+시멘트	
시공성	단순	복잡	
경제성	보통(1.0)	고가(1.4)	
장점	시공간단	효과확실	
단점	리바운드, 호흡오염	천공, 강관부식	

IV. 용수처리 및 지반안정을 위한 보조공법의 分類

1. 낙반: 1) 천단부 (1) Fore poling
   (2) pipe roof
   (3) 강관다단 및 RRP공법 등

2. 용수 1) 배수: 수발갱, 수발공
   2) 지수: 주입, Grouting

V. 용수가 많고 지반이 불량한 지반의 터널공사 보조공법의 특성比較

구분	Rock bolt	shotcrete	비고
원리	지보작용	내압작용	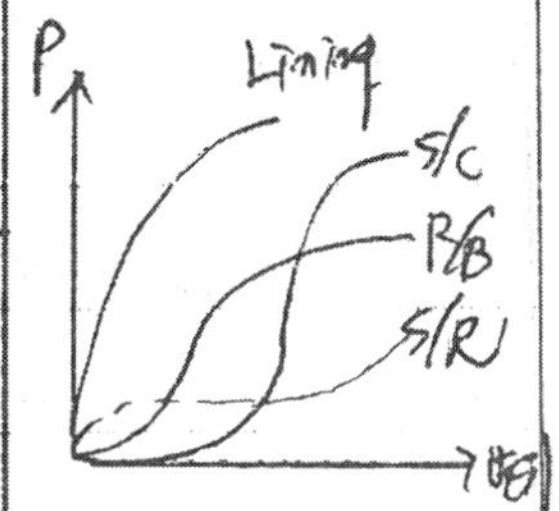
구성요소	철근, Mortar	골재 + 급결제	
문제점	용수 혹 취약	환경오염 (분진)	
	부착성능저하	반발량증가	
장점	시공성 용이	시공성 양호	
시공성	다소 곤란	보통	

VI. 용수가 많고 지반이 불량한 터널공사 시 주의사항

1. 굴착전 ⇒ 2. 굴착中 ⇒ 3. 굴착후

1. 굴착전
   1) 지반조사
   2) 붕괴시 응급대책수립

2. 굴착中
   1) 굴착공 face - Mapping
   2) 계측관리
   ⇩
   일상관리

3. 굴착후
   - 지반변위와
   - 지하수위 관리

VII. 용수가 많고 지반이 불량한 지형의 터널 시공시 주의사항 (지하철 0호선 0공구 기준)

1. 계측관리 : A(일상), B(정밀), 특별관리계측　　L=2.65km

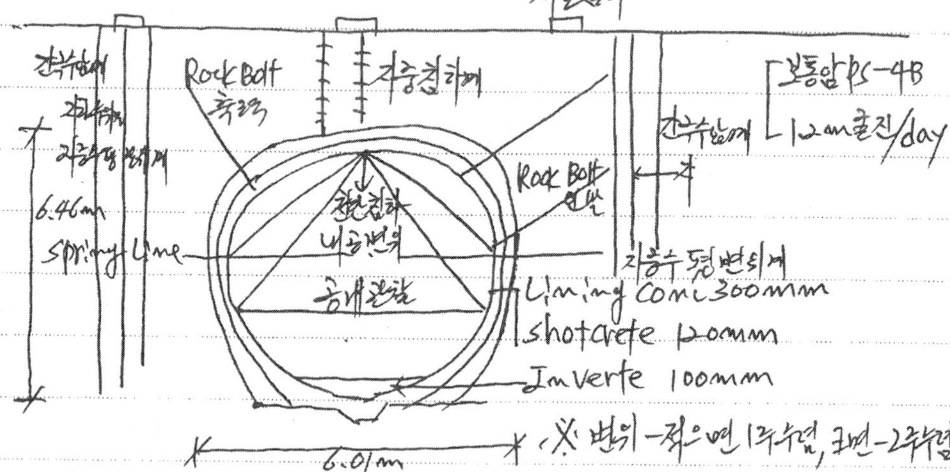

2. 환경관리　　※ 지하철 0호선 0공구 적용기준 : 0.2kine

1) 소음 : 주간 60dB

2) 진동 :

구분	가축	문화재	조적	RC
(도로하 시방기준) kine	0.1	0.2	0.3	0.4

(조적, RC : 주택)

3) 수질오염 : $Cr^{6+} \xrightarrow{Fe} Cr^{3+}$ (침전조운영, 폐기물처리관리법) All baro system

VIII. 터널 굴착 공사시 시공관리 개선 사례 (지하철 0호선 0공구 기준)

1. 양생관리 : Lining conc 양생 살수차 운영 (습윤양생)

2. 굴착 관리 (구조물 인접구간)

GNR, Supper wedge → 무진동

3. shotcrete → 알카리 프리계 급결제 → 오염저하, AAR 저하　끝.

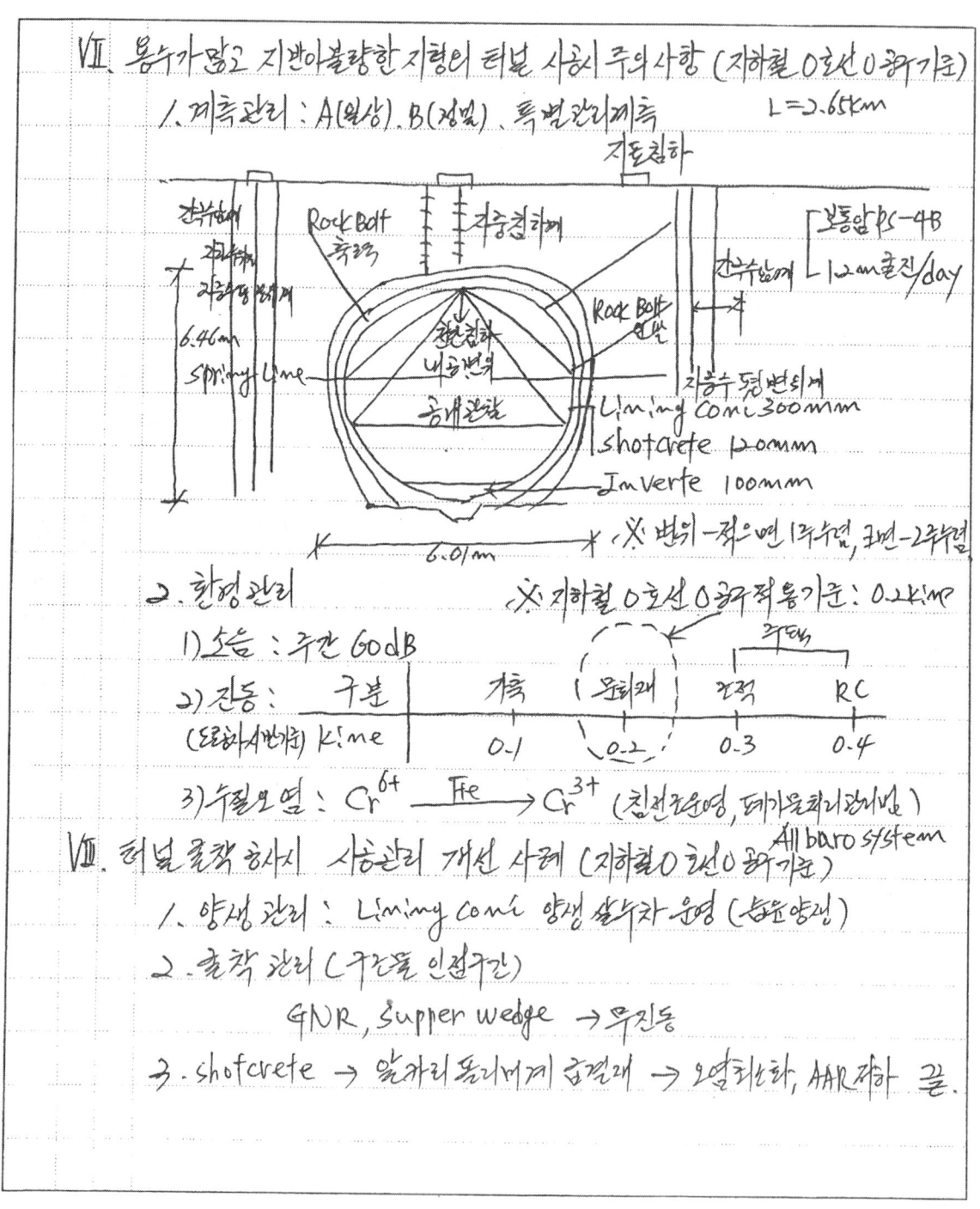

VII. 용수가 많고 지반이 불량한 터널의 계측관리 System 事例
(1996년, 백양산터널 3-4 工區)

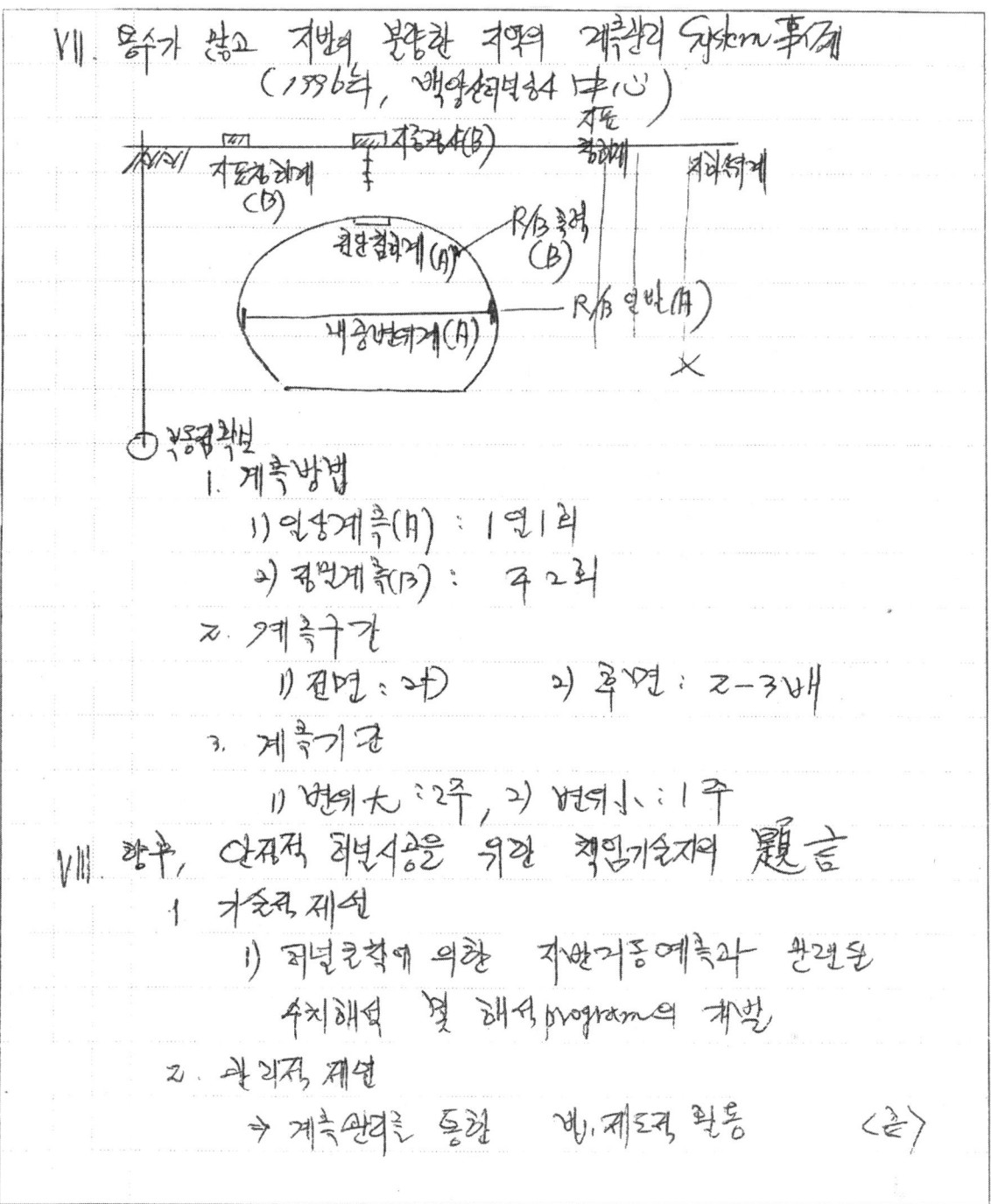

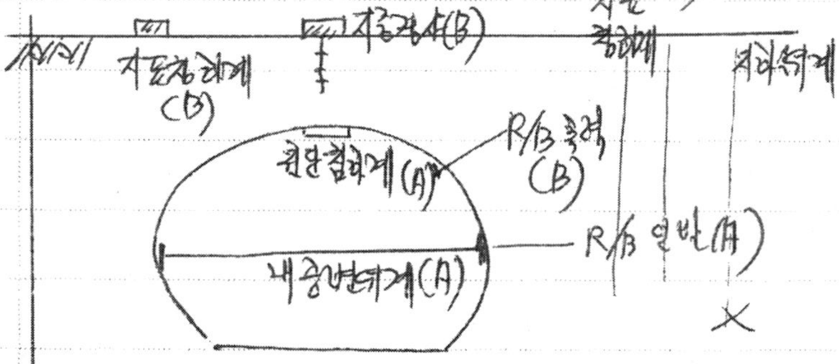

① 복공 확보

1. 계측방법

1) 일상계측(A) : 1일1회

2) 정밀계측(B) : 주 2회

2. 계측구간

1) 전면 : 2D 2) 후면 : 2-3배

3. 계측기준

1) 변위大 : 2주, 2) 변위小 : 1주

VIII. 향후, 안정적 터널시공을 위한 책임기술자의 提言

1 기술적 제언

1) 터널공학에 의한 지반거동예측과 관련된 수치해석 및 해석program의 개발

2. 관리적 제언

⇒ 계측관리를 통한 법, 제도적 활용 〈끝〉

■ 동시효빈(東施效嚬)

안녕하세요? 신경수입니다.

1. "대통령의 승부수"란 책의 머리말을 보면 동시효빈(東施效嚬)이란 말이 있습니다.

2. 東施效嚬은 자신이 처한 상황을 고려하지 않고 무턱대고 남을 좇는 어리석은 자를 비웃는 말입니다.

3. 공부를 하다보면 가장 먼저 합격자의 답안과 합격방법 등을 따라가게 되고, 그 다음은 주위의 고수(자칭, 타칭)의 스타일을 좇아가게 됩니다.

4. 어떻게 보면 가장 확실하고 자연스러운 모습같은 데, 여기서 주의해야 할 것은 바로 자기 자신의 현 상황입니다.

5. 100명이 합격하면 100개의 합격답안이 있는 것처럼, 각자의 상황에 맞는 답안이 바로 합격답안입니다.(물론 문제존중을 해야겠지요)

6. 주위를 둘러보면 자기의 상황(장단점)을 전혀 고려하지 않고 맹목적으로 남을 따라가는 사람들이 있습니다.

7. 암기가 안되는 데 무조건 암기를 하려고 하고, 기본도 안 되어 있는데 자꾸 차별화를 생각하고, 시간관리가 안되는데도 많은 내용에 대한 욕심을 부리고…

8. 우리가 옷을 살 때 자기 몸에 맞는 옷을 사는 것처럼, 공부 할 때도 자기 상황에 맞는 공부를 하여야 합니다.

9. 기술사 시험은 현재 자신이 지닌 치명적인 약점만 보완한 후, 자신의 강점으로 합격하는 시험입니다.

10. 지금 이 순간 만큼이라도 나의 장점은 무엇인지, 지금까지 맹목적으로 누군가를 따라간 것은 없는지 곰곰이 생각해보는 시간을 가지시길 부탁드립니다.

11. 자신의 가치를 인식하고 실력을 더욱 높여가는 기술자가 되기를 기대합니다.

문제18 댐 시공을 위한 선행작업 중 유수전환방식의 종류 및 특징에 대하여 기술하시오.

[기본 Item = 유형]

문제점	공법	AB	콘크리트	제도 및 system	기타
	★				

[관련 공종]

콘크리트	강재	건설기계	토공	연약지반	막이	기초
					★	
도로포장	교량	터널	댐	하천	항만	공사시사
			★	★		★

[질문 요지]

1. 유수전환방식의 종류
2. 유수전환방식의 특징

[조건]

1. 댐 시공을 위한 선행작업

[중요 Item]

1. 막이유형＝설계흐름＋안정조건＋불안정시 대책
2. 설계홍수량
3. 유수전환＝가물막이공＋물돌리기공

[차별화 Item]

1. 이 론 :
2. 경 험 :
3. 도식화
   - 그래프 : 가물막이 비용－규모 그래프
   - 모식도 : 가물막이 단면
   - Flowchart : 공법선정 Flow
   - 특성요인도 :
   - 기타 : Risk Management
4. 비교표 : 전체절/부분체절/단계체절

Thinking Tip

1. 가물막이 처리＝유용/폐쇄
2. 가물막이 시기

문제 18. 댐 시공을 위한 선행 작업중 유수 전환 방식의 종류 및 특징에 대하여 기술하시오

[답]

I 개요

1. 유수전환 방식의 종류는 가물막이(전체절, 부분체절, 단계식 체절)와 물돌리기공(가배수터널, 개거, 암거)으로 구분할수 있으며
2. 유수 전환 방식의 특징은 전체절(가물막이 활용), 부분 체절(공기, 공사비 저렴, 전면 기초공사 불가능)등이 있으며
3. 경남 밀양 지역 OO현장에서는 유수 전환 방식으로 전체절과 가배수 터널(4.0m×4.0m)을 적용하여 시공하였음.

II 댐시공시 유수전환 방식 결정 Flow 및 처리방안

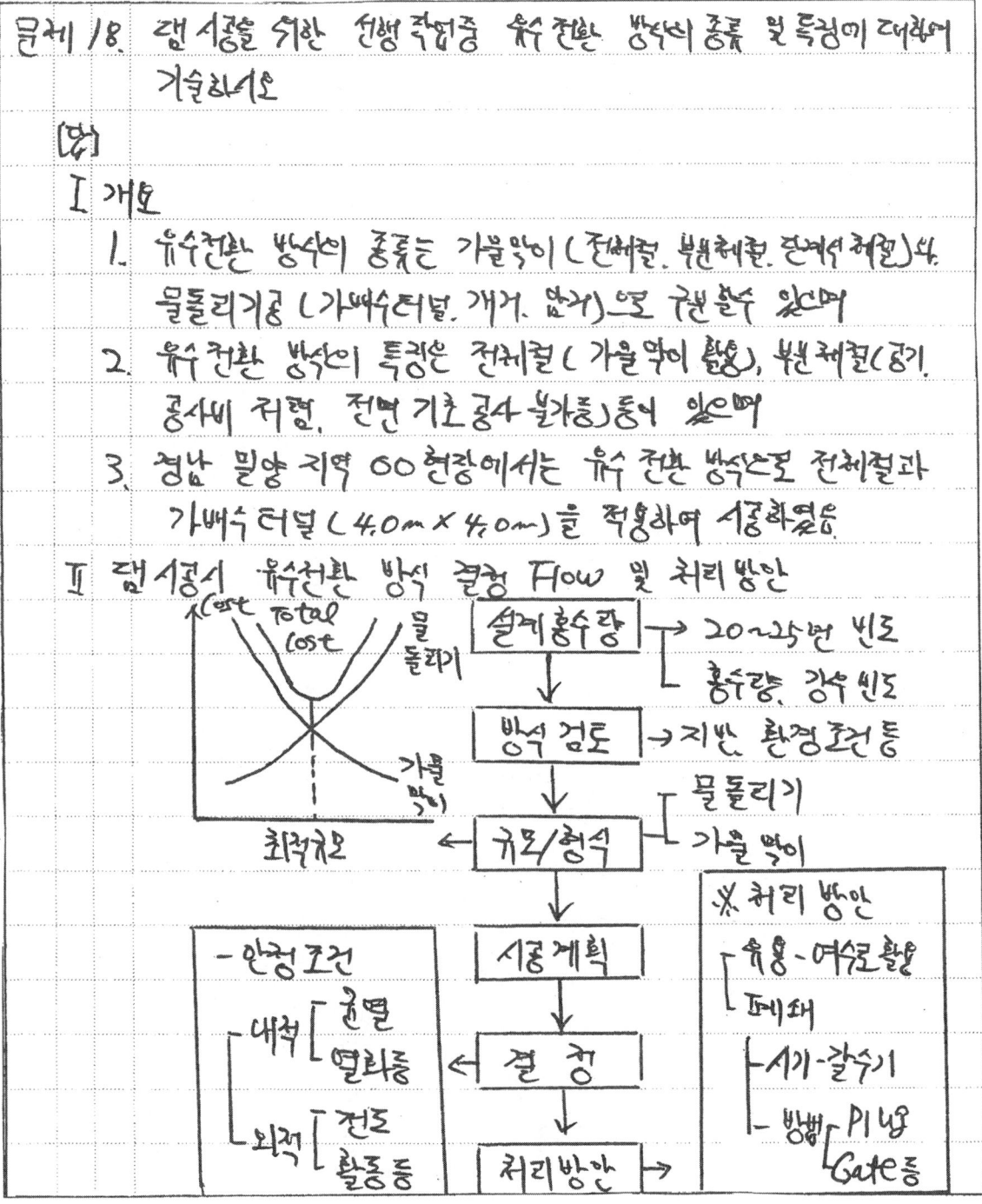

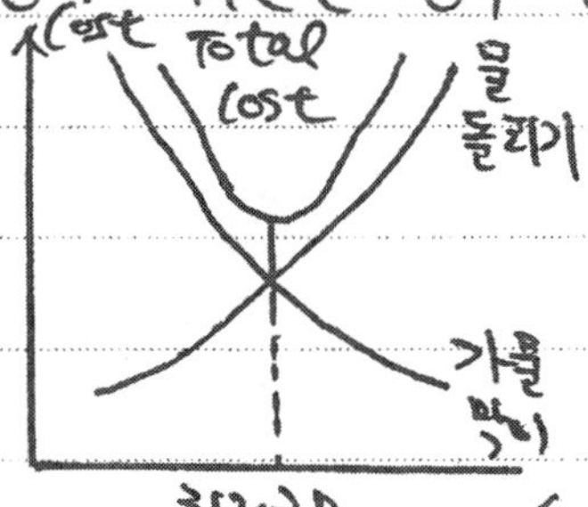

최적규모

- 설계홍수량 → 20~25년 빈도 / 홍수량, 강수 빈도
- ↓ 방식 검토 → 지반, 환경조건 등
- ↓ 규모/형식 → 물돌리기 / 가물막이 (← 최적규모)
- ↓ 시공계획
- ↓ 결정 ← 안정조건
  - 내적: 균열, 열화등
  - 외적: 전도, 활동 등
- ↓ 처리방안 →

※ 처리 방안
- 유용 - 여수로 활용
- 폐쇄
  - 시기 - 갈수기
  - 방법: Plug, Gate 등

III. 댐 시공을 위한 선행 작업중 유수전환 방식의 종류

<가물막이> → <물돌리기>

- 전체절
- 부분 체절
- 단계식 체절

→

- 가배수 터널
- 가배수 개거
- 가배수 암거

<전체절> <부분체절> <단계식 체절>

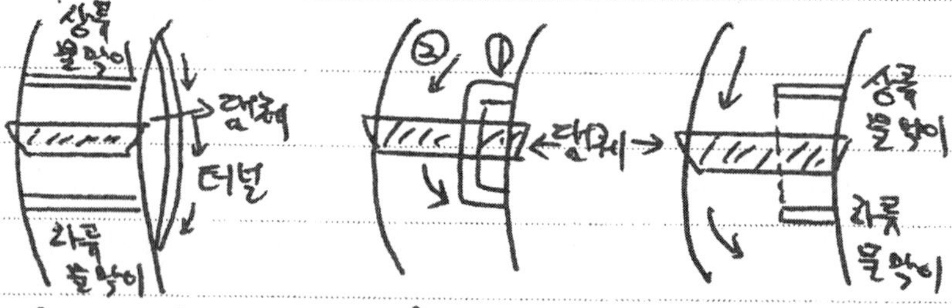

※ 경남 밀양 지역 OO 현장 : 유수 전환방식 →
전체절 (L=500m) + 가배수 터널 (4.0m×4.0m L=250m)

IV. 댐 시공을 위한 선행 작업중 유수전환 방식의 특징

구분	전체절	부분 체절	비고
· 원리	· 유입부 전체 차단	· 부분 차단	※ 경남 밀양
· 구성	· 물막이, 터널	· 물막이, 개거	지역 OO 현장
· 장점	· 가물막이 활용	· 공기, 공사비 저렴	· 경제성,
· 단점	· 공사비 고가	· 전면기초공사 불가	안정성 등 고려
	· 공기 길다	· 공정 제약 큼	전체절 +
· 적용성	· 하천폭 좁은 곳	· 하천폭 넓은 곳	가배수 터널
· 시공성	· 유리	· 상대적 불리	적용
· 경제성	· 1.2	· 1.0	

V. 댐 시공을 위한 선행 작업중 유수전환 방식의 시공순서 (전체절 공법)

조사 → 기초 지반처리 → 시공 → 마무리 → 폐쇄

- 조사
  - 홍수량
  - 강우빈도
- 기초 지반처리
  - 안정, 차수
  - Lugeon Test : 8Lu
- 시공
  - L=500m
  - 터널 L=250m, 4.0×4.0m
- 폐쇄
  - 처리방안 검토

VI. 댐 시공을 위한 선행 작업중 유수전환 방식의 시공시 주의사항

- 시공전
  - 설계 홍수량 검토 → 강우빈도, 홍수량
  - 홍수 대비 재해 대책 방안 강구
- 시공중
  - 물막이 기초 → 누수 처리 관리 철저
  - 환경오염 방지 대책 → 오탁방지망 설치
  - 가배수터널 시공시 안전관리 철저
- 시공후
  - Network을 통한 예·경보 System 구축
  - 계측결과 분석 및 D/B화
  - 누수, 세굴, Piping 검토

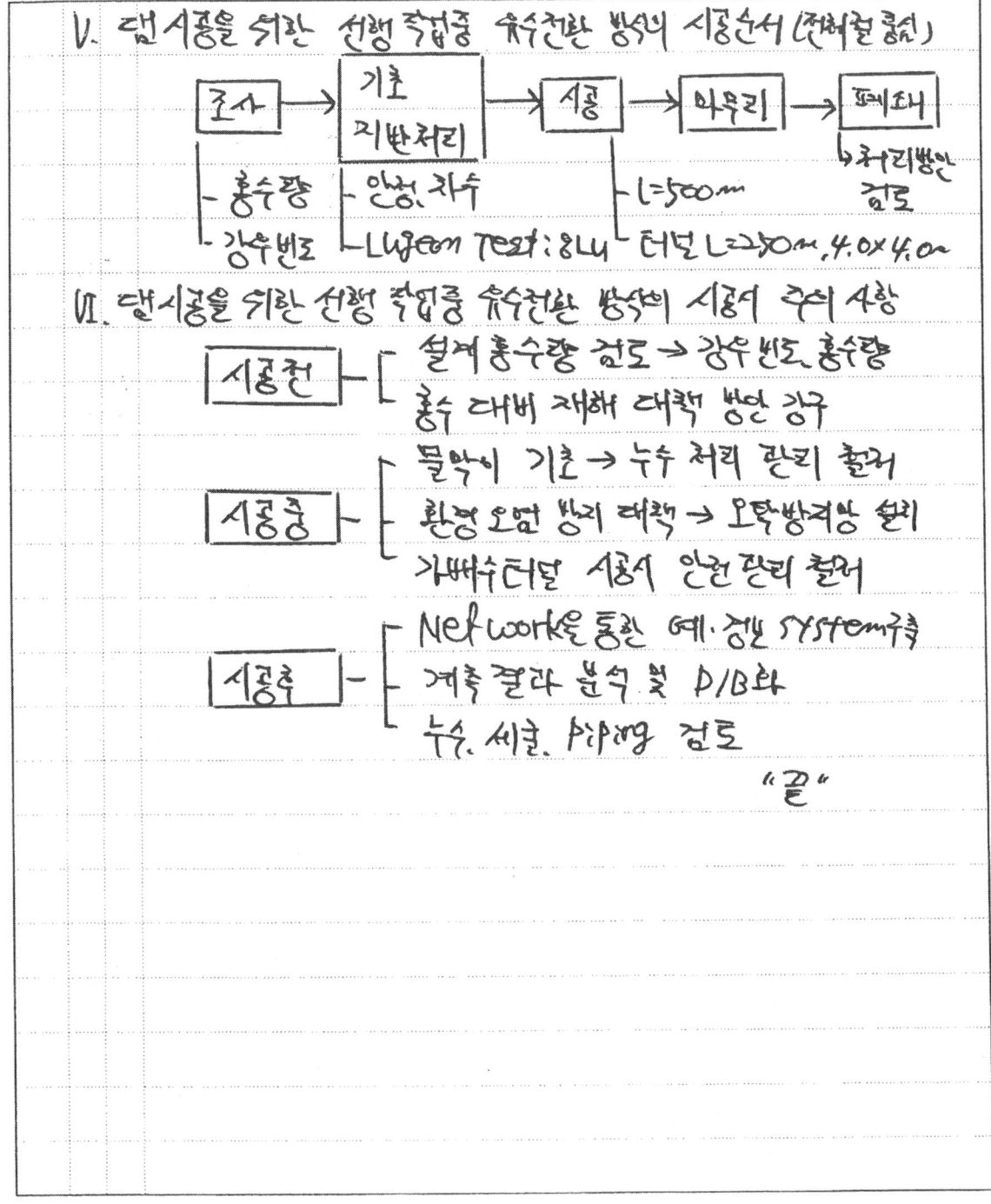

"끝"

문제) 댐 시공을 위한 하천 작업장 유수 전환 방식의 종류 및 특징에 대하여 기술하시오.

(답)

I. 개요

1. 댐 시공을 위한 유수 전환 방식의 종류는 전체절, 부분체절, 단계식 체절 방식이 있으며

2. 특징은, 전체절의 경우 [illegible]에 유리하며, 부분체절은 하폭이 넓고 유량이 많을때 적합하다.

3. 특히 유수전환 시설의 [illegible] 시공 [illegible]. 폐쇄 시기 및 전환 시설은 검토 후에 선정한다.

4. 기존 00년 빈도의 전체절 방식을 채택. [illegible]

II. 사전조사를 포함한 유수 전환 방식 선정 Flow (및 Risk 관리)

- 자료수집 – (사전조사, 현장 답사)
- ↓ 본조사 – (유역의 사항, 시공 사항)
- ↓ 안정성검토 – (내, 외적 안정, 구조적 안정)
- ↓ 방식 선정 – (가물막이, 물돌리기)
- ↓ 시공계획 – (기본계획, 상세계획)

Risk Management (관리)

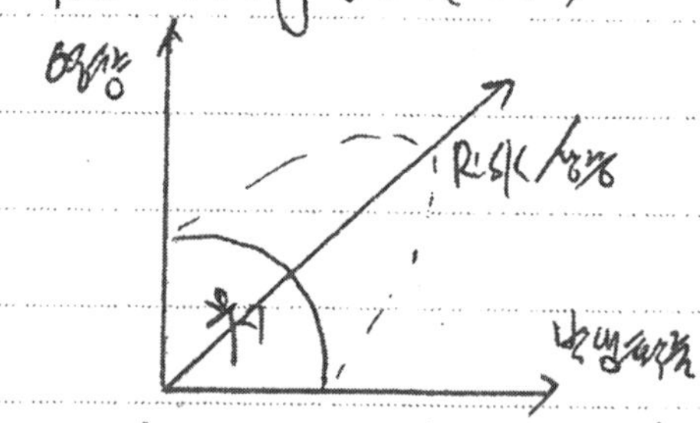

Risk = f (발생확률, 손해 × 손상 × 손실)

Risk 식별 → 분석 → 평가 → 관리조치

※ 대응 – 회피, 전이, 보유, 감소.

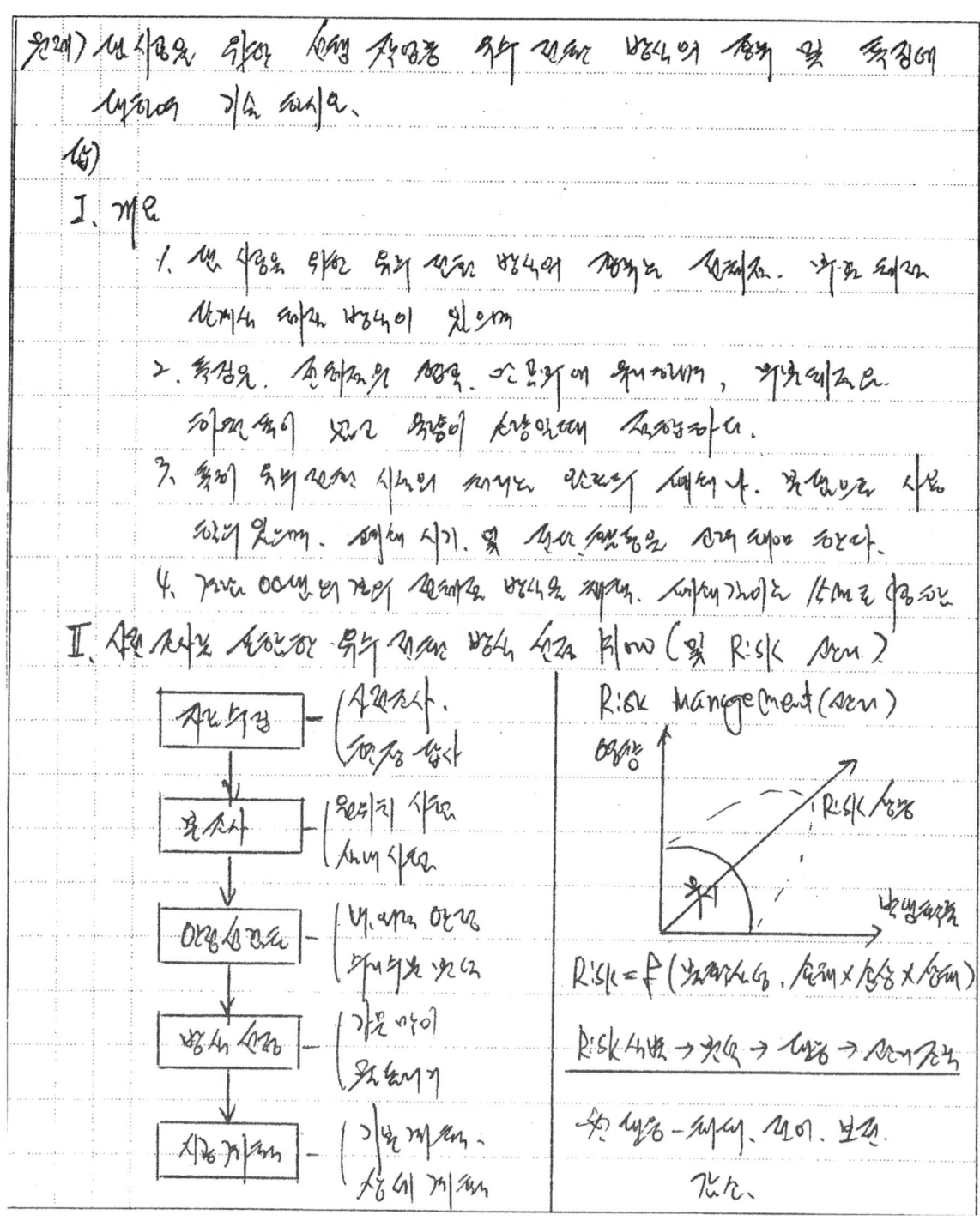

문제18) 댐 시공을 위한 선행작업중 유수전환방식의 종류및 특징에 대하여 기술하시오.

답)

I. 개 요

1. 댐시공을 위한 유수전환시설은 댐시공의 Dry work를 위한 필수공종으로서 댐시공의 공정에 절대적 영향을 미침.

2. 댐시공을 위한 유수전환 방식의 종류에는 가물막이는 전체절과 부분체절 및 단계식 체절이 있고, 물돌이가는 가배수터널 및 가배수거, 가배수로가 있음.

3. 유수전환 방식의 특징은 전체절은 하폭이 좁은 만곡지형에 유리하고, 부분체절 및 단계식 체절은 하폭이 넓은곳에 적절함.

※ 보령 다목적 댐 (96'.04 ~ 99'.08) 유수전환방식 → 전체절+가배수터널

II. 댐 시공을 위한 유수전환방식 선정시 고려사항

1. 수리수문조건 홍수빈도, 유량	2. 구조물 조건 댐의 규모, 형식
3. 시공조건 공기, 공비	4. 환경조건 수리권검토, Back water

III. 댐 시공을 위한 유수전환의 안정조건 ※ 보령댐 유수전환시설 검토

1. 내적
   1) 재체, 세굴, 누수
   2) piping, 침투
2. 외적
   1) 지지력, 통수능력 (Q=AV)
   2) 활동 (원호, 평면)

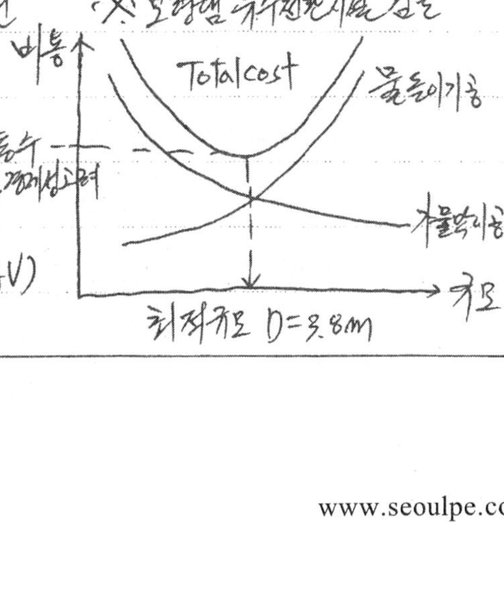

III. 댐시공을 위한 선정 작업장 유수전환 방식의 종류

가물막이		유수처리
전체절	→ 유수전환 ←	가배수터널
부분체절	※ 가능 제약 OO 섬 현장	가배수거
단계식 체절	하천 폭이 좁아 부분체절 시	가배수로

전체절(L=500m) + 가배수터널(380m) 선정

IV. 댐시공을 위한 유수전환 방식의 특징 (가물막이 中心으로)

구분	전체절 방식	부분체절 방식	안정성 검토
개요	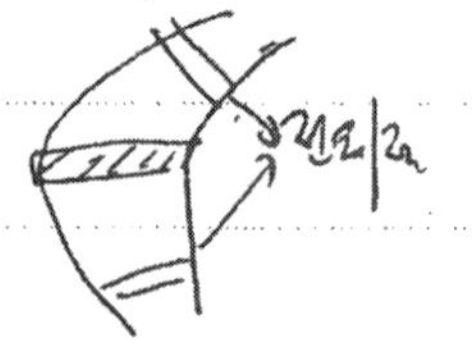 	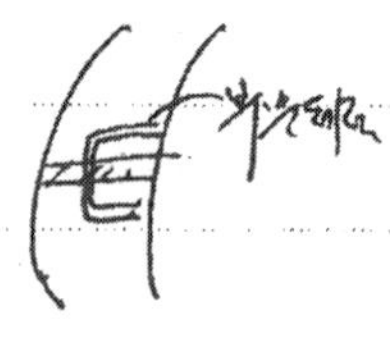 	내적 안정 검토 (제체, piping)
단점	공기 증가, 공사비 증가 유량이 많을 시 불리	협소 시공 불가 공정 제약	외적 안정 검토 (지지력, 활동, 침하)
장점	전체 안전 시공	공사비 저렴	
적용성	하천 폭이 좁은 곳	하천 폭이 넓은 곳	"CFRD 적용"

V. 댐시공을 위한 유수전환 방식의 특징 (유수처리 中心으로)

1. 가배수 터널
   - 장점 : 전체 공정 제약 없음
   - 단점 : 공사비 증가
2. 가배수거
   - 장점 : 공사비 저렴
   - 단점 ; 전체 시공 순서 [illegible]
3. 기타
   - 하천 유량 조건, 지반 조건,
   - 시공 조건에 따른 종합 검토

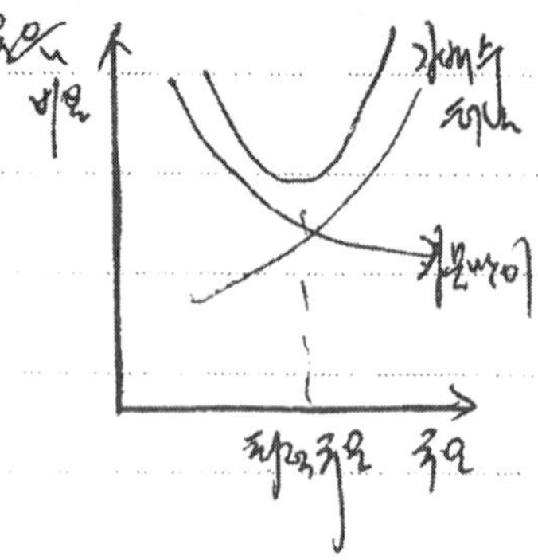

IV. 댐시공을 위한 유수 전환 방식의 종류

1. 가물막이공

1). 전체절

2). 부분체절

3). 단계식 체절

(유수전환)

2. 물돌이가공

1). 가배수터널 (Diversion Tunnel)

2). 가배수거 (open channel)

3). 가배수로 (Ditch)

※ 보령댐 유수전환 시설 → 전체절 + 가배수 터널

V. 댐시공을 위한 유수전환 방식의 특징

구분	전체절 + 가배수터널	부분체절 + 가배수거	비고
원리	본류 차단	본류 일부 차단	※ 보령댐 유수 전환 시설
시공성	우수	난이	시공성 + 경제성
경제성	고가 (1.8)	저가 (1.0)	수리수문조건 고려
장점	댐공정 미영향	통수능력 확보	↓
단점	통수능력 저하	댐공정 영향	전체절 + 가배수터널 결정
	공사비 증가	세굴 우려	(96.04 ~ 99.08)
적용성	하폭이 좁은 곳	하폭이 넓은 곳	

VI. 댐 시공을 위한 유수전환 시설 시공시 주의사항 (보령 다목적 댐 기준)

1. 시공전
   - 1) 규모 및 형식 검토
   - 2) 토취장 선정 (석산), Back water

   ※ 보령댐 유수전환시설 ─ 상류: 10년 홍수빈도, 하류: 1년 홍수빈도

2. 시공중
   - 1) 다짐 관리 : Scale Effect 고려 (t=30cm)
   - 2) Trafficability 확보
   - 3) 가배수 Tunnel : 출구부 ─ 통수단면, 세굴, 입구부 ─ 오탁방지막

3. 시공후 : 유수전환 시설 폐쇄 시기 검토 (※ 보령댐 ─ 본체 유용)

VI. 유수전환 방식의 시공 순서 (전체절 + 가배수 터널)

1. 전체절 : 가물막이 축조 → 본체 공사 → 유입 차단.

2. 가배수터널 : 준비 → 조사 → 지보공 → 발파, 배수 → 복공
   ㄴ 천공 → 장약 → 발파 → 버력처리

VII. 유수전환 방식의 시공 후 처리 방법

구분	가물막이	유수터널 및 폐쇄시기
이용	본댐 활용	이용 - 갈수기 실시
미이용	제거	폐쇄 폐쇄길이 - 15m
발전겸용	제거	폐쇄 본댐 완성 후 실시

VIII. 유수전환 방식의 시공시 주요 Check 사항

1. ~~수중~~ 계측관리
   Piping 검토
   - 차수그라우팅.
   발파 검토

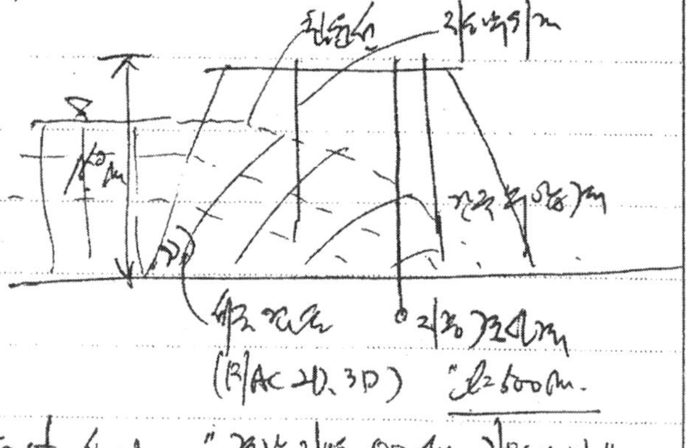

2. 품질관리
   · 시공계획 검토
   · 기초처리 - Lugeon Test 실시 "그라우팅 00 전 가물막이"

3. 환경관리
   · 사토 발파로 소음, 진동 영향 예측

"끝"

VII. OO댐 유수전환 시설의 처리방안

1. 처리시기
   - 1) D+36개월 ('99'.02) 갈수기
   - 2) 하류 용수공급 상황고려 판단

2. 처리방법
   - 1) 가물막이
     - 상류 : Fill Dam : 본체 일부유용
     - 하류 : 제거 및 하상정리
   - 2) 물돌이기 : Tunnel → 비상여수로 활용 (용수공급관 추가부설)
     - ※ 폐쇄시 길이결정 : 전단응력, 주변고결화, 활동에 대한 길이검토(15~30m)
     - Tunnel-plug, 가배수로-Gate 설치

VIII. OO댐 유수전환 시설 시공 사례

(보령 다목적 댐 공사 96'04 ~ 99'.08)

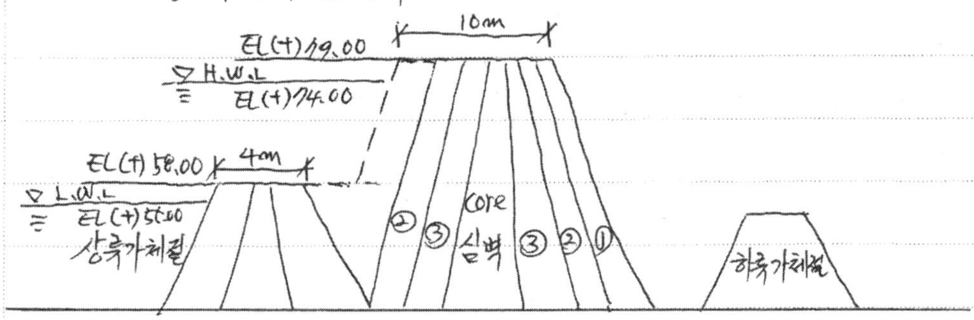

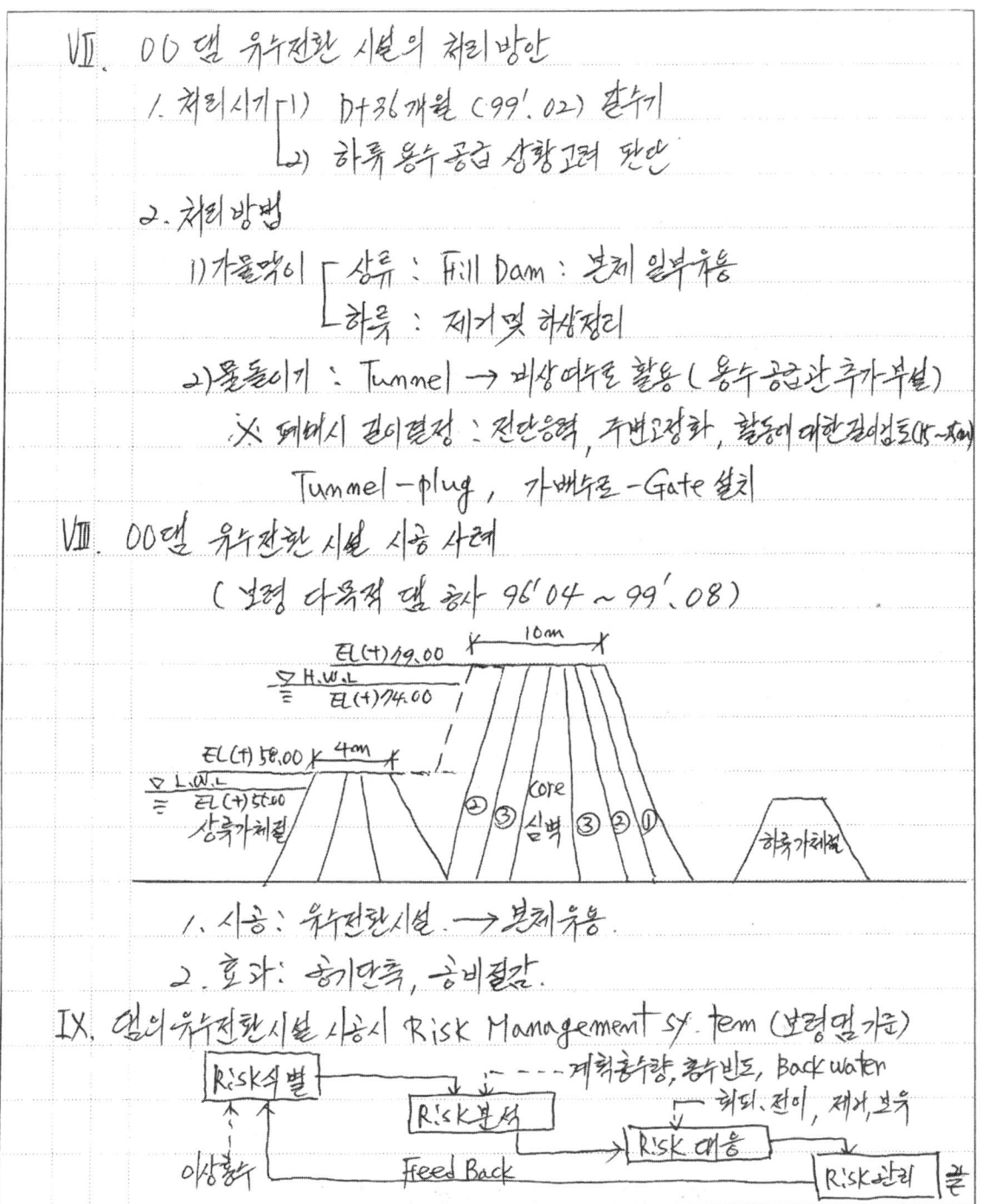

1. 시공 : 유수전환시설 → 본체유용
2. 효과 : 공기단축, 공비절감.

IX. 댐의 유수전환시설 시공시 Risk Management system (보령댐 기준)

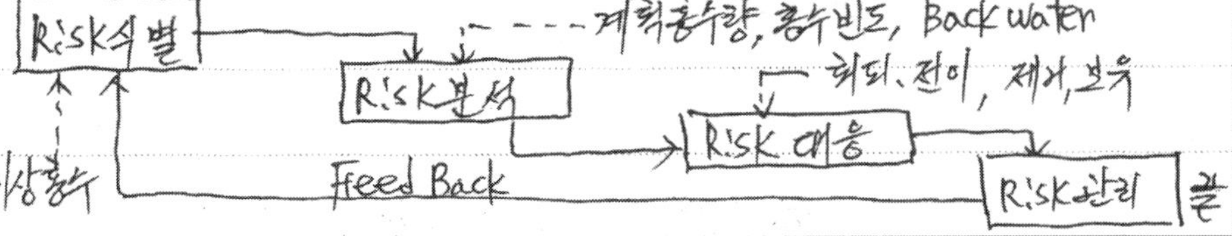

끝

▣ 마감효과!!!

안녕하세요? 신경수입니다.

1. 제가 좋아하는 단어들이 여러 가지 있는데 "효과"와 "효율"이 그중 하나입니다.

2. 강의시간 중에 종종 말씀드리지만 시험공부를 할 때 생각 해야 할 "효과"는 "마감효과", "간섭효과", "상승효과" 등이 있습니다.

3. 물론 기술사 공부를 하면서 기술적으로 반드시 정리해야할 효과(Effect)는 상당히 많습니다.

   - Time Effect
   - Smear Effect
   - Size Effect
   - Decoupling Effect
   - Tamping Effect
   - Arching Effect
   - Group Effect
   - Scale Effect
   - Kneading Effect 등등이 있죠.

4. 대부분의 사람들은 일이나 공부를 시작할 때 한껏 여유를 부리다가 마감시간이 가까워지면 바쁜 마음에 긴장하며 스스로 채찍을 가하게 됩니다.

5. 모든 시험이 순간의 방심과 여유 속에 한순간에 코앞에 다가오게 되는데, 남은 기간 순간순간에 최선을 다하지 않는다면 항상 다음시험을 기약할 수밖에 없습니다.

6. 시험공부의 효율을 높게 끌어올리기 위해서는 하루하루가 마감일이고 시험전날이다는 마음가짐이 필요합니다.

7. 특히 원서접수가 시작되는 날짜가 접수일이 아닌 시험보는 날이라는 생각으로 하루하루를 임해야 합니다.

8. 오늘이 시험전날이라고 생각한다면 지금 내가 무엇을 해야 할지 분명해질 것입니다.

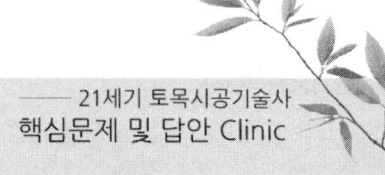

문제19 댐 형식별 기초처리 공법의 종류 및 특징에 대하여 기술하시오.

[기본 Item = 유형]

문제점	공법	AB	콘크리트	제도 및 system	기타
	★				

[관련 공종]

콘크리트	강재	건설기계	토공	연약지반	막이	기초
				★		★
도로포장	교량	터널	댐	하천	항만	공사시사
			★	★		★

[질문 요지]

1. 댐 형식별 기초처리 공법의 종류
2. 댐 형식별 기초처리 공법의 특징

[조건]

1. 형식별

[중요 Item]

1. 기초처리공법 적용 Flow
2. Lugeon Test=주입공 설계 및 효과판정
3. 주입=요구(강도/고/침)+문제(내/공/불확실)+관리(주입량/압)

[차별화 Item]

1. 이 론 :
2. 경 험 :
3. 도식화
   - 그래프 : 주입량-주입압 관계
   - 모식도 : 기초처리 단면도
   - Flowchart : 공법선정 Flow
   - 특성요인도 :
   - 기타 :
4. 비교표 : Consolidation / Curtain Grouting

Thinking Tip

1. 목/위/배/심/주/개
2. 환경문제

문제 19) 댐 형식별 기초처리 공법의 종류 및 특징에 대하여 기술하시오.

답)

I. 개요

1. 댐 형식별 기초처리 공법의 종류에는 Fill Dam의 경우 Blanket과 Curtain Grouting이 있고 Con'c 댐의 경우 consolidation과 curtain Grouting이 있다.
2. Curtain Grouting의 특징은 차수를 목적으로 Dam체 상류에 설치하며 consolidation Grouting의 특징으로는 안정을 목적으로 Dam 기초 전면에 설치한다.
3. 기초 grouting으로 인한 lugeon Test 관리 및 환경오염 방지 관리에 유의하여야 한다.

II. 예천 양수 발전소(CFRD)에서의 기초처리 단면도(2004)

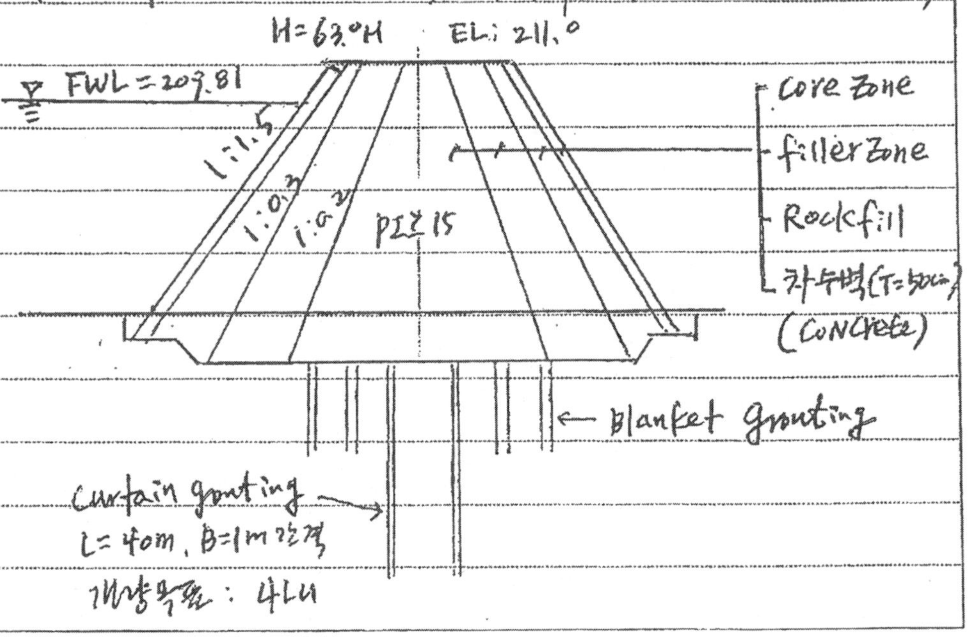

Ⅲ. 댐형식별 기초처리 공법의 종류

1. Fill Dam
   - Blanket grouting (표층 누수처리)
   - curtain grouting (차수)
   - consolidation grouting (안정)
2. concret Dam
   - consolidation grouting (안정)
   - curtain grouting (차수)

※ 예천 양수 발전소 현장 : curtain grouting Blanket grouting 적용함 (2004년)

Ⅳ. 댐형식별 기초처리 공법의 특징

구 분	Curtain G/T	Consolidation G/T	비고
목적	1. 누수목적	1. 지지력 확보	※ 예천 양수
	2. piping 방지	2. 활동방지	발전소 현장의
	3. 양압력 감소	3. 취약부처리	환경 관리 사례
		4. 변위억제	→ 환경오염인자
위치	Dam 상류측	댐기초 전면적	(Ra, Cr^{6+}, NH_3)
간격	0.5~3.0m	5.0~10m	의 별도 지정관리
심도	H/3 + C	5m	
주입압	5~15kg/cm²	3~10kg/cm²	

Ⅴ. 댐 기초처리 공법의 시공순서

토사 굴착 — 암반조사 — 기초처리 — 수압시험

↑ 암반노출 ↑ 천공 ↑ 양생

VI. 댐 기초처리공법 시공시 주의사항

1. 시공전 : 1) 지형, 지질조사
   2) 시반시추 보링조사.
2. 시공중 : 1) grouting 환경오염 방지대책 강구
   2) 수리, 수문조건 사전파악
   3) 주입량, 주입압 이상 관측시 지반 조사후 재실시
3. 시공후 : 1) 지하수위 거동상태 관리.

VII. 임하댐 기초처리공법 적용시 주입량, 주입압 관계 그래프

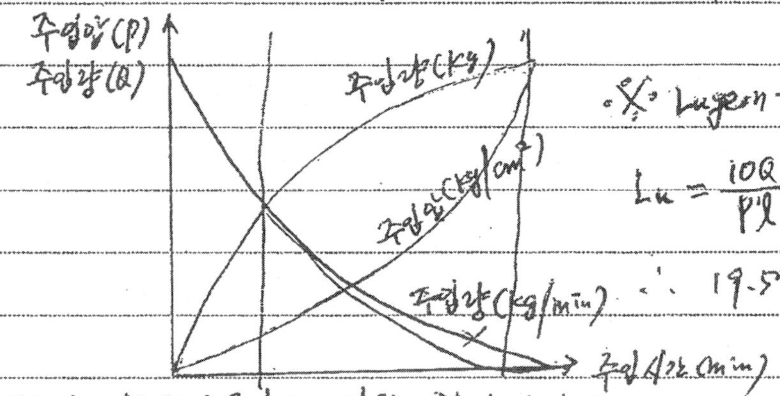

※ Lugeon test 결과

$$Lu = \frac{10Q}{Pl} = 19.50$$

$\therefore 19.5 < 25$

VIII. 친환경 기초처리공사를 위한 환경관리 System

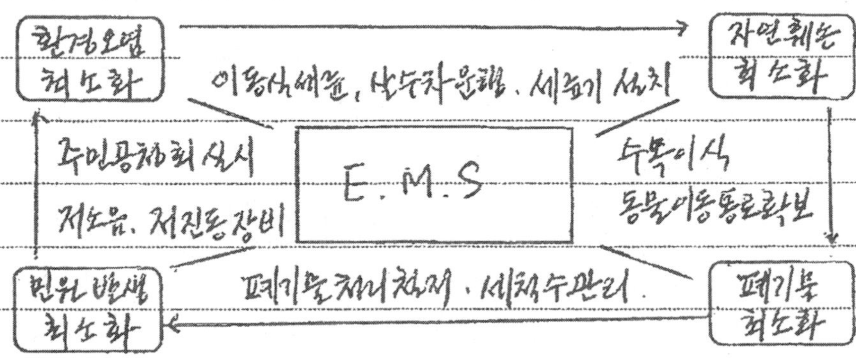

문제 19. 댐형식별 기초처리 공법의 종류 및 특징에 대하여 기술하시오

[답]

I. 개요

1. 댐형식별 기초처리 공법의 종류는 Fill Dam (Consolidation, Curtain, Blanket), Con'c Dam (Consolidation, Curtain)으로 구분하며
2. 기초처리 공법의 특징은 Consolidation (안정성 확보), Curtain (차수성 확보), Blanket (누수) 등이 있으며
3. 경남 밀양 지역 OO댐 현장에서는 Con'c Dam 기초처리시 Curtain과 Consolidation Grouting을 실시하여 처리함.

II. 댐기초 처리의 목적

- 안정 - 내하력 증진 → 활동방지, 지지력 상승
- 차수 - 수밀성 증진 → 누수방지, Piping 방지 등

III. 댐 기초 처리 공법의 선정 Flow

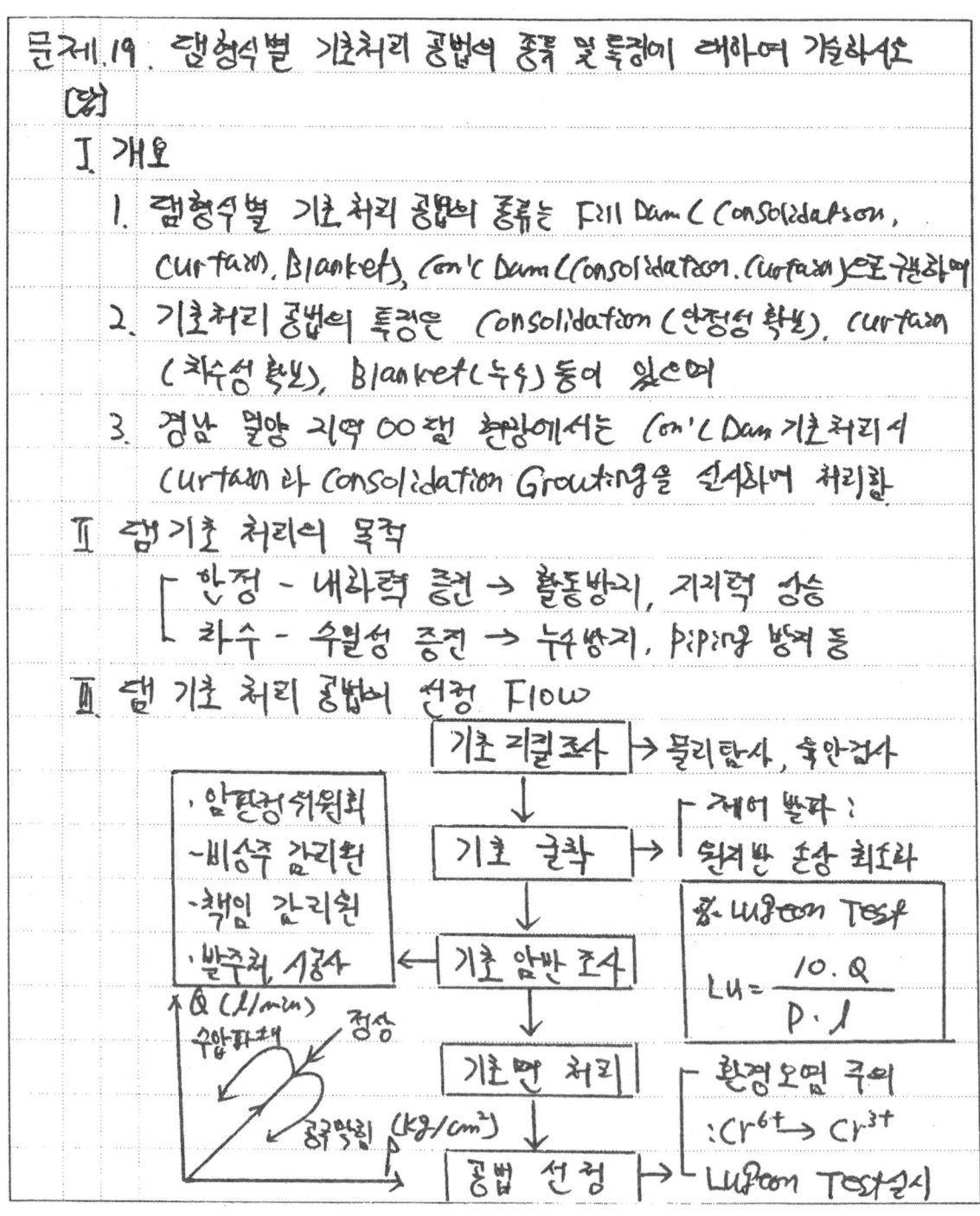

기초 지질조사 → 물리탐사, 육안검사

↓

기초 굴착 → 제어 발파 : 원지반 손상 최소화

↓

기초 암반 조사 ← · 암판정 위원회 - 비상주 감리원 - 책임 감리원 · 발주처, 시공사

※ Lugeon Test

$$Lu = \frac{10 \cdot Q}{P \cdot l}$$

↓

기초면 처리 → 환경오염 주의 : $Cr^{6+} \rightarrow Cr^{3+}$

↓

공법 선정 → Lugeon Test 실시

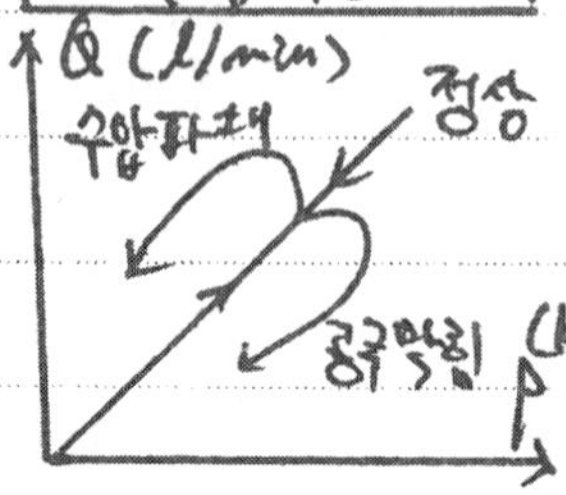

번호 19. (댐) 형식별 기초처리공법의 종류① 및 특징②에 대하여 기술하시오. ┌ Lu Test └ 양면성

답)

I. 개요

1. 댐 형식별 기초처리공법의 종류에는

2. 특징으로는

3. 전남 OO 다목적 댐(20OO)의 경우, CFRD 코어,

II. 댐 형식별 기초처리공법 선정시 고려사항

[지반조건]	[시공조건]
○ 절리상태 (풍화정도) 등	○ 공사비용, 공사기간 등
[구조물조건]	[환경조건]
○ 댐 형식, 단면, 안정/차수	○ 환경영향 피해 (수질, 토양) 등

III. 댐 기초처리 공법의 양면성 및 효과 확인을 위한 Lugeon Test

1. 양면성 ┌ 긍정적 : 안정, 차수
　　　　 └ 부정적 : 환경오염 (수질, 토양) - Cr^{6+}, Ra, NH_3

2. Lugeon Test (단, P = 주입압, Q = 주입량)

$$Lu = \frac{10Q}{P \cdot l}$$, 설계한계치 25Lu

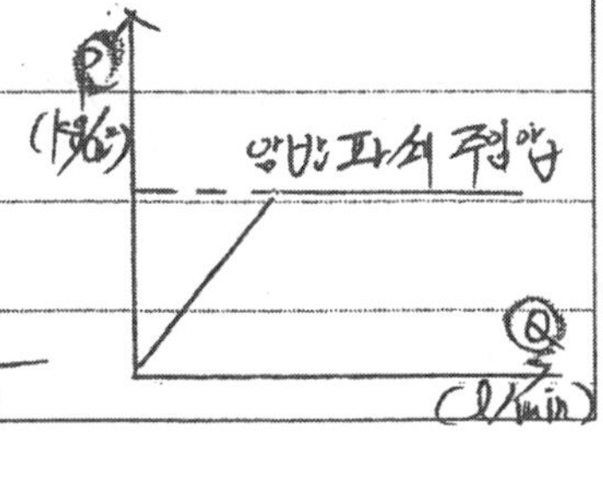

(※) OO 다목적 댐 (20OO) Lu=13.5 < 25

IV. 댐 형식별 기초처리 공법의 종류 (Fill Dam, Con'c Dam 중심)

- Fill Dam
  - 안정 - Consolidation
  - 차수 - Curtain
  - 누수 - Blanket
  - → Grouting
- Con'c Dam
  - 안정 - Consolidation
  - 차수 - Curtain
  - → Grouting

※ 경남 밀양 지역 OO 댐 현장 : 기초처리(Grouting)

- 안정 - Consolidation → 5.0m×2.0m H=4~6m
- 차수 - Curtain → 3.0m×3.0m H=32~49m

V. 댐 형식별 기초처리 공법의 특징

구분	Consolidation	Curtain	비고
· 목적	· 내하력 증대	· 수밀성 증대	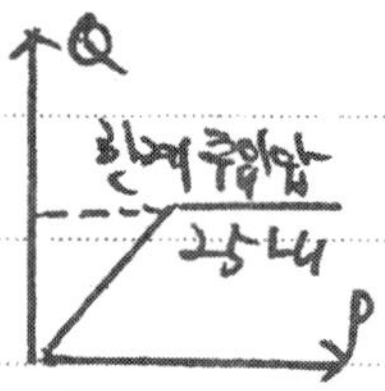
· 위치	· 댐 기초 전면적	· 댐축 상류	
· 배치	· 격자형	· 병풍형	
· 심도	· 5m	· $\frac{H}{3}$ + C(8~25m)	→ 한계주입압
· 주입재	· Cement	· ASP, 물유리계	≒25Lu
· 경제성	· 3,200 천원/공	· 1,600 천원/공	

VI. 댐 기초처리 공법의 시공순서 (Curtain Grouting 중심)

장비 Setting → 천공 → 주입 → 시험 → 마무리

- 장비 Setting: 지지력 확보, 소음 진동 방지
- 천공: 수직도 관리, 장비 관리
- 주입: 주입압, 주입량 확인
- 시험: Lugeon Test
- 마무리: Lugeon Map 작성

IV. 댐 형식별 기초처리공법의 종류 (및 목적)

[기초처리공] = [기초굴착공] + [기초면처리] + [기초지반처리공]

(1·2차) (용출수, 사면부)

- Grouting
- 연약층처리
- 기타

댐 형식별

→ 1. Fill Dam (차수)
- Curtain Grouting
- Blanket Grouting
- 단, H ≥ 100m ⇒ Consolidation Grouting

→ 2. Concrete Dam (안정)
- Consolidation Grouting
- Curtain Grouting

V. 댐 기초처리공법의 특징 및 현장 적용사례

구분	Consolidation	Curtain	현장 적용
개념	안정 (내하력↑)	차수 (수밀성↑)	(*) 전라남도
위치	기초 전면적	상류측	OO다목적댐
배치	격자형 (5~10m)	병풍형 (≒3m)	(2001)
심도	약 5m	H/3 + C	◦Curtain G
주입압	◦1stage: 3~6 kg/cm²	◦5~15 kg/cm²	: 25~35m
개량 목표 (2종) ⊕	◦2stage: 6~12 kg/cm²		◦Blanket G
단점	압력초과시 효과저하	불량시 부여 영향	: 5m
장점	내하력 증대	수밀성 증대	[CFRD]

VI. OO댐(2001)의 기초처리공법 시공절차 Flow

[조사] → [유수전환] → [기초굴착] → [기초처리] → [효과확인]

- [조사]: ◦기초지질
- [유수전환]:
  - ◦가배수터널(D=5m)
  - 가체절
- [기초굴착]: ◦1차, ◦2차
- [기초처리]:
  - Curtain(35m)
  - Blanket(5m)
- [효과확인]: Lu=13.5

VII. 댐 형식별 기초 처리 공법 시공시 주의사항

- 시공전
  - 기초 지반 조사 → 암반, 사력층, 토사
  - 기초 처리 공법 선정 → 시험 시공 실시
- 시공중
  - 천공시 수직도 관리 철저
  - Grouting 주입압 주입량 확인 철저
  - Lugeon Test 실시
- 시공후
  - 계측 관리 및 유지관리 지침서 작성
  - 환경 오염 대책 수립 (Cr⁶⁺ → Cr³⁺)

VIII. 현장 책임기술자로서 댐 기초 처리시 공정 환경 관리 방안

- 환경 오염 최소화 - 세륜 시설 설치, 살수차 운행
- 자연 훼손 최소화 - 수목이식, 동물이동 통로 설치
- 폐기물 최소화 - 폐기물 임시 저장소 설치
- 민원 발생 최소화 - 저진동, 저소음 장비 운행

"끝"

Ⅵ. OO댐(2001) 기초처리 공법 시공시 단계별 주의사항

1. 시공전
   - 기상/갈수기 고려 시공계획 (홍수기 1회/18개월)
   - Lu Test ⊕ Test Grouting ⇒ P, Q, 목표값 설정

2. 시공중
   - ◦ 주입압/주입량 등 적정 시공
   - ◦ Lugeon 값 25Lu 이하 관리
   - ◦ 환경관리(토양/수질 등) : Cr^{6+}, NH_3, Ra

3. 시공후
   - ◦ Lugeon Test : Lu=13.5 < 25
   - ◦ 환경 Monitoring

Ⅶ. 댐 기초처리공법 시공시 효율적 관리를 위한 Risk Management

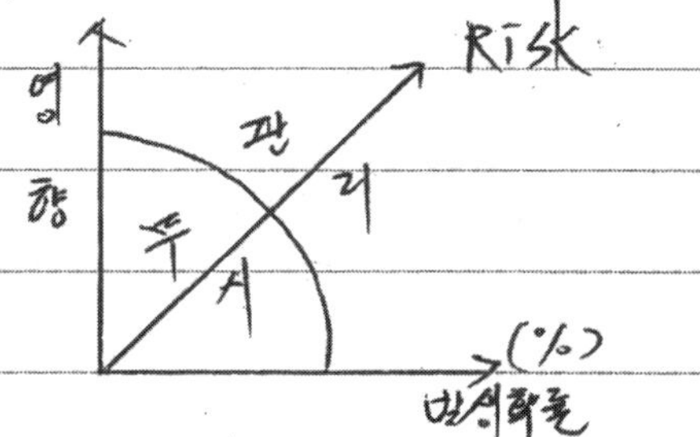

◦ 위험도 관리 4단계

[식별]→[분석]→[대응]→[관리]

- 식별: ◦발생원, ◦유무
- 대응: 회피, 전이, 보유, 감소

◦ Risk = f(불확실성, 손상 × 손해 × 상해)

Ex) Ⅶ. 친환경적 댐 기초처리 시공을 위한 환경관리 System 사례 (E.M.S)

OR

Ⅶ. Risk M을 통한 댐 기초처리공법의 시공관리

"끝"

▣ 시험감각이 떨어진 분들에게…

안녕하세요? 신경수입니다.

1. 많은 분들이 이런저런 핑계로 시험감각이 떨어져서 나타나는 것을 자주 보게 됩니다.

2. 시험뿐 아니라 운동, 업무 등 세상 모든 일들이 최소한의 감각유지를 필요로 하고 있습니다.

3. 감각상실의 골이 깊으면 깊을수록 기술사시험 합격과는 거리가 멀어질 수밖에 없습니다.

4. 물론 아직 감각조차 없는 분들에 비하면 조금 유리하겠지만 계속 올라가는 것보다 떨어지는 것을 붙잡아 올리는 것이 훨씬 힘든 작업인 것은 분명합니다.

5. 감각이 많이 떨어진 분들이 감각을 빨리 회복하는 길은 아래와 같으니 참고하여 하루빨리 잃어버린 감각을 되찾으시기 바랍니다.

   ■ 감각회복 방법
   - 가장 자신 있고 친숙한 부분을 집중적으로 학습할 것
   - 기 작성된 자신의 답안을 다시 한번 써 볼 것
   - 매일 조금씩 (하루에 단답형/서술형 1문제씩) 풀어볼 것
   - 혼자 하지 말고 주위분들과 함께 많은 이야기를 나누어 볼 것.
   - 과거 시험본 것 중 점수가 좋은 교시의 문제를 자주 읽어볼 것

6. 그래도 감각이 돌아오지 않으면 저하고 막걸리 한잔 마시고, 한대 맞으면 됩니다. ^^

7. 감각 회복하는 한주 되시기 바랍니다.

문제20 하천 제방의 종류와 경로별 누수 및 붕괴 원인을 기술하고 대책에 대하여 기술하시오.

[기본 Item = 유형]

문제점	공법	AB	콘크리트	제도 및 system	기타
★	★				

[관련 공종]

콘크리트	강재	건설기계	토공	연약지반	막이	기초
					★	
도로포장	교량	터널	댐	하천	항만	공사시사
				★		★

[질문 요지]

1. 하천 제방의 종류
2. 하천 제방의 경로별 누수 및 붕괴 원인
3. 하천 제방의 경로별 누수 및 붕괴 대책

[조건]

1. 하천제방

[중요 Item]

1. 막이유형=설계흐름+안정조건+불안정시 대책
2. 붕괴원인=월/세/사/누+침하
3. 누수원인=내적/외적

[차별화 Item]

1. 이 론 :
2. 경 험 :
3. 도식화
   - 그래프 : 다짐특성 그래프(건조밀도, 전단강도, 투수계수)
   - 모식도 : 제방붕괴 재난계측, 제방 평면/단면도, 유선망도
   - Flowchart :
   - 특성요인도 :
   - 기타 : Piping Mechanism
4. 비교표 :

Thinking Tip

1. Risk Management
2. 유지관리

문 9) 하천 제방의 경로별 누수원인을 기술하고, 붕괴 원인 및 대책에 대하여 기술하시오.

답)

I. 개요

1. 하천 제방의 경로별 누수원인은 제체를 통한 누수, 지반을 통한 누수, 기초 지반을 통한 누수가 있는데,

2. 제방 붕괴 원인은 내적인 누수, 세굴, 활동, 기초 등이 외적인 월류, 충격 : 기초 지반 원인이 있다.

3. 붕괴 대책은 단면대책(재료, 재료, 시공, 유지관리 측면)과 [illegible] 대책 1차 기초, 2차 기초 등이 있다.

4. 최근 하천 제방의 예. 경보 system을 통한 사전 대책을 수립 요구.

II. 국내 하천 지역 하천의 특징 및 하천 제방의 안정 조건

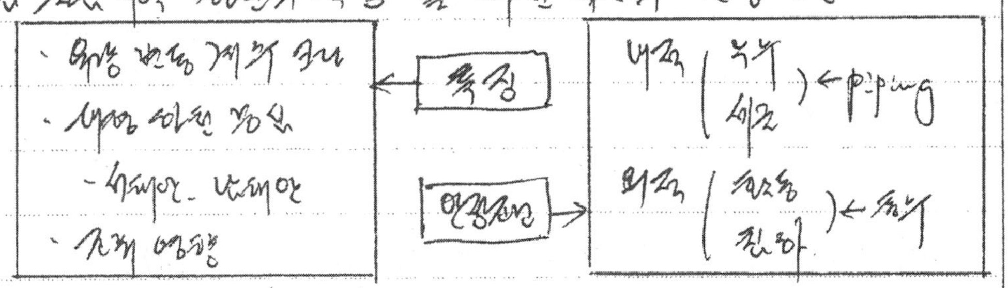

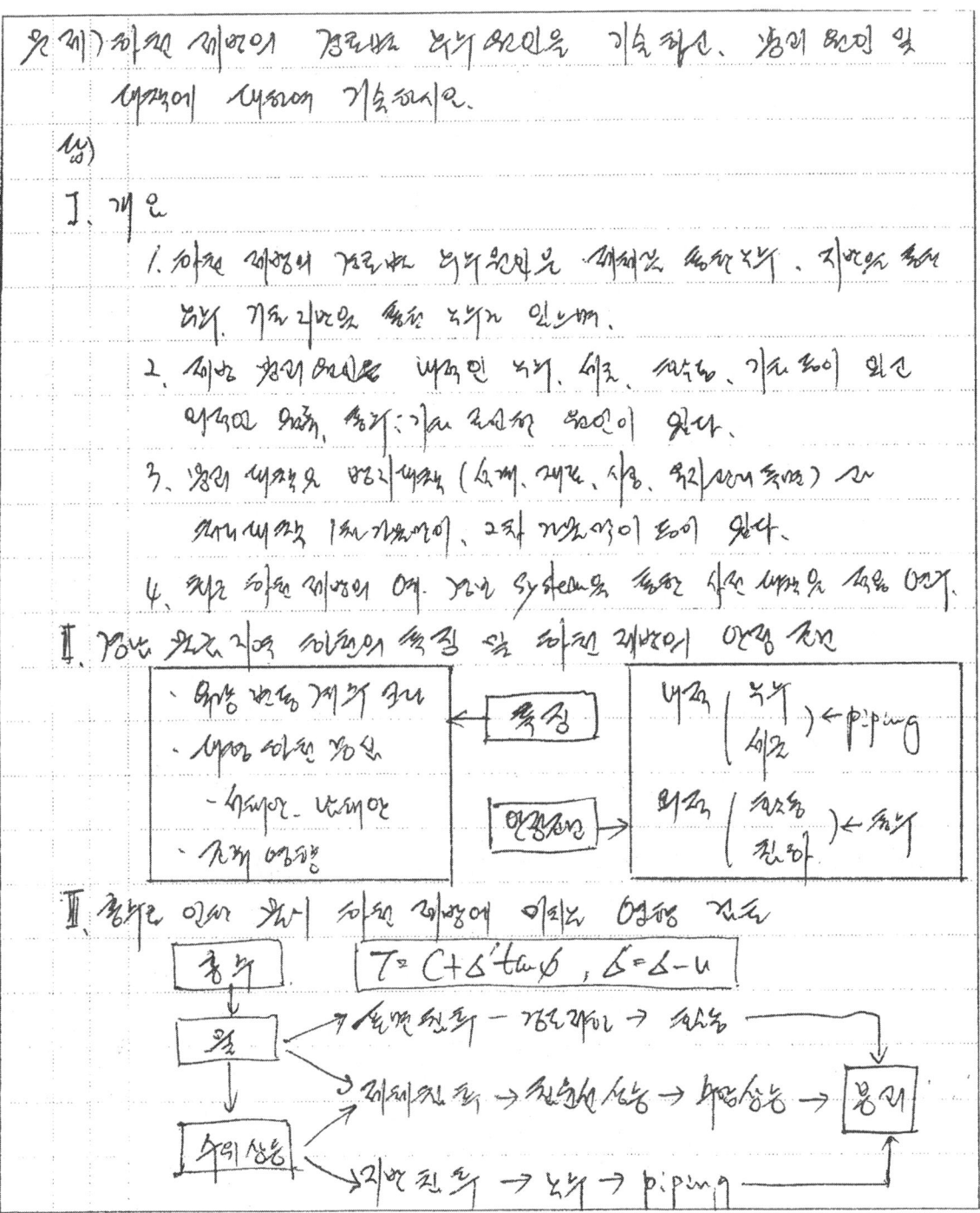

III. 홍수로 인한 침식 하천 제방에 미치는 영향 검토

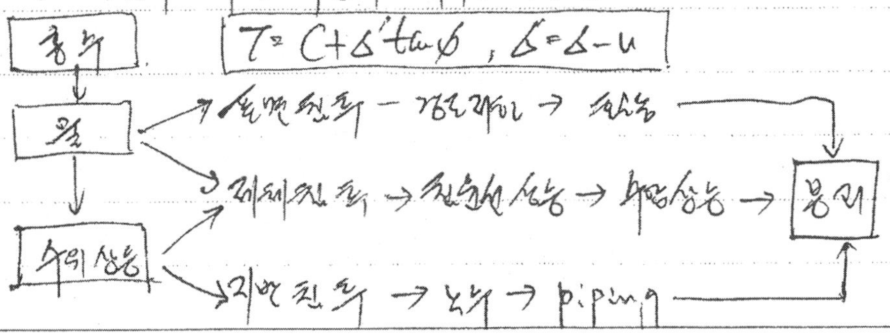

IV. 하천 제방 경로파괴 누수시 문제점

제체 / 지반) → 누수 → 세굴 → (Q=AV) piping → 한계동수경사 초과 / 간극수압 상승 → 유출 → 붕괴

V. 하천 제방 경로파괴 누수 원인 (및 대책)

경로파괴 누수 원인	대책
1. 제체를 통한 누수	1. 방지 대책
(설계, 재료 – 거버 불량, 투수성 재료	· 누수 차단
(시공, 유지 – 다짐 불량, 제체 모래 손실	(차수벽 시공
2. 지반을 통한 누수	(차수 공법
(내적 – 사질지반, 공동, 투수성 모래	2. 제내 대책
(외적 – 세굴, 수위 상승	· 침투수 배제

VI. 하천 제방의 붕괴시 문제점 및 경제 손실

1. 직접적 (인적 – 인명 손실
   (물적 – 재산 피해
2. 간접적 – 복구 따른 비용 증대

경제 손실
(직접
(간접

$$R.e = \frac{\text{전체 가치}}{\text{전체 복구}}$$

VII. 하천 제방의 붕괴 원인 (충청지역 2002년 9月)

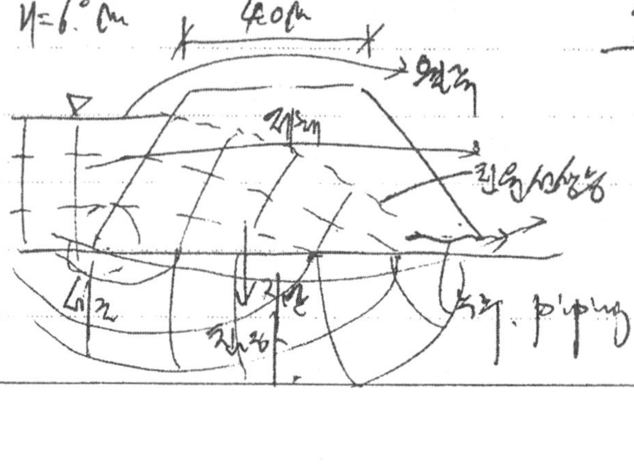

※ 충청지역 제방 붕괴 원인

호우 – 160mm/hr
↓
수위상승 ← 제체 침투 / 간극수압 상승
↓
경로파괴
↓
붕괴

VIII. 하천 제방의 붕괴 대책 (낙동강 제방, 2002년 수해 복구 현장)

1. 방지 대책

1) 설계 - 축조 기울기 (1:1.5) ← 안정 검토 | SEEP/W

2) 재료 - 함수비 관리 - 입도 배합 ($C_u + C_g$) | PC-SEEP

3) 시공 - 다짐 관리 (95%) - 시방기준 준수. Tamping Roller

4) 유지관리 - 계측 관리 - 지하수위, 간극수압계, 유속계

2. 응급 대책

1차 가물막이 - 제방 비탈 제거 (안정 시간 확보 / 토사 유출 방지) (sheet pile H=6.0m)

2차 가물막이 - 비탈 가설 (d=70cm) 시트 파일 설치

IX. 향후 하천 제방 계측을 통한 예·경보 System 도입 필요

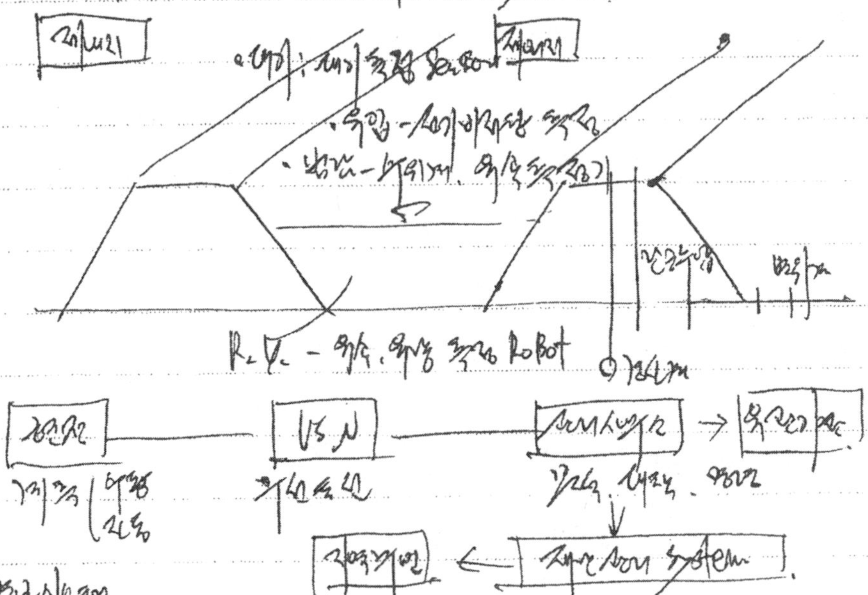

경제시스템

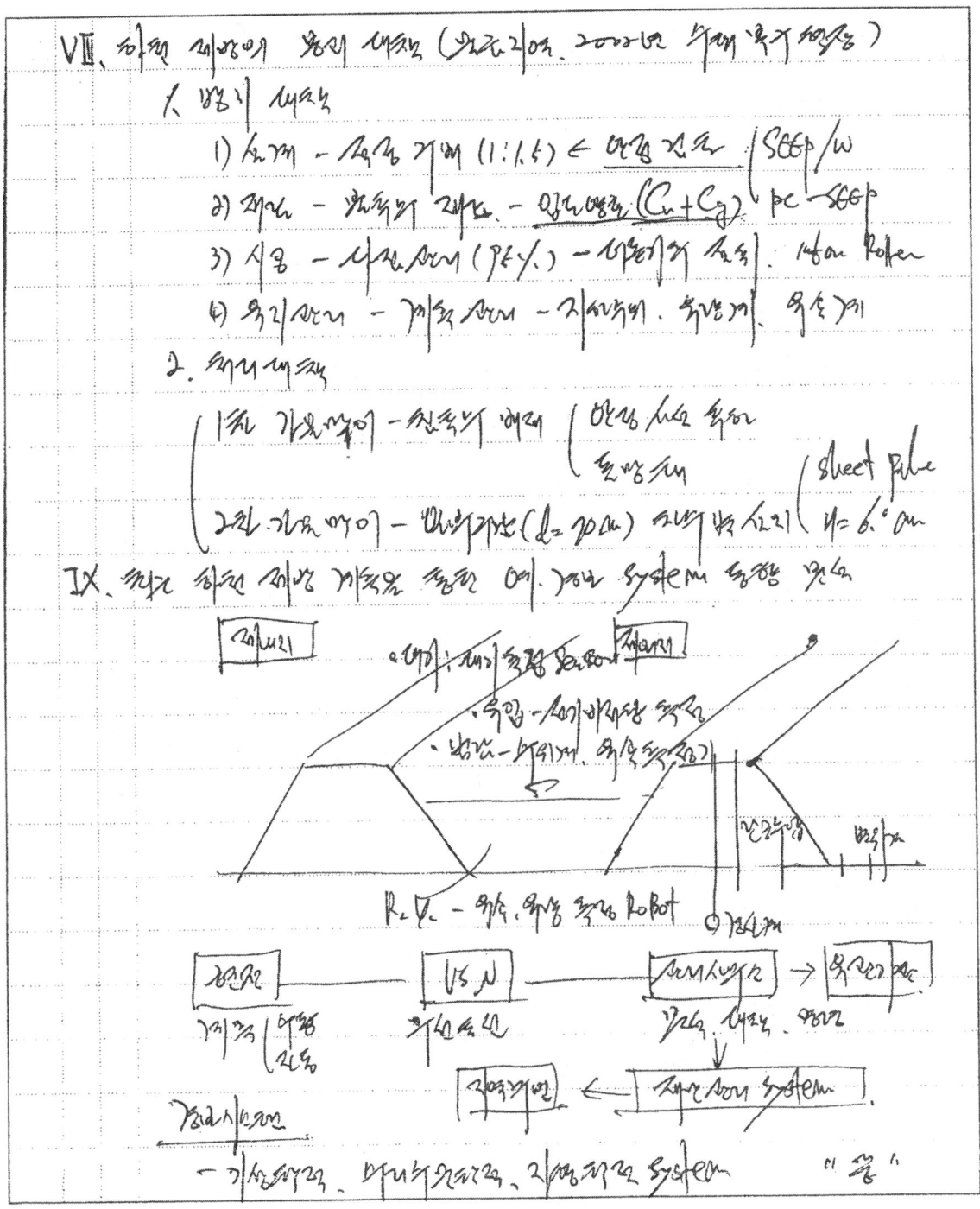

- 기상예측, 하천유량예측, 자동제어 System 이용

문제20) 하천 제방의 종류와 종류별 누수 및 붕괴 원인을 기술하고 대책에 대하여 기술하시오.

답)

Ⅰ. 개 요

1. 하천 제방의 종류는 본제, 부제, 역류제, 월류제, 윤중제, 분류제 횡제등이 있으며

2. 하천 제방의 누수원인은 제방자체누수와 지반의 누수가 있고 시공관리(재료, 다짐) 부실에 의한 누수가 있음.

3. 하천 제방의 붕괴원인은 제방의 월류. 세굴. 누수, 사면활동, 침하 등이 있고, 누수시 대책은 누수경로의 차단과 처리방법이 있고 붕괴시 법적, 제도적 과 기술적 처리 방법이 있음 (OO제방 보수공사, 보축확장공사 – sheetpile + 피복석)

Ⅱ. 하천 제방의 안정조건에 따른 설계 FLOW

1. 제방의 안정조건

1) 내적 : 지반누수, 세굴, piping

2) 외적 ┌ 전도, 지지력, 활동
　　　　└ 월류 (통수능력)

2. 설계 FLOW

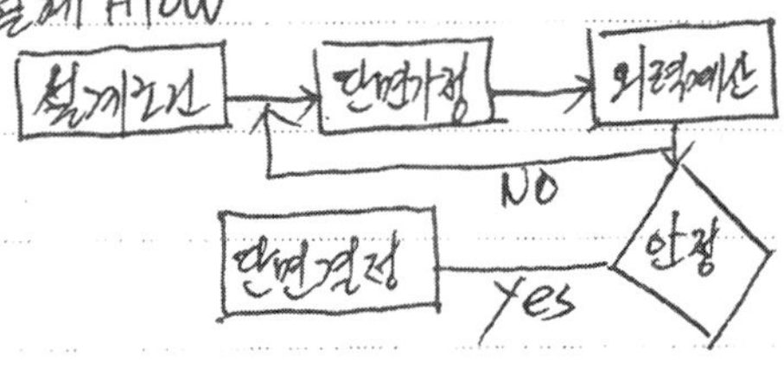

Ⅲ. 하천 제방의 기능별 종류 (분류)

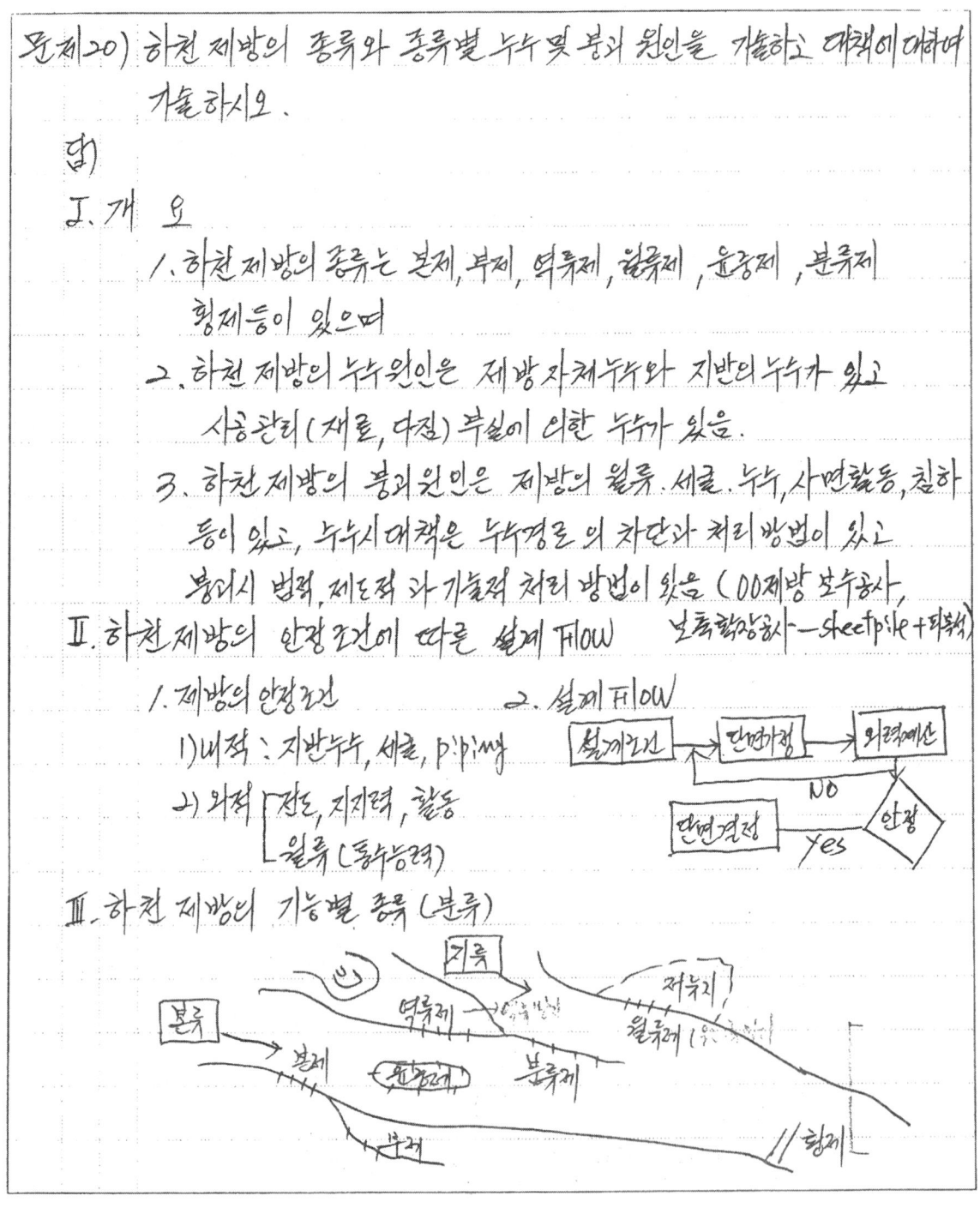

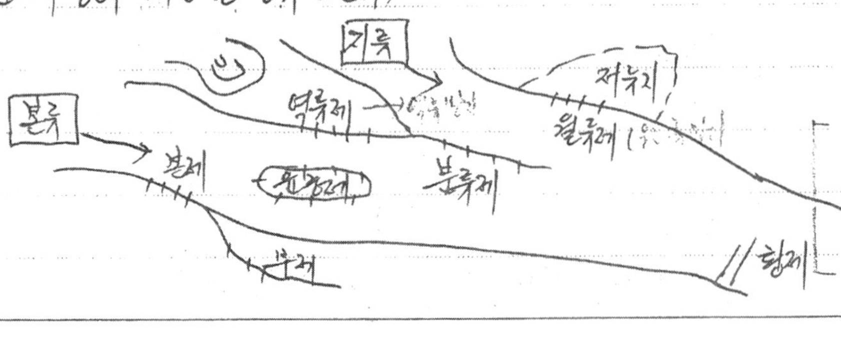

<문제20> 하천 제방의 ~~종류와~~ 경로별 누수 및 붕괴원인을 기술하고 대책에 대하여 기술하시오.

<答>

I. 槪要

1. 하천제방의 경로별 누수원인은 제체를 통한 설계, 재료 사용 및 지반을 통한 내/외적 원인이 있음.
2. 누수에 대한 대책에는 제체에서의 수리모형시험 설계변경, 양질의 재료 및 다층철저히 지반에서의 Grouting 등이 있음.
3. 하천제방 붕괴의 원인에는 제체누수, 월류, 침하, 세굴등이 있고 제체누수가 가장 큰 원인임.
4. 하천제방 붕괴의 대책에는 법적/제도적 및 기술적 대책이 있음.

II. 국내하천의 特徵

1. 하천경사가 급함
2. 유량 변동계수가 큼.
3. 대하천
4. 감조하천

→ 관경보안 증가

III. 하천제방의 安定條件.

1. 내적안정
   1) 콘크리트 : 균열
   2) 지반 - 세굴
      - 누수
      - Piping
2. 외적안정.
   1) 활동
   2) 지지력에 안정
   3) 월류에 안정
   4) 침하에 안정

IV. 하천 제방 누수 및 붕괴시 문제점

1. 직접 : 인적·물적 피해 → 재난

2. 간접 : 보수·보강 → 사회기회비용증가

※ 누수 및 붕괴 Mechanism

[강우 → 투수성증가 → 간극수압증가 → 강도저하 → (제방붕괴)

[수위상승 → 누수 → piping → 토립자 유출 ——↑

V. 하천 제방의 누수 및 붕괴 원인

1. 누수원인

1) 설계 : 제방경사·폭

2) 시공관리 [재료(투수성 재료)
[시공(다짐불량)

3) 유지관리 : 배수불량

4) 환경변화 : 지진, 지반변화

2. 붕괴원인

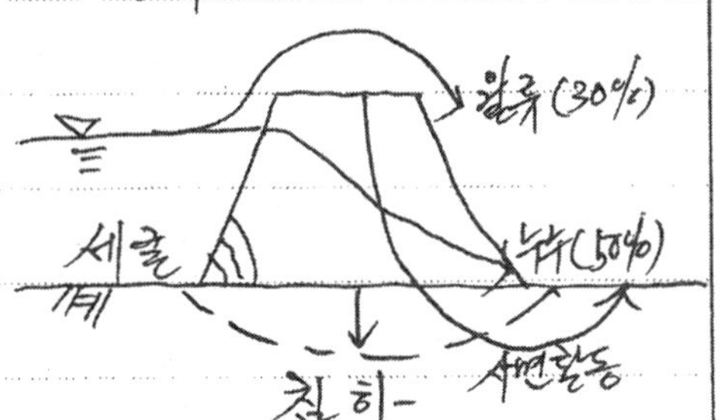

VI. 하천 제방의 누수 및 붕괴시 대책

1. 누수대책

1) 누수경로 차단

Grouting, sheet pile, 피복석, 차수벽

2) 누수처리 [침윤선 낮춤(제방폭증가)
[침투수 배제/저감.

(OO 제방보강공사 L=360m
98.06~00.12)

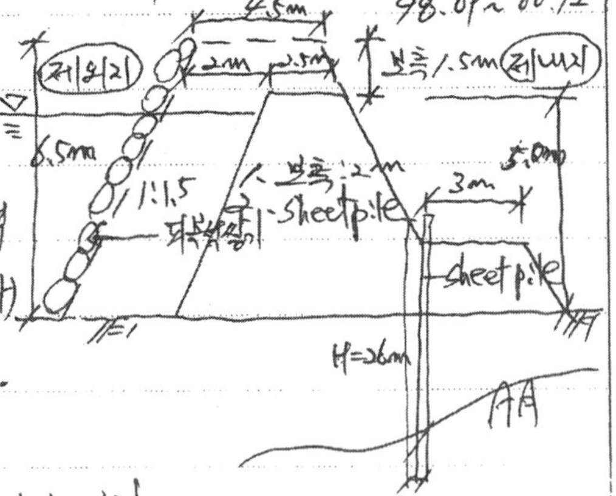

2. 붕괴대책

1) 법적, 제도적 : system, 법규, 예산, 보험.

2) 기술적 : 유출량감소($Q = \frac{1}{3.6}CIA$), 통수능력증가($Q = A \cdot V$)

IV. 하천제방의 누수발생時 問題點

1. 구조적 문제 : 간극수압증가 ⇒ 전단강도저하 ⇒ 제방 안정성저하 ⇒ 제방붕괴
2. 비구조적 문제 : LCC cost 증가

V. 하천제방의 경로별 누수原因

1. 제체를 통한 누수
   1) 설계 : 단면부족
   2) 재료 : 입도불량
   3) 시공 : 다짐부족
2. 지반을 통한 누수
   1) 내적 : 파쇄대, 공동
   2) 외적 : 수위 상승 등.

VI. 하천제방의 누수에 대한 對策

구분	대책
제체누수	설계 : 수리모형실시 재료 및 시공 : 양질의 재료, 다짐철저
지반누수	내적 : Grouting 외적 : 통수단면 조정

VII. 하천제방 붕괴원인 및 해석 program

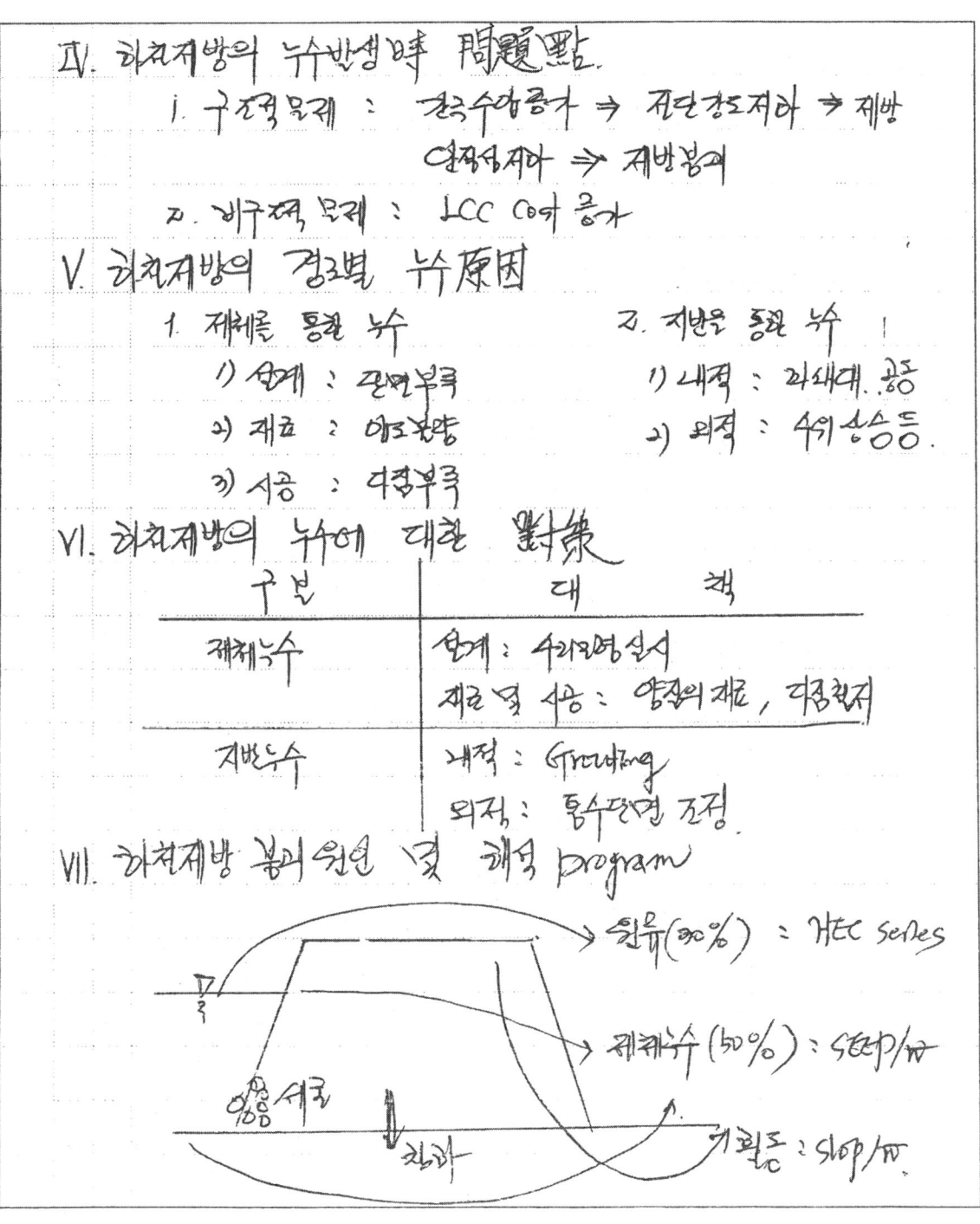

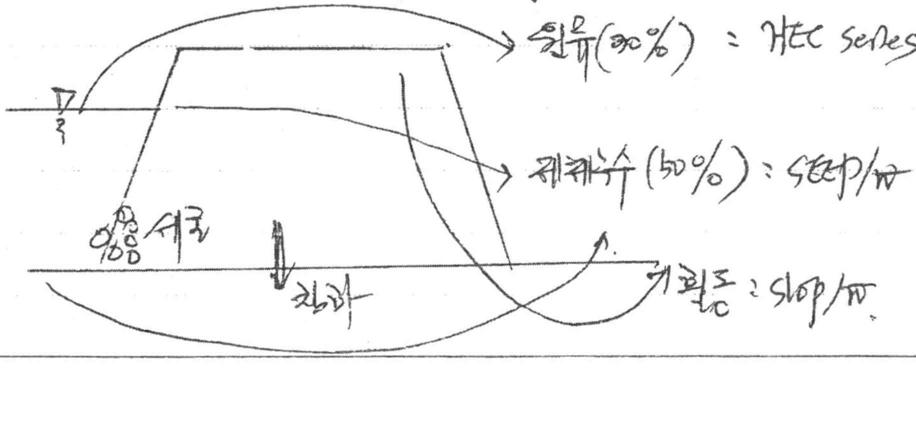

Ⅶ. 하천 제방 축조시 주의사항

1. 시공전 : 홍수량 < 통수량 검토
2. 시공중 ┌ 1) 재료 : 불투수성 재료
   └ 2) 시공 : Scale Effect 고려
3. 시공후 ┌ 1) 유지관리
   └ 2) 세굴 및 비탈면 보호

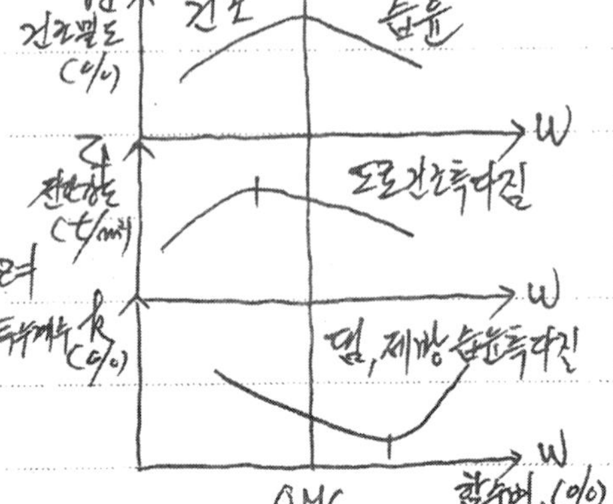

(다짐한 흙의 특성)

Ⅷ. OO제방 보강 공사중 계측관리 사례

※ USN을 기반으로 한 실시간 계측관리

1. 대기측 : 대기측정 센서
2. 제방측 : 지중수평 변위계, 지하수위계, 간극수압계
3. 하천유입수 : 하천 유입 전기비저항 측정기
4. 하천범람 : 유향측정기 (유량/유속측정기)

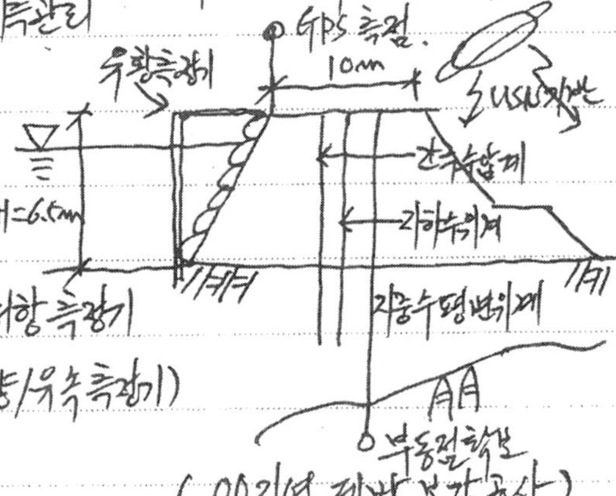

(OO지역 제방 보강공사)

※ 발전방향

┌ 1) 기존 : 고정구간 유향계측
└ 2) 최근 : 전구간 실시간 계측 (R2U2 유향측정로보트)

Ⅸ. OO제방보강 시공 Risk Management System

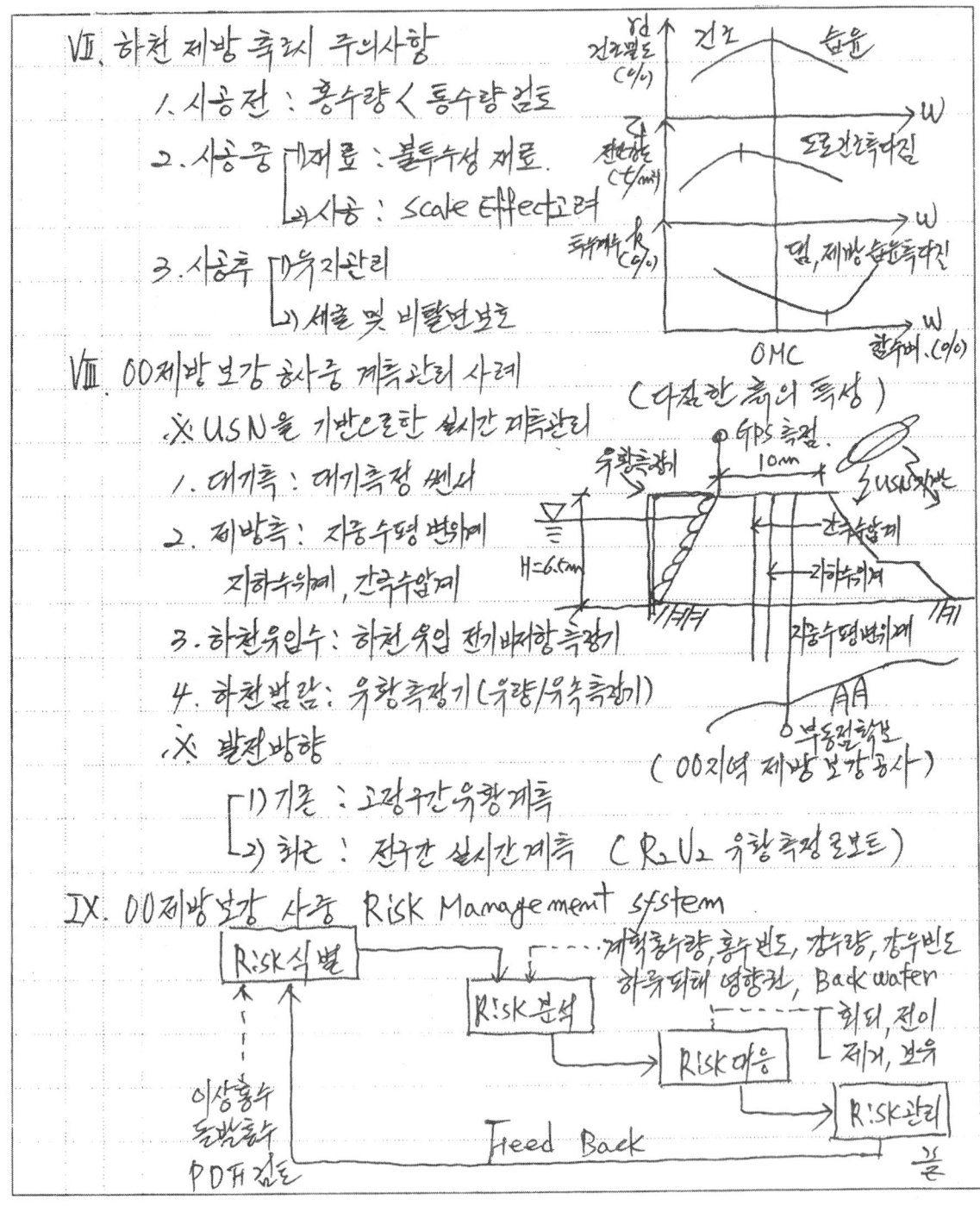

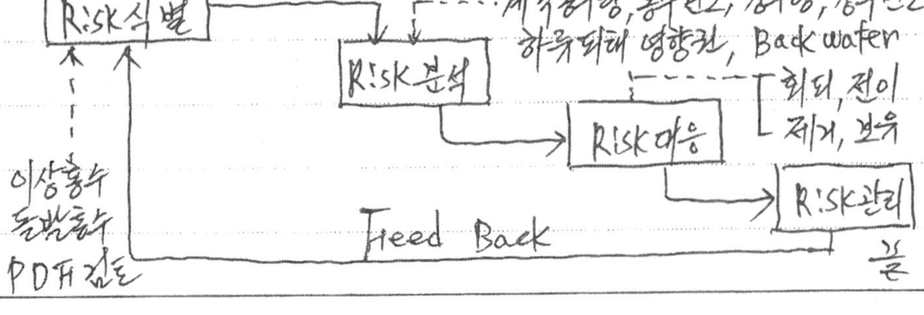

끝

VIII. 하천제방 붕괴에 대한 對策

1. 법적, 제도적 대책 : 1) 홍수예보시스템
2) 관련법 강화 및 예산지원

2. 기술적 대책

1) 유출량 최소화 ($Q = \frac{1}{3.6} CIA$)
- 유출계수 낮춤.
- 도달시간 지연

2) 통수단면 확대 ($Q = A \cdot V$)

⇒ 제방고 올리기, 하상 준설, Super제방 등

IX. 김포한강로(1공구)의 하천제방 누수현상의 처리事例.

1. 현장개요 : 김포한강로(1공구)
(1997. 10 ~ 2001. 2.)

2. 문제점 및 원인

⇒ 제방시공 불량으로 인해 누수현상 발생.

3. 처리대책.

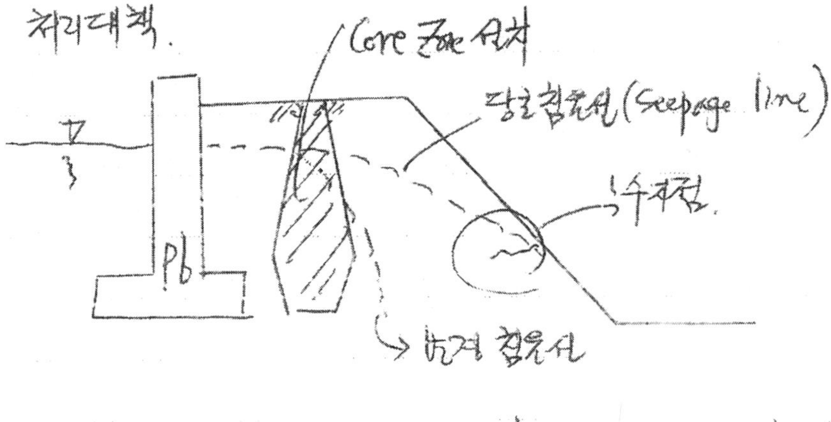

⇒ 제방 중심부에 불투수층(Core) 설치後 침윤선 하강 ⇒ 누수제거 〈끝〉

▣ 시험에 관한 쓴 소리, 허튼 소리…

안녕하세요? 신경수입니다.

1. 시험에 대한 개인의 생각은 다양할 수밖에 없지만 잘못된 생각을 고집하며 무식하게 달려가는 분들이 참으로 많습니다.

2. 시험은 올바른 방향과 효율적인 방법이 우선입니다.

3. 제가 하는 말이 아니라 시험이 당신에게 해주는 말이라 생각하고 쓴 소리, 허튼 소리를 읽어보시기 바랍니다.

■ 시험에 관한 쓴 소리, 허튼 소리

• 실력 있는 사람이 합격하는 것이 아니라 합격하는 사람이 실력있다.
→ 실력을 쌓는 공부보다 합격을 위한 공부가 필요합니다.
→ 시험을 위해 필요한 것은 답안의 경쟁력입니다.

• 하다가 중단하면 아니한 것만 못하다.
→ 칼을 뽑았으면 일단 휘둘러봐야죠.
→ 바쁘다는 핑계로 시험을 멀리하는 분들은 합격도 멀어집니다.

• 공부한 기간은 숫자에 불과합니다.
→ 공부 기간을 완전히 무시할 수는 없겠죠.
→ 하지만, 최근 3개월을 어떻게 보냈느냐가 더 중요합니다.

• 99도의 답안이 아닌 100도의 답안이 합격합니다.
→ 자신이 현재 99도에 와있다는 것을 모르는 사람들이 많습니다.
→ 흔히 2%가 부족하다는 말처럼 자신에게 지금 필요한 것은 아주 조금입니다.

• 지치고 힘들 때 합격한 자신의 모습을 그려보시기 바랍니다.
→ 고진감래란 말을 살아가며 몇 번이나 실감할 수 있겠습니까?
→ 합격후 자신의 모습이 자랑스럽지 않을까요?

문제21 항만 준설선 선정 시 고려사항과 토질별, 거리별 준설선의 종류 및 특징에 대하여 기술하시오.

[기본 Item = 유형]

문제점	공법	AB	콘크리트	제도 및 system	기타
	★				

[관련 공종]

콘크리트	강재	건설기계	토공	연약지반	막이	기초
		★				
도로포장	교량	터널	댐	하천	항만	공사시사
					★	★

[질문 요지]

1. 준설선 선정 시 고려사항
2. 토질별, 거리별 준설선의 종류
3. 토질별, 거리별 준설선의 특징

[조건]

1. 항만준설(유지준설 / 개발준설)

[중요 Item]

1. 건설기계 선정+조합
2. 건설기계 작업능력
3. 항만 특수성=기/파/조

[차별화 Item]

1. 이 론 :
2. 경 험 :
3. 도식화
   - 그래프 :
   - 모식도 : 여굴/여쇄
   - Flowchart :
   - 특성요인도 :
   - 기타 : 몬테카를로 시뮬레이션
4. 비교표 : 준설선별 적용범위

Thinking Tip

1. 시험준설
2. 환경문제=오탁방지막+준설토 재활용

문제 30) 항만 준설 작업에 사용할 준설선 선정시 고려사항과 주요 준설선의 종류 및 특징에 대하여 기술하시오.

답)

I. 개요

1. 항만 준설선 선정시 고려사항은 토질, 준설능력, 준설심도, 사토 방법 등이 있으며
2. 주요 준설선의 종류는 펌프(pump, Grab), 디퍼(Dipper Bucket), 기계(mechanical, hydraulic) 등이 있다.
3. 준설선의 특징은 pump(대용량), Grab(소용량). 특히 해상 여건에 크게 좌우된다.
4. "OO항 3단계" 현장은 pump, Grab 병행 준설했다.

II. 항만 준설 작업시 사용할 준설선 선정시 고려사항

※ OO항 3단계 기초 준설 공사 적용

1. 토질 | 조사, 실험자료, 측정 장비, 시험
2. 준설능력 (pump 적용) $Q = \frac{qhe}{1000}$

(고려사항)

3. 준설심도
   pump : DL (-)15.0m
   Grab : DL (-)18.0m
4. 사토 방법 (pump 적용) 배사관 6km. → 여러 선단 배치

준설 작업시 기상 고려 사항

| 해양 오염
| → 오탁 발생시 작업 정지 (2~3시간)

IV. 항만 준설 작업시 준설선 준설선의 종류

1. Mechanical
   - Grab : 토사 ~ 자갈 섞인 토사
   - Dipper, Bucket) 토사 ~ 연경 암반

2. Hydraulic : pump : 토사 ~ 자갈섞인 토사

※ OO항 3단계 기초 준설 현장 적용
- pump – 2000HP . DL(-)15.0m
- Grab – 12m³ Heavy형 DL(-)18.0m .

V. 항만 준설 작업시 준설선의 특징 (및 유의 사항)

구분	pump	Grab	유의 사항
원리	Hydraulic	Mechanical	Grab 준설시
단점	배사관 사용	준설범위 협소.	해양 오염 방지
	송토거리 있음	준설깊이 얕음	시설 →
장점	대규모 준설.	협소한 장소 가능	1차 (준설선)
적용토질	토사 . 자갈토사	자갈토사	2차 (오탁방지막)
운반	배사관 운반	토운선	설치
현장적용	2000 HP	12m³ heavy형	

VI. 항만 준설작업시 시공 관리사항 (OO항 3단계 준설 공사)

장애물 조사 → 위치 측량 → 준설 → 사후측량 → 마무리

- 장애물 조사: 자석탐사, 해저 쓰레기
- 위치 측량: GPS 측량, 측심기 (부상)
- 준설: pump, Grab
- 사후측량: 준설후, 구배 (1:1.5, 1:5), 여굴 check

Ⅶ. 항만 준설선 기술 작업시 중점 Check 항목 (여굴 및 여폭)

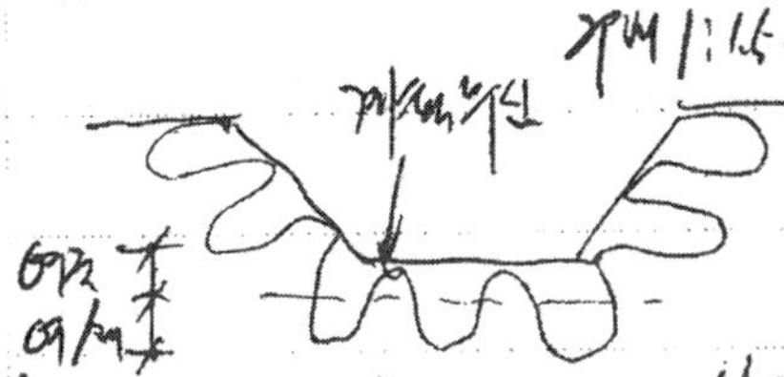

1. 준설전
   - 해저 지장물 조사 및 제거
2. 준설중
   - 여굴 및 여폭 관리
   · 준설 Data 관리
3. 준설후 - 심천측량 - 검측 및 정리.

"OO항 3단계" 여굴 발생 (폭 : 2~6.5m / 두께 : 0.5~1.2m)

※ 준설 Data 자동 Monitoring

Ⅷ. "OO항 3단계 준설 공사"의 장비조합 사례

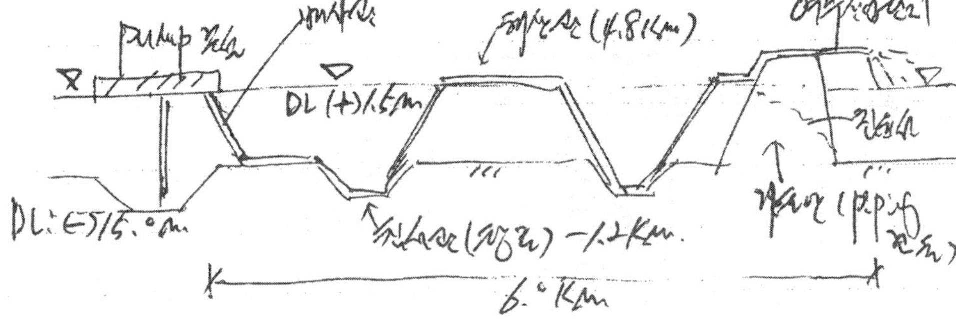

준설 → 운반 → 사토

- 준설: Pump-1200HP, Grab-Barge heavy
- 운반: 해상운반(6Km), 육상선
- 사토: Dozer(정지), Dump Truck
  ⇓
  야적장 유수지(장비투입)
  ⇓
  지반 개량 (V.D. CCP)

※ 해양 오염 방지시설

1차 - 오탁방지막 설치

2차 - 오탁방지망 설치(유속 1.00m/sec 이상)

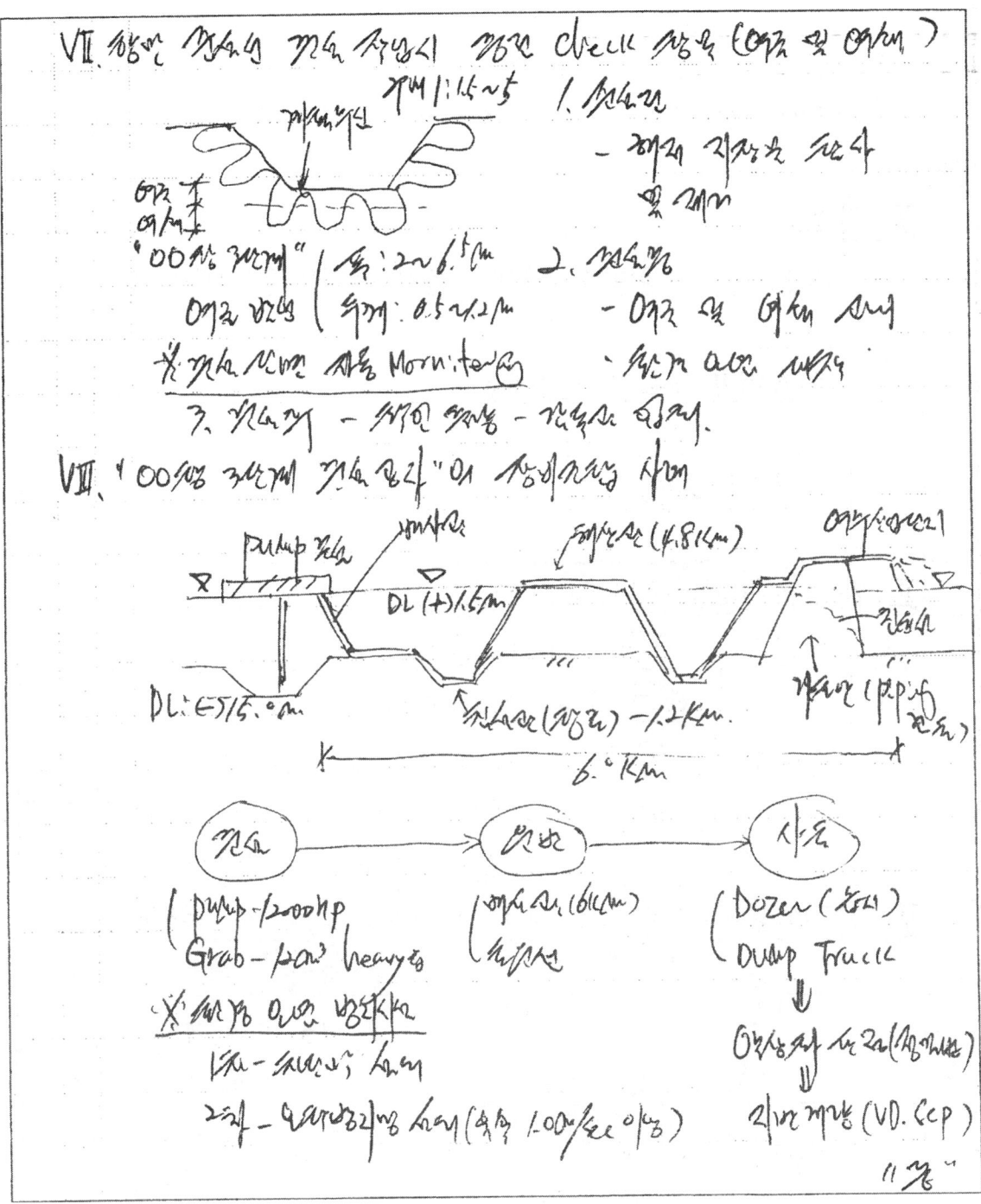

"끝"

번호 21. 항만 준설작업에 필요한 준설선 선정시 고려 사항과 토질별 준설선의 종류 및 특징에 대하여 기술하시오.

답)

I. 개요

1. 항만 준설작업에 필요한 준설선 선정시 고려사항으로는

2. 토질별 준설선의 종류에는

3. 특징으로는

II. 항만 준설공사의 종류 및 항만공사의 특수성

1. 분류
   - 개발준설 : 신항만 (구조물 + 항로)
   - 유지준설 : 기존 항만 (항로)

2. 특수성
   - 기준면 : D.L (Datum Level)
   - 해상조건
     - 파 : 바람 → 파랑 → 파압 → 소파공
     - 조석 → 조류 → 조차 → 잔류수위

III. 항만준설작업시 중요관리 사항인 여굴 과 여쇄

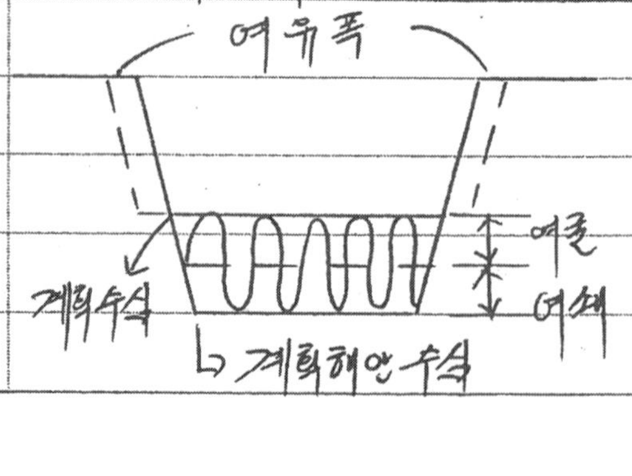

(※) 항만 및 어항 설계 기준 (2005)

1. 여굴
   - 두께 : 0.5~1.0m
   - 폭 : 2~6.5m

2. 여쇄
   - 두께 : 0.8m
   - 폭 : 2m

문제21) 항만 준설선 선정시 고려사항과 토질별, 거리별 준설선의 종류 및 특징에 대하여 기술하시오.

답)

Ⅰ. 개 요

1. 항만준설선 선정시 고려사항은 Sea-bed의 토질 조건과 준설심도 사토장 및 준설능력을 고려하여야 하며,

2. 준설선 선정시 토질별 조건은 N치를 기준하여 토사에는 Bucket, Grab, pump 등과 암반등의 경질에는 쇄암, Dipper, 등이 있고.

3. 거리별 준설선의 종류는 소형 pump는 3.5km이내 이상은 대형펌프와 중계펌프(6km이상)를 사용하고 Hopper의 RainBow 도 가능함

4. 준설선특징은 Grab는 소규모, pump는 대규모공사에 장거리 배사의 특징이 있음

Ⅱ. 항만준설 목적에 따른 분류와 국내 작업량 (인천항+LNG항로준설→송도매립) 96'.10~98'.12

1. 개발준설
- 1) 신항만 → 매립(호안)
- 2) 부산 신항만 개발 등 년간 5천만m^3

2. 유지준설
- 1) 기존항로 → 고형화 → 외해투기
- 2) 년간 준설 물동량의 10% (5~6백만m^3)

Ⅲ. 항만 준설선의 기계적 분류와 작업 능력의 산정

1. Mechanical
Dipper, Bucket, Grab

$$Q_{(m^3/hr)} = \frac{3600 \times q \times f \times E}{Cm}$$

q : Bucket용량(m^3)
k : Bucket계수

2. Non-Mechanical
- pump Dredger
- suction → Cutter Suction, Trailing suction, Hopper.

$$Q_{(m^3/hr)} = \frac{q \times b_0 \times E}{1000}$$

q : 1000HP의 시간당 준설능력(m^3/hr)
b_0 : 전동환산계수.

Ⅳ. 항만준설작업에 필요한 준설선 선정시 고려사항

<"경제성"을 바탕으로>

1. 토질조건 : 암반, 경질토, 토사
2. 준설능력 : $Q = C \cdot E \cdot N$, $Q = B \cdot e \cdot g / 100$
3. 준설심도(h)
4. 사토방법 : 외해 사토, 내해 사토

Ⅴ. 항만준설작업시 토질별 준설선의 종류

토질	Mechanic 계열 (굴착)	Hydraulic 계열 (Suction)
암반	Dipper	—
경질토	Dipper. Bucket	—
토사	Bucket, Grab	Pump, Hopper

Ⅵ. 항만준설작업시 준설선의 특징 및 현장적용사례

구분	Dipper	Pump	현장적용
원리	굴착	suction	※) 인천 OO항
구성요소 (준설선단)	굴비(1)+앙묘선(1) +토운선(1)	굴비(1)+앙묘선(1)	OO부두(2006) ◦준설선단
작업능력	$Q = C \cdot E \cdot N$	$Q = B \cdot e \cdot q / 100$	◦Pump(12,000HP)
토질	암반, 경질토	토사	◦굴비(2,000HP)
시공성	암반에 유리	토사에 유리	◦앙묘선(520HP)
경제성	1.0	0.7	
단점	연속준설 불가	◦재용량 → 환경파괴	
장점	암반 가능	경제성 향상	

√ IV. 항만준설선 선정시 고려사항

1. 토질조건 토사·암.	2. 준설심도 준설선 대형화, 조수대기
3. 사토장 사토거리, 방법(투기/매립)	4. 준설능력 준설-운반-사토 동시검토

V. 항만준설선의 토질별 조건에 따른 종류(분류)

토질		준설선	비고
토사	연질·중질	Bucket (토사 연질 ~ 암), Grab (토사 연질 ~ 자갈섞인 토사 경질), Hopper (토사 연질 ~ 경질) → 부산신항, 인천 LNG항로 (모노레일)	N<10, 10≤N<20
	경질		20≤N<30
	초경질	Dipper (토사 경질 ~ 초경질), 쇄암	30≤N
자갈섞인 토사	연질		N≤30
	경질	Dipper (자갈섞인 토사 연질 ~ 암), 쇄암 (자갈섞인 토사 연질 ~ 암)	30<N
암	연암	발파 (암)	→ 평택항 항로, Setting Barge(발파선)
	경암		

→ Chisel 1~5톤 [illegible]

VI. 항만준설선의 거리별 조건에 따른 분류

준설선	3km이하	4km	5km	6km	비고
소형pump	3.5km이하 →				※ Hopper 작업시 (중도매립 4공구)
대형pump		← 6km이내	→	→	
중계pump				← 6km이상	Rainbow에 의한 비산으로 민원발생
Grab	→				
Hopper, Dipper		← Dipper →	← 자항식Hopper	→	→ 배사관으로 전환

VII. 항만 준설작업시 시공단계별 주의사항 (인천 00항 00부두 (2006))

조사 → 계획 → 준설 → 운반 → 사토

- 조사
  - 토질
  - 기상/해상
  - 환경
- 계획
  - 계획수심 (여굴/여쇄)
- 준설
  - 오탁방지망 (L-400m)
  - Wire rope (해양오염물 제거)
- 운반
  - 안전관리
  - 환경관리
- 사토
  - 유보율 등 확인

(※) 특히, 전 단계에 걸쳐 환경 관리는 중점 check

VIII. 항만 준설작업시 경제적 시공을 위한 유보율 향상 방안

1. 유보율 = (잔류토사량 / 준설토사량) × 100

2. 토질별 유보율 (Pump)

유보율	70%		95%	
토질	점토	사질토		자갈

3. 향상 방안 [※ 00항 00부두 (2006)]
   - 1) 침전시간 / 방치시간 장기화
   - 2) Block 분할 시공
   - 3) "조금"시기에 집중 매립
   - 4) 토출구 위치 수시 변경

"끝"

VII. 항만준설선의 종류별 특징

구분	Grab	pump	비고
원리	Bucket	suction, Cutter	※ Singapore Changi Airport 매립공사
투기	끌배 + 토운선	배사관	· pump 준설선 25000 ~ 30000HP 6대
장점	소규모	장거리 배송	· 준설량 : 9800 만m^3
단점	준설면 요철	배사관 관리	· 기간 : 98' ~ 01'
시공성	좁은지역 (1.0)	대규모 (1.8)	
경제성	보통 (1.0)	저가 (0.1)	※ Dipper(8m^3)
환경성	오탁발생 (1.2)	보통 (1.0)	대변항 접안시설공사

VIII. 항만준설 작업시 주의사항

(공통) — 풍속(15m/sec), 강우(10mm/day), 파고(1.5m이상)
시계(1Km이하), 조류(2knot이상), 조수대기

1. 준설전	2. 준설중	3. 준설후
1). 측량기준점 확보	1). Block 분할 4) 준설중 측량	1) 확인측량
2). 투기장 관리	2). 항로준설 5) 해상오염방재	2). 배사관 관리
3). 준설 program	3). 오탁방지막설치 6) 안전교육	3). 잔재물 처리

IX 인천항 + LNG 항로유지준설, ⟶ 송도 ○공구 매립공사

1. 개요 : 준설량 (256만m^3), 96'10 ~ 98'12

2. 투기장(매립지) 문제점

1) 초기 : 여수로 통수면적 협소 → 유속증가 → 유실율증가

2) 후기 : 여수로 막힘 → 부유토적치 → 연약지반 처리증가

※ 유실율 (송도매립지) = 유출토사량 / 준설토사량 ×100(%)
- 초기 : 82.7%
- 후기 : 87%

3. 대책 : 블록분할(4개소) 여수로 먼곳부터 매립. 시험준설 — 유실율, 연약지반

▣ 시험관리 – 이렇게, 저렇게, 요렇게!!!

안녕하세요? 신경수입니다.

1. 기술사 시험에 합격하기 위해서는 올바른 방향과 방법으로 공부하는 것도 중요하지만, 무엇보다도 한쪽으로 치우치지 않는 균형있는 시험관리가 필요합니다.

2. 시험 전 "내적관리(건강, 스트레스)"와 "외적관리(가족, 회사)" 에서부터 시험 시 "시간관리"와 "실수관리"까지 관리의 중요성은 두말할 필요가 없습니다.

3, 올바른 관리를 위해 생각해야 할 몇 가지 말들을 적어봅니다.

■ 참자 ■
- 시간 관리는 욕심을 버리는데서 시작됩니다.
- 아는 문제를 본 순간 절대 "환장"해서는 안됩니다.

■ 잘 하자 ■
- 시험은 과정이 아닌 결과로 판정이 납니다.
- 열심히 하고 떨어지는 것보다 제대로 잘 해서 합격하는 것이 선입니다.

■ 꺼진 불도 다시보자 ■
- 모든 문제는 다시 한번 확인하는 습관을 가져야 합니다.
- 실수관리의 기본은 확인 또 확인입니다.

■ 나쁜 것은 짧게, 좋은 것은 길게 ■
- 사람은 누구나 나쁜 습관과 좋은 습관을 동시에 지니고 있습니다.
- 좋은 것은 오랫동안 간직하고 나쁜 것은 빨리 버려야 고생을 덜 합니다.

■ 좋다. 까짓 것 ■
- 난이도가 높은 문제를 대할 때는 오히려 역으로 생각해야 합니다.
- 내가 어려운데 남은 얼마나 어려울까를 생각해보세요. 통 크게 놉시다.

■ 시간이 약 ■
- 올바른 방향으로 꾸준함을 유지해왔으면 결과가 나올 수 밖에 없다.
- 지금 힘들고 괴로워도 몇 달만 지나면 이시험이 별것 아니라는 것을 깨닫게 됩니다.

문제22 항만공사의 Caisson 제작 및 진수방법 및 운반, 거치 시 주의사항에 대하여 기술하시오.

[기본 Item = 유형]

문제점	공법	AB	콘크리트	제도 및 system	기타
	★				

[관련 공종]

콘크리트	강재	건설기계	토공	연약지반	막이	기초
		★				
도로포장	교량	터널	댐	하천	항만	공사시사
					★	★

[질문 요지]

1. 케이슨 제작방법
2. 케이슨 진수방법
3. 케이슨 운반, 거치 시 주의사항

[조건]

1. 항만공사

[중요 Item]

1. 항만 특수성=기/파/조
2. 케이슨 시공순서=육상공+해상공

[차별화 Item]

1. 이 론 :
2. 경 험 :
3. 도식화
   - 그래프 : Crane 인양능력,
   - 모식도 : 케이슨 단면도
   - Flowchart : 공법순서
   - 특성요인도 :
   - 기타 : Risk Management
4. 비교표 : Slip / Sliding Form, 선박시설/지형지물

Thinking Tip

1. 제작장=콘크리트 관리+작업공간
2. 해상작업=안전+환경

문제 22) 항만 공사의 Caisson 제작 및 진수 방법 및 운반, 거치시 주의사항에 대하여 기술하시오.

答

I. 概要

1. 항만 공사의 Caisson 제작 방법 : 제작장 조성 철근 가공 및 조립, slip form 이용, concrete 타설.
2. 항만 공사의 Caisson 진수 방법 : 해상 crain 사용 예시 (대선진수 : 사항진수, Floating Dock. DL공법).
3. 항만 공사의 Caisson 운반 방법 : 직접운반 (소형의 바지선). 견인 (예인선에 의한 운반).
4. 항만 공사의 Caisson 거치시 주의사항 : 해상고정 크레인, Winch + Anchor 이용.

II. 부산 감천항 목재부두에서의 Caisson 설치 사례 (2001년).

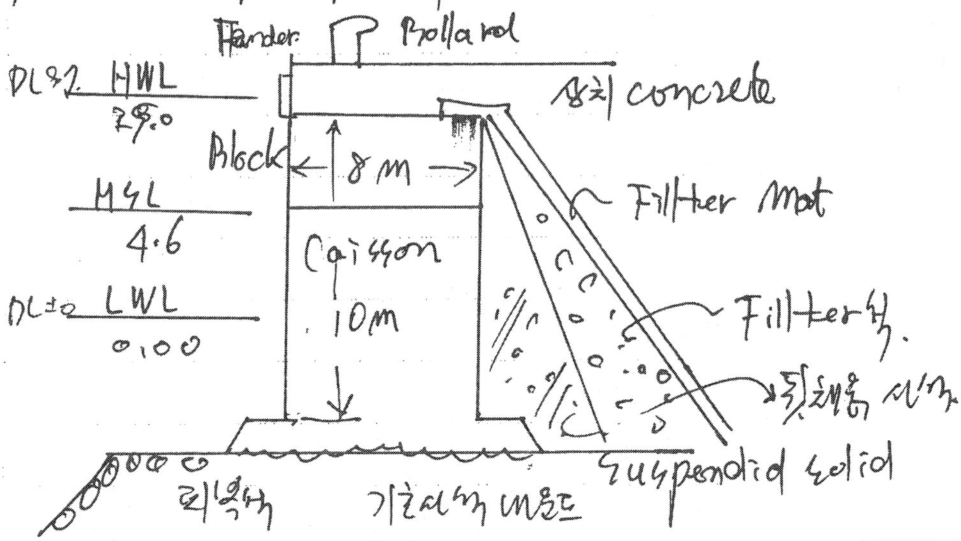

III. 항만공사의 Caisson 제작 방법 (부산 감만항 목재부두).

제작장 조성 : 지반 조성 (pile 항타)
→ 구조물 시공지역으로 pile 적용.
↓
철근 가공 및 조립 : 가공과 조립 동시 작업.
가공, 조립후 검측.
↓
slip form 이용 : 크레인 사용.
↓
Concrete 타설 : 다짐, 양생 (봉합, 습윤양생).

IV. 항만공사의 Caisson 진수 방법

1. 해상 crain 사용 : 1) 설호 : 20,000 TON.
2) 삼성호 : 30,000 TON.

2. 해상 crain 미사용.
1) 지형지물 이용 : 경사로. 사상진수
2) 일반시설 이용 : Floating Dock. DCL.

V. 항만공사의 Caisson 운반 방법 및 운반시 주의사항.

1. 직접운반
: 운반선, 바지선에 의한 운반
2. 간접운반 : 예인선에 의한 운반
3. 운반시 주의 사항
1) 해상 조건 고려
2) 충돌, 전도등 안전에 만전.

※ 덕유에 도선사 운용 → 부산 북항 지역시 적용.

Ⅵ. 항만 공사의 Caisson 거치시 주의사항 및 거치방법.

1. 거치방법
   1) 해상 crane에 의한 방법
   2) Winch 와 Anchor에 의한 방법.
2. 거치시 주의사항.
   1) 해상 조건 (기상. 파고, 풍속 등)
   2) DGPS에 의한 위치 확인.
   3) 거치후 오차 여부 확인

Ⅶ. 항만 공사의 caisson 시공 Flow (강변항 목재부두)

준설 → 진수 → 침설 → 속채움 → 상치 concrete

(pump. Hopper) (가치. 거치). (Bolard, Fender 설치)

→ 뒷채움 → 포장

(Filter 층, mat, 사석).

※ 항만 인접 시설물은 상치 Concrete 타설 전에 설치 (상수도, 전기) Fender 등

"끝"

문제22) 항만 공사의 Caisson 제작 및 진수방법 및 운반, 거치시 주의사항에 대하여 기술하시오.

답)

I. 개요

1. 항만 공사의 Caisson 제작방법은 Caisson의 규모에 따라 구분하며 주로 대형 구조물이므로 Slip Form을 적용함.
2. 항만 공사의 Caisson 진수방법은 해상 크레인 이용과 선박 시설 및 지형지물 이용하는 방법이 있음.
3. 항만 공사의 Caisson 운반 및 거치시 주의사항으로는 해상 조건을 고려하며 정온도 확보와 사석기초부 부유물질 제거가 중요함.

II. 항만 공사의 특수성

1. 기준면
   - 육상 : EL ±0.00 (Mean Sea level)
   - 해상 : DL ±0.00 (Datum level)
2. 해상조건
   - 바람 → 풍파 → 파랑 → 파압
   - 조석 → 조류 → 조차 → 잔류수위 → 잔류수압

III. 항만 Caisson 공사의 시공순서

1. 육상(구체공) : [제작] → [진수] → [운반] → [거치]
   → [Conc] → [속채움]
   - Conc └ 속채움/상치
   - 속채움 └ 사석, 필터석, 토사
2. 해상(기초공) : [기초준설공] + [기초사석공]
   - 기초준설공 ├ 준설/운반 └ 매립
   - 기초사석공 ├ 투하공 └ 고르기공

문제22) 항만공사의 Caisson 제작 및 진수방법 및, 운반, 거치시 주의사항에 대하여 기술하시오

답)

I. 개 요

1. 항만공사의 Caisson 제작은 육상의 구체제작과 해상의 Trench굴착 및 사석투하와 고르기로 나뉘며, Caisson 제작시 거푸집은 이동식과 고정식이 있고,
2. Caisson 진수방법은 Floating crane을 이용하는 방법과 이용하지않은 Dry Dock, Floating Dock가 있고, 운반은 직접 Barge에 적재하여 운반하는 방법과 Tug Boat에 의한 방법이 있음, 운반시 구조물 뚜껑을 씌워 월파에 유의.
3. Caisson 거치 방법에는 Floating crane 이용과 기계식 방법이 있으며 주의사항은 suspended soiled를 제거하고 정온유지 및 정위치 하여야 함.

II. 항만공사의 특수성과 Caisson의 안정조건 (평택00기지 접안시설 Caisson 260함 제작/거치 (96'~98'))

1. 항만공사의 특수성	2. Caisson의 안정조건
1) 기준면 : DL (Datum Level)	1) 내적 : 균열, 열화, 충격
2) 해상조건 : 파랑, 조차	2) 외적 ┌ 파압
3) 기상조건 ┌ 시계 : 1Km이하	└ 잔류수압, 지진
└ 바람 : 15m/sec	

III. 항만공사의 Caisson 제작시 Risk Management system

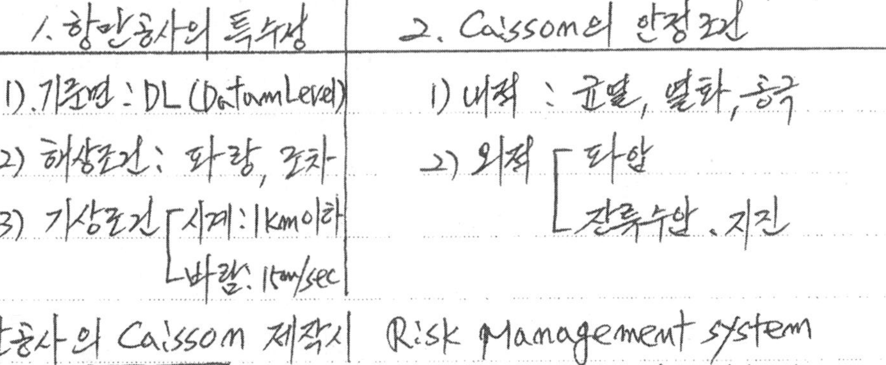

IV. 항만 Caisson의 제작방법

제작전	제작중	제작후
1. 공사물량 확인	1. 거푸집 및 비계설치	1. 다짐 및 양생철저
2. 모래 및 쇄석 기초면 수평유지	2. 철근조립 및 콘크리트 타설	2. 검측 실시 (허용범위) 벽두께 → ±1cm
	3. 안전 및 품질관리	저판두께, 높이 → ±3cm

V. 항만 Caisson의 진수방법

1. 해상크레인 사용
   - 설악호 (2,000ton)
   - 삼호 (2,000, 3,000ton)
   - 삼성호 (3,000, 3,800ton)

2. 해상크레인 미사용
   1) 선박시설이용
      - Dry Dock
      - Floating Dock → 공사기간과다
      - 기타 : DCL, FCL → 초대형 Caisson
   2) 지형지물이용
      - 경사로 : 부동침하 발생
      - 사상진수 : 침수피해 발생

VI. 항만 Caisson의 운반방법 및 주의사항

1. 운반방법
   - 직접운반 : 운반선에 의한 방법
   - 간접운반 : 예인선에 의한 방법

2. 주의사항
   - 운반전 : 해상조건고려 → 접근로, 소요수심확보
   - 운반중 : 파랑영향최소화 → Cap 설치
   - 운반후 : 거치장소확인 및 가치, 거치준비

IV. 항만공사의 Caisson 제작 시공순서

1. 육상(구체공) [제작] → [운반] → [거치] → [속채움] → [Cap Conc] → [뒷채움]

→굴착→운반→투기

2. 해상(기초공) [Trench] → [기초사석] (투하+고르기)

정(가)거치

뒷채움사석 / 필터석+Mat+토사

V. 항만공사의 Caisson 제작시 거푸집의 종류 및 특징

구분	Slip Form	Climb	비고
원리	연속타설	Lot 타설	※ 평택00거지 접안시설
시공성	우수	불리	Caisson 260함 제작
경제성	대형	소형	Slip Form : 120함
장점	시공속도 양호	품질관리 양호	Climb Form : 140함.
단점.	표면손상	이음부 발생	1200Ton 1함 – Slip Form → 72HR

※ 평택00거지 Caisso 제작시 (slip form) 수화열에 의한 Form 고착

→ Slip Form 시공속도 준수 (장기 대기시 문제대두)

VI. 항만공사의 Caisson 진수 방법.

1. Floating crane 방법.
 - 삼성호 – 3,000ton
 - 설악호 – 2,000ton
 - 부림호 – 1,200ton
 - 호명(광정)호 – 1,200ton

 (설악호~호명(광정)호) 평택00거지 투입.

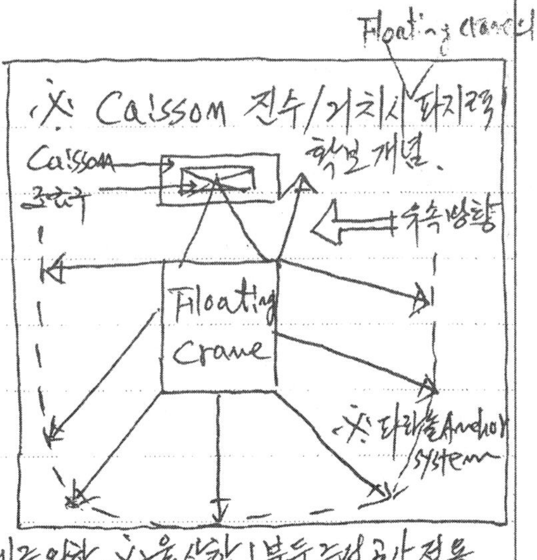

2. 해상 crane 미이용 방법.
 - 건선거 (Dry Dock) → 신선대부두
 - 부선거 (Floating Dock) → 제주외항, ※ 울산항 1부두 증설공사 적용.

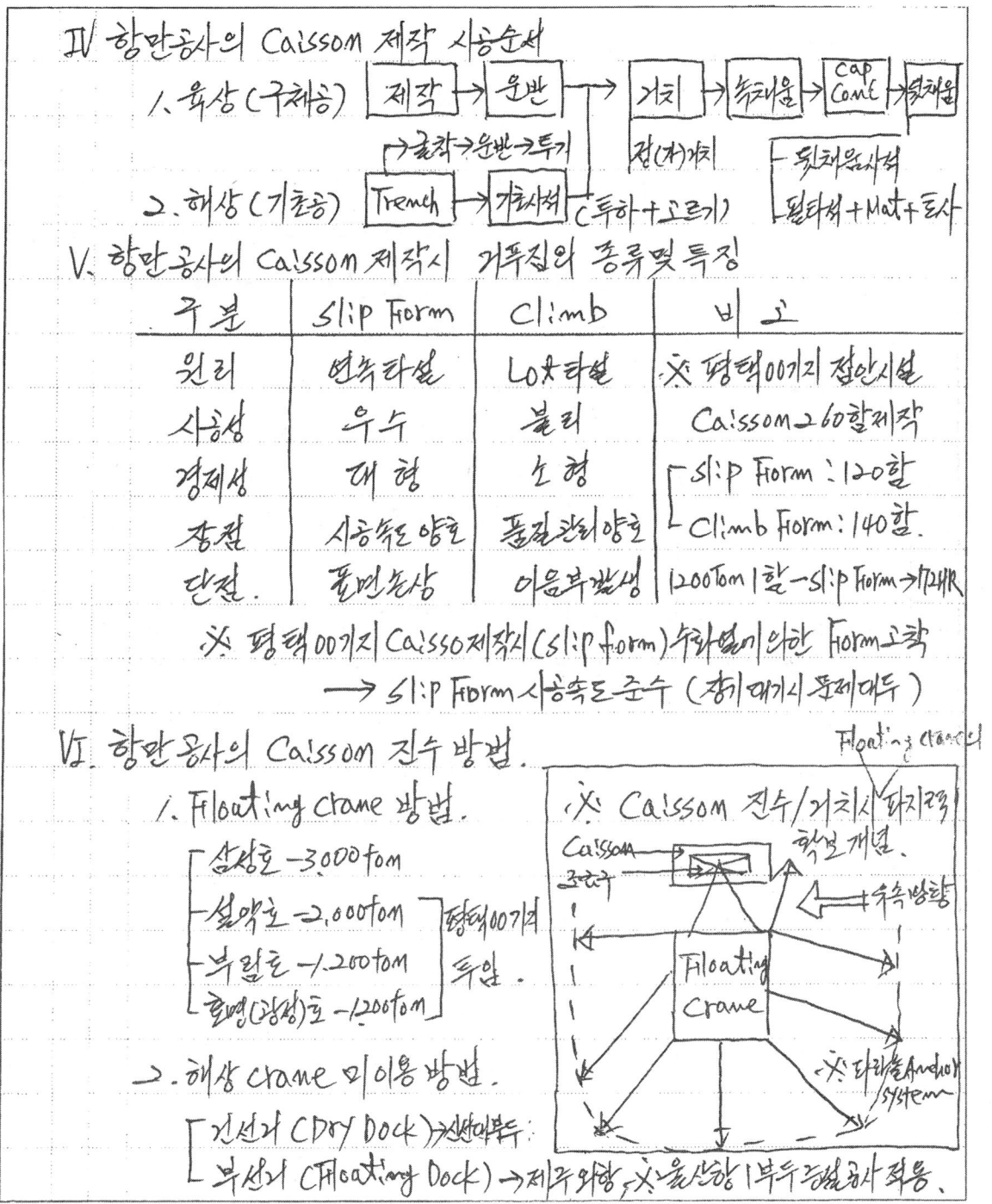

VII. 항만 Caisson의 거치방법 및 주의사항

1. 거치방법
   - 해상크레인에 의한 방법
   - Winch + Anchor에 의한 방법

2. 주의사항
   - 거치전 : 사석기초부 부유물질 제거 → 마찰계수 확보 → 평탄도 확보 → 3일간 파고 0.5m이하
   - 거치중 : 주수속도 준수, 안전관리 → 추락사고주의
   - 거치후 : Caisson 침하 및 경사계측

VIII. 항만 Caisson 거치 실패사례

1. 공사개요 - 2003년 인천북항민자사업

2. 문제점 - h=20m, 1,500ton Caisson 3기 전도

3. 원인
   - Floating Dock 용량부족 (4,500ton Dock에 1500ton 3기 제작)
   - Floating Dock에 물주입시 불균형으로 Caisson 전도

4. 대책 및 교훈
   - Dock에 물주입시 천천히 균형있게 채움
   - Floating Dock와 Caisson의 중량검토
   - 적재시 하중균등 분배

(끝)

VII. 항만공사의 Caisson 운반방법과 운반시 주의사항

1. 운반방법

1) 직접 : 운반선, Barge적재 (광양제철 : 포항제작 → 광양운반)

2) 간접 : 예인선 (Tug Boat)

※ 해상 360km 이상의 거리 운반시 문제 대두
— 우리 대한 기후의 특성 영향
— 중국 대련항 (Caisson 제작공장)
→ 장하항 (360km) 운반시 문제 대두

2. 운반시 주의사항

1) 운반전 : 정온도 유지, 소요수심 확보

2) 운반중 : 파랑 회손 – Caisson 뚜껑 설치 (월파)

3) 운반후 : 단기간 → 가거치, 장기간 가거치 → 침설

※ 평택기지 장기침하 (2개월) 인양불가 발파 조치 (Fdn) 97.08

VIII. 항만공사의 Caisson 거치 방법과 거치시 주의사항 (정온3일 확보, 파고 0.1m이내)

1. Caisson 거치 방법
- Floating crane
- Winch + Anchor

2. 거치시 주의사항
- 거치전 : suspended solid 제거
- 거치중 : 주수 속도 준수 (속채움), 추락주의
- 거치후 : Caiss 위치, 침하 (비성), 경사

IX 평택 00기지 접안시설 공사 시공사례

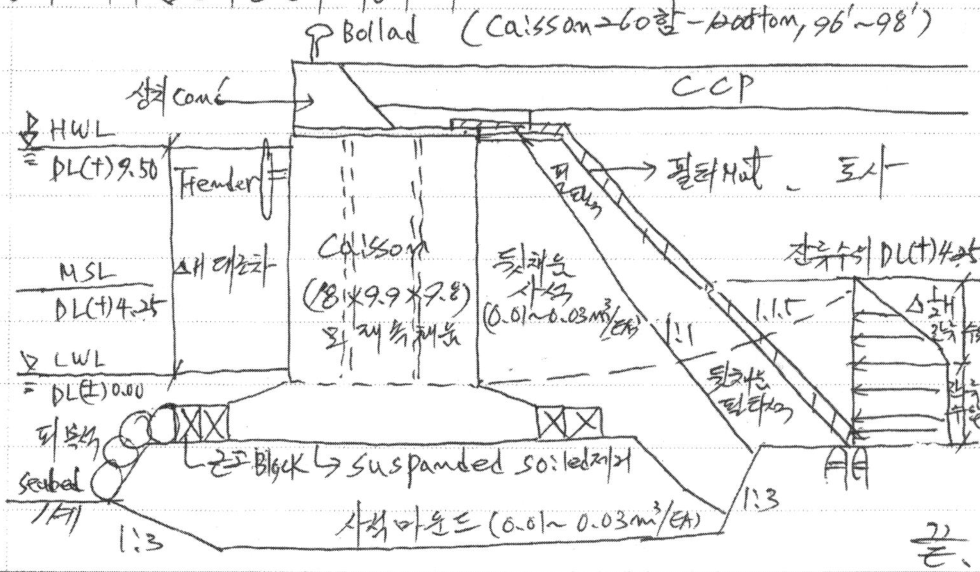

끝.

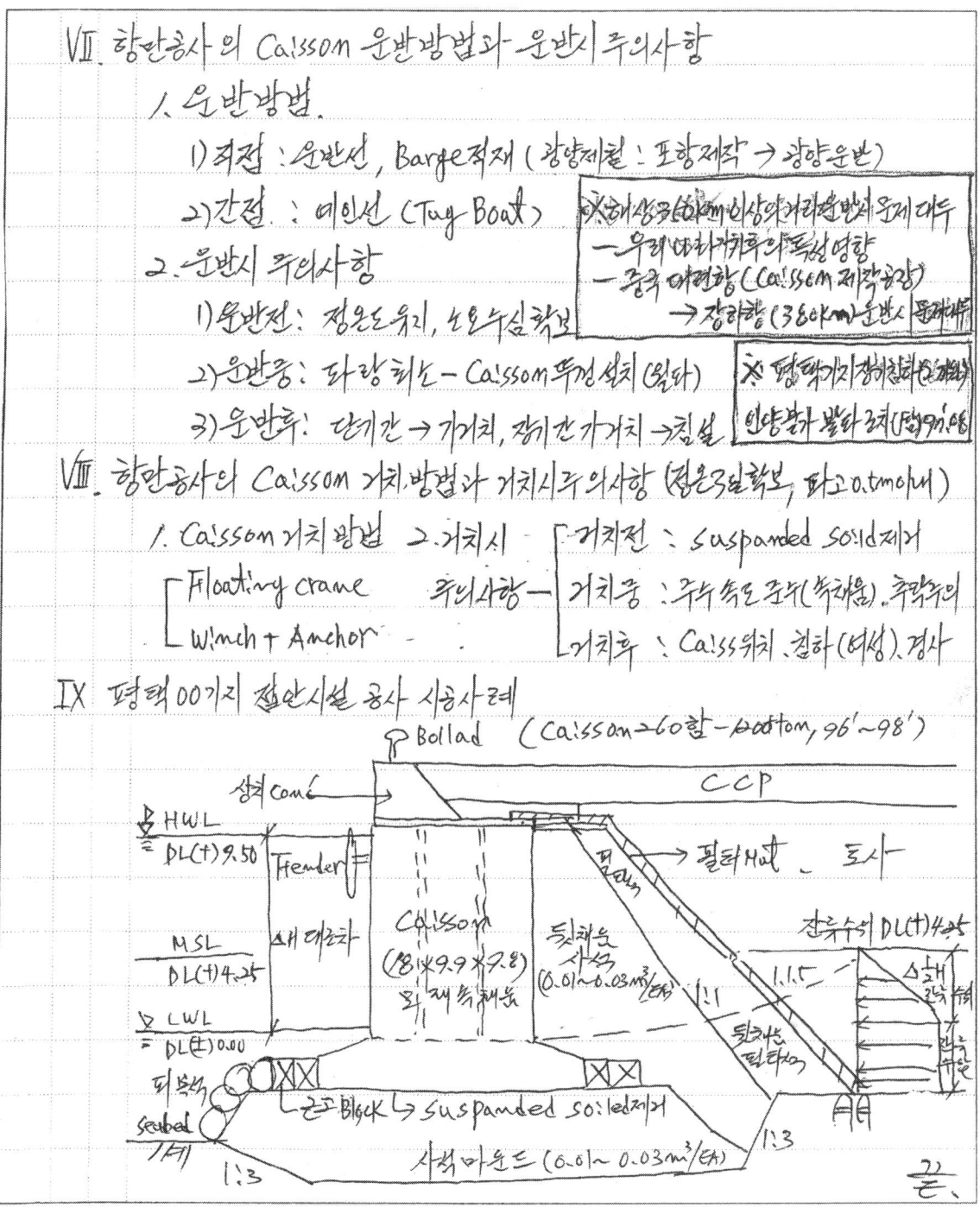

▣ "다른 답"과 "틀린 답"

안녕하세요? 신경수입니다.

1. 시험이 끝나면 한차례의 폭풍이 지나갔다는 느낌을 받습니다.

2. 어떤 사람은 준비를 잘해 폭풍(문제)을 잘 견뎌냈고, 다른 사람은 준비 부족에 따른 현실때문에 폭풍의 피해를 크게 입은 분도 있습니다.

3. 중요한 것은 항상 다음입니다. 소 잃고 외양간을 고치는 것은 결코 잘못된 일이 아닙니다. 자신이 계속 소를 기르려면 당연히 해야 할 일인 것입니다.

4. 시험 후 많은 분들에게서 전화통화, 문자메시지, 이메일을 통해 시험에 대한 개인의 느낌을 전달 받았습니다.

5. 그런데 제 생각에는 결과를 즐겁게 기다려도 될 분들이 문제에 대한 생각을 너무 많이 하다보니 자신의 답이 잘못되었다고 판단하는 우스운 일이 발생한다는 것입니다.

6. 기술사 시험은 주관식이고 주관식은 정답이 없는 시험입니다.(정확히 이야기하면 정답이 많은 시험입니다.)

7. 자신의 답이 (또) 다른 답인데도 틀린 답으로 착각하는 분들은 새가슴을 가진 사람들입니다.

8. 기술사 공부를 할 때는 새가슴이 아닌 사자의 가슴을 지녀야 좋은 결과를 빨리 얻을 수 있습니다.

9. 물론 이번 시험에 나름 좋은 답안을 기술한 분들도 시험 후 보완해야 할 부분이 여러 가지가 있음을 깨달았을 것입니다.

10. 가장 중요한 것은 기술사 시험에 대한 방향이 올바른 경우 자기 자신을 믿고 가열차게 전진을 해야 한다는 것입니다.

11. 항상 시험이 끝난 후 자신의 답이 "다른 답"이었는지 "틀린 답"이었는지 다시 한번 확인하는 시간을 가져보시기 바랍니다.

문제23 대규모 토목공사의 예를 들고 책임기술자로서의 사전 조사사항을 포함한 시공계획에 대하여 설명하시오.

[기본 Item = 유형]

문제점	공법	AB	콘크리트	제도 및 system	기타
					★

[관련 공종]

콘크리트	강재	건설기계	토공	연약지반	막이	기초
도로포장	교량	터널	댐	하천	항만	공사시사
						★

[질문 요지]

1. 책임기술자로서의 사전 조사사항 = 계/현
2. 책임기술자로서의 시공계획 = 사/기/상/관

[조건]

1. 대규모 토목공사

[중요 Item]

1. 공사관리=시공계획+시공관리+경영관리
2. 사전검토 Flow

[차별화 Item]

1. 이 론 :
2. 경 험 :
3. 도식화
   - 그래프 :
   - 모식도 : BIM
   - Flowchart : 사전검토 흐름
   - 특성요인도 :
   - 기타 : Risk Management
4. 비교표 :

Thinking Tip

1. 대규모 토목공사 예=공기+공비+물량
2. 관리계획=공/원/품+안/환

문제 27) 대규모 토목공사의 예를 들고, 책임기술자로서 시공관리사항을 포함한 시공계획에 대하여 설명하시오.

答

I. 概要

1. 대규모 토목공사의 예: 단지토공(항만, 공항, 단지) 선형토공(도로, 철도, 터널). 기타(하천, 댐)
2. 대규모 토목 공사에서 책임기술자로서 확인 및 점검 사항(Risk 관리, claim 관리, 안전관리, 부실시공)
3. 대규모 토목 공사시 책임기술자로서 확인할 시공계획(사전조사, 기본계획, 상세계획, 관리계획)
4. 대규모 토목 공사의 예 (평택항 자동차부두 조성공사 2003년. 510억 공사금액, 공기 38개월)

II. 대규모 토목공사시 Mass curve를 이용한 토량 배분계획.

<평택항 자동차 부두 조성공사 현장 사례 中心으로>.

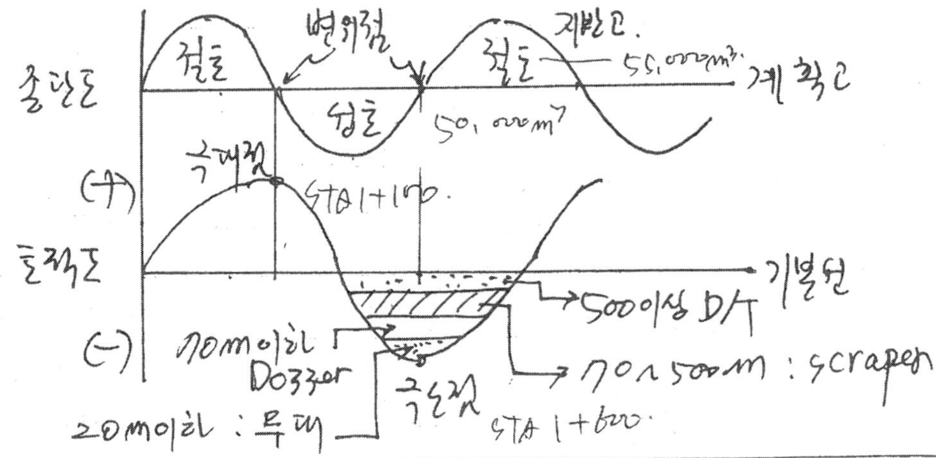

Ⅲ. 대규모 토목공사시 책임기술자로서 점검 및 확인 사항

1. 점검 항목 (평택항 자동차부두, 2003년)
   1) Risk Managment] Risk 요소 (+)
   2) 안전 공학] : 자재비. 해상조건.
2. 확인 항목
   1) Claime 관리 : 시공자의 능력. 인원
   2) 부실 시공 : 시공 참여자의 기술 능력.

Ⅳ. 대규모 토목공사시 책임기술자로서 확인할 시공 계획.

<공사명 : 평택항 자동차 부두 건설공사. 2003년>

1. 우선 시공 방침
   1) 경제성 : 이윤 : 15% 이상 목표
   2) 품 질 : 발주처가 만족하는 관계
2. 세부 시공 계획

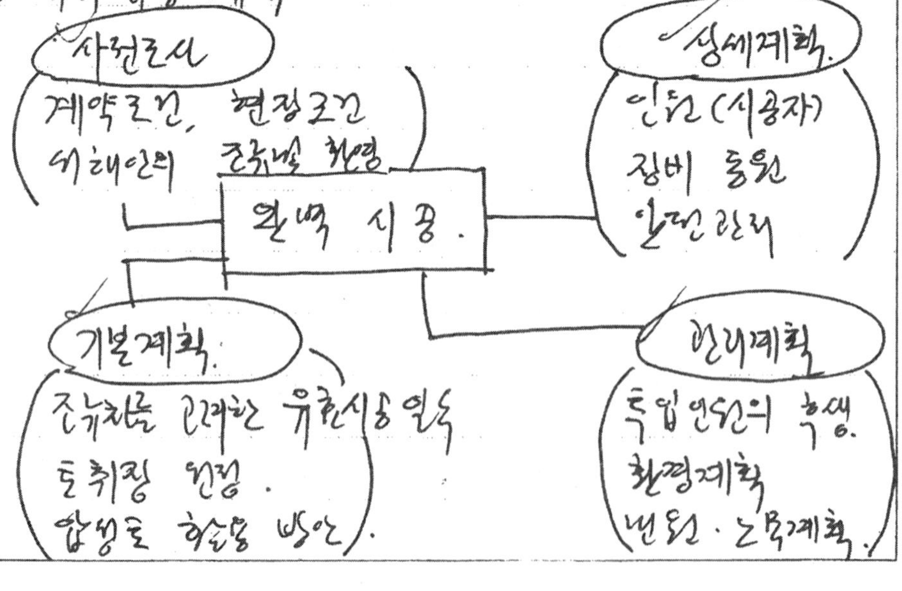

V. 대규모 토목 공사의 예와 그 특징.

1. 대규모 토목 공사의 예
   1) 단지조성 (항만, 공항, 단지)
   2) 선형조성 (도로, 철도, 터널)
   3) 기타 (댐, 하천)
2. 특징 (평택항 자동차 부두 조성공사, 2003년)
   1) 공사금액 : 500억 이상 (510억)
   2) 공기 장기 : 38개월 (2003.4 ~ 2006.11).
   3) 다양한 공법과 공정

VI. 대규모 토목공사를 위한 시공계획 수립시 중점관리 사항

1. 우선적
   1) 설계자료의 적정성
   2) 경제성과 시공성
   3) Risk및 claim 발생 원인 파악
2. 부가적
   1) 지장물
   2) 인허가 사항.

"끝"

문제 23. 대규모 토목 공사의 예를 들고 책임기술자로서 사전조사사항을 포함한 시공계획에 대하여 기술하세요

답)

I. 개요

1. 대규모 토목공사의 예는 현재 수행중에 있는 제주도 제주시 지역 OO현장(2004년 발주, 공정률 69%) 공사
(절토 : 130,000m³, 성토 : 180,000m³, 순성토 : 50,000m³)
2. 책임기술자로서 사전조사 사항은 계약조건(계약도서 등)과 현장조건(예비조사, 현지답사, 본조사) 등이 있고
3. 대규모 토목공사의 시공 계획은 사전조사, 기본계획, 상세계획, 관리 계획 등이 포함된다.

II. 대규모 토목공사시 비용절감을 위한 경영관리

Risk 관리	Claim 관리
식별 · Risk = fx 불확실성요소	◎ 발생 형태
분석	- Delay - Change up site condition - Accelerator - Scope of work
대응 ~~관리~~ - 전이, 보유, 회피, 감소	
관리 ~~대응~~	◎ 대처방안
Feed Back	· 우호적 협상, 조정, 법적 등

※ 대규모 토목공사시 중점 관리 사항 : 목적물 확보, 사회적약

문제23) 대규모 토목공사의 예를 들고 책임기술자로서 사전조사 사항을 포함한 시공계획에 대하여 설명하시오.

답)

I. 개요

1. 대규모 토목공사의 예로서 수도이전사업(가칭-620사업)은 부지조성 1,780만㎡(계룡대 1,380만㎡, 자운대 400만㎡)에 1차 부지조성금액 1,290억원과 1차 시설본청/분청에 1,580억원을 투입하여 84'~91' 공사.
2. 책임기술자로서 사전조사사항은 관리적(대정부 협의사항, 관련기관 허가조건) 사항과 기술적인 사항을, 우선적과 부가적으로 구분 조사하고
3. 시공계획은 사전조사. 기본 및 상세계획, 관리계획에 에 입각하여 수립함.

※ 수도이전사업(620사업) ---> 3군본부이전 사업 변경(83-91')

II. 대규모 토목공사중 수도이전사업(가칭-620사업)의 특수성 및 대책

- Interface
- 민원, 환경
- National security

→ 사전조사 → 시공계획 → 공기단축 / 공비절감

사전조사:
- 문화재(이조도읍예정지, 수운교)
- 주민이주, 종교시설, 보안문제

III. 대규모 토목공사중 620 사업의 공사관리

공사관리 = 시공계획 + 시공관리 + 경영관리

시공계획
- 사전조사
  - 대정부협의사항
  - 현장조건
  - 계약조건
- 기본계획
- 상세계획
- 관리계획

시공관리
- 공정관리, 원가관리, 품질관리 → 목적
- 사회규범 → 안전, 환경관리

경영관리
- Claim관리
- ※ 부지수용후 민원
  - 1차(5년): 소유자이의
  - 2차(10년): 소유자환원
- RISK관리

III. 대규모 토목공사의 예(제주도 제주시 지역 OO도로 현장)

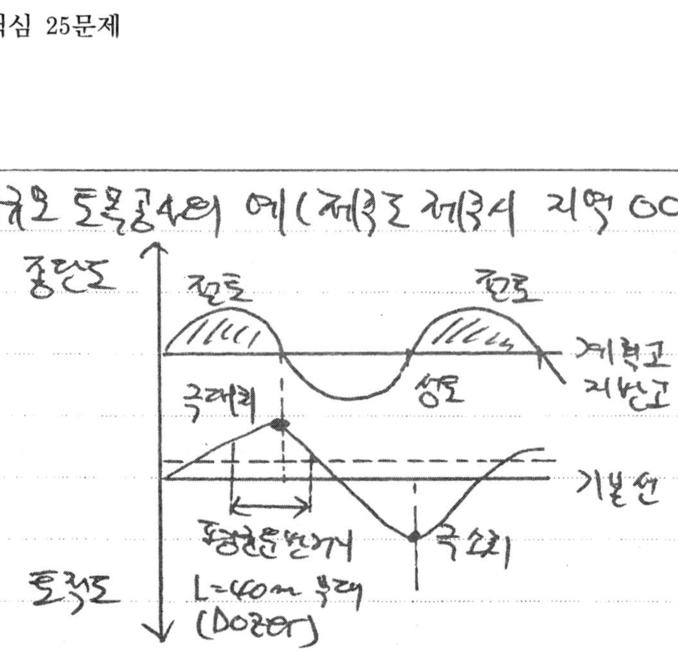

※ 토량 배분
1. 절토 : 130,000m³
2. 성토 : 180,000m³
3. 순성토 : 50,000m³
4. 현장 운반 및 설치 : 18,000m³

※ 경제성을 고려한 토량 배분 및 운반거리 조정

IV. 대규모 토목공사 토량 배분 원칙(및 배분 목적)

<토량 배분 원칙>		<토량 배분 목적>
·운반거리 : 최소 동선 ·운반방법 : 높은곳 ⇒ 낮은곳 ·일괄운반 : 장비 효율	⇒	·경제적 운반 거리 ·운반 장비 선정 ·순성토량, 사토량 산출 ·원가, 공정 관리

V. 대규모 토목공사 책임 기술자로서 사전조사 사항

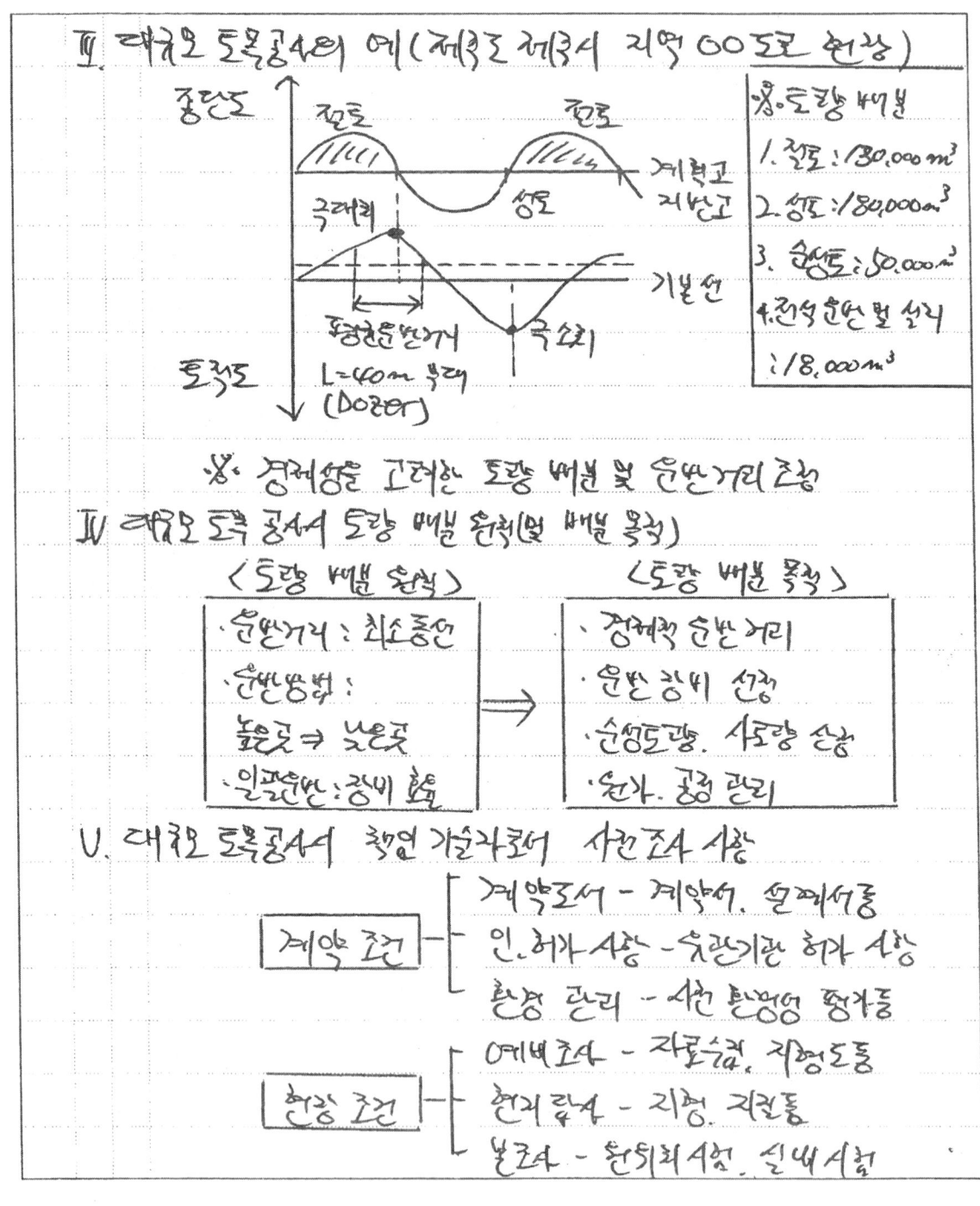

- 계약 조건
  - 계약조서 - 계약서, 설계서 등
  - 인.허가 사항 - 유관기관 허가 사항
  - 환경 관리 - 사전 환경영향 평가 등
- 현장 조건
  - 예비조사 - 자료수집, 지형도 등
  - 현지답사 - 지형, 지질 등
  - 본조사 - 토질시험, 실내시험

IV. 계룡대 이전 사업계획 (수도이전사업)

1. 공사명 : 620사업 (가칭), 83'~94' ---→ 3군본부이전사업 변경

2. 공사범위 [부지면적 : 1,780만m² (계룡대 1,380만m², 자운대 400만m²)
　　　　　　　본청 및 분청, 부대시설 1식

3. 공사금액 (부지조성 1차) : 1200억, 본청 – 1,580억

V. 대규모 토목공사의 부지조성공사시 사전조사사항

1. 관리적 : 토지보상

1) 대정부 협의사항 (조건부 승인사항), 지자체 협조

2) 관련기관 인허가 조건 (문화재, 환경, 보안).

2. 기술적 : Master plan (중장기 시설계획)

1) 우선적 [현장조건과 계약조건
　　　　　　민간이주 및 철거 ⟶ 2개면 + 00 유성자운대
　　　　　　문화재 보호, 환경영향 → 국립공원, 풍수전문가 협의
　　　　　　　└→ 이전 도움예정지 보존, (설계검토)

2) 부가적 [지반조사, 재료원, 가설도로, 가설사무실,
　　　　　　지자체 협조, 보안 및 경계

VI. 대규모 토목공사중 620사업의 부지조성 시공계획

단계	토공	구조물공	비고
사전조사	지장물, 토취장, 사토장	구조물조사, 지반조사	※ U-3 지역
기본계획	부지계획고, 토공배분	시방 / 계약(특수)	[암굴착 – 250만m³
상세계획	장비운용, 암파쇄처리	VE분석, 상세공사비	크라샤 운영 및 유용계획
관리계획	RISK검토, 민원, 환경	안전, 품질	※ Beth plant운영 – 지자체협의

VI. 대규모 토목공사시 책임기술자로서 시공계획 관리

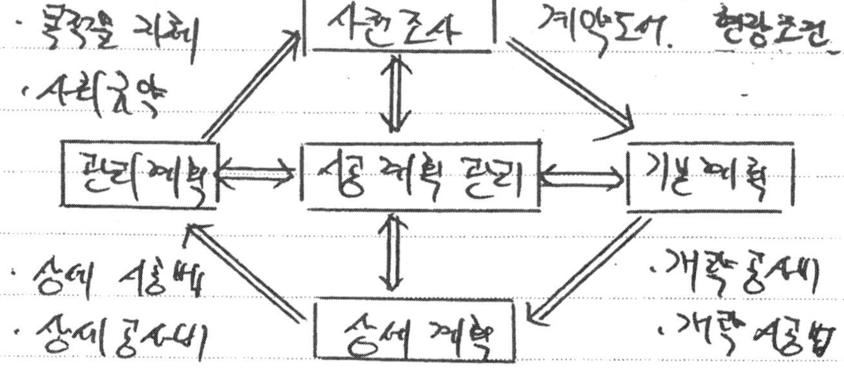

VII. 토목공사시 시공계획을 통한 구조물 파손 최소화 VECP 개선 사례

1. 현장명 : 제주도 제주시 지역 OO도로 현장
2. 문제점 : 바닷물과 우수가 접하는 지역 박스 공사
   ⇒ 콘크리트 개구부 모서리 파손 예상

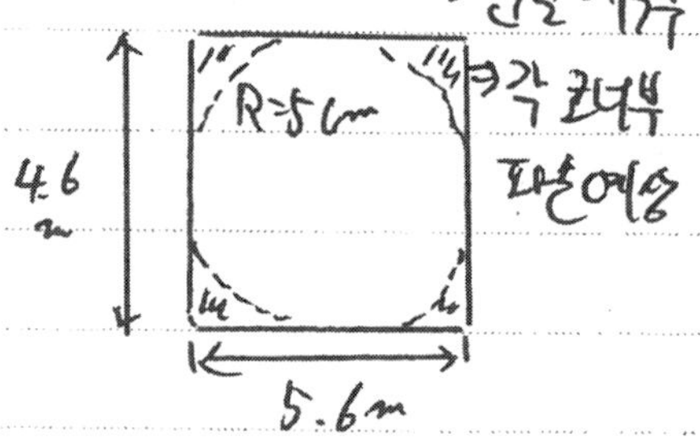

3. 설계도면 검토(계획)
   - 개구부 모서리 부분 파손 예상 (접선부 파손 발생)
4. VECP 개선사례
   - 모서리 부분 : Rounding 실시 ⇒ R=5cm
   - 파손 발생 저감, 유지보수비용 절감 (약 1,800만원 절감)

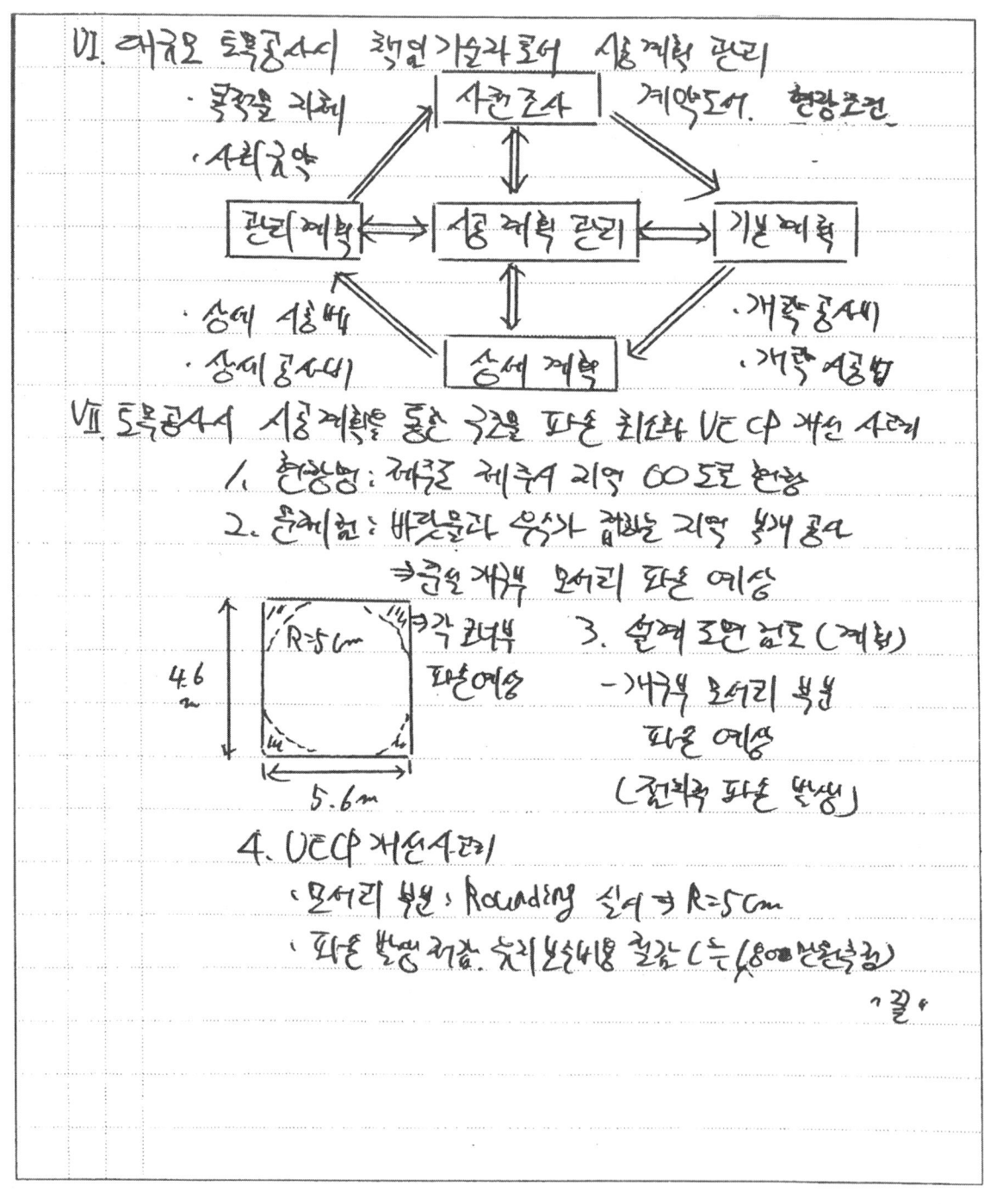

"끝"

VII. 대규모 토목공사 시공계획 수립시 주의사항 (620사업기준)

1. 기술적	2. 관리적
1) 설계와시공의 통합관리 system	1) 민원 사전예방
2) 시험시공 의무화	2) 문화재(종교시설) 보존
3) 특수공법, 신기술검토	3) 친환경적인 개발

VIII. 대규모 토목공사 수행시 민원관리 계획

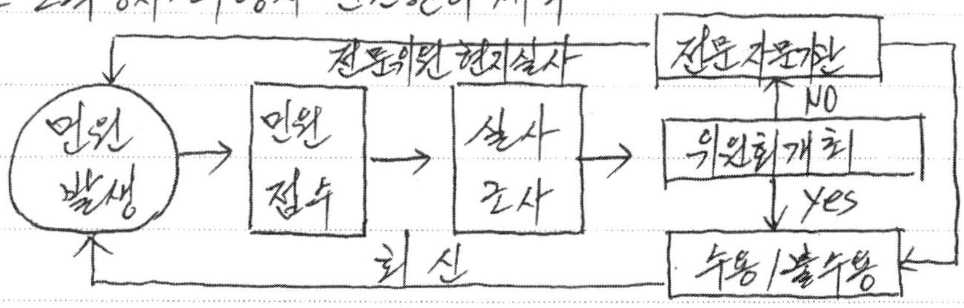

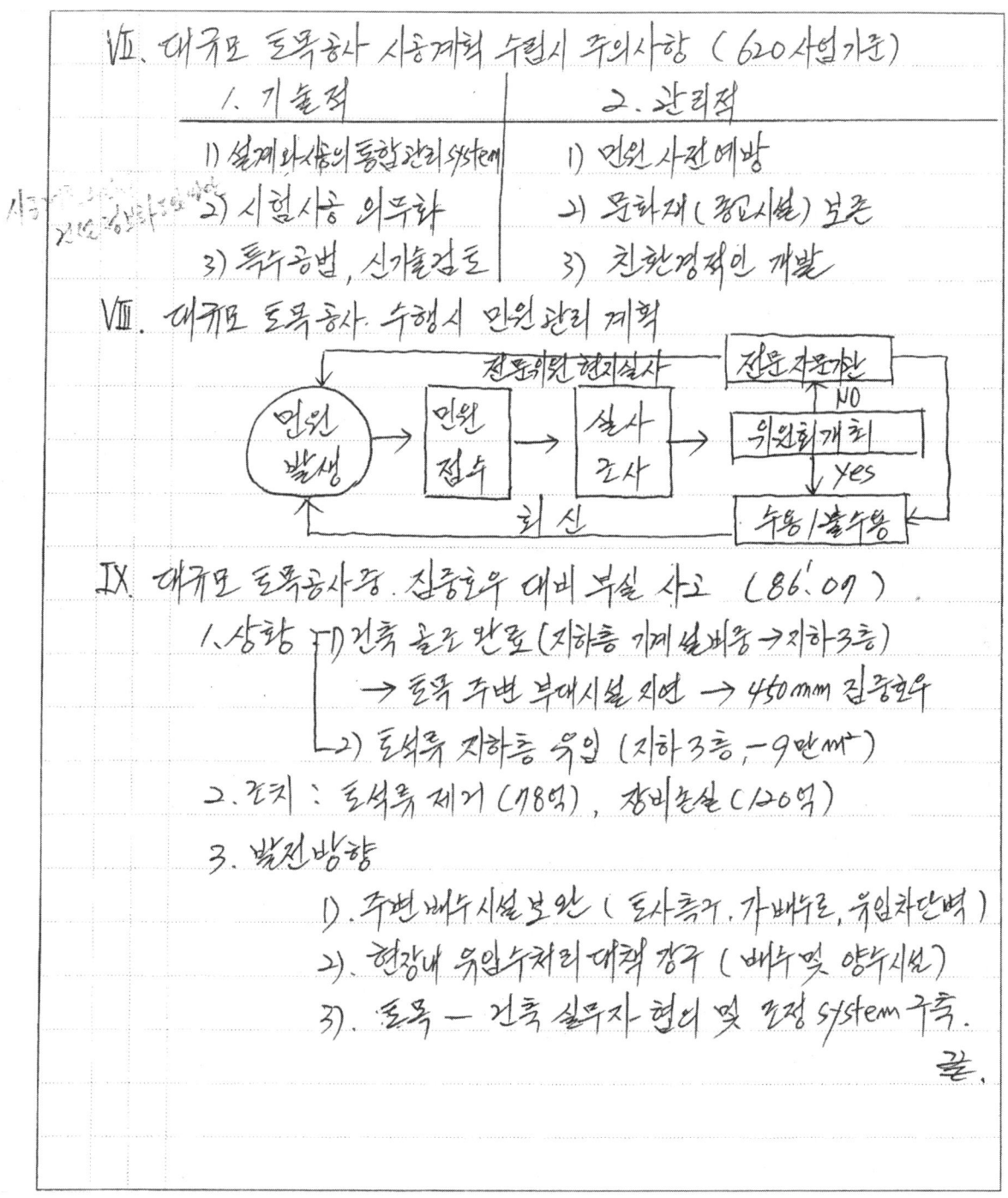

IX. 대규모 토목공사중 집중호우 대비 부실 사고 (86.07)

1. 상황
   1) 건축 골조 완료 (지하층 기계설비중 → 지하3층)
   → 토목 주변 부대시설 지연 → 450mm 집중호우
   2) 토석류 지하층 유입 (지하 3층, -9만m²)
2. 조치 : 토석류 제거 (78억), 장비손실 (120억)
3. 발전방향
   1). 주변 배수시설 보완 (토사측구, 가배수로, 유입차단벽)
   2). 현장내 유입수처리 대책 강구 (배수 및 양수시설)
   3). 토목 – 건축 실무자 협의 및 조정 system 구축.

끝.

▣ 소금 이야기…

안녕하세요? 신경수입니다.

1. 옛날 속담에 "남의 잔치에 소금뿌린다" 라는 말이 있습니다.

2. 공부를 하다보면 소금(염)의 성질이 반응속도를 빠르게 해준다는 사실을 알 수가 있고, 이런 맥락에서 콘크리트 혼화재료 중 혼화제의 한가지(경화시간조절제)인 촉진제(조강제)의 성분에 염화물이 포함되어 있습니다.

3. 물론 철근 부식의 "부－활－분－부"에도 염화물이 역할을 하고 있습니다.

4. 제가 농담처럼 하는 "예쁜 놈한테 꽃이 오면 설탕물(지연제)에 넣고 미운 놈한테 꽃이 오면 소금물(촉진제)에 넣어 살리든 죽이든 마음대로 하세요." 라는 말처럼 모든 물질은 고유의 성질을 지니고 있습니다.

5. 그런데, 똑같은 소금도 대상에 따라 효과는 완전히 달라지게 됩니다.

6. 소금을 미역에 뿌리면 팔팔 살아나고, 배추에 뿌리면 시들시들 죽어버립니다.

7. 시험도 마찬가지 입니다.

8. 차별화가 되는 좋은 내용의 대제목이라도 어떤 문제에 적용하는 가에 따라 답안의 평가가 달라지게 됩니다.

9. 적재적소(適材適所)란 말처럼 내용이 문제에 적절하게 포함될 경우 원하는 결과를 얻을 수 있지만 위치를 잘못 잡을 경우 약이 아닌 독이 되어버리게 됩니다.

10. 아무리 좋은 대제목일지라도 분위기를 잘 맞추어 활용하는 지혜가 필요한 시기입니다.

11. 공부가 좀 된 분들은 절대 무리해서 답안에 염장 지르지 마시기 바랍니다.

문제24 토목공사 시공 시 공사 관리상의 중점 관리항목을 열거하고 설명하시오.

[기본 Item = 유형]

문제점	공법	AB	콘크리트	제도 및 system	기타
				★	

[관련 공종]

콘크리트	강재	건설기계	토공	연약지반	말뚝	기초
도로포장	교량	터널	댐	하천	항만	공사시사
						★

[질문 요지]

1. 공사 관리상의 중점관리항목 열거=분류
2. 공사 관리상의 중점관리항목 설명=특성

[조건]

[중요 Item]

1. 공사관리=시공계획+시공관리+경영관리
2. 시공계획=사/기/상/관
3. 시공관리=목/사
4. 경영관리=Risk/Claim

[차별화 Item]

1. 이 론 :
2. 경 험 :
3. 도식화
   - 그래프 : 공정/원가/품질 관계, EVMS, Cost Slope
   - 모식도 : BIM, Risk Management, VE
   - Flowchart :
   - 특성요인도 :
   - 기타 :
4. 비교표 :

Thinking Tip

1. 각사 사례
2. 공정/원가/품질+안전/환경 관리

문제24) 토목공사 시공시 공사 관리상 중점관리 항목을 열거하고 설명하시오

답)

I. 개 요.

1. 토목공사 시공시 공사관리상 중점관리 항목은 시공계획과 시공관리 및 경영관리로 구분되며,
2. 시공계획은 사전조사, 기본계획, 상세계획, 관리계획으로 추진되고 시공관리는 목적물 자체에 대한 공정, 원가, 품질과 사회계약에 의한 안전과 환경 관리가 있음.
3. 경영관리상의 중점관리 항목은 Claim관리와 RISK관리가 중요함.

※ 00시설공사의 환경, 안전, 공정 및 원가관리 (진해00기지 연약지반 처리공사 00~02')

II. 토목공사 시공시 공사관리 system (진해00기지 기준)

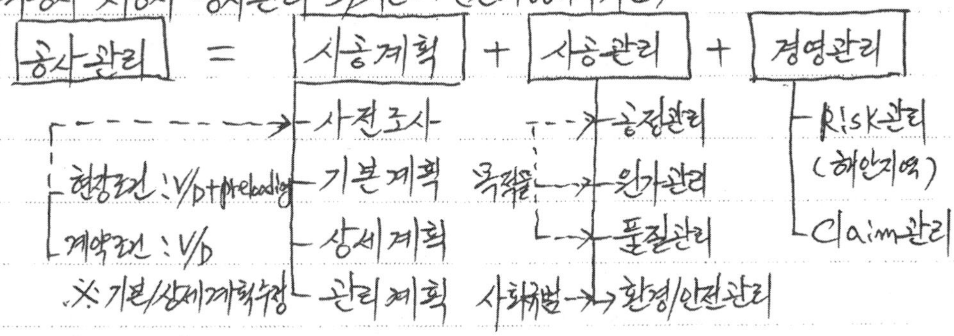

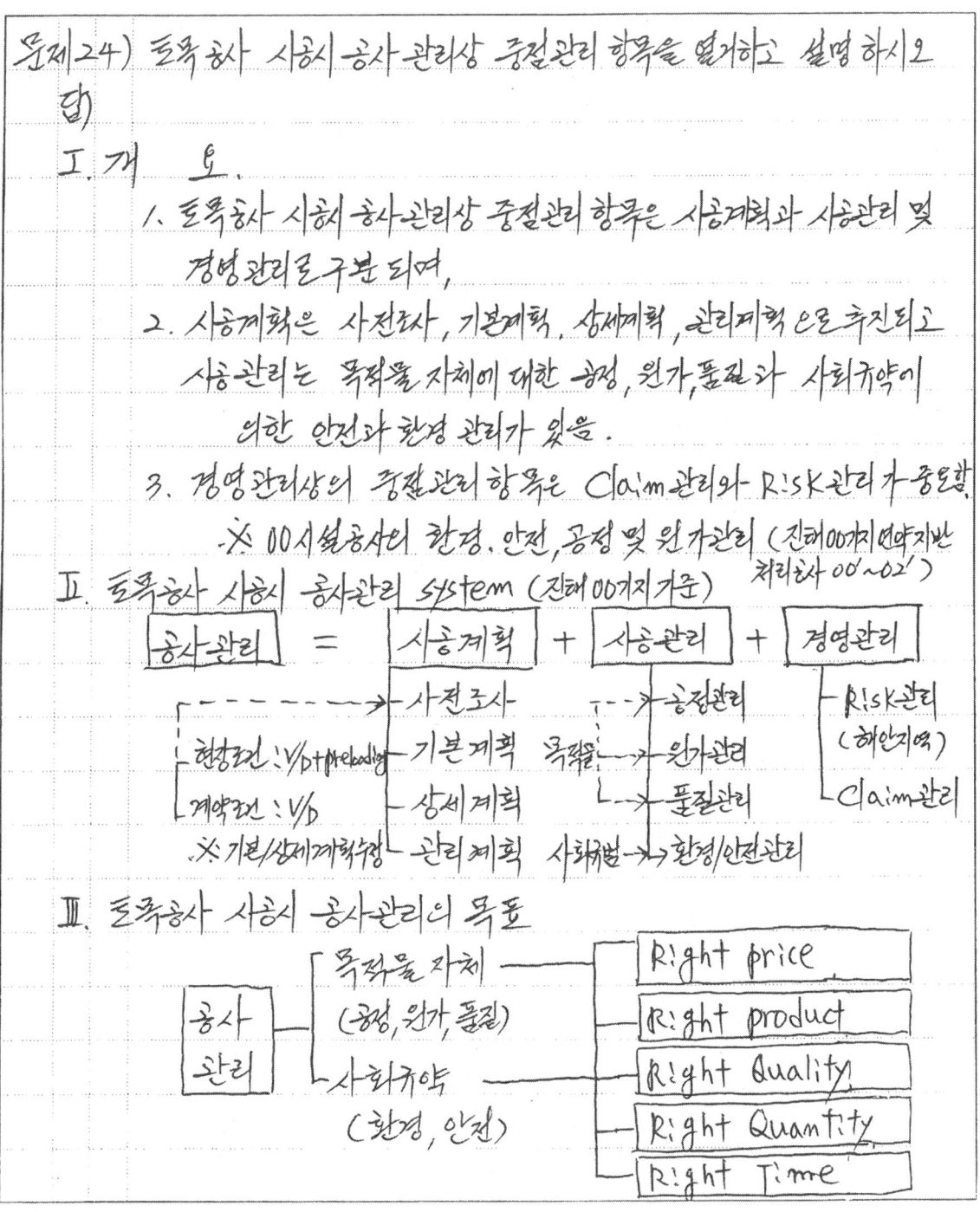

III. 토목공사 시공시 공사관리의 목표

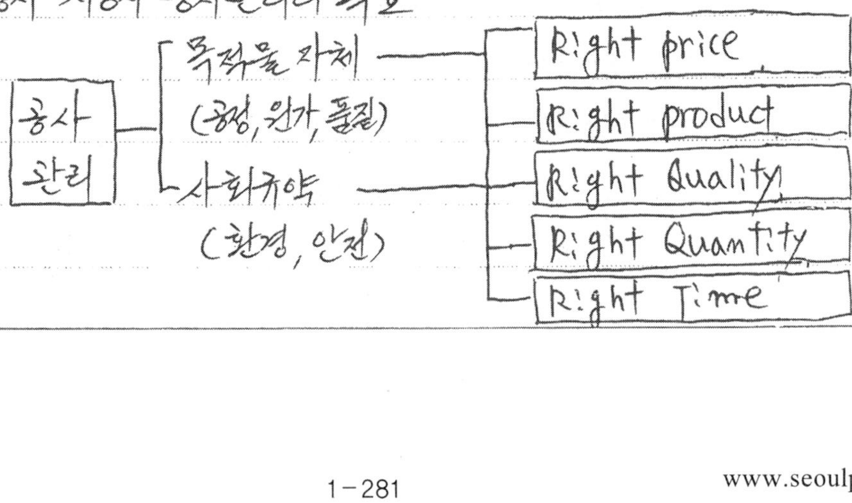

IV. 토목 공사 시행시 공사 관리상의 시공계획 중점관리항목 (전해00가지기준)

1. 관리항목 : 사전조사 → 기본계획 → 상세계획 → 관리계획

- 계약, 현장 → 활용 → 개략공사비, 개략시공법 / 상세공사비, 상세시공법 / 자금, 조직, 안전, 하도급

※ 조건상이 → preloading 설변

2. 관리체계

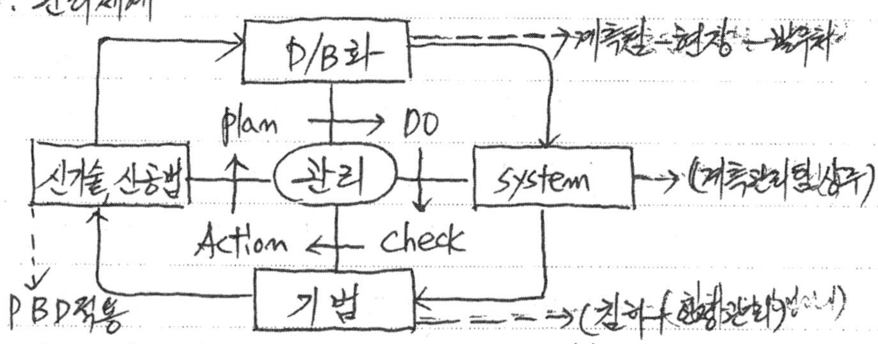

V. 토목 공사 시행시 공사관리상의 시공관리 중점항목 :

- 공정 → PERT, CPM · 원가 → EVMS, VE
- 품질 → QM (QP, QA, QI) QC
- 환경 → 공해, 교통, 인접지역영향
- 안전 → 인적(행동), 물적(상태)

※ 시공관리의 상호관계

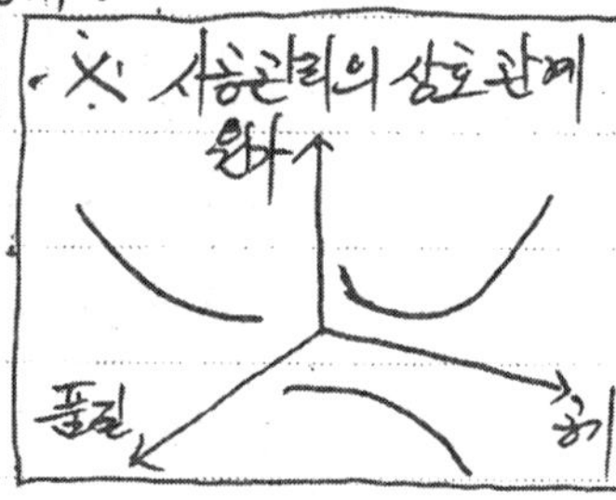

VI. 토목공사 시행시 공사관리상의 경영관리 중점항목 (전해100가지현장)

1. Claim (PBD처리 발생)

- 협의 ─ 타결 (당사자간) ↓ claim ↑ Dispute
- 결렬 ─ 중재 / 조정 → 승복, 불승복(소송)

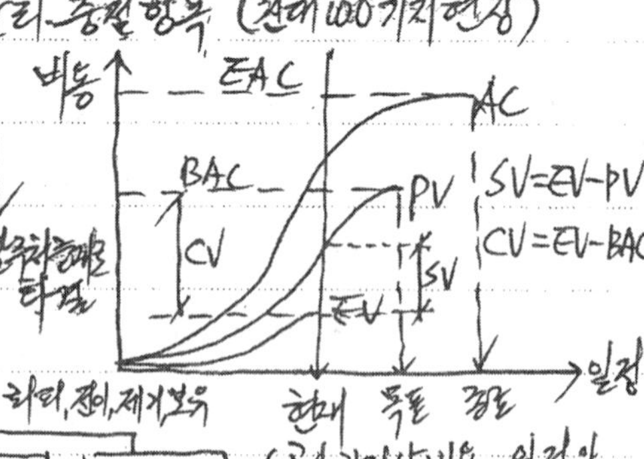

(공사관리상 비용 일정의 통합(EVMS))

2. RISK관리

Feed Back

식별 → 분석 → 대응 → 관리

(회피, 전이, 제거, 보유)

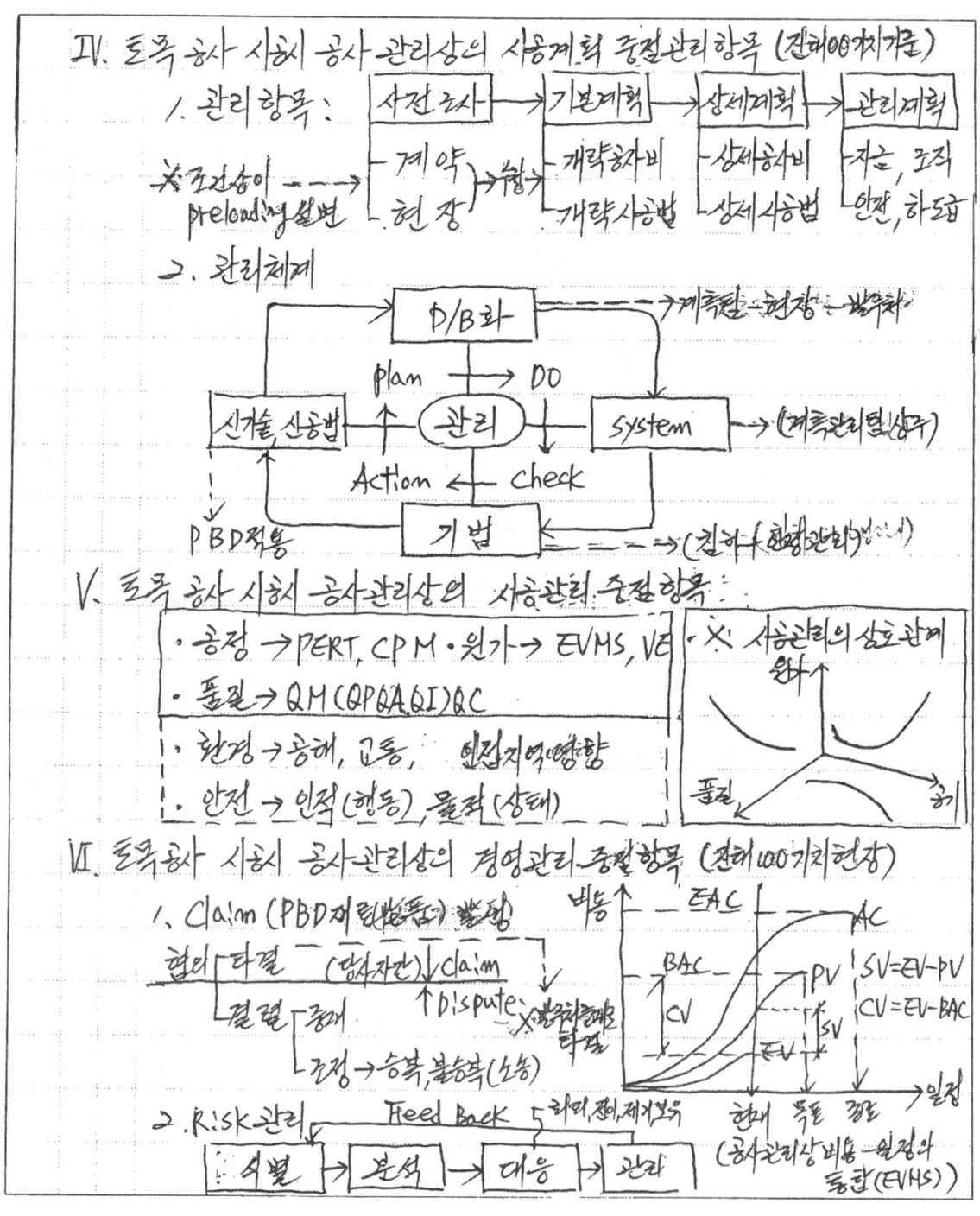

VII 자연 친화적인 토목공사를 위한 진해00기지 환경관리

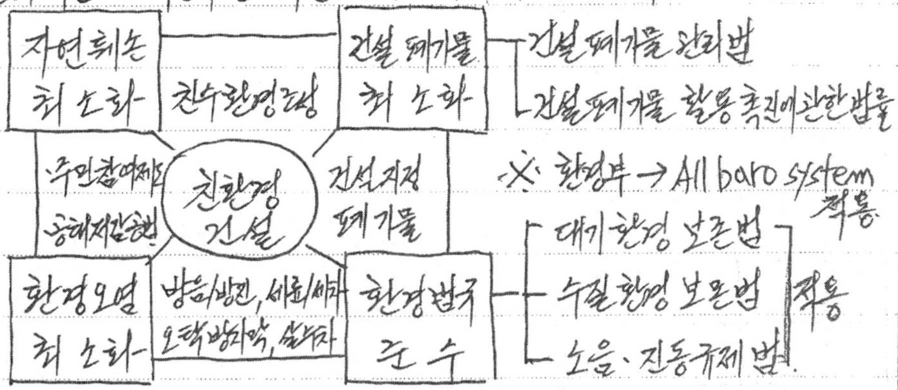

VIII. 무재해 토목공사를 위한 진해00기지 안전관리

관리적	기술적	법적·제도적
· 안전교육(정기/특별)	· 인적(행동, 불가피)	· 산업안전보건관리법
· 안전점검, 활동(일일)	· 물적(상태, 점검)	· 안전관리자(상주)

IX. 공정지연에 따른 진해00기지 공정관리

1. PERT 기법적용
2. CS를 통한 공기단축

$$CS = \frac{\text{급속비용} - \text{정상비용}}{\text{정상공기} - \text{급속공기}}$$

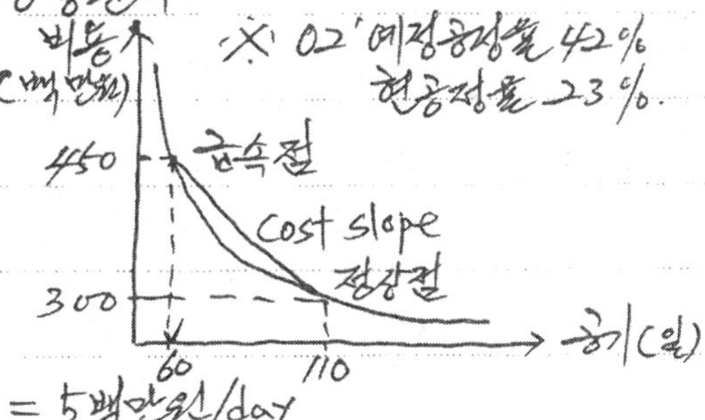

450 − 300 / 110 − 60 = 5백만원/day

X. 진해00기지 공기 지연에 따른 설계변경 및 원가관리 (slip way부)

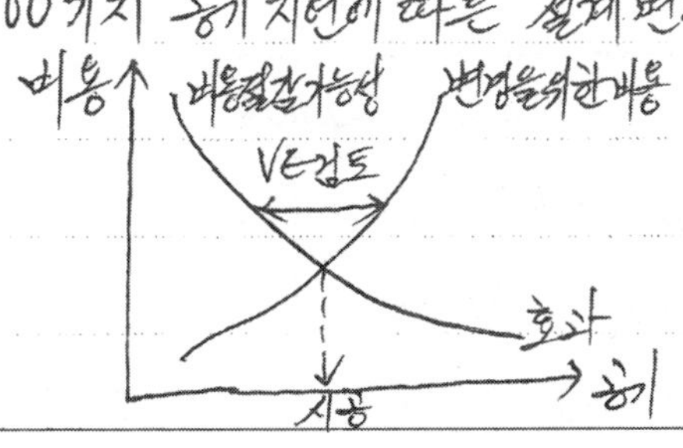

1. 석산(사석) 확보곤란 → 공기지연
2. 대책 : 공급원검토 → 운반거리조정
3. 효과 : 공기단축(8개월)
   공비절감(12억원) 끝.

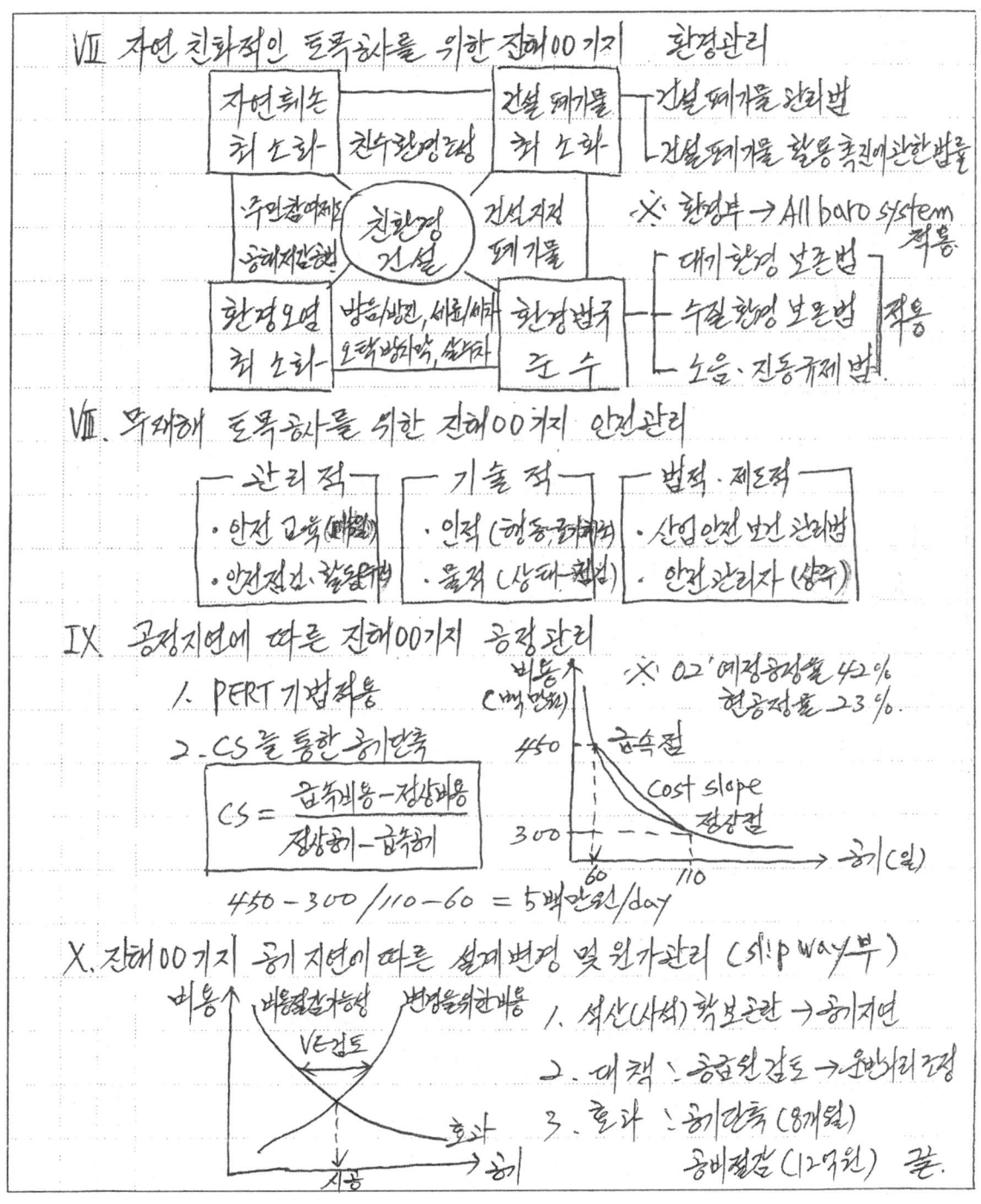

문제 24) 토목공사 시공시 공사관리 상의 중점관리 항목을 열거하고 설명하시오

답)

I. 개 요

1. 토목공사가 대형화, 복합화됨에 따라 치밀한 조사에 의한 사전계획 수립 및 공사관리가 요구되며,
2. 토목공사 시공시 공사관리상의 중점관리 항목에는 시공계획, 시공관리, 경영관리가 있다.
3. 현장책임 기술자로서 안전, 환경, 민원관리에 특히 관심을 가지고 현장운영을 하여야 함.

II. 양재~기흥 확장공사의 EVMS를 활용한 시공관리 사례.

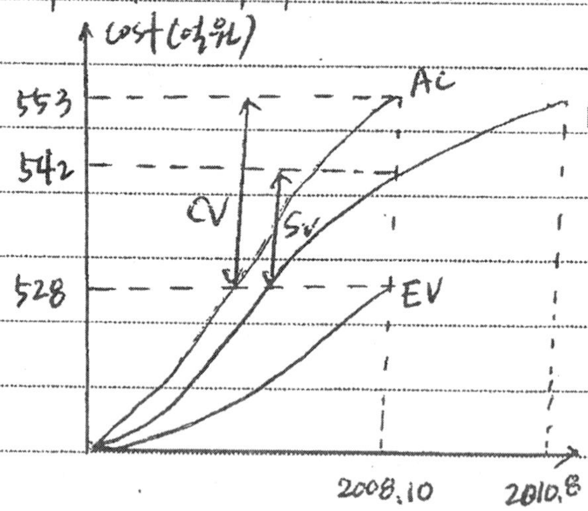

Ⓧ

CV = EV − AC
= 528 − 553
= −25억원

SV = EV − PV
= 528 − 542
= −14억원

$CPI = EV/AC = 528/553 = 0.95$

$SPI = EV/PV = 528/542 = 0.97$

※ 2008년 10월 기준 계획보다 비용초과, 공정지연 → 공기단축, 원가절감 대책필요

<문제24> 토목공사 시공시 공사관리상의 중점관리 항목을 열거하고 설명하시오.

<答>

I. 概要

1. 토목공사 시공시 공사관리상의 중점관리항목에는

1) 시공계획 : 사전조사, 기본계획, 상세계획, 관리계획

2) 시공관리 : 공정, 원가, 품질, 안전, 환경관리

3) 경영관리 : Claim 관리, Risk 관리

2. 현장관리 책임자로서의 중점관리항목은 품질관리의 확보 및 민원, 안전, 환경관리가 있음.

II. EVMS (비용일정통합관리)를 통한 공사관리 事例 (부산신항 북컨 배후부지 조성공사中心)(1999年).

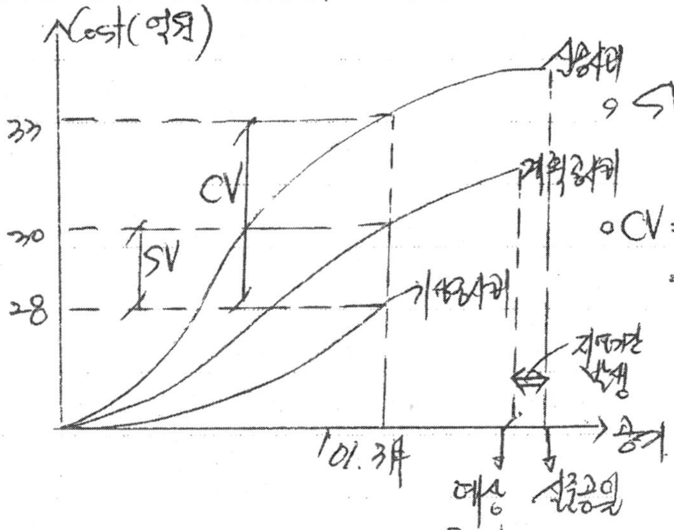

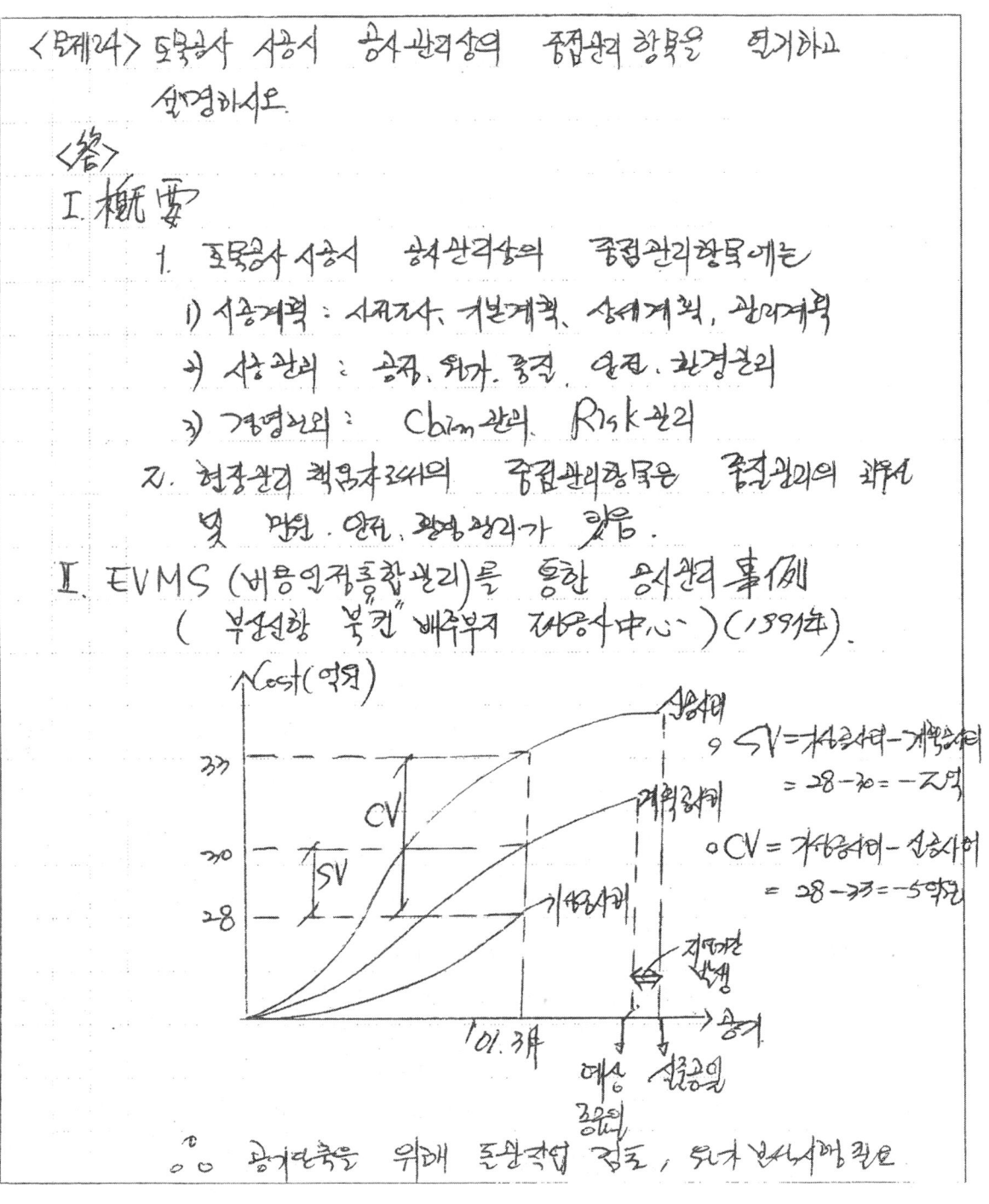

○ SV = 기성공사비 - 계획공사비 = 28 - 30 = -2억

○ CV = 기성공사비 - 실공사비 = 28 - 33 = -5억원

∴ 공기단축을 위해 돌관작업 검토, 원가 분석시행 필요

III. 토목공사 시공시 공사관리상의 중점 관리 항목

1. 공사관리의 구성요소.

시공계획 + 시공관리 + 경영관리

2. 시공계획 : 1) 사전조사 (계약관리, 현장관리)

2) 기본계획

3) 상세계획

4) 관리계획

3. 시공관리 : 1) 목적물 자체관리 (공정, 원가, 품질관리)

2) 사회규약관리 (안전관리, 환경관리)

4. 경영관리 1) 공사범위

2) Claim, Risk Management

IV. 토목공사 시공시 공사관리중 시공계획 방안

1. 사전조사 : 1) 계약관리 : 도급, 관급자재

2) 현장관리 : 지형, 용수, 전력, 가설사무실

2. 기본계획 : 개략공사비, 개략시공법

3. 상세계획 : 상세공사비, 노무, 자재, 장비투입계획

4. 관리계획 : 안전, 노무, 환경, 하도급, 실행관리

V. 토목공사 시공시 공사관리중 시공관리 방안

1. 시공관리요소 : 1) 목적물 자체 : 공기단축, 원가절감, 품질향상

2) 사회규약 : 안전, 환경

2. 시공관리 순서 : Plan → DO → check → Action

3. 시공관리 목표 : 5M → 4ER → 5R

III. 토목공사 시공時 공사관리상의 중점관리 항목
(부산신항 북컨 배후부지공사 中心, 1994年)

사전조사 → 기본계획 → 상세계획 → 관리계획

- 사전조사
  - 계약조건
  - 현장조건
- 기본계획
  - 시공개요
  - 시공순서等
- 상세계획
  - 자재, 인원
  - 외주등
- 관리계획
  - 하역
  - 인원

IV. 토목공사 시공시 공사관리 중점관리항목中 "시공관리계획"

1. 목적물 자체 관리
   1) 공정관리
   2) 원가관리
   3) 품질관리
2. 사회규약에 관리
   1) 안전관리
   2) 환경관리

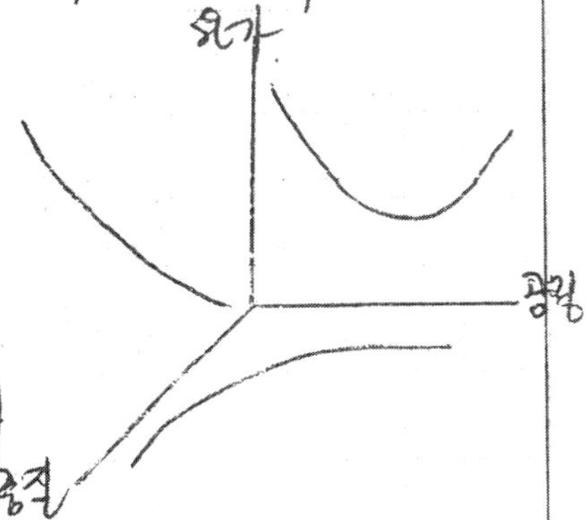

V. 토목공사 시공시 공사관리 중점관리항목中 "경영관리" 항목

Claim 관리	Risk 관리
발생형태 : Delay, Acceleration, Scope of Work	식별 → 분석 → 대응 → 회피 ∴ 사전조치강화
대책 : ADR등	⇒ Risk 발생 최소化

VI. 토목공사 시공시 Risk Management 方案 (김포한강신도시, 500억원)

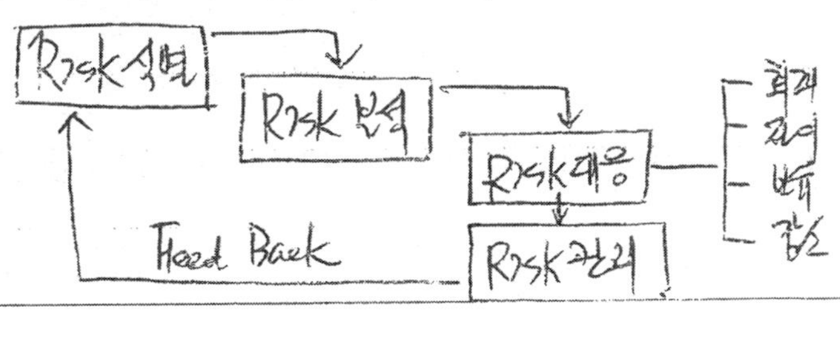

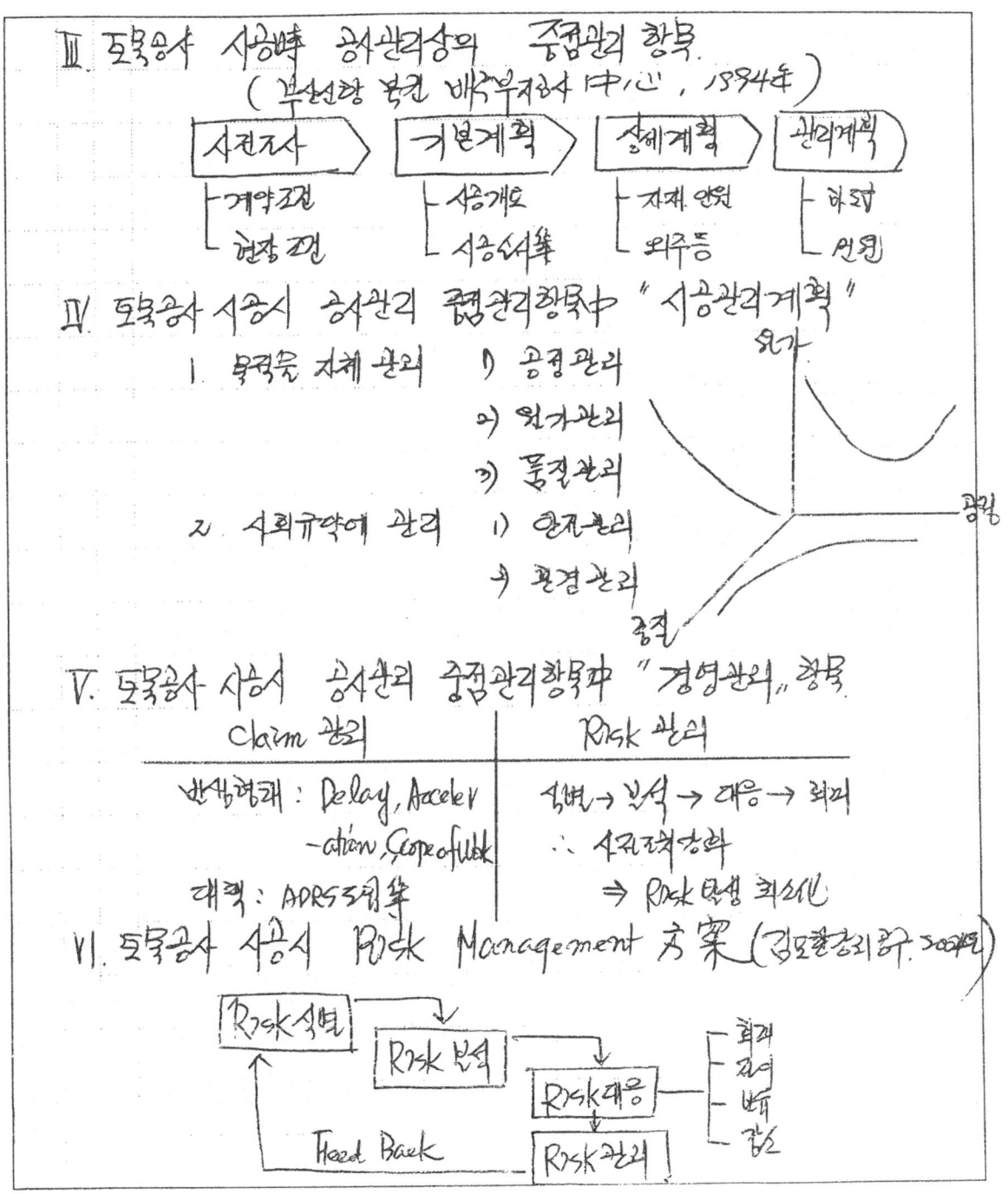

Ⅵ. 토목공사 시공시 공사관리중 경영관리방안

Claim 관리	Risk management
발생형태 1) Delay 2) Change of site condition 3) Acceleration 4) Slope of work 대책 : 우호적 접근, 문서관리 ADRS(대체분쟁해결방안)	식별 ← 발생원, 추진단계별 통제가능 여부 ↓ 분석 ← Monte carlo simulation, VCA. ↓ 대응 ← 회피, 전이, 보유, 감소, 수용

Ⅶ. MCX를 활용한 공기단축 사례 (양재-기흥 확장공사 2006)

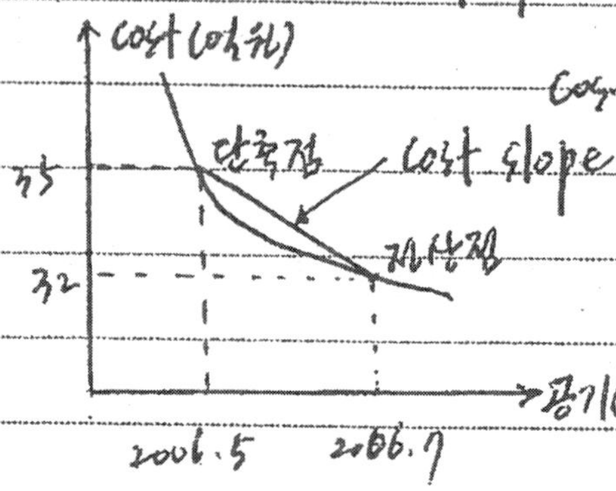

cost slope = $\frac{\text{급속비용} - \text{정상비용}}{\text{정상공기} - \text{급속공기}}$

= $\frac{35억 - 32억}{60일}$

= 5백만원/日

Extra cost = 3억원, 60일단축

Ⅷ. 공사관리 효율성 향상을 위한 제언

1. 기술적 제언 : 건설정보 system의 적극적 활용을 통한 자료공유 수집 분석으로 공사관리 효율성 향상 필요함 (CALS > CITIS > PMIS → ubiquitous)
2. 관리적 제언 : EVMS을 통한 공정, 원가관리, 생산성 향상 및 전산화에 의한 원가절감.

-끝-

VII. 토목공사 시공時 친환경건설을 위한 현장관리 System 事例.
(광명 1공구 '천' 터미널 축조공사, 1995年)

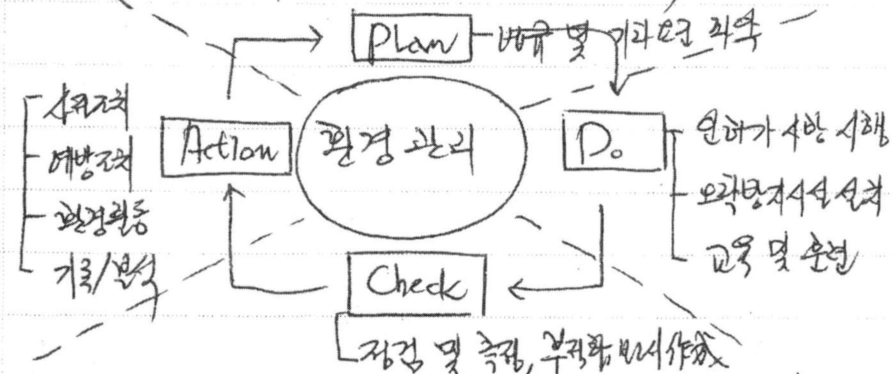

VIII. 토목공사 시공시 무재해 사업수행을 안전관리 System 事例.
(KOSHA 18001 위험성평가) (경포판강로(1공구), 1999年)

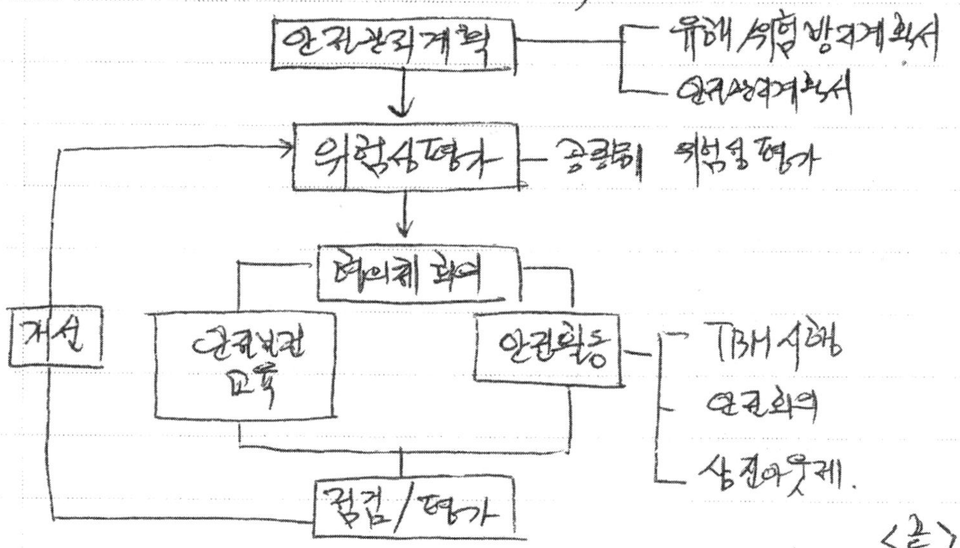

<끝>

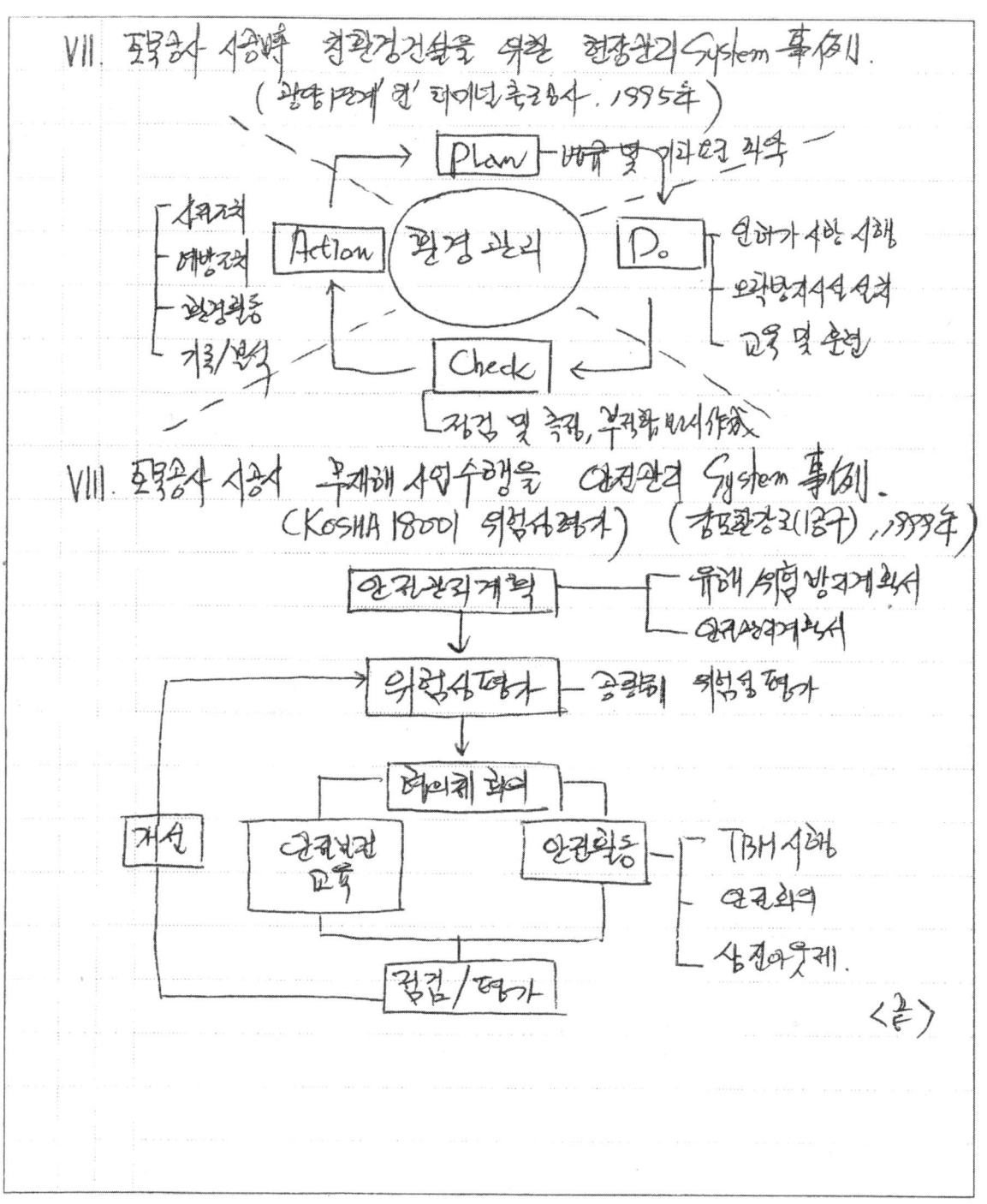

▣ 실수를 반복하는 "바보"들…

안녕하세요? 신경수입니다.

1. 시험에서 가장 중요한 관리는 "시간관리"와 "실수관리"입니다.

2. 시간관리는 약간의 전략과 반복학습을 통해 상당부분 해결될 수 있지만 실수관리는 막연한 노력만 한다고 해결되지는 않습니다.

3. 지난번 강의에서도 말씀드렸지만 "실수"에는 3가지 종류가 있습니다.

4. "착각에 의한 실수", "혼동에 의한 실수" 그리고 "무지에 의한 실수"입니다.

5. 여기서 무지에 의한 것은 학습량을 늘려갈 경우 쉽게 해결될 수 있고, "혼동에 의한 실수"는 학회지만 열심히 읽어봐도 실수를 피할 수 있습니다.

6. 하지만 "착각에 의한 실수"는 개인의 잘못된 습관에서 나오는 경우가 대부분으로 시험시에 상당한 집중력을 요하는 부분입니다.

7. 실전 Test 시 많은 사람들이 자신이 행한 실수를 별로 중요하게 생각하지 않고 "그럴 수 있지" 정도로 생각하고 있는 모습을 보고 상당한 실망과 우려를 금치 못했습니다.

8. 실수를 피하는 것은 불합격을 피하는 것입니다.

9. "못된 버릇 평생 간다."는 말처럼 잘못된 습관은 수험생 개인의 학습시간, 학습방법 등에 상관없이 불합격의 시간을 지속적으로 연장시킬 것입니다.

10. 지금이라도 늦지 않았습니다.

11. 지금까지 자신이 저지른 "잘못된 습관에 의한 실수"가 무엇이었는지 분명히 파악해서 (개인이 지닌 Test답안을 살펴보면 잘못된 습관을 파악할 수 있습니다.) 지금부터 똑 같은 실수를 반복하지 않는 합격예정자로 거듭나야 할 것입니다.

12. 한번 실수는 병가지상사(兵家之常事)지만, 두 번 실수는 실수가 아닌 일상다반사(日常茶飯事)가 되므로 시험 시 좀더 긴장해주시기 바랍니다.

문제25 정보화 시대에 요구되는 건설정보 공유방안을 포함한 건설정보화에 대하여 서술하시오.

[기본 Item = 유형]

문제점	공법	AB	콘크리트	제도 및 system	기타
				★	

[관련 공종]

콘크리트	강재	건설기계	토공	연약지반	막이	기초
도로포장	교량	터널	댐	하천	항만	공사시사
						★

[질문 요지]

1. 건설 정보화 공유방안
2. 건설 정보화

[조건]

1. 정보화 시대 건설

[중요 Item]

1. USN, GPS, GIS 기반
2. 기술적(도로/교량/터널/댐/하천/항만) + 제도적(정보공유)

[차별화 Item]

1. 이 론 :
2. 경 험 :
3. 도식화
   - 그래프 :
   - 모식도 : PMIS, BIM, 계측, 건설자동화
   - Flowchart :
   - 특성요인도 :
   - 기타 :
4. 비교표 :

Thinking Tip

1. 학회지
2. 도입전/중/후 - 문/도/단/쟁/효/추

번호 25. 정보화 시대에 요구되는 건설정보 공유방안을 포함한 건설정보화에 대하여 기술하시오.

답)

I. 개요

1. 정보화시대에 요구되는 건설정보 공유 방안으로는 CALS, CITIS, PMIS 및 첨단기술의 유비쿼터스 활용 방법이 있으며,

2. 건설정보화의 도입 배경은 신속한 정보공유, 문서 최소화, Data의 효율적 관리 및 활용이 필요하였음.

3. 건설정보화의 도입시 효과는 공기단축, 공비절감 등이 있으며, 향후 추진과제로는 System Infra 구축 및 공동관리체계 구축이 필요

4. 경기 00~00도로(2009)의 경우 USN기반으로 RFID를 이용하여, 노무관리 및 품질관리 등을 활용한 사례가 있음.

II. 한국00공사의 건설정보화 System (건설정보 공유방안 포함)

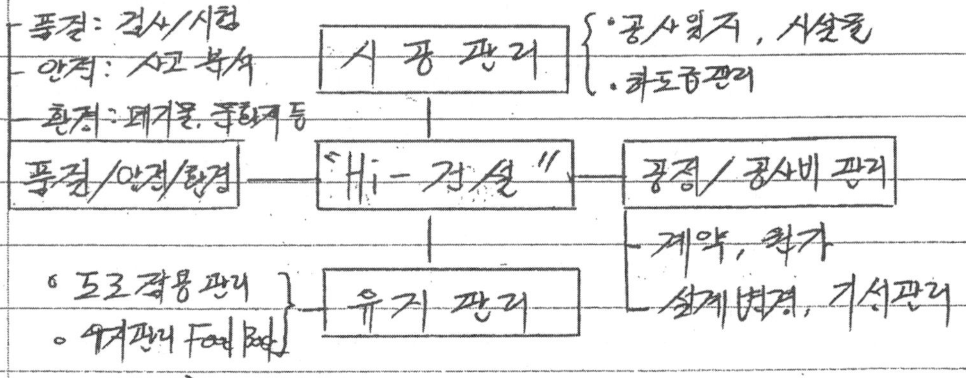

(*) 특히, "IT 현장관리" 시설 운영

: 현장영상 + SMS + 가상정보(실시간) + 자동화 System

(*) 협력업체 접속 가능 → 정보/기술 공유, 투명성 제고

III. 정보화시대에 요구되는 건설정보 공유 방안

[체계 : CALS ⇒ CITIS ⇒ PMIS]

1. CALS : 발주자 ↔ 입찰자] — 추가
2. CITIS : 발주자 ↔ 계약자]
3. PMIS : 설계, 시공, 감리자 등 계약자 상호간 — 민간

(※) 유비쿼터스(Ubiquitous)

: [USN 기반] → [RFID 이용] → [관리자] → {공정, 원가, 품질} 관리

IV. 건설정보화 이전의 문제점 및 도입 배경

문제점		도입 배경
- 시간 과다 소요	⇒	· 신속한 정보공유 필요
- 다량의 문서 발생		· 문서 최소화
- Data 관리 곤란		· Data의 효율적 관리/활용

V. 건설정보화의 도입단계 및 개선 사항

1. 도입단계

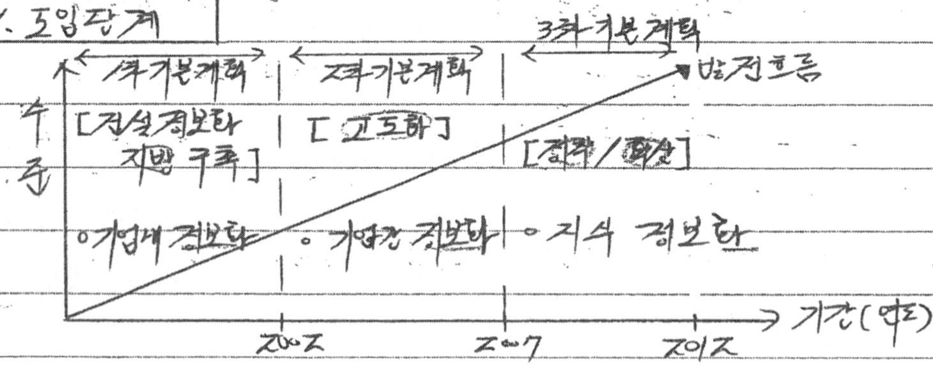

2. 개선사항

[1) 기술적 : System Infra 구축 (교육, D/B화 등)
2) 관리적 : 공통 Data 분류체계, 인식 부족 등

Ⅶ. 건설정보화의 도입에 따른 파급효과

1. 우선적
   - 공사기간 단축
   - 공사비용 절감
   - 문서 절감 (전자 System)

   ⇒ 효율성 제고

2. 부가적
   - 사업의 투명성 제고
   - 기술력 향상의 기반
   - 사업관리의 고도화 / 선진화

Ⅷ. 건설정보화 발전을 위한 향후 추진 과제

1. 기술적
   - ◦ Software 품질 향상
   - ◦ System Infra 확대 구축
   - ◦ 공통 Data 분류체계

2. 관리적
   - ◦ Data의 신뢰성 확보
   - ◦ System 활용성 제고
   - ◦ 사용자 교육 의무화

Ⅸ. Ubiquitous를 활용한 건설정보화 적용 사례

[경기도 OO~OO 국도(2009) 현장]

USN 기반 구축

↓

[노무관리]
◦ 근로자 : RFID 카드지급

[품질관리]
◦ Remicon : RFID 송장

↓

"PMIS를 통한 작업일보, 기성산출 자동화"

"끝"

문제25) 정보화 시대에 요구되는 건설정보 공유방안을 포함한 건설 정보화에 대하여 서술하시오.

답)

I. 개 요.

1. 건설 정보화 이전 건설 정보 Data관리에 문제점 대두, 실시간 건설 정보의 공유와 행정 간소화를 위하여 건설정보화 도입.
2. 도입 단계별 CALS → CITIS → PMIS 확대 발전되면서 System의 Infra 구축 및 Data 분류에 장점은 있었으나.
3. 건설정보 공유화로 공기단축, 공비절감, 사업의 투명성 제고와 기술력 향상이 되었으나 향후 Data의 활용성과 System의 보안성을 강구하는 Ubiquitous의 정착이 요구됨. ※ USN을 기반으로 한 Trench 굴착 (중국 광저우-석유개발회사-공사-상하이 해저고속도로 180km)

II. OO기지 현장 건설정보화 system

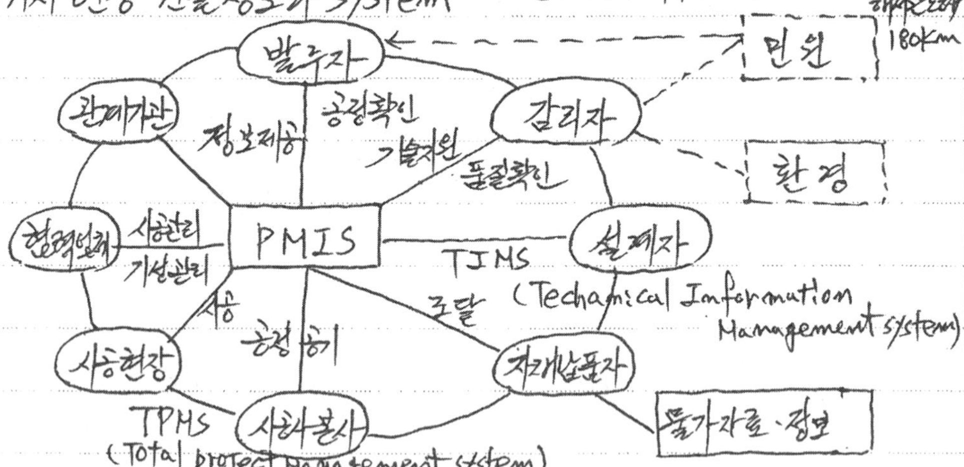

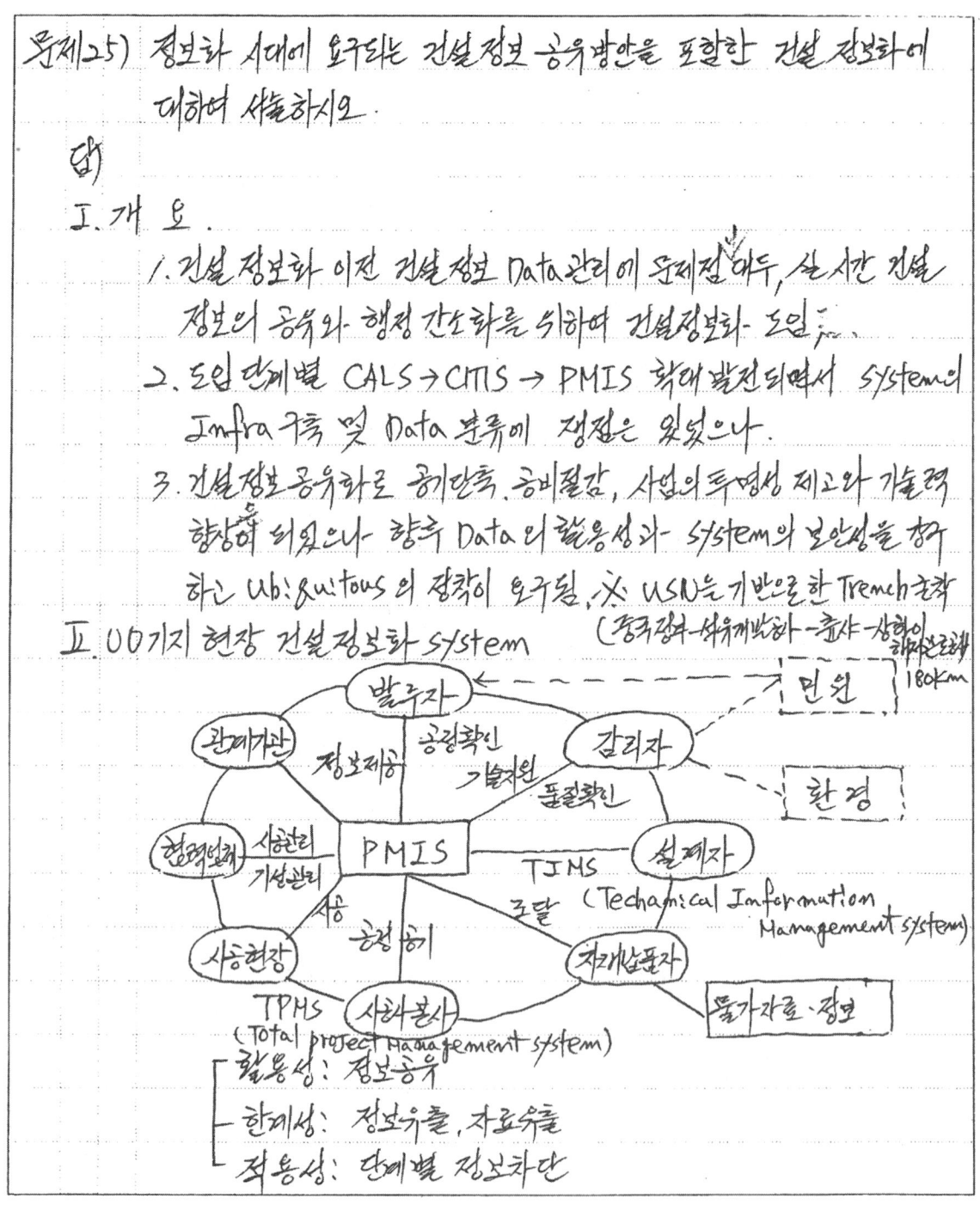

- 활용성: 정보공유
- 한계성: 정보유출, 자료유출
- 적용성: 단계별 정보차단

문제1편) 정보화 시대에 요구되는 건설정보 공유방안을 포함한 건설 정보화에 대하여 기술하시오.

답)

I. 건설정보화 개요

1. 건설정보화 시대에서 건설정보 공유 방안을 통해 공기의 단축 공비의 절감 인력감소. 사업투명성 확보 및 기술력 향상 효과
2. 건설 정보화는 시대별. 공사별. 도입 및 적용이 되고 있다
3. 현재는 PMIS. CALS에서 ubiquitous화 되어 감

II. 국내 건설 정보화 체계의 발전흐름

PMIS → CITIS → CALS → 유비쿼터스

1) PMIS : 발주자. 입찰자
2) CITIS : 발주자. 계약자
3) CALS : 설계자. 시공자. 감리자. 발주자
4) 유비쿼터스 : 언제. 어디서나 · 정보공유

III. 충북 ○○지역 국도 현장 건설 CITIS 활용 Flow

※ 발주처 건설사업 정보 system

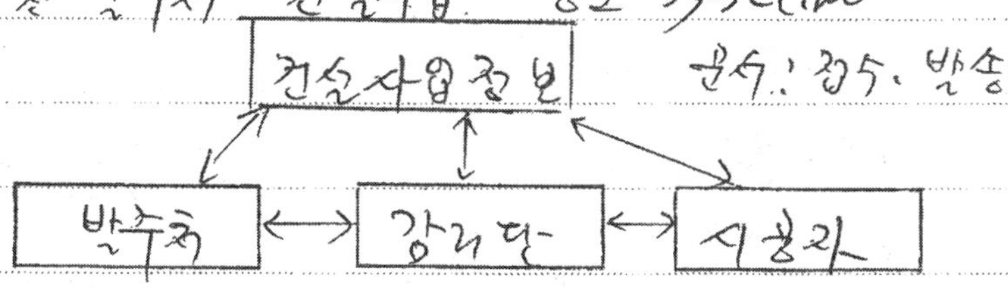

※ 국가기관 사업 현장에만 적용
추후 각 지자체 까지 확산
건설사업 정보 관리자 임명 → 운용

Ⅲ. 건설 정보화 공유 이전의 건설정보 문제점 및 도입배경

1. 문제점
1) 소요시간과다
2) 행정문서 과다
3) Data 관리 곤란

⇨

2. 도입배경
1) 신속한 정보 및 공유
2) 행정간소화
3) D/B 구축 및 활용

Ⅳ. 건설 정보화 도입단계 및 쟁점

1. 도입단계

CALS → CITIS → PMIS

- CALS
  - 발주자
  - 입찰자
- CITIS
  - 발주자
  - 계약자
- PMIS
  - project 참여자 (설계, 시공, 감리, 유지관리)

2. 도입시 쟁점
- 1) system의 Infra 구축
- 2) 공통 Data의 분류 체계

Ⅴ. 건설 정보화의 효과 및 향후 발전방향

1. 효과
1). 공기 단축
2) 공비 절감 - 문서절감,
3) 사업의 투명성 제고
4) 기술적 향상

2. 향후 발전 방향
1). Data의 활용
2). system의 보안성 강화
3) 건설산업 전반의 Code통일, 활용

Ⅵ. 최근 건설정보화의 발전 flow

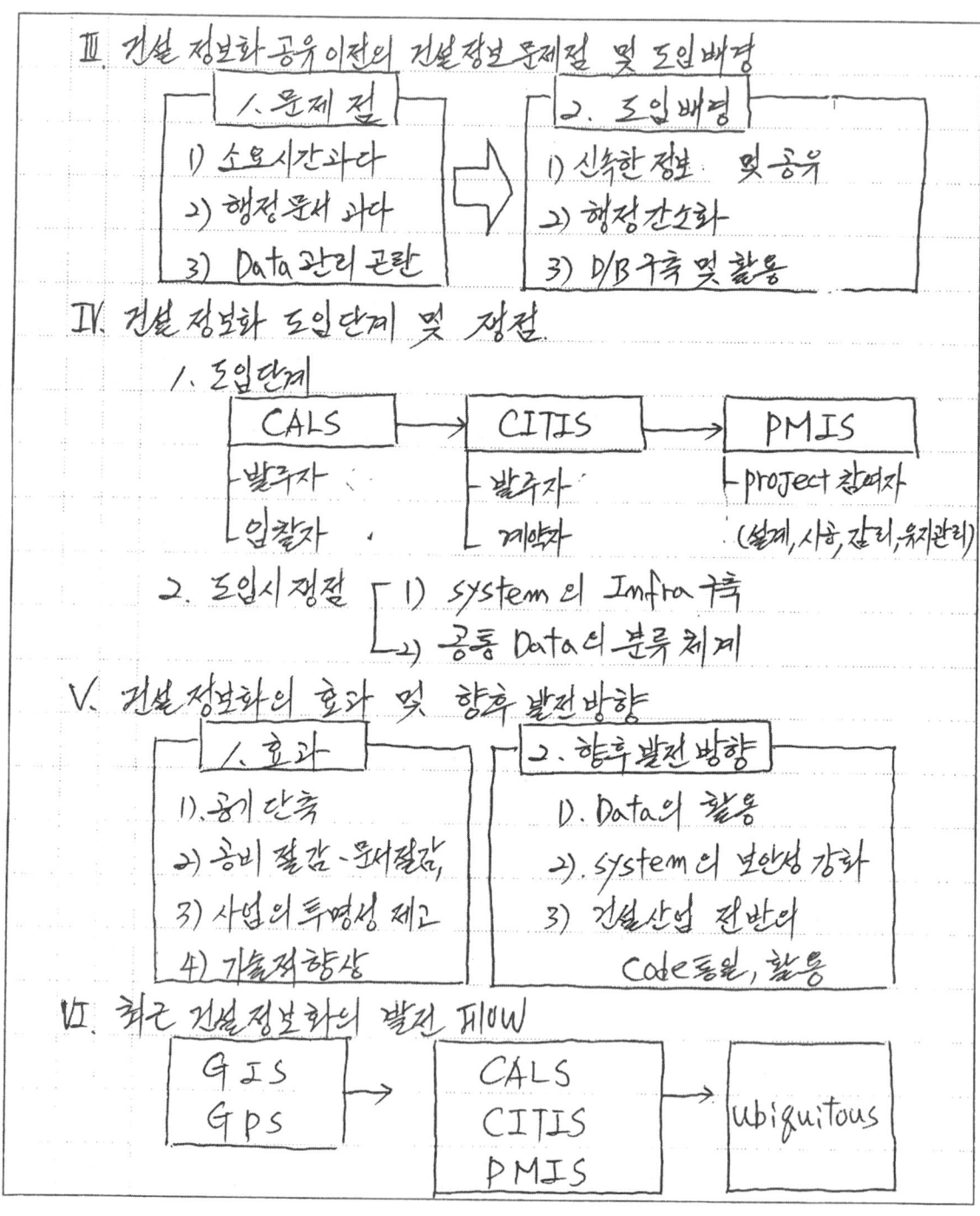

GIS, GPS → CALS, CITIS, PMIS → ubiquitous

IV. 정보화 시대에 요구되는 건설정보 공유 방안

1. 건설정보 도입전: 1) 기존 System 문제점 검토

   2) 도입 배경 설명

2. 건설 정보화 도입 공유

   1) 단계별 공유

1단계	2단계	3단계
관련자료 정비	시범시스템 확대	통합운영 시행

3. 건설 정보화 도입 공유 방안

   1) 설계. 시공 감리 → 유비쿼터스 활용

   2) 신속한 정보이용 → 공공성 일관성 증대

V. 정보화 시대에 요구되는 건설 정보화 활용성

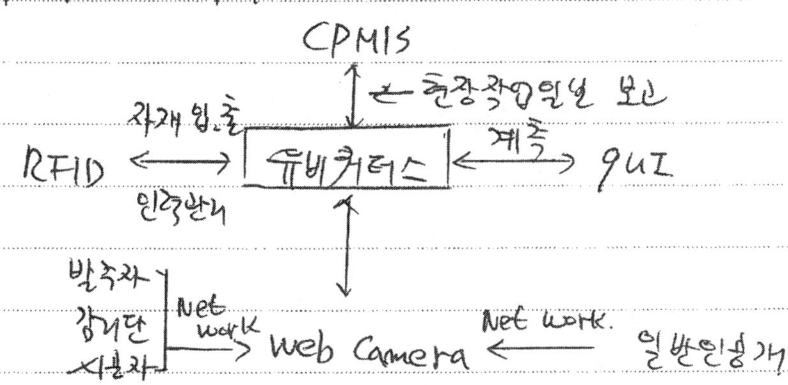

VI. 현장에서 CITIS 사용시 문제점

1. 문서 발송시 → 첨부물 과다시 첨부 안됨

2. CITIS 문서 발송후 → 우편으로 문서 발송

3. 감리 CITIS 사용 미숙에 따른 착오

4. 지방에 교육시설 미비 → 수도권 집중

Ⅶ. USN을 기반으로한 Trench Dredger 사용사례

1. 현장명: 중국 홍콩-광동 (...)

2. 적용개념 및 모식도.

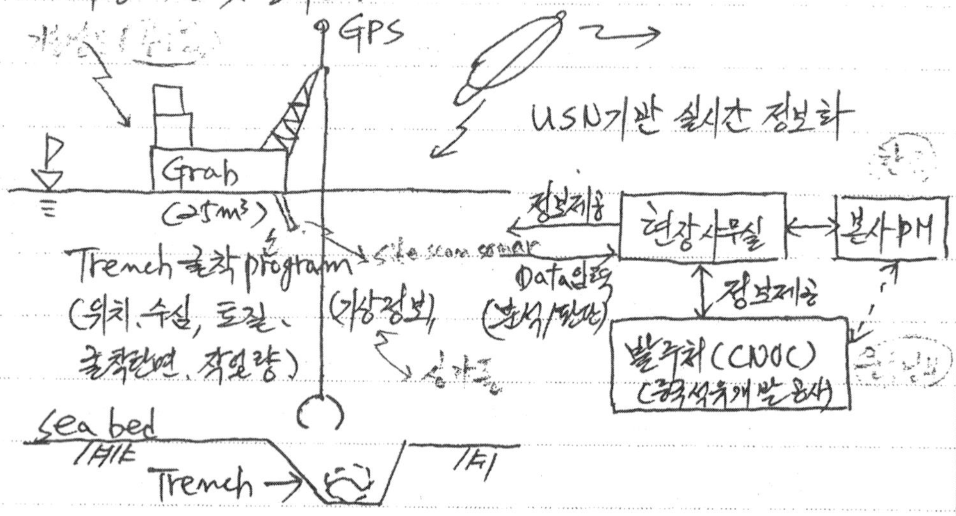

3. 효과 ┬ 1) Trench 과굴 방지, → 공비 절감(12억), 공기단축(5개월)
　　　　└ 2) 신뢰성 확보(중국정부), 되메우기시 활용.

Ⅷ. 건설 정보화의 향후 발전방향에 대한 제언

1. 기술적

1) Ubiquitous의 활성화 (Every where, Every call, Every Time)

- 대상구간을 확대선정 - sensor, chip 내장 - D/B화
- 핵심기술의 발전 - RFID, USN
- 활용의 의무화 (법적, 제도적)

2) 정부 정책에 기술적 접근 (8개서비스분야, 3개인프라, 9개상과분야)

2. 경제적 ┌ 건설정보화 system 활용시 예산지원, 연구개발비지원
　　　　　└ 산학협력활성화 (산업현장, 대학, 연구소)

끝.

Ⅷ. 건설 정보화 도입 배경 및 효과

1. 도입배경

1) 종이 없이 업무수행 가능한 체계 구축

2) 정보화 경영혁신 및 비용절감

3) 종합적 품질향상 및 생산성 향상

2. 효과

1) 업무시간 단축, 사업비 절감, 공기감소

2) 원거리 관리가능, 계측결과치 공유

▣ 합격에 이르는 3단계, 수(守)파(破)리(離)

안녕하세요? 신경수입니다.

1. 합격에 이르는 단계는 생각보다 상당히 단순합니다.

2. 그런데 시험과 관련된 많은 사람들이 학습하는 와중에 이 단순함을 비틀어 버리곤 합니다.

3. 콘도 테츠오 등의 '도요타식 화이트칼라 혁신' 을 보면 시험합격에 이르는 길과 도(道)에 이르는 길이 같다는 생각입니다.

4. 즉, 깨달음이 바로 합격이고, 득도라 생각됩니다.

5. 합격(도-道)에 이르는 3단계는 용파리나 동(?)파리가 아닌 수파리[수(守), 파(破), 리(離)]입니다.

6. '수(守)'는 가르침을 지키고 한결같이 기본을 몸에 익히는 단계로 수의 단계에서는 확실히 정석대로, 개인의 의사를 반영하지 않고 따라하는 것이 중요합니다. 즉, 이 단계를 서도에서는 해서(楷書)라 하는데 기법중심이고, 쉬운 말로 하면 배운 대로 따라 하는 것입니다.

7. 다음의 '파(破)'의 단계는 지금까지의 가르침을 기초로 해서 자신의 개성을 발휘하는 단계입니다. 서도에서는 행서(行書)에 해당하는데, 자신의 강점(개성)을 살리기 위해서는 자기의 강점을 정확히 알고, 장점을 더욱 높일 수 있는 구조 또는 답안을 만드는 것입니다.

8. 다음 단계인 리(離)는 어떤 의미인지 감 잡으셨을 거라 생각됩니다. 서도에서는 이 단계를 초서(草書)라 하는데 중요한점은 기법을 떠나있지만 규범을 넘지 않는다는 사실입니다.

9. 기술사 수험생분들은 수(守), 파(破), 리(離)의 3단계를 생각하며 모든 일(시험이든 취미든 일처리든)에 대응했으면 합니다.

10. 항상 단순명쾌하게 살아가는 수험생이 되었으면 합니다.

제2편 계절별 핵심 7문제

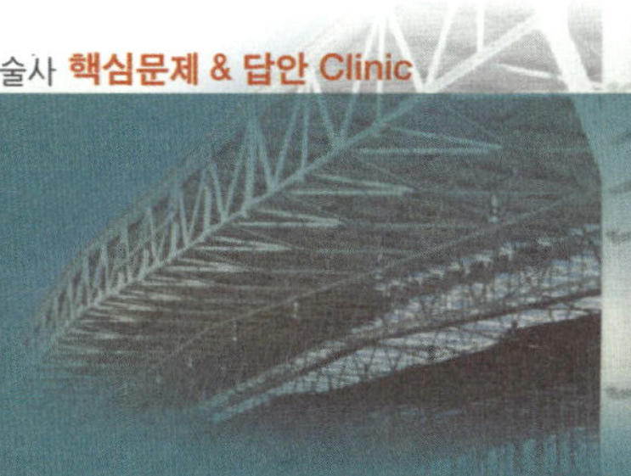

Professional Engineer Civil Engineering Execution

문제1 동절기 콘크리트 시공 시 고려해야 할 사항을 열거하고 특히 동결융해 성능향상을 위한 혼화제 사용에 있어서의 유의사항에 대하여 서술하시오.

[기본 Item = 유형]

문제점	공법	AB	콘크리트	제도 및 system	기타
			★		

[관련 공종]

콘크리트	강재	건설기계	토공	연약지반	막이	기초
★						
도로포장	교량	터널	댐	하천	항만	공사시사
★	★	★	★		★	

[질문 요지]

1. 동절기 콘크리트 시공 시 고려사항
2. 혼화제 사용 시 유의사항

[조건]

1. 동절기 콘크리트 시공

[중요 Item]

1. 초기동해
2. 콘크리트＝재＋배＋시
3. 시공＝계/비/운/타/다/양/이/마/철/거

[차별화 Item]

1. 이 론 :
2. 경 험 :
3. 도식화
   - 그래프 : Maturity, 응력－재령, 수화발열속도－재령, 내구성계수
   - 모식도 : 동절기 양생(가열, 단열)
   - Flowchart :
   - 특성요인도 :
   - 기타 : Mechanism, 동절기운반 온도변화식
4. 비교표 :

Thinking Tip

1. 재료＝결(조강), 성(동결융해저항제, Cushion), 골(온도), 채
2. 배합＝단위수량 저감
3. 시공＝계비운타다양이마철거 － 운반, 양생 강조

문제1) 동절기 콘크리트 시공시 고려해야할 사항을 열거하고, 특히 동결융해 성능 향상을 위한 혼화제 사용에 있어서의 유의사항에 대하여 기술하시오.

답)

I. 개 요

1. 동절기 콘크리트 시공시 고려해야 할 사항은 재료는 조강시멘트와 공기연행제 사용, 배합시 W/B와 S/a는 낮추고 Gmax는 높이며,

2. 시공관리시 타설전 운반시간과 타설중 다짐, 이음에 중점 관리하고 타설후 온도제어양생(온도증가 → 가열, 단열)에 따른 Maturity 관리 중요함

3. 동결융해 성능 향상을 위한 혼화제 사용시 주의사항은 Flyash와 혼용시 흡착에 주의, 공기연행제는 질량의 0.03~0.05% 이내 사용하며 시공시 과다짐은 내동해성의 원인이 될수 있음 (평택00기지 접안시설 Caisson 제작(96'~98'. 동절기 시공) 공기연행제 0.03%

II. 동절기 콘크리트의 문제점과 요구조건

1. 문제점 : 일평균기온 저하로 → 수화반응지연 → 초기동해우려 (5MPa이하)

2. 요구조건
- 1) 굳지않은 콘크리트 : 작업에 적합한 Workability (재료분리저항+작업용이)
- 2) 굳은콘크리트 : 소요의 강도, 내구성, 수밀성, 강재보호성능 + 균열

III. 동절기 콘크리트 시공시 콘크리트 동해의 Mechanism

동해이론
- 1) 모세관이론 : 외부 물 공급 ← 지반
- 2) 열역학이론 : 내부 물 공급 ← 지반, concrete

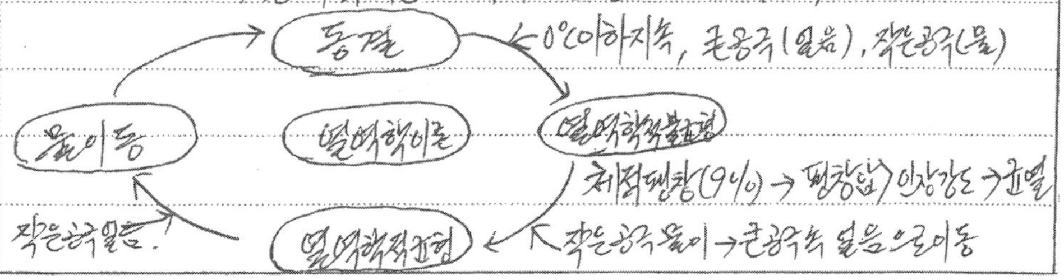

IV. 동절기 콘크리트 시공시 고려해야 할 사항

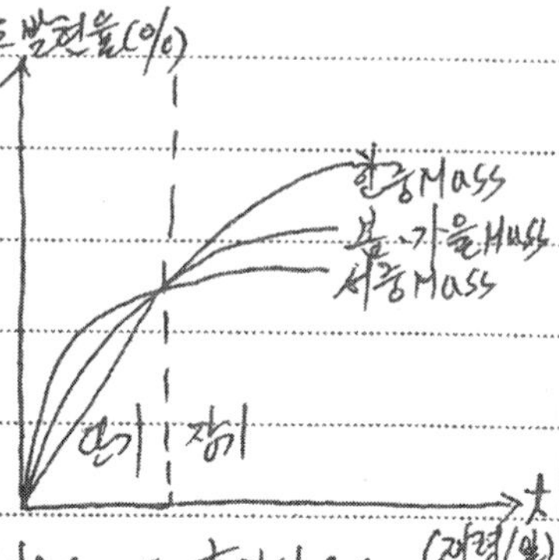

1. 재료 : 조강시멘트, 동결융해저항제 (공기연행제)
2. 배합 : W/B 낮춤, S/a 낮춤, Gmax 높임
3. 시공
   1) 타설전 : 운반문제 – 진동, 시간, 교반

      $T_2 = T_1 - 0.15(T_1 - T_0)\Delta t$

   2) 타설중 : 이음, 다짐 (5~15초)
      – T_2 : 타설시 온도, T_1 : 혼합시 온도
      T_0 : 기온, Δt : 경과시간
   3) 타설후 ┌ 온도제어 양생
      └ 온도증가 (가열, 단열)

Plowman의 식 : $f = \alpha + \beta \log M$
$\alpha = 21$, $\beta = 61$

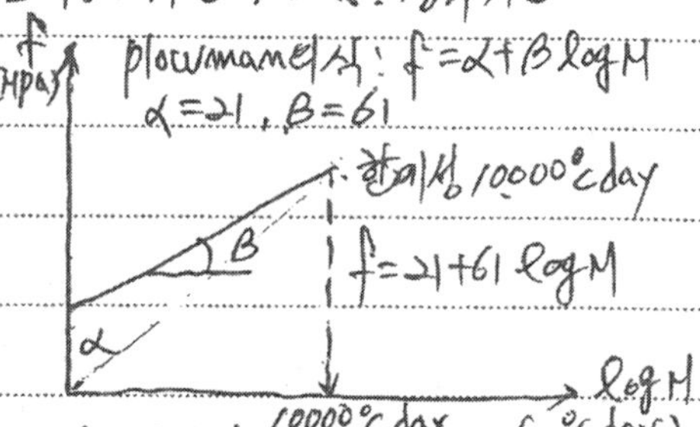

Maturity (적산온도)

$$M = \sum_{0}^{t} (\theta + A)\Delta t$$

→ 여기서, θ : 콘크리트 일평균온도(°C), t : 재령(day), Δt (기간)

V. 동절기 콘크리트 시공시 동결융해 저항제가 콘크리트 내구성에 미치는 영향

1. 굳은콘크리트 : Cushion효과 → 동결융해저항성 증대, 수밀성 증가
2. 굳은콘크리트 : Ball Bearing

VI. 동절기 동결융해 성능 향상을 위한 혼화제 사용시 유의사항 (평택 00지점안시설공사)

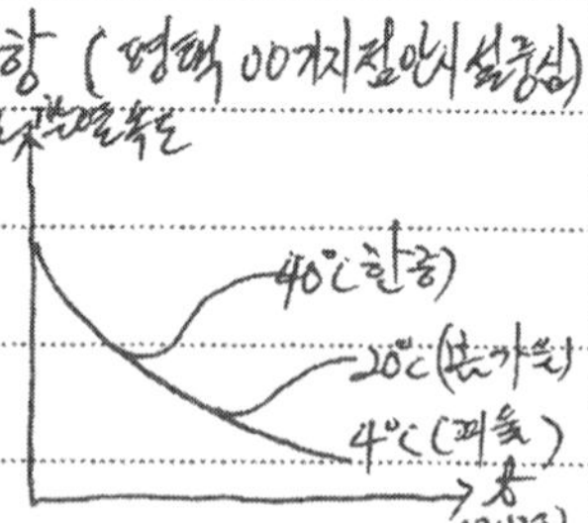

1. 재료 : Fly ash 혼용시 → 흡착주의
2. 배합 : 적량 0.03~0.05% (공기연행제) → 평택지지 0.03%
3. 시공 ┌ 1) 시공전 : 선정, 보관 (고체, 액체)
   └ 2) 시공중 ┌ 과다첨 → 공기파괴 → 내동해성 저하
      └ 시기, 용량 (공기연행제 과다 → 강도저하 (0.05% 이하)

VII. 동결융해 저항제의 분류 및 발전흐름

[공기연행제] → [공기연행감수제] → [고성능공기연행감수제]

(4~8%) 감수율 (10~15%) Slump Loss (2%)

※ 공기연행 콘크리트의 공기량

4.5% 9.5%

내동해성저하 ← 기준치관리 → 강도저하

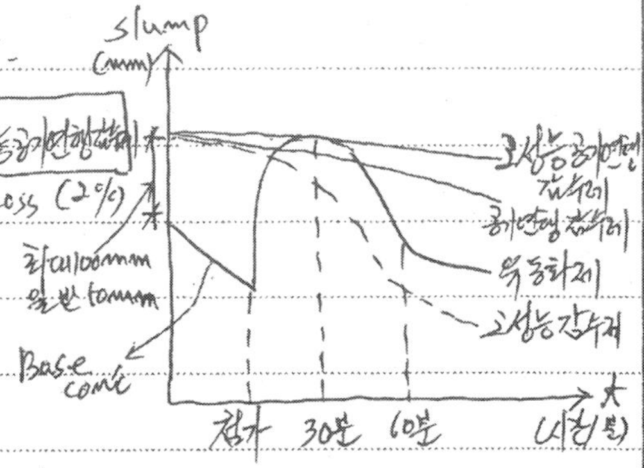

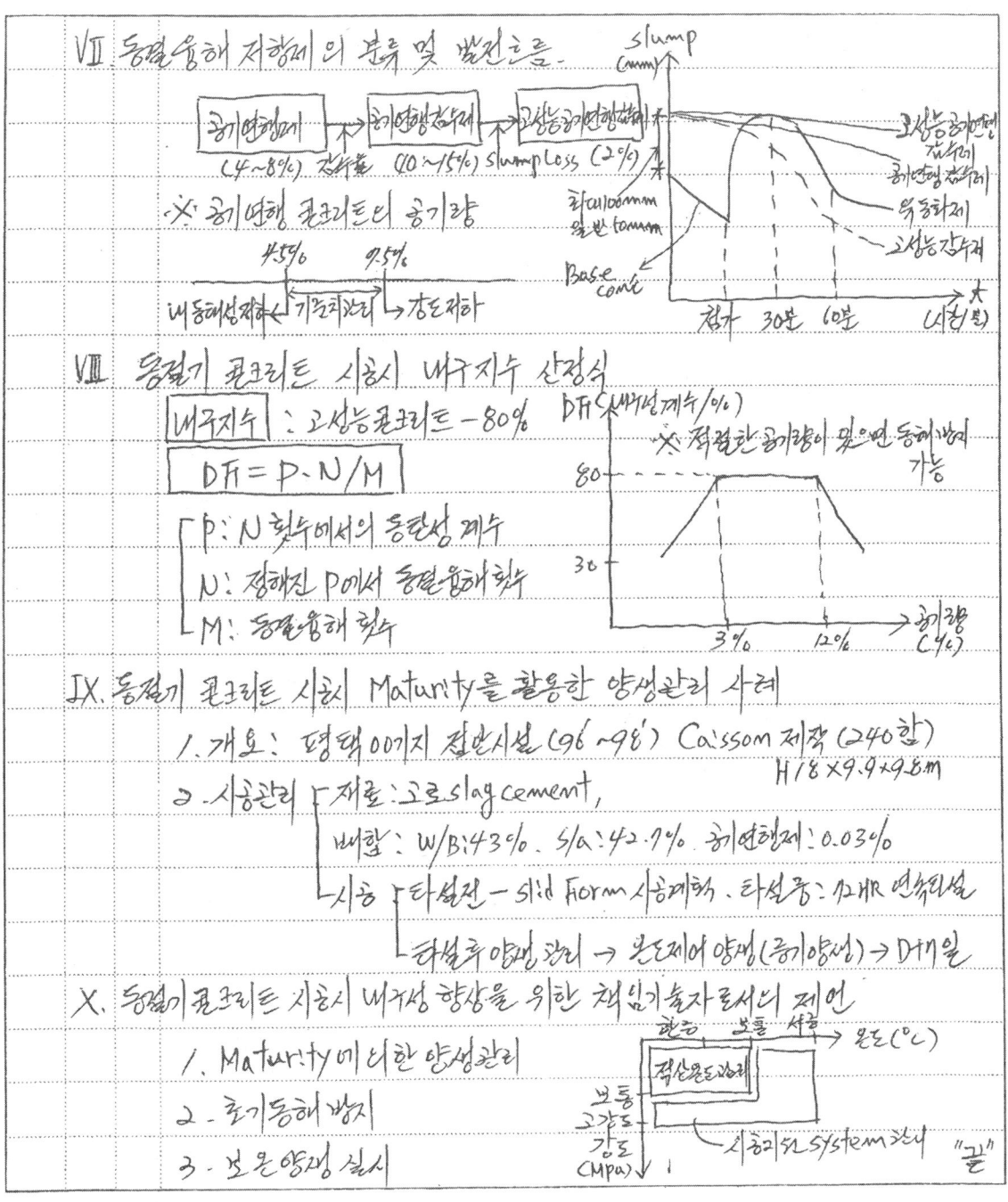

VIII. 동절기 콘크리트 시공시 내구지수 산정식

내구지수 : 고성능콘크리트 – 80%

DF = P·N/M

- P : N 횟수에서의 동탄성 계수
- N : 정해진 P에서 동결융해 횟수
- M : 동결융해 횟수

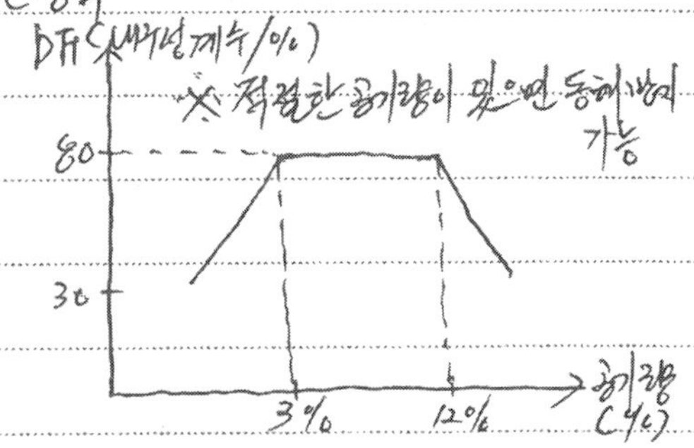

IX. 동절기 콘크리트 시공시 Maturity를 활용한 양생관리 사례

1. 개요 : 평택00기지 접안시설 (96~98) Caisson 제작 (240함) H18×9.9×9.8m

2. 시공관리
   - 재료 : 고로 slag cement,
   - 배합 : W/B:43%, S/a:42.7%, 공기연행제:0.03%
   - 시공
     - 타설전 – slid Form 사용계획, 타설중 : 72HR 연속타설
     - 타설후 양생관리 → 온도제어 양생(증기양생) → D+7일

X. 동절기 콘크리트 시공시 내구성 향상을 위한 책임기술자로서의 제언

1. Maturity에 의한 양생관리
2. 초기동해 방지
3. 보온양생 실시

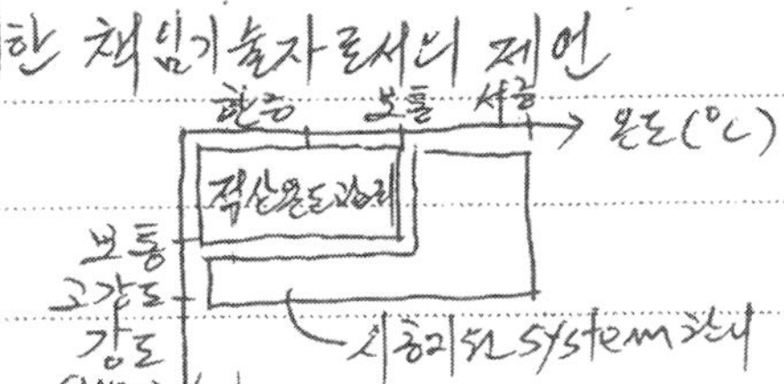

"끝"

기.선 1] 동절기 콘크리트 시공시 고려하여야할 사항을 열거하고, 특히 동결융해 저항성능 향상을 위한 혼화제 사용에 있어서의 유의사항에 대하여 서술하시오.

答]

I. 동절기 콘크리트 시공의 개요

1. 동절기 콘크리트 시공시 고려사항에는 고내구 설계를 통한 재료·배합·시공관리를 철저히 하여야 하며,(양생관리포함)
2. 동결융해 저항성능 향상을 위한 혼화제 사용시 유의사항으로는 시공전 보관관리와 시공중 사용량 준수 및 혼합에 유의해야 한다.

II. 동절기 콘크리트 시공시의 문제점

1. 시공전 ┌ 운반시 → 콘크리트 온도저하 $T_2 = T_1 - 0.15(T_1 - T_0)\Delta t$
   ├ 수화반응(속도)지연
2. 시공중 └ 작업능률저하
3. 시공후 ┌ 양생시 → 온도유지관리미흡
   └ 초기동해발생 → 열역학적이론

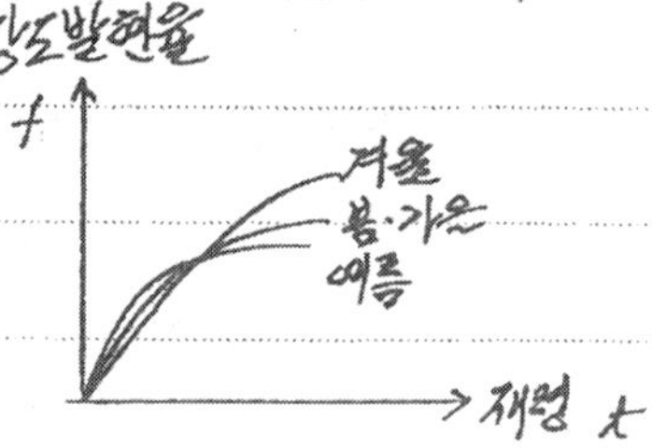

[수화반응지연] → [5MPa이하] → [초기동해우려] → [콘크리트요구성능저하]

III. 동결융해 저항성능 향상을 위한 혼화제의 종류 및 효과

1. 동결융해 저항제의 종류 ┌ 공기연행제
   ├ 공기연행감수제
   └ 고성능공기연행감수제
2. 공기연행제의효과 : Cushion효과, Ball bearing효과, 동결융해저항성향상
3. 조강제 : 수화반응시 촉매역할($CaCl_2$, $NaCl$)

문제1) 동절기 콘크리트 시공시 고려해야 할 사항은 무엇이며, 특히 동결 융해 성능 향상을 위한 혼화제 사용에 있어서의 유의사항에 대하여 서술하시오.

답)

I. 개 요

1. 동절기 콘크리트 시공시 고려해야 할 사항은 수화반응 지연에 따른 초기동해, 동결융해 저항대, 양생, 가열 등이 있고.

2. 혼화제 사용시 유의사항은 사용전 시험배합, 사용량 사용량 준수, 이상유무, 사용후 품질확인이 있으며

3. 최근 지역 OO 아파트 현장에서는 공정 관리를 위해 동절기 Concrete 타설시 동결융해 저항제 0.04% 사용한.

II. 동절기(한중) 콘크리트의 적용 범위 및 문제점

적용 범위	문제점
· 일평균 기온 4°C 이하 지속	· 초기 동해 - 5MPa
· 타설시 온도 10°C 이하	· 수화 반응 지연

III. 동결 융해 사이클 증가 내구성 지수와 공기량 관계 상관관계

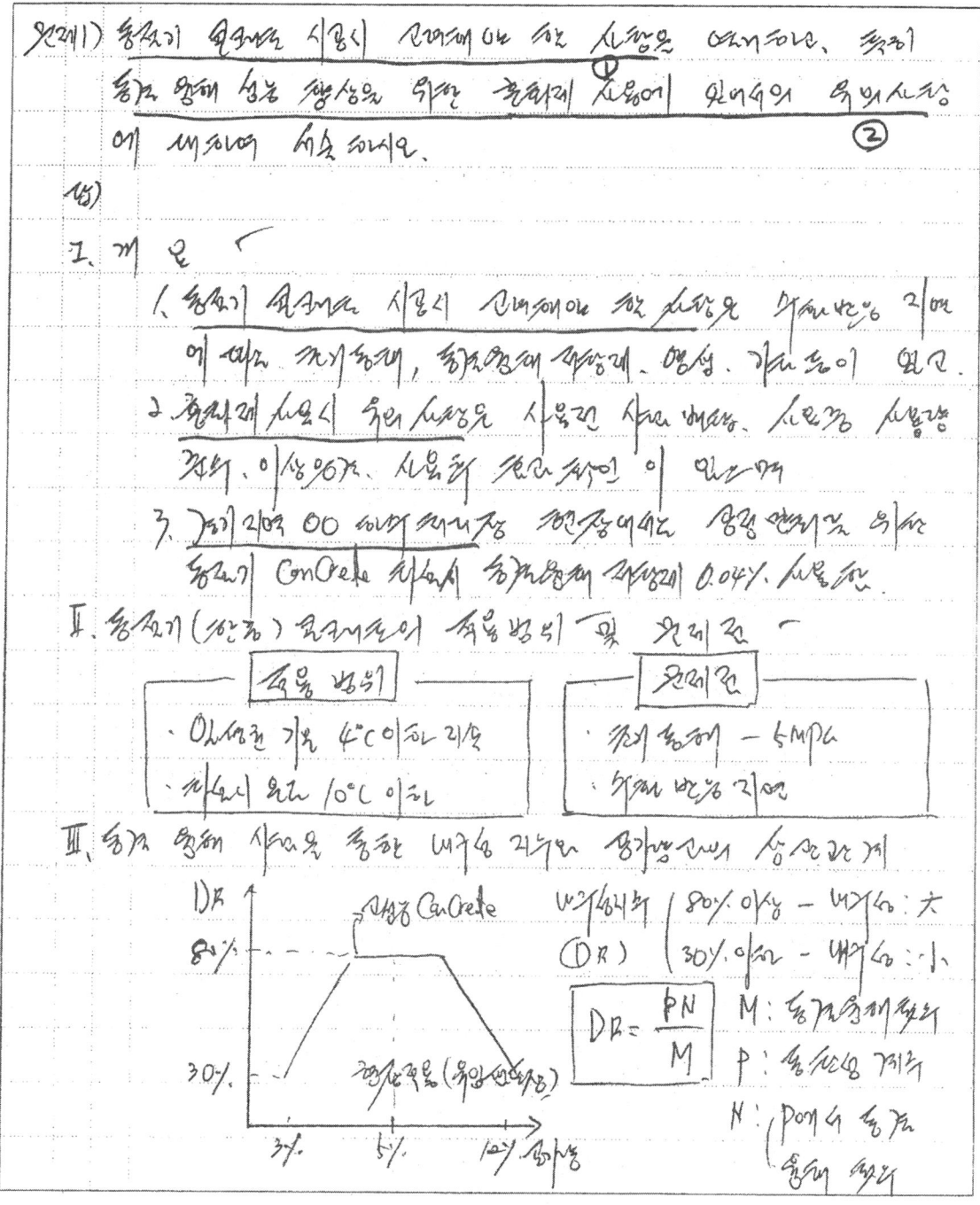

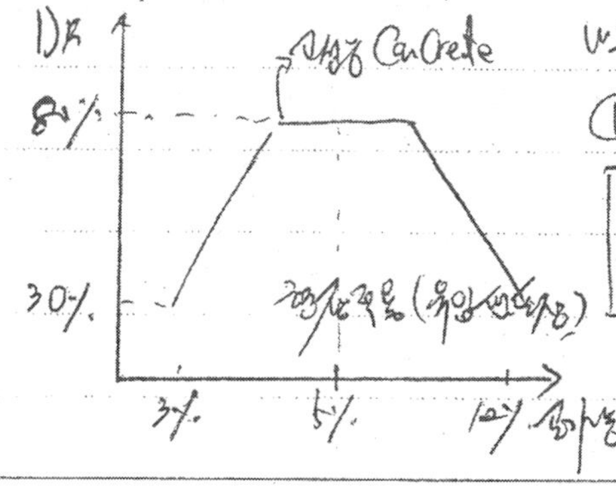

내구성지수(DF)
- 80% 이상 - 내구성: 大
- 30% 이하 - 내구성: 小

$$DF = \frac{PN}{M}$$

M: 동결융해 횟수
P: 동탄성 계수
N: P에서 동결 융해 횟수

IV. 동절기 콘크리트 시공시 수화반응 촉진을 위한 고려사항

1. 재료
   - 시멘트 → 조강 Cement 사용 (중용열, 보통시멘트)
   - 골재 → 흡수율이 적은 골재
   - 혼화제 → 공기연행제, 공기연행감수제, 고성능공기연행감수제, 촉진제.
2. 배합
   - W/B 저감, 단위수량 적게
   - 믹서 투입시 물, 골재 가열 → 시멘트 급결 방지
3. 시공
   - 타설온도 10~20°C 유지 → 운반시간 관리
   - 철근·거푸집 방설제거
   - 보온양생 (가열·단열), 4. 고내구 설계 (내구수명)

V. 동절기 콘크리트 시공시 특히 고려해야 할 양생관리와 Maturity

* 적산온도 관리에 의한 적정 강도시까지 보온양생 (10°C)

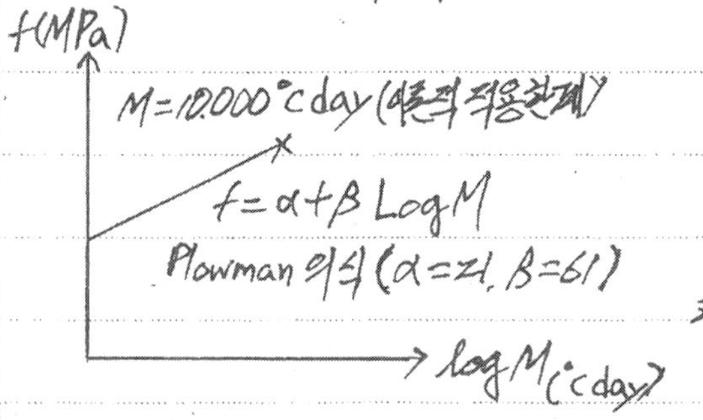

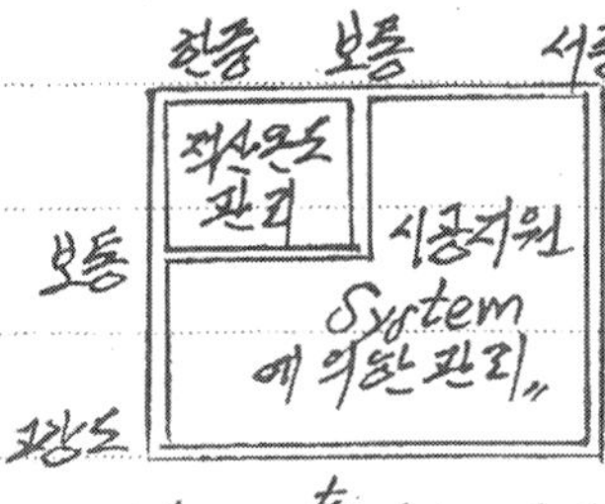

$$M = \Sigma(\theta + A)\Delta t$$

VI. 동결융해 저항성능 향상을 위한 혼화제 사용시 유의사항

1. 사용전 → 보관철저 (분리, 변질, 동결)
2. 시공중
   - 사용량 준수 (적정량 0.03~0.05%)
   - Fly ash와 흡착주의
   - 과다첨시 기포파괴

* 공기량 1% 증가시 → Slump 25mm 감소, 강도 5% 감소

IV. 동절기 콘크리트 사용시 고려해야 할 사항

1. 초기 동해
   - 강도 - 5MPa 이상
   - 거푸집 존치 기간 - 보온
2. 동결융해 저항제
   - 내동해성 향상
3. 양생 - Maturity 산정. 가열. 보온 → 가설물 계획

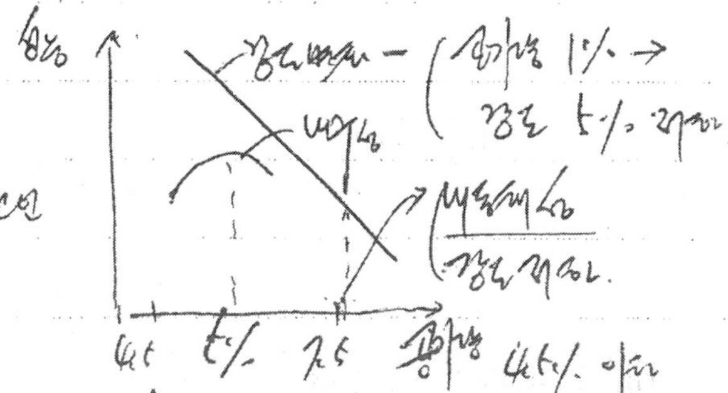

V. 동절기 동결융해 저항제의 종류 및 사용 효과

1. 종류: 공기 연행제 → 감수율 (4~8%) → 공기 연행 감수제 (10~14%) → 고성능 공기 연행 감수제 (20%)

2. 사용 효과
   - Cushion 효과 - 동결 융해 저항
   - Ball bearing - 단위 수량 감소. Workability 향상

VI. 동결 융해 성능 향상을 위해 혼화제 사용에 있어서의 유의 사항

사용 전	사용 중	사용 후
· 시험 배합	· 사용량 과다	· 사용 효과 확인
· 재료 저장	- 기포 과다 → 강도 저하	(내동해성
· 보관	· 혼화재료 혼합시	강도 Check
· 사용량 결정	- 이상응결, 응해가 안됨	· Data Base화

※ 겨울철 OO 하수처리장 외벽 손상 (2001. 12月)
(공기량: 5.0%
동결융해 저항제: 0.04%) → 사용 → 초기동해 방지 (가열 양생?)

VII. 동절기 콘크리트의 초기동해 Mechanism (열역학 이론)

콘크리트내 공극
- 큰공극 → 얼음 → 체적팽창 → 팽창압 > 인장강도 ⇒ 균열
- 작은공극 → 물
- ⇑ ← (열역학적 평형을 위해 작은공극속 물이동)
- └ 0°C 이하 지속

VIII. 동결융해 저항제를 사용한 콘크리트의 적정공기량 과부족시의 문제점.

적정공기량	4.5%	7.5%
문 제 점	부족시 내동해성 저하	과다시 강도저하

* 공기연행 Con'c의 공기량-성능 Graph

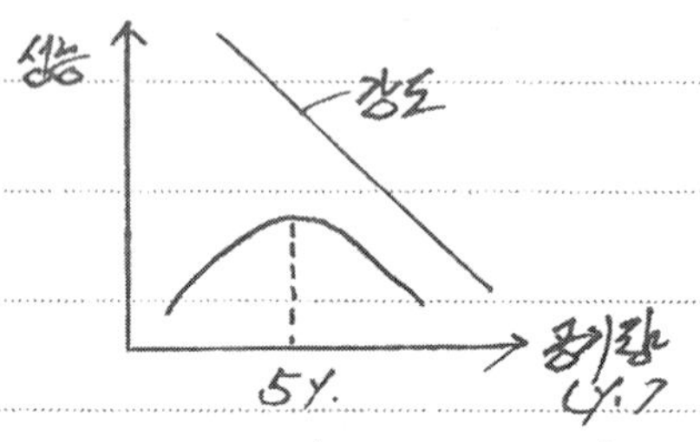

* 동절기 Con'c의 온도별 수화발열속도 - 재령별 Graph

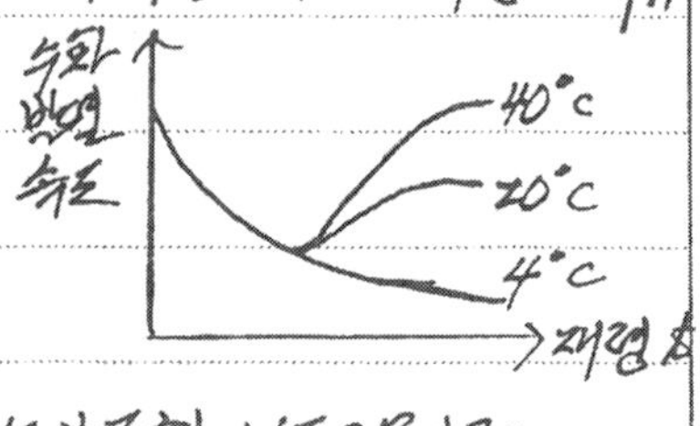

IX. 국도17호선 O공구 양생방법 변경에 따른 기능강조형 VECP사례

1. 공사개요 : 배수횡단구조물 (2.0×2.5 Box L=17.0M) 2005, 8월
2. 양생방법 변경 1, 열풍기 → 증기보일러 스팀양생
   2, 적산온도 관리에 따른 거푸집 해체
3. 효과 : 건조수축 균열방지, 거푸집 조기탈형 방지
4. 교훈 : ₩800천원 사용비증가 → 고품질 구조물 기능향상.

* 주의사항 - 증기 양생시 온방을 낙하에 의한 표면결함 발생.
  ⇒ 내구성 저하의 원인.

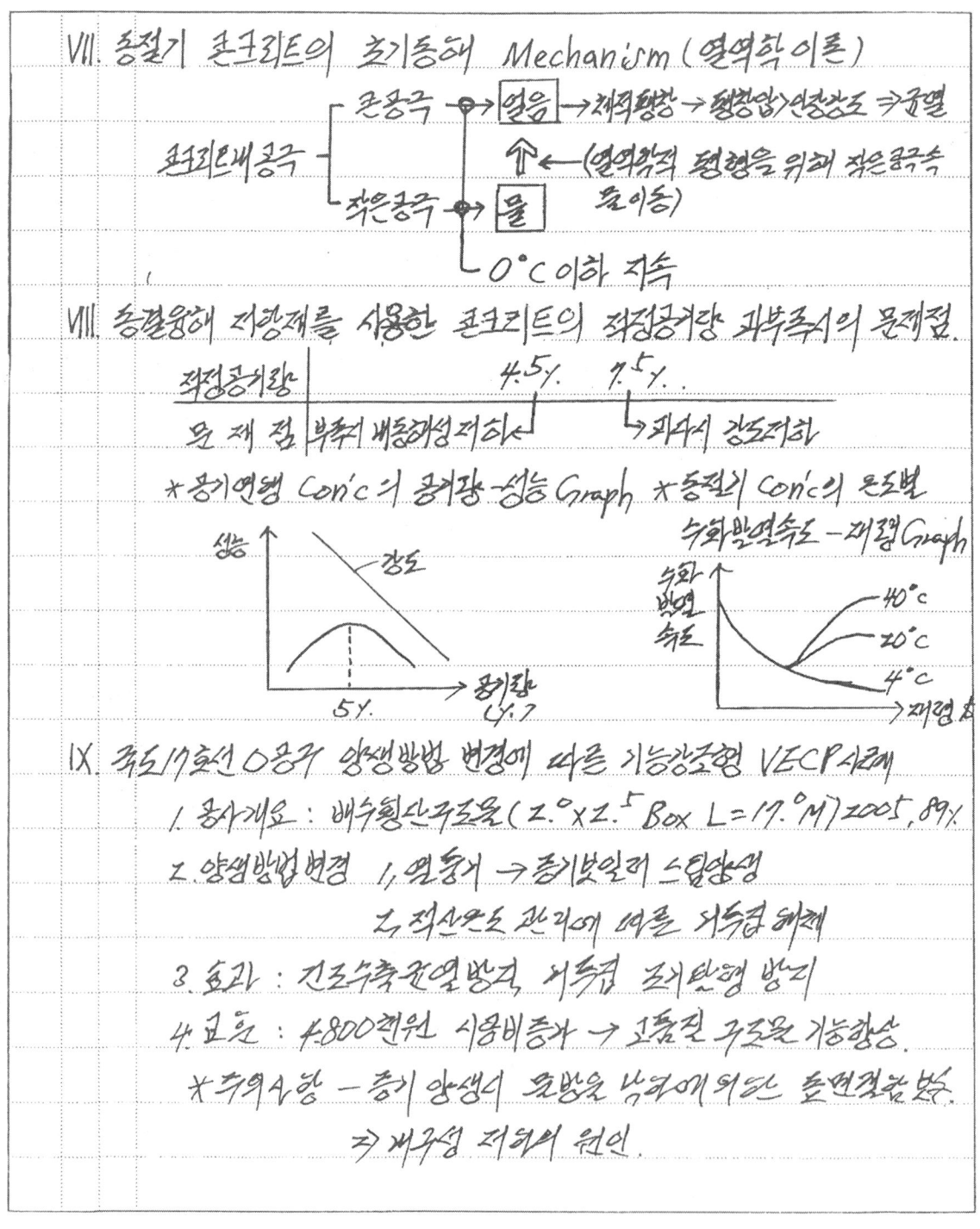

VII. 동절기 콘크리트의 양생 관리를 위한 Maturity 활용 (plowman)

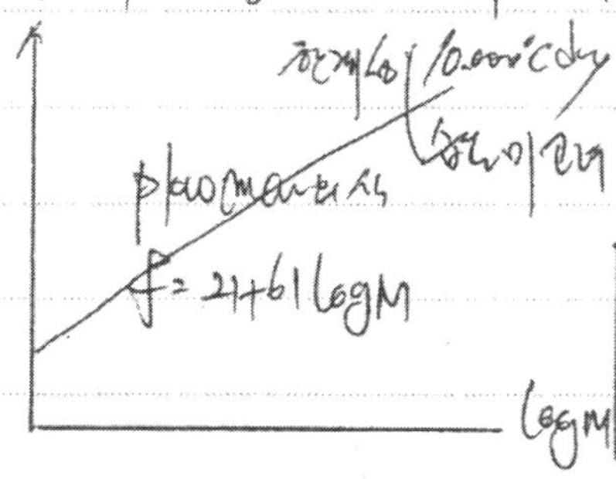

$$M = \sum_{0}^{t} (\theta + A)\Delta t$$

활용용도 [거푸집 해체시기 결정
0°C 초과시기 결정
산정시 : Mass 적용 범위

VIII. 공정 만회를 위한 동절기 콘크리트 타설 시공 관리 사례 —

1. 현장 현황 (경기 지역 OO 하수 처리장, 유입/펌프장)

1) 공기 지연 : 공정률 대비 3.7%

2) 공정만회 대책 : 동절기 콘크리트 타설

2. 시공 관리 (동절기 콘크리트)

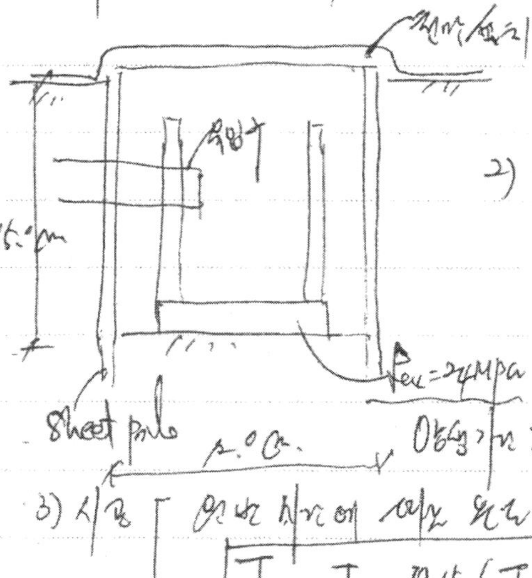

1) 재료

· 일반 양생 재료 사용 (Gmax 25mm)

2) 배합

방동 방청 저감제 : 0.04%
공기량 : 6%
slump : 12cm

양생기간 : 적산온도 70 – Schmidt Hammer 측정

3) 시공 [운반 시간에 따른 온도 변화 최소화

$$T_2 = T_1 - 0.15(T_1 - T_0)\Delta t$$

양생 – 가열양생 – 열풍기 2대 배치
타설시 온도 : 10°C 이상.

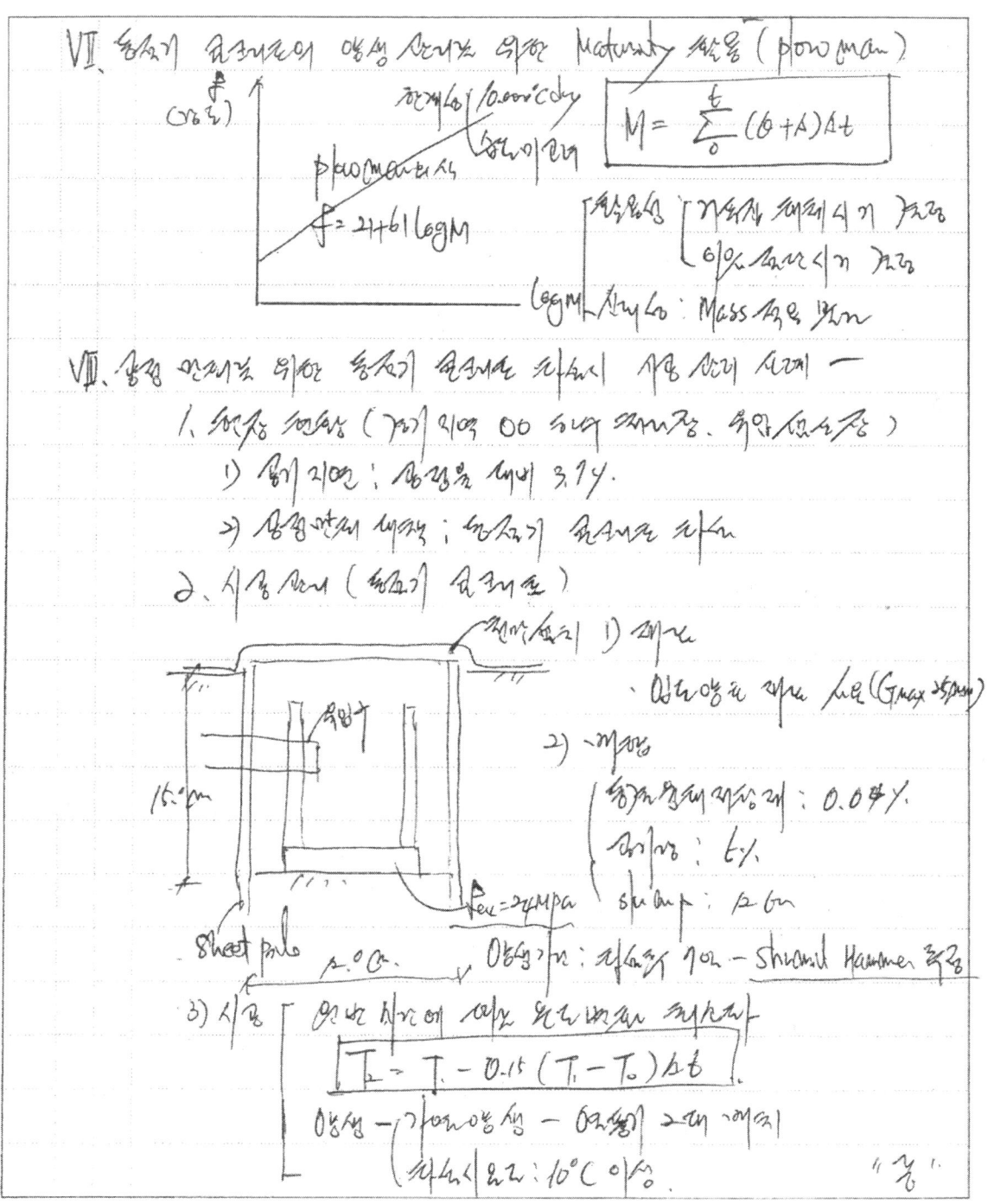

"끝"

▣ 시험을 망치는 변명들…

안녕하세요? 신경수입니다.

1. 시험에서의 좋은 결과는 무조건 많이 알고 있다거나 남들보다 많은 걸 가지고 있다고 얻는 것은 아닙니다.

2. 개인이 시험준비를 하면서(혹은 일을 하면서) 구차한 변명을 늘어놓는 경우가 많은데 남은 기간 후회없는 시간이 되어 원하는 결과를 얻을 수 있게 되길 기대해봅니다.

3. 수험생들이 자주 늘어놓는 시험을 망치는 변명은 아래와 같으니 곰곰이 생각해 보시기 바랍니다.

■ 시험을 망치는 변명들

- "너무 바빠서 아무것도 못하겠어요"
  → 회사다니면서 안 바쁜 사람은 없습니다. 혼자 일 다 하는 것처럼 놀지 마세요.

- "그게 중요한걸 알아요. 하지만…"
  → 중요하면 우선순위에 올려놓고 열번 백번이라도 될 때까지 찍어야죠.

- "또 실수할까봐 걱정되요"
  → 누구나 실수를 하면서 배웁니다. 달리다보면 가끔 넘어지는 게 사람입니다.

- "최선을 다하고 있지만 걱정이 되요"
  → 시험은 최선을 다하는 것이 목표가 아니고 최고가 되는게 목표입니다. 피그말리온효과처럼 "되고 법칙"을 마음속에 새기고 남은 기간 보내시기 바랍니다.

- "지금까지 해온 것이 너무 많이 부족해요"
  → 합격은 "지금까지"가 아닌 "지금부터"입니다.

- "이 시험은 너무 어려운 것 같아요"
  → 진짜 뜨거운 맛을 보지 못한 사람입니다. 이 정도 시험도 마무리하지 못 한다면 앞으로 살아가면서 진짜 뜨거운 맛을 보게 될 것입니다.

문제2 콘크리트 구조물에 발생하는 복합열화의 종류 및 특징을 기술하고, 그 대책에 대하여 기술하시오.

[기본 Item = 유형]

문제점	공법	AB	콘크리트	제도 및 system	기타
★	★		★		

[관련 공종]

콘크리트	강재	건설기계	토공	연약지반	막이	기초
★						
도로포장	교량	터널	댐	하천	항만	공사시사
★	★	★	★	★	★	

[질문 요지]

1. 복합열화의 종류(독립/인/상)
2. 복합열화의 특징
3. 복합열화의 대책(구조/비구조, 적극/소극, 사전/사후...)

[조건]

1. 콘크리트 구조물

[중요 Item]

1. 내구성과 관계
2. 내구 3총사 (=설계+수명+평가)
3. 복합열화 (화학적침식/염해/탄산화 중심)

[차별화 Item]

1. 이 론 :
2. 경 험 :
3. 도식화
   - 그래프 : 열화-내구성능, Cost/Function-기간 관계 그래프
   - 모식도 : Management System, 복합열화
   - Flowchart :
   - 특성요인도 : 복합열화에 영향주는 요인
   - 기타 :
4. 비교표 :

Thinking Tip

1. 전문공종 복합열화 대책 사례(예:해상 장대교량)
2. 유지관리=조사+MS+LCC

문제2) 콘크리트 구조물에 발생하는 복합열화의 종류 및 특징을 기술하고, 그 대책에 대하여 기술하시오.

답)

I. 개 요

1. 콘크리트 구조물에 발생하는 복합열화의 종류는 독립적, 상승적, 인과적 복합열화가 있고,

2. 특징은 독립적(상승효과 없음), 상승적(염해, 동해), 인과적(선발생 열화 영향)이 있으며

3. 대책은 설계, 재료, 시공, 유지관리 면에서 저감 대책과 보수, 보강의 사후 대책이 있다.

4. OO 해상교량의 경우 복합열화 저감을 위해 내구성 설계 $(D_T > G_T)$로 설계, 재료, 시공 관리에 반영함.

II. 최근 복합열화에 대한 연구동향과 염해 중심 Mechanism

연구동향 "복합열화"
- 염해 중심 → 철근부식 → 부식
- 화학적 침식 중심
- 탄산화 중심

$Fe^{2+} + H_2O + \frac{1}{2}O_2 \rightarrow Fe(OH)_2$

$Fe(OH)_2 + \frac{1}{2}H_2O + \frac{1}{4}O_2 \rightarrow Fe(OH)_3$

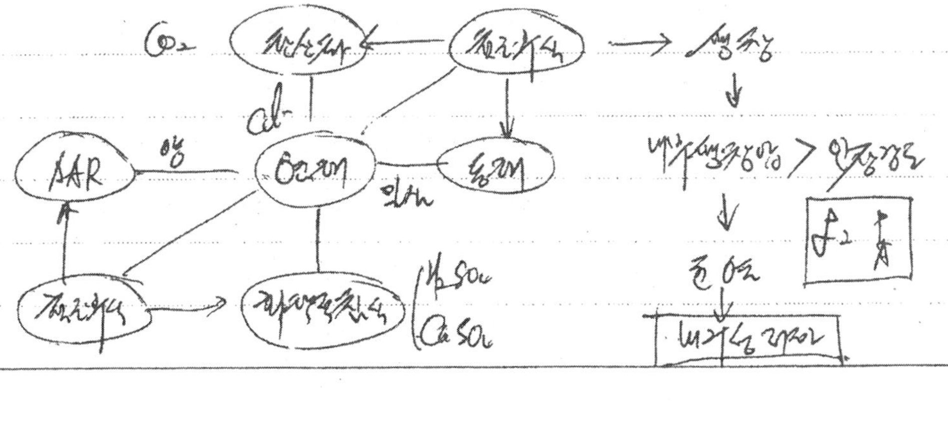

III. 콘크리트 구조물에 발생하는 복합열화의 종류 및 특징

복합열화 -
- 독립적 - 상호 영향 없음
- 상승적 - 열화 증상이 열화 촉진
- 인과적 - 선발생 열화 영향 증대

열화원인, 인자 → 열화 과정 → 열화 증상(1) → 열화 증상(2)

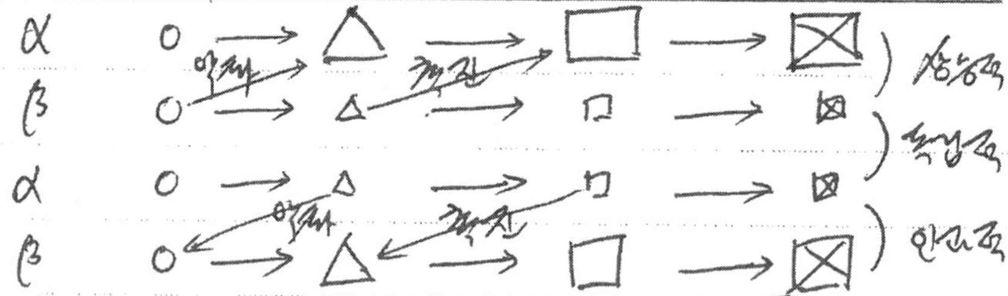

IV. 콘크리트 구조물에 발생하는 복합열화의 문제점 및 발생 원인

문제점
- 외관적 - (열화, 균열) → 내구성 저하
- 경제적 - 비용 상승

→ **발생 원인**
- 내적 - AAR, 철근 부식
- 외적 -
  - 물리적 - 마모, 동해, 진동
  - 화학적 - 염해, 침식

V. 콘크리트 구조물에 발생하는 복합열화의 대책

1. 사전 대책 (설계 ↓ 내구성 설계)
   - 재료 - 양질의 재료, 혼화재료 사용
   - 배합 - W/B 낮게, S/a 낮게, Gmax 크게
   - 시공
     - 다짐 - 내구성 확보
     - 양생, 이음 - 가지의 이음 시공
   - 유지 - 유지관리 철저 보수 보강
2. 사후 대책
   - 보수, 보강 공법 실시
   - 재시공 (해체 후)

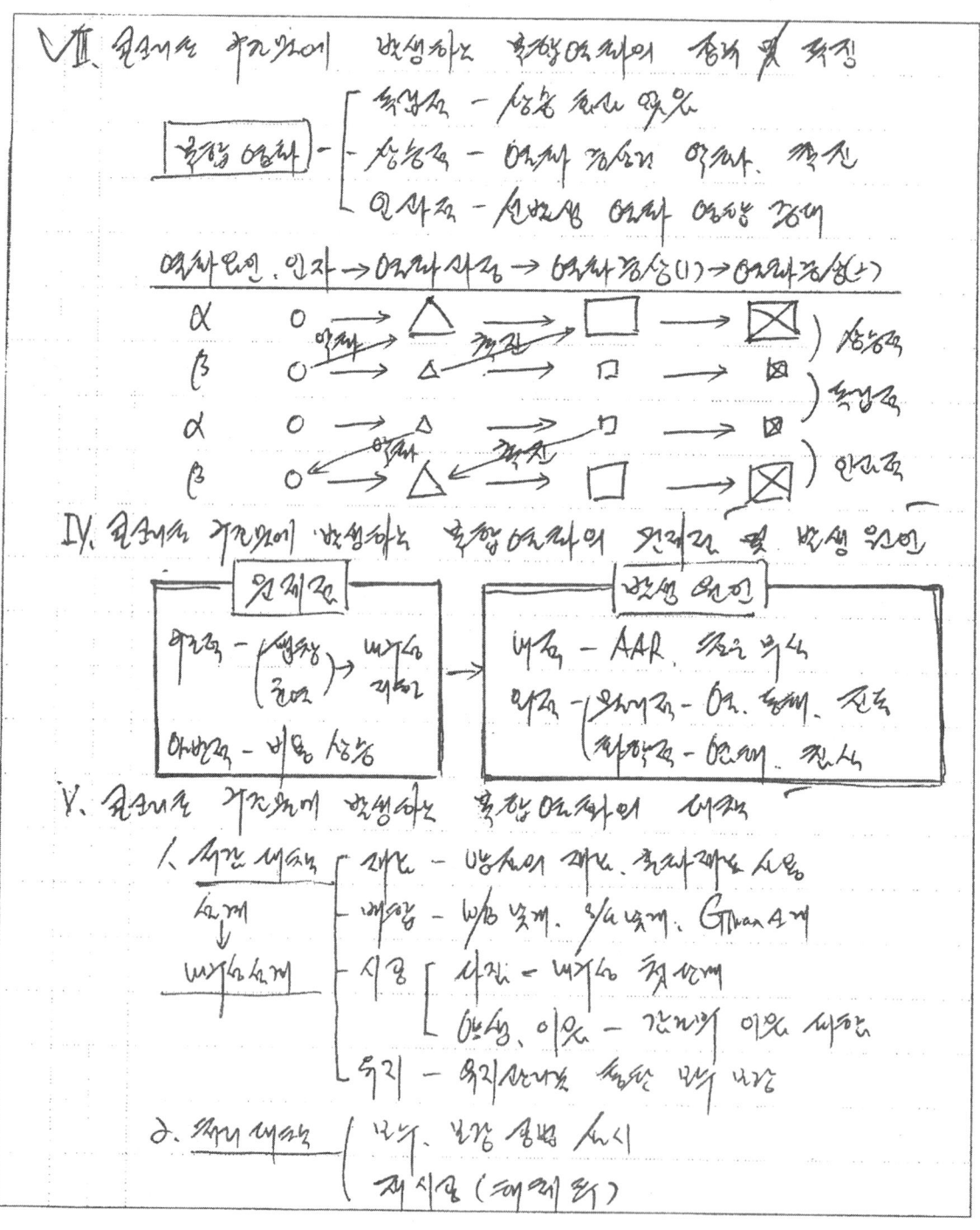

VI. 염해에 의한 열화 진행과정 현상 및 관리 대책

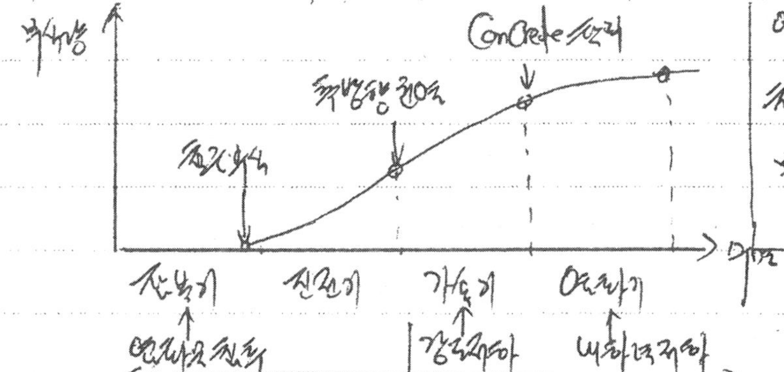

염해 → 철근부식 → 팽창 → Pop-out

피복, 중간공법 | 보강공법 실시 – PS, 강판 부착

VII. 00 해상교량 복합열화 저감 대책 (내구성 설계 경험으로)

목표 내구 연한 : 100년

내구지수(DT)	160 ← DT > ET → 158	환경지수(ET)
설계 분야 재료 분야 시공 분야	↓ 내구성능 확보	염해, 중성화 동해 화학적 침식

염소량 : 2.028 ㎏
임계량 : 1.116 ㎏

복합열화 저감 대책

1) 설계 분야 | 피복두께 증대 – 100mm.
 강재 – 에폭시코팅 실시 – 50,000원/㎡

2) 재료 분야 – 고강도화 | 설계강도 – 40MPa – 저감 효과
 고로slag : 60% 치환 | 피복 성능 증대.

3) 시공 분야 – 피복 확보, 양생 관리
 숙련 기능자 현장 상주

Woven Truss
고내구성 강섬유
도장 설계

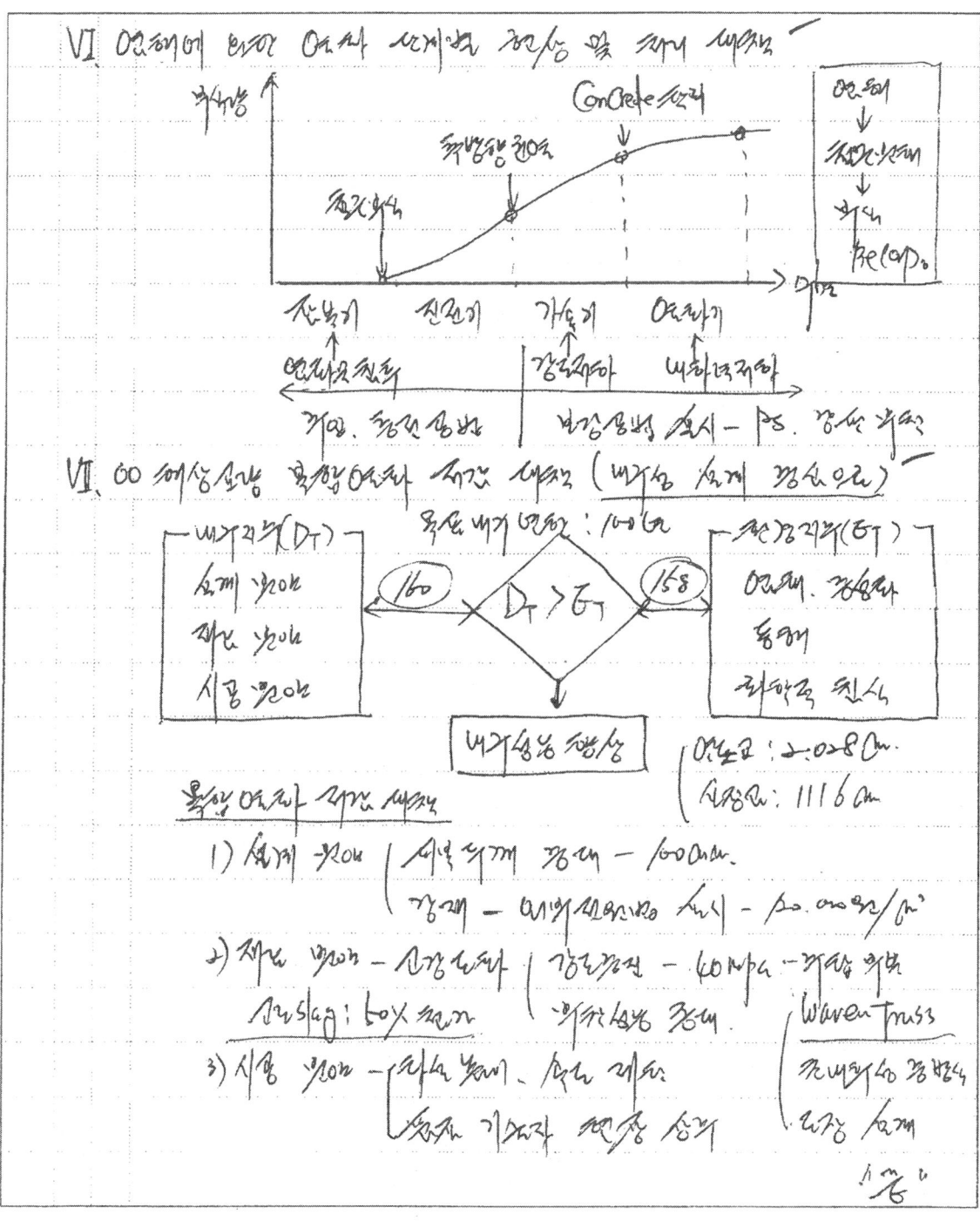

끝

번호 2. 콘크리트 구조물에 발생하는 복합열화의 종류 및 특징을 기술하고, 그 대책에 대하여 기술하시오.

답)

I. 개요

1. 콘크리트 구조물에 발생하는 복합열화의 종류에는 독립적, 역파적, 상승적 복합열화가 있음.

2. 그 특징으로는 독립적 복합열화는 개별적으로 영향을 미쳐 피해 규모가 작으나, 상승적 복합열화는 [illegible]도 상이하며, 피해규모도 큰 편임.

3. 그 대책으로는 첫째, 재료·배합·시공·유지관리를 통한 저감대책과 둘째, 처리 대책이 있으며, 염동선(2006)의 경우 초속경 LMC로 보수한 사례有.

II. 콘크리트 구조물에 복합열화 발생시 문제점 [염동선(2006)]

1. 구조적 : "염해 + 동해" ⇒ 팽창 ⇒ 팽창압 > 강도
⇒ 균열 / 열화 ⇒ 내구성 저하

2. 비구조적 : 내구성 저하 ⇒ 보수·보강 ⇒ LCC 증가
(상승적 복합열화) (초속경 LMC) ("증/2억")

III. 콘크리트 구조물에 발생하는 복합열화 상관관계 (염해를 중심으로)

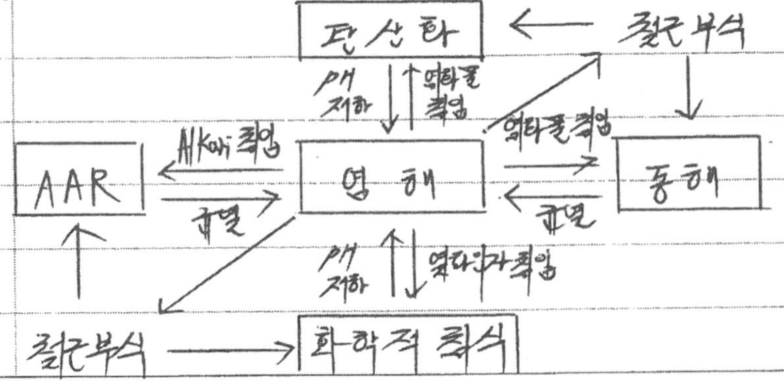

(*) 복합열화는 저하에 대한 원인규명 필요

문제 2) 콘크리트 구조물에 발생하는 복합열화의 종류및 특징을 기술하고,
그 대책에 대하여 기술하시오.

答

I. 개 요

1. 콘크리트 구조물에 발생하는 복합열화는 콘크리트 중성화 철근부식, 균열, 열화촉진 과정에 외기 영향및 상호작용에 의해 복합적으로 진행되는것이다.
2. 복합열화의 종류, 독립적, 상승적, 인과적 복합열화로 구분하며
3. 복합열화의특징은 열화인자, 열화과정, 증상 간에 상호 촉진, 악화, 인과작용이 ~~작용한다~~ 이루어진다.
4. 복합열화의 제어대책은 내구적 설계대책과 Con'c의 재료, 배합 시공관리에 의한 영향원을차단, 최소화 시공대책이 要求 된다.

II. 콘크리트 구조에 발생하는 복합열화 Mechanism 및 상호관계도(염해중심)

1. 복합열화 Mechanism

Con'c 중성화 → 부동태 ~~잃~~ 활성태
약 철근분해 H_2O, O_2 부식 ($f = \frac{P}{A}$에서 A감소 → f증가)
→ 팽창 → 균열 → 복합열화
(팽창압 인장강도) 외기영향 (염해, AAR, 화학적 침식)

2. 복합열화 상호관계도

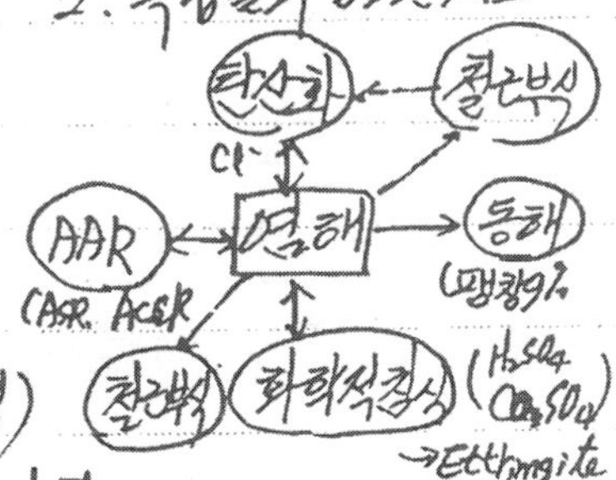

III. 콘크리트 구조물에 복합열화가 미치는영향

1. 구조적: 복합열화 → 추가팽창진행7균열 → 내구성 강도저하
2. 비구조적: 보수보강소요증가, 유지관리활동증가] → LCC 증가
미 관 저 하

Ⅳ. 콘크리트 구조물에 발생하는 복합열화의 종류

복합열화
- 독립적 : 개별적 열화 발생
- 인과적 : 다른 열화의 원인
- 상승적 : 다른 열화의 촉진

(*) 영동선 OO육교(2006) ⇒ "상승적 복합열화" 발생

Ⅴ. 콘크리트 구조물에 발생하는 복합열화의 특징 및 현장사례

구 분	독립적	상승적	현장 사례
개념	개별적 영향	타 열화 촉진	(*) 영동선 OO육교
구성	1개	2개 이상	(2006)
피해규모	적음	크다.	·제설작업후
종류	{AAR, 염해, 동해, 중성화 등	{·"동해+염해" ·"AAR+염해" 등	포장 파손
			{1) 제설제 : 염해 2) 한랭지 : 동해
원인규명	상대적 쉬움	난이	∴ "상승적" 발생
처리 방안	간단	복잡	

Ⅵ. 콘크리트 구조물에 적용하는 복합열화의 저감 및 처리 대책

1. 저감 대책

[충남 서천 OO~OO간 ERL (2004)]
- ·재료 : 고로슬래그 50% 치환 사용
- ·배합 : W/B=45%, S/a=43%
- ·시공 : 다짐 / 양생 관리 철저
- ·유지관리 : 예방적 유지관리 System 활용

2. 처리 대책

[(*) 영동선 OO육교(2006)]

·보수 {
- ·교면포장(t=5cm) 제거
- ·초속경 LMC 포장

⇒ "응급조치"

IV. 콘크리트 구조물에 발생하는 복합열화의 종류 (토목학회지 ? 월호)

1. 독립적 : 동시 열화진행, 상승효과 미발생
2. 상승적 : 성능저하요인과 저하과정에서 상승효과
3. 인과적 : 다른 성능 저하 과정까지 촉진시켜, 증상 가중

*. 최근, 염해, 탄산화, 화학적 침식을 중심으로 한 복합열화 연구 활발히 진행중

V. 콘크리트 구조물에 발생하는 복합 열화의 특징 (콘크리트학회지 2010년7월호)

종류		열화요인(인자)	열화과정	열화증상(1)	열화증상(2)
독립적	a	○ →	△ →	□ →	⊠
	b	○ →	△ →	□ →	⊠
상승적	a	○ →	△ →	□ →	⊠
	b	○ → (①촉진)	△ → (②악화)	□ →	⊠
인과적	a	○ → (①인과)	△ → (②인과)	□ →	⊠
	b	○ →	△ → (촉진, 인과)	□ →	⊠

VI. 콘크리트 구조물에 발생하는 복합열화 제어 대책

1. 내구 설계

DT (내구지수) > ET (환경지수)

기본열화지수 + 재료, 설계, 시공   표준환경지수 + 염해, 동결융해, 화학적침식

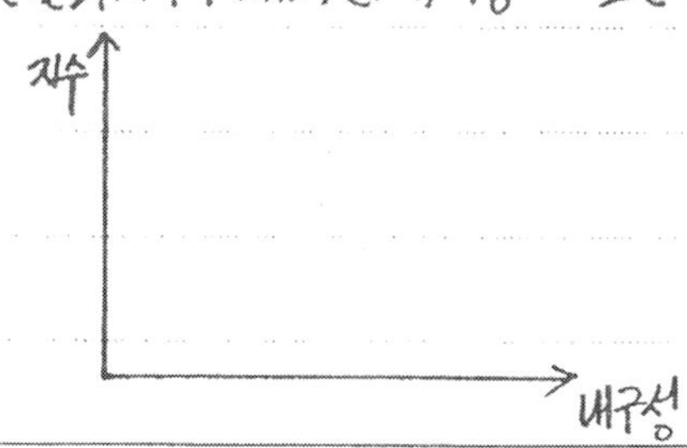

* 거가대교 침매터널
내구수명 : 100년으로
설계

VII. 콘크리트 구조물에 복합열화 발생시 내구성 저하 Flow

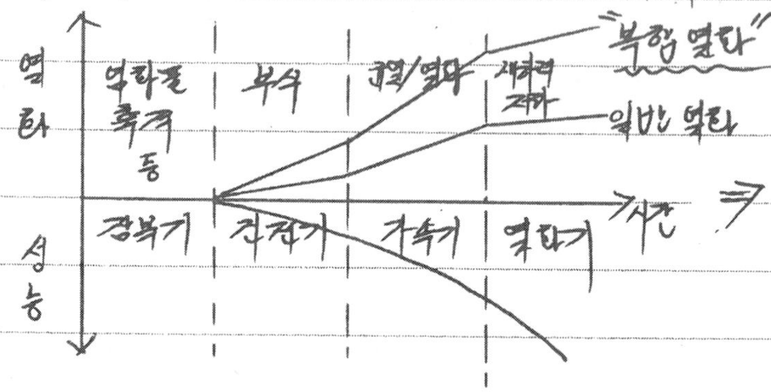

⇒ (※) 가속기에 특히 열화가 급증하므로 예방적 유지보수 必

VIII. 복합 열화 대비 콘크리트 구조물의 내구성 증진을 위한 예방적 유지관리 방안

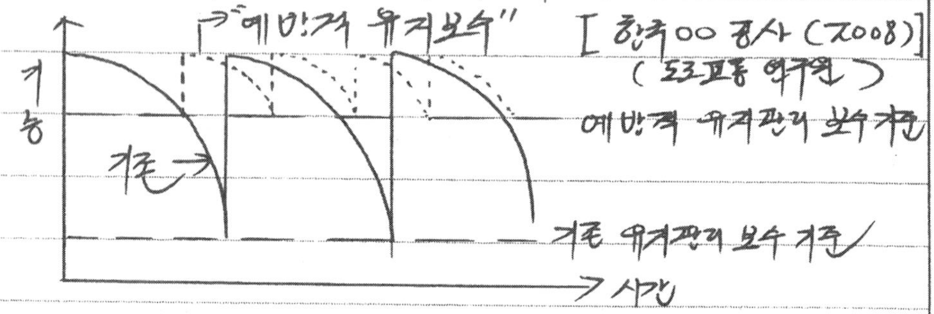

⊙ 능동적 대처 ⇒ { ◦ 내구수명 연장
◦ 보수 규모/방법 최소화
◦ Life Cycle Cost 감소

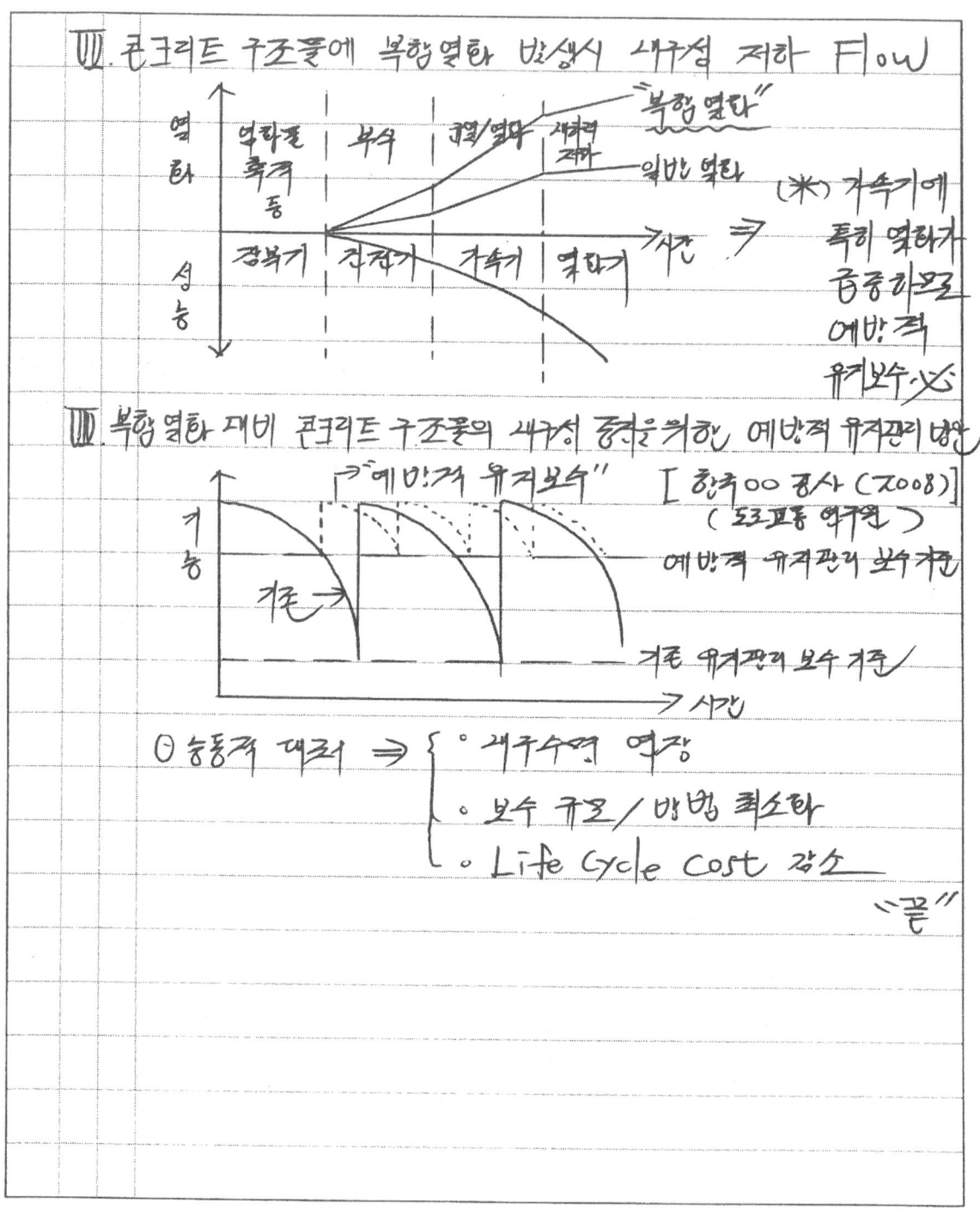

"끝"

(Con'C 구조물)

2. 복합열화 최소화를 위한 (내구성향상) 시공대책 (선진포항 안벽포함)

구 분	내구성 향상을 위한 시공대책
재 료	염화물 세척 (300g/m³ 이하) 관리 내염해성 Cement. Ploymer 함침Cement, 저열시멘트
배 합	고정염화 혼화재 사용 : 고로Slag W/B 적게.
시 공	다짐 : 취약부 밀실시공. 양생 : 피막/습윤양생. 이음 : 감조부 (HWL+0.6 ~ LWL-0.6m) 시공이음 금지

Ⅶ. Con'C 구조물 해수 접촉에 따른 염해를 中心으로한 복합열화 형태
(토목학회지 09,10호)

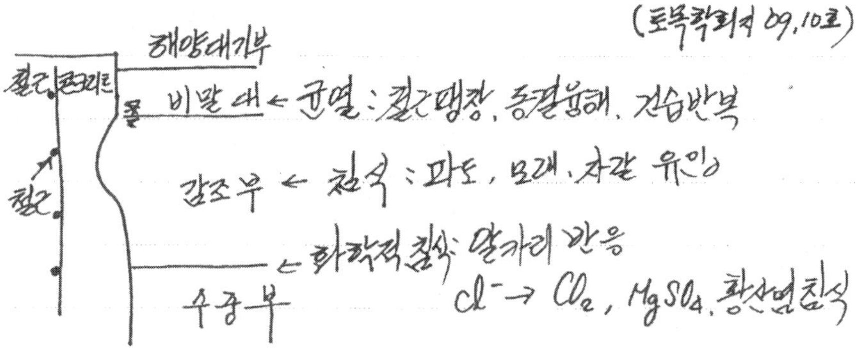

Ⅷ. Con'C 구조물 복합열화 발생조사, MSS/LCC

조사
발생시기/위치
발생 규모
진행성 여부

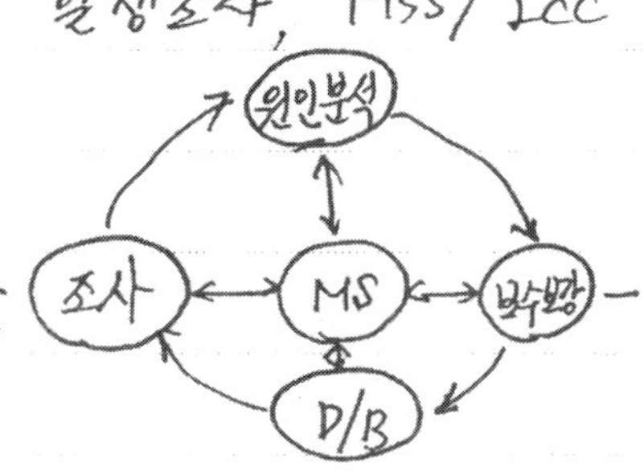

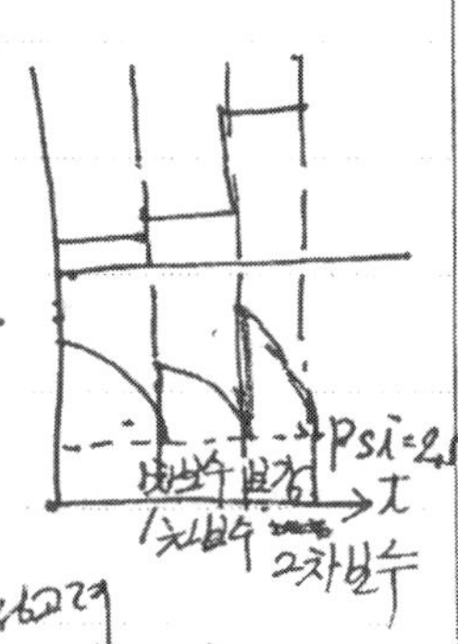

* 보수 보강재료 발전 flow
전통적 무기질계 → 합성수지 → (열에취약) 유무기복합체 → (시공성고려) 무기질 Ploymer (끝)

▣ 주위 둘러보기… 우선순위 정하기…

안녕하세요? 신경수입니다.

1. 원하는 결과를 효과적으로 내지 못하는 사람들의 공통점은 주위환경이 복잡하다 못해 너저분하다는 것 입니다.

2. 필요이상으로 어지럽혀진 사무실이 바로 자신의 발목을 잡는 주범이다는 사실을 인식하는 것은 어렵지 않습니다.

3. 업무뿐 아니라 공부에서도 마찬가지입니다.

4. 이것저것 기술사 시험과 관련되었다고 생각되는 모든 것을 주위에 끌어다 놓고 활용을 하는 것이 아니라 그 속에 빠져 허우적대고 있는 것이 현실입니다.

5. 정작 중요한 것과 그렇지 못한 것을 구분하지 못하고(안하고) 눈에 안보이면 잊어버릴것 같은 두려움에 1년에 한번 보기도 힘든 자료를 옆에 두어 주위를 난장판으로 만드는 사람들은 기술사 시험뿐 아니라 무슨 일을 하든 성공적인 일처리를 하기가 힘들 것입니다.

6. 대개 공부를 처음 시작하는 사람들을 보면, 이런저런 책과 자료를 엄청난 양을 모아 놓고 시작하는데, 무거운 짐을 지고 몇 m나 갈수 있겠습니까?

7. 아깝다는 생각이 결국 자신의 생각을 혼동케 하는 원인이라는 사실을 생각하시고, 주위의 자료 중 먼지가 많이 묻은 자료는 모두 버리시기 바랍니다.

8. 그 동안 자신의 공부 style 이 효과적이었나 곰곰이 생각해 보시기 바랍니다.

9. 내가 가지고 있는 자료를 늘어놓고 책 또는 자료(file등)에 순위를 붙여놓으시기 바랍니다.(아니면 매직으로 크게 표지에 1,2…처럼 숫자를 써놓고 집중적으로 관리하시기 바랍니다.)

10. 순위가 5등 넘어가는 책이나 자료는 별로 쓸모가 없는 것들이라고 생각하시면 됩니다.

11. 주위를 정리하는 하루되시기 바랍니다.

문제3 대절성토사면의 시공 시 붕괴원인과 파괴형태를 기술 하고, 방지대책에 대하여 설명하시오.

[기본 Item = 유형]

문제점	공법	AB	콘크리트	제도 및 system	기타
★					

[관련 공종]

콘크리트	강재	건설기계	토공	연약지반	막이	기초
			★			
도로포장	교량	터널	댐	하천	항만	공사시사
			★		★	

[질문 요지]

1. 대절성토 사면의 붕괴원인
2. 대절성토 사면의 파괴형태
3. 대절성토 사면의 붕괴 방지대책

[조건]

1. 대규모 절성토 사면

[중요 Item]

1. 사면의 안정검토=경/기/한/수
2. 사면의 안정계측=USN기반 실시간 사면붕괴 재난방지 시스템

[차별화 Item]

1. 이 론 : Fellenius, Bishop, Janbu..
2. 경 험 :
3. 도식화
   - 그래프 : 인공사면 시간에 따른 안전율 변화
   - 모식도 : 계측관리 모식도, Surface Mapper
   - Flowchart : 계측관리 흐름도
   - 특성요인도 :
   - 기타 :
4. 비교표 :

Thinking Tip

1. 사면대책공 모식도(규격/치수/제원)
2. 안전율, 전단강도 공식

문제 3) 대절성토 사면의 시공시 붕괴원인과 파괴형태를 기술하고, 방지 대책에 대하여 설명하시오

答

I. 개 요

1. 대절성토 사면의 시공시 붕괴원인은 설계, 재료, 시공측면에서 절·성토, 사면경사, 성토재료, 지표면처리, 물처리불량에서 기인함.
2. 대절토 사면의 파괴 형태는 원호활동 (저부파괴, 전단파괴, 사면내파괴), 유동 등으로 분류 된다.
3. 붕괴 방지대책은 설계, 재료, 시공측면에서 관리와 사면 계측을 통한 안정성 분석 관리가 要求된다.
4. 특히 해빙기에는 동결융해 반복 → 배수불량(간극수압증가)로 전단강도감소로 붕괴될수있음

II. 대절·성토 사면 시공시 붕괴 발생 조사 (한국건설연구원)

발생위치 → 발생규모 → 진행성여부

- 발생위치
  - 상단, 하단
  - 절토부, 성토부
- 발생규모
  - 대규모, 소규모
  - 전반적, 국부적
- 진행성여부
  - 붕괴 진행여부
  - 추가붕괴징후

III. 대절성토 사면의 절·성토시 안전율 변화특성 그래프

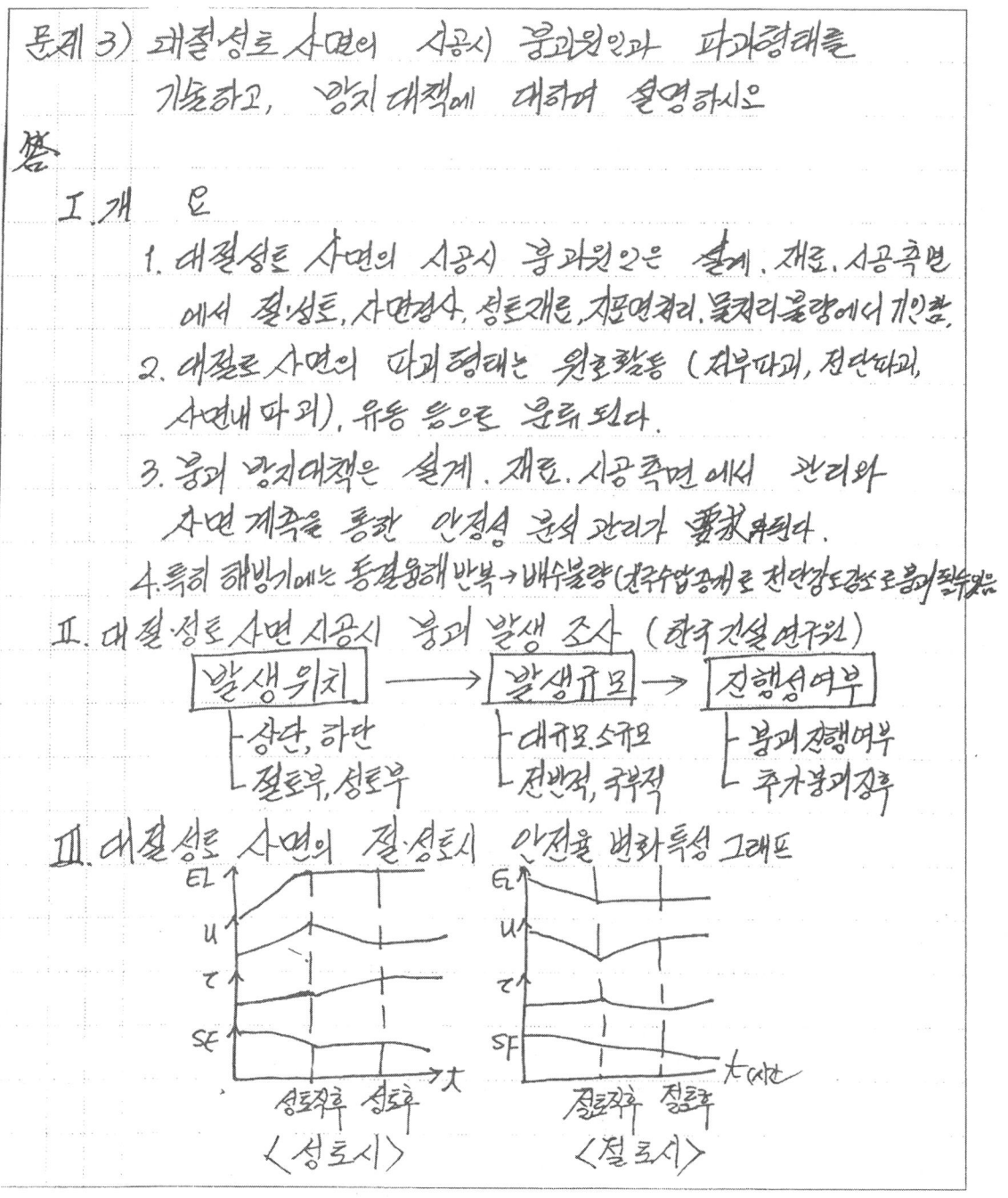

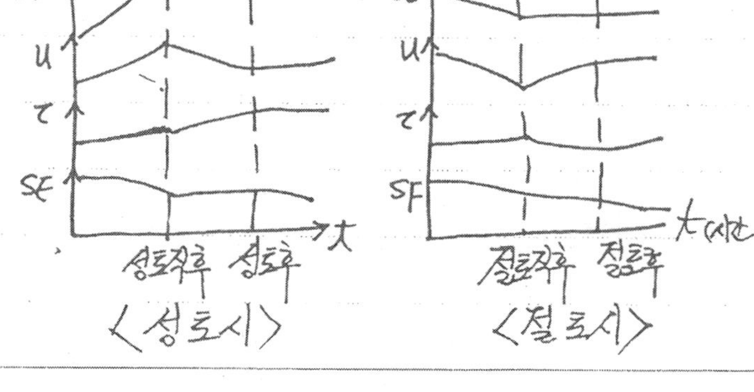

IV. 대절토 사면 붕괴시 문제점

1. 1차 : 인적, 물적피해 → 주택, 농경지피해 → 보상

2. 2차 : 복구후, 재공사 → 공기, 공비증가, 자연훼손 원상복구불가

V. 대절토사면 시공시 붕괴원인

1. 설계, 재료, 시공관리 측면

1) 설계 : 절성토고 과다, 사면경사급함, 사면보호공법불량

2) 재료 : 성토재료불량, 풍화

3) 시공 : 다짐불량, 지표면처리불량

2. $\tau = c + \sigma' \tan\phi$에서

1) C(점착력)감소

(1) 강우, 해빙시 배수불량 → 강우, 해빙수 윤활작용

(2) 점착력 없는 재료 : 사질토, 비점착성, 침식성토사

2) σ'(유효응력 $= \sigma - u$)감소

(1) 해빙기 표피층해빙, 하부결빙 상태 - 비배수

(2) 집중호우, 지하수처리/지표수처리 미흡.

3) ϕ(내부마찰각)/기타

(1) 안식각 미고려 시공, 다짐불량

(2) 주변 발파 / 기계진동

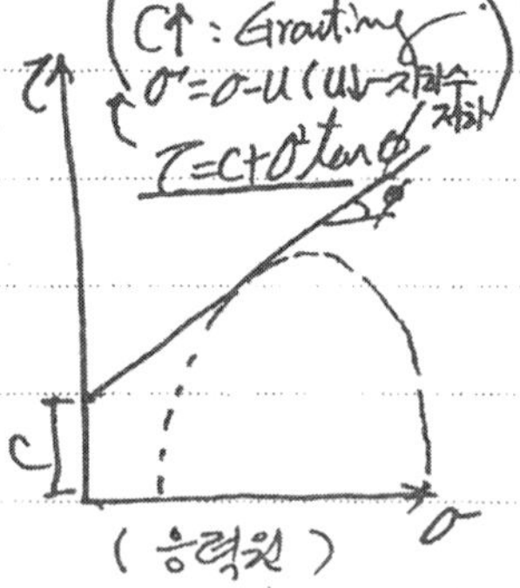

VI. 대절성토 사면의 붕괴형태

1. 원호활동 (저부파괴, 선단파괴, 사면내 파괴)

2. 유동 (무한사면 - 직선활동)

* 암사면붕괴 = 원호파괴, 평면파괴, 쐐기파괴, 전도, 붕락

Ⅶ. 대절성토 사면의 시공시 붕괴 방지대책

1. 설 계 : 경사완화, 절성토 소단설치
2. 재 료 : 시험에 의한 성토 적합재료 사용
3. 시 공 : 배수처리 / 다짐관리 철저
4. 구조물보강 : 식생 및 구조물보강(S/C, Grouting, Anchor 등)
5. 계측관리 : 사면계측을 이용한 안정성 분석

※ 안정검토 프로그램 : Slop/w, FLAC-2D, 3D

Ⅷ. 대절성토 사면의 붕괴 처리대책

$$SF = \frac{\Sigma C l + \Sigma W_i \cos\theta \tan\phi}{\Sigma W_i \sin\theta}$$

1. 안전율 유지대책
   : 지하수위 저하 (간극수압 저하 → 전단강도 증가)
2. 안전율 증가 대책
   : Rock Bolt, Soil Nailing (전응력증가), Grouting (점착력증가)

Ⅸ. 사면계측 및 사면 예측경보 System 활용

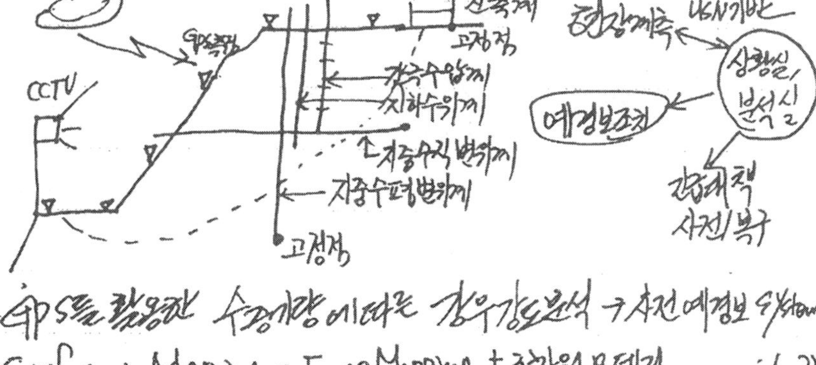

※ GPS를 활용한 순강우량에 따른 강우강도분석 → 사전 예경보 System 활용

Surface + Mapping = Face Mapping + 3차원 모델링 (끝)

문제 3) 대절성토사면의 시공시 붕괴원인과 파괴형태를 기술하고, 방지대책에 대하여 설명하시오.

답)

I. 개요

1. 대절성토 사면의 붕괴원인으로는 설계(절·성고 높음), 재료(성토재불량), 시공(다짐불량), 유지관리(배수불량)가 있다.

2. 대절성토 사면의 파괴형태로는 토사사면(활동, 유동), 암반사면(붕락, 활동, 전도)가 있다.

3. 대절성토 사면 붕괴의 방지대책으로는 안전율 유지(비탈면 보호공법)과 안전율 증가(구조물, anchor)가 있다.

II. 대절성토사면의 계측관리 방안

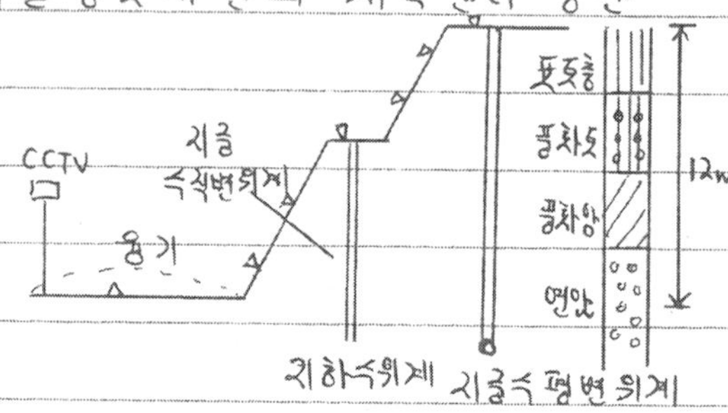

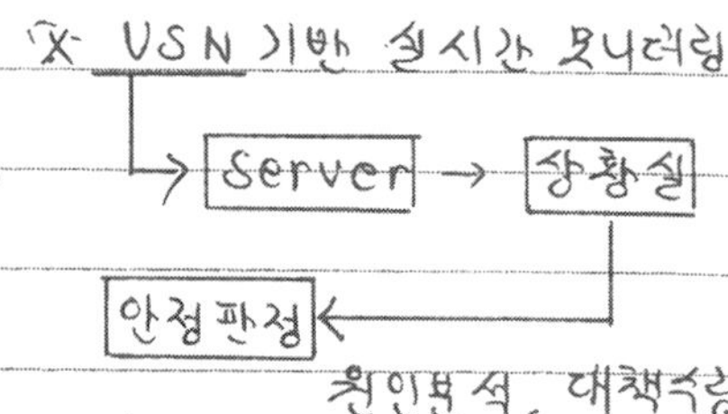

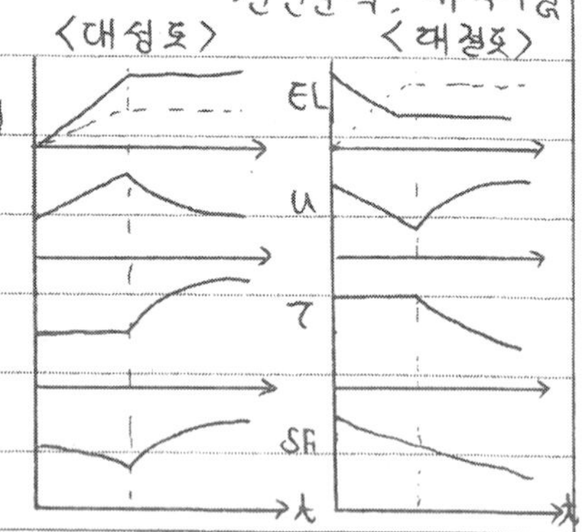

III. 대절성토 사면의 시공시 붕괴의 문제점

- 1차 - 인적, 물적 피해
- 2차 - 수목유실 → 하천유입 → 하천구조물 충돌 → 구조물 파손
  - 홍수단면 감소 → 홍수피해

문제3> 대절성토 사면의 시공시 붕괴 원인과 파괴 형태를 기술하고 붕괴 대책에 대하여 설명하시오

답:

I. 개요

1. 대절성토 사면의 시공시 붕괴 원인으로는 설계, 재료, 시공 품질관리, 특성에 영향에 의해 발생하며
2. 파괴 형태로는 토사사면의 무한사면(국소활동) 유한사면(원호활동)과 암사면(원호파괴, 평면파괴, 쐐기) 파괴로 구분되어진다
3. 붕괴 대책으로는 안전율이 증가하는 방법과 유지하는 방법과 대절토 공사의 응급대책과 영구대책이 있다
4. 정부 방침의 U-City를 기반으로 대절성토사면 실시간 계측시대가 왔다

II. 대절 성토 사면의 시공시 역학적 거동특성

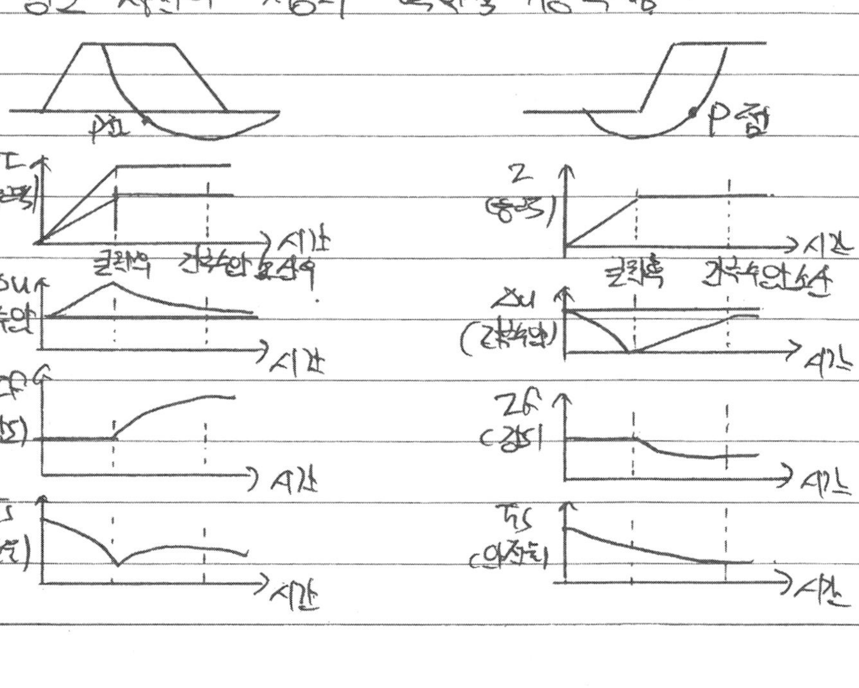

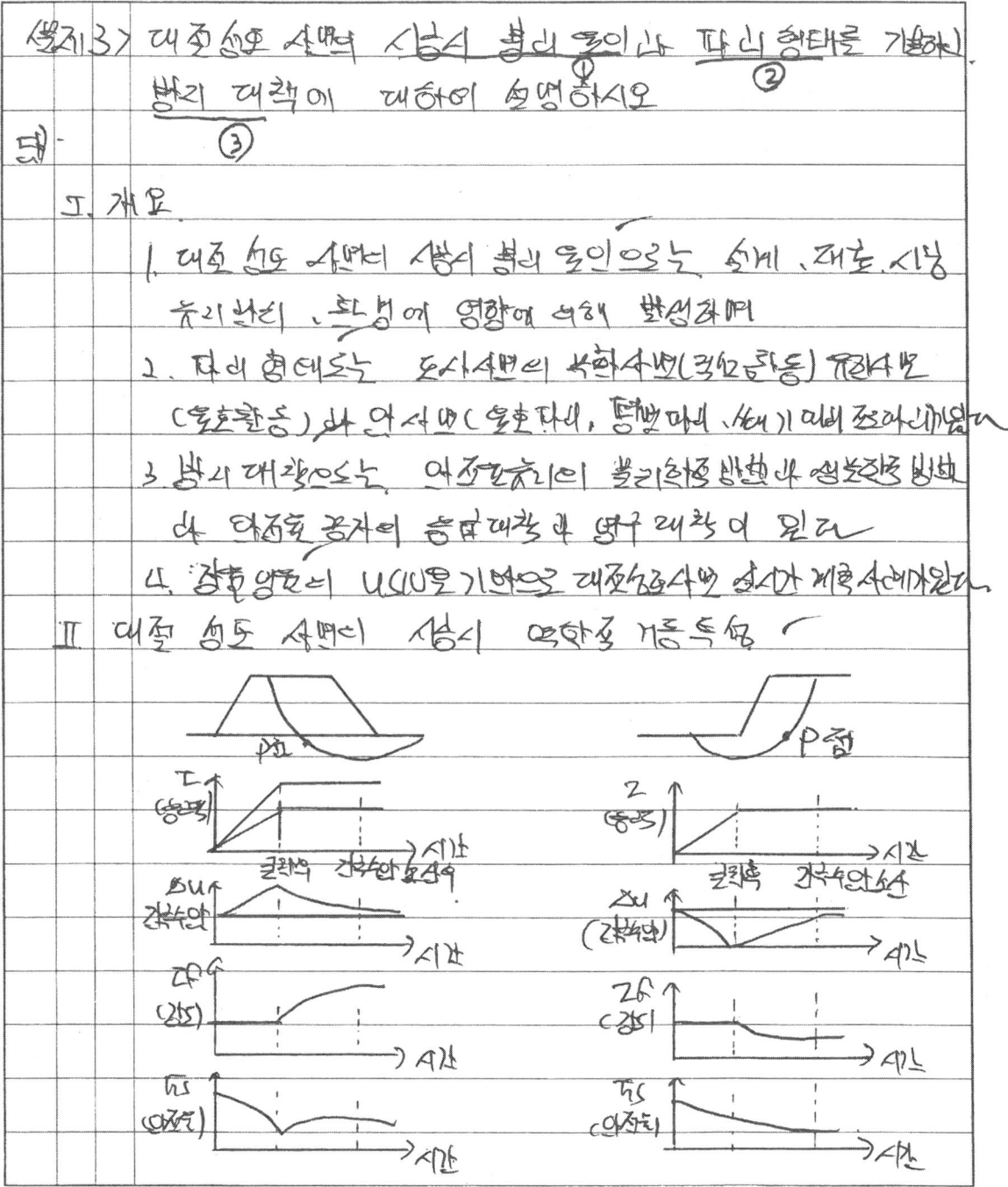

IV. 대절성토 사면의 시공시 붕괴원인

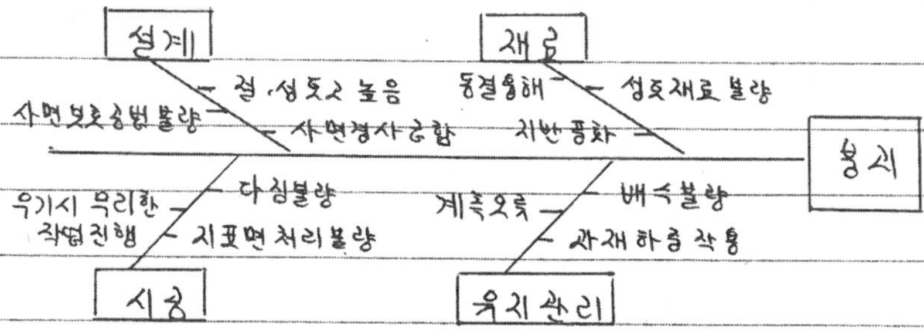

V. 대절성토 사면의 시공시 파괴형태

1. 토사 사면 - 활동(sliding), 유동(Creep)
2. 암반 사면
   - 붕락(falling)
   - 활동(sliding, 원형, 평면, 쐐기 파괴)
   - 전도

※ 원형파괴 - 다수 + 불규칙, 평면파괴 - 일방향
쐐기파괴 - 양방향

VI. 대절성토 사면 붕괴시 방지대책

1. 안전율 유지 - 비탈면 보호공법(식생공, 구조물공)
2. 안전율 증가 - 구조물, 옹벽, anchor, soil Nailing

※ $\tau = c + \sigma' \tan\phi$ ⇒
- c 증가 - Grouting
- σ' 증가
  - σ 증가 - Anchoring
  - u 감소 - 지하수위저하
- ϕ 증가 - 다짐철저

※ 사면안정(Sf) $= \dfrac{\Sigma W_i \cdot \cos\theta \cdot \tan\phi + \Sigma cl}{\Sigma W_i \cdot \sin\theta} = \dfrac{\text{저항모멘트}}{\text{활동모멘트}}$

Ⅲ. 대절성토 사면의 상시 붕괴 발생에 의한 문제점

1. 1차적 1) 인명사고 발생, 물적 피해 발생
   2) 응급 처리 비용 발생 및 복구 비용
2. 2차적 1) 보수, 보강 비용으로 사회적 기회비용 발생
   2) 사회 불안 요소 증대

Ⅳ. 대절성토 사면의 상시 발생하는 붕괴 원인

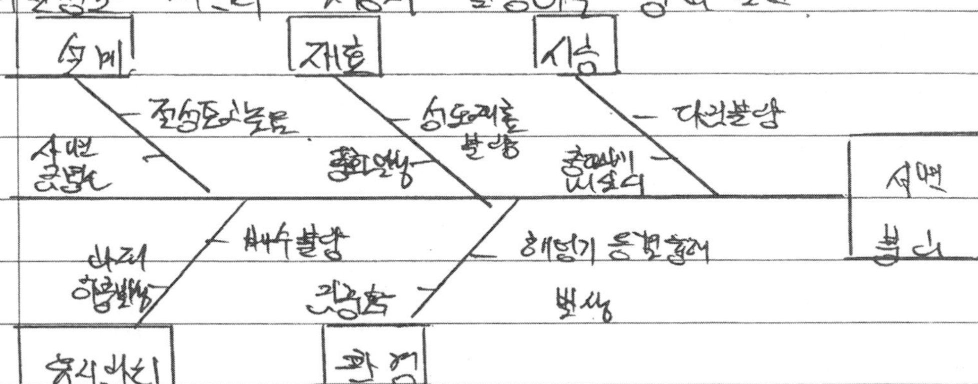

예) 강원 국도 44호선 OO 현장에 봄부 해빙기 배수 불량에 의한 절리성 (저하)에 따른 붕괴 발생 (약 250 Ton)

Ⅴ. 대절성토 사면의 상시 발생하는 파괴 형태

1. 토사사면 1) 무한 사면 - 직선 활동
   2) 유한 사면 - 원호 활동, 복합 활동 등
2. 암사면 1) 원호 파괴 2) 평면 파괴
   3) 쐐기 파괴 4) 전도 파괴

예) 강원 국도 44호선 OO 현장 우측사면 (H=39.0m) 의 봄부 암반층 불연속면의 발달로 쐐기 파괴 발생 (약 260 Ton, 처리 비용 7천 5백만원 소요.)

VII. 대절성토 사면의 붕괴시 검토방법

1. 경험적 방법 - $SMR = RMR + (f_1 \times f_2 \times f_3) + f_4$
2. 기하학적 방법 - 평사투영법
3. 한계평형 방법 - Fellenius 슬라이스법 (절편법)
4. 수치해석 방법 - FEM, DEM, DDM

VIII. 대절성토 사면의 시공시 붕괴방지를 위한 개선사례

1. 공사명 : 경남 OO 산단 진입도로공사 (2007년, 공정율 73.5%)
2. 모식도

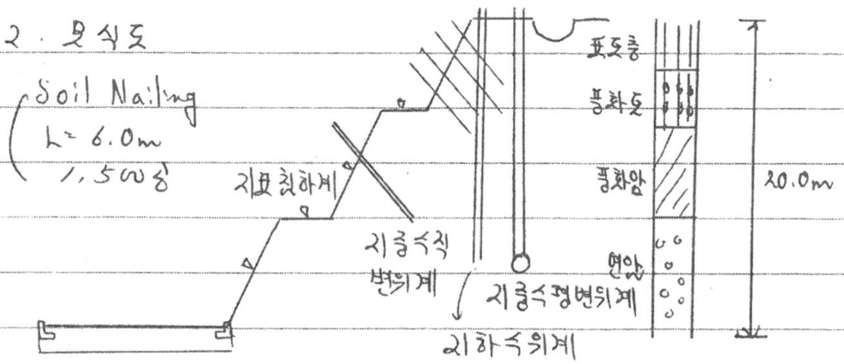

3. 사면보강내용
   1) 사면안정해석 - SLOPE/W 실시 → 불안정
   2) 대책 - Soil Nailing L=6.0m 1,500공 실시
   3) 시공비 - 85,000,000원 투입

(끝)

VI. 대절성토 사면의 붕괴 발생 방지 대책 (처리대책)

1. 안전율 유지
   1) 붕괴원인 방지 - 구조물공
   2) 생물학적 방지 - 식생공
2. 안전율 증가
   1) 억제대책 (억제공) - 전단응력 (τ 감소)
      ① 지표수 배제공 ② 지하수 배제공 ③ 지하수 차단공
   2) 억지대책 (억지공) - 전단강도 (τf 증가)
      ① 옹벽공 ② 억지말뚝 ③ Soil Nailing ④ Anchor공

저항모멘트

$$F_s = \frac{\sum cl + \sum W_i \cos\theta \tan\phi}{\sum W_i \sin\theta}$$

활동모멘트

VII. USN을 기반으로 한 대절성토 사면의 실시간 계측관리 System

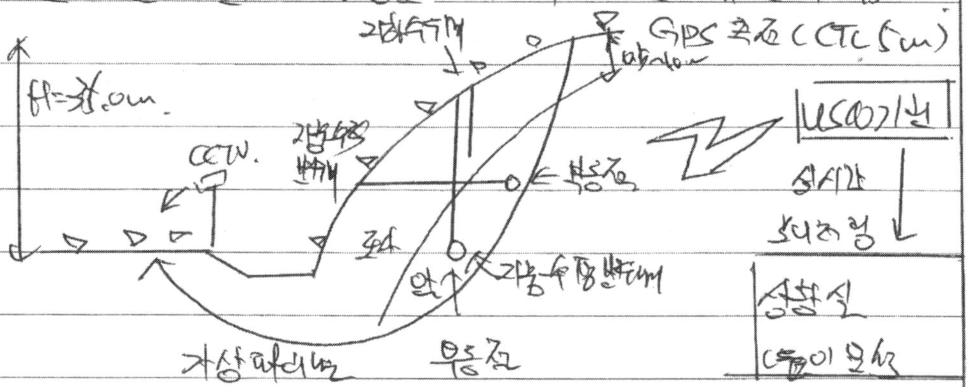

1. 활용성 1) 강우 영향 대절성토 사면 (H ≥ 30.0m) 사면안정
   2) 종합 예방보호 System 구축 (예측 및 방재)
2. 한계성 1) 구조적 - Noise 발생 (실내용어 DATA) → 오판
   - 센서 발생 …
   2) 비용적 - 경제성 (유지관리, 설치비)

(끝)

▣ 합격을 위한 "화분의 법칙"

안녕하세요? 신경수입니다.

1. 다른 수험생들보다 더한 경쟁력을 가지고 있어야 시험에 합격할 수 있다는 것은 두말할 나위가 없습니다.

2. 경쟁력을 갖추기 위해서는 자기 그릇을 크게 할 필요가 있습니다.

3. 화분에 심은 꽃은 화분의 크기에 비례하여 어느 정도 이상 자랄 수 없습니다. 이것이 화분을 가꾸는 사람들이 이해하는 자연의 법칙이고, 식물의 크기에 맞춰서 화분을 선택하는 이유입니다.

4. 크게 키우고 싶으면 큰 화분을 고르고, 작게 기르고 싶으면 작은 것을 고르는데, 분재에서 큰 화분을 쓰지 않는 것은 그런 이유 때문입니다.

5. 식물의 크기만 화분의 크기에 비례하는 것이 아닙니다.

6. 그 식물에 열리는 꽃이나 열매의 크기도 그렇습니다.

7. 개인이 60점을 향해서 모든 것을 맞춘다면 그 사람은 결코 60점 이상의 답안을 작성할 수가 없습니다. 이것은 약간의 실수가 바로 불합격으로 이어짐을 의미합니다.

8. 개인이 원하는 목표보다 더 크고, 더 높고, 더 먼 계획과 욕심을 가져야 원하는 것을 단 시일에 이룰 수 있습니다.

9. 처음 공부 시작할 때 목표를 너무 소박하게 잡아 지금 시점에서 애매모호한 실력을 지닌 분들은 화분의 분갈이를 하듯이 이번 시험에서 개인의 목표를 평균 5점 정도만 더 높여 잡고, 남은 기간 자신에게 꾸준한 자극을 주시기 바랍니다.

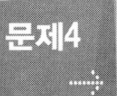

문제4 해빙기 산악지 국도에서 폭 150m, 사면높이 60m의 산사태가 발생하였다. 현장 책임자의 입장에서 붕괴원인 및 방지대책에 대하여 서술하시오.

[기본 Item = 유형]

문제점	공법	AB	콘크리트	제도 및 system	기타
★					

[관련 공종]

콘크리트	강재	건설기계	토공	연약지반	막이	기초
			★			
도로포장	교량	터널	댐	하천	항만	공사시사

[질문 요지]

1. 산사태 원인 (내적/외적)
2. 산사태 방지대책 (안전율유지/증가)

[조건]

1. 해빙기 산악지 국도
2. 폭 150m
2. 사면높이 60m

[중요 Item]

1. 동절기(동상－낙석)＋해빙기(융해－산사태)
2. 해빙기 산사태 Mechanism
3. 해빙기 산사태 안정계측＝USN기반 실시간 산사태 재난방지 시스템

[차별화 Item]

1. 이 론 : 동해이론
2. 경 험 :
3. 도식화
   - 그래프 :
   - 모식도 : Management System, 산사태 발생 Mechanism
   - Flowchart :
   - 특성요인도 :
   - 기타 :
4. 비교표 : 해빙기/우기철 산사태

Thinking Tip

1. 질문조건(폭, 사면높이)을 대제목 및 내용에 충실히 반영
2. 해빙기 사면 안전점검 항목(Check List)등 서술

문제4) 해빙기 산악국도에서 폭 150m, 사면높이 60m의 산사태가 발생하였다. 현장책임자로서 관리원인 및 방지대책에 대하여 기술하시오.

답

I. 해빙기 산사태의 개요.

1. 해빙기 산악국도 산사태 발생시 현장책임자로서 우선 긴급조치(인명구조, 비상연락, 피해최소화)를 시행해야 하며,

2. 해빙기 산악국도 산사태 발생원인은 내력(전단강도감소) 및 외력(전단응력증가)의 원인이 있음.

3. 붕괴방지 대책은 사면보호, 다짐, 안정해법이 있음.

II. 현장책임자로서 산사태 발생시 긴급조치 및 Management system.

긴급조치

1. 인명구조.
2. 비상연락망 가동.
3. 토사 배토, 교통개방.
4. 피해 최소화.

M/S.

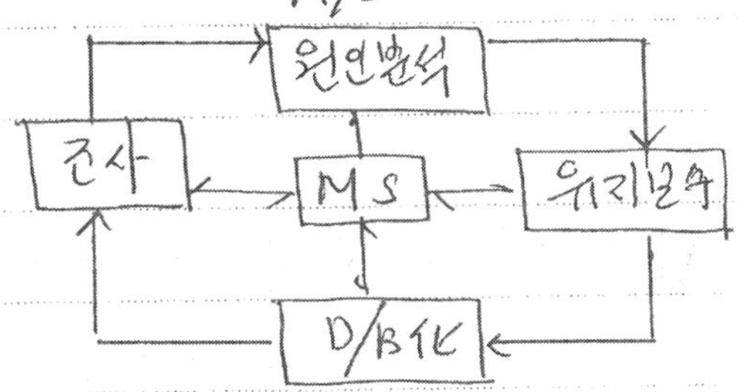

III. 해빙기 산악국도 산사태 발생시 현장책임자로서 처리 Flow

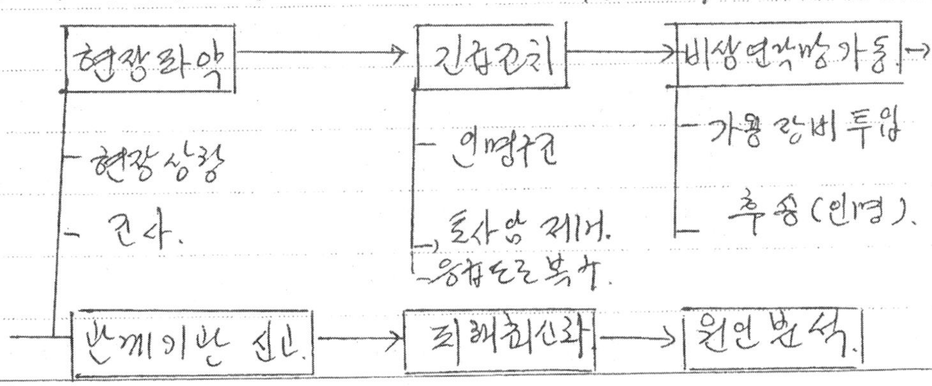

IV. 해빙기 산악지 국도 산사태 발생시 문제점.

1. 1차적 : 인적, 물적 피해 발생.
2. 2차적 : ┌ 파급효과 (수목유실 → 하천유입)
   ├ 도로 토사양 적재 → 교통마비.
   └ 처리 복구 보강에 따른 LCC 증가.

V. 해빙기 산악지 국도 산사태의 발생 원인.

1. 내적(전단강도감소) ┌ 지형, 지질, 단층파쇄대, 강
   └ 강도정수 C, φ 값 작은 토질, 풍화.
2. 외적(전단응력증가) ┌ 자연적 – 지진, 진동, 홍수류.
   └ 인위적 ┌ 설계 ~ 성토, 절토시 부적정
      재료 ~ 비점착성토
      시공 ~ 배수처리 미흡.
      └ 환경 ~ 지하수위 상승.

VI. 해빙기 산악지 국도 산사태 방지대책.

1. 계측관리 ┌ USN기반 – CCTV, GPS, 비쥬얼 모니터링
   ├ 지중 수직변위계 설치.
   └ 지중 수평변위계, 균열계 설치.
2. 보호공법 – 도로 ┌ 생물학적 : 식생공(전면, 부분식생, 부분객토식생)
   └ 물리적 : 구조물공, 옹벽, 말뚝, Soil nailing
   다짐공법 ┌ 피복토설치 – 사질토, 점성토, 비점착성토.
   └ 피복토미설치 – 기계다짐, 더돋기, 완경사설치.
   └ 안정공법 – 안전율 유지, 안전율 증가 공법.

VII. 해빙기 산악지 도로 산사태의 형태

구 분	Land slide	Land Creep	비 고
원 인	전단응력 증가	전단강도 감소	* 김천매미
지 형	급경사면	완경사면	수해 복구 현장
시 기	강우후 즉시	강우후 폭설시 간헐적	전단응력 증가
규 모	소 형	대 형	원인.

VIII 해빙 산악지 도로 산사태 발생 제어를 위한 사면안정검토 방법.

1. 경험적 : SMR = RMR+(F1·F2·F3)+F4
2. 기하학적 : 평사투영법.(붕괴가능성. 붕괴형태 추정).
3. 한계평형해석 : 질량법. 절편법(Fillenius. Bishop).
4. 수치해석법: 개별요소법. 유한요소. 유한차분법.

IX. 해빙기 산악지 도로 산사태 발생 예측을 위한 계측 관리.

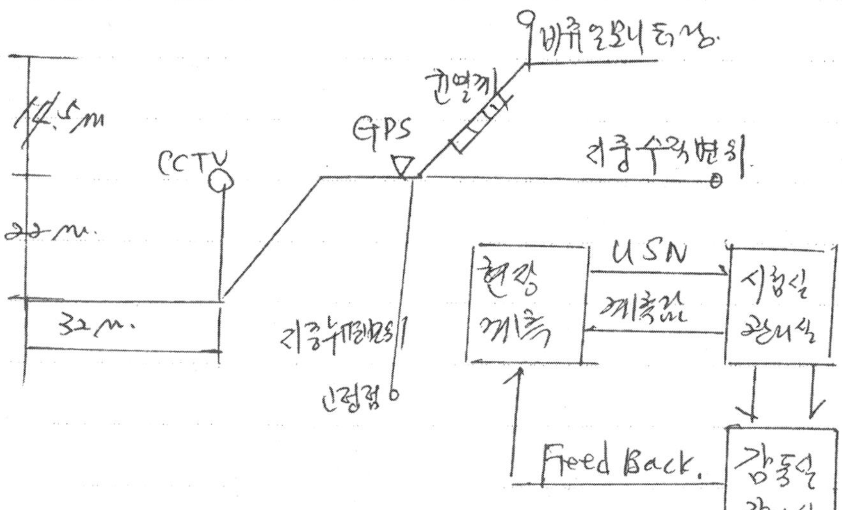

(끝).

문제4) 해빙기 산악지 국도에서 폭 150m, 사면높이 60m의 산사태가 발생하였다. 현장 책임자의 입장에서 붕괴 원인 및 방지대책에 대하여 기술하시오

답)

I. 개 요

1. 해빙기 산악지 국도에서 산사태 발생시 직접, 간접적으로 문제가 있으나 현장에 대한 신뢰도 저감이 중요한 문제 이며

2. 해빙기 산사태 발생시 현장 책임자의 입장에서 붕괴 원인 분석은 $\tau_f = c + \sigma' \tan\phi$ 에 따라 전단강도 감소와 외적인 전단응력에 원인이 있고 흙의 동결 융해에 따른 해빙기 사면 안정에 영향을 크게 미침.

3. 산사태 방지 대책은 안전율 유지와 안전율 증가 방법이 있으며

4. 국도5?호선(양양–어성전) 확장공사 (85'~87') 해빙기 산사태에 대한 조치

II. 산사태 발생시 현장책임자로서의 Management system 사례

1. 발생 시기및 위치 : 86'03 (STA.NO : 27+00 ~ 37+15)

2. 발생 규모 : 토사류 3만m³ 양양천 유입

3. 추가 진행성 없는

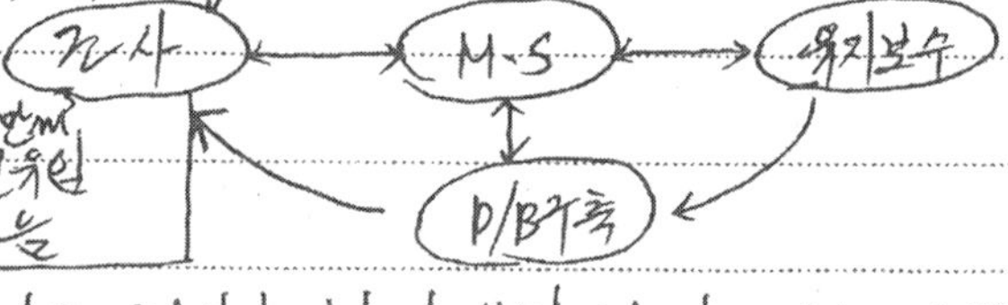

III. 우리나라 산지특징에 따른 해빙기 산사태 발생 Mechanism ($SF = \frac{\tau_f}{\tau}$)

산지특징

1. 화강 - 편마암 60%

2. 급경사 산악지형

3. 암반 + 토사 1.5~2.0m (북고남저, 동서 비대칭)

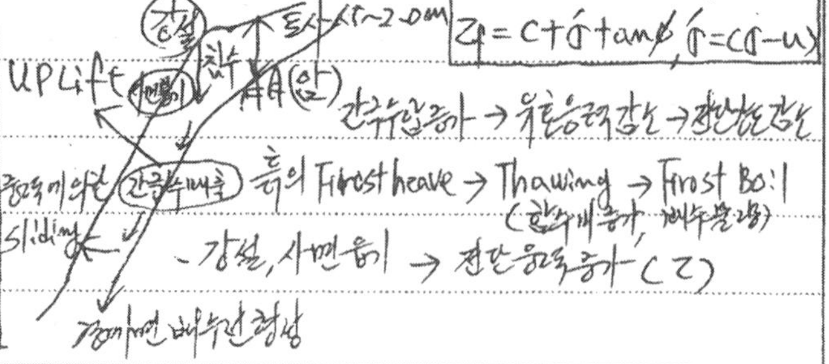

기·선4] 해빙기 산악지 국도에서 폭 150m, 사면높이 60m의 산사태가 발생하였다. 현장 책임자의 입장에서 붕괴원인① 및 방지대책②에 대하여 기술하시오.

答]

I. 해빙기 산사태의 ~~발생 방지~~ 개요.

1. 해빙기 산악지 국도의 산사태로 인한 붕괴원인은 내적인 전단강도 감소와 외적인 전단응력 증가이며, 주원인은 동결융해의 반복으로 인한 지반이완과 해빙수로 인한 간극수압 증가이다.

계측! 2. 해빙기 산사태의 방지대책은 안전율(S.F) 유지와 증가의 방법이 있으나, 주기적인 점검(계측)으로 발생을 방지하는 것이 가장 중요하다.

II. 해빙기 산악지 국도의 산사태 발생시 EAP Flow

* EAP(Emergency Action Plan, 응급대응계획) 가동
* Flow : 시나리오 → Plan → Action (I~III) ∴ 피해최소화.

III. 해빙기 산악지 국도의 산사태 발생시 조사 및 대책공법 선정 Flow

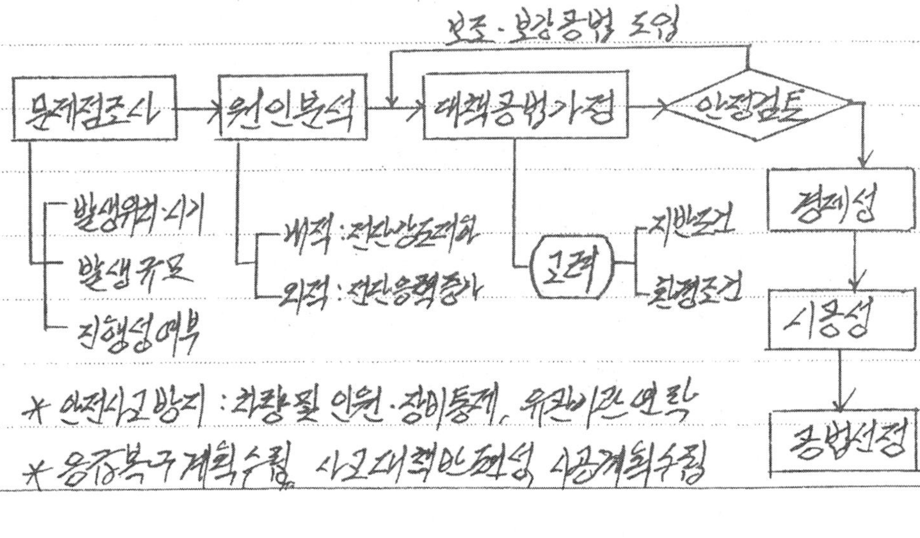

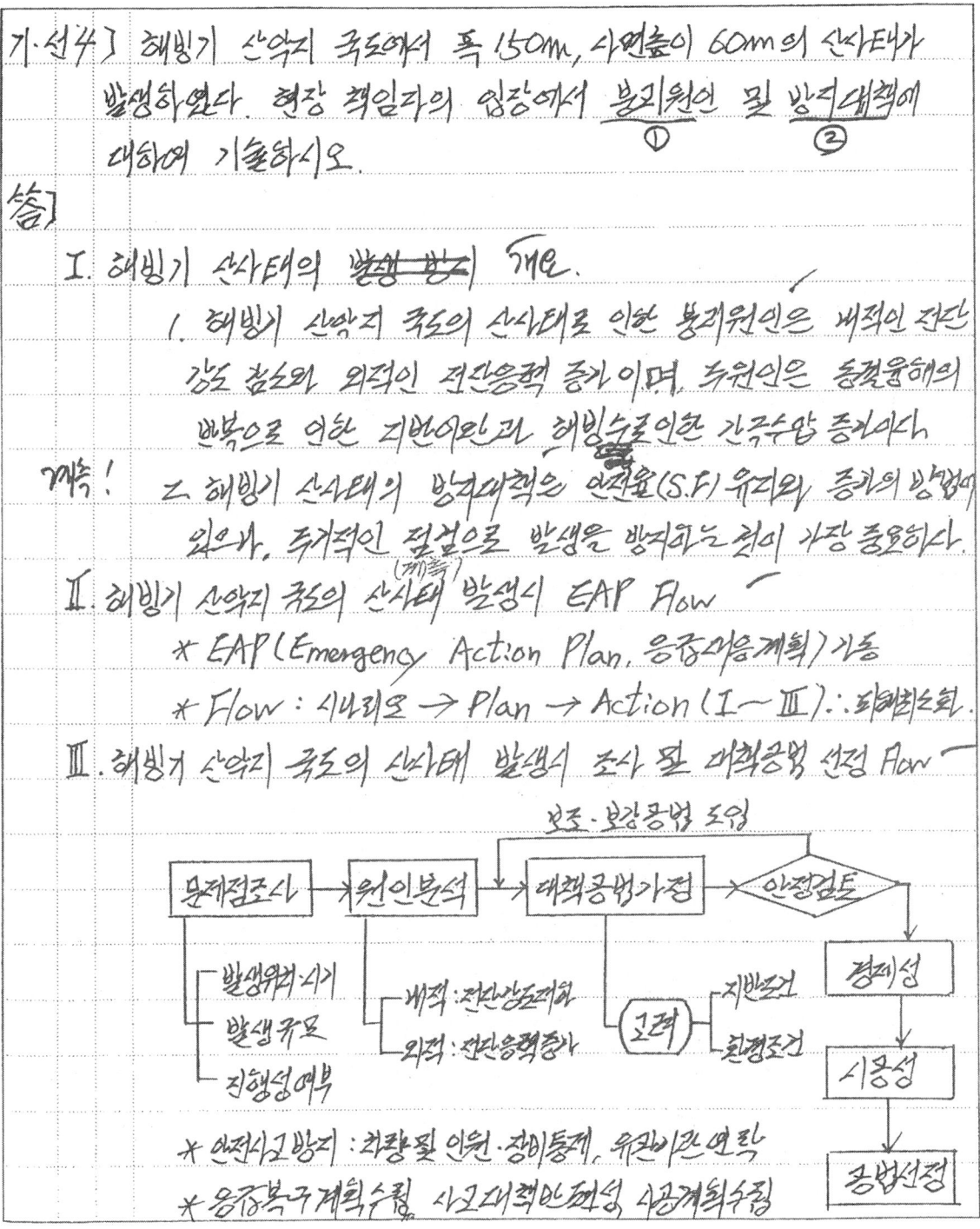

* 안전사고방지 : 차량 및 인원·장비통제, 유관기관 연락
* 응급복구계획수립, 사고대책반 편성, 시공계획수립

IV. 현장 책임자 입장에서의 해빙기 산사태 발생시 문제점 검토

1. 직접: 인적·물적 피해 → 지연
2. 간접: 보수·보강 → 공사비 증가

→ 현장에 대한 전반적인 불신 확산 / 현장 대외 신뢰도 저감

※ 흙의 동결이 사면 안정성 확보에 미치는 영향

0℃ 이하 → [동상] → 팽창(9%) → [융해] → 배수불량, 함수비 증가 → [연화]

- 동상: Frost heave, 사면 융기
- 융해: Thawing, 사면 연약화
- 연화: Frost Boil, 지표수 유출

V. 현장 책임자 입장에서의 해빙기 산사태 발생 원인 분석 (국도47호선 산사태중심)

1. 내적
   1) 전단강도(τ_f) 감소
   2) 지질·지형
   3) 토질 – 풍화·파쇄대
   4) 지하수위 상승

$\tau_f = c + \sigma' \tan\phi$

$\sigma' = (\sigma - u)$

2. 외적
   1) 전단응력(τ) 증가
   2) 강우, 강설, 하중
   3) 함수비 증가, 배수불량
   4) 사면 융기(연약화)

→ 국도47호선 산사태 원인

※ 흙의 동결 발생 Mechanism

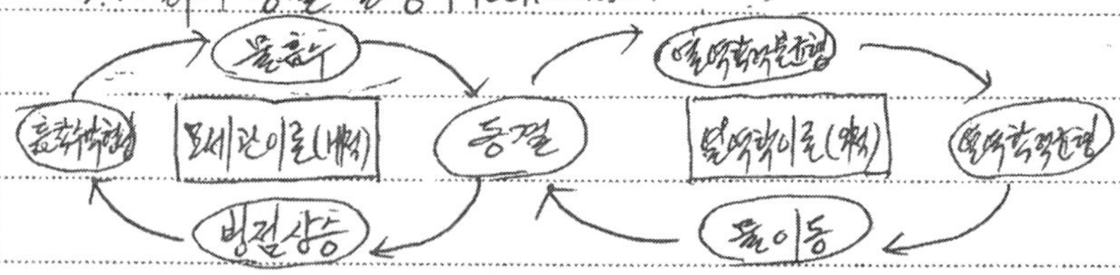

VI. 현장 책임 기술자 입장에서 해빙기 산사태 방지대책 강구 (국도47호선 산사태중심)

1. 안전율 유지
   1) 생물학적(식생공): 전면, 부분, 부분객토
   2) 물리학적(구조물공): 원지반 보호, 토압저항, 표층부 박리, 낙석방지

2. 안전율 증가 (구조물, 옹벽 Anchor)

$\tau_f = c + \sigma' \tan\phi$

- c↑: Grouting
- σ': σ↑ (Grouting), u↓ (지하수위저하)
- ϕ↑: 다짐

IV. 해빙기 산악지 국도에서 산사태 발생시 문제점

1. 1차적
   - 인적·물적 피해 → 피해보상
   - 교통단절 → 물류운송피해

2. 2차적
   - 복구비 및 LCC증가 → 사회·경제적 기회비용손실
   - 국도 유지관리의 신뢰저하

V. 현장책임자로서 해빙기 산악지 국도에서의 산사태 발생시 붕괴원인

1. 내적 : 전단강도 감소
   - 해빙수 → 간극수압 증가
   - 단층·파쇄대 등 점착력(결속력) 감소

$\tau = c + \sigma' \tan\phi$

2. 외적 : 전단응력 증가 – 눈·얼음입자 해빙(융해), 이상기후

⇒ 해빙기 산사태의 주원인은 동결융해로 인한 지반이완.

* 해빙(물)에 의한 산사태의 Mechanism

해빙(물) → 침투 → 함수 → 암반/토사 경계면배수 → 상향력발생 → 간극수압(u)증가 → 전단강도(τ) 저하 → 산사태발생

VI. 현장책임자로서 해빙기 산악지 국도에서의 산사태 발생 방지대책

1. 안전율(S.F)유지 : 비탈면 보호공법

2. 안전율(S.F)증가 : 구조물, 옹벽, Anchor

SF = ──────

* $\tau_f = c + \sigma' \tan\phi$
   - c증가 : Grouting
   - σ'증가
     - σ증가 : Anchoring
     - u감소 : 지하수위저하
   - φ증가 : 다짐

* 해빙기에는 주기적이고 지속적인 점검과 진단으로(계측) 이상징후를 미리 파악하여 선조치 하는 것이 가장 중요함

VII. 흙의 동상요인과 방지대책

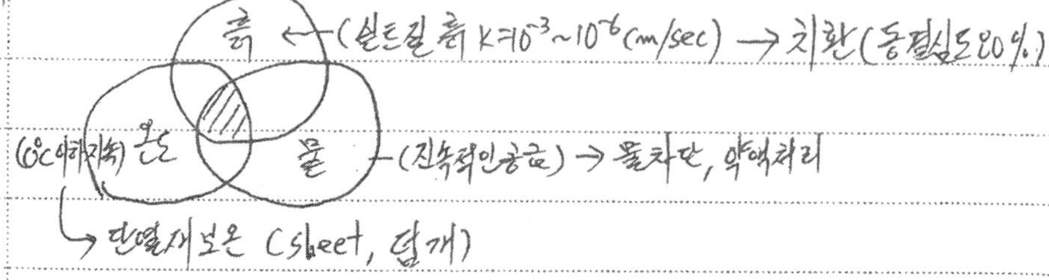

VIII. 해빙기 산악지 국도 산사태 발생 방지에 따른 계측관리 방안

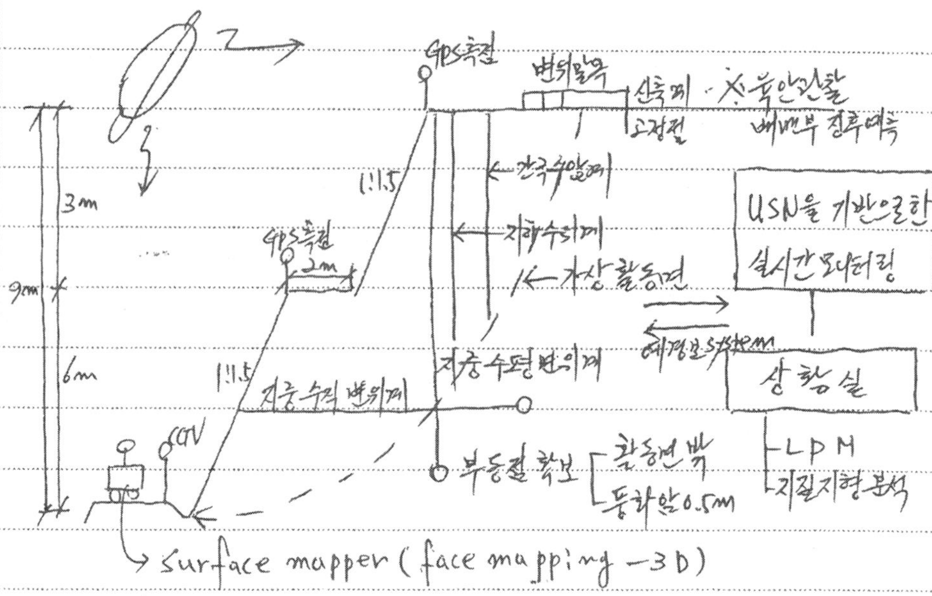

※ 활용성(산사태, 대절성토), 적용성(안전관리), 한계성(Noise, 경제성)

IX. 해빙기 산악지 국도 산사태 발생시 책임 기술자로서의 조치 사례

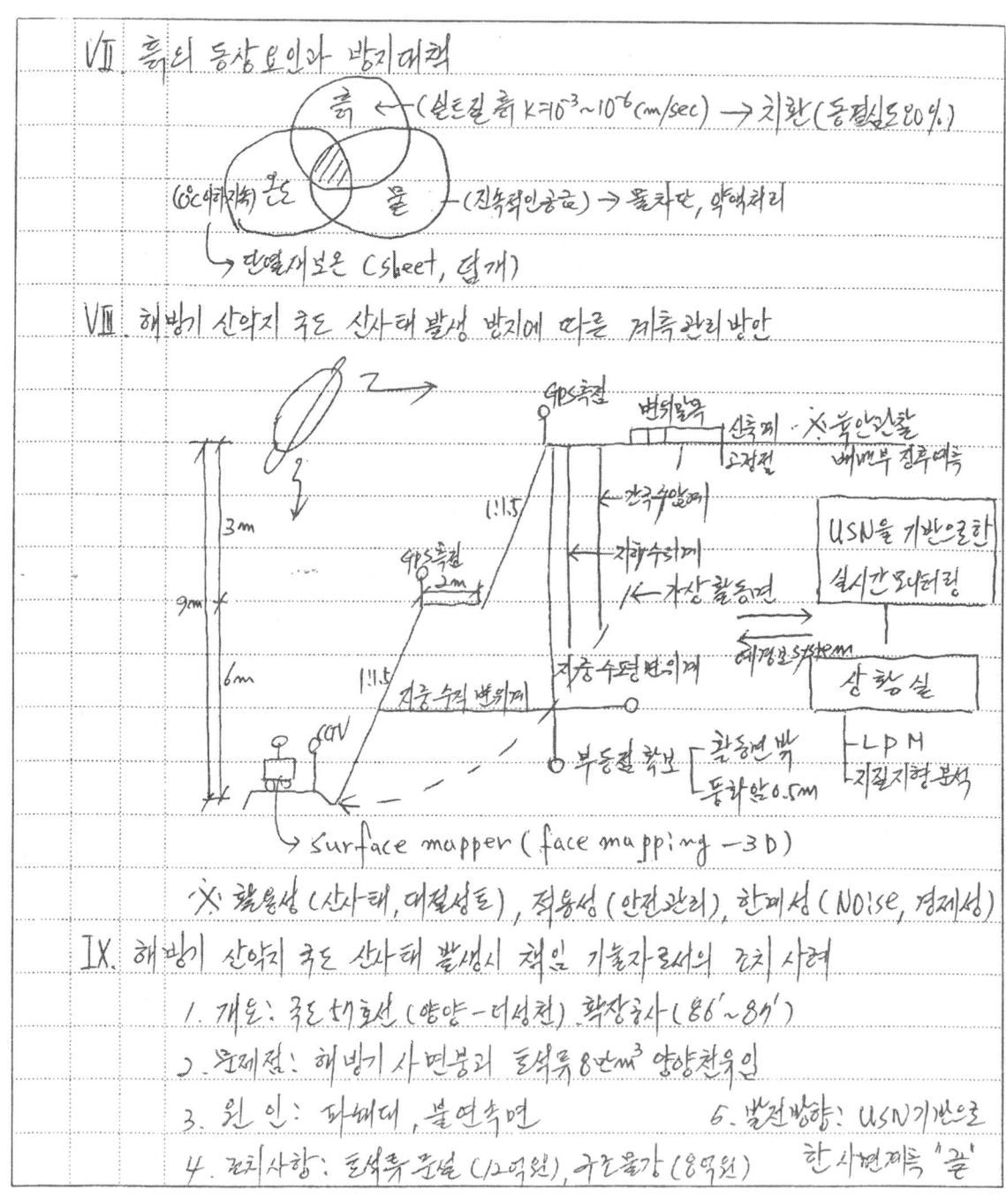

1. 개요: 국도 57호선(양양-더성천) 확장공사('86~'89)
2. 문제점: 해빙기 사면붕괴 토석류 8만m^3 양양천유입
3. 원인: 파쇄대, 불연속면
4. 조치사항: 토석류 준설(12억원), 구조물공(8억원)
6. 발전방향: USN기반으로 한 사면계측 "끝"

VII. 현장책임자로서 해빙기 산악지 국도의 산사태 발생시 처리대책

1. 응급대책(억제공)
   1) 흙처리 – 배토공, 압성토공
   2) 물처리 – 배수처리공
2. 항구대책(억지공)
   1) 구조물공 – 옹벽, 억지말뚝
   2) 보강재 – S/N, E/A

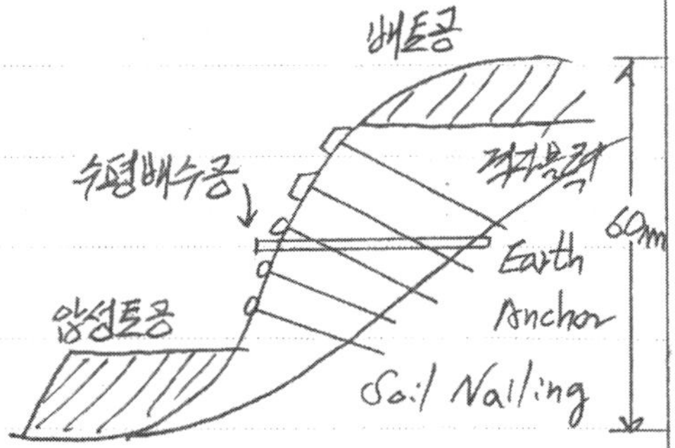

<국도 17호선 처리사례>

VIII. USN을 기반으로한 산악지 사면안정관리 실시간 모니터링 시스템

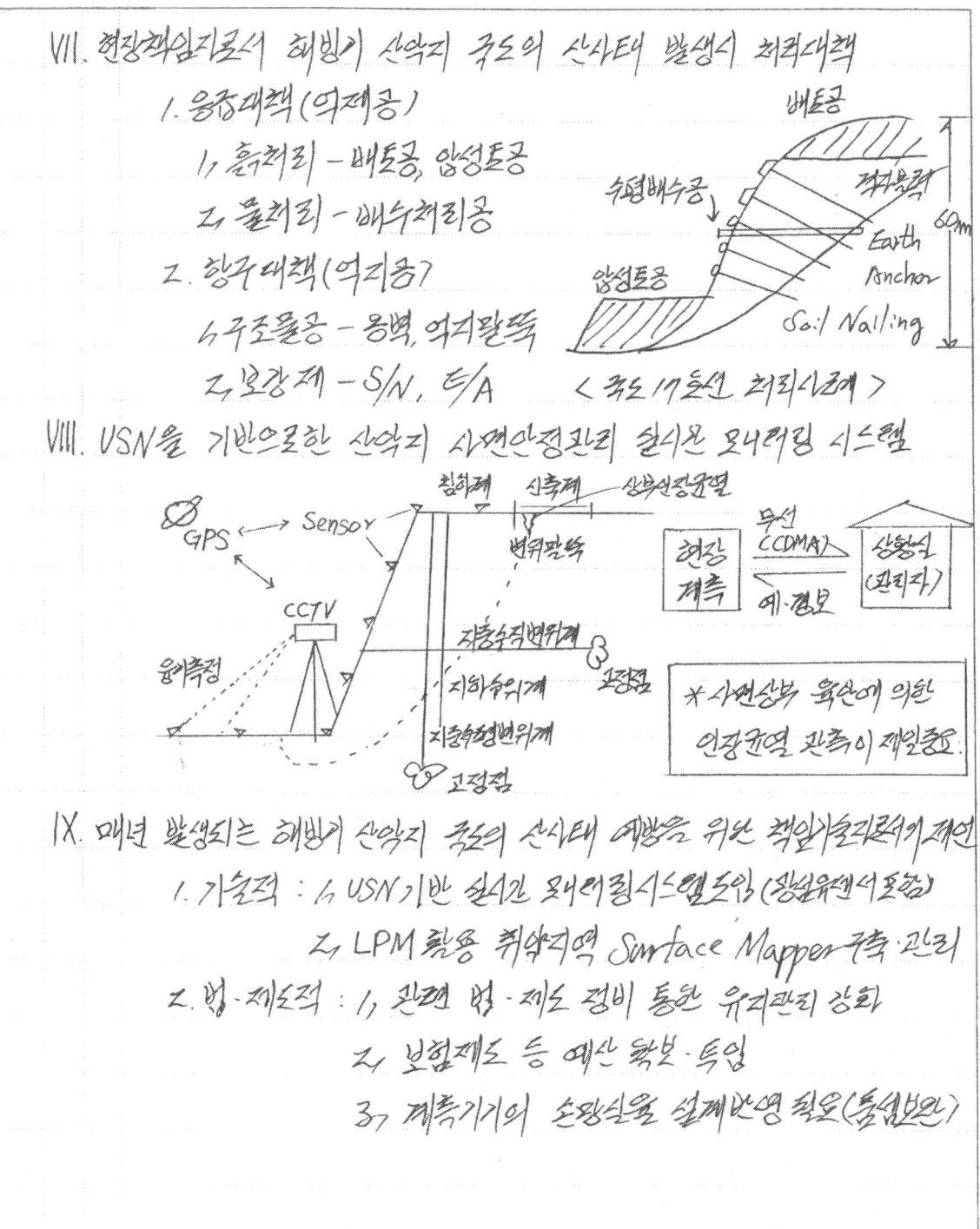

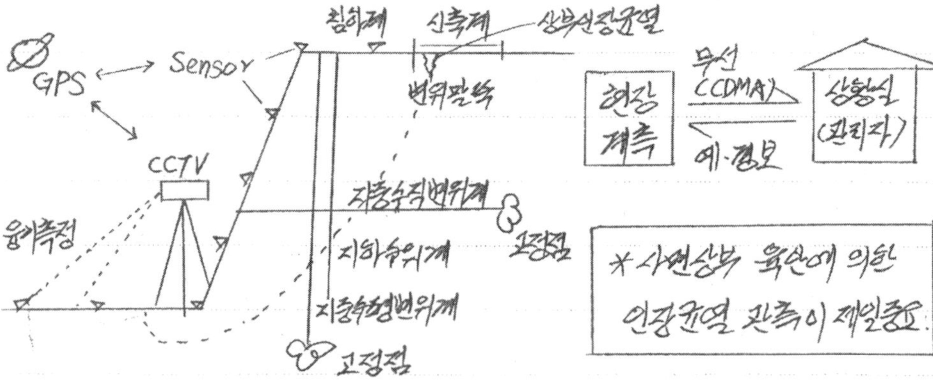

IX. 매년 발생되는 해빙기 산악지 국도의 산사태 예방을 위한 책임기술자로서의 제언

1. 기술적 : 1) USN기반 실시간 모니터링시스템도입(강우량센서포함)
   2) LPM활용 취약지역 Surface Mapper 구축·관리
2. 법·제도적 : 1) 관련 법·제도 정비 통한 유지관리 강화
   2) 보험제도 등 예산 확보·투입
   3) 계측기기의 손망실을 설계반영 필요(통신보안)

▣ 기술사 칠거지악(七去之惡)!!!

안녕하세요? 신경수입니다.

1. 시험에 합격하는 방법만 생각하다보면 매너리즘에 빠져 막연히 '그렇게 해야되나보다'라고 무덤덤하게 받아들이시는 분들이 참으로 많습니다.

2. 확실하게 시험에 불합격하는 방법을 알고 있고 그것을 제거해 나간다면 결과는 개인이 원하는 대로 나올 것입니다.

3. 시험공부하면서 가장 좋지 않은 습관은 아무런 생각 없이 막연하게 공부하는 것입니다.

4. 시험에 불합격하는 방법은 무궁무진 하지만, 가장 훌륭한(?) 불합격노하우는 다음의 기술사 칠거지악(七去之惡)입니다. 생각을 많이 해 보시기 바랍니다.

■ 불합격 지름길]기술사 칠거지악(七去之惡)

- 자신있는 문제가 나오면 환장한다.
- 문제존중을 안하고 출제의도를 무시한다.
- 현장을 무시하고, 책에 있는 내용만 열심히 나열한다.
- 시간관리를 하지 않고 자신있는 문제에 올인한다.
- 아는 문제는 빡세게 기술하고 모르는 문제는 빌빌거리며 기술한다.
- 무조건 암기하고, 물어본 것만 쓴다.
- 기본(분류, key word등)을 무시하고 과감히 답안작성한다.

문제5 동절기 긴급공사로 성토부에 콘크리트 옹벽구조물을 설치하려고 한다. 사전 검토사항과 시공 시 주의하여야 할 사항을 기술하시오.

[기본 Item = 유형]

문제점	공법	AB	콘크리트	제도 및 system	기타
	★		★		

[관련 공종]

콘크리트	강재	건설기계	토공	연약지반	막이	기초
★			★		★	
도로포장	교량	터널	댐	하천	항만	공사시사

[질문 요지]

1. 성토부 콘크리트 옹벽구조물 설치 시 사전 검토사항
2. 성토부 콘크리트 옹벽구조물 시공 시 주의하여야 할 사항

[조건]

1. 동절기
2. 긴급공사

[중요 Item]

1. 동절기=지반(동상)+콘크리트(동해)+뒷채움(배수)
2. 긴급공사=시공관리(계/품/안/환)
3. 옹벽구조물=안정조건+불안정 시 대책

[차별화 Item]

1. 이 론 : 동해이론
2. 경 험 :
3. 도식화
   - 그래프 : Maturity
   - 모식도 : 모세관이론, 옹벽단면도, 옹벽에 작용하는 힘, 유선망도
   - Flowchart :
   - 특성요인도 :
   - 기타 :
4. 비교표 :

Thinking Tip

1. 내적(옹벽/뒷채움)+외적(성토지반)
2. 옹벽(동절기 Con'c+안정), 뒷채움(다짐+배수), 성토지반(지지력+동상)

문제5) 동절기 간선도로 성토부에 콘크리트 옹벽 구조물을 시공하려고 한다. 사전 검토 사항①과 시공시 유의하여야 할② 사항을 기술하시오.

(답)

I. 개요

1. 동절기 간선도로 성토부에 콘크리트 옹벽 구조물 시공시 사전 검토 사항으로는 내부적으로 콘크리트 동해 및 뒷채움부 배수관리와 외부적으로 지반의 동상융해에 대하여 검토해야 하며
2. 시공시 유의사항으로는 내부적으로 한중콘크리트 관리, 양생관리, 배수관리와 외부적으로 기초지반의 안전성 확보에 있다.
3. 한중 00 현장에서는 보온양생을 통해서 양생중 온도는 10~20°C로 관리하여 내구성 확보를 하였다.

II. 동절기 콘크리트 옹벽 구조물 시공시 예상되는 문제점

<콘크리트>	<기초지반>
동해 발생 → 9% 팽창 → 팽창압 > 인장강도 → 균열 → 내구성 저하	Frost Heave → Thawing → Frost Boil ↓ 기초지반 연약화 → 옹벽구조물 파괴

III. 동절기시 콘크리트와 지반에 발생하는 동해, 동상 발생이론

정수압 이론 (콘크리트, 지반)	모세관 이론 (지반)
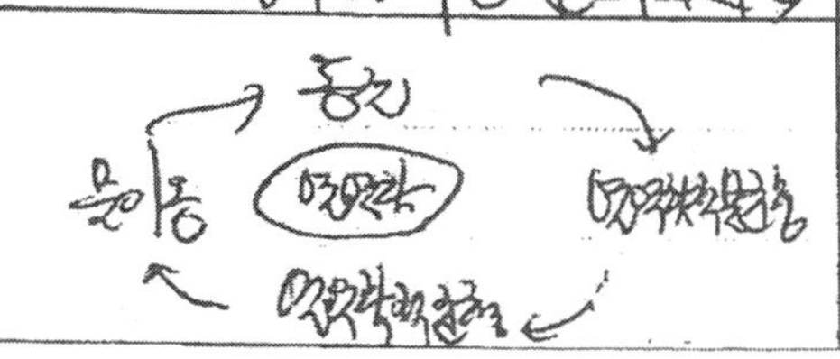	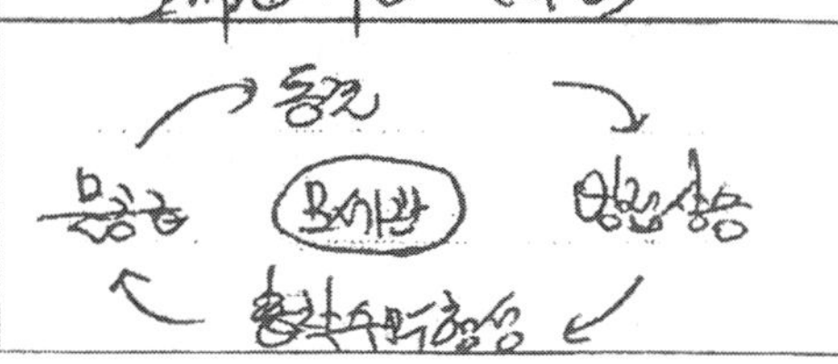

III. 동절기 강원도 성토부에 콘크리트 옹벽 구조물 시공시 검토사항?

1. 내적 검토사항

1) 콘크리트 옹벽 ┌ 한중콘크리트 양생관리 → 동해 발생
　　　　　　　　└ 피복두께 확보 → 균열, 열화

2) 뒷채움부 - 한중시공 → 다짐, 배수 불량 → 동상, 융해 발생

2. 외적 검토사항

1) 기초지반 ┌ 동결, 융해 발생 → 배수관리
　　　　　　└ 연약 지반 침하 관리 → 옹벽 내구성 저하

2) 성토재료 - 함수비 (OMC) 관리 → 과다시 성토부 동결

IV. 동절기 강원도 성토부에 콘크리트 옹벽 구조물 시공시 유의해야 할 사항

1. 내적

1) 콘크리트 옹벽

i) 한중콘크리트 ┬ 재료관리 - 조강시멘트 사용
　　　　　　　　├ 배합관리 - W/B - 56.8%, 동결융해저항제 0.03%
　　　　　　　　└ 시공관리 - Maturity 통한 양생관리
　　　　　　　　　(양생시 온도 10~20°C 유지 관리)

ii) 배수관리 - 배수공 (D=100mm) 설치 및 배면상단 측구설치

iii) 이음부 관리 - 신축이음 (20m), 수축이음 (5m) 설치

2) 뒷채움부 - 지하수위 변동 고려 → 차단층 설치

2. 외적

1) 기초지반 - 동상지반 제거 및 배수관리 (맹암거)

2) 성토재료 - 균등계수 (Cu), 곡률계수 (Cg) 등의 만족

VI. 동절기 사방공사로 설치시 설치되는 옹벽구조물의 안정조건 및 불안정시 대책

<안정조건>	<불안정시 대책>
1. 내적 - 동해, 균열	1. 내적 - 양생관리 (보온양생)
2. 외적 - 전도 $F_s \geq 2.0$	2. 외적 - 전도 - 저판확대
활동 $F_s \geq 1.5$	활동 - shear key
지지력 $q_{max} \leq q_a$	지지력 - 기초지반 개량 (동결)

VII. 순천00현장 동절기 콘크리트 옹벽 시공시 양생관리 사례

1. 공사개요 - 순천 IC ~ 하동 (1공구) 도로건설공사 (2003~2011)
2. 개요 - 2010년 한파증가으로 인한 동절기 콘크리트 타설 필요
3. 양생관리

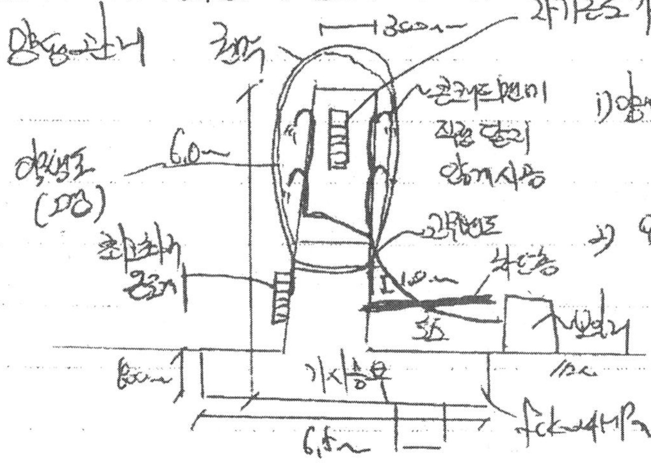

1) 양생 중 온도 10~20° 유지
2) 압축강도 5MPa 이상 얻을 때까지 보온양생 실시

4. 효과 - 동절기에 따른 콘크리트 옹벽 동해 방지하여
→ 내구성 확보 및 내구수명 증진

(끝)

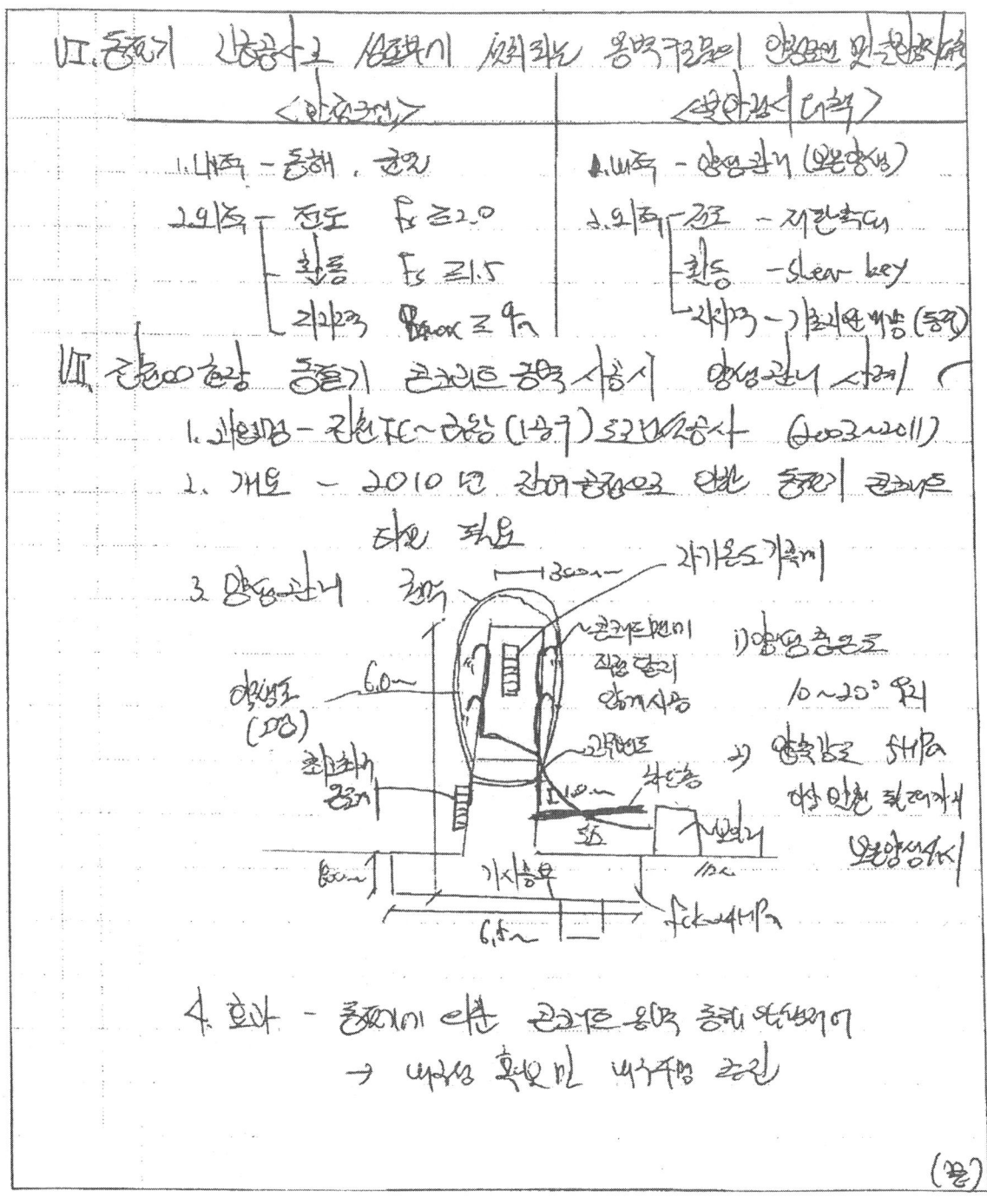

문제5) 동절기 긴급공사로 성토부에 콘크리트 옹벽 구조물을 설치하고자 한다. 사전검토사항과 시공시 주의하여할 사항을 기술하시오.

답)

I. 개요

1. 동절기 성토부에 콘크리트옹벽 시공시 사전검토 사항으로는 콘크리트에 대한 동절기 타설시 초기동해와 maturity 관리에 유의하여 타설하여야 하며 성토체에 대한 동결융해에 유의해야 한다.

2. 시공시 주의사항으로는 시공전 수화열 지연에 따른 초기동해와 타설온도에 주의하여 시공중 성토체 안정과 콘크리트의 maturity 관리에 유의하고 시공 후 계측관리를 바탕으로 지반의 안정을 도모한다.

II. 동절기 성토체에 대한 동상이론

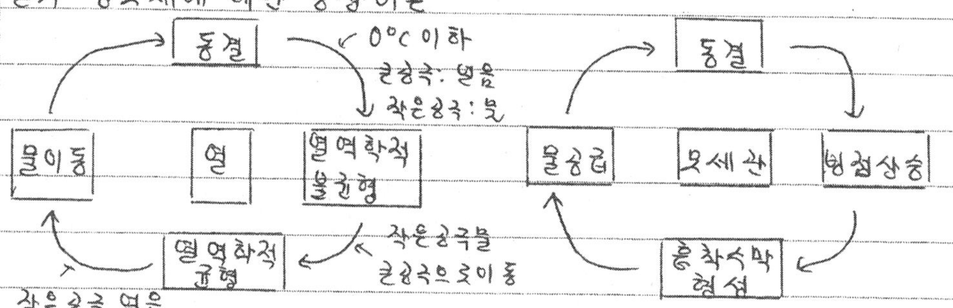

III. 동절기 콘크리트 타설관리 방안

1. 재료 - 양질의 배합수 및 골재사용

2. 배합 - W/B = 60% 이하, 공기연행제사용

3. 시공
   - 타설시 온도 10°C 이상 유지
   - 온도증가 양생 실시

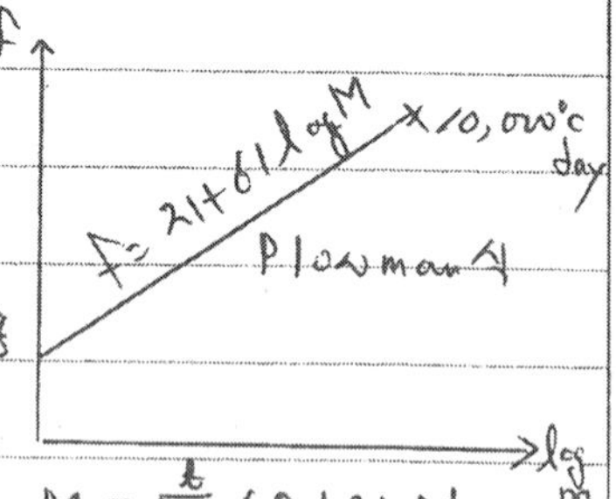

$M = \sum_{0}^{t} (\theta + A)\Delta t$

問題) 동절기 고성토 성토부에 콘크리트 옹벽 구조물을 설치하고자 한다. 사전 검토사항과 시공시 주의하여야 할 사항을 기술하시오.

答)

I. 槪要

1. 동절기 성토부 콘크리트 옹벽 구조물 설치시 사전 검토사항은 내적(재료 [illegible]), 외적(지반) 및 동상 [illegible] 대책.

2. 시공시 주의하여야 할 사항은 배수, 뒷채움, 다짐, 기초지반 이완 [illegible], 재료 [illegible], PBD [illegible], 용벽 [illegible] [illegible].

3. 동절기 지반 00 [illegible] [illegible] [illegible] [illegible] [illegible] [illegible] 사용, [illegible], [illegible].

II. 동절기 성토부 콘크리트 옹벽 구조물 설치시 지반 동결 융해 Mechanism

[illegible] → Frost Heave (└ 지반융기) → [illegible] → Thawing (└ [illegible]) → [illegible] → Frost Boil (└ [illegible])

※ 관련이론
1. 열역학이론
2. 모세관이론

III. 동절기 성토부 콘크리트 옹벽 구조물 설치시 옹벽의 안정 條件

구분	안정 조건	불안정시 대책
1. 내적	1. 지반 : 지반융기	1. 지반 : Grouting
	2. Conc : [illegible] [illegible]	2. Conc : [illegible], [illegible]
2. 외적	1. 전도에 대한 안정 : $F_s \geq 1.5$	1. 저판의 확대
	2. 활동에 대한 안정 : $F_s \geq 2.0$	2. Shear Key 기초저판 설치
	3. 지지력에 대한 안정 : $q \leq q_a$	3. 연약지반의 개량
	4. 원호활동에 대한 안정 : $F_s > 1.6$	4. Pile 기초 시공

V. 동절기 성토부에 콘크리트 옹벽 구조물 설치시 사전검토사항

1. 콘크리트 구조물
   - 재료 - 양질의 골재 및 배합수 사용여부
   - 배합 - W/B, Gmax, S/a 현장기준 적합성
   - 시공 - 타설시 10°C 이상 기온 준수 여부
2. 동절기 성토체
   - 동결융해로 인한 지반연약화 검토
   - 성토하중 증가로 인한 안정검토 실시
     ⇒ 경험적, 기하학적, 한계평형, 수치해석
   - 계측관리를 바탕으로 한 안정과 침하 대책

VI. 동절기 성토부에 콘크리트 옹벽 구조물 시공시 주의사항

시공전	시공중	시공후
1. 타설온도 10° 준수	1. 성토체 안정 여부	1. 계측관리를 바탕으로
2. 동결융해 저항제	2. maturity 관리를 통한	지반의 안정, 침하 검측
3. 수화열 지연에 따른	양생관리 철저	2. 온도증가 양생으로
초기동해	3. 구조물 상부 다짐철저	콘크리트 초기동해 방지
	4. 동바리 처짐, 변위 주의	

VII. 콘크리트 옹벽 구조물의 안정조건 및 불안정시 대책

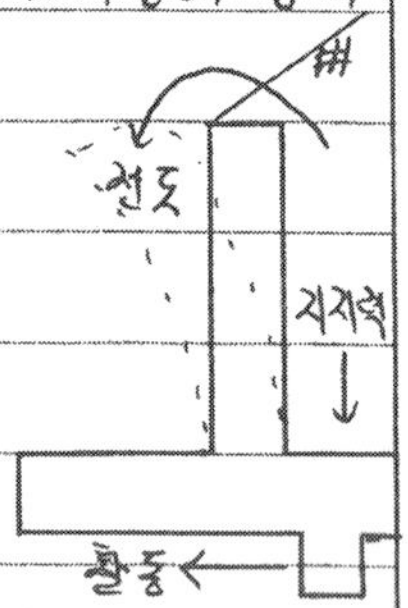

1. 안정조건
   - 내적
     - Con'c - 균열, 열화, 배근
     - 지반 - 누수, 동해, 세굴
   - 외적 - 전도, 활동, 지지력, 원호
2. 불안정시 대책
   - 내적 - 내구설계 도입, 양생관리 철저
   - 외적 - 저판증대, 경량성토, shear key 설치
     연약지반 대책공법 적용

IV. 옹벽기. 설계시. 콘크리트 옹벽 구조물. 안정 검토시 問題點

1. 내적: 철근 부식 → 균열 발생 → 붕괴

2. 외적: 지반 활동 → 지반침하 → 시공 관리.

V. 옹벽기. 설계시. 콘크리트 옹벽 구조물. 안정 검토시 설계. 시공상 對策

1. 내적: 1) 철근. 피복. → 충분히 확보, 철저히. 시공.

2). 양생 방법. → 온도. 관리. 양생.

2. 외적: 1) 지반보강. 활동 억제.

2). 침하 방지 → 지지력.

※ 옹벽 설계: 1. 일반 설계법. ┬ 현장조사. 토압 계산

└ 안정계산.

2. 안정설계법. ┬ 안정검토. 보강설계

└ 검토 보강설계.

VI. 옹벽기. 설계시. 콘크리트 옹벽구조물. 안정검토시. 주의. 하여야 할 事項

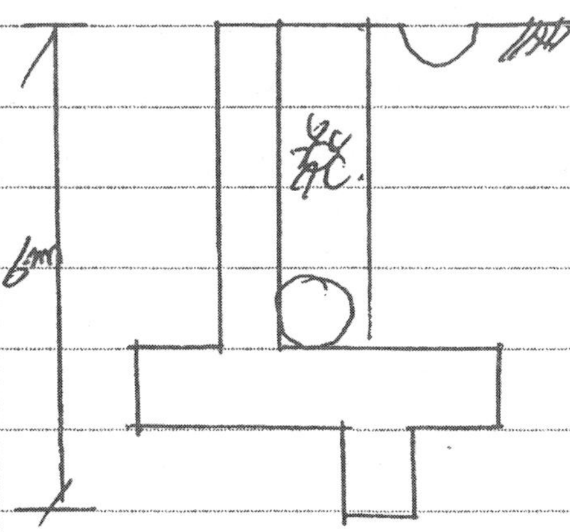

1. 배수. : 1) 배수구.

2) 배수층.

3) 배수관.

4) 배수공.

2. 뒤채움: φ100mm 이하.

3. 흙 종류: 사질토. 양질토사.

4. 기초지반: 1) 지반개량. 보강.

2). 기초말뚝.

※ 옹벽 설계 검토 → 지지력. 확인. (PBT).

VII. 콘크리트 옹벽 구조물의 시공관리 방안

1. 배수 - 배수구, 배수공, 배수층, 배수관
2. 뒷채움 [토압 - Pa 감소 → Ø 증대 → 조립토
   수압 - 배수성 증대 → 동해방지
3. 줄눈 [분류 - 기능성, 비기능성
   지수판 - 수밀성 확보
4. 기초처리 - 연약지반 대책공법

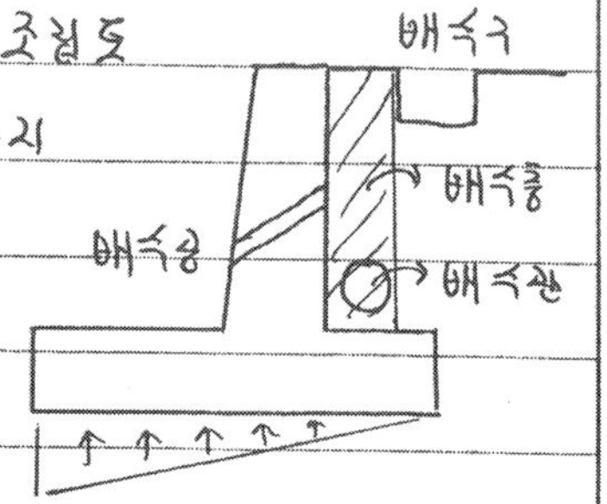

XI. 동절기 콘크리트 양생관리 사례

1. 공사개요 - 군포 00 택지개발사업 우수 BOX 구조물 시공
2. 기간 - 2007. 1 ~ 4 (공정율 42.5%)
3. 문제점 및 원인
   1) 문제점 - 부분적인 건조수축균열 발생
   2) 원인 - 열풍기 양생시 국부적인 효과
4. 처리방안 및 교훈
   1) 양생방법 변경 - 증기보일러에 의한 스팀양생
   2) 교훈 [적산온도관리에 의한 거푸집 해체시기 결정
      스팀양생으로 전체적인 양생효과 관리.

〈끝〉

VIII. [illegible]

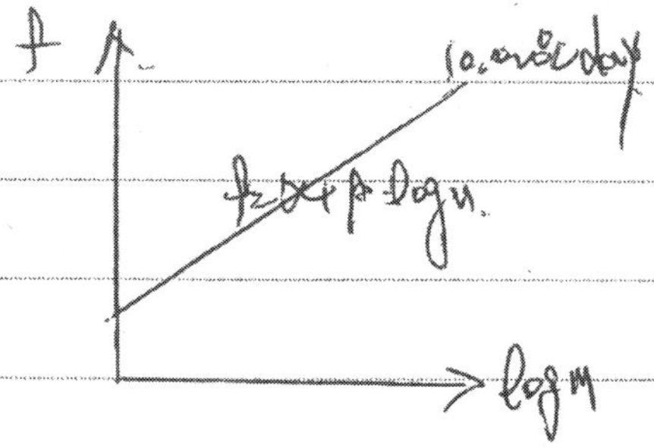

1. Mathematical [illegible]

1) f = a + b·log t

2) [illegible]

3) [illegible]

2. [illegible]

IX. [illegible]

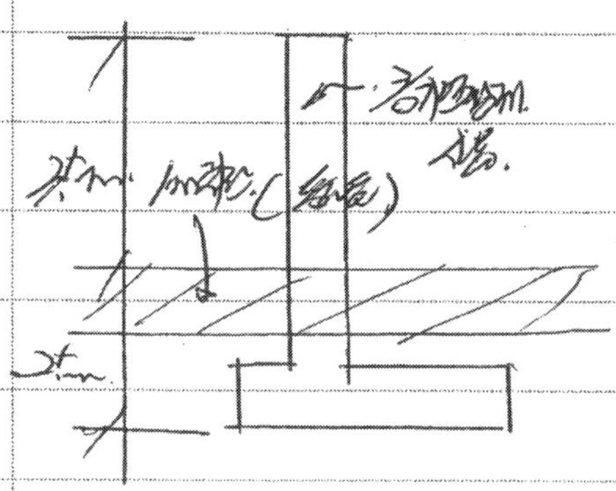

1. [illegible]

1) [illegible]

2) [illegible]

2. [illegible] : 1) [illegible]

2) [illegible]

3. [illegible]

X. [illegible]

1. [illegible] : 1) [illegible]

2) [illegible]

2. [illegible]

<끝>

▣ 합격한 사람들의 행동양식…

안녕하세요? 신경수입니다.

1. 오랜기간동안 공부하는 분들의 모습을 살펴보다보면 합격하는 사람들과 그렇지 못하는 사람들의 행동양식이 다르다는 것을 파악할 수 있습니다.

2. 물론 개개인의 특성에 따라 차이가 있을 수 있지만 합격하는 사람들은 대개 비슷한 습성을 가지고 있음을 알 수 있습니다.

3. 어떤 식으로 생활하고 공부하는 것이 합격의 지름길인지 곰곰이 생각해 보시기 바랍니다.

   - 학원에 일찍 오는 사람>강의시각에 맞춰오는 사람
   - 아침시간을 활용하는 사람>저녁시간을 활용하는 사람
   - 말이 많은 사람>말이 적은 사람
   - 술과 사람을 좋아하는 사람>조용한 사람
   - 기본에 충실한 사람>합격노하우만 찾는 사람
   - 넓게 접근하는 사람>깊게 접근하는 사람
   - 덧글을 직접 쓰는 사람>덧글을 읽어보기만 하는 사람
   - 모든 일에 바쁜 사람>여유가 많은 사람
   - 꾸준함을 유지하는 사람>벼락공부 하는 사람
   - 함께 공부하는 사람>혼자 공부하는 사람
   - 자료를 정리 후 버리는 사람>자료를 계속 모으는 사람
   - 낙관적인 사람>비관적이고 지나치게 신중한 사람
   - 답안에 의문을 갖는 사람>답안에 확신을 갖는 사람
   - 쓰는 게 많은 사람>아는 게 많은 사람

4. 주관적인 글들처럼 느껴질 수 있지만 지금까지 다양한 사람들이 보여준 결과를 바탕으로 기술한 것이니 참고하시기 바랍니다.

5. 답답하거나 방향이 흔들릴 때는 "합격수기"를 미리 써보는 것도 하나의 방법입니다. 합격수기에 수험생에게 하고 싶은 이야기를 써보면 앞으로 내가 어떻게 해야 합격할 수 있는지 스스로 알 수 있을 것입니다.

문제6 해빙기를 맞아 시멘트콘크리트 도로포장 곳곳에서 융기현상과 부분적인 침하현상이 발견되었다. 이들의 발생원인을 열거하고 방지대책을 서술하시오.

[기본 Item = 유형]

문제점	공법	AB	콘크리트	제도 및 system	기타
★			★		

[관련 공종]

콘크리트	강재	건설기계	토공	연약지반	막이	기초
★			★			
도로포장	교량	터널	댐	하천	항만	공사시사
★						

[질문 요지]

1. 시멘트 콘크리트 도로포장 융기, 침하 발생원인
2. 시멘트 콘크리트 도로포장 융기, 침하 방지대책

[조건]

1. 해빙기

[중요 Item]

1. 동절기(융기)=동상
2. 해빙기(침하)=융해+열화
3. 조사+MS+LCC

[차별화 Item]

1. 이 론 : 동해이론
2. 경 험 :
3. 도식화
   - 그래프 : 일평균기온누계−기간, Cost/Fuction−시간
   - 모식도 : 포장 동결심도 계측, Management System
   - Flowchart :
   - 특성요인도 :
   - 기타 : Mechanism
4. 비교표 : 관련식(동결심도, 수정동결지수)

Thinking Tip

1. 검토/설계=(동결심도+포장두께)
2. 내적(포장체)+외적(주행하중+지반)

번호 6. 해빙기를 맞아 시멘트콘크리트 도로 포장 곳곳에서 융기현상과 부분적인 침하현상이 발생하였다. 이들의 발생원인을 열거하고, 방지대책을 서술하시오.
① ②

답)

I. 개요

1. 시멘트 콘크리트 도로 포장에서 해빙기시 간극수 동결로 된 융기상태에서 융해상태로 변화하고, 지반이 연약해져 지표유출로 침하현상이 발생함.
2. 이들의 발생원인은 동결심도 부족 등의 설계요인, 노상재료 불량 등의 재료요인, 줄눈부 시공 부적정 등 시공요인, 유지관리 요인이 있으며,
3. 방지대책으로는 계측을 통한 동결심도 결정, 노상재료의 품질기준 확인, 줄눈부 시공 철저, 다짐도 확인, 및 해빙기 정기점검 등이 있음.

II. 해빙기시 시멘트콘크리트 도로포장의 융기 및 침하현상 Mechanism

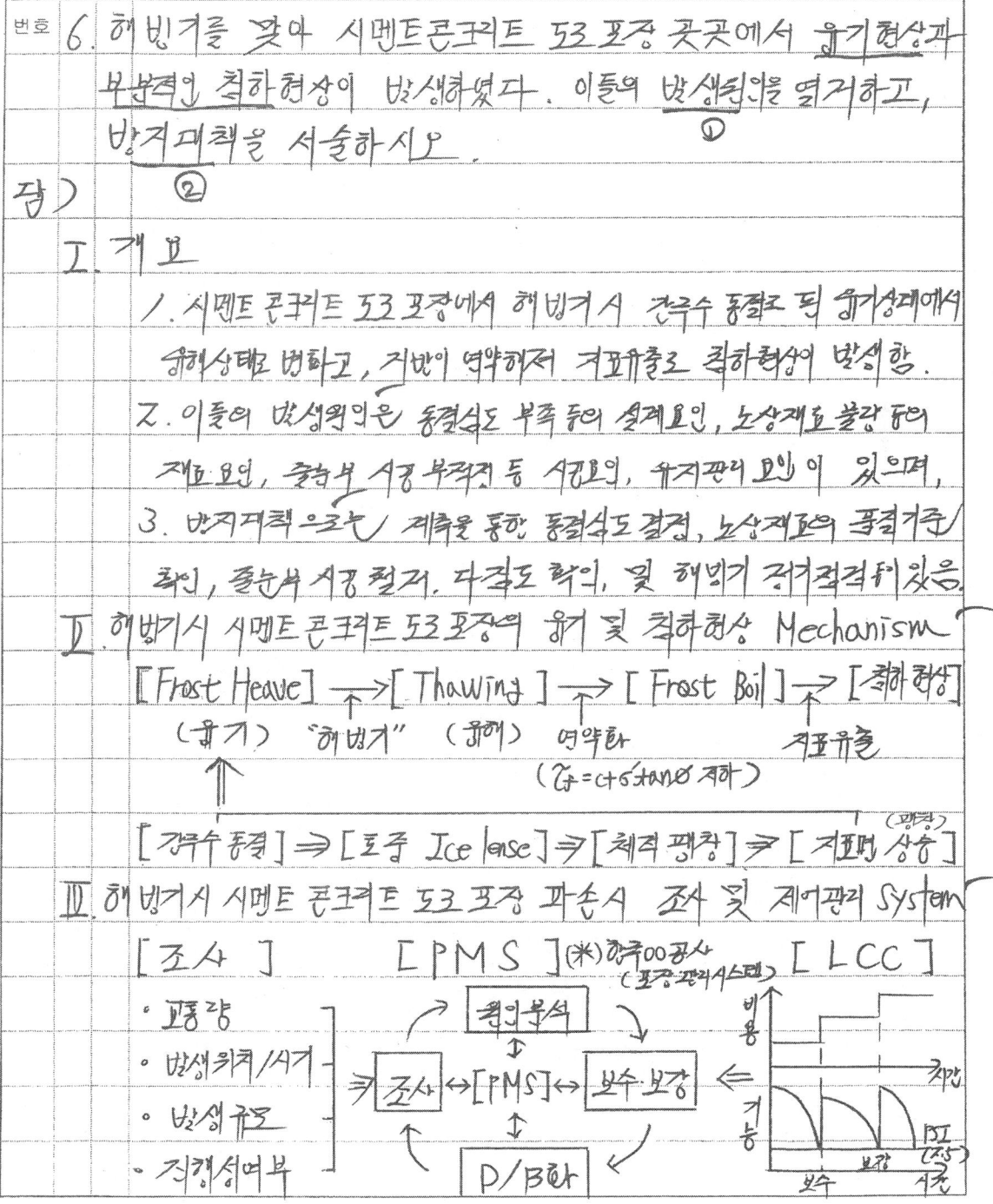

[Frost Heave] → [Thawing] → [Frost Boil] → [침하현상]
(융기) "해빙기" (융해) 연약화 ($\tau_f = c + \sigma \tan\theta$ 저하) 지표유출

⇑

[간극수 동결] ⇒ [토중 Ice lense] ⇒ [체적 팽창] ⇒ [지표면 상승 (팽창)]

III. 해빙기시 시멘트 콘크리트 도로 포장 파손시 조사 및 제어관리 System

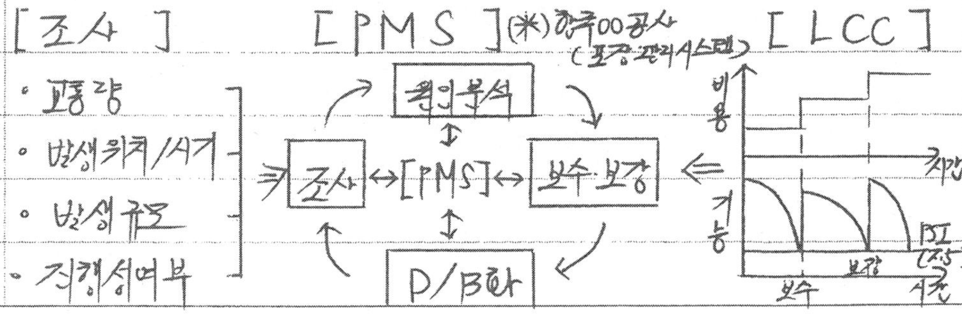

Ⅳ. 해빙기 시멘트콘크리트 도로포장의 융기 및 침하 발생시 문제점

1. 직접적 : 융기 / 침하 } ⇒ { 평탄성 저하 ⇒ 안전성 저하 / 주행성 저하 ⇒ 용량 감소

2. 간접적 : 결함(융기/침하) ⇒ 보수/보강 ⇒ LCC 증가

Ⅴ. 해빙기 시멘트콘크리트 도로포장의 융기 및 침하 발생원인

1. 설계 [동결심도 산정 부적정 (OR slab 두께 산정오류) / 교통량 및 하중 적용 오류

2. 재료 : 노상의 재료 / Concrete의 골재 등 동결기준 미달

3. 시공
- 노상의 안정처리 미흡 (다짐, 치환처리 등)
- 줄눈부 시공 부적정
- 배수구조물의 시공 및 위치 등 부적정

4. 유지관리
- 줄눈부에 이물질 침입
- 배수시설물 관리 미흡 등

Ⅵ. 해빙기 시멘트콘크리트 도로포장의 융기 및 침하현상에 대한 방지대책

[(※) 충남 서천, OO간 도로 현장(2007) - 본선포장]

1. 설계 : "노상동결 관입 허용법" ⇒ 동결심도 93cm

2. 재료 : 양질의 노상 재료, Con'c에 내구성 골재 사용 지양

3. 시공
- 동결 깊이까지 동상방지층 (48cm) 설치
- 노상 다짐도 확인 (95% 이상)
- 노면 배수시설 시공 철저 (체류수 최소화)

4. 유지관리
- 해빙기 정기점검 [본사/자체, 이중점검]
- 줄눈부 이물질 제거, 파손여부 확인 등

VII. 해빙기 시멘트콘크리트 도로포장의 유지 및 침하 발생시 처리 대책

1. 유지
- Sealing
  - Resealing : 균열부 cutting 후 Sealing
  - Undersealing : 포장하부 공동에 몰탈 주입
- Diamond Grinding : 3~5mm 깎아냄.
- Asphalt overlay : 반사균열에 주의

2. 보수
- 전단면 보수 : 파손이 심한 경우
- 부분단면 보수 : 파손이 경미한 경우

(*) 중부내륙선, OOkm 지점 (2004) 본선 포장
: GPR 조사 ⇒ "Undersealing" [0.4억원]

VIII. 도로포장의 동결심도 신뢰성 향상을 위한 계측관리 방안

1. 배경 : 기존 포장설계의 한계성 ⇒ "계측" 필요
[경년, 기후, 장소 변화]

2. 계측 방안 (2010년 OOOO 학회지)

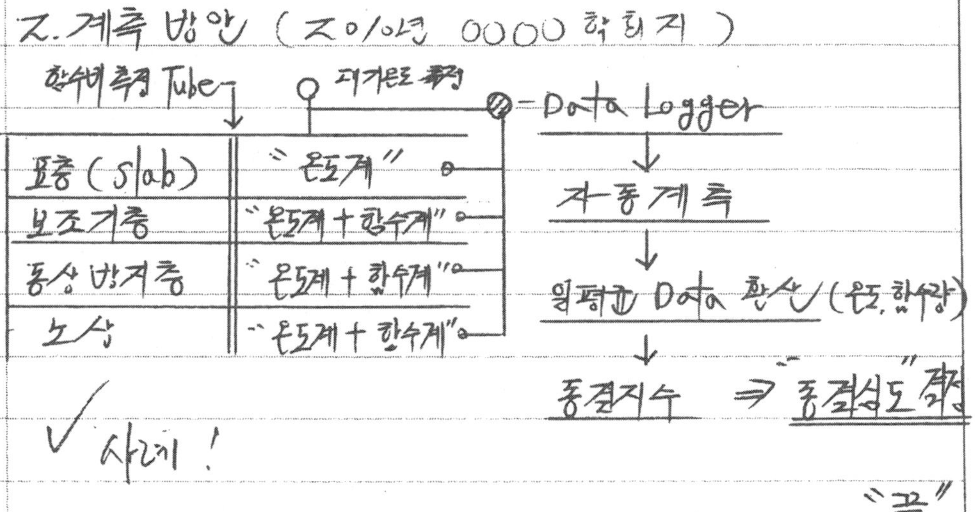

✓ 사례!

"끝"

문제6) 해빙기를 맞아 시멘트 콘크리트 도로포장 곳곳에서 융기현상과 부분적인 침하 현상이 발견되었다. 이들의 발생원인을 열거하고 방지대책을 서술하시오

답)

I. 개요

1. 해빙기를 맞아 시멘트 콘크리트 도로포장 융기현상 발생 원인은 동상방지층 설계부실과 silt질흙, 시공관리부실이 있으며
2. 침하현상의 원인은 지반의 연약화와 설계부실, 시공시 다짐불량 운영시 과적차량 단속부실에 있으며,
3. 방지대책은 동결심도와 포장두께의 설계, 시공관리시 다짐철저 (sceale Effect 고려), 운영시 과적차량의 단속을 철저히 하여야 하며
4. 해빙기 도로포장 파손을 방지하기 위하여 도로동상 방지층 허용성 검토가 조기반영되어야 한다

II. 해빙기 시멘트콘크리트 도로포장 안정조건과 흙의동결이 포장에 미치는 영향.

1. 안정조건
1) 내적: 균열, 열화, 누수
2) 외적: 교통하중, 지지력

2. 흙의동결

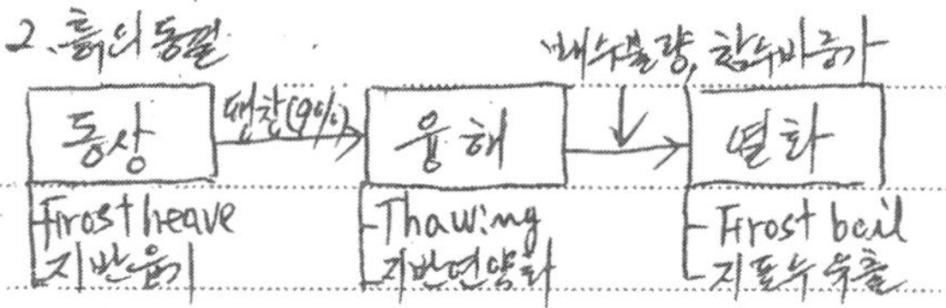

III. 해빙기 시멘트 콘크리트 포장의 내구수명 연장을 위한 Management system

(계룡대 중로 1-00 도로 pavement M.S + LCC)

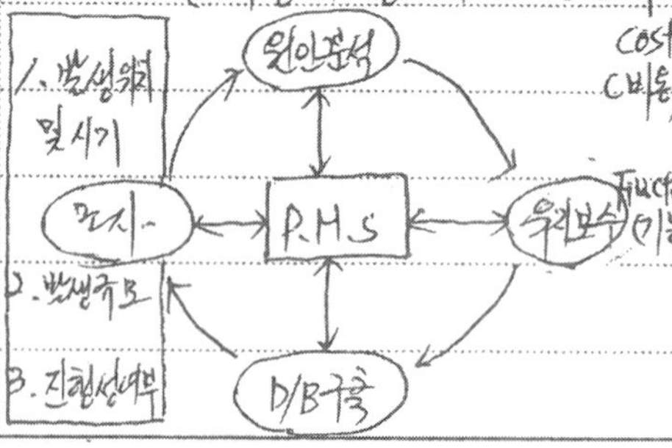

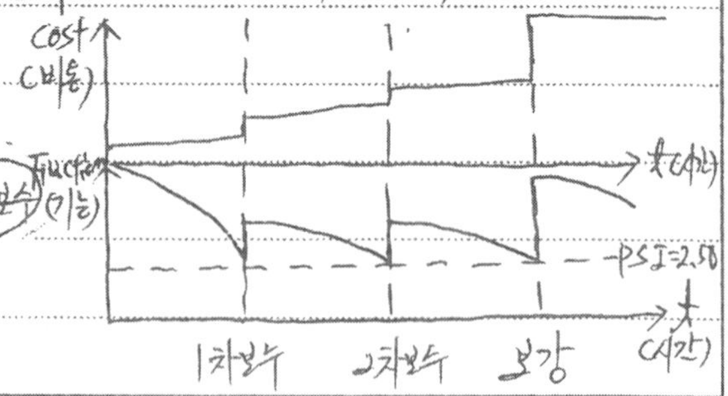

問題 6. 해빙기를 맞아 시멘트 콘크리트 도로포장 노면에서 융기 현상이나 국부적인 손상현상이 발생하고 있다. 이들 발생 원인을 열거하고, 방지대책을 서술하시오.

答

I. 概要

1. 해빙기 시멘트 콘크리트 도로포장 융기 현상의 원인은 (소재, 재료, 시공, 유지관리) 이며, 방지대책은 소재 (동상방지층 확보), 재료 (양질재 사용), 시공 (배수처리), 유지관리 (덧씌우기) 이다.

2. 해빙기 시멘트 콘크리트 도로포장 국부적 손상의 원인은 (소재, 재료, 시공, 유지관리, 기타) 이며, 방지대책은 소재 (동결심도 깊이 적용), 재료 (양질재 사용), 시공 (OMC 다짐), 유지관리 철저이다.

3. 동결심도 00 cm 도로포장, Curing → [illegible]

II. 해빙기 시멘트 콘크리트 도로포장 안정성 확보를 위한 동결융해 방지對策

일반 [illegible] 방법	포장 [illegible] 방법
1. 치환 공법	1. 안정처리 공법
2. 차단층 설치 공법	2. 노상 [illegible] 개량 공법
3. 단열처리 공법	3. 깊은 [illegible] 공법

III. 해빙기 시멘트 콘크리트 도로포장 융기 현상, 국부적 손상의 Mechanism

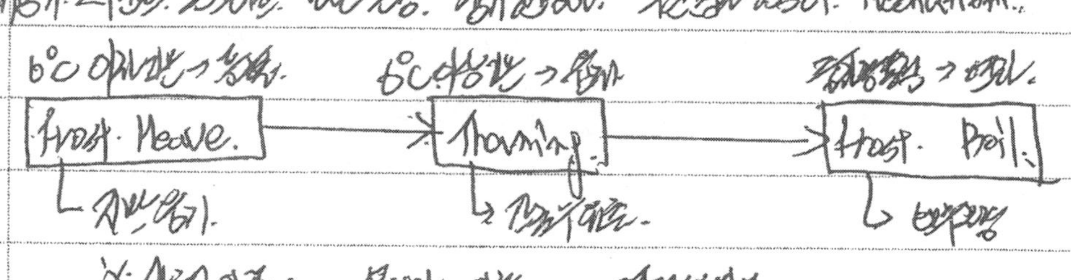

※ [illegible]: [illegible]

IV. 해빙기 시멘트 콘크리트 도로포장의 융기 및 침하 발생시 문제점

1. 직접
   1) 평탄성 저하 → 교통장애 → 교통사고(민원)
   2) 표면결함 → 열화가속 → 내구성 저하

2. 간접 : 내구성 저하 → 보수·보강 → 열화가속

V. 해빙기 시멘트 콘크리트 도로포장 융기현상 발생 원인과 방지대책

1. 원인	⇨	2. 방지대책
1) 설계 : 동상방지층 두께부족		1) 설계 : 동결심도 산정의 정량화
2) 재료 : Silt질 흙		2) 재료 : 치환
3) 시공 : 단열시공 미흡		3) 시공 : 단열시공 (지자체 조례 강화)
4) 유지관리 : 보수보강, 과적차량		4) 유지관리 : 보수·보강 실시, 과적차량 통제
5) 환경 : 지하수의 지속유입		5) 환경 : 지하수 공급 차단

VI. 해빙기 시멘트 콘크리트 도로포장 침하현상 발생 원인과 방지대책

1. 원인	⇨	2. 방지대책
1) 설계 : 동결심도 산정 오류		1) 설계 : 동결심도 산출 확실
2) 재료 : 상부지반 연약화(비배수)		2) 재료 : 상부지반 배수여건 조성
3) 시공 : 다짐 불충분		3) 시공 : 다짐 철저
4) 유지관리 : 과적차량		4) 유지관리 : 과적차량 단속 철저
5) 환경 : 상부층 비배수		5) 환경 : 상부층 배수

VII. 해빙기 시멘트 콘크리트 도로포장 융기 및 침하 발생시 처리대책

1. 유지공법 : sealing (Re sealing, under sealing)

2. 보수공법 : 단면보수
   - 부분단면 보수
   - 전단면 보수

IV. 해빙기 콘크리트 도로포장 융기 현상의 問題點

1. 구조적: 0℃ 이하 동결 → 체적팽창 → 파괴, 균열.
2. 비구조적: 평탄성 불량 → LCC 증가.

V. 해빙기 콘크리트 도로포장 융기 현상의 원인 및 防止對策

구분	원인	방지대책
1. 설계	줄눈 간격 미확보	줄눈 간격 확보
2. 재료	골재 흡수율	양질재료 확보
3. 시공	다짐 시공 불량	OMC → 다짐 시공
4. 유지관리	배수 불량	배수 확보

VI. 해빙기 콘크리트 도로포장 부등침하의 問題點

1. 구조적: 바닥 공극 → 부등침하 → 파괴, 균열.
2. 비구조적: 평탄성 불량 → LCC 증가.

VII. 해빙기 콘크리트 도로포장 부등침하의 원인 및 防止對策

구분	원인	방지대책
1. 설계	동결 심도 미확보	동결 심도 깊이 확보
2. 재료	골재 흡수율	양질 재료 사용
3. 시공	다짐 시공 불량	OMC ± 2% 이내
4. 유지관리	배수 불량	배수 → 측구 설치

VIII. 해빙기 콘크리트 도로포장 융기 현상, 부등침하 시 유지보수 및 보강공법

유지보수	보강공법
1. Sealing	1. 단순 보수
2. Re sealing, Under sealing	2. 부분단면 보수 3. 전단면 보수

VIII. 동결심도 결정 방법

1. 현장조사 : 2월말, 동결심도계, Test pit
2. 동결지수 : $Z = C\sqrt{F}$ (Z: 동결심도, C: 정수(3~5), F: 동결지수(℃day))
3. 열전도율에 의한 방법

※ 수정동결지수(F') = F + 0.9 × 동결기간 × $\frac{표고차(m)}{100}$

$$K = \sqrt{\frac{48 \cdot K \cdot F}{L}}$$

[K: 열전도율(℃day), F: 동결지수(℃day), L: 융해잠열(Cal/m³)

※ 미공병단(포장)
- 완전 방지법 : $Z = C\sqrt{F}$
- 노상 동결 관입허용법
- 감소 노상 강도법

※ 겨울에 중로1-00 도로공사
- 측후소: 수원
- 1) 완전방지법 (F'=105(cm), C=a−P =105−30
- 2) 노상관입허용법 =71cm =80cm 적용

IX. 시멘트 콘크리트 도로 포장 동상방지를 위한 시공시 주의사항

1. 시공전
   1) 동결심도 확인
   2) 동상 방지층 골재 시험
2. 시공중
   1) Silt 질흙 → 치환
   2) 동상 방지층 두께 및 시공관리
3. 시공후 : pavement managemet + LCC

※ 흙의 동상 요인에 따른 포장 파손 방지대책

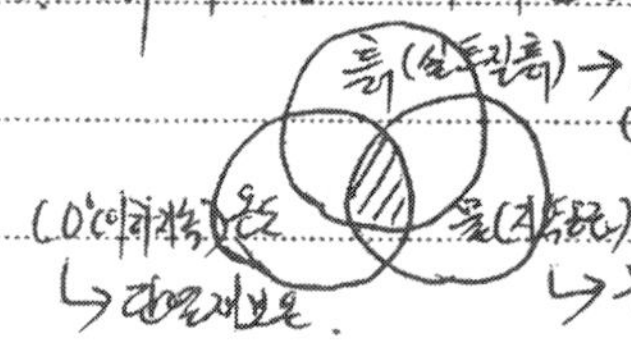

X. 해빙기 시멘트 콘크리트 도로포장 파손 방지를 위한 제언

1. 포장설계 방법 문제 → 경련, 기후, 장소변화 → 도로 동상 방지층 허용성 검토 계측관리 system의 완료

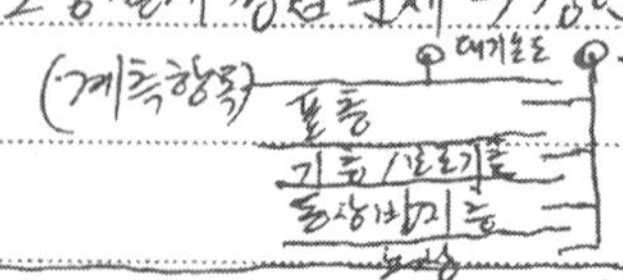

자동계측 → 일별로 Data → 동결지수 → 동결심도 산정 (전국적)

2. 녹색도로 연구의 활성화 (이용자-Ecodriving, 수단-화석연료, 시설-에너지절감형" 끝

X. 해빙기 공사현장 낙석발생 안정성 확보를 위한 Risk Management System

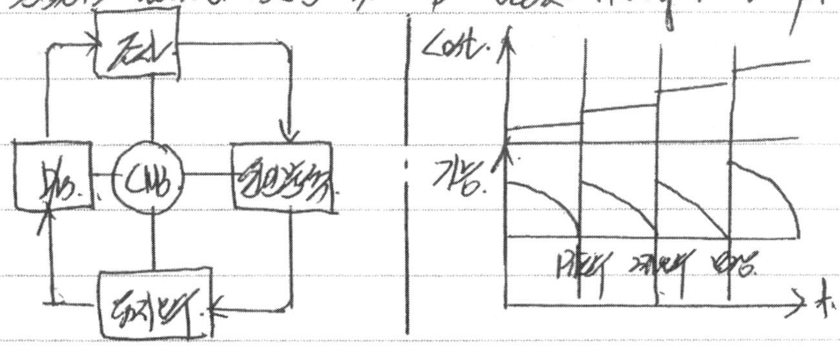

1. 발생위치 : STA. H600 ~ STA 1+750.
2. 발생개요 : L=20m, D=3m, [illegible]
3. [illegible] : [illegible]

XI. [illegible] 해빙기 공사현장 [illegible]

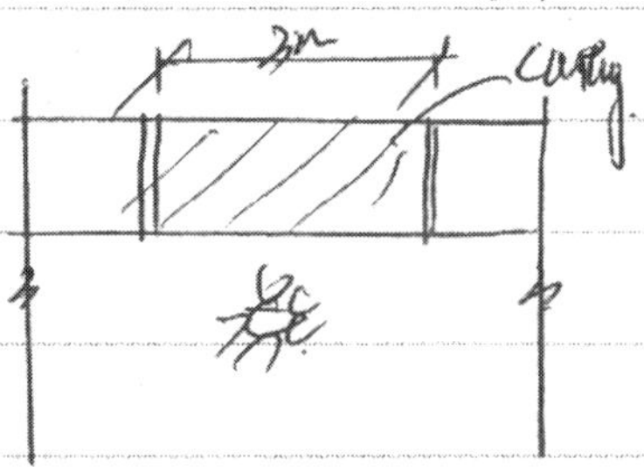

1. [illegible]
   1) [illegible] : pumping [illegible]
   2) [illegible] : [illegible]
2. [illegible]
   1) [illegible] → [illegible]
   2) L=20m D=3m [illegible]
3. [illegible] : [illegible] → [illegible]

XII. [illegible] 해빙기 공사현장 [illegible]

1. [illegible] : [illegible] → [illegible]
2. [illegible] : [illegible] → [illegible]

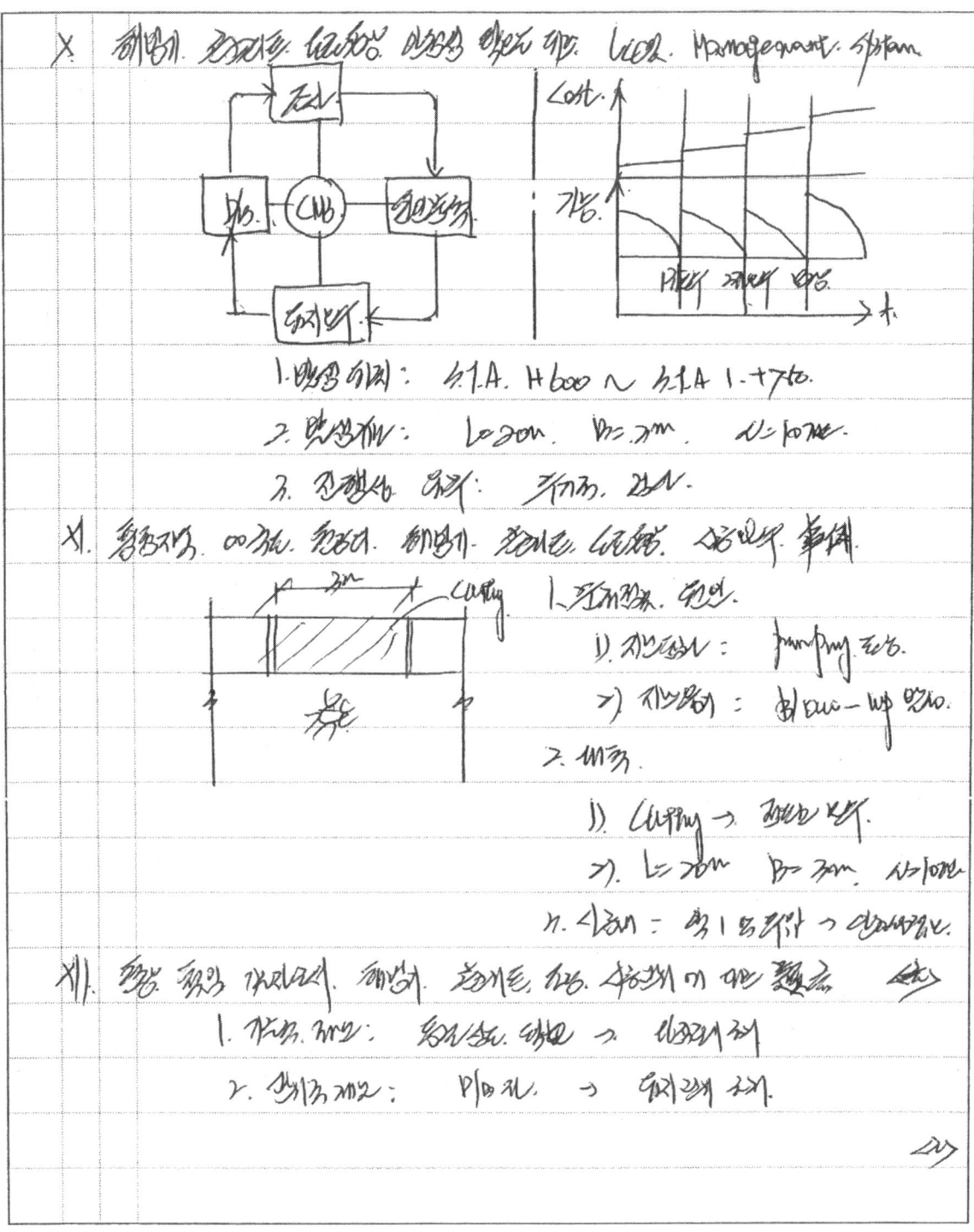

▣ 당신에게 86400원이 주어진다면…

안녕하세요? 신경수입니다.

1. 시간의 소중함은 이루 말할 수 없습니다.

2. 많은 분들이 시험전날 "아 시간이 조금만 더 있었으면 좋았을 텐데…"라며 아쉬워하는 모습을 자주 보게 됩니다.

3. 우리에게 매일같이 86400원을 입금해주는 은행이 있다고 상상해 보시기 바랍니다. 그러나 그 계좌는 당일이 지나면 잔액이 남지 않는 계좌로 매일 저녁 당신이 그 계좌에서 쓰지 못하고 남은 잔액은 그냥 지워버립니다.

4. 당신이라면 어떻게 하시겠습니까? 당연히!!! 그날 모두 인출해야겠죠!!

5. 시간은 우리에게 마치 이런 은행과도 같습니다.

6. 매일 아침 86,400초를 부여받고, 매일 밤 우리가 사용하지 못하고 버려진 시간은 그냥 없어져 버릴 뿐입니다.

7. 잔액은 없고, 더 많이 사용할 수도 없습니다.

8. 그날의 돈(시간)을 사용하지 못했다면, 손해는 오로지 당신이 보게 되는 것입니다. 돌아갈 수도 없고, 내일로 연장 시킬 수도 없습니다. 단지 오늘 현재의 잔고를 갖고 살아갈 뿐입니다.

9. 합격을 위해 최대한 사용할 수 있을 만큼 시간을 뽑아 쓰시고, 모든 순간순간을 소중히 여기시기 바랍니다.

10. 어제는 이미 지나간 역사이며, 미래는 알 수 없습니다.

11. 오늘이야말로 당신에게 주어진 선물입니다. 그래서 우리는 현재(present)를 선물(present)이라고 부릅니다.

12. 점 하나가 당신의 운명을 바꿀 수 있다는 사실을 기억하시고 의미있는 한주 만들어 가시기 바랍니다. [impossible → i'm possible]

문제7 국가를 당사자로 하는 공사계약에서 설계변경에 해당 하는 경우를 열거하고, 그 내용을 기술하시오.

[기본 Item = 유형]

문제점	공법	AB	콘크리트	제도 및 system	기타
				★	

[관련 공종]

콘크리트	강재	건설기계	토공	연약지반	막이	기초
도로포장	교량	터널	댐	하천	항만	공사시사
						★

[질문 요지]

1. 설계변경에 해당하는 경우
2. 설계변경 내용

[조건]

1. 국가를 당사자로 하는 공사계약

[중요 Item]

1. 국가 계약법
2. 설계변경에 해당하는 경우(설계서, 신기술, 발주처 필요, 소요자재등)
2. 변경사례(물가변동, 감사지적, 발주처 방침, 민원사항)

[차별화 Item]

1. 이　론 :
2. 경　험 :
3. 도식화
   - 그래프 :
   - 모식도 :
   - Flowchart : 설계변경 절차도
   - 특성요인도 :
   - 기타 :
4. 비교표 : 품목조정/지수조정

Thinking Tip

1. 설계변경 사례
2. 관련법(국계법, 동법 시행령, 시행규칙등), 관련근거

문제 7) 국가를 당사자로 하는 공사계약에서 설계변경에 해당하는 경우를 열거하고 그 내용을 기술하시오.

答

I. 개 요

1. 건설공사의 특성상 당초설계와 계약내용과 현장실정이 상이한 것이 빈번하여 설계변경의 필요성이 대두된다.
2. 설계변경에 해당하는 조건의 숙지·활용은 공사수행시 공정의 원활한 추진 및 시공자의 이익공대, 적정목적물의 시공을 도모할 수 있다.

II. 국가를 당사자로 하는 공사계약중 설계변경에 해당하는 경우

1. 설계서 내용이 불명확, 누락, 오류, 상호모순
2. 지질, 용수발생등 공사현장의 상태가 설계도서와 상이
3. 신기술 공법 적용으로 공사비 절감, 공사기간 단축 가능시
4. 기타 발주기관 요구에 의해 설계서 변경 필요시
5. 법령에 저촉, 시설물의 기능보장 및 운영에 지대한 영향을 미칠경우

III. 설계변경 종류 및 설계변경에 따른 계약금액의 조정 flow

1. 종류

- 발주관서 장의 지시에 의함
- 시공자의 제안에 의함
- 공사감독관(감리원)에 의함
- 설계도서 오류 / 내역착오 계상을 위함.

2. 설계변경(계약금액)조정 flow

설계변경사유발생 —(조사시험 / 보고)→ 발주기관의 검토 / 방침결정 → 설계변경 → 계약금액조정 → 변경계약

- 설계변경: 설계변경개요서, 도면, 시방서, 수량산출
- 계약금액조정: (감독관 / 감리원)
- 변경계약: 발주기관 ↔ 시공자

Ⅳ. 설계도서의 내용 불분명, 누락, 오류, 상호모순 있을 때

1. 설계도서 내용이
2. 수량산출의 오류, 오기
3. 사용 자재의 불확실
4. 시방서 - 설계도면 - 수량산출 - 내역서 간 오류
5. 배수구조물 등의 설산
6. 운반거리 적용오류

Ⅴ. 지질, 용수 등 공사 현장의 상태가 설계도서와 상이

1. 지질 특히 암선의 변경, 암질상이, 지하수의 용출
2. 지하 매설물의 발견 - 공법변경 불가피 / 보강요인
3. 기타

Ⅵ. 신기술, 공법의 적용으로 공사비 절감, 시공기간 단축가능시

1. 신기술, 공법적용으로 공기, 공비 현저히 단축할 경우
2. 설계 자문 위원회에 심의를 받음.
3. 이 경우 절감액의 1/2을 시공자에 보전

Ⅶ. 기타 발주기관에서 설계서 변경 요구시

1. 추가공사, 특정공정삭제, 공정계획변경, 시공 방법 변경등
2. 지자체 요구사항 반영 : 도로 진출입부개선, 교량의 연장등
3. 시방서, 설계기준 변경등

Ⅷ. 설계변경에 따른 계약금액 조정시 주의사항

1. 단가적용
   1) 감소된 공사량 : 산출 내역서상 단가적용
   2) 증가된 공사량
      - 설계변경 당시 단가적용
      - 산출내역서상 단가 범위 안에서 협의하여 결정

〈금액조정방법〉
물가변동
설계 변경
기 타

2. 물가 변동에 의한 계약금액 조정
   1) 지수 조정율
   2) 품목 조정율
   3) 계약 당시 제출한 예정공정율, 실시공정율, 기성확정공정율 → 발주자가 판단하여 적용하되 잔여금액이 적은쪽을 적용
   4) 변경기준 : 3개월, 3% 변동

IX 현장 관리자로서 설계변경시 주의사항

1. 최근 대형공사의 Turn Key, 대안 입찰이 증가하고 민간 투자 사업도 증가하는 추세
   ⇒ 국가 계약조건의 명확한 해석 및 숙지가 요구됨.
2. 설계변경의 조건을 면밀히 검토, 대응하여, 공사수행의 원활성 도모.
3. 특히 설계 변경과 계약금액 조정의 조건을 잘 비교하여 적용 → 한정된 예산으로 완벽한 공사 목적물의 시공이 가능토록 해야 함

(끝)

문제7) 국가를 당사자로하는 공사계약에서 설계변경이 해당하는 경우를 열거하고, ①
그 내용을 기술하시오. ②

답)

I. 개요

1. 국가를 당사자로 하는 공사 계약에서 설계변경에 해당하는 경우는
   1) 설계서 내용의 불분명, 누락, 오류, 모순 사항 → 물량내역서와 설계도면상이
   2) 현장상태가 설계와 상이한 경우 → 지질, 용수, 지하 매설등이 설계도와 상이
   3) 신기술 및 신공법 적용 → 공사비 절감
   4) 발주기관의 필요에 의한 경우 등이며
2. 설계 변경이 해당하는 경우 계약 당사자(계약상대자-수급자) 실정보고가 최우선적임
3. 국가를 당사로 하는 공사계약 - 서울시 00 시설 기초공사(96'08~98'02) 설계변경

II. 국가를 당사자로 하는 공사계약의 특성 (국가 계약법 중심)

1. 사법상의 계약
2. 민법의 기본 원리가 적용 - '신의성실의 원칙', 권리남용금지원칙, '사정변경원칙'
3. 전형계약(유명계약), 쌍무계약, 유상계약, 요식계약

III. 국가를 당사자로 하는 공사계약의 종류

1. 경쟁 방법별
   - 1) 경쟁 입찰 계약 : 일반, 제한, 지명경쟁 입찰계약
   - 2) 수의계약
2. 입찰형태별 : 총액, 내역, 순수내역, 설계 시공 분리(일괄), 제안입찰

IV 국가를 당사자로 하는 공사계약의 방식

1. 종전 : 도급, 직영
2. 최근 : CM. TK, SOC, PM. patnery

문제 7) 국가를 상대로 하는 공사계약에서 설계변경에 해당하는 경우를 열거하고, 그 내용을 기술하시오.

答)

I 概要

1. 국가를 상대로 하는 공사계약에서 설계변경에 해당되는 경우 : 발주자의 요구 (신기술, 신공법 적용) 사용자의 요구 (사용성, 필요시설 추가). 시공자의 요구 (공법변경, 단가 차이, 현장 여건).

2. 국가를 상대로 하는 공사계약에서 설계변경의 문제점. 장점과 단점, 개선 사항, 기대효과 기술.

3. 경기 00현장 BTL 공사에서 실행한 설계변경 사례 기술 (2002년, 공정율 57.5%)

II 국가를 상대로 하는 공사계약에서 설계 변경에 해당하는 경우 <경기 00현장 BTL공사 사례 中心으로>

1. 발주자의 요구 : 1) 신공법 적용
2) 공기 단축. 공비 절감.

2. 시공자의 요구
1) 현장 여건으로 공법변경 사유 發生
2) 현장 여건과 상이한 경우. 단가 차이

3. 사용자의 요구
1) 사용성의 편의
2) 필요 시설 추가

V. 국가를 당사자로 하는 공사계약에서 설계변경에 해당하는 경우

1. 설계서 내용의 불분명, 누락, 오류, 모순 (공사계약일반조건 제19조 기준)
   - 이행전 서면 보고 (계약담당공무원, 공사감독관)

   1) 설계서 내용이 불분명한 경우
   2) 설계서에 누락·오류가 있는 경우
   3) 설계도면과 공사 시방서가 상이한 경우, 물량내역서 [설계도면 / 공사시방서] 상이
   4) 설계도면과 공사 시방서가 상호 모순

(해당경우 / 해당 내용) ↑ 대제목 구분 要.

2. 현장상태와 설계서가 상이
   - 지질, 용수·지하매설물 등 공사현장과 설계서와 상이

3. 신기술 및 신공법 적용.
   - 공사비의 절감 및 시공기간의 단축 — 설계자문위원회 청구 심의
   - 공사비 절감 → 계약당사자 70% → 기술개발촉진

4. 발주기관의 필요에 의한 경우
   - 계약 당해 공사의 일부변경 → 추가공사 발생
   - 특정 공종의 삭제, 공정계획 및 시공 방법의 변경

5. 소요자재의 수급 방법 변경
   - 관급자재의 사급 전환 → 관급자재지연으로 공사지연시
   - 사급자재의 관급 전환 → 계약목적 이행 수단

VI. 국가를 당사자로하는 공사계약에서 기타계약내용 변경으로 인한 계약금액 조정

1. 토취장 변화에 따른 토사운반거리 변경
2. 발주처 사정 등으로 공사기간이 연장되는 경우
3. 관계 법령의 제·개정으로 새로운 비목 추가

— 실비산정 기준

Ⅲ 국가를 상대로 하는 공사계약시 설계변경의 問題點

1. 발주처 입장 : 1) 공사비의 추가 투입

2) 경제성 불리

2. 시공자 입장 : 1) 주요 공정 누락 — 변경 요인 발생.

2). 생산성 저하

Ⅳ 국가를 상대로 하는 공사계약에서 설계변경의 장점과 단점.

1. 장점 : 1) 합리적 변경으로 현장 안정

2) 시공의 원활 → 공정 진행의 가속.

2. 단점 : 1) 추가 경비 투입 — 국가 예산 낭비.

2). 경제성 저하

Ⅴ 국가를 상대로 하는 공사계약에서 설계변경시의 爭點 事項

1. 변경의 필요성 : 1) 시공자 측면 — 필요사항

2). 발주자 측면

2. 설계 변경의 범위 : 1) 범위의 한계

2) 실행 단가 범위 內

3. 공비의 증감.

Ⅵ 국가를 상대로 하는 공사 계약에서 설계변경으로 인한 기대효과.

1. 우선적 : 1) 신속한 공정 진행

2). 부실 시공 예방.

2. 부가적 : 1) 시공자의 사기 진작 — 시공성 확보

2) 설계변경의 발생 주의 경계

※경기 00현장 BTL 공사 : 설계변경의 수용으로 현장관리원활.

VII. 국가를 당사자로 하는 공사 계약에서 설계변경 업무 처리 절차 ―

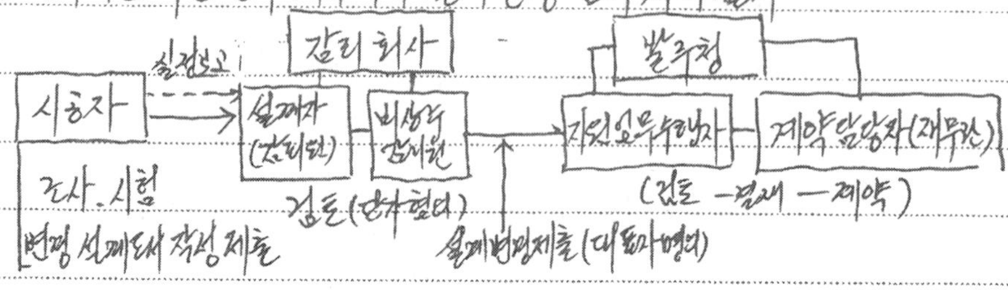

VIII. 국가를 당사자로 하는 공사 계약에서 설계변경에 따른 계약금액 조정 사례 ―

1. 개요 : 서울시 00시설 기초굴착공사 (96'.08 ~ 98'.02)

2. 계약금액의 조정 개요.

   1) 기본 설계 완료후 → 도급계약 → 민원 + 실시설계확정에 따른 설계변경

   2) 민원에 의한 공사기간 연장 → 계약내용의 변경

   3) 발주처 발의에 의한 설계변경과 계약내용 변경으로 인한 계약금액의 조정

3. 관련근거

   1) 국가를 당사자로 하는 계약에 관한 법률, 동법시행령, 시행규칙

   2) 지방자치단체를 당사자로 하는 계약에 관한 법률, 동법시행령, 시행규칙

   3) 행정안전부 회계 예규 제253호

      지방자치단체 공사 계약 일반 조건

4. 설계변경 범위 및 사유 (단위 : 억원)

구분	변경 전	변경 후	변경사유
1) 복공판설치	–	6.15	공사 계약일반조건
2) Micro cement Grouting	–	3.61	안전 진단 결과 보고서
3) 미진동파쇄	–	2.87	소음 · 진동규제법
계	–	(+)12.63	

"끝"

Ⅶ. 국가를 상대로 하는 공사계약에서 설계변경 VECP 事例

〈경기 00 현장 BTL 공사, 2002년, 공정율 57.5%〉

1. 설계변경 사유 : 사토량의 산정 오류.
2. 추진 과정 : 사토량 산정 오류 발생 (20,000m³)
   → 실정보고 → 승인 → 설계변경 의뢰
   → 변경된 물량으로 시공 (사토).
3. 현장 소장으로서 사토 물량에 따른 경제성 확득
   : 2천만원의 경제성 회복.

Ⅷ. 공사계약시 설계변경 사유발생시 책임자로서 重要관리 사항

1. 타당성의 판단 : 1) 변경사유의 객관적 판단
   2) 실정 보고
2. 신속한 처리 : 1) 적용 여부의 신속 결정
   2) 변경 작업의 조기 완료.
3. 경제성, 시공성 확보.

끝.

▣ 시험 합격에 필요한 시간은?

안녕하세요? 신경수입니다.

1. 많은 사람들을 만나다보면 "기술사합격은 오랜 시일이 필요하다."며 자기 스스로 합리화시키고, 기회를 자꾸 미루는 분들이 상당수 있어 상당히 안타까운 마음입니다.

2. 기술사시험에 합격하는데 필요한 시간은 물리적 시간이 아닌 논리적 시간으로 접근을 해야 합니다.

3. 물리적 시간은 효율과 정신 집중의 정도와 무관하게 지나가는 시간의 량을 말합니다. 반면 논리적 시간은 시간자원을 효과적으로 활용했을 때 나타나는 좋은 결과에 근간이 되는 시간을 말합니다.

4. 기술사에 합격하기 위한 최소한의 시간은 물리적 시간으로 표현할 것이 아니라 논리적 시간으로 표현해야합니다.

5. 책을 통해서든 강의를 통해서든 저와 인연을 맺은 분들은 '나는 남과 다르다' 는 생각을 굳게 가질 필요가 있습니다.

6. 우월한가, 열등한가가 아닌 남들과의 차이점을 생각하고, 그 차이점을 바탕으로 스스로를 차별화 해 나가야 합니다.

7. 차별화가 가능하다면 남들과 같은 잣대로 합격에 소요되는 물리적 시간을 산정할 필요가 없습니다.

8. 기술사 시험은 짧은 기간에 효율을 높여 원하는 결과를 얻을 수 있는 시험이다는 사실을 깊이 인식하시고, 남은 기간이 합격을 좌우하는 큰 시간이라는 점을 기억하시기 바랍니다.

9. 주위에서 500시간, 1,000시간 공부해야만 합격할 수 있다고 말하는 사람들이 있는데 그냥 한번 웃어주시기 바랍니다.

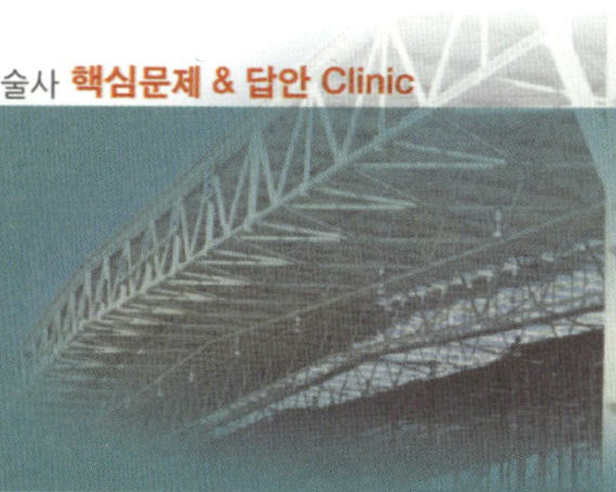

제3편 답안 Clinic

Professional Engineer Civil Engineering Execution

문제 1) 콘크리트 구조물에 발생하는 균열의 원인 및 보수, 보강방법에 대하여 기술하시오
① ② ③
필요조건
→ MS+LOC.

답)

I. 개 요.

keyword.
현장냄새.

1. 콘크리트 구조물에 발생하는 균열의 원인은 자연적(내적, 외적) 요인과 인위적 (설계, 재료, 시공) 요인이 있으며.

2. 콘크리트 구조물 균열 보수 방법은 규모에 따라, 표면처리, 주입, 충전 (기타) 를 구분 시행 하며,

3. 콘크리트 구조물 균열 보강방법은 응력을 개선하는 Active 한 방법과 응력 유리하는 passive 한 방법이 있다.

II. 콘크리트 구조물에 균열 발생시 조사항목 ↔ 현장명포함

발생위치 및 시기 → 발 생 규 모 → 진행성 여부

- 발생위치 및 시기: Sta 0+200 수로 BOX 벽체부
- 발생 규모: 폭 : 0.3~0.4mm (비구조 균열), 길이: 1.0~1.6m
- 진행성 여부: 균열관리 대장 작성 관리

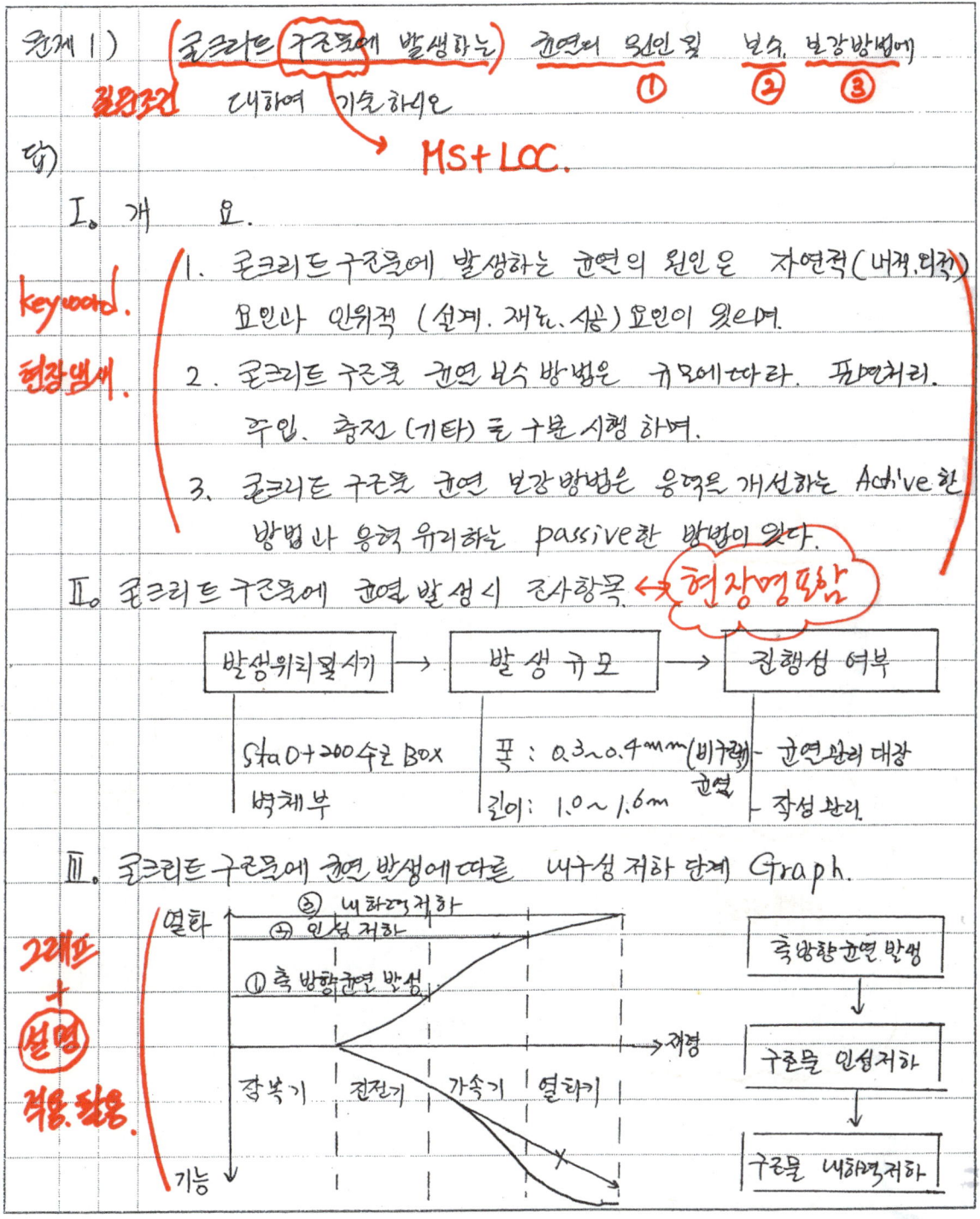

III. 콘크리트 구조물에 균열 발생에 따른 내구성 저하 단계 Graph.

그래프 + 설명
적용. 활용.

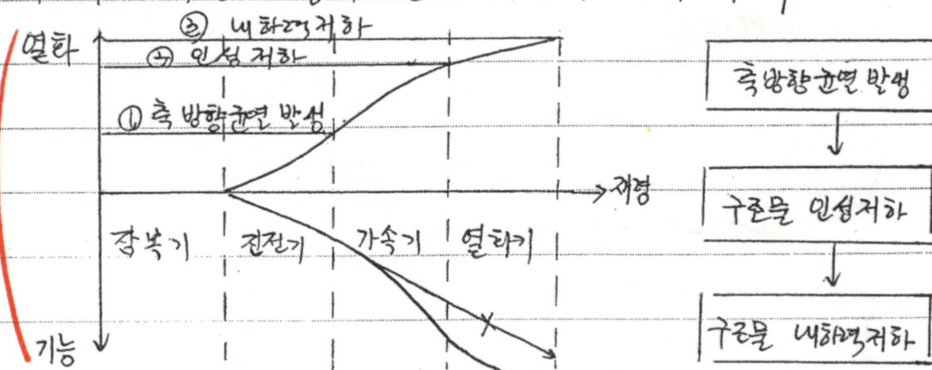

IV. 콘크리트 구조물에 발생하는 균열의 문제점.

1. 구조적 문제점 : 균열 발생 → 유효단면 (A) 감소 → $f = \frac{P}{A}$

작용력 (f) 증가 → 작용력 > 허용응력 →

균열가속화 → 복합열화 → 내구성저하.

2. 비구조적 문제점
- 경제적 : 보수, 보강에 따른 LCC 증가.
- 사회적 : 사용자 불안감 증폭.

V. 콘크리트 구조물에 발생하는 균열의 원인.

1. 자연적
- 내적 : AAR, 철근부식
- 외적
  - 물리적 : 동해, 열, 진동, 충격
  - 화학적 : 염해 (Cl), 화학적 침식 (SO_4)

Mechanism

2. 인위적 : 설계, 재료, 배합, 시공, 유지관리.

※ OO 도로 현장에서는 단면결손원 부족이 원인.

수치포함要

VI. 콘크리트 구조물에 발생하는 균열의 대책 (OO 도로현장 경기광주 2003)

현장명 내용에 반영.

1. 제어대책 (최소화대책)
- 설계 : 단면, 철근량, 외력계산 철저
- 재료 : AAR 무해한 골재선정 보관.
- 배합
  - W/B = 48.9%, slump : 120 mm 이하.
  - Gmax 25 mm, S/a = 52.4%
- 시공
  - 다짐 : 와/순 다짐주의 (연행공기파괴)
  - 양생 : 습윤양생 5日간
  - 이음 : PVC 지수판 (B = 200 mm)

여백관리.

2. 처리대책
- 초기균열 : 두드려 없앰 → 나무흙손 → 쇠흙손.
- 후기균열 : 보수, 보강

VII 콘크리트 구조물에 발생하는 균열 보수 방법. → 단면 모식도 + (규격/치수/제원)

질문보기 현장냄새.

1. 대 상 : 비구조적 균열

2. 방 법 균열폭 : 0.2mm 0.5mm

표면처리 | 주입 | 충전, 기타.

3. 보수재료 발전 흐름 : 미립화 → 고부착성요구.

전통적 무기계 → 합성수지계 → 유무기복합계 → 수기린폴리머계

(균열) (열에취약) (시공관리곤란)

'방법'을 강조할것

VIII. 콘크리트 구조물에 발생하는 균열 보강 방법.

1. 대 상 ; 구조적균열 (관통균열, 진행성균열)

2. 방법. 응력개선 : Active → 응력분배효과 P.S. Anchor
응력유리 : passive → 강판압착, 탄소섬유보강.

3. 보강재료 성질 : 모재와 거동유사
발전 방향 : 경량화 (강판 → 탄소섬유)

IX. 균열발생 보수 사례 (OO현장 경기 광주지역 2003년)

모식도.

1. 구조물 : 수로 Box (2.5 × 2.5)

2. 문제점 : Sta 0+200 지점 Box 벽체 균열발생 (B=0.3~0.4mm)

3. 원 인 : 수축이음기능 상실
단면결손율 부족 설계 22% → 시공 15%

4. 대 책 표면처리 : Epoxy 몰탈
주 입 : 우레탄 주입 (압입식)
보수비용 : 수입 m당 18000원선으로 총 900만원선으로.

5. 교 훈 : 규정 준수 시공의 중요성 심각인식.

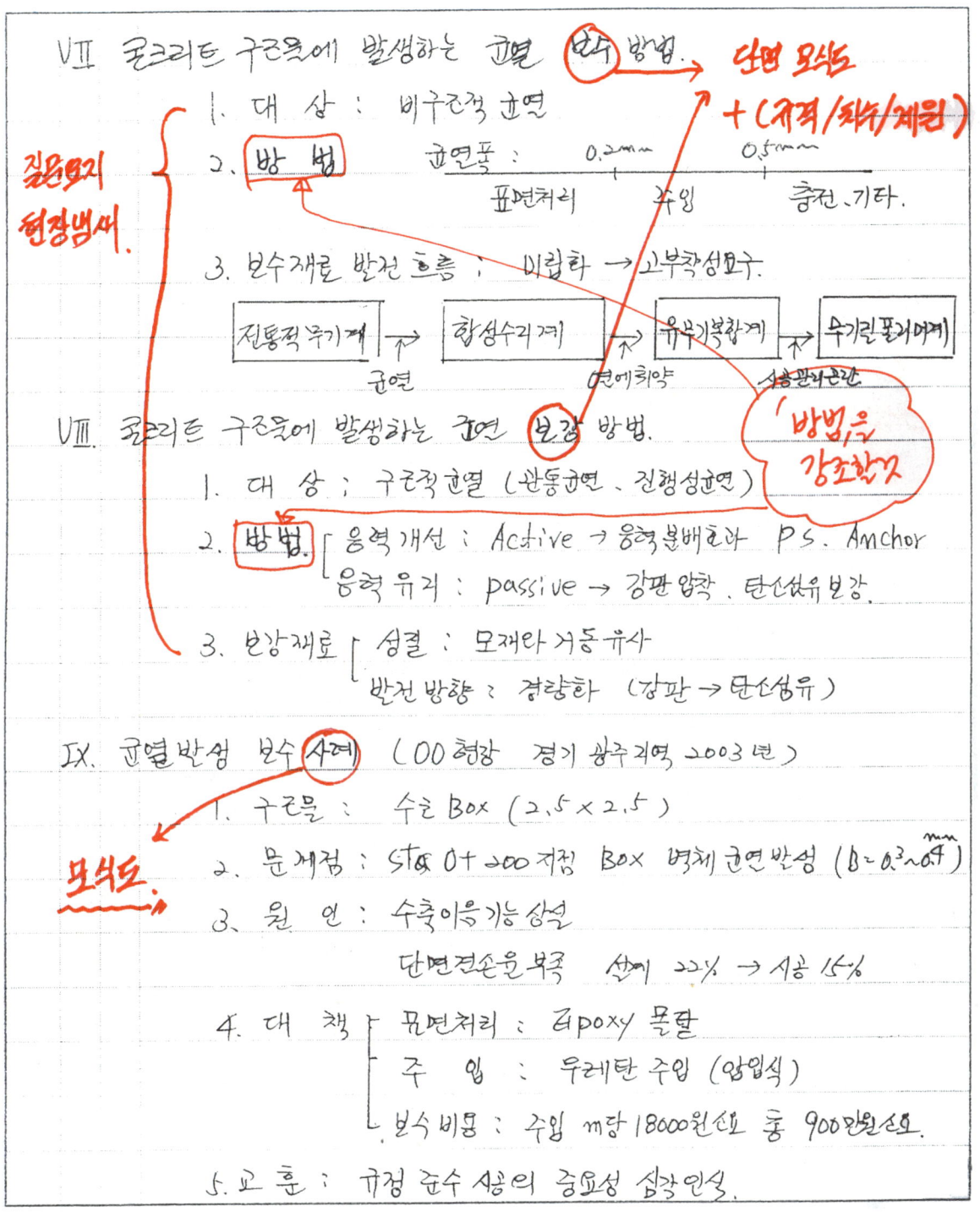

문제 2) (콘크리트 구조물) 내구성 저하요인 ① 및 내구성 증진을 위한 설계 ② 및 시공시 방안 ③ 에 대하여 기술하시오.

문제존중 할것!

답)

I. 개 요

Keyword 반영. (문장 완화등)

1. 콘크리트 구조물 내구성 저하로 인하여 LCC비용이 증가되는 문제점이 있으며 저하요인은 설계, 재료, 시공(다짐, 양생관리 불량), 유지관리 환경에 의하여 저하되고.

질문요지에는 '방안'

2. 내구성 증진을 위한 설계시 대책은 내구설계 시행 내구 수명결정, 내구성 평가 ($\gamma_p K_p \le K_{Rd}$)를 시행 하여야하고

3. 시공시 방안은 시공전(재료, 배합) 시공중(다짐, 양생 이음부 처리 철저), 시공후(유지 관리철저)를 통하여 콘크리트 구조물의 내구성을 증진 시켜야 함.

II. 콘크리트 구조물 내구성 저하요인 복합열화 Mechanism

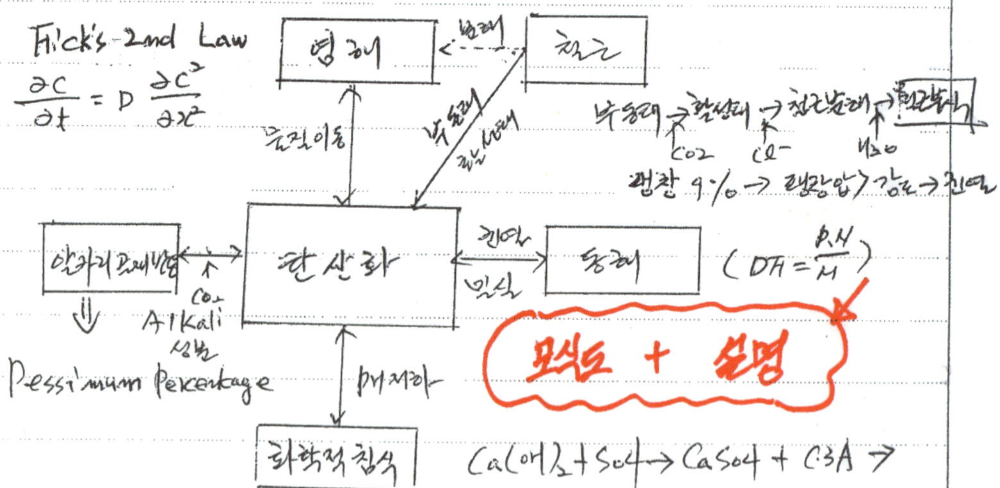

※ 사천우회도로 풍정교 복합열화의 원인 → AAR, 염해, 화학적침식.

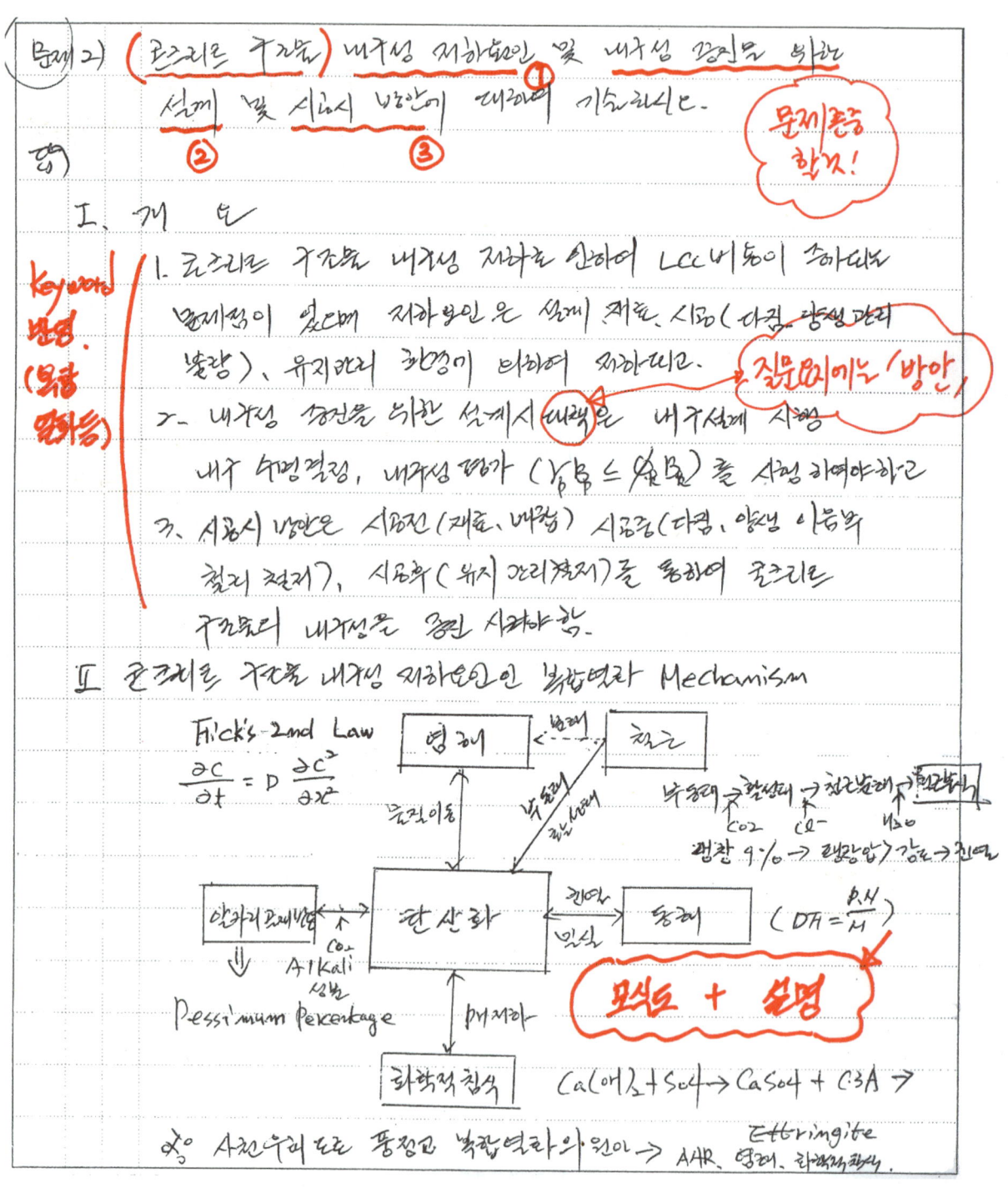

Ⅲ 콘크리트 구조물 내구성 저하시 파급효과 (문제점)

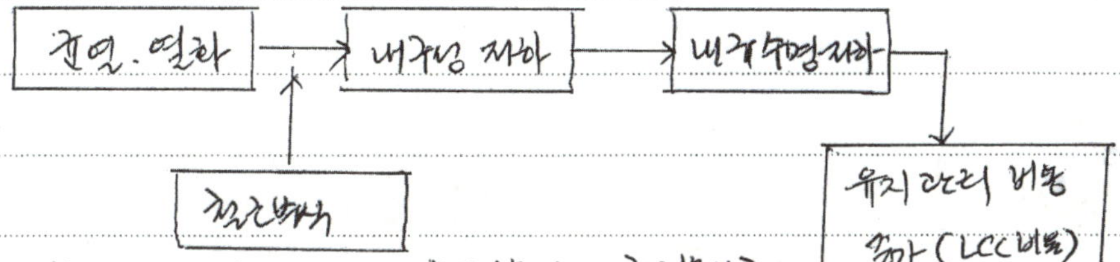

〈부동태 → 활성태 → 철근부식 → 철근부식〉

$Fe^{2+} + H_2O + \frac{1}{2}O_2 \rightarrow Fe(OH)_2 + \frac{1}{2}H_2O + \frac{1}{4}O_2 \rightarrow Fe(OH)_3$

Ⅳ 콘크리트 구조물 내구성 (저하 요인) (사천우회도로 풍정교)

OO 현장명 내용에 반영.

"저하 요인" → 문제점. 질문보다 대제목에 그대로 반영.

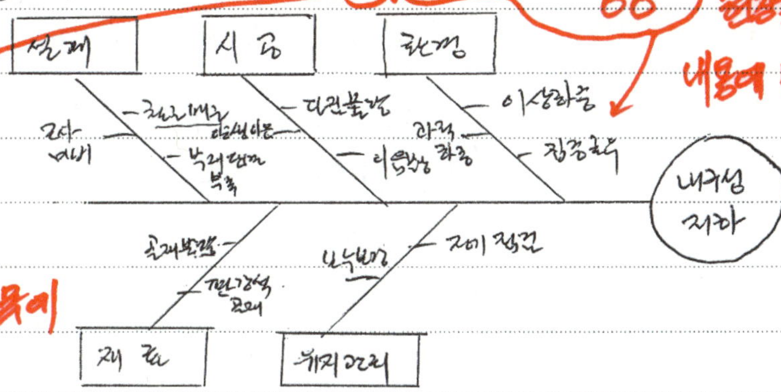

Ⅴ 콘크리트 구조물 내구성 증진을 위한 설계시 방안

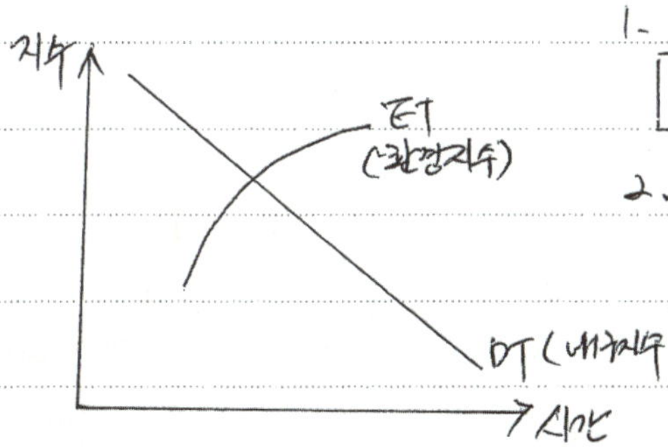

1. 내구 설계 시행

내구지수 > 환경지수

2. 고내구화 설계 시행

- 재료의 품질향상
- 결합재 성능의 개선
- 허용한도내 피복두께 증가

내구 수명 결정 = 저하 요인 저감 + 연장 요인 준비

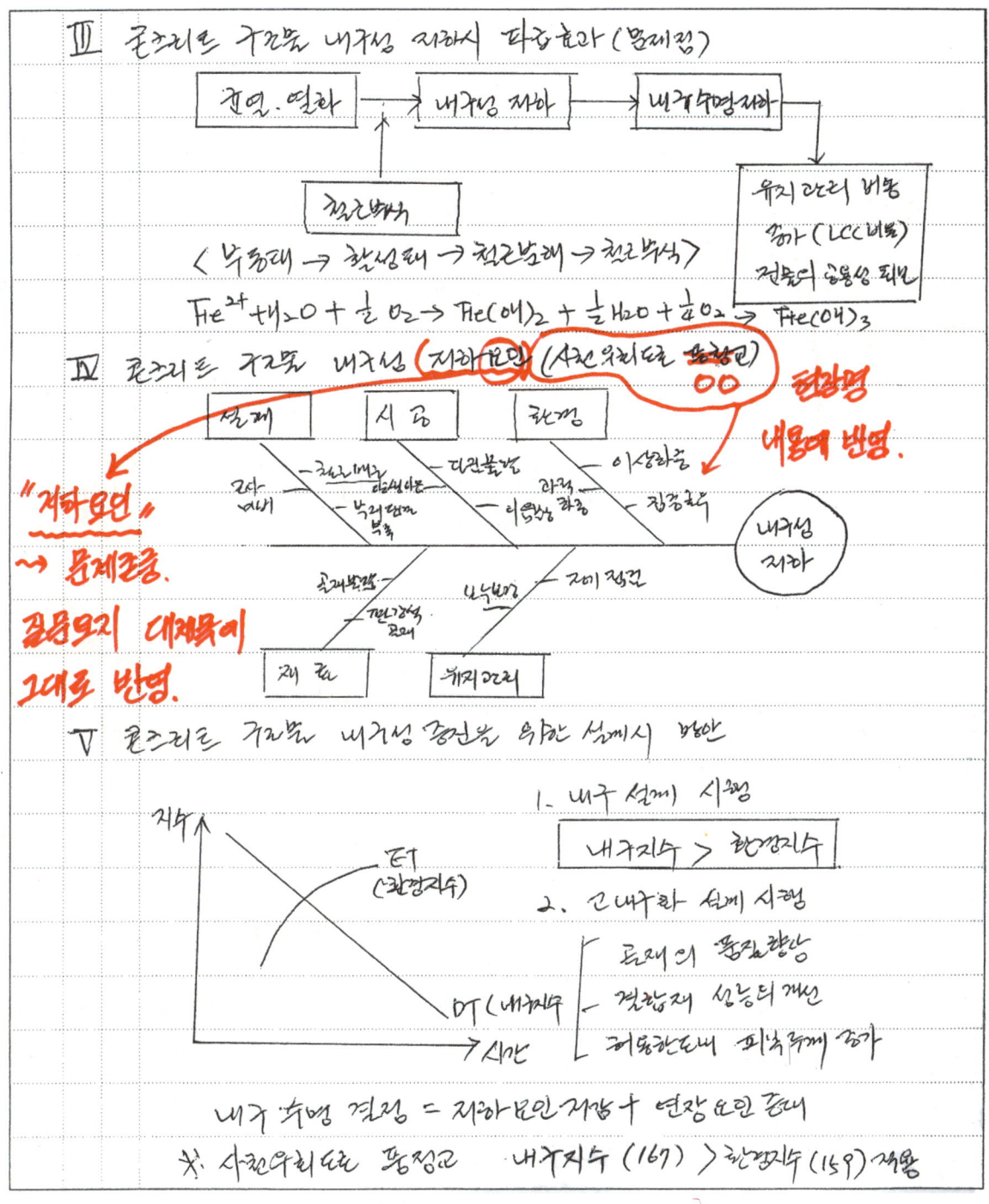

※ 사천우회도로 풍정교 내구지수 (167) > 환경지수 (159) 적용

Ⅵ 콘크리트 구조물 내구성 증진을 위한 시공시 방안

- 시공전
  - 재료: 분말도 높은 시멘트 사용, 고로 Slag (40%)
  - 배합: 내구지수(167) > 환경지수(15P) 적용
  - 설계: W/B (39%), S/a (46%), Gmax (25mm)
- 시공중
  - 다짐 철저
    - 과다다짐: 연행공기 파괴
    - 과소다짐: 표면 결함 발생
  - 양생 철저
    - 온도의 습도를 공급, 보존
    - 유해한 외력으로부터 보호
  - 이음부 – 신축이음, 수축이음, 시공이음
- 시공후
  - 일상 점검 (초기 점검실시)
  - 정기 점검실시 (3개월마다)
  - 건설 관리대장 기록 – 정기 보수 시행

(첨삭) 질문요지 현장냄새. / 구체적 방법서술. / NG. / 내용이 시공직후가 아니라 유지관리 / 여백관리.

Ⅶ 콘크리트 구조물의 고내구화 방향

1. 골재의 품질 향상 – 양질의 골재 사용
2. 결합재의 품질향상 – 성능개선제 첨가
3. 피복 두께 확보
   - 수중: 100mm
   - 지중: 80mm
   - 외기 접함: 40~60mm
   - 외기 미접함: 20~40mm

Ⅷ 현장 책임자로서 향후 제안 (내구성 증진)

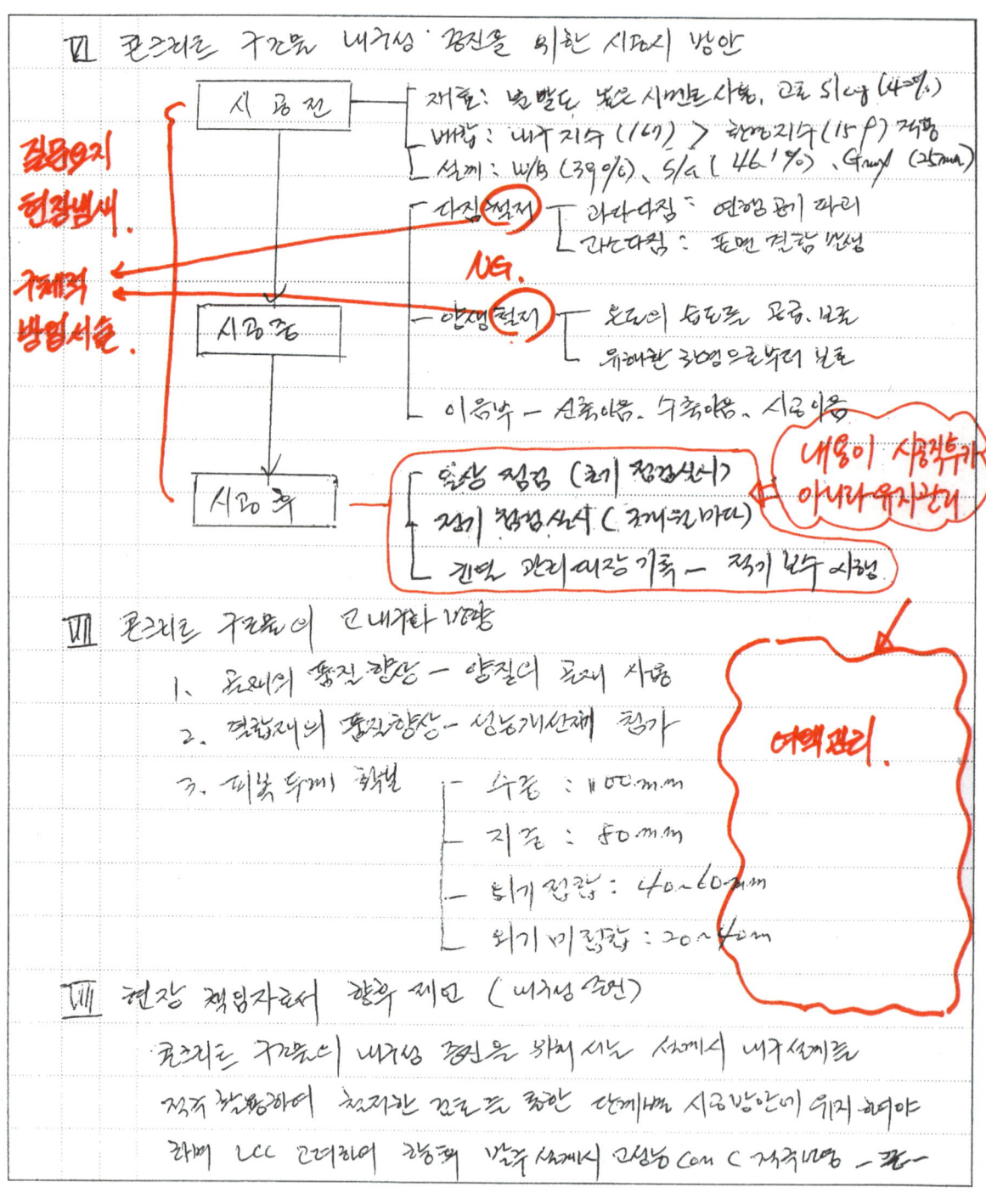

콘크리트 구조물의 내구성 증진을 위해서는 설계시 내구설계를 적극 활용하여 철저한 검토를 통한 단계별 시공방안이 유지 되어야 하며 LCC 고려하여 향후 발주 설계시 고성능 Con'c 적극 반영 – 끝 –

〈문제 3〉 (강구조물) 연결방법의 종류 ① 및 특징을 ② 설명하고, 강재 부식의 문제점 ③ 및 대책에 ④ 대하여 기술하시오.

질문조건.

〈답〉

I. 개요

1. 강구조물 연결방법의 종류에는 야금적(용접이용) 방법과 기계적(고장력 볼트, 리벳 이용) 방법이 있으며, 특징으로는 결함, 손상, 인장잔류응력과 단면결손, 축력관리 등이 있음.

2. 강재 부식의 문제점은 구조적 결함 및 사용성 저하가 있으며, 대책은 부식을 허용하느냐, 허용하지 않느냐의 2종류가 있으며

3. 국도43호선 초월교 연결시 용접결함이 발생하여 재시공 사례가 있음

← + 구조물조건.

II. 강구조물 연결방법 선정시 고려사항 (경제성, 시공성 고려)

야금적 ← Yes	고려사항	No → 기계적
↓	인장 잔류응력 大	↓
용접이용	시공 결함. 연결 확실성	고장력볼트, 리벳사용

← 채점자가 쉽게 알아볼수 있도록!

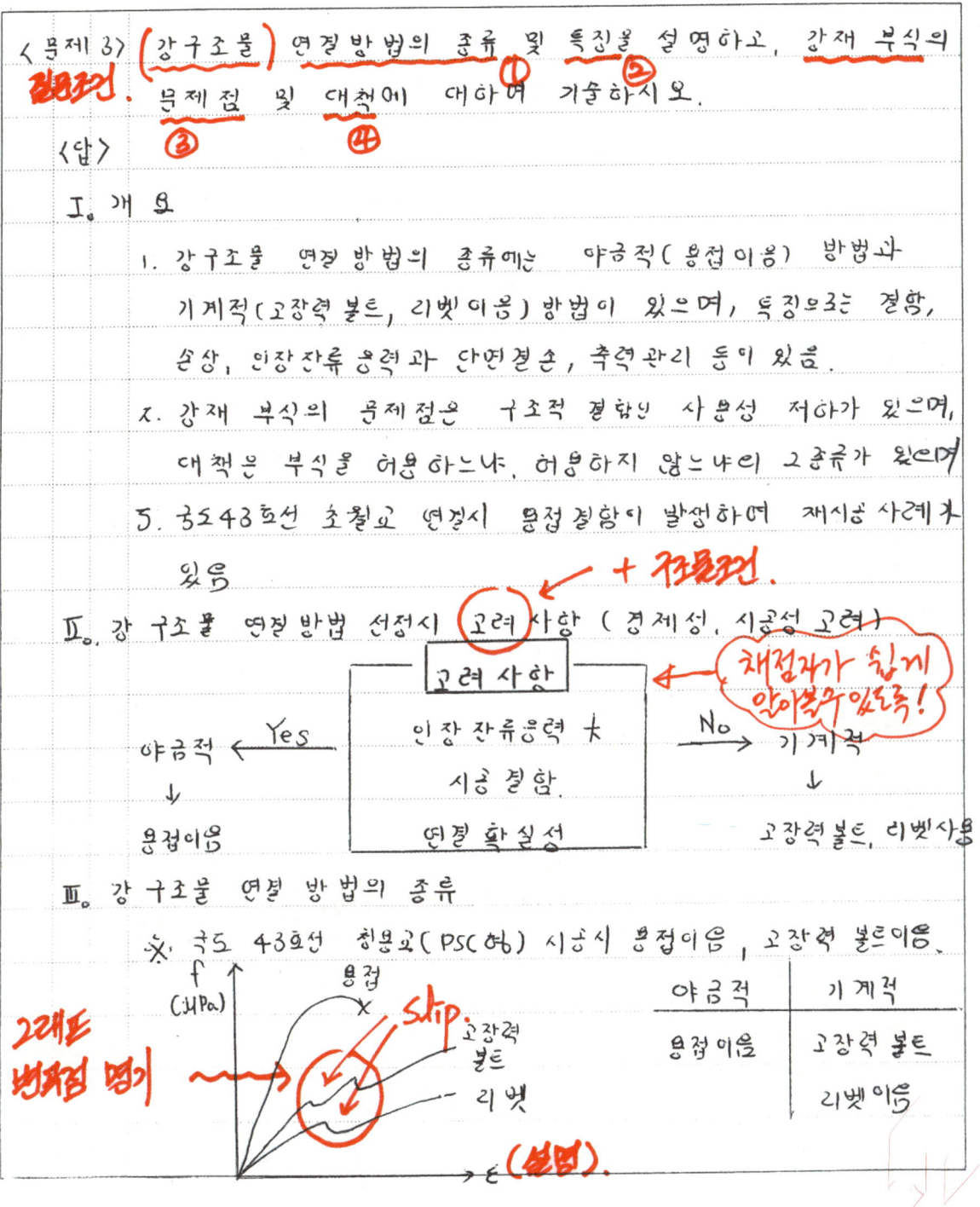

III. 강구조물 연결방법의 종류

※ 국도 43호선 초월교(PSC 거더) 시공시 용접이용, 고장력 볼트이용.

그래프 변곡점 명기 →

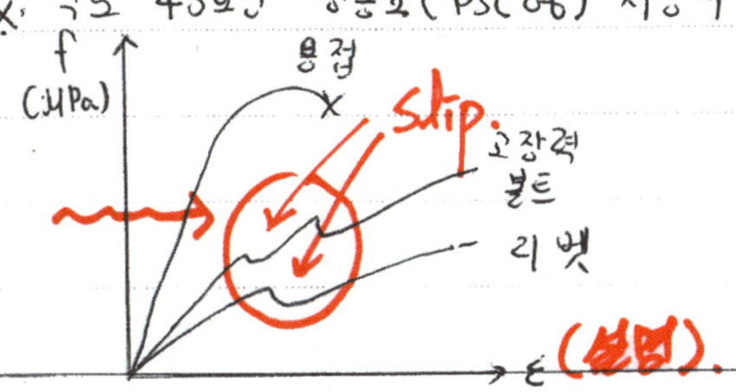

야금적	기계적
용접이용	고장력 볼트 리벳이용

Ⅳ. 강 구조물 연결방법의 특징 (국도 45호선 청용교 설치, 2001)

	용접이음	고장력볼트이음	비고
역학적	강성	연성	※ 용접이음시
시공성	불리	유리	불량 개소 발생
경제성	소규모 유리	대규모 유리	↕
단점	용접결함	단면결손	Ultra Testing 실시
	인장잔류응력	축력관리	↕
시공비	3,500천원/ton	2,000천원/ton	용접 재시공(3日)

Ⅴ. 강재 부식 발생시 문제점

Page당 (모식도, 그래프, 관련식) "삽입"

기술적 측면	관리적 측면
부식 ⇓ 부재 단면 감소 ($f = \frac{P}{A}$: A↓) ⇓ 유효응력 증대 (f 증가) ⇓ 부재균열 및 파손 (사용성저하)	강재부식 : $Fe(OH)_3$ → 관리비 증대 (2,000천원/일) → 강재 사용불가, 공비/공기 증가

Ⅵ. 강재 부식 발생의 원인 ⇝ 자연. 인위적.

RC구조물에만 해당됨!

⇝ Mechanism.

부동태 → 활성태 → 분해 → 부식

(Cl^- → 부동태→활성태, CO_2 → 분해, H_2O, O_2 → 부식)

$$Fe^{2+} + H_2O + \frac{1}{2}O_2 \rightarrow Fe(OH)_2 + \frac{1}{2}H_2O + \frac{1}{4}O_2 \rightarrow Fe(OH)_3$$

Ⅶ. 강재의 부식 대책

1. 부식 불허용

⊕ 처리대책.

1) 도복장 ㄱ) 도장, 도금

ㄴ) PE Sheet

여열관리

2) 내식성강 : Fe + Cu, Cr, P, Ni (내적)

3) 전기방식 ㄱ) 외부 전원법

ㄴ) 희생양극법

2. 부식 허용 (주로 해양구조물)

1) 부식속도 계산 × 내구년수

Ⅷ. 강재의 사용성 증대를 위한 비파괴 검사. 질문요지 상세히

1. 육안 검사 : 외부 (국도45호선 청풍교 실시, 2日소요)

2. 비파괴 시험

1) 내적 : UT, RT (국도45호선 청풍교 UT실시)

2) 외적 : MT, PT

※ 최근 인체유해성 이유로 RT 사용자제

"끝"

※ 경험사례를 좀더 강조할것!

문4) 사면을 인공사면과 자연사면으로 구분하고 ① 자연사면 붕괴 원인 ② 및 대책에 ③ 대하여 기술하시오

답

key word 누락. (USN / GPS 기반 사면붕괴 감시 System.

I. 개요

1. 사면은 성인에 따라 인공사면은 절토/성토, 자연사면은 토사/암반 사면으로 구분되고
2. 자연사면 붕괴 원인은 내적, 외적이 있고
3. 대책은 제어(억제, 억지) 및 처리 대책이 있음.
4. 지리산 산청 OO 현장에서 사면붕괴 대책으로 집수배수, 억지말뚝 등을 설치하였음.

II. 우리나라 사면의 특징 및 강우특성

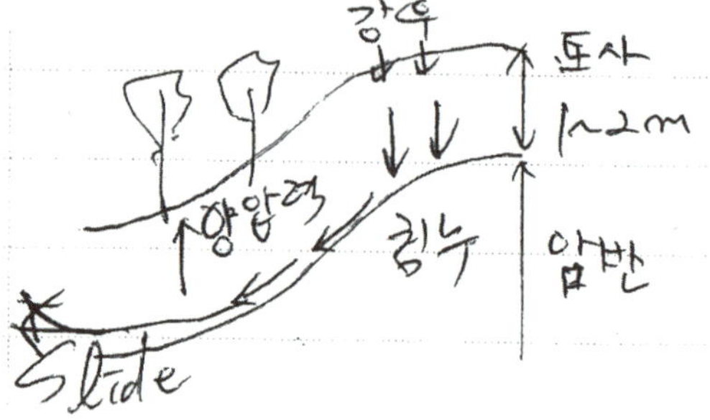

강우

(남부 : 집중호우
중부 : 누적강우
영동 : 누적+집중)

III. 자연사면 붕괴 방지를 위한 유지관리 방안

사면백서.

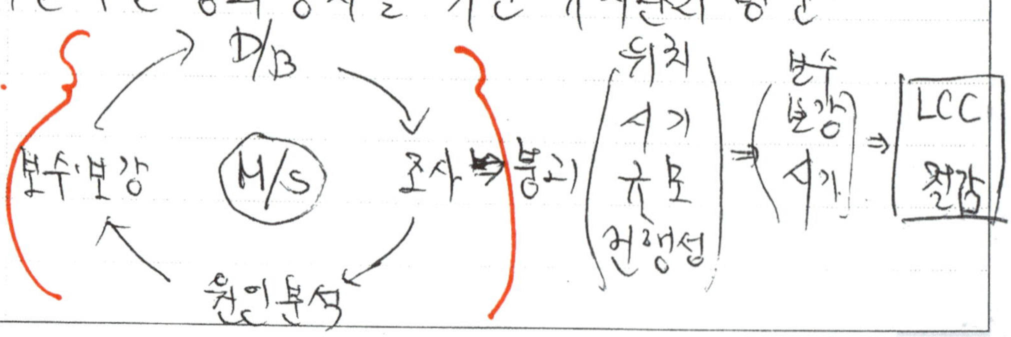

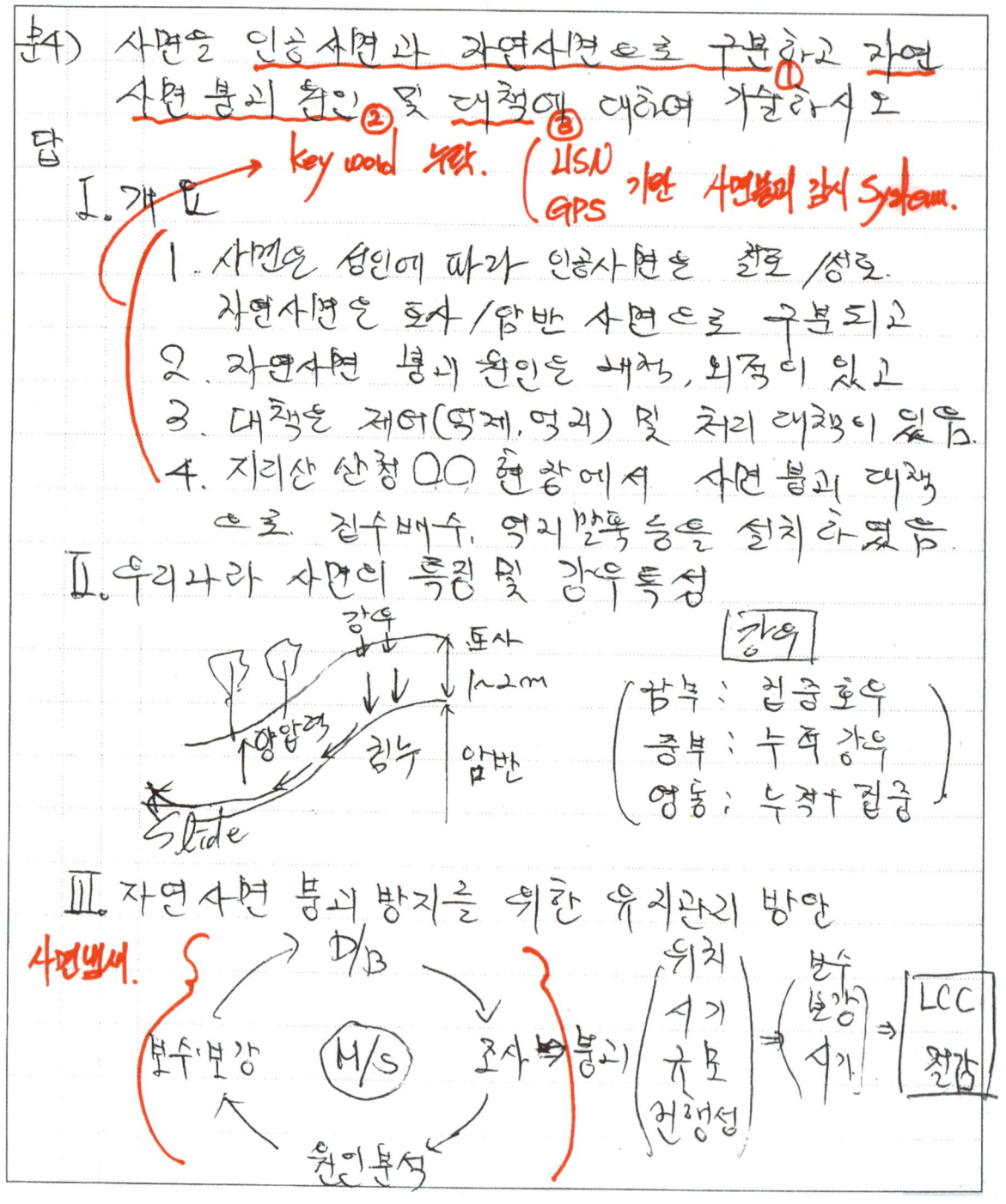

IV. 인공사면과 자연사면의 특징구분(~~차이점~~) 문제준용

구분	인공	자연	비고
성인	절토 / 성토	토사 / 암반	※ 산청 OO현장
붕괴 시기	해빙기	장마철	자연사면 붕괴
붕괴 형태	붕락, 활동	Land Slide, Land Creep	⇓
붕괴 원인	설계 재료 시공 환경	전단강도 저하 전단응력 증가	Land Slide 발생
붕괴 대책	안전율 유지 증가	억지공법 억제공법	⇓ 폭우 후

Box 내에서 기술!

V. 자연사면 붕괴시 문제점

$$F_s = \frac{\Sigma Cl + \Sigma W_i \cos\theta \tan\phi}{\Sigma W_i \sin\theta}$$

1. 1차적 1) 인적 ; 작업자 1명 사망
   2) 물적 ; 사면 및 도로 붕괴
2. 2차적 - 복구 비용 발생 (32억)

VI. 자연사면 붕괴 원인 ~~및 Mechanism~~ 문제준용!!

1. 붕괴 원인

※ 산청 OO현장 사면 붕괴 주원인 ⇓ 강우 강도 배수 불량

관련식. $\tau_f = c + \sigma' \tan\phi$

1) 내적 - 전단강도 감소
   └ 지질, 지하수 상승

2) 외적 - 전단응력 증가
   └ 강우 침식, 하중.

2. 붕괴 Mechanism

강우 →(침투) 간극수압 증가 →(유효응력 감소) 전단강도 저하 →(Fs 저하) 붕괴

VII. 자연사면 붕괴 대책 (산청OO 현장 2002년 7월)

현장명 내용에 반영.

1. 제어대책

1) 억제공 ┌ 물 - 배수
　　　　 └ 흙 - 배토공

2) 억지공 ┌ 보강재 ┬ R/A
　　　　 │　　　 └ 억지말뚝
　　　　 └ 구조물 - 사방댐.

상세히.
현장별대.
길이. 개소수.

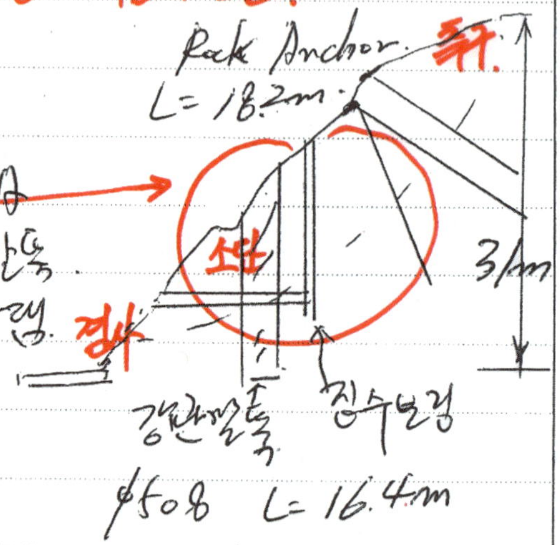

2. 처리대책

1) 우선책 : 경보 → 대피

2) 부가책 : 복구

VIII. USN을 기반으로 사면붕괴 예측 시스템 (최근동향)

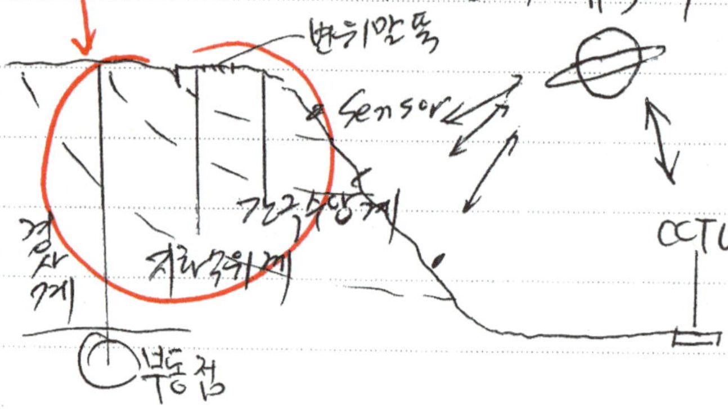

GPS 기반 수증기
예측정보 시스템
⇕
USN. NetWork
활용

IX. 사면의 붕괴 형태 및 안정성 검토

막대자 사용할것!

붕괴 형태		
붕락 활동	┐	신도 → 암반
유동	┘	─ 토사사면

~>

안정성 검토
경험적 SMR
기하학적 (평사투영)
한계평형 / 수치해석

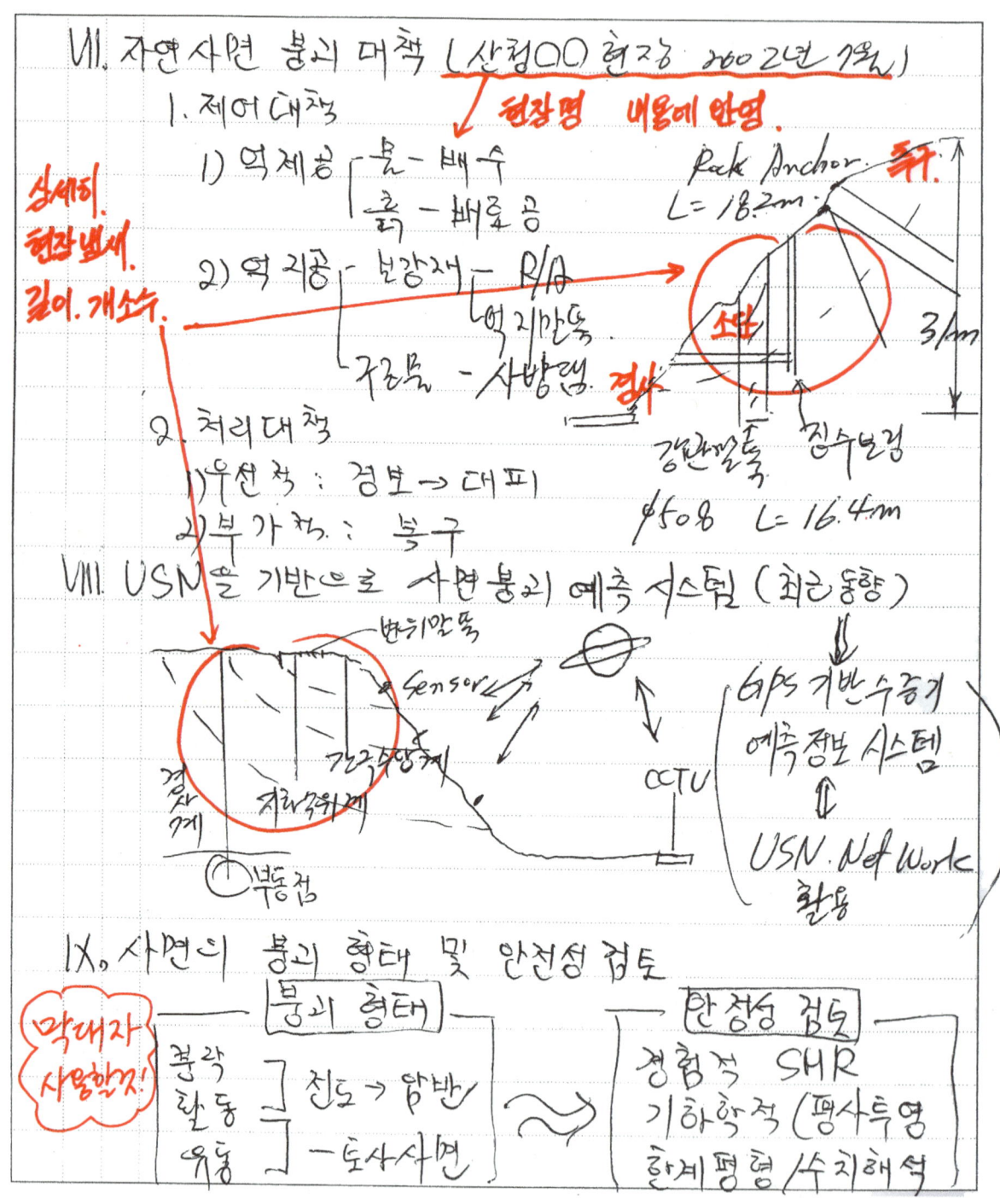

문제(5) 다짐원리①및 다짐제한 이유를② 설명하고 다짐효과증대 방안③및 다짐관리 방법에④ 대하여 기술하시오

답)

I. 개 요

현장범식

1. 다짐원리는 흙에 인위적인 에너지를 가해 공기를 배출시켜 흙의 공학적 성질을 개선하는 것이며.
2. 다짐제한 이유는 Scale Effect, 과다짐, 과소다짐에 의한 효율성 저하 방지임.
3. 다짐효과 증대 방안은 함수비. 토질. 다짐에너지. 유기물 함유량 적정 관리임.
4. 다짐관리 방법에는 품질규정과 공법규정이 있음.

II. 다짐공법의 분류

1. 평면다짐 1) 공간이 넓은곳 : 사질토(진동). 점성토(전압)
2) 공간이 좁은곳 : 충격식
2. 비탈면 다짐 1) 피복토 설치 : 사질토. 친식생흙
2) 피복토 미설치 : 더돋기후 절취. 완경사설치

III. 성토작업 관리를 위한 다짐원리

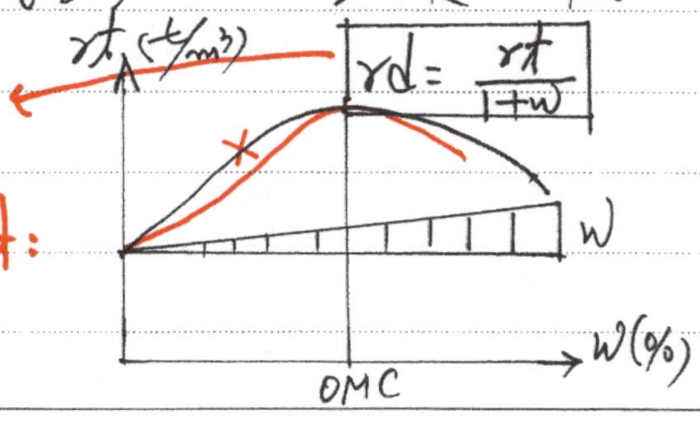

설명.
여기서,
γd, γt :
w :

1. 원리 : 인위적힘 + 함수율
공극감소 → τ = C+σ tanφ 증가
2. OMC 관리
00제 보강공사시
24.5± 2% 관리

IV. 다짐에 제한을 두는 이유

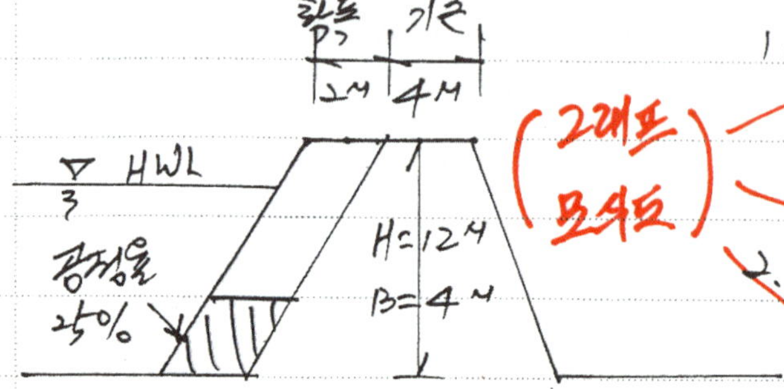

< 경북 김천지역
00천 보강공사 >

(그래프 모식도)

1. 다짐 두께
   t = 20Cm
   Scale Effect 고려
2. 다짐 횟수
   2회 (감리원 확인)
3. 다짐 속도
   1Km/hr (과다짐방지)

V. 경북 김천지역 00천 보강공사의 다짐효과 증대 방안

1. 함수비 관리 : 24.5±2%
2. 토질 관리 1) 양질토사 (감리원승인)
   → 반입토 확인
   → 감리원

정확하게 (감점요인)

3. 다짐에너지 관리 : 과다짐 방지
4. 유기질 함량 관리 : 3% 이내

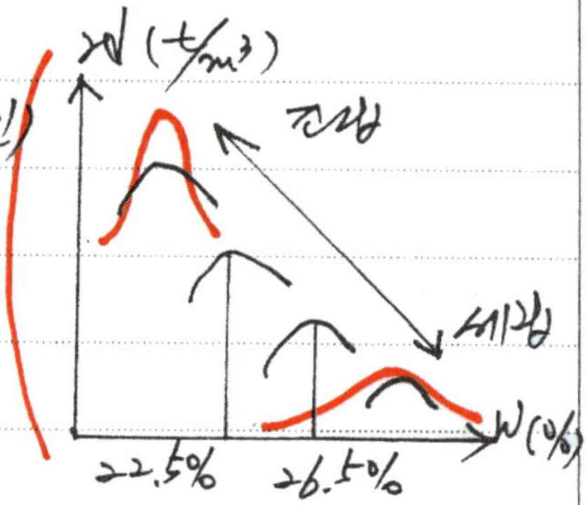

VI. 경북 김천지역 00천 보강공사 현장의 다짐관리 방법

품질 규정	공법 규정
1. 건조밀도 : 일반적 사용 다짐도 90% 이상	1. 다짐두께 t = 20Cm
2. 포화도 : 85~95%	2. 다짐 횟수 : 2회
3. 상대밀도 : 85% 이상	3. 다짐속도
4. 변형량 : Proof Rolling	1Km/hr

VII. 경북 김천 지역 00천 보강공사 현장 다짐 작업시 주의사항

다짐 전·중·후

1. ~~시공~~ 다짐 전

Page당 1개이상 (그래프 모식도 관련식)

1) 성토 재료 시험 및 전단특성 확인

2) 시험시공

다짐 기준 선정

2. ~~시공~~ 다짐 중

1) Scale Effect 관리 → 다짐두께 준수

2) 함수비 관리 → 부족시 살수

3) 강우시 작업 중단

4) Kneeding Effect 에 의한 다짐주의

3. ~~시공~~ 다짐 후

1) 다짐도 판정

2) 다짐도 관리

(상세히. 구체적으로. 수치화. (현장 냄새))

VIII. 다짐 효율 증대를 위한 책임기술자의 제언

1. 기술력

1) OMC 관리 → 시험을 통한 최적안 확보

2) 다짐장비, 운반능 준비철저 → Trafficability

2. 관리력

1) 민원관리 → 세륜장 설치. 덮개

2) Mass Curve 를 활용한 적정 토량 배분.

<끝>

문제6) 건설기계 선정 및 조합 원칙을 기술하고 선정시 고려사항에 대하여 기술하시오.

(① 건설기계 선정 ② 조합 원칙 ③ 선정시 고려사항)

답)

I. 개요

keyword 반영. 문제 키워드로 시뮬레이션.

1. 건설기계 선정 원칙으로는 경제성을 바탕으로 신뢰성과 시공성을 고려하여야 하며

2. 건설기계 조합원칙은 병렬작업, 주작업과 보조작업, 시공속도, 예비대수 확보

3. 건설기계 선정시 고려할 사항으로는 경제성을 고려한 토질조건, 작업의 종류, 작업물량, 소음, 진동 임.

4. 중앙선 ○○ 공구 노반공사 현장의 성토재료별 장비를 조합하여 공기단축과 공비절감을 도모함.

II. 건설기계의 작업량 산정 방법 및 경제수명 결정방법

1. 작업량 산정식 (일치 시킬 것!)

공식 단위 명기.

$Q = C \cdot E \cdot N$

- C ; q.f.K
- E (작업효율) = $E_1 \times E_2$
- N : 시간당 작업횟수

2. 경제수명 결정방법

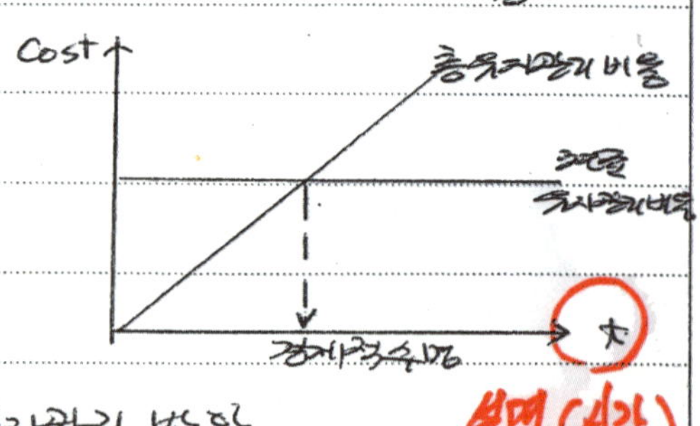

III. 건설기계 작업시 안전 및 유지관리 방안

1. 안전관리 방안 : 장비 신호수 대기, 위험요소 제거

2. 유지관리 방안
   - 예방정비, 고장배제
   - 예비부품 확보, 보관철저

IV. 건설기계 선정 원칙 → 모식도. →

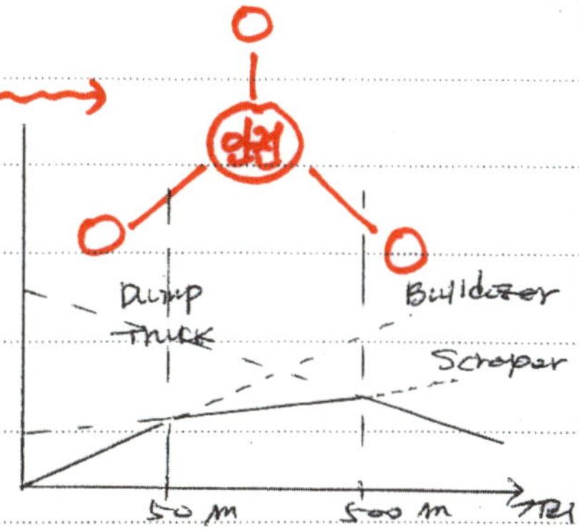

1. 경제성 [원가관리
   장비적게 고능장비.
2. 신뢰성 [새장비
   현장적합성
3. 시공성 [작업범위클것.
   표준화

* 경제적운반거리 고려한 장비 선정

V. 건설기계 조합원칙 — 꺽쇠모양 남발하지 말것!

1. 병렬조합 [작업을 병렬로 분할
   시공속도 작업효율 증대
2. 시공순서 [주작업 + 종속작업 + 보조작업
   주작업의 작업능력 결정후 후속작업 결정
3. 시공속도 [시공속도균등화
   시공속도 높은 장비 기준으로 선정
4. 예비 기계수 결정.

VI. 건설기계 선정시 고려할 사항 → + 향상방안.

1. 경제성을 바탕으로 장비 선정 $\left(F_s = \frac{Q_{ult}}{P} > 1.5 \right)$
2. 토질조건 [1) Trafficability 2) Ripperability
   3) 암괴 상태
3. 작업의 종류 : 굴착, 적재, 운반, 다짐.
4. 작업 물량 : 공사규모별 장비선정
5. 소음, 진동 : 소음장비 원거리 배치.

Ⅶ. 건설기계 요구성능 및 토목공사 적용목적

1. 요구성능 ┌ 내구성 충분, 정비 용이
 └ 안전, 범용성 확보

2. 적용목적 ┌ 목적물과제 ┌ 원가절감, 공기단축
 │ └ 품질확보
 └ 사회규약 : 환경, 안전

(모식도 이고표)

Ⅷ. 성토재료별 장비조합 변경에 따른 VE 사례

1. 공사개요 : 중앙선 ○○공구 노반공사 (2004년 52.6%)

2. 문제점 : 성토작업시 성토재료별 분류 없이 일괄 장비적용

3. 개선사항 : 성토 재료별로 구분하여 장비조합

1) 토사성토 ┌ 그레이더, 진동Roller, Dozer.
 └ Tire Roller

2) 암성토 ┌ Dozer, 브레이커, Back Hoe
 └ 진동 Roller

(현장 보유 장비 규격, 대수)

4. VE 사례

1) 공기단축 : 6개월 → 4개월로 2개월 단축

2) 공사비 절감 : 월 3000만원 → 2000만원으로 월, 1000만원 절감

Ⅸ. 건설기계 향후 전망 (마무리는 좀더 강조할 것!)

1. 다기능화, 대형화, 표준화

2. 친환경적, 인간중심적 장비 개발.

문제 7) 연약지반의 대책을 토질별로 구분하며 설명하고, 시공관리 방안에 대하여 기술하시오 ① ②

답

점성토에는 압밀촉진 공법, 사질토에는 다짐을 통한 대책을 적용한다

좀더 거시적으로 접근할것!

I. 개요

1. 연약지반은 상부구조물의 하중을 지지할수 없는 지반으로서 안정과 침하, 측방유동에 문제를 유발시킬수있는 지반
2. 연약지반의 안정대책은 하중조절, 지반개량, 지중구조물 설치로 들수있다.
3. 연약지반의 시공관리 방안은 계측을 통해 안정과 침하 관리가 要求 된다.

II. 연약지반 판단기준

1. 내적 : 매립지, 유기질토등 시간경과후 문제가 발생할수있는지반
2. 외적
   - 상대적 기준 : 상부구조물의 하중을 지지할수 없는지반
   - 절대적 기준
     - 점성토 N<4
     - 사질토 N<10

     문제점 → 침하, 측방유동

III. 연약지반 대책공법의 수립 flow

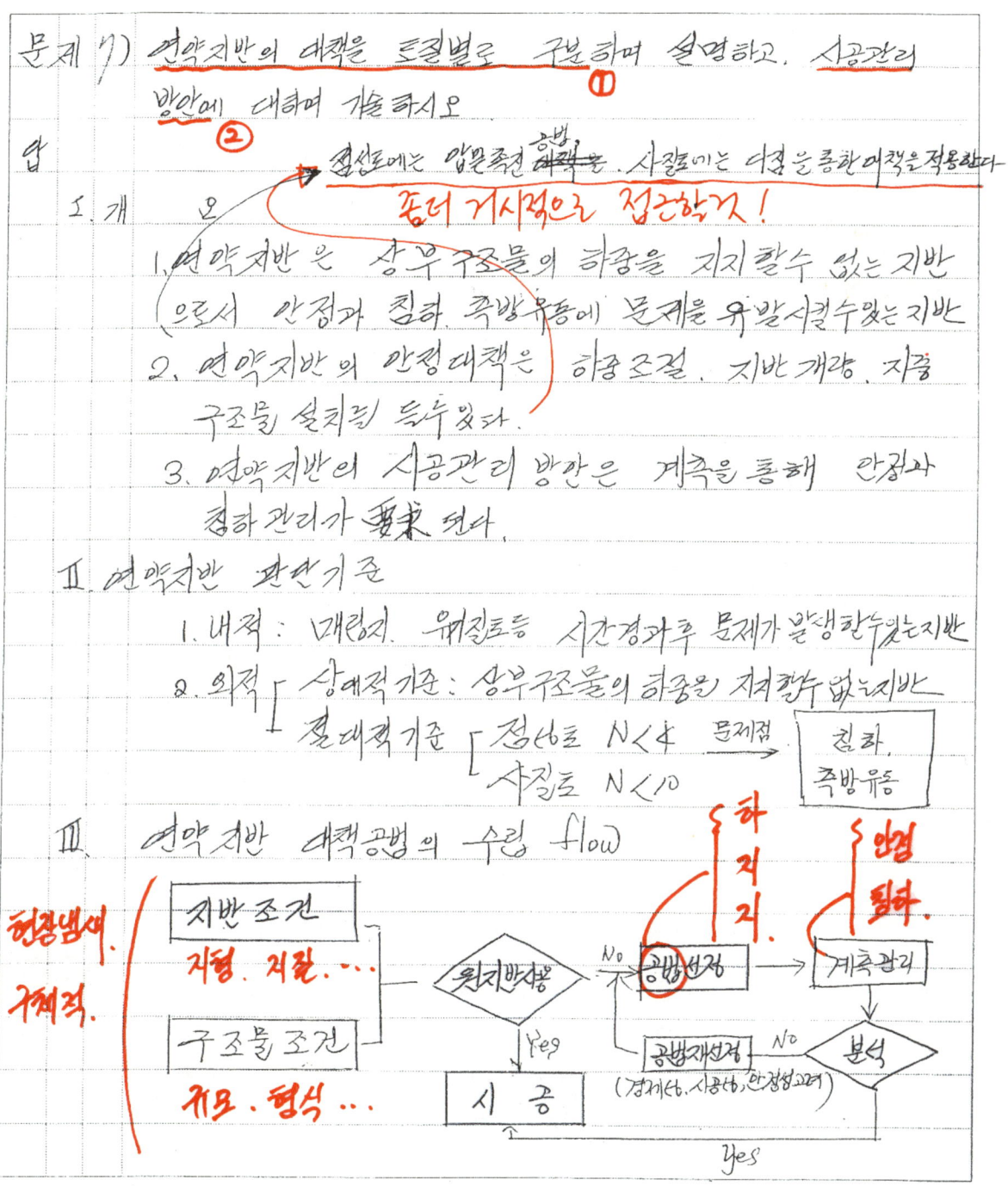

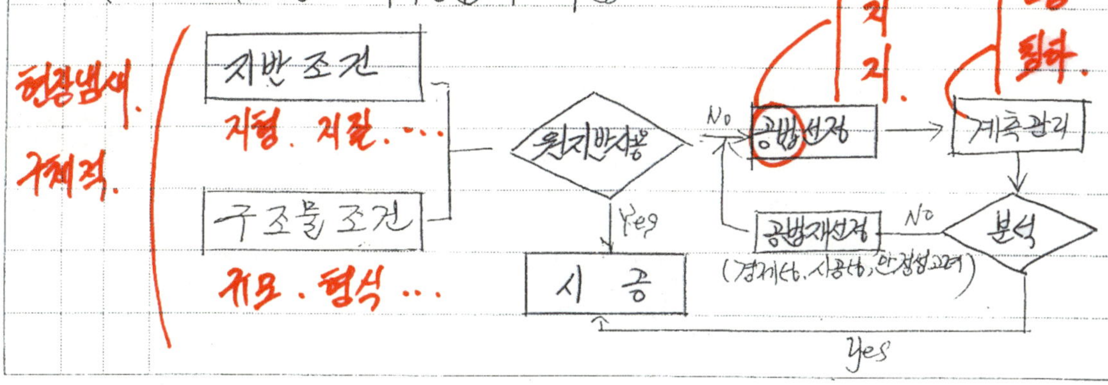

IV. 연약지반 대책의 분류 ← (질문요지는 토질별 분류!)

- 하중조절
  - 하중경량화 - EPS공법
  - 분산화
  - 균등화
- 지반개량
  - 치환, 치수, 고결, 다짐 → 안정 → 개량원리 $\tau = c + \sigma' \tan\phi$
  - 탈수 → 침하 → $t_v = \frac{T_v}{C_v} H^2$
- 지중구조물형성 - 골격형성, pile시공

토질별 분류할것

여백관리.

여기서, T_v: C_v: H:

V. 토질별 연약지반 개량공법 비교 (연직배수공법, 동다짐 비교)

구분	연직배수공법	동다짐공법	~~비고~~
적용토질	점성토	사질토	내용대체 유사
원리	수직배수재를 관입시켜 압밀시간 단축	추의 자유낙하 타격에너지로 사질토 지반개량	
시공순서	준비 → 케이싱관입 → 보드절단후 케이싱 인발	준비 → 1차타격 → 조사 → 2차타격 → 마무리	
장점	압밀효과 큼.	다짐효과 큼	
단점	배수효과저하 Smear effect, Well Resistance, Mat Resistance	액상화우려, 소음진동 발생, 장비의 전도	

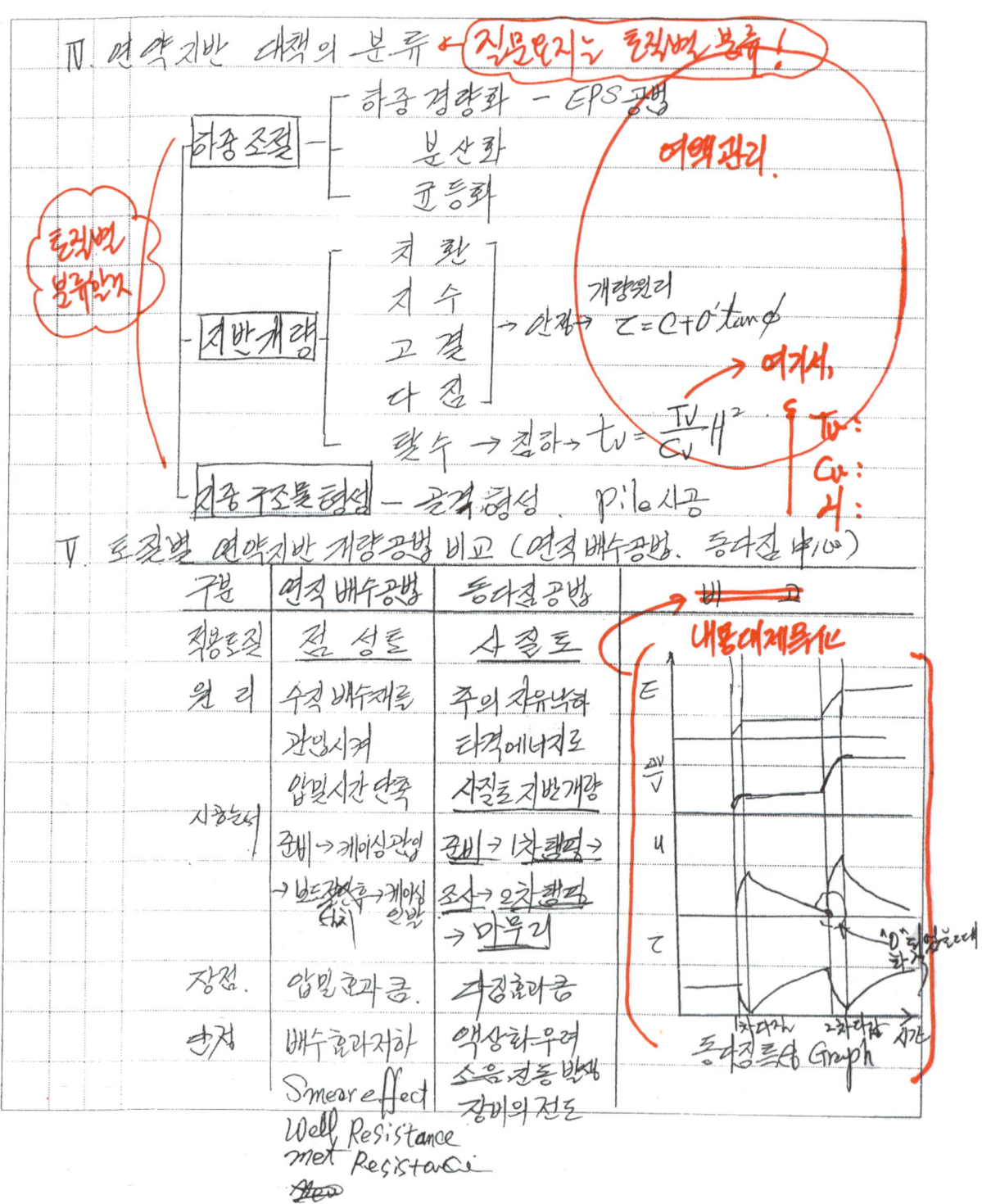

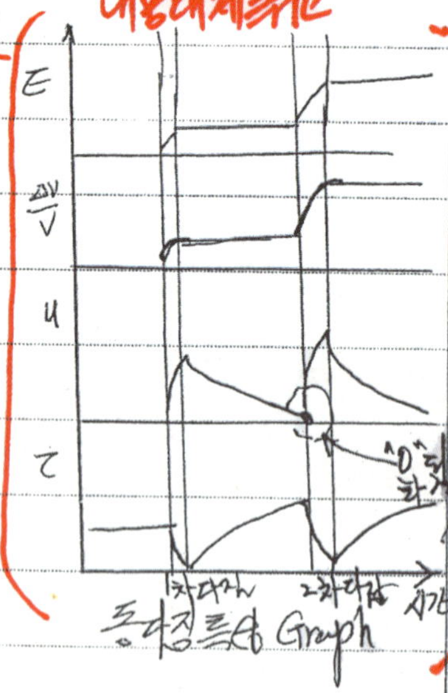

동다짐 특성 Graph

Ⅵ. 연약지반 대책공법 적용시 시공관리방안 (송도신도시 1-1공구 적용사례)

광로 2-11호선 Preloading 공법 施工時 적용

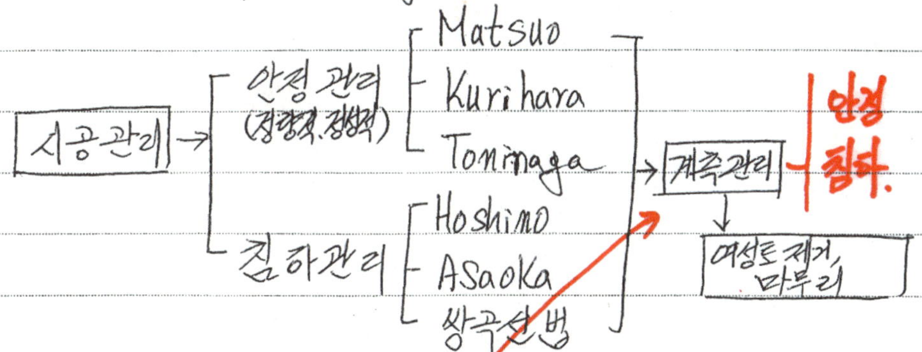

Ⅶ. 송도신도시 1-1공구 연약지반 개선사례

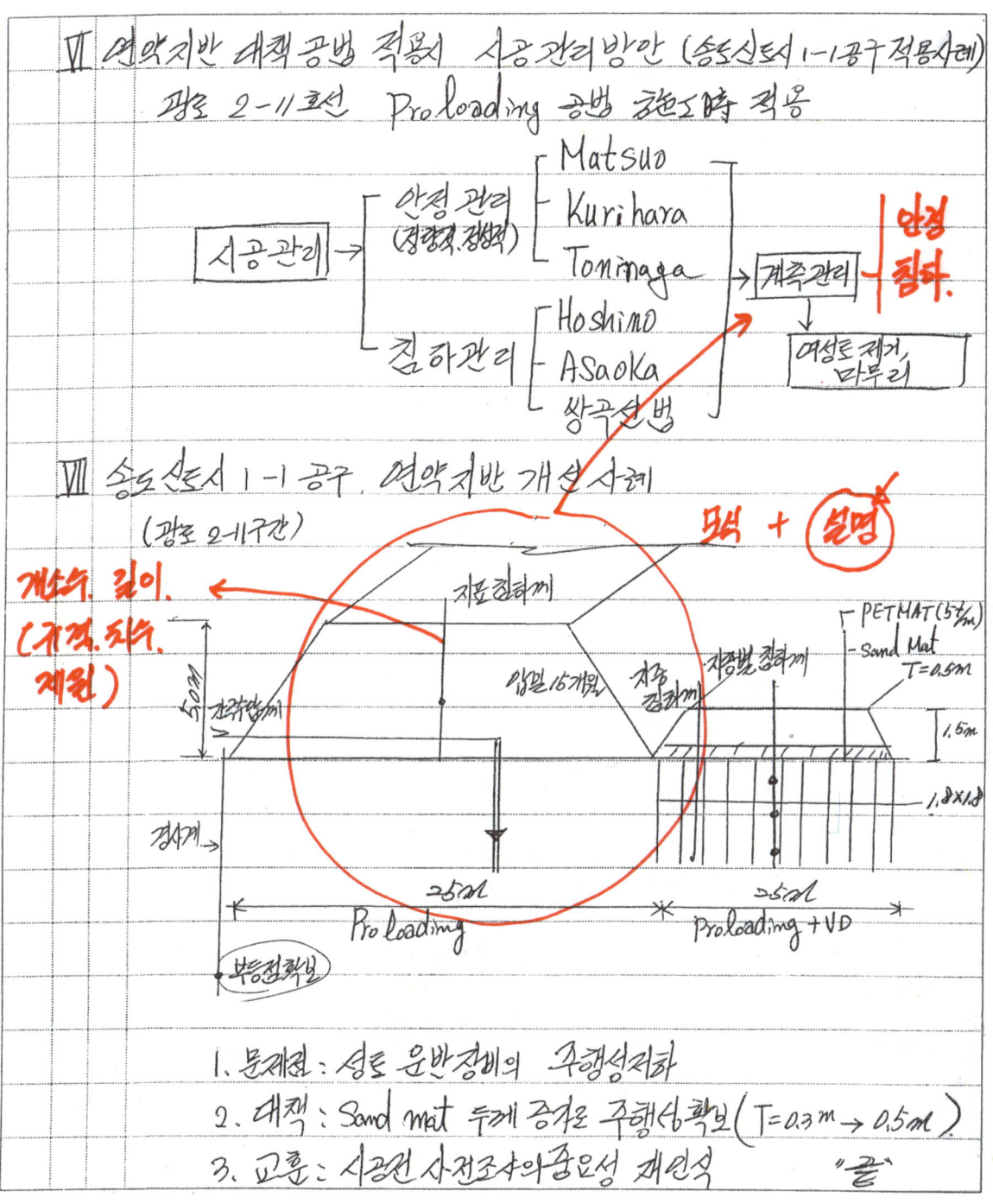

(광로 2-11구간)

모식 + 설명

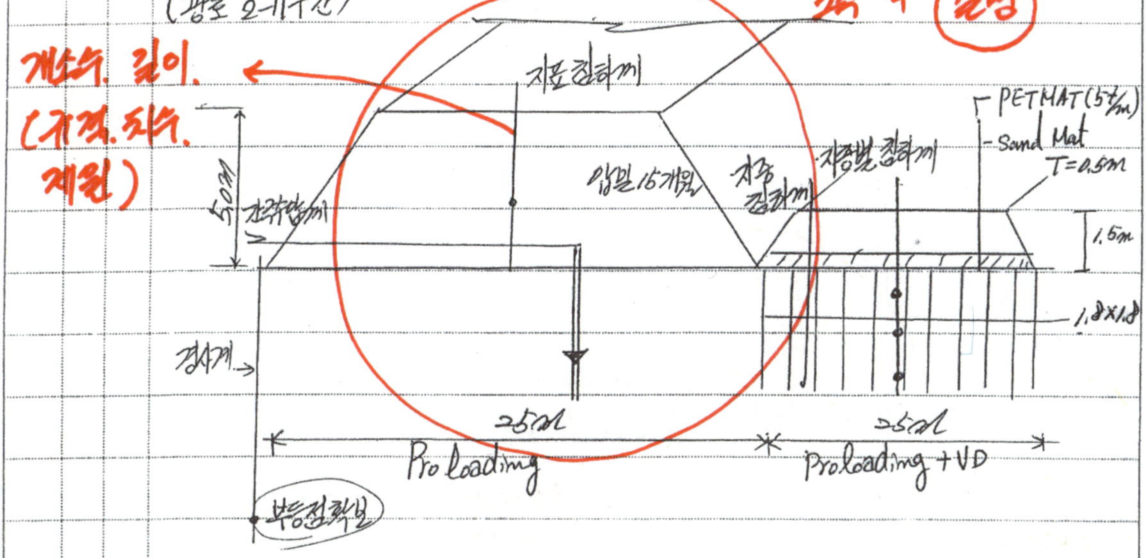

1. 문제점 : 성토 운반장비의 주행성저하

2. 대책 : Sand mat 두께 증가로 주행성확보 (T=0.3m → 0.5m)

3. 교훈 : 시공전 사전조사의 중요성 재인식 "끝"

문8) (옹벽의) 안정조건 ① 및 shear key 설치이유를 ② 설명하고 시공시 간과하기 쉬운 사항이 ③ 대하여 기술하시오

반영!

답)

Ⅰ. 개요.

1. 옹벽의 안정조건은 내적 (con'c, 지반) 조건과 외적 (전도, 활동, 지지력, 원호활동, 침하) 조건에 대한 관리가 요구되며 외적조건의 불안정시 대책으로는 저판확대, shear key 설치, 지반개량, 말뚝기초시공 등임.

2. shear key 설치 이유는 활동저항력과 마찰저항력 증대로 안정성 향상에 목적이 있다.

3. 시공시 간과하기 쉬운 사항은 배수처리, 뒤채움 재료관리 줄눈시공, 기초지반처리 등을 시방규정에 맞게 처리함.

Ⅱ. 옹벽의 활동저항력 향상을 위한 신기술 적용사례 (○○ 현장)

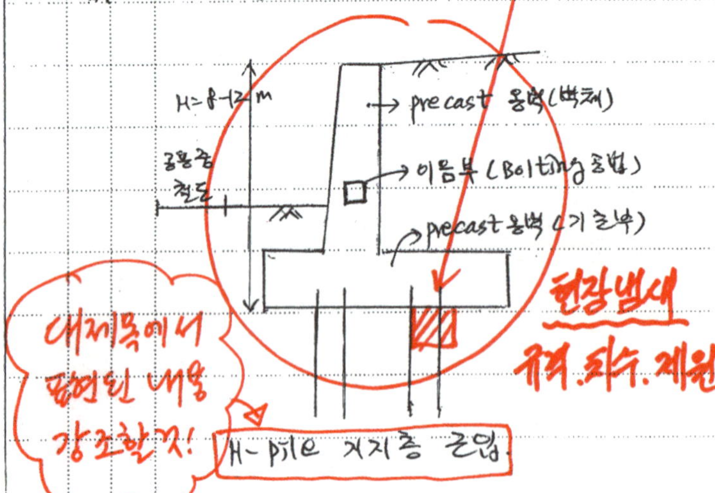

1. 공법 개요

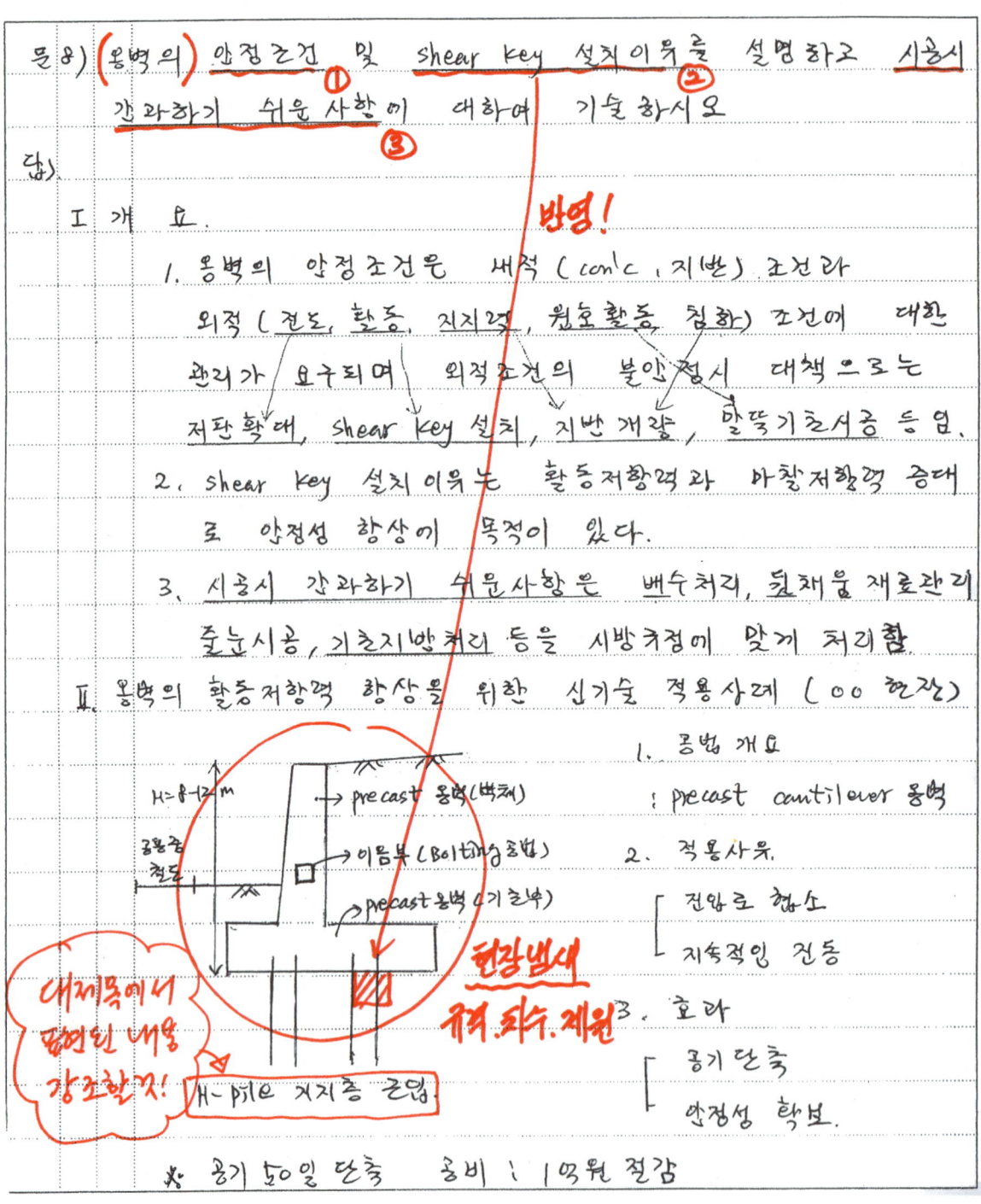

: precast cantilever 옹벽

2. 적용사유.

- 진입로 협소
- 지속적인 진동

3. 효과

- 공기 단축
- 안정성 확보.

※ 공기 50일 단축 공비 : 1억원 절감

Ⅲ. 옹벽구조물의 안정조건 및 불안정시 대책. 현장냄새

구분	안정조건	불안정시 대책	비고.
내적	con'c → 균열, 열화	보수·보강	※ 불안정시 문제
	지반 → 세굴, piping	지반 개량	균열 / 열화 / 세굴 / piping
외적	전도 ($F_s \geq 2.0$)	저판 확대	
	활동 ($F_s \geq 1.5$)	shear key	
	지지력 ($q_u \leq q_a$)	지반개량, 말뚝기초	
	원호활동 ($F_s \geq 1.5$)	근입깊이 증대, 말뚝	무리하게 기술하지 말것!
	침하		

Ⅳ. 옹벽시공시 shear key 설치이유 및 설치시 고려사항

1. 설치이유
   - 활동저항력 증대
   - 마찰저항력 증대

2. 설치배경
   - 저판 확대 불가시
   - 사항 설치 곤란시

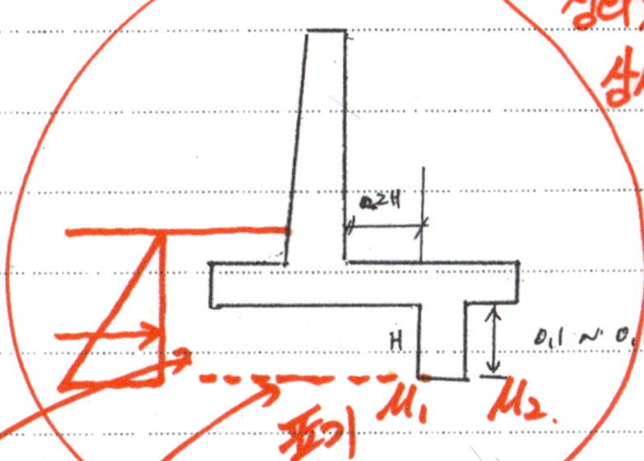

성의있게 상세히.

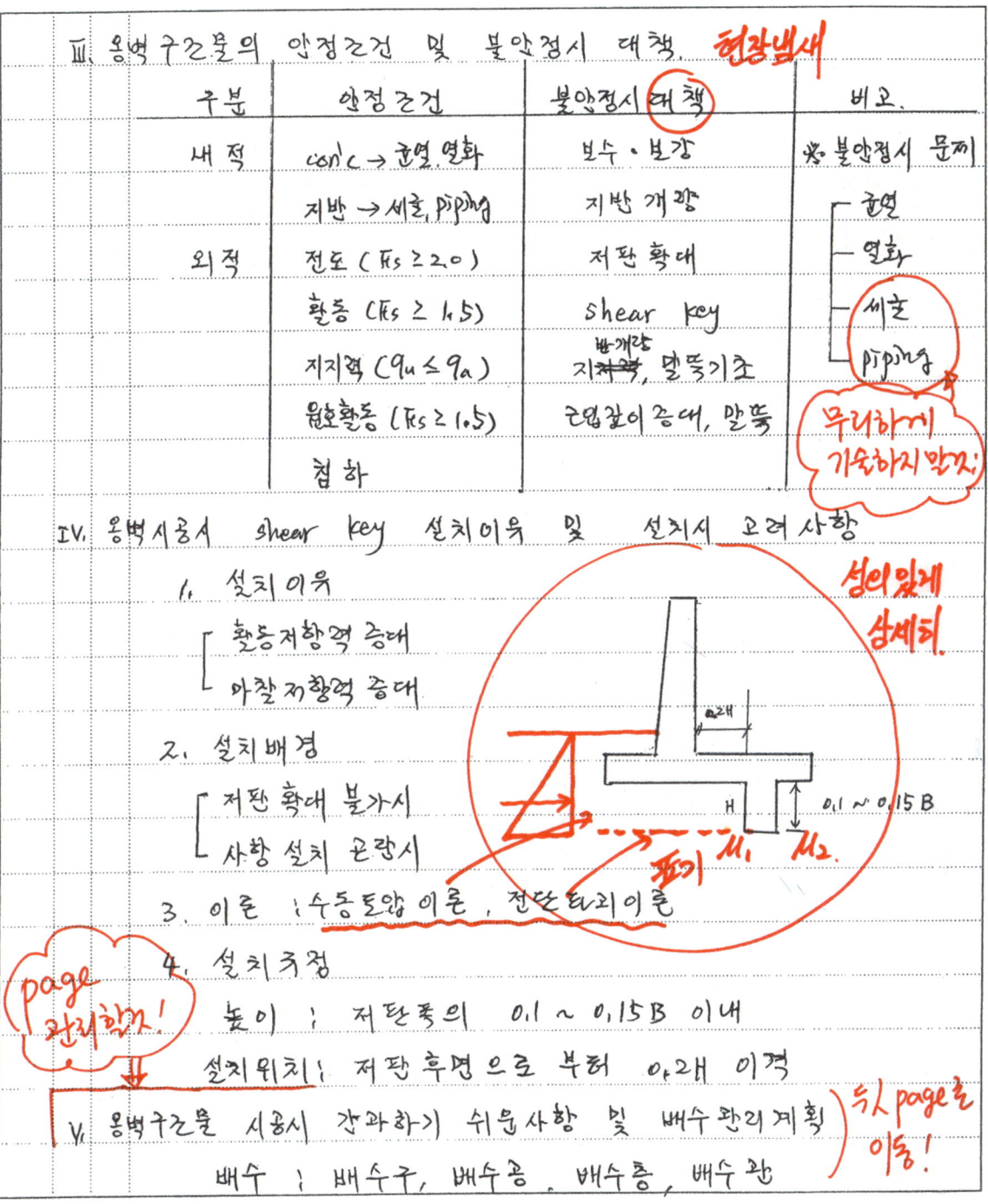

3. 이론 : 수동토압 이론, 전단파괴이론

4. 설치주점
   - 높이 : 저판폭의 0.1 ~ 0.15B 이내
   - 설치위치 : 저판 후면으로 부터 0.2H 이격

page 관리할것!

Ⅴ. 옹벽구조물 시공시 간과하기 쉬운사항 및 배수관리계획 — 두쪽 page로 이동!

배수 : 배수구, 배수공, 배수층, 배수관

Page 관리.

Page 상단 대제목 시작.

뒷채움 : 구조물 + 토공 → 압축성 차이로 단차

줄눈 : 기능성 (신축, 수축), 비기능성 (시공)

기초 지반처리 : 연약 지반

구조. 치수. 재원 + 유선망.

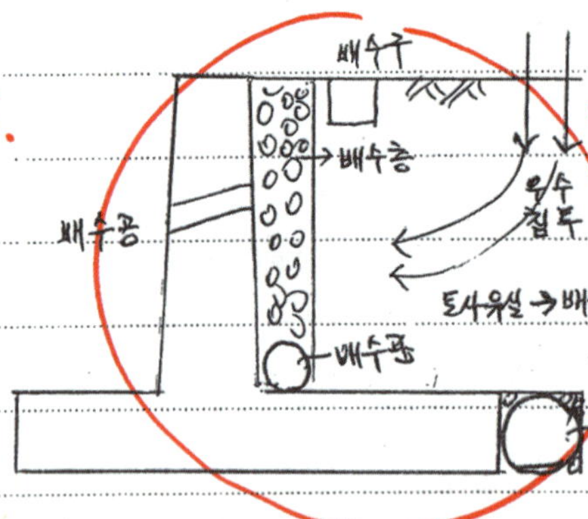

- 조립토 : 배수구 + 배수공
- 조립+세립토 : 배수구+배수공+배수층
- 세립토 : 배수구 + 배수공 배수층 + 배수관

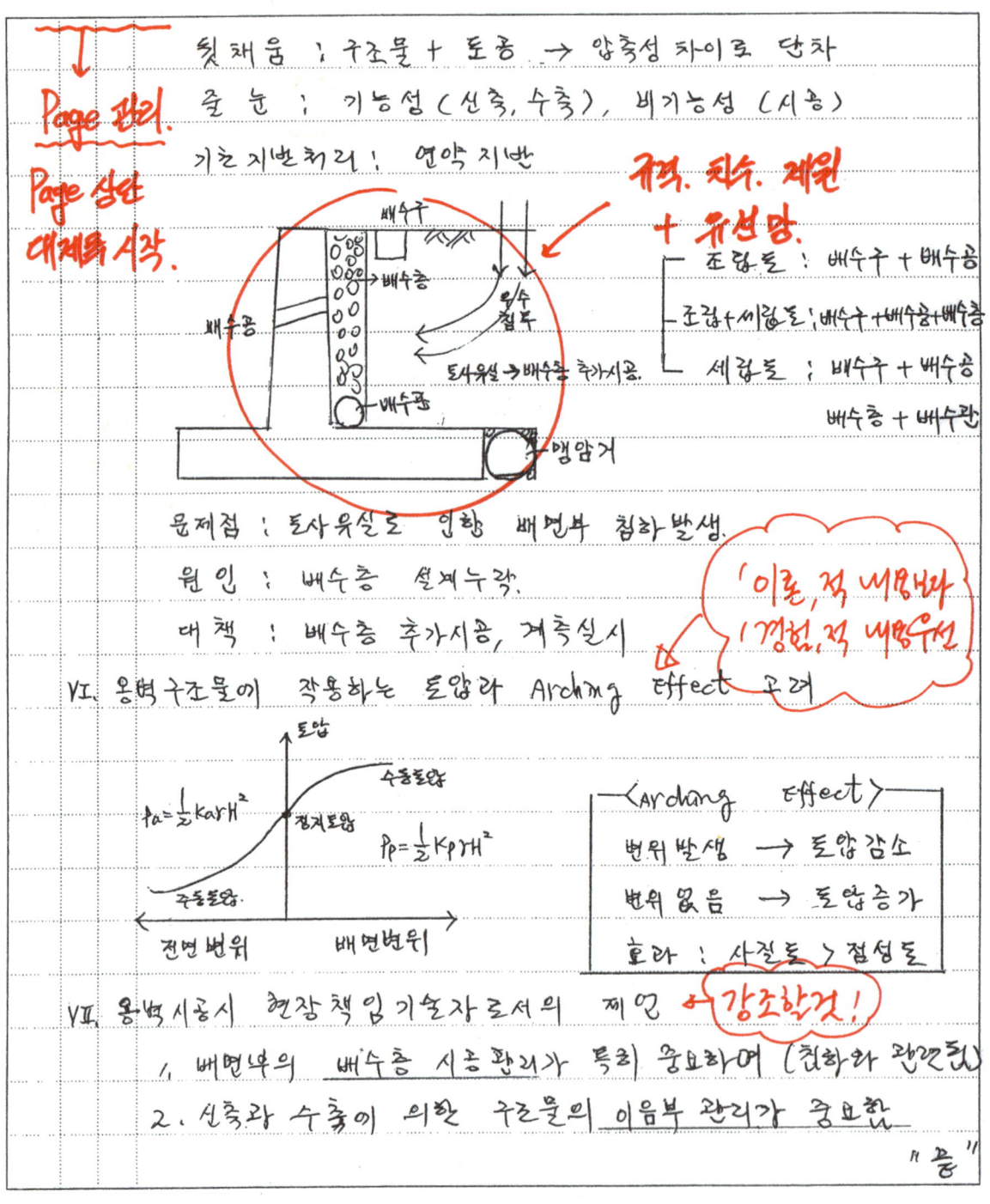

문제점 : 토사유실로 인한 배면부 침하 발생.

원인 : 배수층 설계누락.

대책 : 배수층 추가시공, 계측실시

'이론'적 내용보다 '경험'적 내용우선

VI. 옹벽 구조물에 작용하는 토압과 Arching Effect 고려

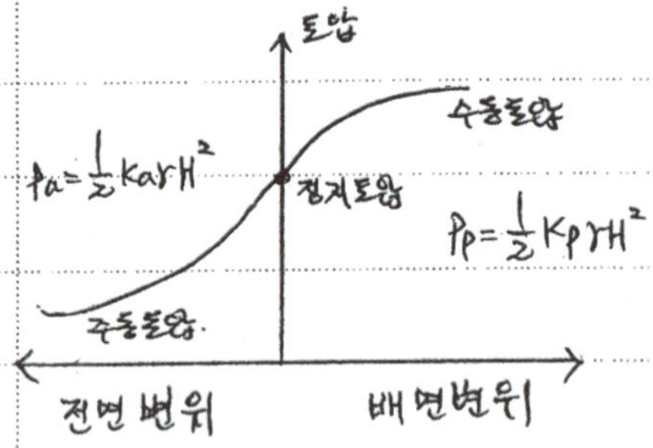

<Arching Effect>

변위 발생 → 토압 감소

변위 없음 → 토압 증가

효과 : 사질토 > 점성토

VII. 옹벽 시공시 현장책임기술자로서의 제언 ← 강조할것!

1. 배면부의 배수층 시공관리가 특히 중요하며 (침하와 관련됨)
2. 신축과 수축에 의한 구조물의 이음부 관리가 중요함

"끝"

번호 문제97) 지하수위가 높은 지반에서 굴착공사시 문제점 및 적합한 흙막이 공법에 대하여 기술하시오.

질문조건 ① ②

답

Ⅰ. 개요

1. 지하수위가 높은 지반에서 굴착공사시 문제점으로는 1차적(인적·물적), 2차적(지하수위 변화, 보강공사에 따른 공기손실)이 있으며

2. 지하수위가 높은 지반에 적합한 흙막이 공법으로는 Slurry wall (수직도관리. 철근망부상), Sheet pile(차수불량)의 관점이 있으며,

3. 지하수위가 높은 지반에서 굴착시 대책으로는 우선적(복수. 주수공법), 부가적(저진동. 저소음 장비) 방법이 있으며,

4. OO 지하철 9-2공구 시공시 Slurry wall 공법을 시공하였다.

Ⅱ. 지하수위가 높은 지반에서 굴착시 check Point

1. 벽체의 안정 (변형관계)
2. 지지구조의 변형 (응력관계)
3. 주변 구조물의 변형 (균열관계)
4. 지하 수위 변동 (간극수압관계)

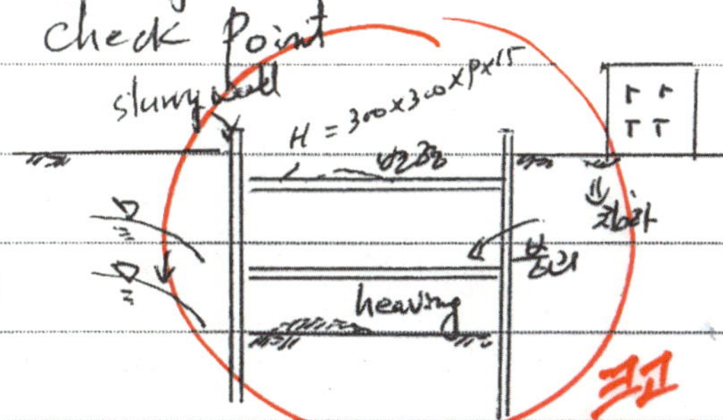

Ⅲ. VE/LCC 평가를 통한 흙막이 공법 선정 개념

모식도.

구 분	Slurry wall	Sheet pile	비고
성능 (P)	92.5	88.4	※OO지하철
상대적 LCC	1.0	1.4	9-2공구
가치지수	92.5	63.1	공법선정 개념
선정	◎	-	(2002년)

번호

IV. 지하수위가 높은 지반에서 굴착공사시 문제점

1. 1차적
   1) 인적 : 작업의 안전성 저하
   2) 물적 : 측압증대 → 가시설 변경
2. 2차적
   1) 지하수위 변화 → 민원 발생 .침하
   2) 보강공사에 따른 공기손실 → 간접비 증가
   3) 구조물 영향 → 균열, 보상

내용 대제목시

V. 지하수위가 높은 지반에 적합한 흙막이 공법의 특징

구분	Slurry Wall	Sheet pile	~~비고~~
원리	차수(화학적)	차수(물리적)	參. 00 지하철(9-2공구)
경제성	불리	유리	·Slurry wall 적용
시공성	난이	양호	·L=680m
환경성	일수현상	진동.소음	·H=23m
안전성	구조적 안정	불안정	·철근망 부상
장점	영구벽체	시공성	→공기 2개월 지연
단점	수직도 관리	차수불완	
	철근망 부상	시공도 저하	

VI. 지하수위가 높은 지반에서 굴착시 대책 현장별세.

질문의 지중 중요도 大.

1. 우선적 대책
   1) 복수공법, 주수공법 병행
   2) 주변 구조물의 보강 Grouting 실시 (계측실시)
2. 부가적 대책
   : 저진동, 저소음 장비의 활용

규격 + 차수 + 계원

번호 VII. Slurry Wall 적용시 시공과정별 주의 사항

| 조사·시험 → Guide wall → Slime처리 → Con'c 타설 |

- Boring
- 물리탐사
- (GPR, TSP)

- 수직도관리(±10㎜)
- 장비진입
- Trafficability

- 일수현상
- Mud cake
- 강도저하

- 철근망 부상 관리
- 피복관리 (80㎜)
- 재료분리

VIII. 지하수-연약 및 굴착에 따른 계측관리 방안 (민원중심)

1. 1차적
   1) 시공전 : 사전조사
   2) 시공중 : 안정 check
   3) 시공후 : 유지관리

관리절차
관리한계치

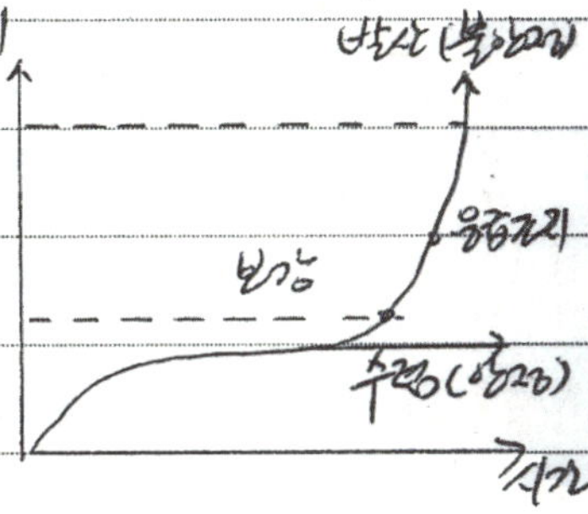

2. 2차적 : Feed back → 설계반영
3. 3차적 : 대민홍보, 법적근거 마련

IX. ○○ 지하철 ○-○ 공구 계측관리 사례 (2002년)

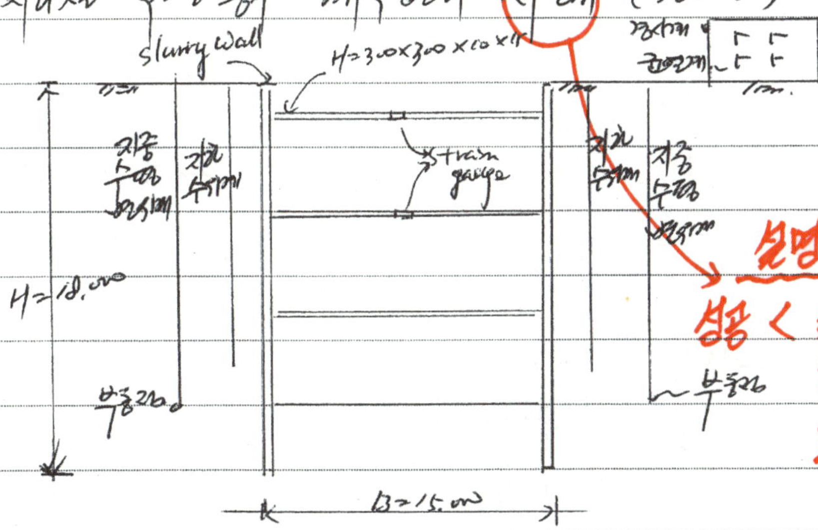

설명
성공 < 실패
개선
교훈

예: '문제점' 유형인 경우 '경험사례'의 내용이) 문제점 - 원인 - 대책으로 기술하는 것이 유리!

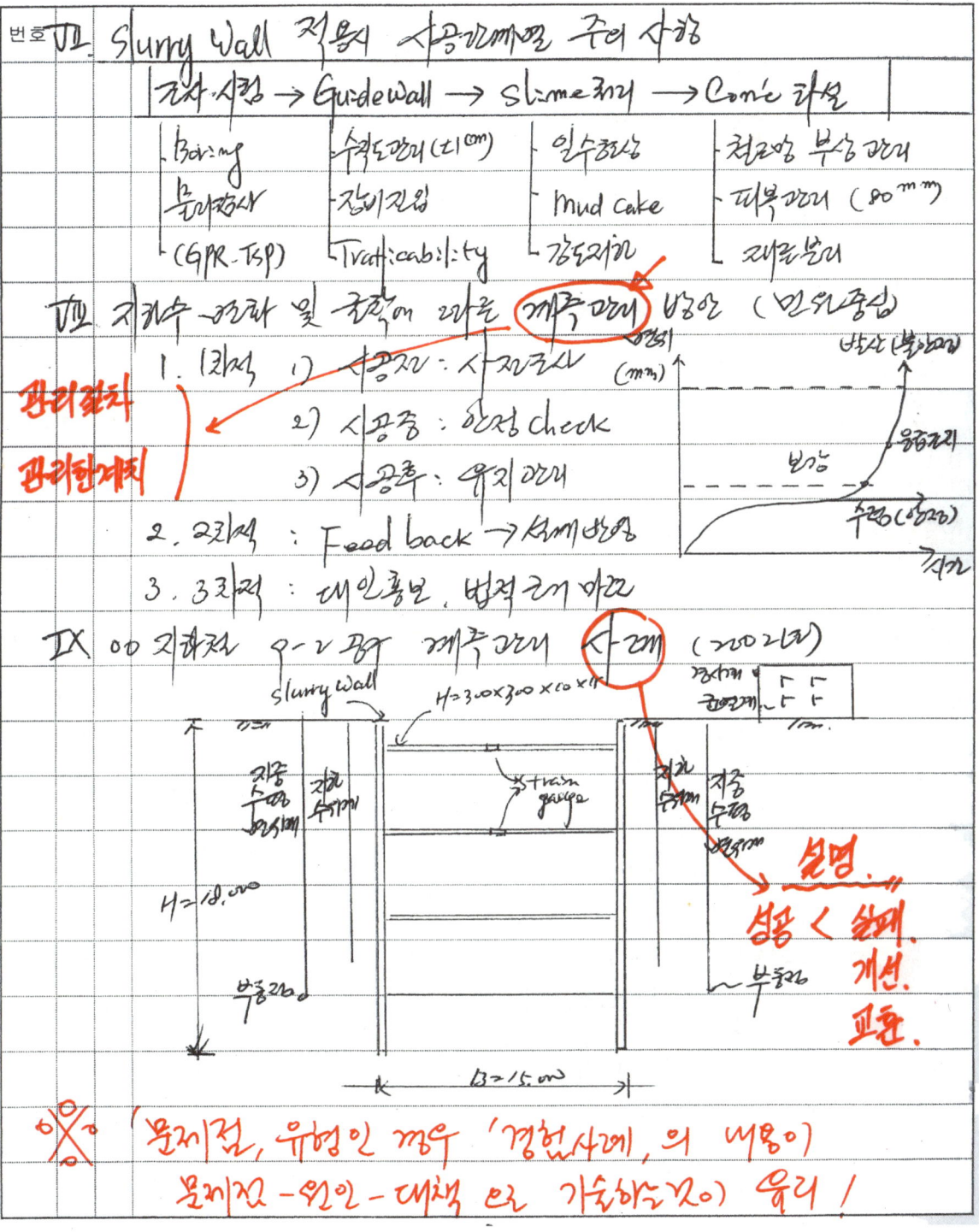

문제 10) (말뚝 기초의) 지지력에 영향을 주는 요인 및 지지력 산정 방법의 종류 및 특징에 대하여 기술하시오 ① ② ③

답)

I 개요

지지력 Keyword → 부마찰력, 군말뚝효과, Thixotropy, 폐색효과 등...

1. 말뚝기초의 지지력에 영향을 주는 요인에는 Time Effect와 Load transfer가 있으며

2. 말뚝기초 지지력 산정 방법의 종류는 정적(Static Approach) 동적(Dynamic Approach), 정동적(Statnamic Approach) 방법이 있고

3. Static Approach의 특징은 시험기간이 길고 복잡하며 비용이 고가이나, 가장 정확한 지지력 산정 방법이고

4. Dynamic Approach는 (말뚝의 응력과 변형을 분석하여) 짧은 기간에 저렴한 비용으로 실시하는 간단한 시험이나 신뢰성이 떨어지는 특징이 있음.

현장냄새 가미할것!

II. 대구경 현장타설 말뚝에 적용되는 Osterberg Cell시험특징

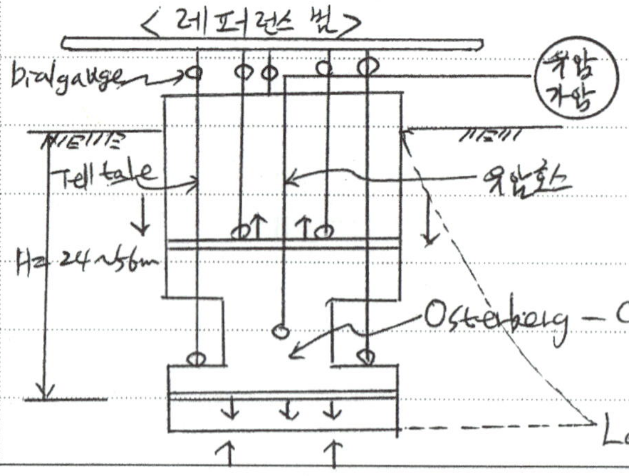

장점	1) 재하장치 불필요
	2) 선단+주면 분리측정
	3) 경사말뚝 적용가능
단점	1) 시험장치의 확인불가
	2) 재하용 불가
	3) 말뚝시공전 Cell설치

Ⅲ 말뚝 기초의 지지력에 영향을 주는 요인 → 특성요인도.

1. 외적 : 부 마찰력 (Negative Skin friction)

2. 내적 [장비 (시공법), 말뚝재료, 침하 / 이음개소, 이음방법, 무리말뚝]

Ⅳ 말뚝기초의 지지력 산정 방법의 종류 (~~분류~~) 生

종류, 분류는 (특징, 이 강조) 강조되어야 함!

여백관리.

1. Static Approach (정적)
   - 정역학적 [Meyerhof式 / Terzaghi式]
   - 정재하 시험
   - Osterberg Cell 시험
   - 유사 정역 해석

2. Dynamic Approach
   - 동역학적 [Hiley / Sander]
   - 동재하 시험 (PDA)

※ 사장교 기초파일 시공시 → Hiley식, 시공시 → PDA, 정재하

Ⅴ 지지력 산정방법중 정재하 시험과 동재하 시험의 특징 내용 대개력 비교

구분	정 재하	동 재하	~~비고~~
원리	실물 재하	응력, 변형 분석	※ 사장교 현장
시험법	복잡	간단	기초파일
경제성	1,200만/회 5시간 (반력말뚝제외)	170만/회 1시간 内	총 290본 中
시간			정재하 2회
적용성	대형구조물	소형	동재하 4% 실시
신뢰성	우수	상대적 저하	

V. 말뚝기초 지지력 산정시 주의사항

현장냄새.

1. 산정전 : 1) 말뚝기초 수직도 관리
   2) 말뚝기초 지지력 산정 계획 수립
2. 산정중 : 1) 계측기기의 검... 및 파손 확인
   2) 경험이 풍부한 기술자에 의한 시험
   내용주의! 3) 시험 Data의 신뢰성 검토
3. 산정후 : 1) Time Effect 영향고려 ?

여백관리.

VI. 말뚝기초 지지력 산정시 Time effect 와 Load Transfer 현상

(단위)

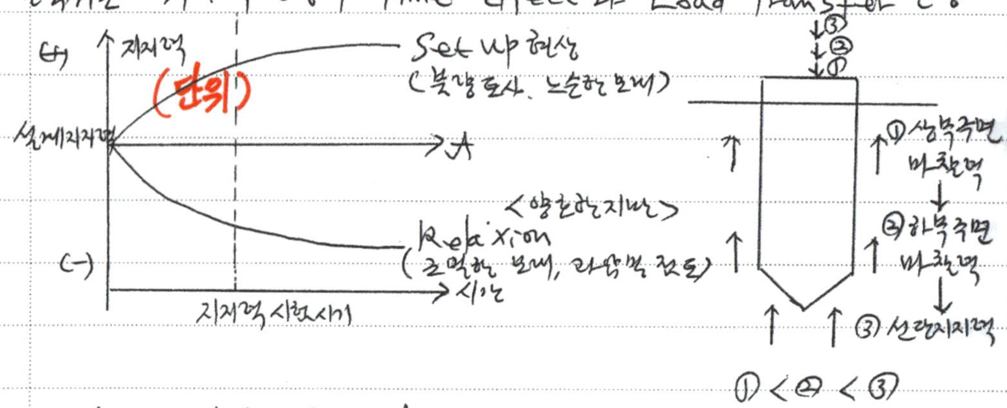

※ 대전 사정교 Pier 기초

→ Set up Effect [1.5개월 : 6%
3개월 : 14%

사례, 맺음말

VII. 말뚝 기초의 지지력 산정방법 중 동재하 시험순서

조사 → 계획 → 시항타 → 지지력 결정 → 본항타

- 조사: 현장조사, 지반조사
- 계획: 항타계획수립, 소음, 진동계획
- 시항타: 수직도 관리
- 지지력 결정: Time Effect 고려

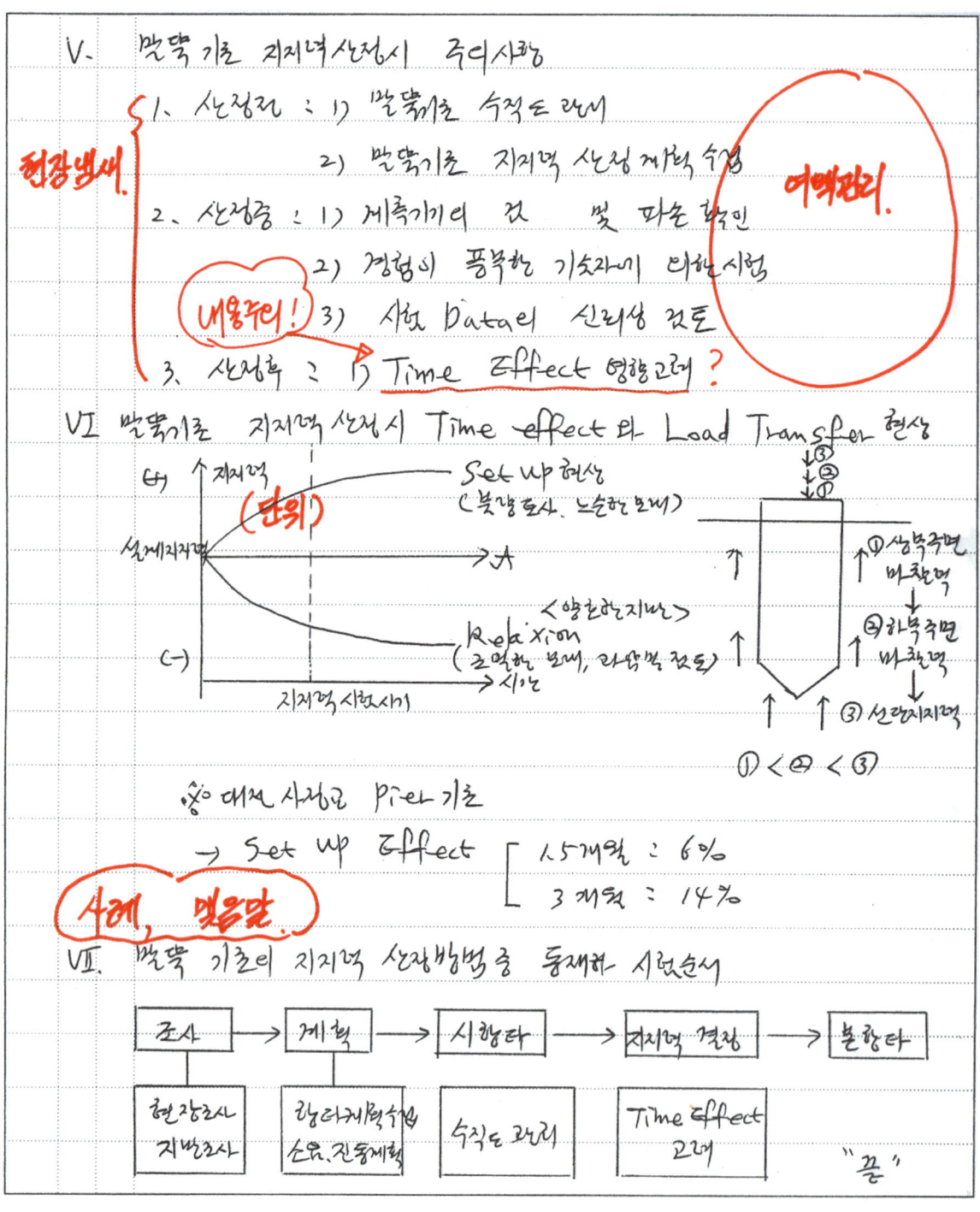

"끝"

문제 11) (대구경) 현장타설 말뚝의 종류를 열거하고 장, 단점 및 시공시 주의사항에 대하여 기술하시오 (공법: 순, 단, 주, 지지력, 단계)

答

I. 槪要

1. 대구경(大口徑) 현장타설 말뚝의 종류는 ? (실수관계)

2. 장, 단점사항으로 장점은 무진동, 무소음 공법으로 환경에 용이하며 단점으로는 수직도 관리 및 slime처리를 철저히 해야 한다.

3. 시공시 주의사항은 굴착전, 중, 후로 주의하여야 하며

4. 신고리 원전 ○○호기 해저 Shaft 구조물 축조공사에서는 RCD 공법을 채택하여 사용하였다 (2005~2008年)

Keyword 반영

Guide wall
수중 Conc
일부편심 등...

II. 대구경 현장타설 말뚝의 軸方向 하중하에서 設計 槪念

(설명, 단위)

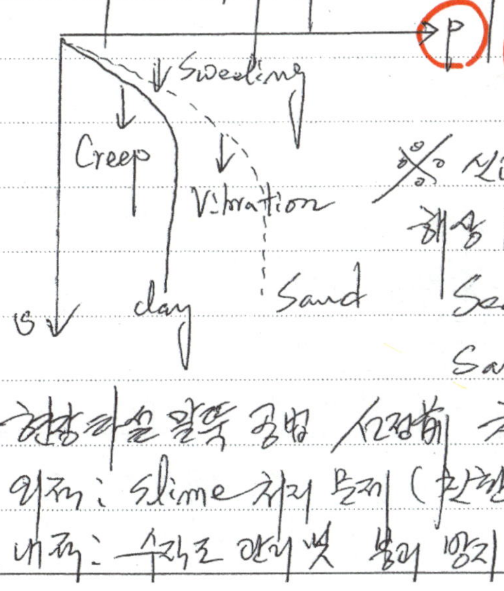

※ 신고리 원전 ○○호기 (2005年 계획)
해상 RCD (D=3.0m x 25m)
Sea bed line = 10m 지층
Sand (1.2m) 지층 : 붕괴

III. 대구경 현장타설 말뚝 공법 선정前 채용기술자로서 검토

1. 외적 : slime 처리 문제 (단한경)

2. 내적 : 수직도 관리 및 붕괴 방지

Ⅲ. 대구경(大口徑) 현장타설 말뚝의 종류(分類)

(모식도, 그래프, 관련식)

현타말뚝 ─ 인력: 심초공법(Caisson): 경부고속철도 OO공구 적용
 └ 기계 ┌ Benoto (All Casing)
 ├ Earth Drill
 └ RCD (Riverse Circulation Drilling)

(내.외적) 현타말뚝 문제 모식도.

예) 신고리 원전 OO호기 해저 Shaft: RCD 적용(2005年)

Ⅳ. 대구경 현장타설 말뚝의 장단점(RCD와 Benoto 중심기술)

구분	RCD	Benoto	현장적용
굴착장비	회전 Bit	Hammer grab	신고리 원전 OO호기
공벽유지	정수압	Casing	해상 Shaft 공사
시공성	수상유지	지상/암	(2005年 공정율: 83%)
경제성	200,000/m	150,000/m	제원: L=25.5m
단점	수직도 관리	수상불리	D=3.0m
	Slime	수직도 관리	→ 30공
	환경오염	소음발생	RCD 적용
장점	무소음	공벽붕괴	

(질문요지이므로 강조할것)

Ⅴ. 대구경 현장타설 말뚝의 시공순서 Flow (RCD 중심)

현장냄새 (규격 치수 제원)

측량 → 굴착장비 Setting → 굴착 → 수직도 관리 → Slime처리 → 철근망 삽입 → 콘크리트 타설

예) 신고리 원전 OO호기 해저 Shaft (RCD)
수직도 관리 ⇒ KODEN TEST

Ⅶ. 대구경 현장타설 말뚝의 시공시 주의사항

굴착전	굴착중	굴착후
측량(Center 확인)	수직도 관리	유송/해상
변위방지	공벽붕괴	Conic 타설 관리철저
공법선정 (유송/해상)	slime 처리 (친환경)	굴착장비 청소 (재사용 및 주변청소)

현장별 세(상세히)

※ 신어 원자로 OO호기 굴착토(200,000 m³): 재활용 → 수중가무침 사용

Ⅷ. 대구경 현장타설 말뚝의 지지력 확보를 위한 Test.

1. Static approach: Meyerhof 공식, Terzaghi 공식
2. Dynamic approach: Sander 공식 및 Hiley 공식

※ 신어 원자로 OO호기 본관기초: Osterburg cell 적용 (2006年)

Ⅸ. 친환경 대구경 현장 타설 말뚝시공을 위한 책임기술자의 小考

1. 굴착: 수직도 관리 / 무소음 방지
2. 환경(민원): Slime 처리, 주변누수(누출) 방지
3. VE 극대화: 시공(굴착)전 VE를 통한 원가절감. 끝,,

모식도 강조 → (PDA, O-Cell)

문제(12) ACP와 CCP의 차이점 ① 및 각 포장의 파손원인 ② 및 대책에 ③ 대하여 기술하시오.

답)

글씨가 Box를 벗어나지 말것!

I. 개요

1. ACP와 CCP의 차이점은 구조적(역학적성질, 내구성)과 일반적(시공성, 유지보수) 차이점이 있으며,

2. 각 포장의 파손원인으로는 설계, 재료, 시공 잘못과 유지관리 소홀에 의해 발생되며, 파손대책으로는 방지대책과 처리대책으로 구분하여 시행되고 내구수명 증진을 위해 유지관리에 철저를 기해야 한다.

II. ACP와 CCP의 내구수명 증진을 위한 Management system

포장별로 항목별 상세히.

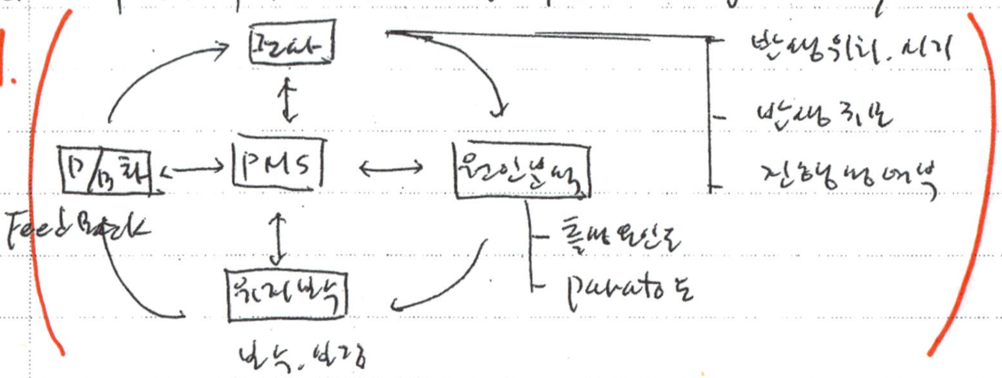

III. ACP와 CCP의 포장형식 선정시 고려사항

1. 우선고려
- 교통 ~ 량, 하중 ...
- 토질 ~ 지질, 지하수 ...
- 기후
- LCC

2. 부가고려
- 동일지역 유사포장 공용성
- 인근지역 기존포장, 재료이용도,
- 교통안전
- 시공자 능력 경험

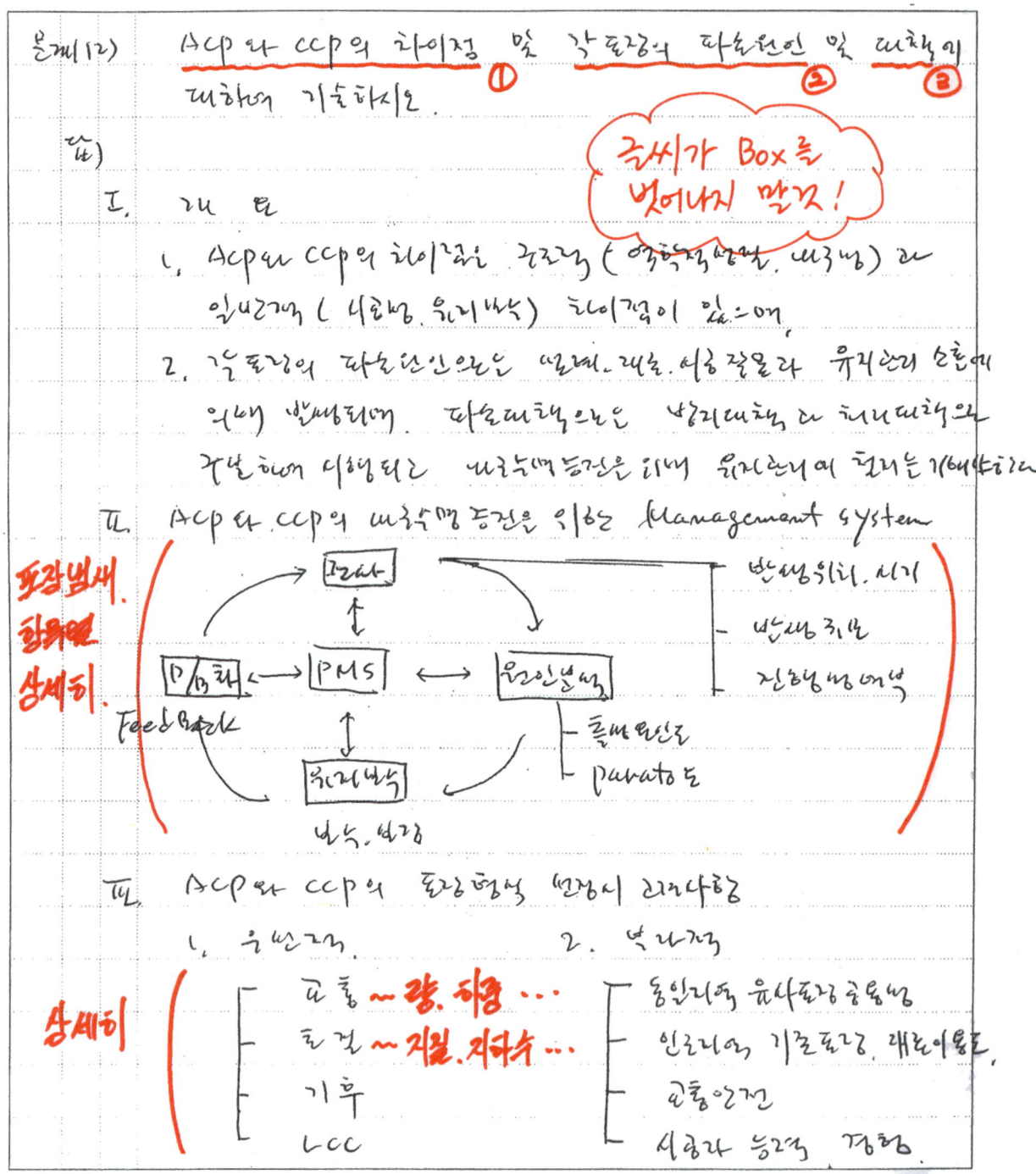

상세히

IV. ACP와 CCP 포장의 차이점. 하나로. 크고 상세히

구분		ACP	CCP	비고
구조적	역학적 특성	가요성	강성	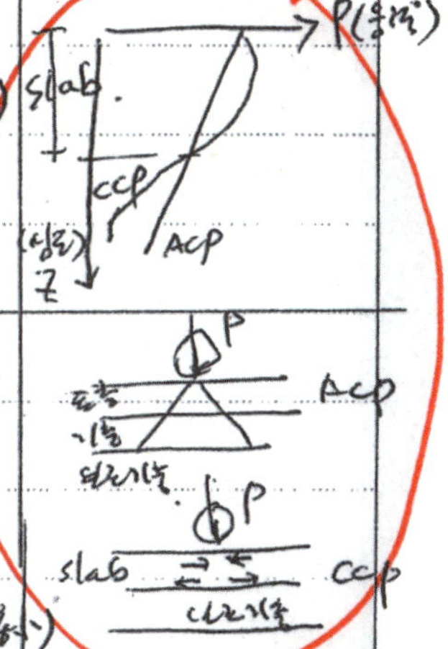
	내구성	짧음(5~10년)	길다(20~40년)	
	지반지지력 영향	양호	불량	
	교통하중 지지방식	분산	지지	
시공적	시공성	간단	복잡	
	공비/자재	불리	양호	
	소음/진동	적음	크다	
	유지보수	5~10년(대응적)	20~40년(대응적)	

V. ACP와 CCP의 포장파손시 문제점 (울산OO 산업도로)

1. 직접적 [포장단면저하 → 교통흐름 방해 / 교통사고 유발 → 인적, 물적 피해

이론. Mechanism

2. 간접적 : 포장파손 → 보수, 보강 → LCC증가 (사회기반비용 과다)

VI. ACP와 CCP의 포장파손 원인 (울산OO 산업도로) (설, 재, 시공)

내용이 '원인'이 아니라 '발생형태', ※ 실수관해 할것!

구분	ACP	CCP	비고
초기	소성변형, 지반침하	2차응력, 균열, 설계, 시공	※ ACP 소성변형이론 / 체적감소(유동변형) / 체적유지(전단변형)
후기	피로균열, 저온균열,	동결균열, Blow up, pumping, punchout, spalling.	 (2~3%) (6~9%)

※ 울산OO 산업도로 포장파손 주원인 : 중차량에 의한 소성변형

VII. ACP와 CCP의 포장파손 ~~발생 및 처리~~대책 **문제혼동.**

질문요지

현장분석

구분	ACP	CCP	비고
발생원인	소성변형 → 개질재 피로균열 → 다짐철저 포트홀 → 고온다짐 / 모르타르 채움	2차응력 → 줄눈설치 열화 → 표준 시공철저, 양생관리.	※ 개질재 포장 (SMA) $\tau = c + \sigma \tan\phi$ ϕ 증가 → τ 증가
처리대책	유지 : 부분재포장, 패칭, 표면처리, 절삭 보수 : overlay, 절삭 후 전면재포장.	유지 : Sealing 보수 : 부분단면, 전단면.	조 : 세골재 = 9 : 1 + Viatop.

VIII. ACP 포장파손에 따른 유지보수 사례 (VECP사례)

1. 공사명 : 울산 OO 산업도로 재포장공사. (2005년)
2. 공사개요 : 도로폭 : 20m. 연장 : 4.5km.
   포장형식 : ACP.
3. 문제점 및 원인.
   1) 문제점 : 소성변형에 따른 균열. 바퀴패임현상 (Rutting) 교통흐름 저하. 교통사고 빈발.
   2) 원인 : 중차량 통과 (산업도로 특성상) 과적차량
4. 처리대책 및 효과.
   1) 처리대책 : 표층부 절삭 후 개질재 재포장 (SMA) ← **구체적.**
   2) 효과 : 초기비용은 비싸나, 유지보수비 절감 (년 5,000만원).

재료.
시공. 장비.

~~표층 (SMA)~~	~~5cm~~
중간층 (#67)	6cm
기층 (#467)	10cm

[문13] (PSC) 교량의 가설공법의 종류 및 특징에 대하여 기술하고 각 공법의 문제점을 기술하시오.
① ② ③

답)

I. 概要

1. PSC 교량 가설 공법에는 현장타설 과 Pre cast 공법으로 나뉘고 형하고 및 지형 조건에 따라 공법을 선정한다.
2. 현타 공법에는 1) 압출공법(ILM), 2) 이동식공법(MSS), 3) Cantilever식(FCM) Pre cast 공법에는 1) 압출공법(PPH), 2) 이동식공법(SSM), 3) (PFCM) 있다.
3. 당진 Coke 수송 PSC 교량의 경우 제작장에서 → 설치 구간까지의 장비 진입로 협소 등의 어려움으로 Camber 관리 및 오차 조정에 많은 어려움이 있었다.

II. 가설공법 선정시 고려사항 (거미-Diagram) → 정확하게.

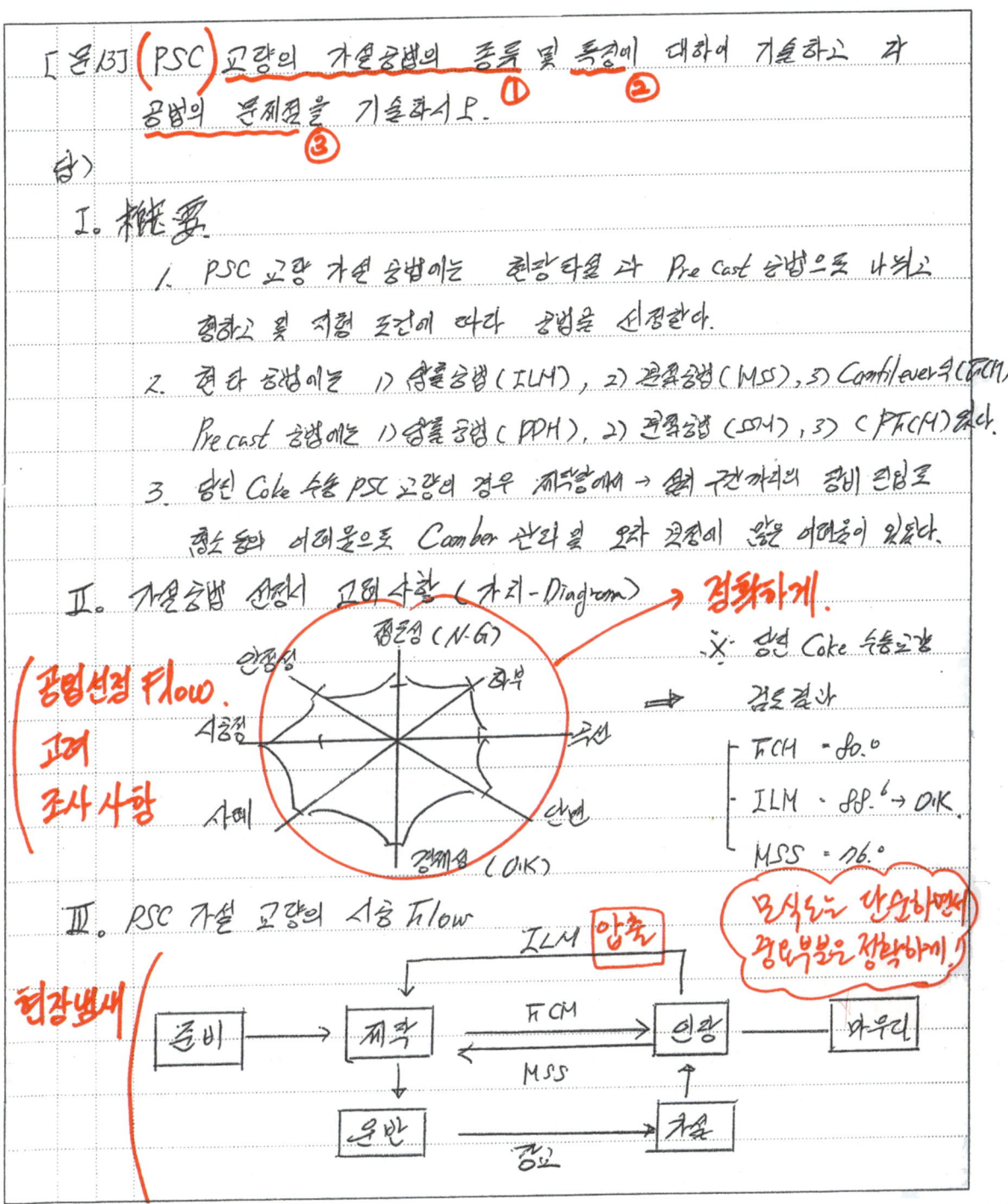

공법선정 Flow.
고려
조사사항

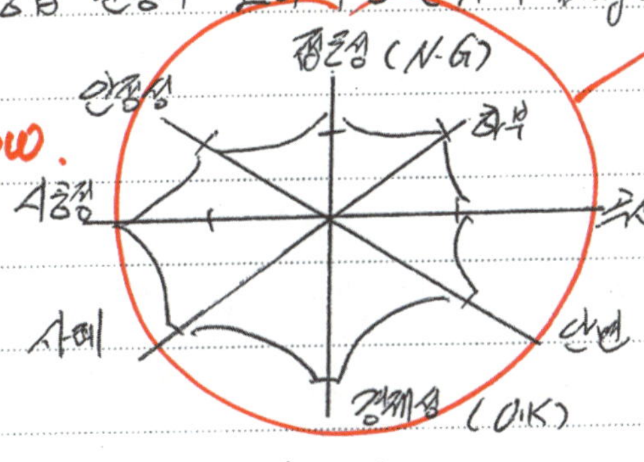

※ 당진 Coke 수송교량 검토 결과
- FCM - 80.0
- ILM - 88.6 → O.K
- MSS - 76.0

모식도는 단순하면서 중요부분은 정확하게.!

III. PSC 가설 교량의 시공 Flow

현장냄새

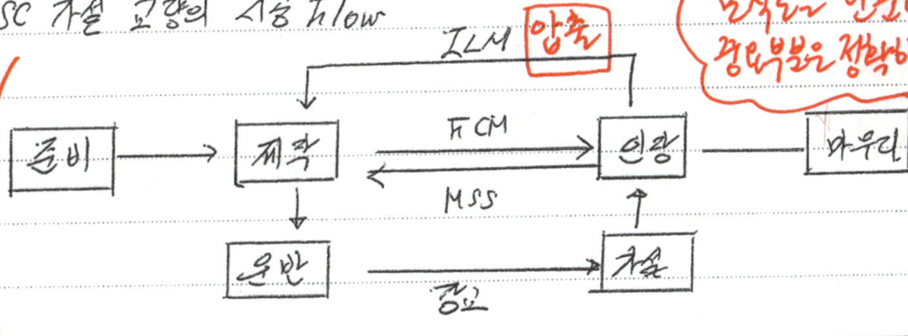

Ⅳ. PSC 교량 가설 공법의 종류

'종류, 분류' '특징'을 강조할것

1. 동바리 사용 = (전체, 지주, 거더) 지지식.
2. 동바리 미설치 공법
   - 1) 현장 타설 방법
     - 캔틸레버(FCM)
     - 경간 진행(MSS)
     - 압출 진행(ILM)
   - 2) Pre-Cast 공법 = PFCM, SSM, PPM 공법.

여백관리.

Ⅴ. PSC 교량 가설 공법의 종류별 특징 (현장타설공법 위주)

구분	FCM	MSS	ILM
가설방법	주두부에서 좌우대칭으로 Seg별 진행	교각위 강재거푸집 ⇒ 경간별 이동 타설	교대 후방 제작장에서 분절제작후 압출
하부조건	불량 지형	좋	동
시공속도	빠름	보통	느림
문제점	불균형 Moment, Camber 관리	대형 장비, 자재, 단면 변화 불가	평면 곡률곡선 시공 불가

Ⅵ. PSC 교량의 ~~문제점에 대한 관리 사항.~~ 문제점 (질문요지)

구분	문제점	관리 사항	비고
PSC 교량 가설 공법 (모멘트 (Moment도) 그래프)	- 불균형 Moment - Camber 관리 - 대형 장비 사용 - 지반 평탄성 불량	· Key Seg 접합 · 가벤트, 응력재분배 - 이동, 설치시 안전조치 - 지반 보강	* 운반시 380 ton Crane-2대 사용

※ 당진 Coke 수송 PSC 공법의 경우 현장도 협소로 장비비 과투입.

Ⅶ. 당진 Coke 수송 PSC 교량 가설공법 VE 사례.

1. 공사 개요 : 경간 (60~80m) = 2360, Pier 고 : 20~30m.

2. 현장 여건 = 기계 작업 병행으로 장비 운반로 협소.

3. 실적 제고 (실례비)

모식도

구분	당초	변경	비고
- 문제점	- 가설 관점으로 장비 진입불가	- Crane 진입로 변경	ㅇ 장비 진입로
해결방안	- 토공 관점으로 지반 침하.	- 진도우리 구간 Beam 보강	변경 및
- 사용장비	- Crane 160 ton × 2대	- Crane 250 ton × 2대	Crane 재원
- 공정관리	- 2개월 소요	- 1.5월 소요	변경 : 1.5억
- 공사비용	- 2.5억	- 4.5억	증가.

Ⅷ. PSC 교량 가설공법 시공시 계측 관리 사항. 모식도. + 관리한계.

(당진 00 수송교량의 경우 광파측량 및 Level 측량으로 오차 ±0.15m/m)

1. 침하, 지표이동 관리 → 골재 포설 및 H-Beam 상단측량.

2. 지반 변형 구간 안전 관리 → H-Beam 고정 Con'c Block 사용

3. 제작장 평탄성 관리. → 쇄석 포설 및 Lean Con'c 타설

4. ~~품질 관리 향상 방안 → 동기 양생 관리~~.

Ⅸ. 맺음 말. ← 일반적 내용보다는 'VE사례'를 더 강조할것!

1. PSC 가설 교량의 공법 선정시 중요 관리 사항은 구조물 조건 및 시공여건을 고려하여 경제성 있고 안전한 시공 관리가 중요하다.

2. 가설공법 선정시 계측관측을 통한 사전 오차 수정이 중요하며, 공용비 최소화에 따른 안전 및 품질관리에 만전을 기해야 할 것으로 사료됨.

- 끝 -

(문제 14) 강교의 가조립 목적 ① 및 순서 ② 를 기술하고, 가설공법의 종류 ③ 및 특징 ④ 에 대하여 기술하시오.

답)

I. 개 요

keyword 현장냄새 반영.

1. 강교의 가조립의 목적은 제품의 치수검사, Camber의 조정, 가설시 문제점 사전파악에 있으며,
2. 강교의 가조립 순서는 Ground Marking → 가조립 Support setting → Box 거더 및 가로보 조립 → 검사 순으로 진행된다.
3. 강교 가설 공법의 종류에는 운반방법(Crane, Winch, 압출장비)과 거치 방법(상부거치, 하부거치, 자체거치)로 구분한다.
4. 운반 방법의 특징은 시공성은 우수하나 작업공간이 필요하며 거치 방법의 특징은 하부 지형의 영향이 적은 반면 시공성이 불리하다.

II. 강교 가설 공법 선정시 고려사항

상세히. 현장냄새.

강교 가설공법
- 지반조건 – 육상, 해상
- 시공성 – 높이, 경간장
- 구조물조건 – 교량규모
- 경제성

여백관리

III. 강교 가설공법의 연결 방법 및 방식

sub tree 표현방법 주의!

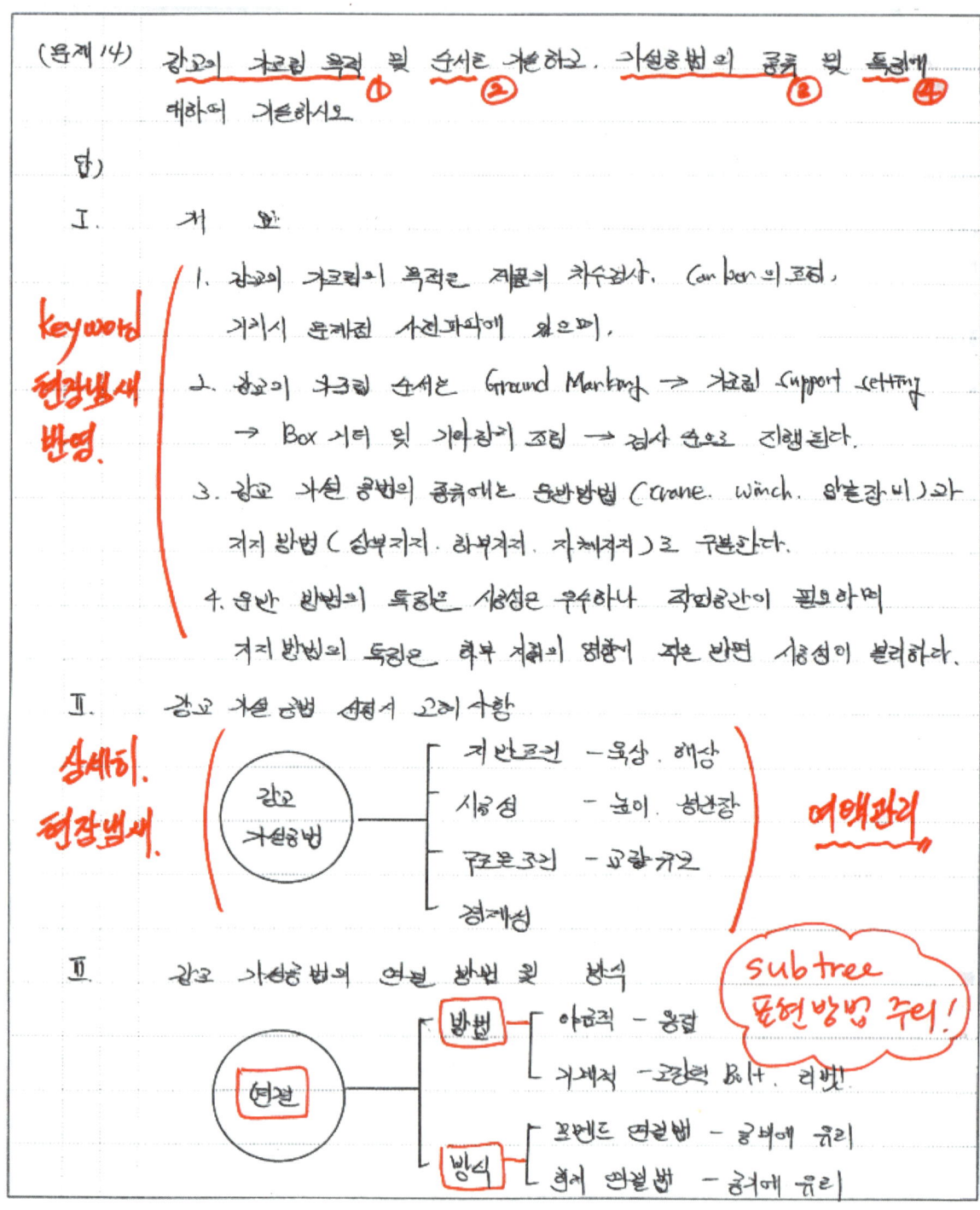

연결
- 방법
  - 야금적 – 용접
  - 기계적 – 고장력 Bolt, 리벳
- 방식
  - 모멘트 연결법 – 굽힘에 유리
  - 전단 연결법 – 전단에 유리

IV. 강교 가조립의 목적 ~~및 원리~~ (문제준용)

목적
1) 제품의 치수검사
2) Camber 의 조정
3) 가설시 문제점 사전파악

원리
1) 1경간 이상 가조립
2) 무응력 상태 가정

V. 강교 가조립의 (순서) 질문요지 현장관계 (규격. 치수. 제원)

Ground Marking → 가조립 Support Setting → Box거더 및 가로보 연결 조립 → 검사

(1경간이상) (무응력상태) (검사 ← 관찰검사)

VI. 강교 가설공법의 (종류)

('종류, 분류는 특징, 강조할것)

1. 운반 방법
- Crane
  - 산악 – Cable Crane
  - 평지 – 자주식 Crane
  - 해상 – Floating Crane
  - Deck – Derrick Crane
- Winch
- 압출장비

2. 거치 방법
- 지지
  - 상부지지
  - 하부지지
- 미지지 – 자체지지

여백관리.

VII. 강교 가설공법의 (특징)

구분	운반방법	거치 방법	비고
시공성	우수 (공사기간단축)	불리 (가설조립 장시간)	
경제성	우수	불리	
지형영향	영향 받음	영향 적음	
작업공간	상대적으로 많이 필요 ~~작업공간 필요~~	상대적으로 적게 필요 ~~작업공간 불필요~~	
기타	안전고 확보	환경피해 최소화 가능	

여백관리.

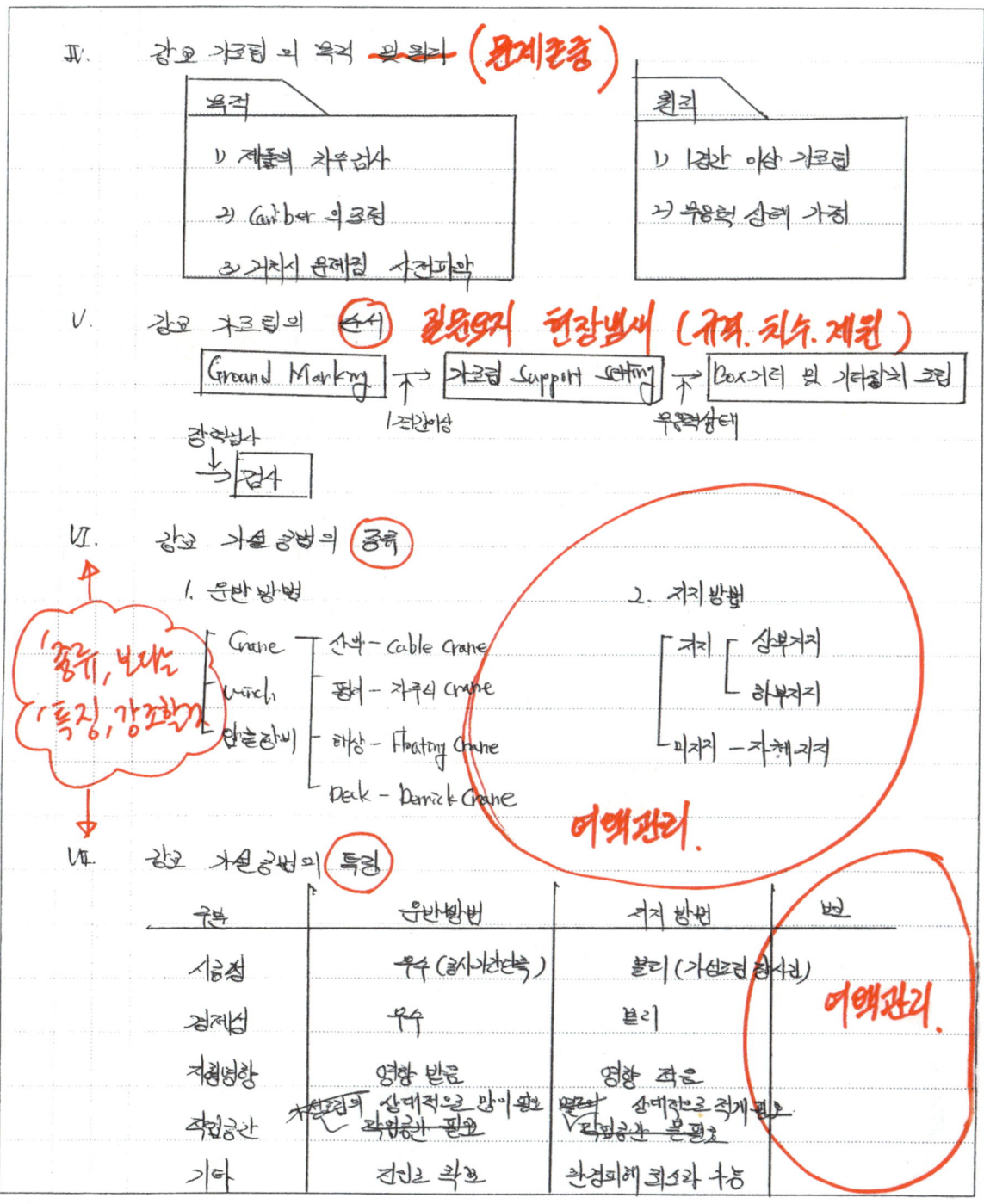

Ⅷ 강교의 가설공법의 시공순서

현장냄새 →

준비 → 제작 → 운반 → 가설 → 연결 → 마무리

↑ 가조립 ↑ 작업공간확보 ↑ 야금적·기계적

Ⅸ 강교 가설시 주의 사항

구체적 서술.

계 품 안 환

1. 시공전
   - 강교 가조립 실시
   - 안전관리 대책 수립
2. 시공중
   - 강재 연결시 결함 주의 및 긴결 연결재 파손주의
   - 전압 및 작업공간 확보
   - 안전사고 대비 작업장 관리 철저
3. 시공후
   - 계측관리 철저 → 비파괴 검사 실시
   - 유지·보수 보강

— 이 하 여 백 —

※ www.ceric.net 을 보고 현장사례 준비할 것!

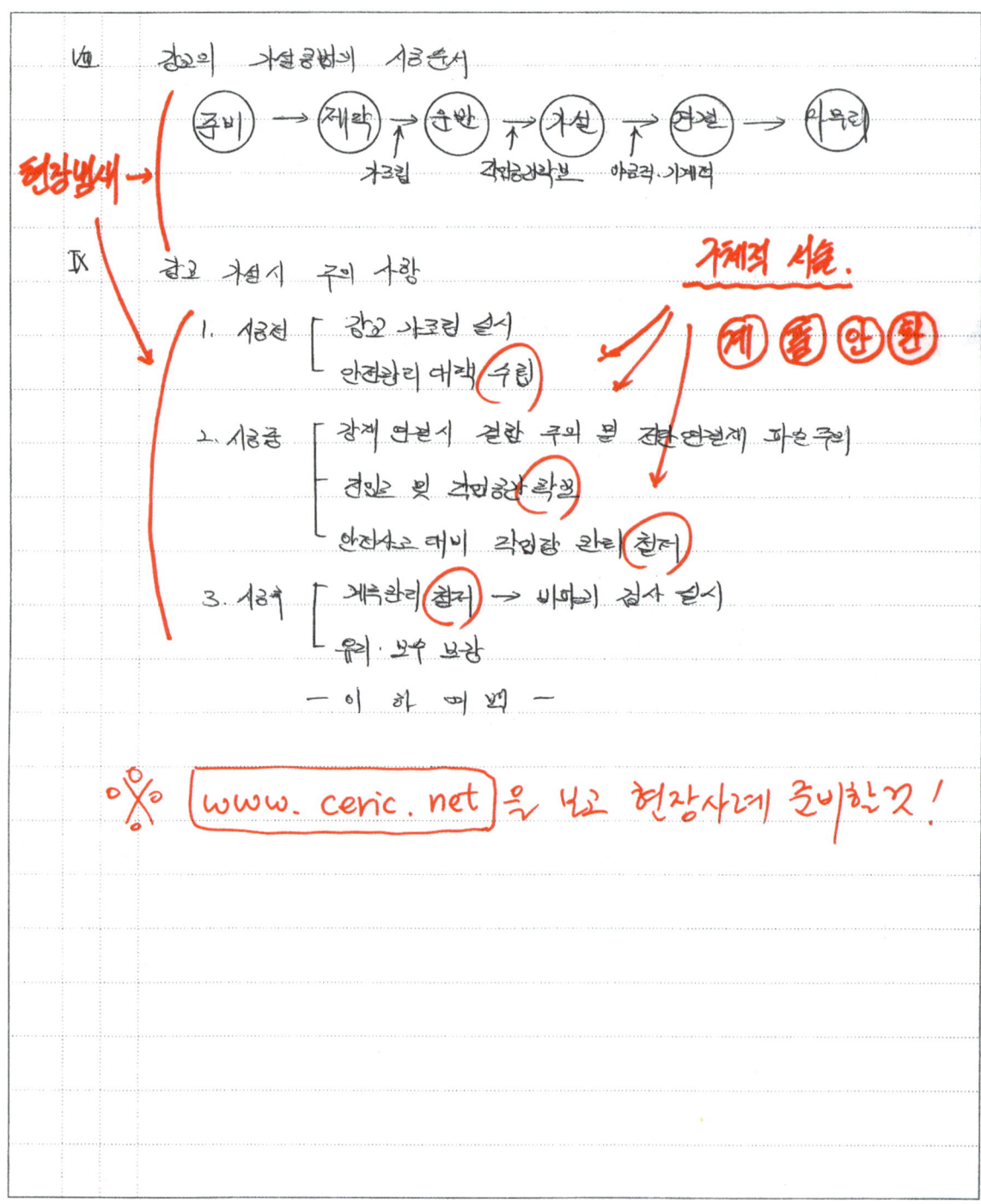

문제 15. 암반 분류 방법의 종류 ① 및 특징에 ② 대하여 기술하고 각 분류방법이 지닌 문제점에 ③ 대하여 기술하시오.

답)

I. 개 요.

Keyword 반영.

1. 암반 분류 방법의 종류에는 토공사(RQD)와 터널공사(RMR, Q-system)으로 분류되며
2. RQD의 특징은 절리횟수 반영, RMR은 주향과 경사 보정, Q-system은 응력을 고려하였다.
3. 암반 분류 방법의 문제점은 국지적 특성을 미반영하고 시추 결과와 현장지질과의 차이가 문제이다.
4. 경기 이천 00 도로 확포장공사 중 터널 시공시 Q-system과 RMR을 병행 사용하여 굴착하였다.

선진수평보링, Face mapping

II. 암반 결함의 분류 기준

- 결함
  - 내적 → 불연속면
    - 절리, 층리, 편리 → 수cm ~ 수m
    - 단층, 습곡 → 수m ~ 수km
  - 외적 → 풍화정도

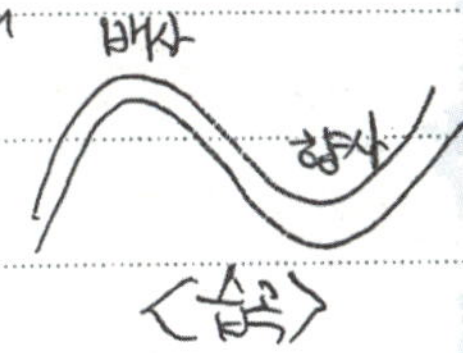

III. 암반의 내적결함인 불연속면의 특성 Graph

단위. 설명.
그래프 (정확하게 성의있게)

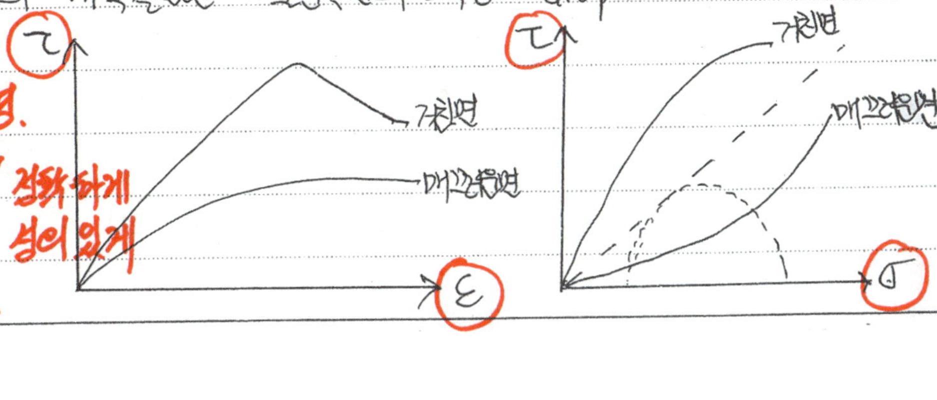

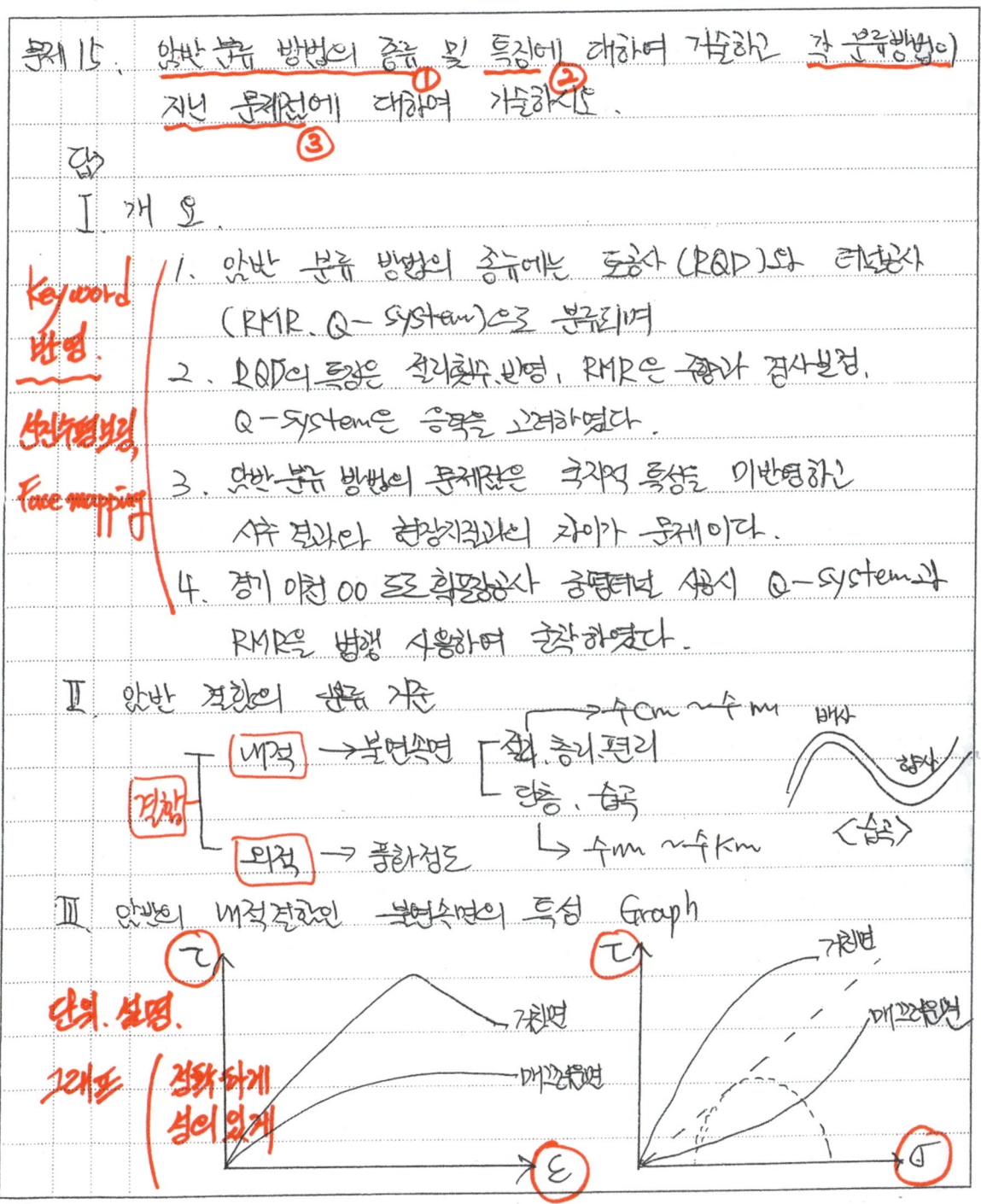

IV. 암반 분류 방법의 종류 (분류)

- 전통적
  - 토공
    - 풍화정도
    - 절리갯수 — RQD < Core 채취 가능 / Core 채취 불가
      - ↳ $RQD = 115 - 3.3J_v$ (J_v ↳ m^3당 절리수)
    - 풍화정도 + 절리갯수
  - 터널
    - 정성적 : Terzaghi, Meyerhof
    - 정량적 : RMR, Q-System → 모식도(원리)
- 최근 추세 : TSP (터널 파쇄대 check), GPR 탐사

V. 암반 분류 방법의 특징 <터널 전통적 분류 중심> (적용사례 포함)

구분	RMR	Q-system	적용사례
응력	미고려	고려	※ 금정터널
주향경사	보정	미보정	Q-System 적용
산정식	각항목 평점의 합	$Q=\frac{RQD}{J_n}\times\frac{J_r}{J_a}\times\frac{J_w}{SRF}$	및 굴착중 TSP
장점	주향경사보정	응력고려	적용 굴착 Type
단점	항목간 한계 불확실 응력 미고려	평가 복잡 주향경사 미보정	변경시공 Ⅲ → Ⅱ 변경
판정법	Ⅰ Ⅱ Ⅲ Ⅳ Ⅴ 100 80 60 40 20 0 ← 양호 불량 →	Ⅰ Ⅱ Ⅲ Ⅳ Ⅴ 1000 40 10 4 1 0 ← 양호 불량 →	공사비 약 50백만원 공기 약 3개월 단축 <2006년, [illegible]>

관련식 설명.
여기서, { J_a: / J_w: / J_n: / ⋮

VI. 암반 분류 결과의 활용 ← '특징'에 포함시켜 강조할 것!

1. RMR → 암반 사면의 안정성 검토 ($SMR = RMR + (F_1 \times F_2 \times F_3) + F_4$)
2. Q-System → 터널공사의 지보패턴 지침 제공
3. 암반의 전단 강도 추정

VII. 암반 분류 방법의 문제점 및 대책 → 별도 대제목화 시킬

구분	문제점	대책 (질문요지)
RMR	응력조건을 미고려	응력조건 고려 보정
	국지적 특성 미반영	국지적 특성 고려 기준마련
	항목간 한계 불확실	국내 기준 마련
Q-System	평가 방법 복잡	평가 기준 마련
	경계면 해석 모호	3D 해석 / 병행시험

VIII. 경기 이천 OO 도로 확포장공사 터널 지보 패턴 변경 사례 (※무촌터널)

1. 공사명 : 경기 이천지역 OO간 도로확포장공사 (2007년)
2. 개요 : RMR 값과 Q-System 병행 적용
   당초 Ⅲ Type → 변경 Ⅳ Type 변경시공

모식도 상세히 (규격, 치수 제원)

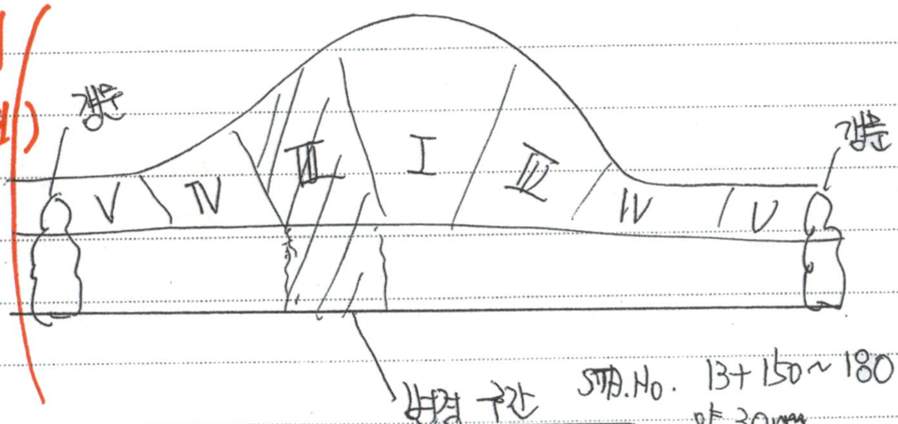

구분	당초(Ⅲ)	변경(Ⅳ)
RMR/Q값	40~35/3.0~4.8	21~40/1.1~3.9
굴진장(m)	2.0	1.5
지보간격	—	1.5 m

<공사비>
증 35 백만원

"끝"

문167) 터널굴착방법의 종류별 특징에 대하여 기술하고, 현장관리시 특히 주의 해야할 사항을 기술하시오.

답)

I. 개 요

Keyword. 시험일자 → 굴착방법. 발파패턴 설계

1. 터널의 굴착방법에는 발파에 의한 NATM과 NMT 및 발파에 의하지 않는 기계적·무진동파쇄·인력의 방법이 있다.
2. 종류별 특징으로는 NATM은 산악터널에 많이 사용되며 소음·진동의 민원발생 우려가 있고, 기계적인 공법은 공비와 시공성이 저하되며 지반을 고려해야 한다.
3. 현장관리시 특히 주의해야 할 사항은 계측관리를 통한 터널과 주변지반의 거동파악, 소음·진동 피해와 지하수위저하 및 암반 붕괴 등에 대한 안전관리가 있다.

II. 터널 굴착시 원지반 반응곡선에 의한 적절한 지보공 설치(시기) 결정 사례

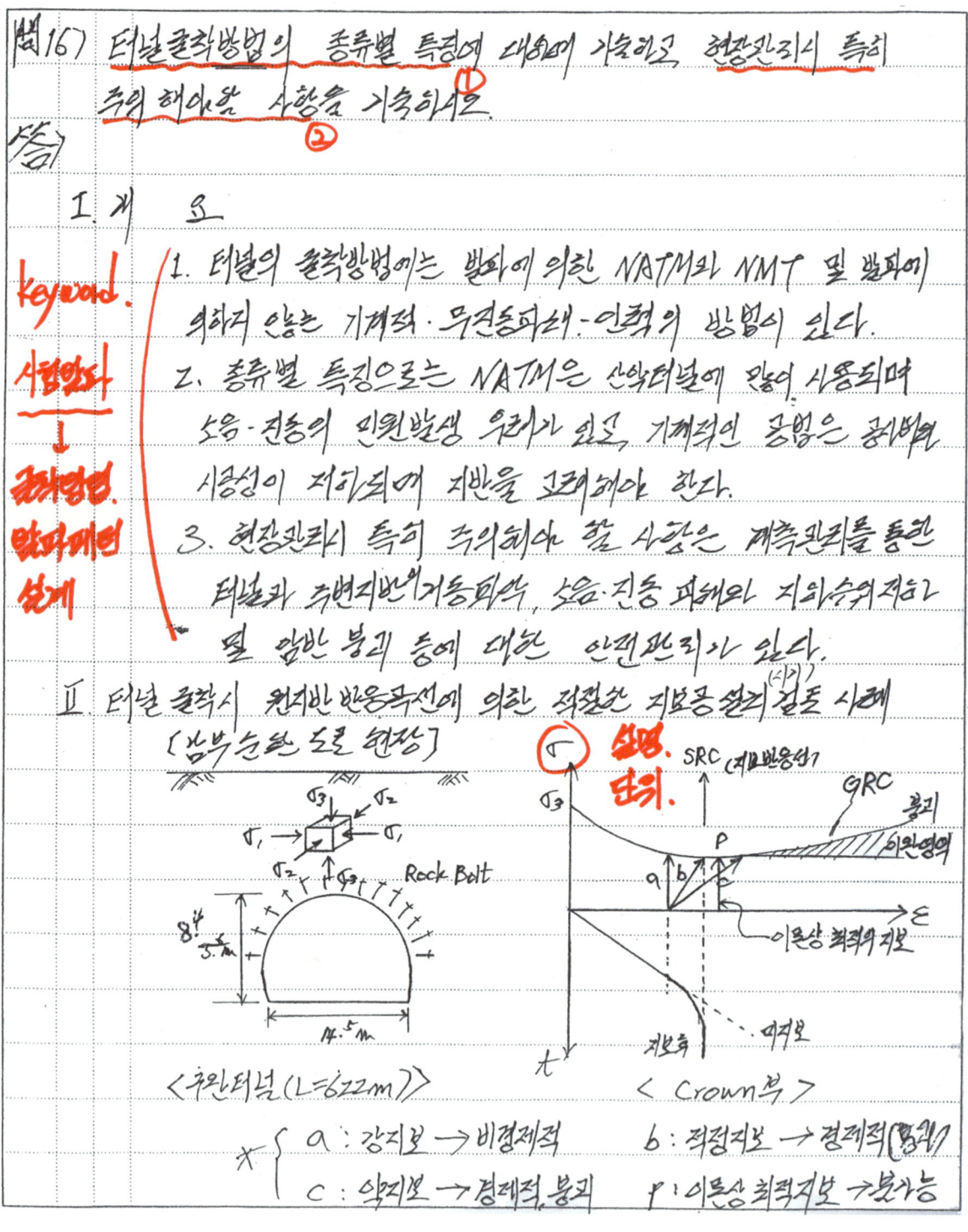

[남부순환도로 현장]

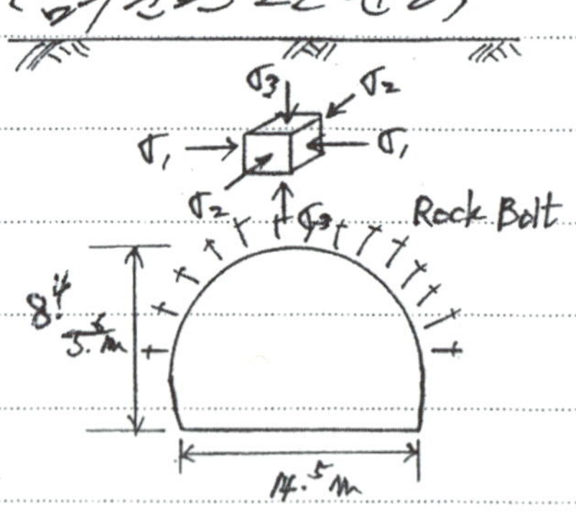

<추원터널(L=622m)>

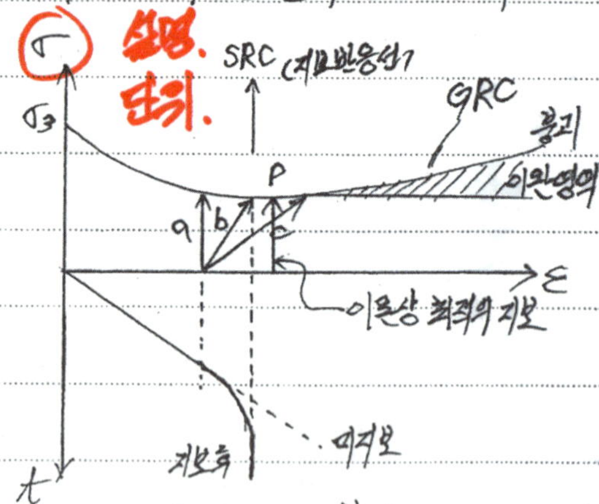

<Crown부>

※ a : 강지보 → 비경제적　　b : 적정지보 → 경제적([illegible])

c : 약지보 → 경제적, 붕괴　　P : 이론상 최적지보 → 불가능

Ⅲ. 터널굴착 방법의 종류(분류)

1. 발파에 의한 방법 : NATM, NMT ─ Double shell / ─ Single shell
2. 발파에 의하지 않는 방법 ┬ 기계식 - Shield, TBM
   ├ 무진동 파쇄
   └ 인력

→ 모식도.

Ⅳ. 터널굴착 방법중 NATM과 Shield TBM의 특징~~(차이점)~~ → 문제조정.

구분	NATM	Shield TBM	비고
원리 및 구조	주변지반지지력이용 보조지보재사용 (Shotcrete, Rock bolt)	암반하중을 지보재로 굴착, segment 원형구조	-※ 남북순환도로 구간 터널현장 : NATM사용 - 주지보재 : Shotcrete, Rockbolt, 강지보
대상지반	모든지반	연암	
단점	소음·진동 여굴과다	장비고장 시공비고가	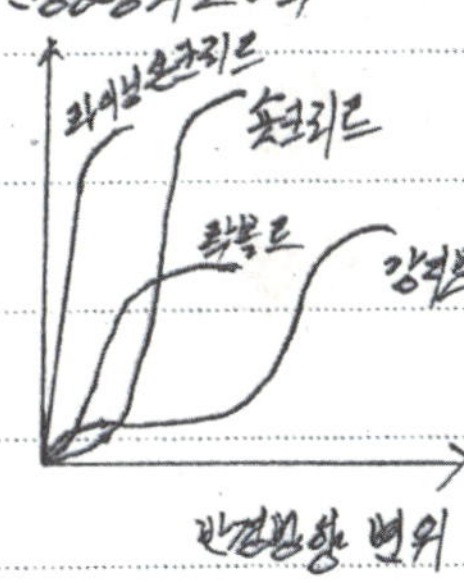
장점	지반적응성 우수	토질적응성우수	
적용성	산악터널 위주	도심지 지하철	
시공성	복잡	용이	
경제성	저렴	상대적 고가	

Ⅴ. NATM 터널굴착 방법의 시공순서 (남북순환도로 구간터널현장, 1995)

현장명 내용에 적용 Risk 관리.

천공/장약 → 발파 → 환기/버력처리 → 지보/배수 → Lining

- 천공/장약
  - 숙련공 $n=\frac{\gamma}{w}$
  - 소음·진동관리
- 발파
  - 계측
  - 안전관리
  - 제어발파
- 환기/버력처리
  - $Q=\frac{P\cdot K}{a\cdot t}$
  - 사용장비(인용)
  - 배기·송기·흡인식
- 지보/배수
  - Shotcrete
  - Rock bolt
- Lining
  - T=30cm
  - 계측(공용)

VI. 터널굴착 현장관리시 특히 주의해야 할 사항. 질문요지 현장냄새.

1. 우선적 (주의사항)
   1) 계측관리 : 일상계측, 정밀계측, 특별관리 계측
   2) 공해대책 : 소음·진동, 수질오염, 폐기물 처리
   3) 지하수처리 : 배수, 지수 — 상세히

2. 부가적
   1) 응력해방
   2) 응력재분배
   3) 지반변위
   4) 낙반·붕괴

⇒ 지보재 적기설치 { Steel Rib, Shotcrete, Rock Bolt, Fore Poling

VII. 터널굴착 현장의 계측 순서도 (남부순환도로 구룡터널 현장. 1996 공정율 87%)

모식도. { 일상, 정밀, 특별

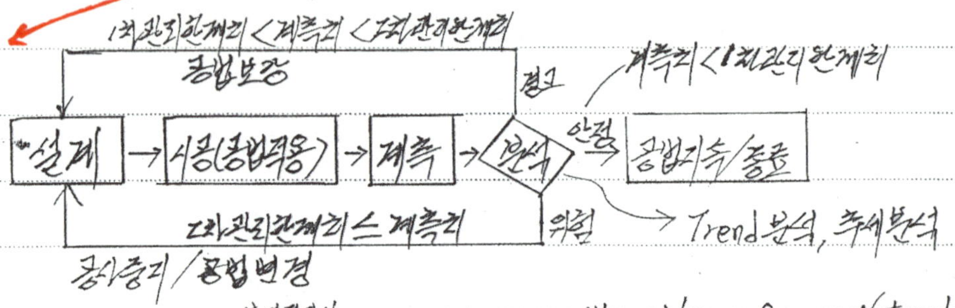

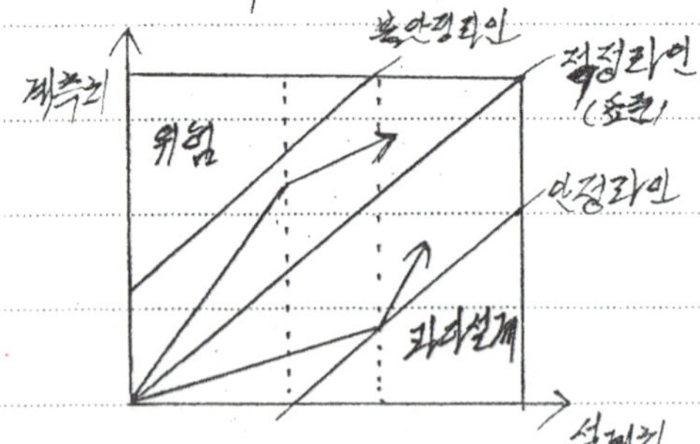

<계측 관리>

*Ubiquitous Sensor Network

현장	경로	관리
Monitoring 계측	USN → / ← 관리 지원	예보/경고 분석

<다중 계측>

설계	계측	시공
불안전성 가정	정해석 → / ← 역해석	불안정성

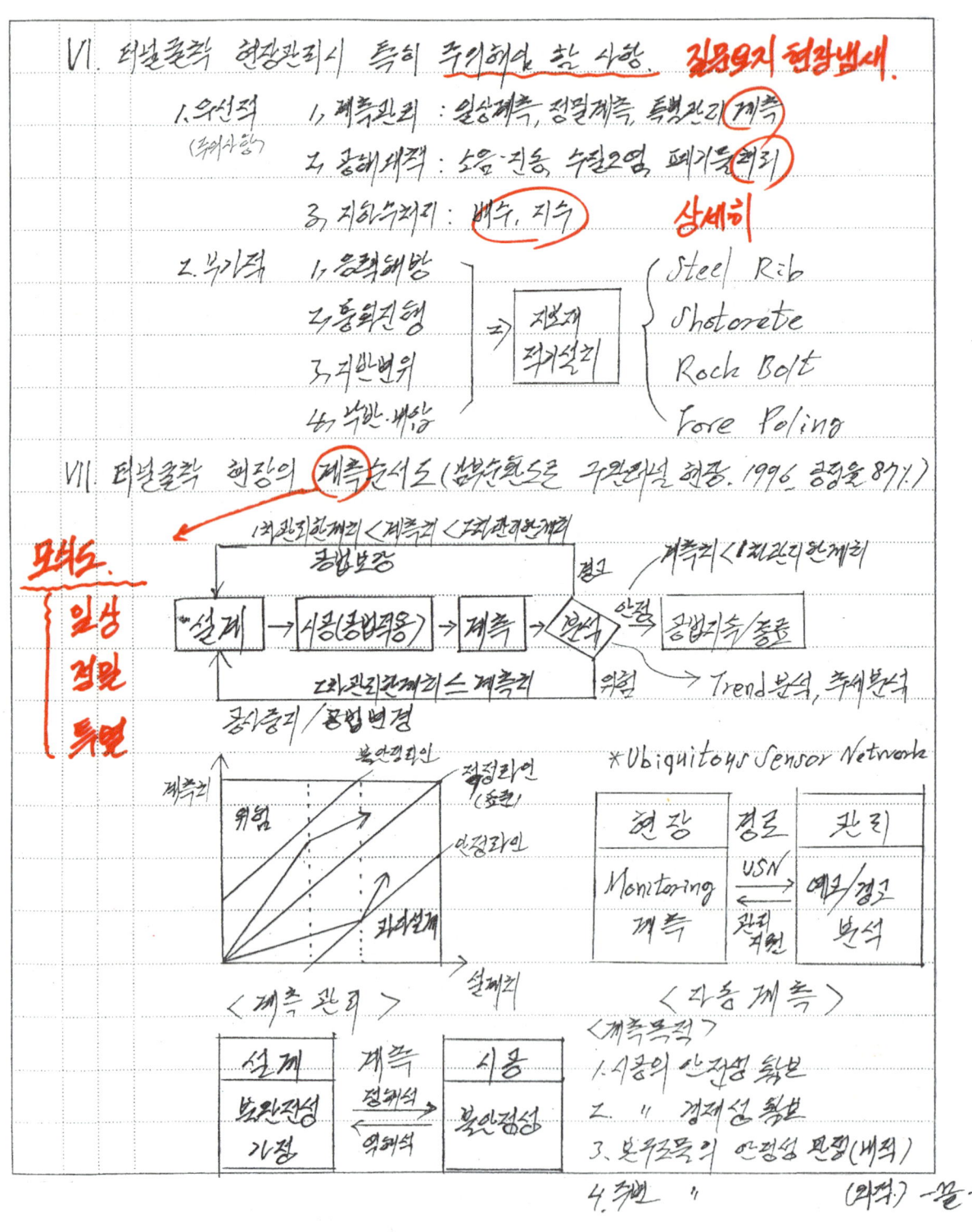

<계측목적>
1. 시공의 안전성 확보
2. 〃 경제성 확보
3. 보수보강의 안정성 판정(내적)
4. 주변 〃 (외적) -끝-

문제17) (용수가 많은 지역에서) 터널굴착시 발생하는 문제점을 ①
질문조건. 설명하고 이에 따른 보조공법의 종류 ② 및 특징 ③에 대하여 기술하시오.

답,

I. 개 요

시 발생하는 문제점으로는

1. 용수가 많은 지역의 터널굴착 공사에는 용수과다로 인한 굴착의 어려움과 막장면 연약화로 인한 변위 발생 (침하 및 변위)이 수반되므로.

2. 우선적으로 용수처리를 위한 배수 및 차수공법 등을 적용하고

3. 침하 및 변위 억제를 위해 강관다단 Grouting 지반 Grouting 등 막장 안정 공법 및 침하 예방 공법을 적용하여야 한다.

II. 용수가 많은 지역의 터널 보조공법 선정시 고려사항

모식화.

1. 지반조건
   강도 및 변위, 토질조건 고려
2. 시공조건 3. 환경조건

문제점 사전검토 Flow.

III. 용수가 많은 지역에서 터널굴착시 발생하는 문제점

1. 지반조건 취약화 - 변위 발생 (침하 및 변위).
   간극수압 상승 / 내부마찰각 저하 - 전단강도저하.

2. 지보재의 구속력 약화
   Shotcrete 탈락 / Rock Bolt 결속력 약화 - 붕괴.

3. 지하수위 저하로 주변지반 침하 및 우물고갈
주변 시설물 피해, 우물고갈로 인한 민원 발생

IV 용수가 많은 지역에서 터널굴착시 보조공법의 분류(종류).

Page 관리

1. 막장 안정 대책.

- 천단부 안정 : Fore poling, 강관다단 Grouting, 지반 Grouting.
- 막장면 안정 : 막장면 Grouting, 막장면 S/C, R/B

모식도. 그래프. 관련식.

2. 용수처리대책

- 배수공법 : 수발공 수발갱, wellpoint Deepwell.
- 차수공법 : 동결공법, 지반 Grouting

모식도.(현장냄새)

3. 침하 및 변위 억제 대책 - 지반Grouting 차단벽.

$\tau = c + \sigma\tan\phi$ ($\phi\uparrow$) - 전단강도 강화

비교대상 주의할것!

V. 용수과다 지역 적용 보조공법 특징.

구분	Fore poling	강관다단Grouting	수발공
원리	φ 값 상승(τ 상승)	φ 값 상승(τ 상승)	간극수압저하(τ 상승)
구성요소	강관(소구경)	강관(소구경, 대구경)	배수관
시공성	간단	복잡.	간단
장.단점	보강효과 미약. 공사비 보통	보강효과가 크다. 공사비 고가.	굴착공사전 배수 (지하수위 저하)
적용성	국부적 파쇄대층.	연약지반 및 파쇄대층	용수과다구간

VI. 용수가 많고 지반이 불량한 지형 터널굴착시 시공관리 방안 — 계. 품. 안. 환경관리.

1. 계측관리를 통한 시공관리

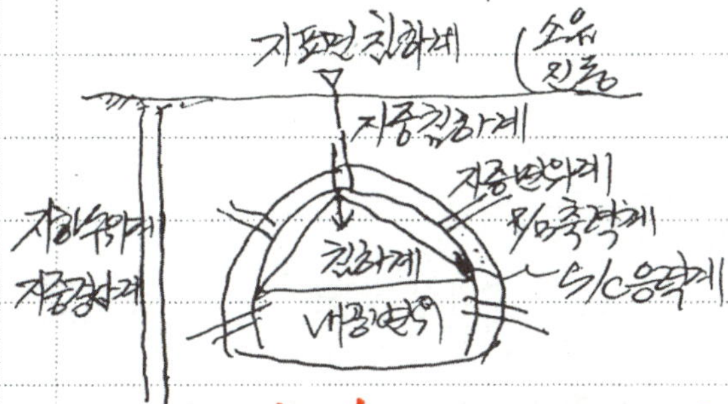

① 일상(A)계측.
지표면침하. 내공변위. 천단침하
② 정밀(B)계측.
지중침하 지중변위 R/B축력
S/C응력 지하수위 지중경사계
③ 특별관리계측 ⇒ 진동. 소음계

포인트 크고 상세히 (규격. 치수. 제원)

2. 암반 반응곡선을 활용한
- 지보재 및 보조공법 시공(적정시기)

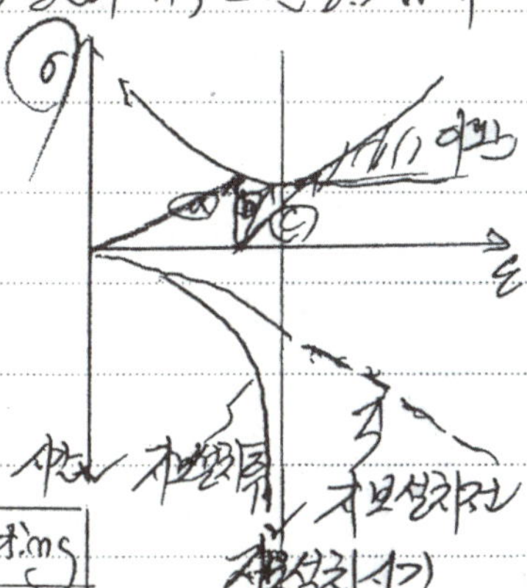

VII. 터널천단부 보조공법 발전흐름.

Fore poling →(범위) pipe roof
(지속) → 강관다단 Grouting →(부식방지) FRP Grouting

VIII. 용수가 많고 불량지형 변위 발생시 조사항목 — 1교시 답안 지양.

1. 발생시기 및 위치 2. 발생규모 3. 진행성 유무

IX. 용수과다 및 불량지반 노출로 터널붕괴에 따른 보조공법 시공사례

현장냄새 부족!

1. 원설계
- 지반: 풍화암.
- 보조공법
  - 소구경강관다단(120°).G.
  - + Fore poling(측벽하단)

2. 변경
- 지반: 풍화토. 지하수과다유출
- 변경적용 보조공법.
  - 대구경강관(φ 104mm)다단G
  - (180° 보강) // 끝

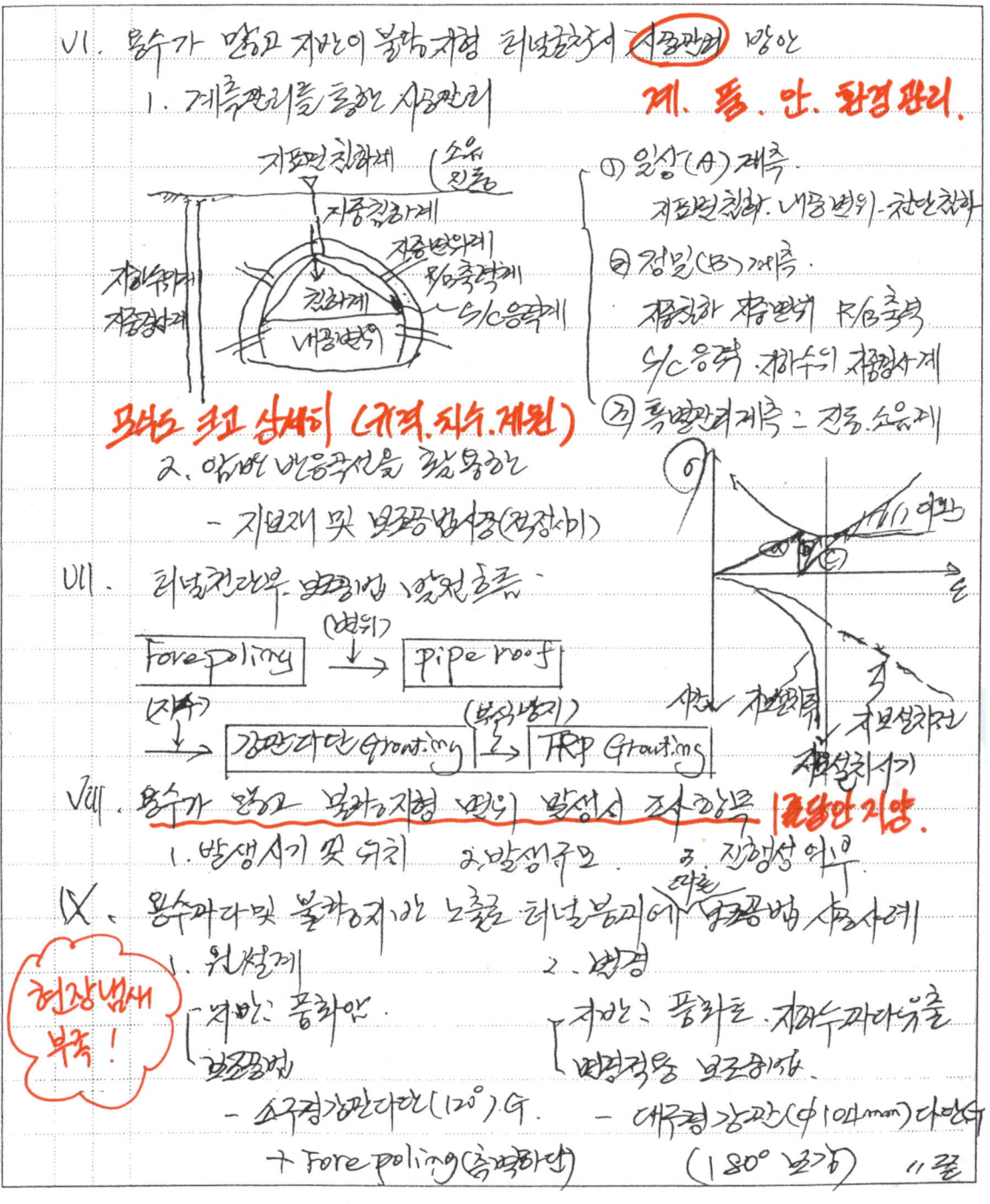

문제 16) (댐 시공을 위한 하천 작업중) 유수전환 방식의 종류 및 특징에 대하여 기술하시오.

①　②

답)

I. 개요

Keyword
환경.
안전.

1. 댐 시공을 위한 하천작업중 유수전환 방식의 종류에는 가물막이공(전체체절, 부분체절, 단계식 체절)과 유도배수공(가배수터널, 가배수거, 제체내 가배수로)이 있다.

2. 댐 유수전환 특징으로는 전체체절은 하천폭이 좁은 곳에 적용되며, 부분체절, 단계식 체절은 하폭이 넓고 유속이 작은 곳에 적용한다.

3. 유수전환 시설은 완공후 존치 또는 폐쇄처리되며, 오탁방지막 유지관리, Back Water 영향을 고려한다.

II. 유수전환 시설 선정시 고려사항

막대자 사용할것!

[지형조건] 지형. 지질. 지하수(복류수) 및 제체
[시공조건] 공기. 하천폭. 유량. 유속.
[구조물조건] 규모. 형식
[환경조건] 수질. 소음. Back Water.

III. 유수전환 방식의 안전 확보를 위한 Risk Management

댐 발생시 반영

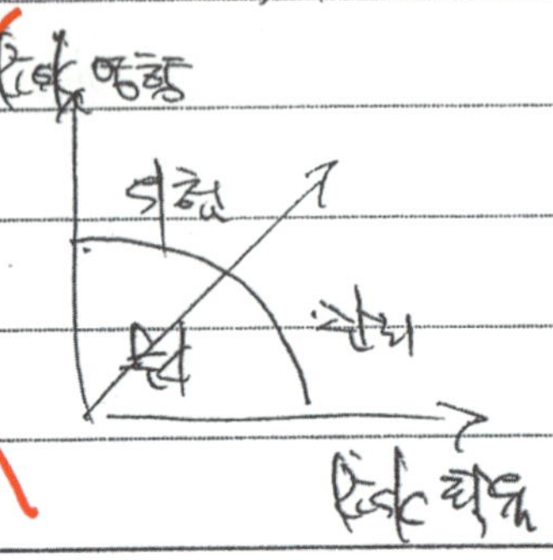

Risk = f(불확실성, 유해 × 위해 × 손실)

식별 → 분석 → 대응 → 관리

회피
전이
보유
감소

번호 IV. 댐 시공을 위한 시공 작업중 유수 전환 방식의 종류

유수전환방식 ─ 가물막이 ─ 전체체절
                          ├ 부분체절
                          └ 단계식 체절
              └ 물돌리기 ─ 가배수터널 (하수로 활용가능)
                          ├ 가배수거 (")
                          └ 제체내 가배수로

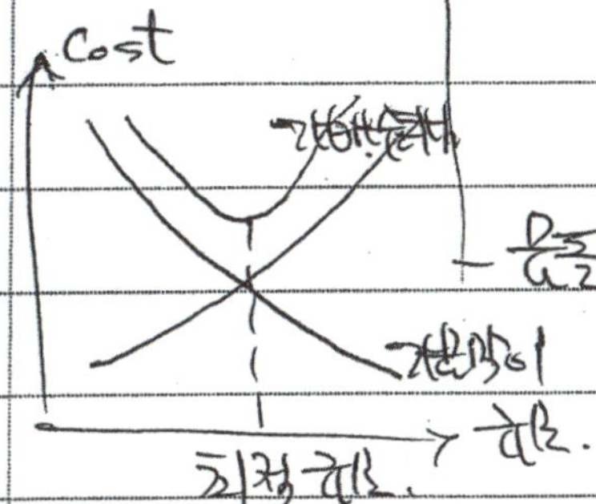

V. 유수전환 방식의 특징 — 모식도 하나로, 크게, 상세히

답안 불균형 1/3 Page 내외.

구분	전체체절	부분체절	단계식 체절
모식도		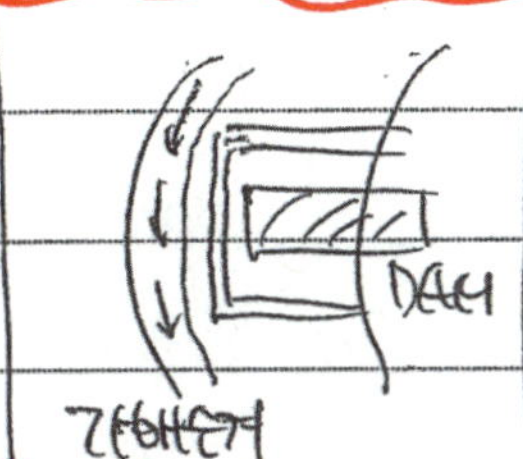	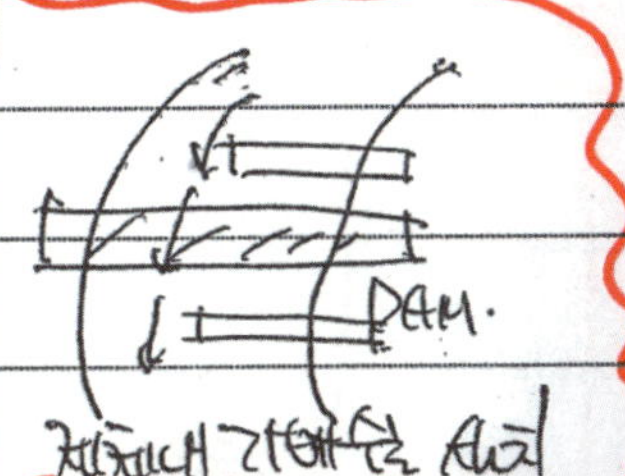
적용성	하폭이 좁은경우 유량 小	하폭이 넓고 유량 大	하폭이 넓고 유량大, 고수위가 낮은곳
시공법	유수전면차단	유수부분차단	유수부분차단
활용성	국내 대부분	시공실적 적음	시공실적 적음
장점	가도설치시 편리함 등, 가배수터널을 하수로 이용	유수전환 안정성, 공기, 공비 저감.	유수전환 안정성, 공기, 공비 저감.
단점	공기, 공비 증가, 홍수시 불리, D/T 처리문제	시공성 불량, 전단면기초 불가능, 가배수거 처리문제	시공성 불량, 전단면기초 불가능.

번호

VI 댐 시공을 위한 유수전환 시설 시공순서 (부항 다목적댐, 2006)

가배수터널, L=2[illegible]M, D=6.0M.

(장비, 재료 / 규격 / 치수)

[가배수터널시공] → [물돌리기댐 설치, 하류물막이] → [기초처리]

- 기초처리 Grouting
- 또 Blanket
- Curtain

→ [축조(성토)/타설] → [마무리]

- 다짐도관리
- 재료관리

가배수터널 폐쇄 (Plug conc).

VII 유수전환 시설의 처리방법 (부항 다목적댐 사례 포함)

현장냄새

- 폐쇄
  - 시기 : 갈수기
  - 방법
    - 가배수터널 → 가체절 상류물리 → Plug
    - 가배수로 → Gate, Stop log
  - 길이 : 전단저항, 주변압력 (62M)
- 유용 : 여수로로 활용 (1[illegible]M)

VIII 부항 다목적댐 유수전환시설 시공시 주의사항

구체적 수치화

1. 시공전

일시여건조사, 환경고찰검토, 수리모형검토, Back Water검토

2. 시공중 ← 강조할것!

지질조사, 계측관리, 장비관리, 다짐/재료관리, 안전/환경관리

→ 간극수압, 응력, 변위

3. 시공후

유지관리 계측, 폐쇄/유용, 송수용 도로 활용

→ 간극수압, 누수량, 양압력.

문제 19) (댐 형식별) 기초 처리 공법의 종류 ① 및 특징 ②에 대하여 기술하시오.

답)

I. 개 요.

Keyword 반영.
Lugeon, Cr6+ 등...

1. 댐 형식별 기초처리공법의 종류는 Fill 댐은 Blanket Grouting과 Curtain Grouting이 있으며, 콘크리트댐은 Consolidation Grouting과 Curtain Grouting이 있다.
2. 기초처리공법의 특징은 Consolidation G의 경우 안정을 목적으로 기초전면에 설치하고 Curtain G은 차수를 목적으로 Dam체 상류에 설치한다.
3. OO 양수댐축조 현장은 Curtain, Blanket 적용하였음.

II. OO 양수댐축조공사 현장 침하방지를 위한 기초면 처리 방안.

1. 요철부

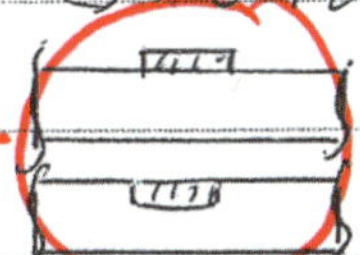

→ 제거
→ 충전.

모식도 크고, 상세히.

2. 개구부
   - 폭이 넓은 경우 → 콘크리트충전 (fck 21 MPa)
   - 폭이 좁은 경우 → Cement Milk 주입충전
3. 경사부 — 하류측 Level up. 층따기 병행.

III. 댐 기초처리 품질확보를 위한 Lugeon Test.

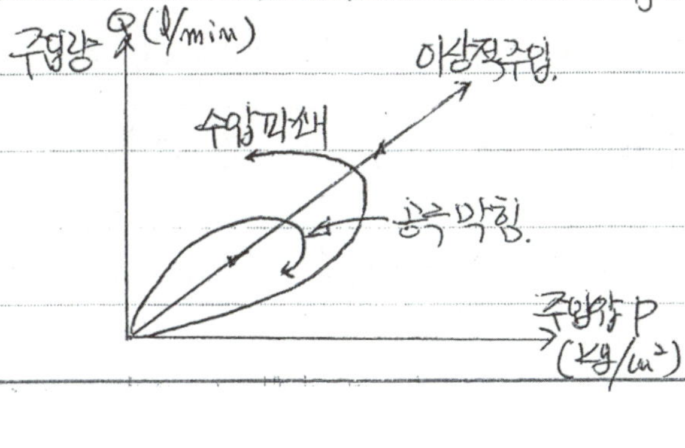

$$Lu = \frac{10Q}{pl}$$

- 한계성: 25Lu 이상 신뢰도저하
- p: 주입압(kg/cm²) Q: 주입량 l/min
- l: 시험구간길이(m)

IV. 댐 형식별 기초처리 공법의 종류

1. Fill 댐
   - Blanket Grouting : 누수방지.
   - Curtain Grouting : 차수, 수밀성.
   - H=100m이상 Cosolidation Grouting : 안정
2. 콘크리트 댐
   - Consolidation Grouting : 안정
   - Curtain Grouting : 차수, 수밀성.

※ OO양수댐 축조공사현장 Curtain, Blanket 적용.

V. 댐 형식별 기초처리공법의 특징

문제조정. 댐형식별 기초처리 모식도

구 분	Consolidation G	Curtain G	OO양수댐 현장
목 적	안정	차수.	강원 양양지역.
위 치	기초전면	축방향 상류	1998년.(Fill 댐)
형 상	격자형	병풍형.	누수 : Blanket
간 격	5~10m	0.5~3m	차수 : Curtain
심 도	5m	$d = \frac{1}{3}H + C$	병행적용.
주입압	1st 3~6 kg/cm², 2st 6~12 kg/cm²	5~15 kg/cm².	주입압 : 10kg/cm².
개량목표	중력식 5~10 Lu, Arch식 2~5 Lu	콘크리트댐 1~2 Lu, Fill 댐 2~5 Lu.	

VI. 기초처리공법중 Fill Dam Curtain Grouting 시공순서

현장냄새 수치化

준비 → 천공 → 주입 → 검사 → 마무리

- 준비: 지질조사, 공동 파쇄대
- 천공: 수직도 1/100 관리
- 주입: 10kg/cm², 주입량 확인
- 검사: Lugeon T. Test 실시
- 마무리: Cr6+ 유출 방지

Ⅶ 댐 기초 처리공법 시공시 주의사항 (OO양수댐 축조공사현장)

1. 시공전 : 지질조사. BX l=29m
2. 시공중 ┌ 굴착 : 모천부, 연약지반 처리.
   │ Grouting : 주입압 (10 kg/cm²) 관리
   └ 환경관리 : Cr6+ 라돈. 유출 방지.
3. 시공후 : Lugeon Test.

주입 { 전 중 후.

Ⅷ 댐 기초처리 Grouting의 양면성

1. 긍정적 : 내하력과 수밀성 증대
2. 부정적 : 토양 및 수질 오염 → Cr6+, 라돈.
3. OO 양수댐 축조공사현장 환경관리 대책
   ┌ 시멘트 : $Cr^{6+} \xrightarrow{Fe} Cr^{3+}$
   └ 부유물 : 2중 오탁 방지막 설치 (효과 50% 감소)

Ⅸ OO 양수댐축조공사현장 Risk Managemet를 활용한 위험도 분석.

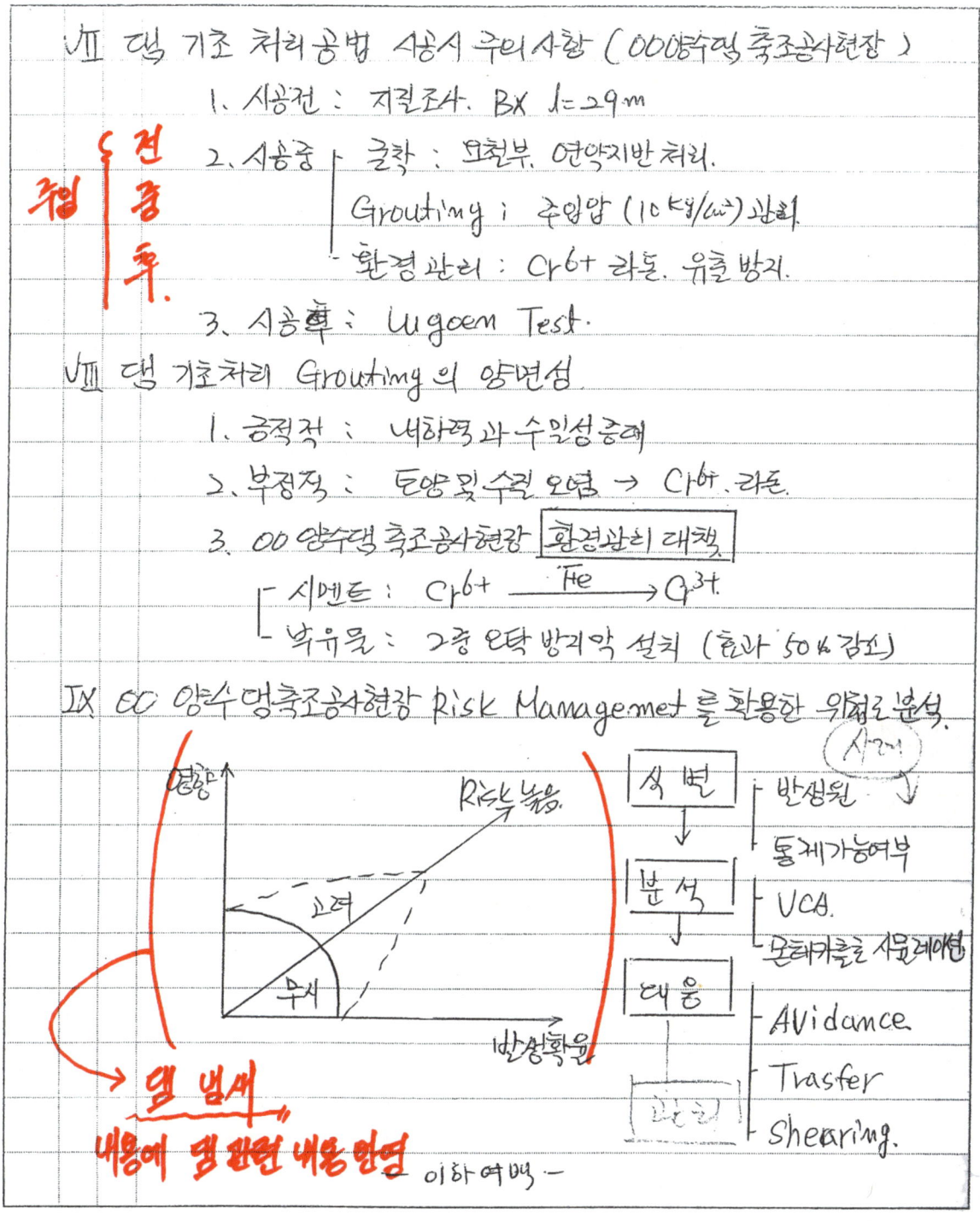

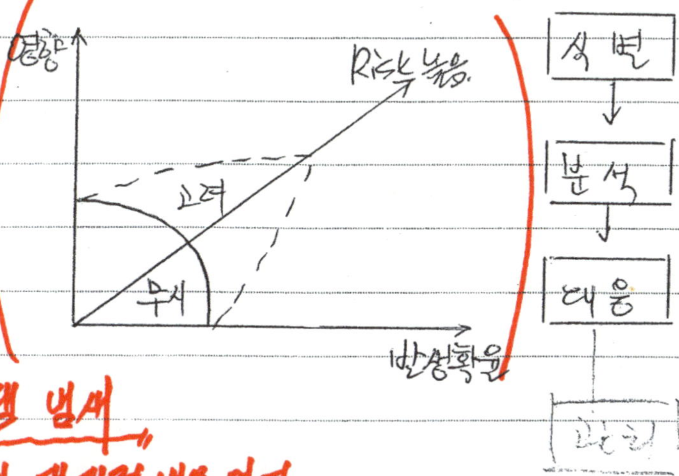

(사례)

- 식별 ┌ 발생원
  └ 통제가능여부
- 분석 ┌ UCA.
  └ 몬테카를로 시뮬레이션
- 대응 ┌ Avidance
  │ Trasfer
  └ Shearing.

→ 댐 냄새

내용에 댐 관련 내용 연결

- 이하여백 -

문제20) 하천 제방의 종류와 경로별 누수 및 붕괴원인을 기술하고 대책에 대하여 기술하시오
① ② ③ ④

'붕괴원인'이 대제목에 없음! → 답안 분리됨

답)

I. 개요

Keyword. 현장냄새. ↓ Piping + 계측.

1. 하천제방의 종류에는 설치 목적과 기초에 따라 본제, 부제, 놀뚝, 윤중제, 분류제, 횡제등이 있으며.
2. 하천 제방의 경로별 누수원인은 제체누수, 지반 누수로 구분되고.
3. 붕괴원인은 누수, 월류, 세굴, 활동, 침하이며
4. 누수대책은 누수경로 차단, 누수처리가 있고, 붕괴대책은 법적, 제도적, 기술적 대책이 있음.

II. 하천 제방의 안정 조건

(사전검토 Flow.)

내적	외적
1. 제방 자체의 안정	1. 전도 ($F_s \geq 1.5$)
- 균열, 침식	2. 활동 ($F_s \geq 1.2$)
2. 지반에 대한 안정	3. 지지력
- 누수, piping	($q_{max} < q_a$)

III. 국내 수리 수문학적 특성

1. 호우집중 - 우기철 2/3 집중
2. 강우강도 - 100mm/hr → 150mm/hr
3. 하상계수 - Q_{max}/Q_{min} → 100단위
4. 지역특성 - 남부: 집중호우. - 중부: 누적강우

IV. 하천 제방의 종류 → 질문요지 정확 (기능, 재료, 구조별...)

모식 + 설명

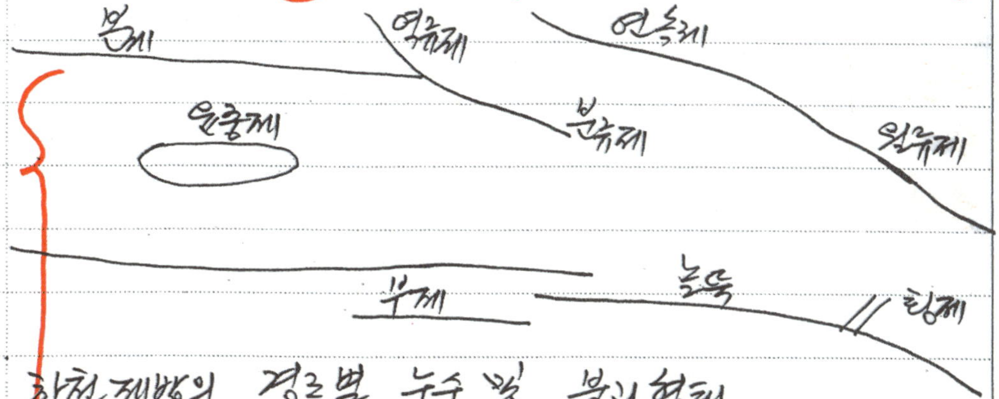

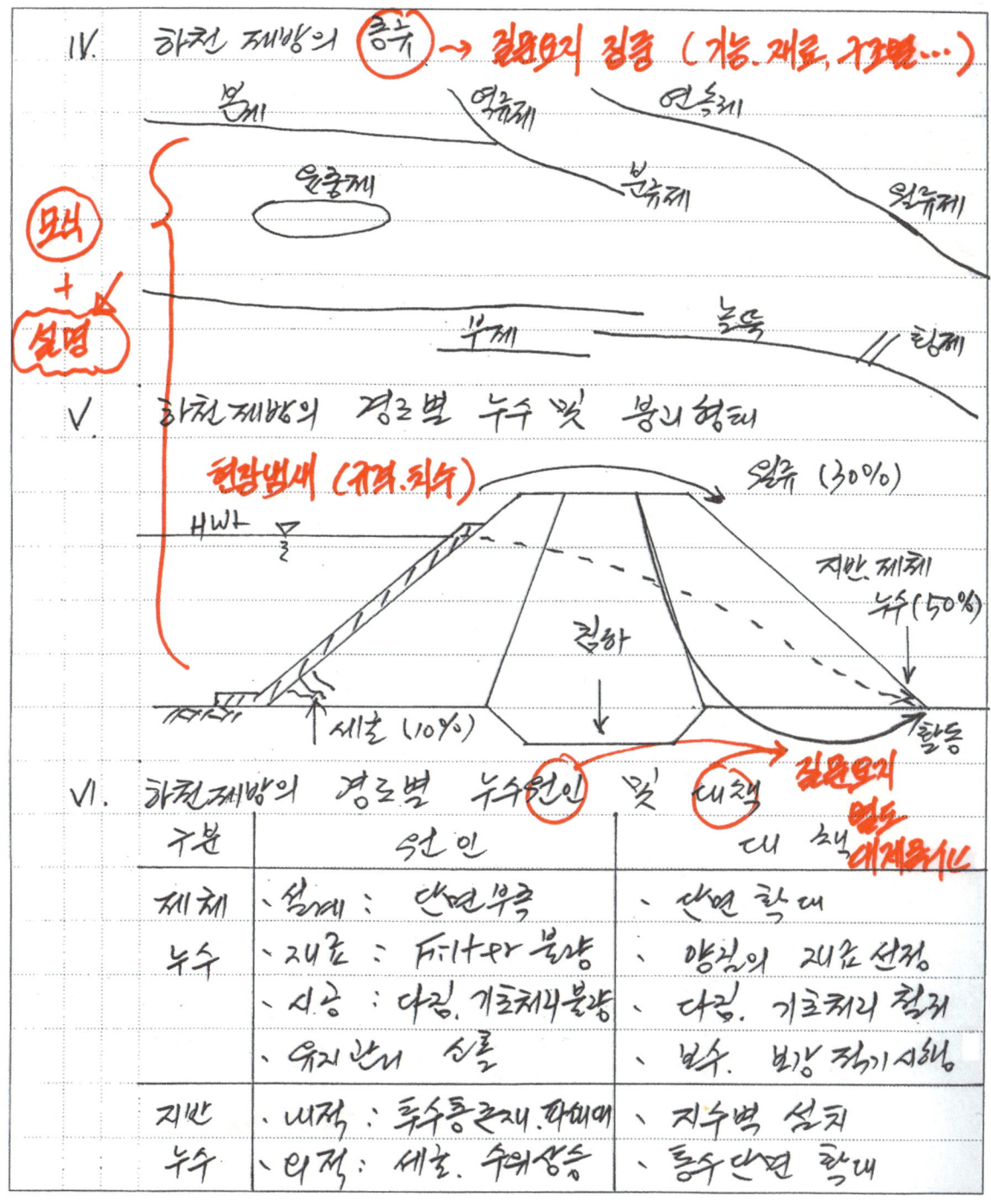

V. 하천제방의 경로별 누수 및 붕괴형태

현장범내 (규격, 치수)

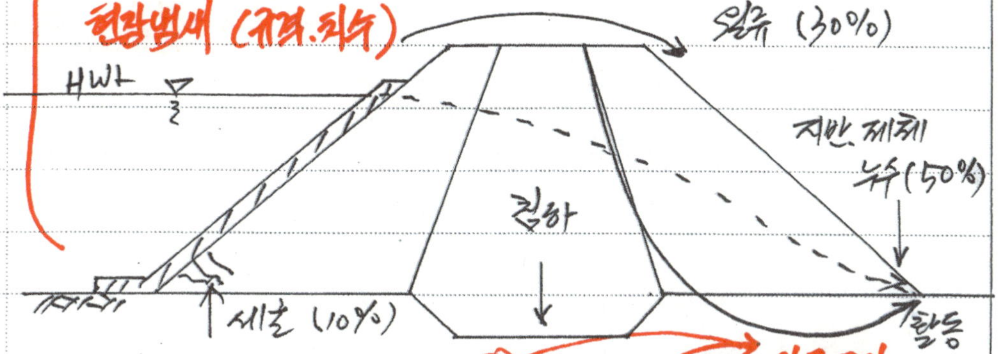

VI. 하천제방의 경로별 누수원인 및 대책

질문요지 엉뚱 대제목사기

구분	원인	대책
제체 누수	· 설계 : 단면부족	· 단면 확대
	· 재료 : Filter 불량	· 양질의 재료 선정
	· 시공 : 다짐, 기초처리 불량	· 다짐, 기초처리 철저
	· 유지관리 소홀	· 보수, 보강 정기시행
지반 누수	· 내적 : 투수층존재, 파이핑	· 지수벽 설치
	· 외적 : 세굴, 수위상승	· 통수단면 확대

VII. 하천 제방의 붕괴 방지 대책

법적. 제도적	기술적 대책
1. 홍수 예보 system	1. 유출량 최소화 ($Q=\frac{CIA}{3.6}$)
	1) 유출계수(C) 낮춤 : 식생공
2. 관련법 강화	2) 도달시간 지연 : 사방댐. 홍수조절댐
3. 예산 지원	2. 단면 확대
	1) 제방고 승상 2) 하상 준설

현장, 돈 냄새.

VIII. 하천 제방 누수 및 붕괴 방지 시공 사례 (경북 김천지역 00천 \ 이년)

→ 성공 < 실패. 개선

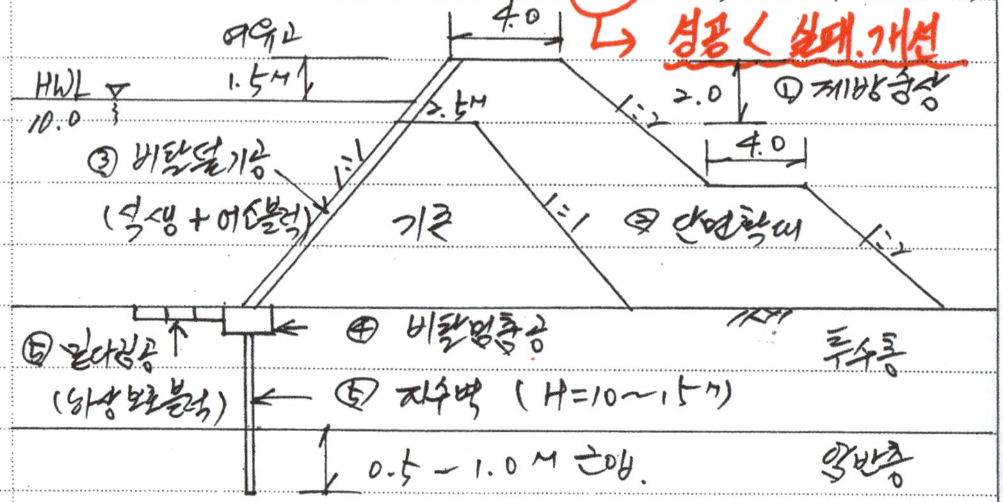

IX. 하천제방 시공시 주의 사항

1. 제방 축조전 : 1) 기초지반 처리 2) 재료선정 철저
2. 제방 축조시 : 1) 다짐 관리 철저 2) 정밀시공 실시
3. 제방 축조후 : 계측에 의한 유지관리 철저

구체적 기술

〈끝〉

신경수와 함께하는

21세기 토목시공기술사

[핵심문제 & 답안 Clinic]

발행일 | 2012년 2월 20일 초판 발행
2013년 8월 20일 1차 개정
2016년 4월 10일 2쇄
2018년 1월 10일 3쇄
2019년 2월 10일 4쇄
2021년 3월 20일 5쇄
2025년 4월 30일 2차 개정

저 자 | 신경수 · 김재권
발행인 | 정용수
발행처 | 예문사

주 소 | 경기도 파주시 직지길 460(출판도시) 도서출판 예문사
TEL | 031) 955 - 0550
FAX | 031) 955 - 0660
등록번호 | 11 - 76호

정가 : 36,000원

ISBN 978-89-274-5830-2 13530